Theoretische Elektrotechnik

Marco Leone

Theoretische Elektrotechnik

Elektromagnetische Feldtheorie für Ingenieure

2., korrigierte Auflage

Marco Leone
Lehrstuhl Theoretische Elektrotechnik,
Otto-von-Guericke-Universität Magdeburg
Magdeburg, Deutschland

ISBN 978-3-658-29207-2 ISBN 978-3-658-29208-9 (eBook)
https://doi.org/10.1007/978-3-658-29208-9

Die Deutsche Nationalbibliothek verzeichnet diese Publikation in der Deutschen Nationalbibliografie; detaillierte bibliografische Daten sind im Internet über http://dnb.d-nb.de abrufbar.

Planung/Lektorat: Reinhard Dapper
Springer Vieweg ist ein Imprint der eingetragenen Gesellschaft Springer Fachmedien Wiesbaden GmbH und ist ein Teil von Springer Nature.
Die Anschrift der Gesellschaft ist: Abraham-Lincoln-Str. 46, 65189 Wiesbaden, Germany

Vorwort zur 2. Auflage

Die positive Resonanz auf das Erscheinen meines Lehrbuches hat mich dazu bewogen eine Neuauflage herauszubringen, in der ich eine Anzahl von Druckfehlern, die bei einer Erstauflage unvermeidbar sind, beseitigen und Verbesserungen in Zeichnungen vornehmen konnte. Einige ergänzende Abschnitte sind hinzugekommen, insbesondere eine Einführung in die Theorie der Hohlraumresonatoren (Kap. 8), in der die allgemeine Lösungsmethodik im Sinne eines Eigenwertproblems hervorgehoben wird. Dabei habe ich mich wieder an den Grundsatz „vom Einfachen zum Komplexen" gehalten, bei dem die Kapitel aufeinander aufbauen, sodass sich ein Sachverhalt teils oder ganz als Spezialfall eines allgemeineren Zusammenhangs erweist. Möge dies dazu beitragen das Verständnis für die Einheit der Theorie zu fördern und ihre vielbeschworene Schönheit zu erfassen.

Für die Unterstützung beim Korrekturlesen und für die hilfreichen Hinweise bedanke ich mich bei meinen wissenschaftlichen Mitarbeitern des Lehrstuhls Theoretische Elektrotechnik, insbesondere bei M.Sc. Christoph Lange und M.Sc. Sebastian Südekum.

Magdeburg
Frühjahr 2020

Marco Leone

Vorwort

Das Fach *Theoretische Elektrotechnik* ist fester Bestandteil der Grundlagenausbildung im Studiengang Elektro- und Informationstechnik sowie benachbarter Studienrichtungen. Es behandelt die Theorie des elektromagnetischen Feldes *(elektromagnetische Feldtheorie),* die als *Elektrodynamik* eine Grunddisziplin der *Klassischen Theoretischen Physik* ist. Ihren Abschluss fand sie bereits gegen Ende des 19. Jahrhundert durch die Arbeiten des schottischen Physikers *James Clerk Maxwell* und gilt als Musterbeispiel für eine vollständige, in sich geschlossene, widerspruchsfreie physikalische Theorie, die im Wesentlichen auf vier Vektor-Differenzialgleichungen *(Maxwell-Gleichungen)* beruht. Diese beschreiben die raumzeitliche Erzeugung und Ausbreitung elektrischer und magnetischer Felder und die damit einhergehende Verteilung von Ladungen und Ladungsströmungen unter verschiedenen Randbedingungen. Damit bietet die Theoretische Elektrotechnik das physikalisch-mathematische Fundament für viele weiterführende Spezialisierungen, wie Hochfrequenztechnik, Elektromagnetische Verträglichkeit (EMV), Energietechnik, Medizintechnik, usw.

Viele Phänomene und Problemstellungen in Natur und Technik lassen sich nur anhand des elektromagnetischen Feldes hinreichend erklären bzw. lösen. Dabei ist die analytische Berechnung auf relativ einfache kanonische Geometrien beschränkt. Längst ist die numerische Simulation für komplexe, realitätsnahe Anordnungen mit Hilfe von Computerprogrammen in Forschung und Entwicklung Standard. Daraus folgt nicht, wie man irrtümlich meinen könnte, dass die theoretische Ausbildung überflüssig wird. Im Gegenteil, solide Kenntnisse der elektromagnetischen Feldtheorie sind in vielen Tätigkeitsbereichen des Elektroingenieurs zunehmend unverzichtbar.

Das vorliegende Buch ist im Wesentlichen aus einer Vorlesung entstanden, die ich seit 2007 an der OvG-Universität Magdeburg im 4. Fachsemester halte. Aufgrund des relativ hohen Abstraktionsgrades und der relativ anspruchsvollen mathematischen Hilfsmittel stellt sie viele Studentinnen und Studenten vor große Herausforderungen. Das meist in den ersten Grundlagenveranstaltungen erlangte physikalische Verständnis, in Form elektrischer Netzwerke ist als eine Näherung des elektromagnetischen Feldes zu verstehen. Vertraute Netzwerkgrößen wie Strom, Spannung, Widerstand, Kapazität erweisen sich als *integrale Parameter* des elektromagnetischen Feldes.

Der Aufbau dieses Buches folgt der sog. *axiomatischen Methode,* bei der, ausgehend von den Maxwell-Gleichungen, Vereinfachungen für unterschiedliche Problemklassen abgeleitet werden, für die die spezifische Lösungsmethodik systematisiert werden kann. Hierzu zählen im Wesentlichen *Elektrostatik, stationäres Strömungsfeld, Magnetostatik, Elektromagnetische Quasistatik* (langsam veränderliche Felder), *Diffusionsfelder in Leitern,* sowie freie und leitungsgeführte *Elektromagnetische Wellenfelder.* Jedem dieser Gebiete ist in der aufgeführten Reihenfolge ein eigenes Kapitel dieses Buches gewidmet (Kap. 2–7). Ausgenommen ist das quasistatische elektromagnetische Feld, aus dem die Theorie der elektrischen Netzwerke resultiert. Sie sind den entsprechenden Lehrbüchern der Grundlagen der Elektrotechnik vorbehalten. Im *1. Kapitel* werden grundlegende Begriffe und Größen der Elektromagnetischen Feldtheorie eingeführt und die fundamentalen Gleichungen und Zusammenhänge vorgestellt. Das *2. Kapitel,* das die Elektrostatischen Felder behandelt, nimmt einen relativ breiten Raum ein, da dort die drei, auch für die nachfolgenden Kapitel wichtigsten Lösungsmethoden – Spiegelung, Separation und Konforme Abbildung – eingeführt werden. Das *3. Kapitel* beinhaltet das stationäre Strömungsfeld, das sich unter dem Einfluss eines elektrostatischen Feldes in einem leitfähigen Medium ausbildet. Eine elektrische Strömung ist wiederum die Ursache des *magnetostatischen Feldes,* das Inhalt des *4. Kapitels* ist. Im *5. Kapitel* werden zeitabhängige Felder innerhalb von Leitern untersucht. Bei diesem für die Praxis äußerst wichtigen Spezialfall unterliegen alle Feldgrößen einem charakteristischen *Diffusionsvorgang,* allgemeiner bekannt unter den Stichworten *Wirbelströme* oder *Skineffekt.* Das *6. und 7. Kapitel* bieten schließlich eine Einführung in das umfangreiche Gebiet der *Elektromagnetischen Wellenfelder.* Hierbei wird auf ihre Erzeugung und Ausbreitung im freien Raum und entlang von Leitungen im Einzelnen eingegangen. Für Letztere werden hauptsächlich die für die Praxis wichtigen TEM-Wellenleiter behandelt, auch bekannt als *Leitungstheorie.* Die wichtigsten mathematischen Formeln und Zusammenhänge, die in diesem Buch benötigt werden, wie *Vektoralgebra, krummlinige orthogonale, Koordinatensysteme, Vektoranalysis,* sind in kompakter, übersichtlicher Form im *Anhang A* zum Nachschlagen zusammengestellt. Hierbei werden die für die mathematische Beschreibung notwendigen *Weg, – Flächen* und *Volumenintegrale* und die vektoranalytischen Operatoren *Gradient, Divergenz* und *Rotation* auf möglichst anschauliche Weise erklärt, um so dem Studierenden die Scheu vor diesen vermeintlich abstrakten Begriffen und Konzepten zu nehmen.

Für das Erlernen des Stoffes werden elektrotechnische Grundlagenkenntnisse, so wie sie in den ersten drei Semestern eines Bachelorstudienganges vermittelt werden, vorausgesetzt. Neben dem gründlichen Studium der theoretischen Zusammenhänge ist das selbstständige Lösen von Rechenbeispielen für das erfolgreiche Absolvieren dieses Faches absolut unerlässlich. Deshalb ist zusätzlich zu den durchgerechneten Rechenbeispielen im Text auch eine Reihe von weiteren Übungsbeispielen am Ende jedes

Kapitels aufgeführt, die auch zur Klausurvorbereitung dienen können. Zur Kontrolle sind die Lösungen im *Anhang B* angegeben. Weitere Übungsbeispiele findet man in vielen anderen Lehrbüchern, für die eine Auswahl im Literaturverzeichnis aufgeführt ist. Hier sind z. T. auch weiterführende Werke zu finden, die über den Inhalt des vorliegenden Buches hinausgehen.

Abschließend möchte ich aus den Erfahrungen meiner eigenen Studienzeit und in der Lehre überhaupt nicht verhehlen, wieviel Mühe und Fleiß dieses Fach abverlangt. Dafür sind das erworbene theoretische Wissen und die Methodik angesichts der technologisch rasant sich weiterentwickelnden Berufswelt von langfristigem Wert. Und, man sollte das beim intensiven Studium und auch später bei der praktischen Arbeit hin und wieder auftretende Erfolgserlebnis, sowie einen gewissen intellektuellen Genuss nicht allzu gering schätzen. Möge dieses Buch einen Beitrag dazu leisten.

Zu allerletzt möchte ich es nicht versäumen, mich bei meinen Mitarbeitern für die tatkräftige Unterstützung zu bedanken, insbesondere bei Hrn. M. Sc. S. Südekum für die Erstellung der Diagramme, das Durchrechnen der Aufgaben und die kritische Durchsicht des Textes.

Magdeburg
Sommer 2017

Marco Leone

Inhaltsverzeichnis

1 Elektromagnetische Feldtheorie

Zusammenfassung

Das elektromagnetische Feld wird im Rahmen der *Klassischen Elektrodynamik* von den vier *Maxwellschen Feldgleichungen* beschrieben. Zusammen mit den drei Materialgleichungen bilden Sie ein vollständiges System, das durch Spezifikation entsprechender Randbedingungen für das jeweilige Problem zu lösen ist. Die große Mannigfaltigkeit der Lösungen lässt sich in eine Reihe von Fällen unterteilen, die in den nachfolgenden Kap. 2–7 im Einzelnen behandelt werden. In diesem Kapitel werden die grundlegenden physikalischen Gesetze und Definitionen eingeführt sowie einige grundlegende feldtheoretische Zusammenhänge und Erhaltungssätze abgeleitet. Die Verbindung zwischen Feldtheorie und der einfacheren Beschreibung durch elektrische Netzwerke wird hergestellt.

1.1 Nahwirkungstheorie

Elektromagnetische Erscheinungen beruhen auf der Wechselwirkung zwischen elektrischen Ladungen, die korpuskularer Natur sind und in zwei Formen (positiv und negativ) vorkommen.

$$\text{Elementarladung}: e = 1{,}602 \cdot 10^{-19}\ \text{C (Coulomb)}$$
$$1\text{C} = 1\text{As}$$

Vermittler zwischen den Ladungen ist das *elektromagnetische Feld*. Es besteht aus den beiden Vektoren

$$\mathbf{E} : \textit{Elektrische Feldstärke}\ \ [\mathbf{E}] = \frac{\text{V}}{\text{m}}$$

M. Leone, *Theoretische Elektrotechnik*, https://doi.org/10.1007/978-3-658-29208-9_1

$$\mathbf{B} : \textit{Magnetische Flussdichte}\ [\mathbf{B}] = \frac{\mathrm{Vs}}{\mathrm{m}^2} = \frac{\mathrm{Wb\ (Weber)}}{\mathrm{m}^2} = \mathrm{T\ (Tesla)}.$$

Nur im speziellen Fall ruhender Ladungen (Elektrostatik) existiert kein magnetisches Feld. In allen anderen Fällen sind beide Felder untrennbar miteinander verbunden und bilden eine eigenständige *physikalische Entität.*

Eine Zustandsänderung (Ort, Geschwindigkeit) einer Ladungsanordnung ruft eine Änderung des elektromagnetischen Feldes hervor, die sich mit der Lichtgeschwindigkeit c im Raum ausbreitet. Die Wirkung auf eine andere Ladung Q, ausgedrückt durch die *elektromagnetische Kraft*

$$\mathbf{F} = Q\,\left(\mathbf{E} + \mathbf{v}_Q \times \mathbf{B}\right), \tag{1.1}$$

besteht aus einem elektrischen und einem magnetischen Anteil:

$$\mathbf{F}_{el} = Q\,\mathbf{E}\ \text{ Elektrische (Coulomb)−Kraft }\ \left(\mathrm{As}\frac{\mathrm{V}}{\mathrm{m}} = \frac{\mathrm{Ws}}{\mathrm{m}} = \mathrm{N}\right), \tag{1.2}$$

$$\mathbf{F}_{magn} = Q\,\mathbf{v}_Q \times \mathbf{B}\ \text{ Magnetische (Lorentz)-Kraft }\ \left(\mathrm{As}\frac{\mathrm{m}}{\mathrm{s}}\frac{\mathrm{Vs}}{\mathrm{m}^2} = \frac{\mathrm{Ws}}{\mathrm{m}} = \mathrm{N}\right). \tag{1.3}$$

Hierbei bezeichnet $\mathbf{v}_Q$ die Geschwindigkeit von Q, die im gleichen Bezugssystem („Laborsystem“) wie das der Felder **E** und **B** definiert ist. Während die elektrische Kraft (1.2) entlang des elektrischen Feldes **E** wirkt, steht die durch das Kreuzprodukt definierte magnetische Kraft (1.3) senkrecht auf der magnetischen Flussdichte **B** und der Bewegungsrichtung, gegeben durch $\mathbf{v}_Q$ (Abb. 1.1).

Das elektromagnetische Feld als Träger der Wechselwirkung zwischen Ladungen stellt das für jede physikalische Theorie notwendige *Kausalitätsprinzip* sicher, wie dies in Abb. 1.2 für zwei Ladungssysteme im Abstand d vereinfacht dargestellt ist. Die im System 1 durch eine äußere Einwirkung hervorgerufene Zustandsänderung der Ladung geht mit einer Änderung des elektromagnetischen Feldes ($\Delta\mathbf{E}$, $\Delta\mathbf{B}$) einher, die nach der charakteristischen Zeitdauer $\tau = d/c$, im System 2 durch die Kraft (1.1) wirksam wird.

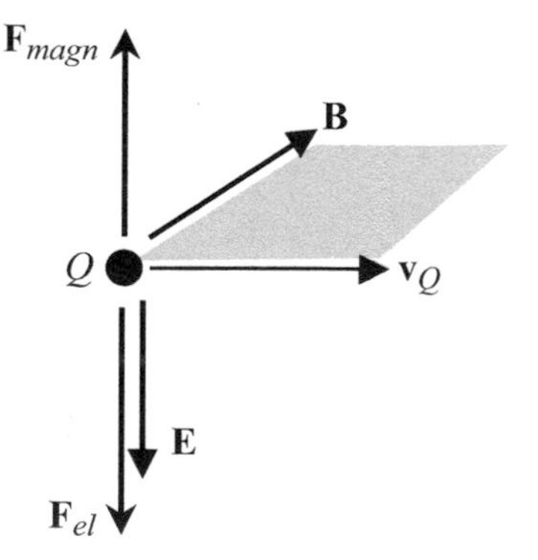

Abb. 1.1 Elektromagnetische Kraft auf eine Ladung Q

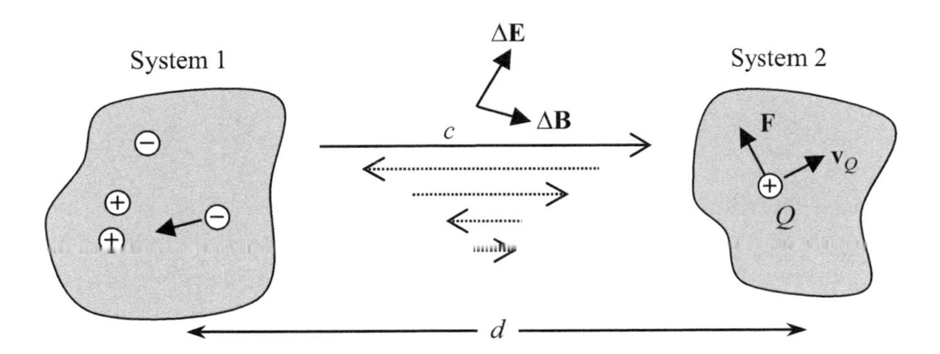

Abb. 1.2 Prinzip der elektromagnetischen Wechselwirkung zwischen zwei Systemen

Die dadurch bewirkte Zustandsänderung der Ladung im System 2 ruft seinerseits eine elektromagnetische Feldänderung hervor, die nach der gleichen Zeit τ auf das primäre System zurückwirkt, das seinerseits wieder auf das sekundäre wirkt, usw. Dieser Vorgang wiederholt sich solange bis der statische bzw. stationäre Zustand in beiden Systemen erreicht ist.

Bei den beiden Systemen kann es sich auch um ein und das gleiche System handeln, also um die (innere) Rückwirkung des Systems auf sich selbst.

1.2 Ladungs- und Stromdichten

Die üblicherweise in der Natur vorkommenden Ladungsmengen sind so groß und in ihrer Ausdehnung so klein, das von einer Betrachtung der einzelnen Elementarladungen abgesehen werden kann. Bei der makroskopischen Betrachtung wird die diskrete Natur der Ladung vernachlässigt und eine *kontinuierliche Verteilung* angenommen.

Räumliche Verteilung
Ausgehend von der in einem Volumenelement $\mathrm{d}V$ enthaltenen Ladung $\mathrm{d}Q = q\mathrm{d}V$ (Abb. 1.3a) definiert man die Ladungsdichte:

$$q = \frac{\mathrm{d}Q}{\mathrm{d}V} \quad \left(\frac{\mathrm{A\,s}}{\mathrm{m}^3} = \frac{\mathrm{C}}{\mathrm{m}^3}\right) \quad \textit{Raumladungsdichte}. \tag{1.4}$$

Bewegt sich die Ladung mit der Geschwindigkeit $\mathbf{v}$, so ergibt die pro Zeit- ($\mathrm{d}t$) und Flächeneinheit $\mathrm{d}A$ durchtretende Ladung $\mathrm{d}Q$ die *Stromdichte*

$$\mathbf{J} = \frac{\mathrm{d}Q}{\mathrm{d}t\,\mathrm{d}A}\,\mathbf{e}_v = \frac{\mathrm{d}I}{\mathrm{d}A}\,\mathbf{e}_v, \tag{1.5}$$

wobei der Quotient $\mathrm{d}Q/\mathrm{d}t$ den *Strom* I durch den Querschnitt A und $\mathbf{e}_v$ den Einheitsvektor in Stromrichtung $\mathbf{v}$ bezeichnet.

Der in der Zeit $\mathrm{d}t$ durch den Querschnitt $\mathrm{d}A$ durchtretende Rauminhalt ist $\mathrm{d}V = \mathrm{d}A\ v\ \mathrm{d}t$. Einsetzen in (1.5) ergibt mit (1.4):

$$\mathbf{J} = q\ \mathbf{v} \quad \left(\frac{\mathrm{A}}{\mathrm{m}^2}\right) \quad \textit{ElektrischeStromdichte.} \tag{1.6}$$

Flächenhafte Verteilung

Häufig ist die Ladung auf einer gegenüber den übrigen Abmessungen sehr dünnen Schicht auf einer Oberfläche A verteilt, so dass man die Ausdehnung in der dritten Dimension vernachlässigen kann (Abb. 1.3b). Ausgehend von der in einem Flächenelement $\mathrm{d}A$ enthaltenen Ladung $\mathrm{d}Q = q_A\ \mathrm{d}A$ definiert man die Ladungsdichte:

$$q_A = \frac{\mathrm{d}Q}{\mathrm{d}A} \quad \left(\frac{\mathrm{A\,s}}{\mathrm{m}^2} = \frac{\mathrm{C}}{\mathrm{m}^2}\right) \quad \textit{Flächenladungsdichte.} \tag{1.7}$$

Bewegt sich die Ladung mit der Geschwindigkeit $\mathbf{v}$, so ergibt die pro Zeiteinheit und Längenelement $\mathrm{d}s$ durchtretende Ladung $\mathrm{d}Q$ die Flächenstromdichte

$$\mathbf{J}_A = \frac{\mathrm{d}Q}{\mathrm{d}t\ \mathrm{d}s}\ \mathbf{e}_v = \frac{\mathrm{d}I}{\mathrm{d}s}\ \mathbf{e}_v. \tag{1.8}$$

Der in der Zeit $\mathrm{d}t$ durch den Längenabschnitt $\mathrm{d}s$ durchtretende Flächeninhalt ist $\mathrm{d}A = \mathrm{d}s$ $v\ \mathrm{d}t$. Einsetzen in (1.8) ergibt mit (1.7):

$$\mathbf{J}_A = q_A\ \mathbf{v} \quad \left(\frac{\mathrm{A}}{\mathrm{m}^2}\right) \quad \textit{Elektrische Flächenstromdichte.} \tag{1.9}$$

Linienhafte Verteilung

In vielen Fällen ist Ladung innerhalb eines gegenüber allen anderen Dimensionen sehr dünnen Bereich konzentriert (Abb. 1.3c), wie z. B. in dünnen Drähten, sodass man die Querschnittsabmessungen vernachlässigen kann. Ausgehend von der in einem Linienelement $\mathrm{d}s$ enthaltenen Ladung $\mathrm{d}Q = q_l\ \mathrm{d}s$ definiert man die Ladungsdichte:

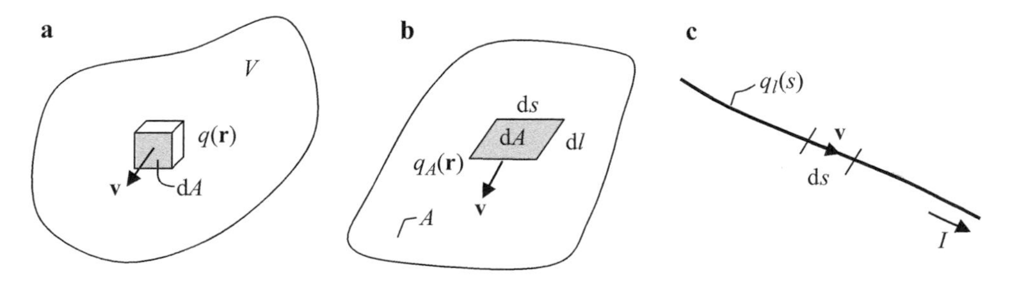

Abb. 1.3 Kontinuierliche Ladungsverteilungen. **(a)** In einem Volumen, **(b)** auf einer Fläche und **(c)** entlang einer Linie

$$q_l = \frac{\mathrm{d}Q}{\mathrm{d}s} \quad \left(\frac{\mathrm{A\,s}}{\mathrm{m}} = \frac{\mathrm{C}}{\mathrm{m}}\right) \quad \textit{Linienladungsdichte.} \tag{1.10}$$

Bewegt sich die Ladung mit der Geschwindigkeit v, so ergibt die in Punkt pro Zeiteinheit durchtretende Ladung $\mathrm{d}Q$ den Strom

$$I = \frac{\mathrm{d}Q}{\mathrm{d}t}. \tag{1.11}$$

Der in der Zeit $\mathrm{d}t$ in einem Punkt durchtretende Längenabschnitt ist $\mathrm{d}s = v\,\mathrm{d}t$. Einsetzen in (1.11) ergibt mit (1.10):

$$I = q_l\, v \quad (\mathrm{A}) \quad \textit{Elektrischer Strom.} \tag{1.12}$$

Punkthafte Verteilung

In manchen Fällen ist eine Ladungsmenge Q auf einem gegenüber allen anderen Dimensionen sehr kleinen Volumen ΔV um den Punkt $\mathbf{r}_0$ verteilt (Abb. 1.4), sodass man die Ausdehnung von ΔV vernachlässigen kann. Bei dieser Idealisierung denkt man sich die Ladung Q einzig im Punkt $\mathbf{r}_0$ konzentriert und spricht von einer *Punktladung*.

Oft ist es methodisch sehr hilfreich und elegant auch für die Punktladung eine räumliche Verteilungsfunktion $q(\mathbf{r})$ zu verwenden, die in diesem Fall lautet:

$$q(\mathbf{r}) = \lim_{\Delta V \to 0} \frac{\Delta Q}{\Delta V} = \begin{cases} \frac{Q}{\Delta V} \to \infty & \mathbf{r} = \mathbf{r}_0 \\ 0 & \text{sonst} \end{cases}$$

Eine mathematisch sehr bequeme Möglichkeit eine solche singuläre Verteilungsfunktion zu formulieren bietet die *Dirac-Funktion*

$$\delta(\mathbf{r}) := \begin{cases} \infty & \mathbf{r} = \mathbf{0} \\ 0 & \text{sonst,} \end{cases} \tag{1.13}$$

mit der Normierung:

$$\iiint\limits_V \delta(\mathbf{r})\,\mathrm{d}V = 1 \quad \textit{Normierungsbedingung.} \tag{1.14}$$

Damit lässt sich für die im Punkt $\mathbf{r}_0$ befindliche Punktladung Q die Raumladungsdichte kompakt definieren:

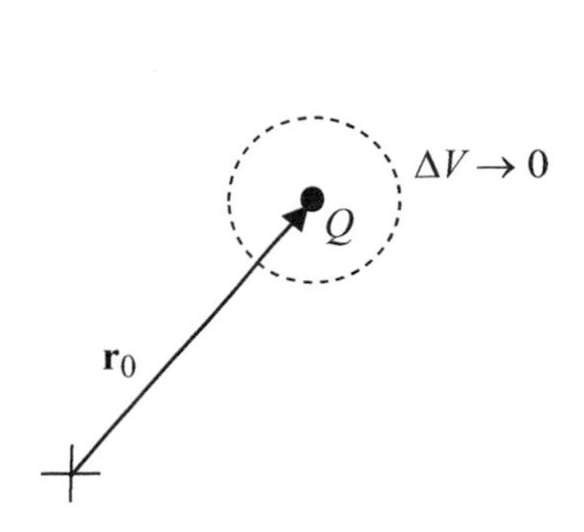

Abb. 1.4 Punktladung Q

$$q(\mathbf{r}) = Q\,\delta(\mathbf{r} - \mathbf{r}_0). \tag{1.15}$$

Gemäß der Normierung (1.14) ergibt die Integration von (1.15) über den gesamten Raum die Ladung Q:

$$\iiint_V q(\mathbf{r})\,\mathrm{d}V = Q \iiint_V \delta(\mathbf{r} - \mathbf{r}_0)\,\mathrm{d}V = Q.$$

Eine weitere wichtige Eigenschaft der Dirac-Funktion ist die sogenannte *Ausblendeigenschaft*. Gegeben sei im Punkt $\mathbf{r}_0$ eine stetige Funktion $\mathrm{f}(\mathbf{r})$. Dann gilt für das Integral unter Ausnutzung der Normierung (1.14):

$$\iiint_V \mathrm{f}(\mathbf{r})\,\delta(\mathbf{r} - \mathbf{r}_0)\,\mathrm{d}V = \mathrm{f}(\mathbf{r}_0). \tag{1.16}$$

Anschaulich gesprochen werden aufgrund des einzig im Punkt $\mathbf{r}_0$ von Null verschiedenen Funktionswertes von $\delta(\mathbf{r} - \mathbf{r}_0)$ nur der Funktionswert $\mathrm{f}(\mathbf{r}_0)$ „herausgefiltert" und alle anderen ausgeblendet.

Die Dirac-Funktion gehört streng genommen zu einer allgemeineren Klasse von Funktionen, den sogenannten *Distributionen*. Sie kann anschaulich als *Grenzfunktion* einer Funktionen-Folge aufgefasst werden, deren Breite in alle Raumrichtungen um den Punkt $\mathbf{r}_0$ bei konstantem Integralwert Eins gemäß (1.14) gegen Null geht, sodass der Funktionswert in $\mathbf{r}_0$ gegen Unendlich strebt (1.13).

Am einfachsten lässt sich die Dirac-Funktion in einer Dimension über die Koordinate x veranschaulichen (Abb. 1.5). Als Beispiel werde eine symmetrisch um den Ursprung angeordnete Rechteckfunktion der Breite a betrachtet. Entsprechend der Normierungsbedingung (1.14) beträgt die Amplitude $1/a$:

$$\mathrm{g_a}(x) = \begin{cases} 1/a & -a/2 \leq x \leq +a/2 \\ 0 & \text{sonst} \end{cases}$$

Die als Grenzfunktion definierte Dirac-Funktion resultiert dann aus

$$\delta(x) = \lim_{a \to 0} \mathrm{g}_a(x)$$

und erfüllt die Normierungsbedingung (1.14):

$$\int_{-\infty}^{+\infty} \delta(x)\,\mathrm{d}x = \lim_{a \to 0} \int_{-\infty}^{+\infty} \mathrm{g}_a(x)\,\mathrm{d}x = 1 \quad \text{(Fläche)}.$$

Dementsprechend ist die Einheit der Dirac-Funktion in einer Dimension

$$[\delta(x)] = \frac{1}{[x]}$$

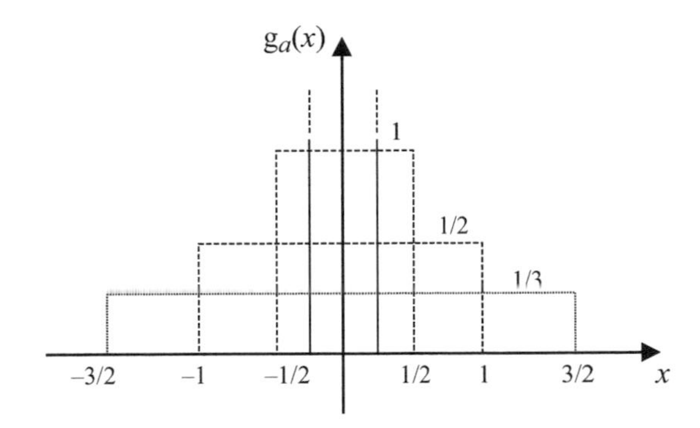

Abb. 1.5 Veranschaulichung der Dirac-Funktion in einer Dimension

der Kehrwert der Einheit des Argumenten x, wie z. B. die 1/Zeit- oder 1/Längeneinheit.

Die Dirac-Funktion im dreidimensionalen Raum lässt sich als Produkt der eindimensionalen Verteilungen in den drei Raumrichtungen, z. B. x, y, z auffassen:

$$\delta(\mathbf{r}) = \delta(x)\,\delta(y)\,\delta(z).$$

Dementsprechend ergibt sich die Einheit im dreidimensionalen Fall aus dem Kehrwert des Produktes der drei Raumdimensionen, d. h.:

$$[\delta(\mathbf{r})] = \frac{1}{[x]\,[y]\,[z]}$$

z. B. $1/\mathrm{m}^3$, in Übereinstimmung mit der Definition der Raumladungsdichte in Gl. (1.15).

1.3 Die Maxwell-Gleichungen

Das elektromagnetische Feld in ruhenden Medien wird durch vier Grundgesetze vollständig bestimmt, den Maxwellschen Gleichungen. In *integraler Form* lauten sie für das *Vakuum*

$$\oint_{\partial A} \mathbf{E} \cdot \mathrm{d}\mathbf{s} = -\iint_A \frac{\partial \mathbf{B}}{\partial t} \cdot \mathrm{d}\mathbf{A} \quad (\textit{Induktionsgesetz}) \tag{1.17}$$

$$\frac{1}{\mu_0} \oint_{\partial A} \mathbf{B} \cdot \mathrm{d}\mathbf{s} = \iint_A \left(\mathbf{J} + \varepsilon_0 \frac{\partial \mathbf{E}}{\partial t} \right) \cdot \mathrm{d}\mathbf{A} \quad (\textit{Durchflutungsgesetz}) \tag{1.18}$$

$$\varepsilon_0 \oint\!\!\!\oint_{\partial V} \mathbf{E} \cdot \mathrm{d}\mathbf{A} = \iiint_V q\, \mathrm{d}V \quad (\textit{Gaußsches Gesetz}) \tag{1.19}$$

$$\oiint_{\partial V} \mathbf{B} \cdot \mathrm{d}\mathbf{A} = 0 \quad (\textit{Quellenfreiheit des magn. Feldes}) \tag{1.20}$$

mit den beiden *Naturkonstanten des Vakuums*

$$\varepsilon_0 \approx 8{,}854 \cdot 10^{-12} \frac{\mathrm{A\,s}}{\mathrm{Vm}} \quad (\textit{Dielektrizitätskonstante}) \tag{1.21}$$

$$\mu_0 = 4\pi \cdot 10^{-7} \frac{\mathrm{V\,s}}{\mathrm{A\,m}} \quad (\textit{Permeabilitätskonstante}) \tag{1.22}$$

Aus der Dielektrizitäts- und Permeabilitätskonstante (1.21) und (1.22) ergibt sich die Lichtgeschwindigkeit des Vakuums:

$$c_0 = 1/\sqrt{\varepsilon_0\,\mu_0} \quad (\textit{Vakuum} - \textit{Lichtgeschwindigkeit}) \tag{1.23}$$

mit dem Wert $c_0 \approx 2{,}9979 \cdot 10^8$ m/s.

Zur Lösung konkreter Fragestellungen ist die integrale (globale) Form der Maxwell-Gleichungen selten geeignet. Nur in Fällen hoher Symmetrie können die Integrale direkt ausgewertet werden. Im Allgemeinen verwendet man die *differentielle (lokale) Form.*

Anwendung des Stokesschen Integralsatzes (A.80) ergibt für die beiden Wirbelgleichungen (1.17) und (1.18)

$$\oint_{\partial A} \mathbf{E} \cdot \mathrm{d}\mathbf{s} = \iint_A \operatorname{rot} \mathbf{E} \cdot \mathrm{d}\mathbf{A} = -\iint_A \frac{\partial \mathbf{B}}{\partial t} \cdot \mathrm{d}\mathbf{A}$$

$$\oint_{\partial A} \mathbf{B} \cdot \mathrm{d}\mathbf{s} = \iint_A \operatorname{rot} \mathbf{B} \cdot \mathrm{d}\mathbf{A} = \mu_0 \iint_A \left(\mathbf{J} + \varepsilon_0 \frac{\partial \mathbf{E}}{\partial t}\right) \cdot \mathrm{d}\mathbf{A}$$

aufgrund der Gleichheit der Flächenintegrale, unabhängig von der Form von A:

$$\operatorname{rot} \mathbf{E} = -\frac{\partial \mathbf{B}}{\partial t} \tag{1.24}$$

$$\operatorname{rot} \mathbf{B} = \mu_0 \left(\mathbf{J} + \varepsilon_0 \frac{\partial \mathbf{E}}{\partial t}\right). \tag{1.25}$$

Für die beiden Quellengleichungen (1.19) und (1.20) ergibt die Anwendung des Gaußschen Integralsatzes (A.81)

$$\oiint_{\partial V} \mathbf{E} \cdot \mathrm{d}\mathbf{A} = \iiint_V \operatorname{div} \mathbf{E}\, \mathrm{d}V = \frac{1}{\varepsilon_0} \iiint_V q\, \mathrm{d}V$$

$$\oiint_{\partial V} \mathbf{B} \cdot \mathrm{d}\mathbf{A} = \iiint_V \operatorname{div} \mathbf{B} \, \mathrm{d}V = 0$$

aufgrund der Gleichheit der Volumenintegrale, unabhängig vom Volumen V:

$$\operatorname{div} \mathbf{E} = q/\varepsilon_0 \tag{1.26}$$

$$\operatorname{div} \mathbf{B} = 0. \tag{1.27}$$

Die Gl. (1.24)–(1.27) sind die vier Maxwell-Gleichungen des Vakuums in differentieller Form. Gemäß dem Hauptsatz der Vektoranalysis (Abschn. A.6) ist damit das elektromagnetische Feld durch die Festlegung der Wirbel (rot) und der Quellen (div) eindeutig bestimmt. Charakteristisch ist die gegenseitige Kopplung des elektrischen und magnetischen Feldes bei Zeitabhängigkeit ($\partial\mathbf{B}/\partial t$, $\varepsilon_0\partial\mathbf{E}/\partial t$).

1.3.1 Ladungserhaltung

Die Ladung Q ist eine so genannte *Erhaltungsgröße*, d.h. sie bleibt in allen Bezugssystemen konstant und kann weder erzeugt noch vernichtet werden. Daraus folgt:

▶ Die insgesamt aus einem Volumen V ausströmende Ladung/Zeit (Strom I) ist gleich der negativen zeitlichen Änderungsrate der Gesamtladung Q im Volumen (Abb. 1.6).

Mathematisch ausgedrückt lautet die Ladungserhaltung:

$$\oiint_{\partial V} \mathbf{J} \cdot \mathrm{d}\mathbf{A} = -\frac{\mathrm{d}Q}{\mathrm{d}t} \quad (\textit{Ladungserhaltungsgesetz}). \tag{1.28}$$

Gl. (1.28) lässt sich aus den Maxwell-Gleichungen ableiten. Bildet man die Divergenz auf beiden Seiten von Gl. (1.25)

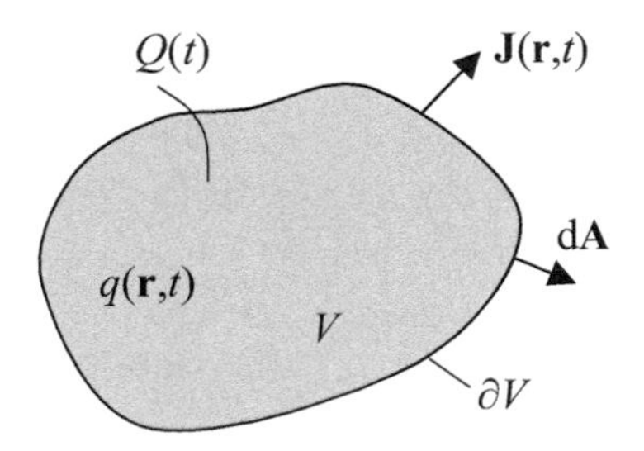

Abb. 1.6 Zum Ladungserhaltungsgesetz

$$\operatorname{rot} \mathbf{B} = \mu_0 \left(\mathbf{J} + \varepsilon_0 \frac{\partial \mathbf{E}}{\partial t} \right)$$

wird aufgrund der Identität div rot $\mathbf{B} = 0$ (A.75) die linke Seite Null und man erhält:

$$0 = \operatorname{div} \mathbf{J} + \varepsilon_0 \operatorname{div} \left(\frac{\partial \mathbf{E}}{\partial t} \right) = \operatorname{div} \mathbf{J} + \varepsilon_0 \frac{\partial}{\partial t} \operatorname{div} \mathbf{E}.$$

Einsetzen der Maxwell-Gl. (1.26)

$$\operatorname{div} \mathbf{E} = q/\varepsilon_0$$

ergibt schließlich den Ladungserhaltungssatz *in differentieller (lokaler)* Form:

$$\operatorname{div} \mathbf{J} = -\frac{\partial q}{\partial t} \quad (\textit{Kontinuitätsgleichung}). \tag{1.29}$$

Die Entsprechung von (1.29) zur integralen Form des Ladungserhaltungsgesetzes (1.28) erhält man durch Integration über das Volumen V und Anwendung des Gaußschen Integralsatzes:

$$\iiint_V \operatorname{div} \mathbf{J} \, \mathrm{d}V = \oiint_{\partial V} \mathbf{J} \cdot \mathrm{d}\mathbf{A} = -\frac{\partial}{\partial t} \iiint_V q \, \mathrm{d}V = -\frac{\mathrm{d}Q}{\mathrm{d}t}.$$

1.3.2 Die Maxwell-Gleichungen in Materie

Atome tragen positive und negative Ladungen, auf die ein äußeres elektromagnetisches Feld Einfluss ausübt (*Polarisation*). Makroskopisch werden dadurch Ladungs- bzw. Stromdichten hervorgerufen, die im Gegensatz zu den frei beweglichen Ladungen *an die Materie gebunden* sind. Der Einfluss von Materie auf das elektromagnetische Feld wird also durch gebundene Ladungs (q_g)- und Stromdichten ($\mathbf{J}_g$) berücksichtigt. Um sie in die Maxwell-Gleichungen des Vakuums einzubeziehen, wird in Analogie zu (1.26) bzw. (1.25) ein Vektor für die elektrische Polarisation (**P**) und ein Magnetisierungsvektor (**M**) eingeführt:

$$q_g = -\operatorname{div} \mathbf{P} \quad (\textit{gebundene Ladungsdichte}) \tag{1.30}$$

$$\mathbf{J}_g = \operatorname{rot} \mathbf{M} \quad (\textit{gebundene Stromdichte}). \tag{1.31}$$

Die gebundene Stromdichte $\mathbf{J}_g$ entspricht im klassischen Verständnis des Aufbau der Atome den um den Kern kreisenden Elektronen.

Bei zeitabhängigen Feldern entsteht durch die örtliche *Verschiebung* der gebundenen Ladung zusätzlich noch eine *Polarisationsstromdichte* $\mathbf{J}_p$. Einsetzen der gebundenen Ladungsdichte (1.30) in die Kontinuitätsgleichung (1.29) ergibt:

$$\text{div } \mathbf{J}_p = -\frac{\partial q_g}{\partial t} = \text{div } \frac{\partial \mathbf{P}}{\partial t}.$$

Durch Zusammenfassen der beiden Divergenzen folgt:

$$\mathbf{J}_p = \frac{\partial \mathbf{P}}{\partial t} \quad (\textit{Polarisationsstromdichte}). \tag{1.32}$$

Die gebundene Ladung q_g (1.30) kann wie folgt in die differentielle Form des Gaußschen Gesetzes im Vakuum (1.26) einbezogen werden:

$$\text{div}\,\mathbf{E} = \left(q + q_g\right)/\varepsilon_0 = (q - \text{div}\,\mathbf{P})/\varepsilon_0.$$

Zusammenfassen der beiden Divergenzen ergibt:

$$\text{div}\,(\varepsilon_0 \mathbf{E} + \mathbf{P}) = q.$$

Unter Einführung des zusätzlichen elektrischen Vektors

$$\mathbf{D} = \varepsilon_0 \mathbf{E} + \mathbf{P} \quad \textit{elektrische Erregung/Flussdichte} \left(\text{As/m}^2\right) \tag{1.33}$$

erhält man das Gaußsche Gesetz in Materie:

$$\text{div}\,\mathbf{D} = q. \tag{1.34}$$

Der Vorteil dieser Formulierung des Gaußschen Gesetzes liegt darin, dass es sich wie die entsprechende Gl. (1.26) im Vakuum einzig auf die freien Ladungen q bezieht. Die Wirkung der gebundenen Ladung wird durch den Vektor $\mathbf{D}$ berücksichtigt.

Die zusätzlichen gebundenen Ströme $\mathbf{J}_g$ (1.31) und $\mathbf{J}_p$ (1.32) können wie folgt in die differentielle Form des Durchflutungsgesetz im Vakuum (1.25) einbezogen werden:

$$\text{rot}\mathbf{B} = \mu_0 \left(\mathbf{J} + \mathbf{J}_g + \mathbf{J}_p + \varepsilon_0 \frac{\partial \mathbf{E}}{\partial t} \right) = \mu_0 \left(\mathbf{J} + \text{rot}\mathbf{M} + \frac{\partial \mathbf{P}}{\partial t} + \varepsilon_0 \frac{\partial \mathbf{E}}{\partial t} \right).$$

Mit (1.33) erhält man:

$$\text{rot}\mathbf{B} = \mu_0 \left(\mathbf{J} + \text{rot}\mathbf{M} + \frac{\partial \mathbf{D}}{\partial t} \right).$$

Zusammenfassen der beiden Rotationen ergibt:

$$\text{rot}\left(\frac{\mathbf{B}}{\mu_0} - \mathbf{M} \right) = \mathbf{J} + \frac{\partial \mathbf{D}}{\partial t}.$$

Unter Einführung des zusätzlichen magnetischen Vektors

$$\mathbf{H} = \frac{\mathbf{B}}{\mu_0} - \mathbf{M} \quad \textit{magnetische Erregung/Feldstärke} \ (\text{A/m}) \tag{1.35}$$

erhält man das Durchflutungsgesetz für Materie in der Form

$$\text{rot}\mathbf{H} = \mathbf{J} + \frac{\partial \mathbf{D}}{\partial t}. \tag{1.36}$$

Wie die entsprechende Gl. (1.25) für das Vakuum bezieht sich (1.36) einzig auf die freien Ströme $\mathbf{J}$. Die Wirkung der gebundenen Ströme wird durch den Vektor $\mathbf{H}$ berücksichtigt.

Die beiden modifizierten Gl. (1.34) und (1.36) zusammen mit den in Materie unverändert geltenden Gl. (1.24) und (1.27) ergeben die allgemeingültige Form des Systems der Maxwell- Gleichungen (Differenzialform) in Materie:

$$\begin{aligned} \operatorname{rot}\mathbf{E} &= -\frac{\partial \mathbf{B}}{\partial t} \quad \text{(I)} \qquad & \operatorname{div}\mathbf{D} &= q \quad \text{(III)} \\ \operatorname{rot}\mathbf{H} &= \mathbf{J} + \frac{\partial \mathbf{D}}{\partial t} \quad \text{(II)} \qquad & \operatorname{div}\mathbf{B} &= 0 \quad \text{(IV)}. \end{aligned} \tag{1.37}$$

▶ Die vier Maxwell-Gleichungen in der Form (1.37) werden in diesem Buch durchgehend mit den römischen Ziffern (I)–(IV) bezeichnet.

Wie man sich leicht überzeugen kann, geht die Kontinuitätsgleichung (1.29) (Ladungserhaltung) analog zu Abschn. 1.3.1 durch die Anwendung der Divergenz auf (II) und Einsetzen von (III) identisch hervor.

Die zu (1.37) entsprechende Integralform erhält man durch Anwendung des Stokesschen (A.80)- und Gaußschen Satzes (A.81) auf (I) und (II), bzw. auf (III) und (IV):

$$\oint_{\partial A} \mathbf{E} \cdot \mathrm{d}\mathbf{s} = -\iint_A \frac{\partial \mathbf{B}}{\partial t} \cdot \mathrm{d}\mathbf{A} \quad \textit{Induktionsgesetz}\ \text{(I)} \tag{1.38}$$

$$\oint_{\partial A} \mathbf{H} \cdot \mathrm{d}\mathbf{s} = \iint_A \left(\mathbf{J} + \frac{\partial \mathbf{D}}{\partial t} \right) \cdot \mathrm{d}\mathbf{A} \quad \textit{Durchflutungsgesetz}\ \text{(II)} \tag{1.39}$$

$$\oiint_{\partial V} \mathbf{D} \cdot \mathrm{d}\mathbf{A} = \iiint_V q \, \mathrm{d}V \quad \textit{Gaußsches Gesetz}\ \text{(III)} \tag{1.40}$$

$$\oiint_{\partial V} \mathbf{B} \cdot \mathrm{d}\mathbf{A} = 0 \quad \text{Quellenfreiheit des magn.Feldes (IV)} \tag{1.41}$$

Die physikalische Interpretation der Maxwell-Gleichungen (I)-(IV) ist in Abb. 1.7 veranschaulicht. Gemäß dem Induktionsgesetz (I) erzeugt ein zeitabhängiges Magnetfeld (**B**) ein elektrisches Wirbelfeld (**E**). In Symmetrie dazu wird das Magnetfeld (**H**) zusätzlich zu Strömen (**J**) auch von einem zeitabhängigen elektrischen Feld (**D**) induziert (II). Ladungen (q) sind Ursache für ein elektrisches Quellenfeld (III), während das Magnetfeld (**B**) entsprechend (IV) keine Quellen hat.

▶ Das elektrische Feld besitzt im Allgemeinen sowohl einen Wirbel- als auch einen Quellenanteil. Dagegen ist das Magnetfeld ein reines Wirbelfeld.

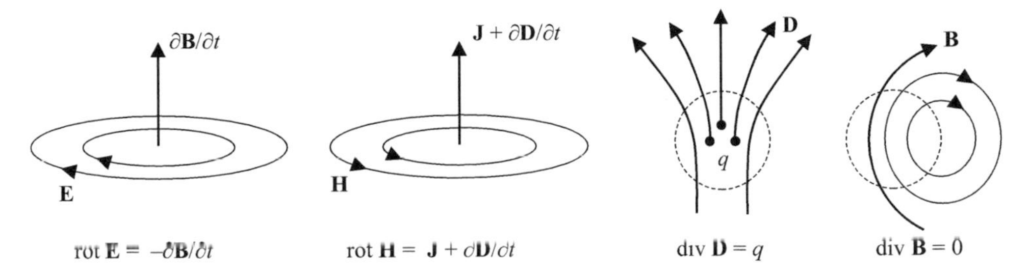

Abb. 1.7 Veranschaulichung der vier Maxwell-Gleichungen in Materie

1.4 Die Materialgleichungen

Insgesamt stellen die vier Maxwell-Gleichungen (1.37) 8 ($2 \times$ vektoriell, $2 \times$ skalar) skalare Gleichungen dar. Da Gl. (IV) in (I) aufgrund der Identität $\text{div}\,\text{rot}\,\mathbf{E} = 0$ (A.75) implizit enthalten ist, sind es sogar nur 7 unabhängige Gleichungen für die insgesamt 16 Unbekannten (**E**, **D**, **H**, **B**, **J**, q). Die fehlenden 9 Gleichungen werden durch die drei Materialgleichungen bereitgestellt, die eine Beziehung zwischen **J** und **E**, **D** und **E**, sowie **B** und **H** herstellen.

Leitfähigkeit

Wird ein elektrisches Feld an einem Medium angelegt, so stellt sich abhängig von der Anzahl und der Beweglichkeit von freien Ladungen aufgrund der elektrischen Kraft (1.2) eine Stromdichte ein:

$$\mathbf{J} = \kappa\,\mathbf{E} \quad \textit{Ohmsches Gesetz (lokal)}. \tag{1.42}$$

Der Proportionalitätsfaktor κ zwischen **J** und **E** ist die *spezifische elektrische Leitfähigkeit* mit der Einheit

$$[\kappa] = \frac{\text{A}}{\text{V m}} = \frac{\text{S}}{\text{m}} = \frac{1}{\Omega\,\text{m}} \quad (\text{S : Siemens}, \Omega : \text{Ohm}).$$

Elektrische Polarisierung

Die Wirkung eines elektrischen Feldes auf die gebundene Ladung in Materie hat durch ihre Verschiebung eine Polarisierung auf atomarer Ebene zur Folge, die makroskopisch durch den Polarisationsvektor **P** (1.30) beschrieben wird. Für isotrope Medien (**E** $\parallel$ **P**) gilt die Proportionalität

$$\mathbf{P} = \chi_e \varepsilon_0\,\mathbf{E} \quad (\chi_e : \textit{elektrische Suszeptibilität}) \tag{1.43}$$

Der Proportionalitätsfaktor χ_e gibt an, wie stark das betreffende Material unter dem Einfluss eines elektrischen Feldes im Material polarisiert wird. Einsetzen von (1.43) in (1.33) ergibt

$$\mathbf{D} = \varepsilon_0 \mathbf{E} + \mathbf{P} = \varepsilon_0 (1 + \chi_e) \mathbf{E} = \varepsilon_0 \varepsilon_r \mathbf{E}, \tag{1.44}$$

mit der *relativen Dielektrizitätskonstante* des Materials

$$\varepsilon_r = 1 + \chi_e.$$

Fasst man $\varepsilon = \varepsilon_0\, \varepsilon_r$ zur *absoluten Dielektrizitätskonstante* zusammen, so erhält man den Zusammenhang zwischen **D** und **E**:

$$\mathbf{D} = \varepsilon\, \mathbf{E}. \tag{1.45}$$

Die Materialkonstanten können auch nichtlinear (von der Feldstärke abhängig), inhomogen (ortsabhängig) bzw. anisotrop (richtungsabhängig) sein, z. B.:

$$\mathbf{D} = \bar{\varepsilon}(\mathbf{E}, \mathbf{r}) \cdot \mathbf{E} \quad \text{mit} \quad \bar{\varepsilon} = \begin{pmatrix} \varepsilon_{11} & \varepsilon_{12} & \varepsilon_{13} \\ \varepsilon_{21} & \varepsilon_{22} & \varepsilon_{23} \\ \varepsilon_{31} & \varepsilon_{32} & \varepsilon_{33} \end{pmatrix} \text{ (Dyade, Tensor 2.Stufe).}$$

Magnetisierung

Analog zu den elektrischen Eigenschaften definiert man für isotrope Medien (**B** || **H**):

$$\mathbf{M} = \chi_m \mathbf{H} \quad (\chi_m : \textit{magnetische Suszeptibilität}). \tag{1.46}$$

Einsetzen von (1.46) in (1.35) ergibt

$$\mathbf{B} = \mu_0 (\mathbf{H} + \mathbf{M}) = \mu_0 (1 + \chi_m) \mathbf{H} = \mu_0 \mu_r \mathbf{H}, \tag{1.47}$$

mit der *relativen Permeabilitätskonstante* des Mediums

$$\mu_r = 1 + \chi_m.$$

Fasst man $\mu = \mu_0\, \mu_r$ zur *absoluten Permeabilitätskonstante* zusammen, so erhält man den Zusammenhang zwischen **B** und **H**:

$$\mathbf{B} = \mu\, \mathbf{H}. \tag{1.48}$$

Bezüglich ihrer magnetischen Eigenschaften unterscheidet man hauptsächlich drei Arten von Stoffen:

$$\begin{array}{lll} \text{diamagnetisch} & \chi_m \leq 0 \Rightarrow \mu_r \leq 1 \\ \text{paramagnetisch} & \chi_m \geq 0 \Rightarrow \mu_r \geq 1 \\ \textit{ferromagnetisch} & \chi_m \gg 1 \Rightarrow \mu_r \gg 1. \end{array}$$

Letztere sind die technisch wichtigen Werkstoffe. Jedoch weisen solche ferromagnetischen Materialien wie Eisen, Kobalt, Nickel und Legierungen daraus eine mehr oder weniger ausgeprägte Nichtlinearität auf. Zudem hängt χ_m auch von der

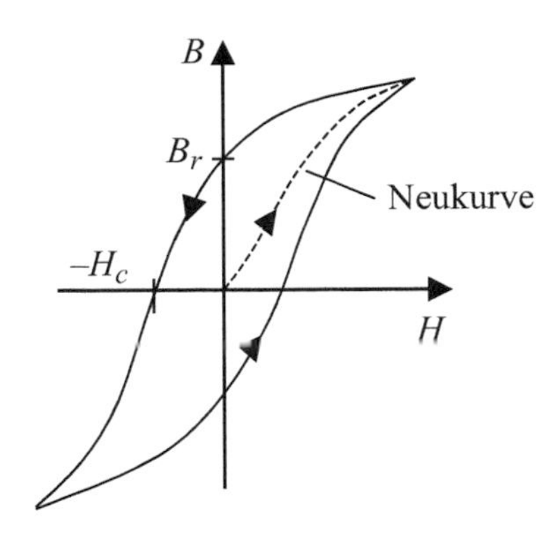

Abb. 1.8 Hysteresekurve bei ferromagnetischen Materialien

„Vorgeschichte" ab (Hysterese). Abb. 1.8 zeigt den typischen Verlauf der *B*-*H*-Kennlinie. Der gestrichelte Verlauf ist die sog. Neukurve bei Abwesenheit einer bereits erfolgten Magnetisierung des Materials. Diese manifestiert sich durch die Remanenzflussdichte B_r, die nach Abschalten des angelegten *H*-Feldes „gespeichert" bleibt und erst durch Anlegen eines negativen Feldstärkewerts H_c (Koerzitivfeldstärke) neutralisiert wird.

Beispiel 1.1: Relaxationszeit eines Mediums

Betrachtet werde ein homogenes Medium mit elektrischer Leitfähigkeit κ und Permittivität ε. Einsetzen der Materialgleichungen $\mathbf{J} = \kappa \mathbf{E}$ und $\mathbf{D} = \varepsilon \mathbf{E}$ in die Kontinuitätsgleichung (1.29)

$$\operatorname{div} \mathbf{J} = -\frac{\partial q}{\partial t}$$

ergibt für die linke Seite unter Anwendung von (III):

$$\operatorname{div} \mathbf{J} = \kappa \operatorname{div} \mathbf{E} = \frac{\kappa}{\varepsilon} \operatorname{div} \mathbf{D} = \frac{\kappa}{\varepsilon} q.$$

Aus der Kontinuitätsgleichung resultiert also eine gewöhnliche Differenzialgleichung 1. Ordnung für die zeitabhängige Ladungsdichte $q(t)$ in einem beliebigen Punkt:

$$\frac{\partial q}{\partial t} + \frac{\kappa}{\varepsilon} q = 0.$$

Wie man sich durch Einsetzen leicht überzeugen kann, lautet die Lösung für eine zur Zeit $t = 0$ vorhandene Ladungsdichte q_0:

$$q(t) = q_0 \, e^{-t/\tau_R}$$

mit der charakteristischen Zeitkonstanten

$$\tau_R = \varepsilon/\kappa \quad (\textit{Relaxationszeit}) \tag{1.49}$$

des Mediums. Eine an einem Ort zum Zeitpunkt $t = 0$ vorhandene Ladungsdichte q_0 klingt also exponentiell ab. Die Zeitkonstante τ_R bestimmt wie schnell sich in dem betreffenden Medium eine Ladungsansammlung durch die gegenseitigen Abstoßungskräfte abbaut. Ist das Volumen begrenzt, verteilt sich die Ladung auf der Oberfläche bis der statische Gleichgewichtszustand erreicht ist. In diesem Zustand ist der Körper aufgrund $\mathbf{J} = \kappa\,\mathbf{E} = 0$ feldfrei ($\mathbf{E} = \mathbf{0}$).

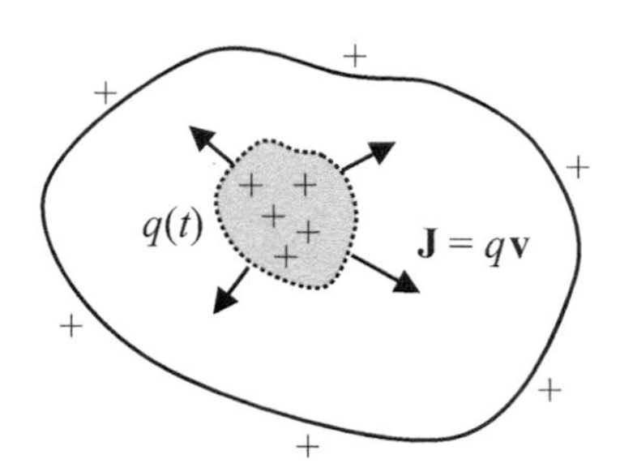

Beispielsweise beträgt die Relaxationszeit für die drei folgenden Medien:

$$\begin{aligned} \text{Teflon}: \quad & \tau_R \approx 30\,\text{min} = 1800\ \text{s}, \\ \text{dest.Wasser}: \quad & \tau_R \approx 10^{-6}\text{s}, \\ \text{Kupfer}: \quad & \tau_R \approx 2{,}5 \cdot 10^{-14}\text{s}. \end{aligned}$$

Bemerkenswerterweise baut sich selbst in einem ausgesprochenen Nichtleiter wie Teflon die Ladung in einem überschaubaren Zeitraum ab. Dagegen erfolgt der Vorgang in einem Leiter wie Kupfer quasi instantan. ◀

1.5 Randbedingungen des elektromagnetischen Feldes

Zur Berechnung des elektromagnetischen Feldes in einem Raumgebiet, das von anderen Medien begrenzt wird, ist die Kenntnis des Verhaltens der Feldkomponenten an den Mediengrenzen erforderlich. Dabei wird die in atomaren Dimensionen kontinuierliche Änderung der Medieneigenschaften makroskopisch als abrupter Übergang idealisiert.

Nach Abschn. A.2 lässt sich in Bezug auf eine Oberfläche jeder Vektor in seine Tangential- und Normalkomponente zerlegen, sodass die beiden Komponenten auf der Trennfläche zwischen zwei unterschiedlichen Medien getrennt behandelt werden können.

Tangentialkomponenten

Zur Auswertung der ersten beiden integralen Maxwell-Gl. (1.38) und (1.39) wird ein Flächenelement $\Delta A = \Delta s\ \Delta h$, senkrecht auf der Grenzfläche zwischen Medium 1 und 2 betrachtet (Abb. 1.9). Für genügend kleines Δs und $\Delta h \to 0$ erhält man für (1.38):

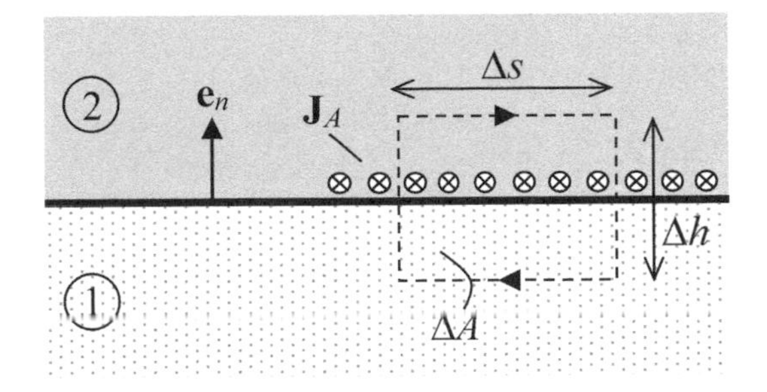

Abb. 1.9 Zur Berechnung der Stetigkeitsbedingung für die Tangentialkomponenten von **E** und **H**

$$\lim_{\Delta h \to 0} \oint_{\partial(\Delta A)} \mathbf{E} \cdot \mathrm{d}\mathbf{s} = (\mathbf{E}_1 - \mathbf{E}_2) \cdot \Delta \mathbf{s} = -\frac{\partial}{\partial t} \lim_{\Delta h \to 0} \iint_{\Delta A} \mathbf{B} \cdot \mathrm{d}\mathbf{A} = 0.$$

Daraus folgt, dass die Tangentialkomponenten des elektrischen Feldes an einer Mediengrenze stetig sind, d. h.:

$$E_{t,1} = E_{t,2}. \tag{1.50}$$

Durch Verwendung des Normalenvektors $\mathbf{e}_n$, der von Medium 1 nach Medium 2 zeigt, erhält man die allgemeine Form:

$$\mathbf{e}_n \times (\mathbf{E}_2 - \mathbf{E}_1) = \mathbf{0}. \tag{1.51}$$

Ebenfalls für genügend kleines Δs und $\Delta h \to 0$ erhält man für (1.39):

$$\lim_{\Delta h \to 0} \oint_{\partial(\Delta A)} \mathbf{H} \cdot \mathrm{d}\mathbf{s} = (\mathbf{H}_1 - \mathbf{H}_2) \cdot \Delta \mathbf{s} = \lim_{\Delta h \to 0} \iint_{\Delta A} \left(\mathbf{J} + \frac{\partial \mathbf{D}}{\partial t} \right) \cdot \mathrm{d}\mathbf{A} = J_A \, \Delta s$$

Hierbei ist eine etwaig vorhandene Flächenstromdichte $\mathbf{J}_A$ berücksichtigt. Daraus folgt, dass die Tangentialkomponente von **H** an einer Mediengrenze um den Betrag der Flächenstromdichte $\mathbf{J}_A$ springt, ansonsten ist sie stetig, d. h.:

$$H_{t,1} - H_{t,2} = J_A, \tag{1.52}$$

oder in allgemeiner Form:

$$\mathbf{e}_n \times (\mathbf{H}_2 - \mathbf{H}_1) = \mathbf{J}_A. \tag{1.53}$$

Durch Einsetzen der Materialgleichung (1.45) bzw. (1.48) ergeben sich auch die Stetigkeitsbedingungen für die Tangentialkomponenten für **D** und **B**.

Normalkomponenten

Zur Auswertung der beiden anderen integralen Maxwell-Gleichungen (1.40) und (1.41) wird ein Volumenelement $\Delta V = \Delta A \Delta h$, senkrecht auf der Grenzfläche zwischen Medium 1 und 2 betrachtet (Abb. 1.10). Für ein genügend kleines ΔA und $\Delta h \to 0$ erhält man für (1.40):

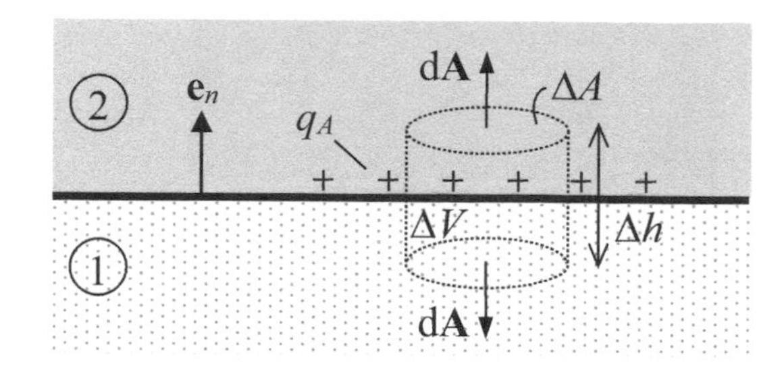

Abb. 1.10 Zur Berechnung der Stetigkeitsbedingung für die Normalkomponenten von **D** und **B**

$$\lim_{\Delta h \to 0} \oiint_{\partial(\Delta V)} \mathbf{D} \cdot \mathrm{d}\mathbf{A} = (\mathbf{D}_2 - \mathbf{D}_1) \cdot \mathbf{e}_n \, \Delta A = \iiint_{\Delta V} q \, \mathrm{d}V = q_A \Delta A.$$

Hierbei ist eine etwaig vorhandene Flächenladungsdichte q_A berücksichtigt. Daraus folgt, dass die Normalkomponente von **D** an einer Mediengrenze um den Betrag der Flächenladungsdichte q_A springt, ansonsten ist sie stetig, d.h.:

$$D_{n,2} - D_{n,1} = q_A, \tag{1.54}$$

oder in allgemeiner Form:

$$\mathbf{e}_n \cdot (\mathbf{D}_2 - \mathbf{D}_1) = q_A. \tag{1.55}$$

Ebenfalls für ein genügend kleines ΔA und $\Delta h \to 0$ erhält man für (1.41):

$$\lim_{\Delta h \to 0} \oiint_{\partial(\Delta V)} \mathbf{B} \cdot \mathrm{d}\mathbf{A} = (\mathbf{B}_2 - \mathbf{B}_1) \cdot \mathbf{e}_n \, \Delta A = 0.$$

Daraus folgt, dass die Normalkomponente von **B** an einer Mediengrenze stetig ist, d. h.:

$$B_{n,1} = B_{n,2}, \tag{1.56}$$

oder in allgemeiner Form:

$$\mathbf{e}_n \cdot (\mathbf{B}_2 - \mathbf{B}_1) = 0. \tag{1.57}$$

Durch Einsetzen der Materialgleichungen (1.45) bzw. (1.48) ergeben sich auch die Stetigkeitsbedingungen für die Normalkomponenten für **H** und **E**.

Ideale elektrische Leiter

Die in der Elektrotechnik als Leiter klassifizierten Materialien wie z. B. Kupfer haben eine solch hohe spezifische Leitfähigkeit κ, dass die Relaxationszeit $\tau = \varepsilon/\kappa$ (1.49) gegenüber allen technisch relevanten, zeitabhängigen Vorgängen vernachlässigbar klein ist (siehe Beispiel 1.1). Das heißt, die Ladung innerhalb des Leiters befindet sich in jedem Zeitpunkt nahezu im Gleichgewichtszustand. Deshalb kann für das Verhalten der Felder an einer Grenzfläche zu einem Leiter in sehr guter Näherung der Grenzfall $\kappa \to \infty$ betrachtet werden. Daraus folgt für die elektrischen Feldvektoren aus (1.42):

$$\mathbf{J} = \kappa\,\mathbf{E} = \mathbf{0} \quad \Rightarrow \quad \mathbf{E}, \mathbf{D} = \mathbf{0} \quad (\varepsilon \neq \infty).$$

Für das magnetische Feld resultiert aus (I) und (1.48)

$$\text{rot}\mathbf{E} = -\partial\mathbf{B}/\partial t = \mathbf{0} \quad \Rightarrow \quad \mathbf{B}, \mathbf{H} = const., \; (\mu \neq \infty).$$

Außer im statischen Fall, ist also auch das magnetische Feld in einem idealen Leiter Null.

Im zeitabhängigen Fall erhalten wir für die Tangential- und Normalkomponenten (1.51)–(1.57) auf der Oberfläche eines *idealen Leiters* (Medium 1) die folgenden Beziehungen:

$$\mathbf{e}_n \times \mathbf{E}_2 = \mathbf{0} \; (E_t = 0) \tag{1.58}$$

$$\mathbf{e}_n \times \mathbf{H}_2 = \mathbf{J}_A \; (H_t = J_A) \tag{1.59}$$

$$\mathbf{e}_n \cdot \mathbf{D}_2 = q_A \; (D_n = q_A) \tag{1.60}$$

$$\mathbf{e}_n \cdot \mathbf{B}_2 = 0 \quad (B_n = 0). \tag{1.61}$$

▶ Innerhalb eines ideal leitfähigen Mediums sind alle elektromagnetischen Feldkomponenten Null, außer im statischen Fall, in dem ein magnetisches Feld vorhanden sein kann. Die elektrischen Feldlinien stehen senkrecht auf der Leiteroberfläche und die magnetischen Feldlinien verlaufen parallel zur Leiteroberfläche.

1.6 Energieerhaltungssatz (Poyntingscher Satz)

Aus den Maxwell-Gleichungen lässt sich die allgemeine Beziehung für die Energiebilanz im elektromagnetischen Feld ableiten. Ausgangspunkt ist die elektromagnetische Kraft **F** (1.1) auf eine Ladung Q, die sich mit der Geschwindigkeit **v** im Feld bewegt. Die an der Ladung verrichtete Leistung (Arbeit/Zeit), die z. B. in einem Medium in Joulesche Wärme umgewandelt wird, beträgt:

$$P_J = \mathbf{F} \cdot \mathbf{v} = Q\,\mathbf{E} \cdot \mathbf{v}.$$

Hierbei fehlt der in (1.1) enthaltene magnetische Anteil, die Lorentz-Kraft $\mathbf{F}_{magn}$, da sie senkrecht auf **v** steht und damit keine Leistung an der Ladung verrichtet ($\mathbf{v} \cdot (\mathbf{v} \times \mathbf{B}) = 0$). Für eine beliebige Ladungsdichte $q = \mathrm{d}Q/\mathrm{d}V$ definieren wir die auf das Volumen bezogene *Verlustleistungsdichte* p_J und erhalten mit (1.6) für **J**:

$$p_J = \frac{\mathrm{d}P_J}{\mathrm{d}V} = q\,\mathbf{E}\cdot\mathbf{v} = \mathbf{E}\cdot\mathbf{J}.$$

Diesen Ausdruck arbeiten wir in die Maxwell-Gleichungen ein, indem wir (II)

$$\nabla\times\mathbf{H} = \mathbf{J} + \frac{\partial\mathbf{D}}{\partial t}$$

auf beiden Seiten mit $\mathbf{E}$ multiplizieren:

$$\mathbf{E}\cdot\mathbf{J} = \mathbf{E}\cdot(\nabla\times\mathbf{H}) - \mathbf{E}\cdot\frac{\partial\mathbf{D}}{\partial t}.$$

Der Term $\mathbf{E}\cdot(\nabla\times\mathbf{H})$ lässt sich durch die Formel (A.69)

$$\nabla\cdot(\mathbf{E}\times\mathbf{H}) = \mathbf{H}\cdot(\nabla\times\mathbf{E}) - \mathbf{E}\cdot(\nabla\times\mathbf{H})$$

ersetzen und wir erhalten:

$$\mathbf{E}\cdot\mathbf{J} = \mathbf{H}\cdot(\nabla\times\mathbf{E}) - \nabla\cdot(\mathbf{E}\times\mathbf{H}) - \mathbf{E}\cdot\frac{\partial\mathbf{D}}{\partial t}.$$

Einsetzen von (I) für $\nabla\times\mathbf{E}$ ergibt schließlich:

$$\operatorname{div}\;(\mathbf{E}\times\mathbf{H}) = -\mathbf{E}\cdot\mathbf{J} - \mathbf{E}\cdot\frac{\partial\mathbf{D}}{\partial t} - \mathbf{H}\cdot\frac{\partial\mathbf{B}}{\partial t} \quad \textit{Poyntingscher Satz.} \tag{1.62}$$

Wie die im Strömungsfeld umgesetzte Verlustleistung/Volumen

$$p_J = \mathbf{E}\cdot\mathbf{J} \quad \left(\frac{\mathrm{V}}{\mathrm{m}}\frac{\mathrm{A}}{\mathrm{m}^2} = \frac{\mathrm{W}}{\mathrm{m}^3}\right) \quad \textit{Verlustleistungsdichte} \tag{1.63}$$

handelt es sich bei den anderen Gliedern des Poyntingschen Satzes (1.62) ebenfalls um volumenbezogene Leistungen. Die beiden Ausdrücke

$$p_E = \mathbf{E}\cdot\frac{\partial\mathbf{D}}{\partial t} \qquad [p_E] = \frac{\mathrm{V}}{\mathrm{m}}\frac{\mathrm{As}}{\mathrm{m}^2}\frac{1}{\mathrm{s}} = \frac{\mathrm{W}}{\mathrm{m}^3}.$$

$$p_M = \mathbf{H}\cdot\frac{\partial\mathbf{B}}{\partial t} \qquad [p_M] = \frac{\mathrm{A}}{\mathrm{m}}\frac{\mathrm{Vs}}{\mathrm{m}^2}\frac{1}{\mathrm{s}} = \frac{\mathrm{W}}{\mathrm{m}^3}$$

erweisen sich als die pro Volumen vom elektrischen bzw. magnetischen Feld aufgenommene Leistung. Da die Leistung aus der Zeitableitung der Energie hervorgeht, ergeben die zeitlichen Integrale dieser beiden Ausdrücke

$$w_E = \int_0^t p_E\,\mathrm{d}t' = \int_0^t \mathbf{E}\frac{\partial\mathbf{D}}{\partial t'}\,\mathrm{d}t'$$

$$w_M = \int_0^t p_M\,\mathrm{d}t' = \int_0^t \mathbf{H}\frac{\partial\mathbf{B}}{\partial t'}\,\mathrm{d}t',$$

die im elektrischen bzw. magnetischen Feld *gespeicherte Energie-Volumendichte* w_E bzw. w_M. Daraus resultiert jeweils die allgemeingültige Beziehung:

$$w_E = \int_0^D \mathbf{E} \cdot \mathrm{d}\mathbf{D} \quad \left(\frac{\mathrm{Ws}}{\mathrm{m}^3}\right) \quad \textit{Energiedichte des elektrischen Feldes} \tag{1.64}$$

$$w_M = \int_0^B \mathbf{H} \cdot \mathrm{d}\mathbf{B} \quad \left(\frac{\mathrm{Ws}}{\mathrm{m}^3}\right) \quad \textit{Energiedichte des magnetischen Feldes.} \tag{1.65}$$

Für das Kreuzprodukt auf der linken Seite des Poyntingschen Satzes (1.62) führen wir den Vektor **S** ein:

$$\mathbf{S} = \mathbf{E} \times \mathbf{H} \quad \left(\frac{\mathrm{V}}{\mathrm{m}}\frac{\mathrm{A}}{\mathrm{m}} = \frac{\mathrm{W}}{\mathrm{m}^2}\right) \quad \textit{Poynting - Vektor.} \tag{1.66}$$

Der Poynting-Vektor stellt die *Leistungsflussdichte (Leistung/Fläche) des elektromagnetischen Feldes* dar.

Mit den eingeführten Größen können wir den Poyntingsche Satz in eine aussagekräftigere Form bringen:

$$\operatorname{div} \mathbf{S} = -p_J - \frac{\partial}{\partial t}(w_E + w_M) \quad \begin{array}{l}\textit{Energieerhaltung}\\ \textit{in differentieller Form (lokal).}\end{array} \tag{1.67}$$

Für ein gegebenes Volumen V liefert die Integration über V auf beiden Seiten von (1.67) und Anwendung des Gaußschen Integralsatzes (A.81):

$$\oiint_{\partial V} \mathbf{S} \cdot \mathrm{d}\mathbf{A} = -\iiint_V p_J \,\mathrm{d}V - \frac{\partial}{\partial t} \iiint_V (w_E + w_M)\,\mathrm{d}V.$$

Die Volumenintegrale über die Dichten p_J, w_E und w_M ergeben die im gesamten Volumen umgesetzte Joulesche Verlustleistung P_J, sowie die im Volumen gespeicherte elektrische und magnetischen Feldenergie W_E bzw. W_M. Wir erhalten somit als Energiebilanz für ein gegebenes Volumen:

$$\oiint_{\partial V} \mathbf{S} \cdot \mathrm{d}\mathbf{A} = -P_J - \frac{\partial}{\partial t}(W_E + W_M) \quad \begin{array}{l}\textit{Energieerhaltung}\\ \textit{in integraler Form (global).}\end{array} \tag{1.68}$$

In der elektromagnetischen Energiebilanz stehen also den zeitlichen Änderungen der innerhalb des Volumens im elektrischen und magnetischen Feld gespeicherten Energie zwei *irreversible* Leistungsumsätze gegenüber. Dies ist die im Volumen umgesetzte Jouleschen Wärme sowie die *aus dem Volumen ausströmende* (ausgestrahlte) elektromagnetische Leistung (Abb. 1.11).

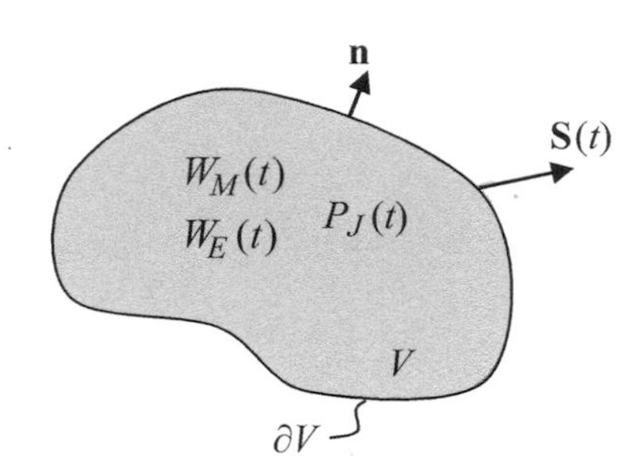

Abb. 1.11 Zum Energieerhaltungssatz im elektromagnetischen Feld. (Satz von Poynting)

Der Poyntingsche Satz beschreibt eine Reihe unterschiedlicher Vorgänge. Beispielsweise kann eine in V umgesetzte Verlustleistung

$$P_J = -\frac{\partial}{\partial t}(W_E + W_M) - \oiint\limits_{\partial V} \mathbf{S} \cdot \mathrm{d}\mathbf{A}$$

aus einer Abnahme der gespeicherten elektrischen/magnetischen Feldenergie W_M bzw. W_E und einer Einstrahlung elektromagnetischer Energie ($\mathbf{S}\cdot\mathrm{d}\mathbf{A} < 0$) von außen gedeckt werden. Beispielsweise entspricht eine Abnahme von W_E dem Entladevorgang eines Kondensators über ein leitfähiges Material, indem die Verlustleistung P_J umgesetzt wird.

Auch der umgekehrte Prozess ist möglich. Die durch eine Energiequelle (Generator, negative Verlustleistung $-P_J$) erzeugte Leistung kann eine Erhöhung der gespeicherten elektrischen/magnetischen Feldenergie W_E bzw. W_M bewirken, sowie die Ausstrahlung elektromagnetischer Energie aus dem Volumen speisen. Letzteres entspricht beispielsweise dem Prinzip eines Funksenders, der elektromagnetische Wellen in den Raum ausstrahlt.

Isotrope, lineare und homogene Medien

In diesem Fall können die Energieumsätze jeweils mit nur einem der beiden Vektoren definiert werden. Durch Einsetzen des Ohmschen Gesetzes (1.42) in (1.63) erhalten wir für die Verlustleistungsdichte:

$$p_J = \kappa\, E^2 = \frac{J^2}{\kappa}. \tag{1.69}$$

Für die beiden Feldenergiedichten (1.64) und (1.65) erhalten wir durch Einsetzen der entsprechenden Materialgleichung (1.45) bzw. (1.46):

$$w_E = \frac{1}{2}\mathbf{D} \cdot \mathbf{E} = \frac{\varepsilon\, E^2}{2} = \frac{D^2}{2\,\varepsilon} \tag{1.70}$$

$$w_M = \frac{1}{2}\mathbf{H} \cdot \mathbf{B} = \frac{\mu\, H^2}{2} = \frac{B^2}{2\,\mu}. \tag{1.71}$$

Ausgedrückt durch **E** und **H** lautet der elektromagnetische Energieerhaltungssatz:

$$\oiint_{\partial V} (\mathbf{E} \times \mathbf{H}) \cdot \mathrm{d}\mathbf{A} = - \iiint_V \left[\kappa\, E^2 + \frac{1}{2} \frac{\partial}{\partial t} \left(\varepsilon\, E^2 + \mu\, H^2 \right) \right] \mathrm{d}V. \tag{1.72}$$

Beispiel 1.2: Energieübertragung in einem einfachen Gleichstromkreis

Der elektromagnetische Energieerhaltungssatz präzisiert mit dem Leistungsfluss-(Poynting)Vektor **S** wie der Vorgang der elektrischen Energieübertragung durch Leitungen physikalisch tatsächlich zu verstehen ist. Als Beispiel werde eine einfache Anordnung betrachtet, bestehend aus einer Gleichspannungsquelle U und einem Verbraucher mit dem elektrischen Widerstand R. Beide sind über eine Leitung, bestehend aus einem Hin- und Rückleiter für den Strom I, miteinander verbunden.

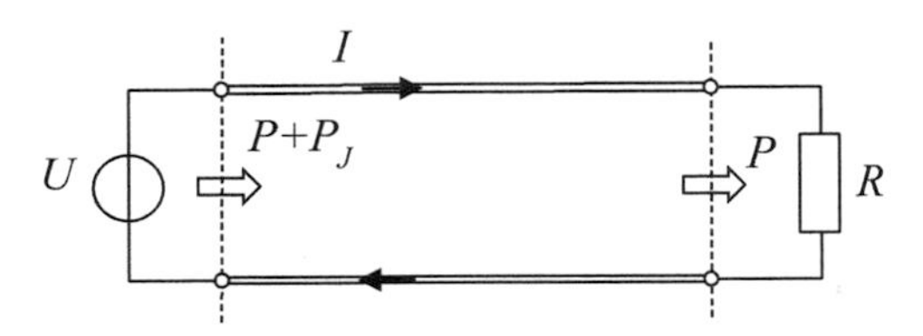

Im Allgemeinen ist die Leitung nicht ideal leitend, sodass die von der Spannungsquelle abgegebene Leistung die Summe aus der im Verbraucher umgesetzten Leistung P und der in der Leitung verbrauchten Leistung P_J ist.

Im Folgenden soll der Leistungstransport von der Spannungsquelle zum Verbraucher entlang der Leitung untersucht werden. Die Leitung sei vereinfacht durch zwei parallele Platten mit einer gewissen Dicke ausgeführt.

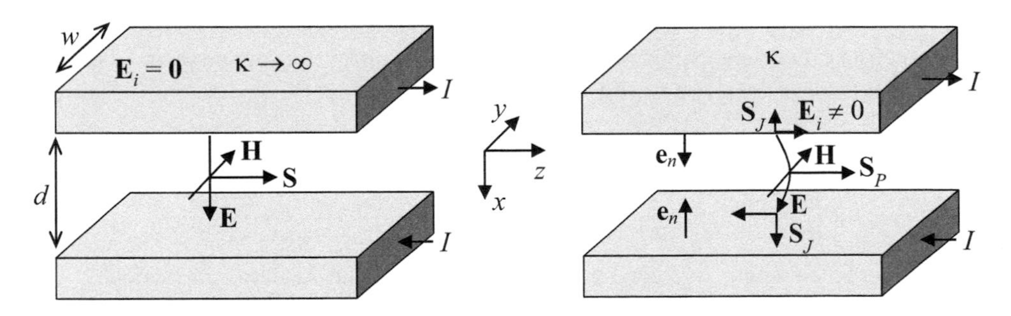

Verlustlose Leitung ($\mathbf{P}_J = 0$)

Für ein Volumenelement ΔV, das beide Leiter einbezieht, entfallen im Poyntingschen Satz (1.68) aufgrund des stationären Zustandes der Anordnung (Gleichstromkreis) und der Abwesenheit von Verlusten ($\kappa \to \infty$) die Zeitableitung und die Verlustleistung P_J. Wir erhalten somit:

$$\oiint_{\partial(\Delta V)} \mathbf{S} \cdot \mathrm{d}\mathbf{A} = 0.$$

Innerhalb der ideal leitenden Platten ist das elektrische Feld gemäß dem Ohmschen Gesetz (1.42) $\mathbf{E}_i = \mathbf{J}/\kappa = 0$, sodass dort und auf der Leiteroberfläche gilt: $\mathbf{S} = \mathbf{E}_i \times \mathbf{H} = 0$. Das heißt, in den Leitern findet weder ein Energieumsatz noch ein Energietransport statt.

Zwischen den Platten resultiert dagegen der Poynting-Vektor $\mathbf{S} = \mathbf{E} \times \mathbf{H} \neq 0$. Das heißt, die aus einem Volumenelement entlang der Leitung hineinfließende elektromagnetische Leistung ist gleich der austretenden Leistung. Mit der gewählten Polung der Spannungsquelle und der daraus resultierenden Stromrichtung zeigt $\mathbf{S}$ *von der Quelle zum Verbraucher* in z-Richtung. Dieses Ergebnis lässt sich folgendermaßen interpretieren:

Der Leistungstransport in einer Leitung findet *zwischen den Leitern* statt, d. h. die beiden Leiter dienen nur zur *Führung der Energie*.

Die folgende Modellrechnung soll dies auch quantitativ bestätigen. Um die Rechnung einfach zu halten, werden für die Felder der Parallelplattenleitung mit Breite w und Abstand d die asymptotischen Lösungen für ein großes Verhältnis w/d verwendet:

$$\mathbf{E} \simeq \frac{U}{d}\mathbf{e}_x, \ \mathbf{H} \simeq \frac{I}{w}\mathbf{e}_y; \quad \text{für } w \gg d.$$

Damit ergibt sich für den Poynting-Vektor zwischen den Platten:

$$\mathbf{S} = \mathbf{E} \times \mathbf{H} = \frac{U\,I}{d\,w}\left(\mathbf{e}_x \times \mathbf{e}_y\right) = \frac{U\,I}{d\,w}\mathbf{e}_z.$$

Die durch die Fläche A zwischen den Platten in z-Richtung strömende elektromagnetische Leistung ergibt sich durch Integration über die Kantenlängen d und w mit dem Flächenelement $\mathrm{d}\mathbf{A} = \mathrm{d}\mathbf{A}_z = \mathrm{d}x\mathrm{d}y\,\mathbf{e}_z$ (A.14) zu

$$P = \iint\limits_A \mathbf{S} \cdot \mathrm{d}\mathbf{A}_z = \frac{U\,I}{d\,w}\iint\limits_{dw} \mathrm{d}x\mathrm{d}y = U\,I,$$

in Übereinstimmung mit der Formel für die elektrische Leistung in Gleichstrom-Netzwerken.

Verlustbehaftete Leitung ($\mathbf{P}_J \neq 0$)

In diesem Fall ist das elektrische Feld innerhalb der ideal leitenden Platten gemäß dem Ohmschen Gesetz (1.42) $\mathbf{E}_i = \mathbf{J}/\kappa \neq 0$. Auf der Leiteroberfläche zwischen den Platten ergibt sich damit die zusätzliche Komponente des Poynting-Vektors $\mathbf{S}_J = \mathbf{E}_i \times \mathbf{H}$, die *in den Leiter hinein* zeigt. Zwischen den Platten findet gleichzeitig der Energietransport zum Verbraucher ($\mathbf{S}_P$) statt. Dieses Ergebnis lässt sich folgendermaßen interpretieren:

Ein Teil der von der Leitung geführten Energie „versickert" in den Leitern ($\mathbf{S}_J$), wo sie in Joulesche Verlustleistung (P_J) umgesetzt wird.

Mit der folgenden Modellrechnung soll die insgesamt über die Leitungslänge l umgesetzte Verlustleistung P_J in den Leitern bestimmt werden. Ausgehend vom Spannungsabfall ΔU über beide Leiter beträgt die Feldstärke innerhalb eines Leiters:

$$E_i = \frac{\Delta U/2}{l}.$$

Die in beide Leiter einfließende Verlustleistung ergibt sich damit zu

$$\begin{aligned} P_J &= 2 \oiint_{\partial V} (\mathbf{E}_i \times \mathbf{H})(-\mathbf{e}_n) \, \mathrm{d}A = 2 \iint_{l\,w} E_i H \, \mathrm{d}y\mathrm{d}z \\ &= 2 \frac{\Delta U/2}{l} \frac{I}{w} \iint_{l\,w} \mathrm{d}y\mathrm{d}z = \Delta U I, \end{aligned}$$

ebenfalls in Übereinstimmung mit der Berechnung des Gleichstromnetzwerkes. ◀

1.7 Zeitharmonische Felder

In vielen Fällen ist die zeitliche Änderung der betrachteten Vorgänge cosinus- bzw. sinusförmig mit der Kreisfrequenz ω. In einem linearen System weisen dann alle Feldgrößen $\mathbf{f}(\mathbf{r},t)$ eine solche harmonische Zeitabhängigkeit auf, wobei sowohl die Amplitude/Richtung $\widehat{\mathbf{f}}(\mathbf{r})$ als auch die Phase $\varphi(\mathbf{r})$ ortsabhängig sein kann. Wie in der Wechselstromrechnung gehen wir in solchen Fällen zweckmäßigerweise über zur komplexen Rechnung, indem wir die auf der reellen Achse oszillierende Feldgröße als rotierenden *Zeiger* mit Hilfe der Exponentialfunktion in die komplexe Ebene erweitern, d. h.:

$$\mathbf{f}(\mathbf{r},t) = \widehat{\mathbf{f}}(\mathbf{r}) \cos(\omega t + \varphi(\mathbf{r})) \rightarrow \underline{\mathbf{f}}(\mathbf{r},t) = \widehat{\mathbf{f}}(\mathbf{r}) \, \mathrm{e}^{\mathrm{j}(\omega t + \varphi(\mathbf{r}))}.$$

Fassen wir die Vektoramplitude und die Phase zur komplexen Amplitude zusammen

$$\widehat{\mathbf{f}}(\mathbf{r}) \, \mathrm{e}^{\mathrm{j}\varphi(\mathbf{r})} := \underline{\mathbf{f}}(\mathbf{r}),$$

so erhalten wir die zeitabhängige, komplexe Feldgröße:

$$\underline{\mathbf{f}}(\mathbf{r},t) = \underline{\mathbf{f}}(\mathbf{r}) \, \mathrm{e}^{\mathrm{j}\omega t}.$$

Der tatsächliche Zeitverlauf kann durch Realteilbildung gewonnen werden:

$$\mathbf{f}(\mathbf{r},t) = \mathrm{Re}\,\{\underline{\mathbf{f}}(\mathbf{r},t)\} = \widehat{\mathbf{f}}(\mathbf{r})\,\mathrm{Re}\left\{\mathrm{e}^{\mathrm{j}(\omega t + \varphi(\mathbf{r}))}\right\} = \widehat{\mathbf{f}}(\mathbf{r}) \cos(\omega t + \varphi(\mathbf{r})).$$

Der Vorteil der komplexen Rechnung liegt darin, dass zeitliche Ableitungen bzw. Integrationen in einfache arithmetische Operationen übergehen:

$$\frac{\partial \underline{\mathbf{f}}(\mathbf{r},t)}{\partial t} = \mathrm{j}\omega\, \underline{\mathbf{f}}(\mathbf{r},\mathrm{t}) = \mathrm{j}\omega\, \underline{\mathbf{f}}(\mathbf{r})\, \mathrm{e}^{\mathrm{j}\omega \mathrm{t}}.$$

Die Extraktion des Realteils ergibt:

$$\mathrm{Re}\left\{\frac{\partial \underline{\mathbf{f}}(\mathbf{r},t)}{\partial t}\right\} = \omega\, \mathrm{Re}\left\{\underline{\mathbf{f}}(\mathbf{r})\mathrm{e}^{\mathrm{j}(\omega t+\pi/2)}\right\} = \omega\, \widehat{\mathbf{f}}(\mathbf{r})\, \mathrm{Re}\left\{\mathrm{e}^{\mathrm{j}(\omega\, t+\pi/2+\varphi(\mathbf{r}))}\right\}$$
$$= -\omega\, \widehat{\mathbf{f}}(\mathbf{r})\, \sin\left(\omega\, t + \varphi(\mathbf{r})\right) = \frac{\partial \mathbf{f}(\mathbf{r},t)}{\partial t}.$$

Entsprechend gilt für die zeitliche Integration

$$\int_0^t \underline{\mathbf{f}}(\mathbf{r},t')\mathrm{d}t' = \frac{1}{\mathrm{j}\omega}\, \underline{\mathbf{f}}(\mathbf{r},\mathrm{t}) = \frac{1}{\mathrm{j}\omega}\, \underline{\mathbf{f}}(\mathbf{r})\, \mathrm{e}^{\mathrm{j}\omega \mathrm{t}}.$$

1.7.1 Komplexe Maxwell-Gleichungen

Aufgrund der Linearität der Maxwell-Gleichungen, d. h. sämtliche Differentialquotienten sind distributiv, werden sie von den Realteilen der komplexen Feldgrößen unabhängig von der Anwesenheit der imaginären Anteile erfüllt. Der Faktor $\mathrm{e}^{\mathrm{j}\omega \mathrm{t}}$ tritt stets auf beiden Seiten der Gleichungen auf und kann deshalb weggelassen werden. Es treten also nur räumliche Ableitungen auf, was die Lösung erheblich vereinfacht. Wir erhalten so die Maxwell-Gleichungen (I–IV) in komplexer Form:

$$\mathrm{rot}\, \underline{\mathbf{E}} = -\mathrm{j}\omega\underline{\mathbf{B}} \qquad (\underline{\mathrm{I}}) \qquad \mathrm{div}\, \underline{\mathbf{D}} = \underline{q} \quad (\underline{\mathrm{III}})$$

$$\mathrm{rot}\, \underline{\mathbf{H}} = \underline{\mathbf{J}} + \mathrm{j}\omega\underline{\mathbf{D}} \quad (\underline{\mathrm{II}}) \qquad \mathrm{div}\, \underline{\mathbf{B}} = 0 \quad (\underline{\mathrm{IV}})$$

mit den Materialgleichungen:

$$\underline{\mathbf{B}} = \mu\, \underline{\mathbf{H}} \qquad \underline{\mathbf{J}} = \kappa\, \underline{\mathbf{E}} \qquad \underline{\mathbf{D}} = \varepsilon\, \underline{\mathbf{E}}$$

und den Randbedingungen:

$$\mathbf{e}_n \times \left(\underline{\mathbf{H}}_2 - \underline{\mathbf{H}}_1\right) = \underline{\mathbf{J}}_A \qquad \mathbf{e}_n \times \left(\underline{\mathbf{E}}_2 - \underline{\mathbf{E}}_1\right) = \mathbf{0}$$

$$\mathbf{e}_n \cdot \left(\underline{\mathbf{B}}_2 - \underline{\mathbf{B}}_1\right) = 0 \qquad \mathbf{e}_n \cdot \left(\underline{\mathbf{D}}_2 - \underline{\mathbf{D}}_1\right) = \underline{q}_A.$$

Die *komplexe Kontinuitätsgleichung* ergibt sich direkt durch Ersetzen der Zeitableitung in (1.29) durch $\mathrm{j}\omega$ bzw. durch Bildung der Divergenz von (II) und Kombination mit (III) zu:

$$\mathrm{div}\, \underline{\mathbf{J}} = -\mathrm{j}\omega\, \underline{q}. \tag{1.73}$$

1.7.2 Komplexer Poyntingscher Satz

Im Gegensatz zum allgemeinen zeitabhängigen Poynting-Satz (1.62), in dem alle Größen Momentanwerte darstellen, interessiert bei harmonischer Zeitabhängigkeit der *zeit-*

liche Mittelwert. Ausgedrückt durch die komplexen Feldgrößen ist der Mittelwert des Produktes aus den Momentanwerten für **E** und **H**:

$$\overline{\mathbf{E}(t) \times \mathbf{H}(t)} = \frac{1}{2} \operatorname{Re}\left\{\underline{\mathbf{E}} \times \underline{\mathbf{H}}^*\right\},$$

wobei der Stern im Hochindex den konjugiert komplexen Wert symbolisiert. Führen wir nun in Analogie zur Scheinleistung bei der Wechselstromrechnung den *komplexer Poynting-Vektor*

$$\underline{\mathbf{S}} = \frac{1}{2} \underline{\mathbf{E}} \times \underline{\mathbf{H}}^* \tag{1.74}$$

ein, so gibt sein Real- und Imaginärteil die zeitlich gemittelte Wirk- bzw. Blindleistungsflussdichte an:

$$\underline{\mathbf{S}} = \frac{1}{2}\, \underline{\mathbf{E}} \times \underline{\mathbf{H}}^* = \underbrace{\operatorname{Re}\{\underline{\mathbf{S}}\}}_{\substack{\text{mittlere}\\ \text{Wirkleistungs-}\\ \text{flussdichte}}} + \underbrace{\mathrm{j}\operatorname{Im}\{\underline{\mathbf{S}}\}}_{\substack{\text{mittlere}\\ \text{Blindleistungs-}\\ \text{flussdichte}}} .$$

Zur Aufstellung des Poynting-Satzes in komplexer Form gehen wir analog zu Abschn. 1.6 vor und wandeln die Divergenz von $\underline{\mathbf{S}}$ mit Hilfe von Gl. (A.69) wie folgt um:

$$\nabla \cdot \left(\underline{\mathbf{E}} \times \underline{\mathbf{H}}^*\right) = \underline{\mathbf{H}}^* \cdot (\nabla \times \underline{\mathbf{E}}) - \underline{\mathbf{E}} \cdot \left(\nabla \times \underline{\mathbf{H}}^*\right)$$

Einsetzen der komplexen Maxwell-Gleichungen (I) und (II)

$$\nabla \times \underline{\mathbf{E}} = -\mathrm{j}\omega\, \underline{\mathbf{B}}$$

$$\nabla \times \underline{\mathbf{H}}^* = (\nabla \times \underline{\mathbf{H}})^* = \underline{\mathbf{J}}^* - \mathrm{j}\omega\, \underline{\mathbf{D}}^*$$

ergibt mit (1.74) den *komplexen Poynting-Satz:*

$$\operatorname{div}\, \underline{\mathbf{S}} = -\frac{1}{2}\, \underline{\mathbf{E}} \cdot \underline{\mathbf{J}}^* + \mathrm{j}2\omega \left(\frac{1}{4}\, \underline{\mathbf{E}} \cdot \underline{\mathbf{D}}^* - \frac{1}{4}\, \underline{\mathbf{H}}^* \cdot \underline{\mathbf{B}}\right). \tag{1.75}$$

Die integrale Form erhalten wir durch Anwendung des Gaußschen Integralsatzes (A.81):

$$\oiint_{\partial V} \underline{\mathbf{S}} \cdot \mathrm{d}\mathbf{A} = -\frac{1}{2} \iiint_V \underline{\mathbf{E}} \cdot \underline{\mathbf{J}}^*\, \mathrm{d}V + \mathrm{j}2\omega \iiint_V \left(\frac{1}{4}\, \underline{\mathbf{E}} \cdot \underline{\mathbf{D}}^* - \frac{1}{4}\, \underline{\mathbf{H}}^* \cdot \underline{\mathbf{B}}\right) \mathrm{d}V. \tag{1.76}$$

Mit der *mittleren Verlustleistungsdichte*

$$\overline{p}_J(t) = \overline{\mathbf{E}(t) \cdot \mathbf{J}(t)} = \frac{1}{2}\, \underline{\mathbf{E}} \cdot \underline{\mathbf{J}}^*. \tag{1.77}$$

und der *mittleren elektrischen* bzw. *magnetischen Feldenergiedichte*

$$\overline{w_E(t)} = \frac{1}{2}\, \overline{\mathbf{E}(t) \cdot \mathbf{D}(t)} = \frac{1}{4}\, \underline{\mathbf{E}} \cdot \underline{\mathbf{D}}^* \tag{1.78}$$

$$\overline{w_M(t)} = \frac{1}{2}\,\overline{\mathbf{H}(t)\cdot\mathbf{B}(t)} = \frac{1}{4}\,\underline{\mathbf{H}}^*\cdot\underline{\mathbf{B}} \tag{1.79}$$

können wir den komplexen Poynting-Satz (1.76) wie folgt umschreiben:

$$\oiint_{\partial V} \underline{\mathbf{S}}\cdot\mathrm{d}\mathbf{A} = -\iiint_V \overline{p}_J \mathrm{d}V + \mathrm{j}2\,\omega \iiint_V (\overline{w}_E - \overline{w}_M)\,\mathrm{d}V.$$

Hierbei geben Real- und Imaginärteil auf beiden Seiten der Gleichung jeweils die Bilanz für die mittlere Wirk- bzw. Blindleistung in einem System innerhalb des Volumens V an:

$$\mathrm{Re}\left\{\oiint_{\partial V}\underline{\mathbf{S}}\cdot\mathrm{d}\mathbf{A}\right\} = \oiint_{\partial V}\mathrm{Re}\,\{\underline{\mathbf{S}}\}\cdot\mathrm{d}\mathbf{A} = -\iiint_V \overline{p}_J\,\mathrm{d}V$$

$$\mathrm{Im}\left\{\oiint_{\partial V}\underline{\mathbf{S}}\cdot\mathrm{d}\mathbf{A}\right\} = \oiint_{\partial V}\mathrm{Im}\,\{\underline{\mathbf{S}}\}\cdot\mathrm{d}\mathbf{A} = 2\omega\iiint_V (\overline{w}_E - \overline{w}_M)\mathrm{d}V.$$

In linearen Medien gilt mit den komplexen Materialgleichungen:

$$\overline{p}_J = \frac{1}{2}\underline{\mathbf{E}}\cdot\underline{\mathbf{J}}^* = \frac{\kappa}{2}|\underline{\mathbf{E}}|^2 \tag{1.80}$$

$$\overline{w}_E = \frac{1}{4}\underline{\mathbf{E}}\cdot\underline{\mathbf{D}}^* = \frac{\varepsilon}{4}|\underline{\mathbf{E}}|^2 \tag{1.81}$$

$$\overline{w}_M = \frac{1}{4}\underline{\mathbf{H}}^*\cdot\underline{\mathbf{B}} = \frac{\mu}{4}|\underline{\mathbf{H}}|^2. \tag{1.82}$$

Dadurch vereinfacht sich der integrale Poynting-Satz (1.76) zu:

$$\oiint_{\partial V} \underline{\mathbf{S}}\cdot\mathrm{d}\mathbf{A} = -\frac{\kappa}{2}\iiint_V |\underline{\mathbf{E}}|^2\mathrm{d}V + \mathrm{j}\,\omega\,\frac{1}{2}\iiint_V \left(\varepsilon\,|\underline{\mathbf{E}}|^2 - \mu|\underline{\mathbf{H}}|^2\right)\mathrm{d}V.$$

1.8 Einteilung Elektromagnetischer Felder

Nicht jedes elektromagnetische Problem bedarf einer Lösung der vollständigen Maxwellschen Gleichungen. Man unterscheidet im Wesentlichen die folgenden praktisch wichtigen Fälle mit zunehmender Komplexität:

Statische elektrische Felder	(Kap. 2)
Stationäres Strömungsfeld	(Kap. 3)
Statische magnetische Felder	(Kap. 4)

Quasistatische (langsam veränderliche) Felder	
Diffusionsfelder (Skineffekt)	(Kap. 5)
Elektromagnetische Wellenfelder	(Kap. 6)
Wellen auf Leitungen	(Kap. 7)

Diese Fälle werden in den nachfolgenden Kapitel im Einzelnen behandelt. Ausgenommen sind die quasistatischen Felder, da sie im Wesentlichen Gegenstand der elektrischen Netzwerke sind.

1.8.1 Elektrostatische Felder

Ist in einem System die Ladungsverteilung q zeitlich konstant und das Medium nichtleitend ($\kappa = 0$), so ist auch kein Stromfluss vorhanden und damit auch kein Magnetfeld. Damit entfallen die folgenden Größen in den Maxwell-Gleichungen (I)–(IV):

$$\frac{\partial \mathbf{D}}{\partial t} = \mathbf{0} \quad \text{und} \quad \mathbf{J},\ \mathbf{H},\ \mathbf{B} = \mathbf{0}.$$

Das elektrostatische Feld ist durch die beiden verbleibenden Feldgleichungen des elektrischen Feldes und der zugehörigen Materialgleichung (1.45) vollständig beschrieben:

$$\begin{aligned} \text{rot}\ \mathbf{E} &= \mathbf{0} \\ \text{div}\ \mathbf{D} &= q \\ \mathbf{D} &= \varepsilon\, \mathbf{E}. \end{aligned}$$

1.8.2 Stationäres Strömungsfeld

Liegt in einem leitfähigen Medium ($\kappa \neq 0$) ein elektrostatisches Feld $\mathbf{E}$ vor, so treibt dieser nach dem Ohmschen Gesetz (1.42)

$$\mathbf{J} = \kappa\, \mathbf{E}$$

ein stationäres Strömungsfeld $\mathbf{J}$ an. Aufgrund der fehlenden Zeitabhängigkeit aller Feldgrößen ergibt sich für $\mathbf{J}$ nach der Kontinuitätsgleichung (1.29)

$$\text{div}\, \mathbf{J} = 0.$$

In einem homogenen Medium, wenn $\kappa,\varepsilon \neq f(\mathbf{r})$ lauten die Feldgleichungen:

$$\begin{aligned} \text{rot}\ \mathbf{E} &= 0 \\ \text{div}\, \mathbf{D} &= 0 \\ \mathbf{D} &= \varepsilon\, \mathbf{E} \\ \mathbf{J} &= \kappa\, \mathbf{E}. \end{aligned}$$

1.8.3 Magnetostatische Felder

Ein stationäres Strömungsfeld $\mathbf{J}$ ruft ein statisches magnetisches Feld hervor. Die Zeitableitungen in den Maxwell-Gleichungen sind weiter zu vernachlässigen:

$$\frac{\partial \mathbf{D}}{\partial t}, \frac{\partial \mathbf{B}}{\partial t} = \mathbf{0}.$$

Zusammen mit der magnetischen Materialgleichung (1.48) erhalten wir das Gleichungssystem:

$$\begin{aligned} \text{rot}\, \mathbf{H} &= \mathbf{J} \\ \text{div}\, \mathbf{B} &= 0 \\ \mathbf{B} &= \mu\, \mathbf{H}. \end{aligned}$$

Das statische Magnetfeld ist über $\mathbf{J} = \kappa \mathbf{E}$ mit dem elektrostatischen Feld verkoppelt, das unabhängig vom Magnetfeld bestimmt werden kann.

1.8.4 Quasistatische (langsam veränderliche) Felder

Es werde ein System mit charakteristischer Ausdehnung Δl betrachtet, in dem sich Ladungs- und Stromdichten befinden, mit den dazugehörigen elektromagnetischen Feldern (Abb. 1.12). Wie in Abschn. 1.1 allgemein dargestellt, liegt die Zeit, die eine Wechselwirkung zwischen Ladungen und Strömen benötigt, in der Größenordnung der Laufzeit $\tau = \Delta l/c$. Hierbei bezeichnet c die Lichtgeschwindigkeit des Mediums. Sind die Vorgänge in einem System zeitabhängig aber relativ langsam gegenüber der Laufzeit τ, so erfolgen alle Wechselwirkungen zwischen Ladungen und Strömen *quasi instantan*. Das heißt, es stellen sich näherungsweise statische Feld- und Quellenverteilungen ein, die quasi trägheitslos dem zeitlich veränderlichen Vorgang folgen. Alle Quellen und Felder im System sind zwar zeitabhängig aber ihre *räumliche Verteilung ist näherungsweise statisch (quasistatisch).*

Ausgehend von einer charakteristische Zeitkonstante Δt des zeitabhängigen Vorganges in einem System lautet also die allgemeine Bedingung für den quasistatischen Fall:

$$\Delta l \ll c\ \Delta t \quad (\textit{elektrisch kleines System}). \tag{1.83}$$

Häufig sind die zeitabhängigen Vorgänge *harmonisch* (sinusförmig) mit der Periodendauer T bzw. der Frequenz $f = 1/T$. In diesem Fall breiten sich die relativen Feldänderungen im Raum periodisch (wellenförmig) aus mit der Wellenlänge $\lambda = c/f$. Setzt man die Periodendauer $T = \Delta t$ in (1.83) ein, erhält man

$$\Delta l \ll c\, T = c/f = \lambda$$

$$\Delta l \ll \lambda \quad (\textit{elektrisch kleines System}). \tag{1.84}$$

▶ Ein System wird als elektrisch klein bezeichnet, wenn innerhalb der Zeitkonstante Δt eines zeitabhängigen Vorganges der Lichtweg viel größer ist als die charakteristischen Abmessungen Δl des Systems, bzw. die Wellenlänge $\Delta l << \lambda$. Abhängig davon welches der beiden Felder vorherrschend ist, unterscheiden wir zwischen einem *quasi-elektrostatischen* und einem *quasi magnetostatischen Feld*, d. h. je nachdem welches der beiden statischen Felder sich für den Grenzfall $\Delta t \to \infty$ bzw. $f \to 0$ exakt einstellt.

Quasi-Elektrostatische Felder

Ausgehend von den elektrostatischen Feldgleichungen

$$\begin{aligned} \text{rot}\,\mathbf{E} &= \mathbf{0} \\ \text{div}\,\mathbf{D} &= q \\ \mathbf{D} &= \varepsilon\,\mathbf{E}, \end{aligned}$$

in denen alle Größen zeitabhängig sind, wird auch ein magnetisches Feld gemäß (II) induziert. Die entsprechenden Feldgleichungen hierfür lauten:

$$\begin{aligned} \text{rot}\,\mathbf{H} &= \frac{\partial \mathbf{D}}{\partial t} + \mathbf{J} \\ \text{div}\,\mathbf{B} &= 0 \\ \mathbf{B} &= \mu\,\mathbf{H} \\ \mathbf{J} &= \kappa\,\mathbf{E}. \end{aligned}$$

Ein solches quasi-elektrostatisches Feld liegt beispielsweise innerhalb eines Plattenkondensators vor, das von einem zeitabhängigen Strom I gespeist wird (Abb. 1.13a). Das gestrichelt skizzierte Magnetfeld, das vom zeitabhängigen E-Feld induziert wird, ist unter der Bedingung (1.83) vernachlässigbar.

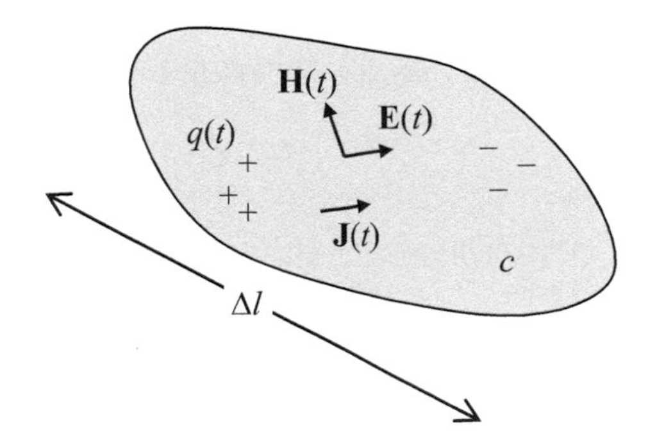

Abb. 1.12 Zeitabhängige Quellen und Felder in einem System mit charakteristischer Ausdehnung Δl und Lichtgeschwindigkeit c

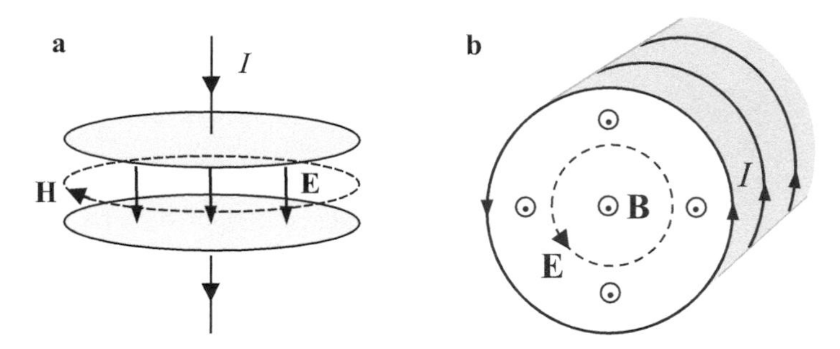

Abb. 1.13 (**a**) Quasi-Elektrostatisches Feld in einem Kondensator (**b**) Quasi-Magnetostatisches Feld in einer Spule

Beispiel 1.3: Feldenergie im Plattenkondensator

Im quasi-elektrostatischen Feld eines Plattenkondensators soll das Verhältnis zwischen elektrischer und magnetischer Feldenergie anhand einer Modellrechnung für eine kreisrunde Geometrie mit Radius a bestimmt werden. Dazu werden sämtlich Randeffekte vernachlässigt und für das zeitabhängige elektrische Feld $\mathbf{E}(\mathbf{r},t)$ zwischen den Platten eine homogene Verteilung wie im statischen Fall angenommen.

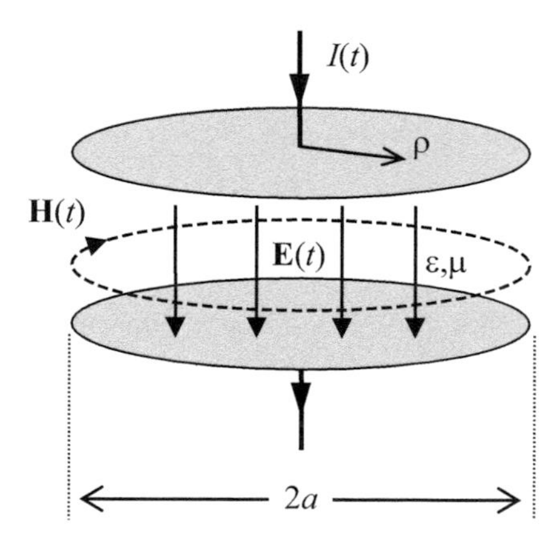

Die zeitabhängige elektrische Energiedichte ergibt sich nach (1.70) zu:

$$w_E(t) = \frac{\varepsilon}{2} E^2(t).$$

Das induzierte magnetische Feld lässt sich aufgrund der Zylindersymmetrie direkt durch Auswertung der Maxwell-Gleichung II in Integralform (1.39) entlang eines Kreises mit Radius ρ bestimmen:

$$\oint_{\partial A(\rho)} \mathbf{H} \cdot d\mathbf{s} = 2\pi\rho\, H = \iint_{A(\rho)} \frac{\partial \mathbf{D}}{\partial t} \cdot d\mathbf{A} = \pi\, \rho^2 \varepsilon \frac{\partial E}{\partial t}.$$

Das in ϕ-Richtung resultierende Magnetfeld hängt vom Radialabstand ρ ab:

$$H = \frac{\varepsilon\,\rho}{2}\frac{\partial E}{\partial t}.$$

Die entsprechende magnetische Energiedichte (1.71) ergibt sich zu:

$$w_M(t) = \frac{\mu}{2}H^2(t) = \frac{\mu\,\varepsilon^2}{8}\rho^2\left(\frac{\partial E}{\partial t}\right)^2.$$

Betrachtet man einen harmonischen Vorgang mit Kreisfrequenz $\omega = 2\pi f$ und elektrischer Feldamplitude $\widehat{E}$, d. h.:

$$E(t) = \widehat{E}\cos(\omega \mathrm{t}),$$

so lauten die zeitlichen Mittelwerte von w_E und w_M über eine Periode $T = 1/f$ mit

$$\frac{1}{T}\int_0^T \sin^2(\omega \mathrm{t})\,\mathrm{d}t = \frac{1}{T}\int_0^T \cos^2(\omega t)\,\mathrm{d}t = \frac{1}{2}$$

$$\overline{w_E(t)} = \frac{\varepsilon}{4}\widehat{E}^2$$

$$\overline{w_M(t)} = \frac{\mu\,\varepsilon^2}{16}\rho^2\omega^2\widehat{E}^2.$$

Damit ergibt sich für das Verhältnis zwischen den beiden zeitlich gemittelten Energiedichten mit der Definition für die Lichtgeschwindigkeit (1.23) des Mediums und der Wellenlänge $\lambda = c/f$

$$\frac{\overline{w_M(t)}}{\overline{w_E(t)}} = \mu\varepsilon\,\pi^2 f^2\rho^2 = \pi^2\left(\frac{f}{c}\rho\right)^2 = \pi^2\left(\frac{\rho}{\lambda}\right)^2.$$

Daraus folgt mit $\rho \leq a \ll \lambda$ für eine elektrisch kleine Anordnung:

$$\frac{\overline{w_M(t)}}{\overline{w_E(t)}} \leq \pi^2\left(\frac{a}{\lambda}\right)^2 \ll 1.$$

Ist also die Frequenz genügend klein so ist die magnetische Energie gegenüber der elektrischen Energie vernachlässigbar und der Plattenkondensator verhält sich an seinen Anschlüssen entsprechend dem statischen Kapazitätswert C. ◀

Quasi-Magnetostatische Felder

Ausgehend von den magnetostatischen Feldgleichungen

$$\begin{aligned} \operatorname{rot}\,\mathbf{H} &= \mathbf{J} \\ \operatorname{div}\,\mathbf{B} &= 0 \\ \mathbf{B} &= \mu\,\mathbf{H}, \end{aligned}$$

in denen alle Größen zeitabhängig sind, wird auch ein elektrisches Feld gemäß (I) induziert. Die entsprechenden Feldgleichungen hierfür lauten:

$$\operatorname{rot} \mathbf{E} = -\frac{\partial \mathbf{B}}{\partial t}$$

$$\operatorname{div} \mathbf{D} = 0$$

$$\mathbf{D} = \varepsilon\, \mathbf{E}.$$

Das Fehlen von Ladungen resultiert aus der Identität (A.75)

$$\operatorname{div} \operatorname{rot} \mathbf{H} = \operatorname{div} \mathbf{J} = 0,$$

die in Kombination mit der Kontinuitätsgleichung (1.29)

$$\operatorname{div} \mathbf{J} = -\frac{\mathrm{d}q}{\mathrm{d}t} = 0$$

eine konstante Ladungsdichte ergibt, die zu Null gesetzt werden kann. *Das Strömungsfeld ist also zu jedem Zeitpunkt quasi-stationär*, im Sinne dass es zwar zeitabhängig ist, aber an jedem Ort die gleiche relative Änderung erfährt.

Ein solches quasi-magnetostatisches Feld liegt beispielsweise innerhalb einer Zylinderspule vor, die von einem zeitabhängigen Strom I durchflossen wird (Abb. 1.13b). Das gestrichelt skizzierte elektrische Feld, das vom zeitabhängigen B-Feld induziert wird (1.38), ist unter der Bedingung (1.83) vernachlässigbar (Vgl. Übungsaufgabe UE-1.6).

Im Rahmen der Quasi-Magnetostatik liegen dem Induktionsgesetz (I) grundlegende technische Anwendungen zugrunde, wie z. B. dem elektrischen Generator. Gemäß der Integralform (1.38) für eine Fläche A

$$\oint_{\partial A} \mathbf{E} \cdot \mathrm{d}\mathbf{s} = -\iint_A \frac{\partial \mathbf{B}}{\partial t} \cdot \mathrm{d}\mathbf{A} = -\frac{\mathrm{d}}{\mathrm{d}t} \iint_A \mathbf{B} \cdot \mathrm{d}\mathbf{A} \tag{1.85}$$

treibt das induzierte elektrische Wirbelfeld $\mathbf{E}$ in einer darin befindlichen Leiterschleife mit der Fläche A einen Stromfluss. Jede Ladung Q in der Schleife durchläuft dabei die Energiedifferenz

$$\Delta W = Q \oint_{\partial A} \mathbf{E} \cdot \mathrm{d}\mathbf{s}.$$

Normiert auf die Ladung entspricht diese Energiedifferenz der *Induktionsspannung*

$$U_{ind} = \oint_{\partial A} \mathbf{E} \cdot \mathrm{d}\mathbf{s},$$

die an den Schleifenanschlüssen als Quellenspannung meßbar ist. Dabei ist nach (1.85) einzig die zeitliche Änderung des *magnetischen Flusses* durch A

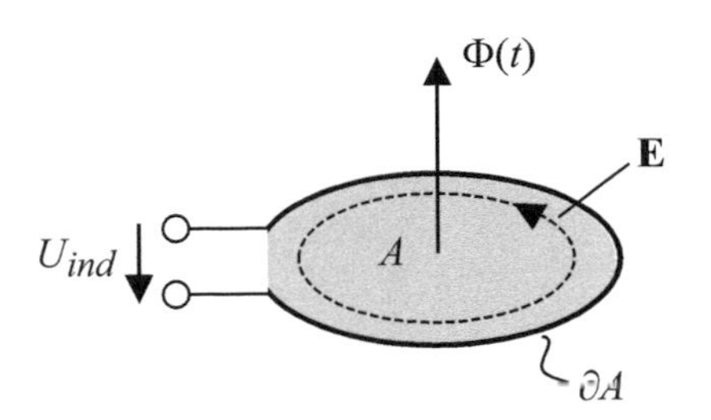

Abb. 1.14 Induktionsspannung U_{ind} in einer Leiterschleife mit der Fläche A

$$\Phi = \iint_A \mathbf{B} \cdot \mathrm{d}\mathbf{A},$$

gemäß der Definition eines Vektorflusses (A.39) für die Induktionsspannung maßgeblich:

$$U_{ind} = -\frac{\mathrm{d}\Phi}{\mathrm{d}t}. \tag{1.86}$$

Die Richtungen von **E** und Φ sind im Rechtsschraubensinn miteinander verknüpft (Abb. 1.14).

Gl. (1.86) ist so zu verstehen, dass das Magnetfeld nicht notwendigerweise zeitlich veränderlich sein muss. Stattdessen kann es auch konstant sein, aber die Form oder die Lage von A ändert sich mit der Zeit. Auch eine Bewegung durch ein ortsabhängiges statisches Magnetfeld bewirkt einen entsprechenden zeitveränderlichen magnetischen Fluss $\Phi(t)$ durch die Schleifenfläche A (*Bewegungsinduktion*). Darüber hinaus lässt sich die Induktionsspannung U_{ind} durch Reihenschaltung mehrerer Leiterschleifen vervielfachen, z. B. mit einer Drahtspule mit N-Windungen, d. h.:

$$U_{ind} = -N\frac{\mathrm{d}\Phi}{\mathrm{d}t}.$$

Schließt man einen Verbraucher an eine solche Leiterschleife an, so nimmt dieser eine elektrische Leistung auf, die gemäß Energieerhaltungsprinzip aus dem magnetischen Feld gespeist werden muss. Dies ist auch als *Lenzsche Regel* bekannt, wonach der durch den geschlossenen Stromkreis resultierende Induktionsstrom I_{ind} in der Schleife seinerseits ein Magnetfeld $\mathbf{B}_g$ erzeugt, das dem Primärfeld $\mathbf{B}_0$ entgegenwirkt (Abb. 1.15). Andernfalls würde ohne äußere Energiezufuhr ein beliebig großer Strom bzw. Leistungsumsatz im Verbraucher entstehen (Prinzip des Perpetuum mobile).

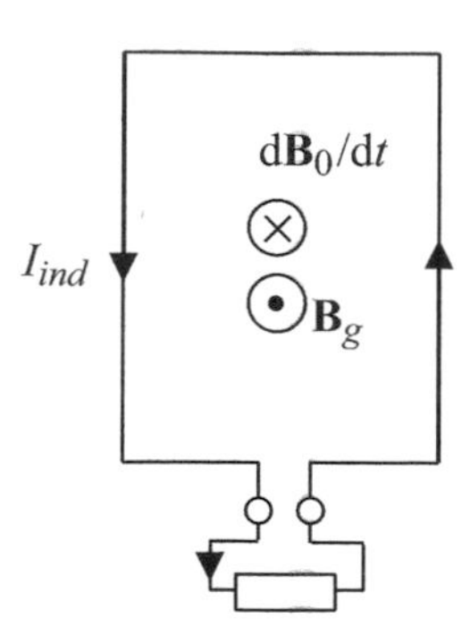

Abb. 1.15 Zur Lenzschen Regel

Beispiel 1.4: Energieerzeugung mit Wechselspannungsgenerator

Als einfache Modellrechnung für einen Wechselspannungsgenerator wird eine rechteckige Leiterschleife mit den Seitenlängen b und a betrachtet, die mit der konstanten Winkelgeschwindigkeit ω in einem statischen Magnetfeld $\mathbf{B}$ um die Symmetrieachse rotiert.

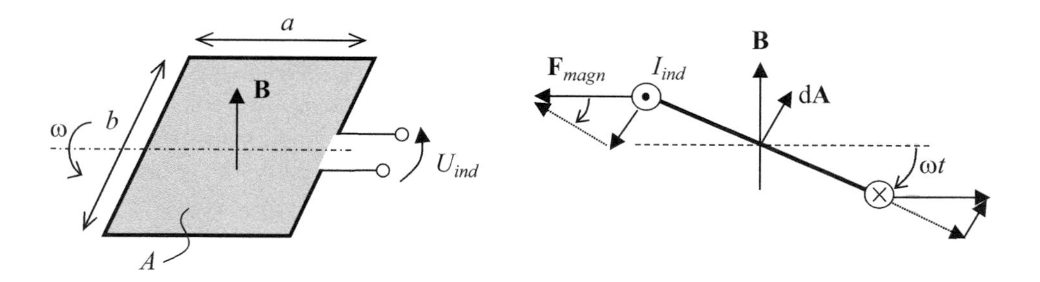

Mit dem zeitabhängigen Drehwinkel ωt von der gestrichelt gezeichneten Bezugsposition bei $t = 0$, resultiert für den zeitabhängigen Fluss durch die ebene Schleifenfläche A:

$$\Phi(t) = \iint_A \mathbf{B} \cdot \mathrm{d}\mathbf{A} = B\,A\,\cos(\omega t).$$

Damit ergibt sich als Induktionsspannung

$$U_{ind}(t) = -\frac{\mathrm{d}\Phi}{\mathrm{d}t} = B\,A\,\omega\,\sin(\omega t)$$

eine zur Winkelgeschwindigkeit proportionale Wechselspannung mit der Kreisfrequenz ω.

Bei Anschluss eines Verbrauchers R fließt nach dem Ohmschen Gesetz der Induktionsstrom

$$I_{ind}(t) = \frac{U_{ind}(t)}{R}$$

durch die Leiterschleife, die als ideal leitend angenommen wird. Entsprechend der Lenzschen Regel muss es eine zur Drehrichtung entgegengesetzte Rückwirkung geben. Wie in der Abbildung (rechts) skizziert, resultiert aus der Ladungsbewegung mit Geschwindigkeit $\mathbf{v}$ in Stromrichtung für jedes Wegelement $\mathrm{d}s$, das die differentielle Ladung $\mathrm{d}Q = q_l\,\mathrm{d}s$ enthält, die differentielle magnetische Kraft (1.3):

$$\mathrm{d}\mathbf{F}_{magn} = q_l \mathrm{d}s\, \mathbf{v} \times \mathbf{B}.$$

Daraus ergibt sich auf den beiden Seiten mit der Länge a ein Kräftepaar, das ein zur Drehrichtung entgegengesetztes Drehmoment

$$\mathrm{d}T = q_l\, \mathrm{d}s\, v\, B\, b\, \sin \omega t$$

erzeugt. Die auf den anderen beiden Seiten (Länge b) resultierende Kräfte sind rein translatorisch, entgegengesetzt und heben sich auf. Mit

$$q_l \mathrm{d}s\, v = \frac{\mathrm{d}Q\, \mathrm{d}s}{\mathrm{d}t} = I_{ind}\, \mathrm{d}s$$

erhalten wir für das Brems-Drehmoment ($A = a\, b$):

$$T(t) = \frac{U_i(t)}{R} A\, B\, \sin(\omega t).$$

Um die Drehbewegung aufrecht zu erhalten, ist die mechanische Drehleistung

$$P_{mech}(t) = T(t)\, \omega$$

z. B. durch eine thermodynamische Maschine aufzubringen. Einsetzen von T ergibt:

$$P_{mech}(t) = \frac{U_i(t)}{R} A\, B\, \omega\, \sin(\omega\, t) = \frac{U_i^2(t)}{R} = P_{el}(t).$$

Die erforderliche mechanische Leistung entspricht also genau der vom Verbraucher aufgenommenen elektrischen Leistung P_{el}, in Übereinstimmung mit dem Energieerhaltungsprinzip. Genau genommen fehlt in dieser Bilanz noch die Berücksichtigung der Feldenergie, die im magnetischen Feld des Induktionsstrom auf- und abgebaut wird. Vorausgesetzt das ω bzw. die Schleifenfläche A nicht zu groß ist, kann dieser Effekt näherungsweise vernachlässigt werden. ◀

Hochfrequenz-Ersatzschaltbilder

Wie am Beispiel des Plattenkondensators gezeigt, tritt in elektrischen Bauelementen mit zunehmender Frequenz die Wirkung der sekundären Felder in Erscheinung. Dies gilt auch für die Verluste. Das Verhalten des Bauelementes weicht dann zunehmend von

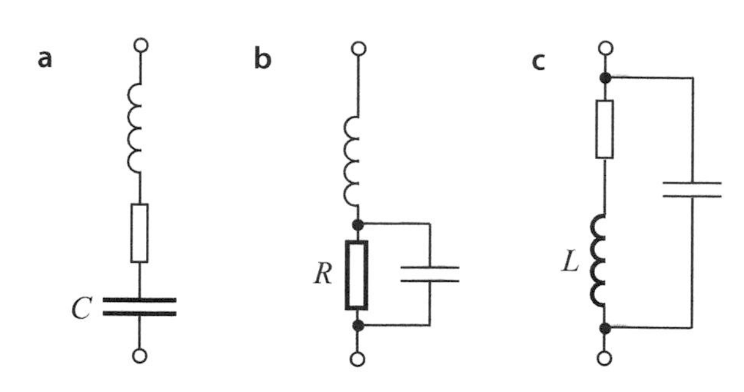

Abb. 1.16 Hochfrequenz-Ersatzschaltbilder (**a**) Kondensator (**b**) Widerstand und (**c**) Induktivität (Spule)

seiner idealen Funktion ab. Abb. 1.16 zeigt am Beispiel des Kondensators, des Widerstands und der Induktivität wie die entsprechenden nominellen Schaltzeichen C, R und L um die sekundären Elemente zu erweitern sind, um das elektrische Verhalten an den Bauelementanschlüssen richtig zu beschreiben. Beim Kondensator (Abb. 1.16a) ist dies eine in Reihe geschaltete Induktivität, die die zusätzliche magnetische Energie zwischen den Platten erfasst. Beim Widerstand (Abb. 1.16b) ist es sowohl eine Induktivität für das vom Strömungsfeld erzeugte Magnetfeld als auch eine Kapazität für das elektrische Feld zwischen den Anschlüssen. Bei der Induktivität (Abb. 1.16c) ist es eine zwischen den einzelnen Windungen vorhandene Kapazität, zusammengefasst durch eine effektive Gesamtkapazität. Die ohmschen Verluste sind in den beiden Ersatzschaltbilder für die Kapazität und Induktivität durch entsprechende Widerstandselemente berücksichtigt.

Die in Abb. 1.16 dargestellten Ersatzschaltbilder verlieren bei einer weiteren Erhöhung der Betriebsfrequenz ihre Gültigkeit, sodass eine genaue Beschreibung des Bauelementes die Lösung der vollständigen Maxwell-Gleichungen erfordern würde.

Elektrisches Netzwerk

Ein elektrisches Netzwerk, wie in Abb. 1.17 dargestellt, mit konzentrierten Elementen wie z. B. Spannungsquellen (U_0), Widerstände (R), Kondensatoren (C) und Induktivitäten (L) ist vollständig durch die *Kirchhoffschen Gleichungen* für alle Maschenspannungen U_i und Zweigströme I_i beschrieben. Dies gilt auch im zeitabhängigen Fall, solange das Netzwerk in seinen Abmessungen elektrisch klein ist, d. h. $\Delta l \ll c\ \Delta t$ bzw. $\Delta l \ll \lambda$. Ist die Induktionswirkung des Magnetfeldes in einer Masche wie auch elektrische Felder zwischen Zweigen, die einen Potentialunterschied aufweisen, nicht zu vernachlässigen, so kann ihre Wirkung entsprechend in zusätzliche konzentrierten Induktivitäten bzw. Kapazitäten im Netzwerk berücksichtigt werden. Ohmsche Verluste in den Verbindungen zwischen den Schaltelementen können durch zusätzliche konzentrierte Widerstände ersetzt werden, so dass die Verbindungen ideal leitend angesetzt werden können ($E_{tan} = 0$)

Unter diesen Annahmen folgen die Kirchhoffschen Gleichungen unmittelbar aus den Maxwell-Gleichungen. So folgt aus der Integralform (I) für einen Maschenumlauf um die Fläche A (Abb. 1.17):

$$\oint_{\partial A} \mathbf{E} \cdot \mathbf{ds} = \sum_i U_i = 0 \quad (\textit{Maschensatz}). \tag{1.87}$$

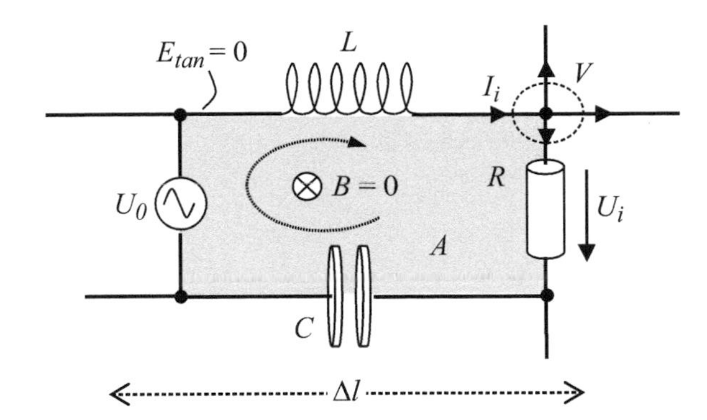

Abb. 1.17 Elektrisches Netzwerk mit konzentrierten Schaltelementen R,L,C und Spannungsquelle U_0

Für ein Volumen V, das einen Knoten umschließt (Abb. 1.17) erhält man aus der Integralform (II) mit $\partial \mathbf{D}/\partial t = \mathbf{0}$ und $\partial V \to 0$ für die geschlossene Oberfläche direkt

$$\oiint_{\partial V} \mathbf{J} \cdot \mathrm{d}\mathbf{A} = \sum_i I_i = 0 \quad (\textit{Knotensatz}). \tag{1.88}$$

Ist die Struktur nicht mehr elektrisch klein, so treten Wellenphänomene auf und die Netzwerkbeschreibung versagt mit zunehmender Frequenz. Eine exakte Lösung wäre dann nur aus den vollständigen Maxwell-Gleichungen zu erhalten, was ungleich aufwändiger ist.

1.8.5 Diffusionsfelder (Skineffekt)

Innerhalb von Leitern kann aufgrund der hohen Leitfähigkeit κ bei nahezu allen technischen Anwendungen und Frequenzen die Verschiebungsstromdichte in (II) gegenüber der Leitungsstromdichte vernachlässigt werden, d.h.:

$$\left| \frac{\partial \mathbf{D}}{\partial t} \right| \ll |\mathbf{J}|.$$

Die so reduzierten Maxwell-Gleichungen in einem Leiter lauten:

$$\begin{array}{ccc} \mathrm{rot}\, \mathbf{H} = \mathbf{J} & \underset{\mathbf{J}=\kappa\, \mathbf{E}}{\rightleftarrows} & \mathrm{rot}\, \mathbf{E} = -\dfrac{\partial \mathbf{B}}{\partial t} \\ \mathrm{div}\, \mathbf{B} = 0 & & \mathrm{div}\, \mathbf{D} = 0 \\ \mathbf{D} = \varepsilon \mathbf{E} & \mathbf{J} = \kappa\, \mathbf{E} & \mathbf{B} = \mu\, \mathbf{H}. \end{array}$$

Wie bei den quasi-magnetostatischen Feldern kann die elektrische Ladungsdichte q vernachlässigt werden, sodass sich ein quasistationäres Strömungsfeld einstellt. Jedoch besitzt dieses eine charakteristische räumliche Inhomogenität, die daraus resultiert, dass das induzierte **E**-Feld über die Leitfähigkeit des Mediums κ aufgrund des Ohmschen Gesetzes $\mathbf{J} = \kappa\, \mathbf{E}$ (1.42) auf **J** und damit auf das Magnetfeld unmittelbar zurückwirkt (Abb. 1.18).

In einem solchen Diffusionsfeld sind auch alle anderen Feldgrößen inhomogen verteilt, mit einer Konzentration im Randbereich (*Strom-und Feldverdrängung*,

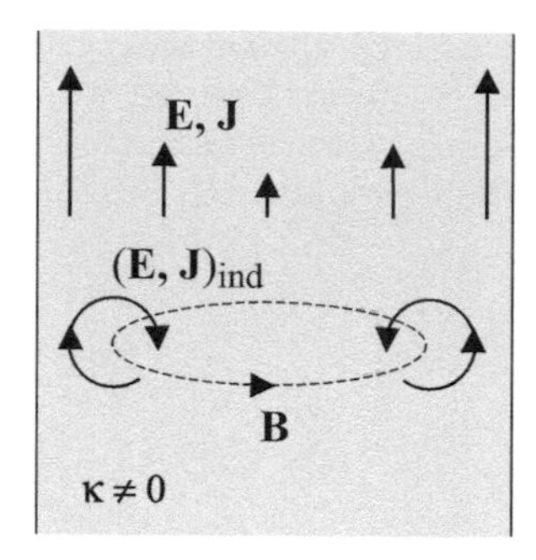

Abb. 1.18 Inhomogenes Elektromagnetisches Diffusionsfeld im Leiter mit den induzierten Feldern $(\mathbf{E}, \mathbf{J})_{ind}$ (schematisch)

Skineffekt). Da es sich beim elektrischen Feld um ein reines Wirbelfeld handelt, werden die resultierenden Ströme auch als *Wirbelströme* bezeichnet.

1.8.6 Elektromagnetische Wellenfelder

Ist die Bedingung für langsam veränderliche Felder nicht mehr erfüllt, so sind keine Vereinfachungen bezüglich der Zeitabhängigkeit mehr möglich und es ist die Lösung des vollständigen Systems der Maxwell-Gleichungen erforderlich:

$$\text{rot}\,\mathbf{E} = -\frac{\partial \mathbf{B}}{\partial t} \qquad \text{rot}\,\mathbf{H} = \mathbf{J} + \frac{\partial \mathbf{D}}{\partial \mathrm{t}}$$

$$\text{div}\,\mathbf{D} = q \qquad \text{div}\,\mathbf{B} = 0$$

$$\mathbf{D} = \varepsilon\,\mathbf{E} \qquad \mathbf{J} = \kappa\,\mathbf{E} \qquad \mathbf{B} = \mu\,\mathbf{H}.$$

Elektrisches und magnetisches Feld sind wechselseitig miteinander verkoppelt über

$$-\frac{\partial \mathbf{B}}{\partial t} \quad \text{bzw.} \quad \frac{\partial \mathbf{D}}{\partial \mathrm{t}}(+\mathbf{J}),$$

d. h. sie induzieren sich fortlaufend gegenseitig (Abb. 1.19). Das resultierende elektromagnetische Feld in Abhängigkeit von Raum und Zeit zeigt sich in diesem Fall in seiner allgemeinsten Form als *Wellenfeld*, das sich mit Lichtgeschwindigkeit c (1.23) des Mediums ausbreitet.

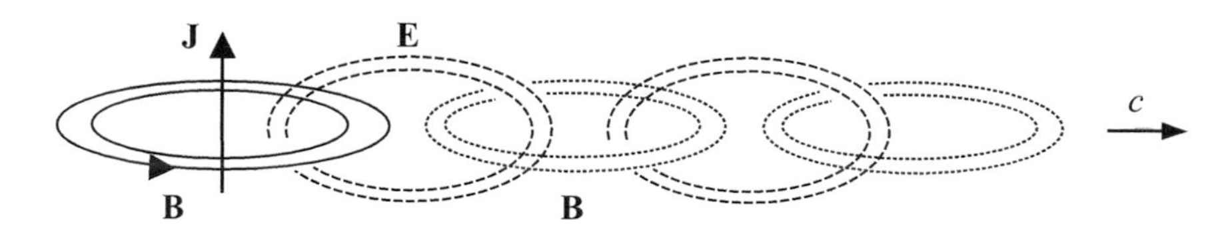

Abb. 1.19 Erzeugung eines elektromagnetischen Wellenfeldes und Ausbreitung im Raum durch gegenseitigen Induktionsvorgang von **E** und **B** (schematisch)

1.9 Übungsaufgaben

UE-1.1 Bewegung eines geladenen Teilchens im homogenen Magnetfeld

Ein Teilchen mit der Masse m und Ladung Q taucht in ein homogenes Magnetfeld $\mathbf{B}$ mit der Anfangsgeschwindigkeit $\mathbf{v}_0$ ein (siehe Skizze). Berechnen Sie den Radius r der Kreisbahn, die sich aufgrund des Kräftegleichgewichts zwischen der magnetischen Kraft F_{magn} und der Zentrifugalkraft $F_z = m\, v_0/r$ einstellt.

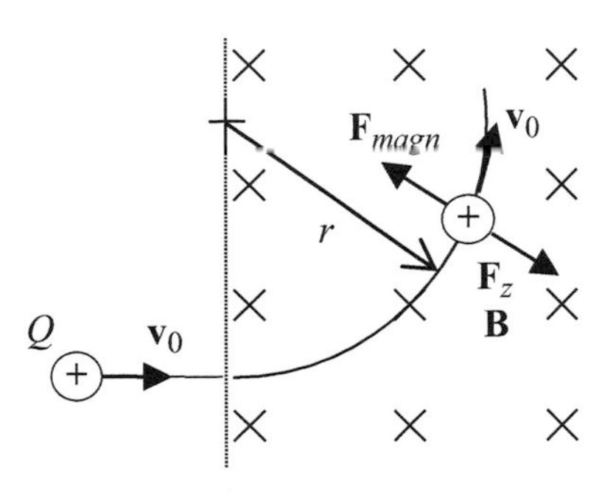

UE-1.2 Punkthafte Ladungsdichten

In der x-y-Ebene befinden sich vier Ladungen $Q_1 - Q_4$ an den Positionen $\mathbf{r}_1 - \mathbf{r}_4$ (siehe Skizze). Formulieren Sie die Ladungsdichte $q(\mathbf{r})$ mithilfe der Dirac-Funktion $\delta(\mathbf{r})$. Berechnen Sie durch Integration über $q(\mathbf{r})$ die Gesamtladung Q_{ges} im gesamten Raum für die beiden Fälle:

$$Q_1 = Q_2 = Q_3 = Q_4 = Q$$

$$Q_1 = -Q_2 = Q_3 = -Q_4 = Q.$$

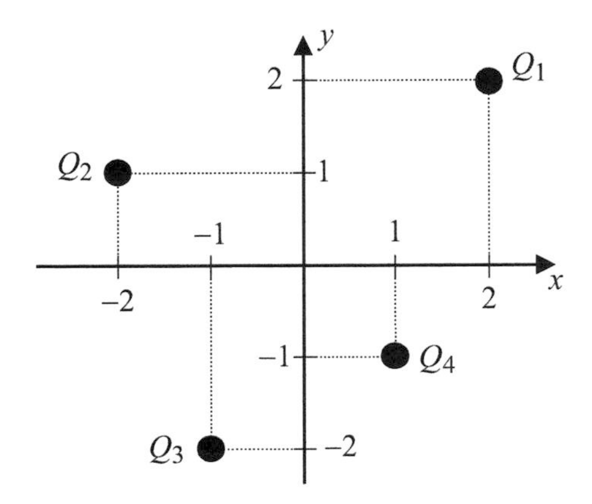

UE-1.3 Strom entlang einer Bandleitung – Kontinuitätsgleichung

Gegeben ist eine Bandleitung der Länge l, Breite b und Plattenabstand h. Zwischen den ideal leitfähigen Platten ($\kappa_L \to \infty$) befindet sich ein Widerstandsmaterial mit der spezifischen Leitfähigkeit κ. An den Leitungsanschlüssen ($x = 0$) ist eine Spannungsquelle $U_0 = const.$ angeschlossen (siehe Skizze). Gehen sie für die folgende Modellrechnung von einem homogenen Feld zwischen den Platten aus, d. h. Randeffekte sind zu vernachlässigen.

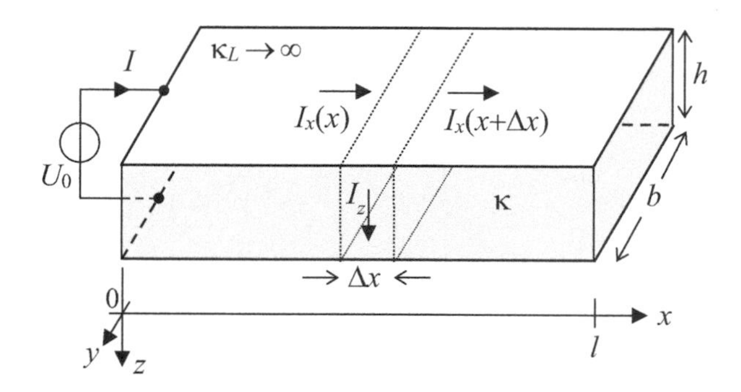

a) Stellen Sie die Strombilanz zwischen dem ortsabhängigen Leitungsstrom $I_x(x)$ *in den Platten* und dem abfließenden Strom I_z für ein finites Leitungsstück Δx auf. Gehen Sie dabei allgemein von der Kontinuitätsgleichung aus.
b) Leiten Sie aus der Strombilanz durch Grenzübergang $\Delta x \to 0$ die für den Leitungsstrom $I_x(x)$ maßgebliche Differenzialgleichung her und bestimmen Sie die Lösung unter Berücksichtigung der gegebenen Randbedingungen am Anfang und am Ende der Leitung ($x = 0, l$).
c) Welche Stromverteilung $I_x(x)$ ergibt sich, wenn am Ende der Leitung ein ohmscher Widerstand R angeschlossen wird?

UE-1.4 Randbedingungen des elektromagnetischen Feldes – Brechungsgesetz

Leiten Sie das „Brechungsgesetz" $\tan \alpha_1 / \tan \alpha_2$ für die elektrischen und die magnetischen Feldlinien **E** bzw. **H** an einem Medienübergang mit unterschiedlicher Permittivität $\varepsilon_{1,2}$ bzw. Permeabilität $\mu_{1,2}$ ab (siehe Abbildung), unter der Annahme dass die Grenzfläche frei von Oberflächenladungen bzw. Strömen sei. Welchem Grenzwert streben jeweils die beiden Winkel α_1 und α_2 für $\varepsilon_2 >> \varepsilon_1$ bzw. $\mu_2 >> \mu_1$ zu?

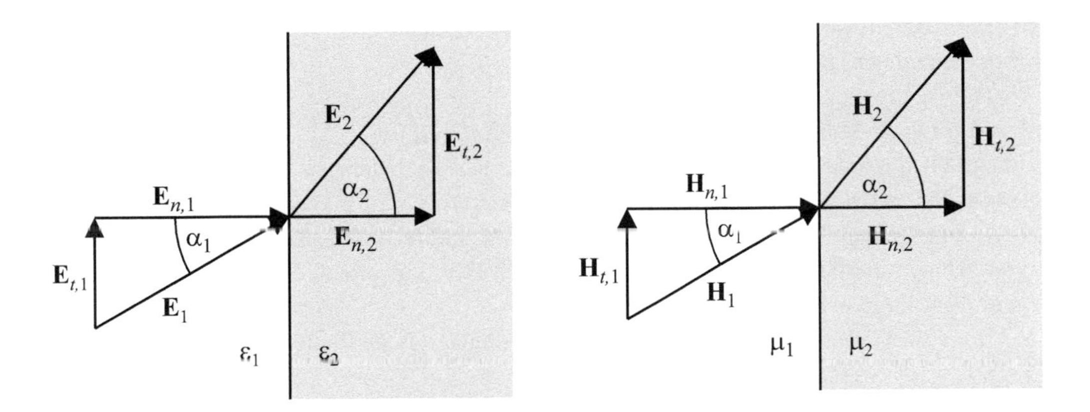

UE-1.5 Aufladung eines Kondensators – Energieerhaltungssatz

Gegeben ist ein kreisrunder Plattenkondensator mit dem Radius a und dem Plattenabstand d. Dieser wird über eine Zeitspanne t_0 durch eine Spannungsrampe $U(t)$ von Null auf den Endwert U_0 aufgeladen (siehe Skizze).

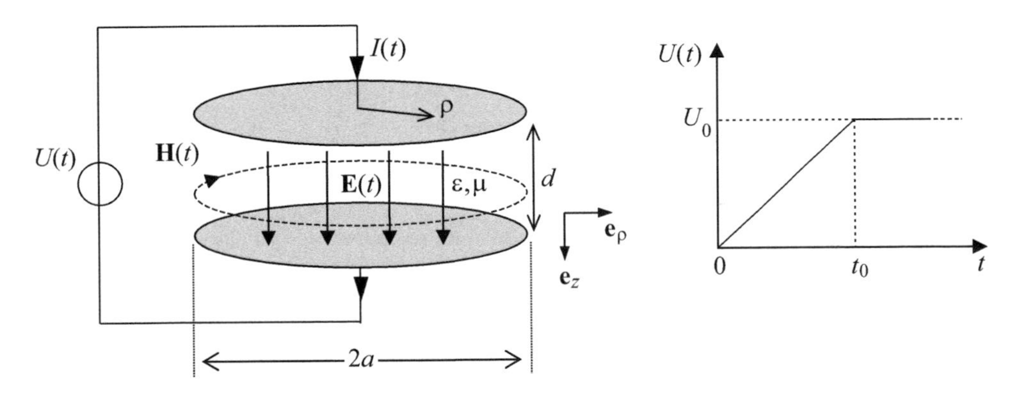

a) Berechnen Sie das elektrische Feld $\mathbf{E}(t)$ und das magnetische Feld $\mathbf{H}(t)$ innerhalb des Kondensators in Abhängigkeit der Plattenspannung $U(t)$ nach Betrag und Richtung und unter Vernachlässigung der Randeffekte. Betrachten Sie dabei die Zeiträume $0 \leq t \leq t_0$ und $t > t_0$ getrennt. Gehen Sie von quasistatischen Verhältnissen aus und nutzen Sie die Resultate aus Beispiel 1.3.

b) Bestimmen Sie die elektrische und magnetische Feldenergie $W_E(t)$ und $W_M(t)$ im Plattenkondensator.

c) Ermitteln Sie den resultierenden Poynting-Vektor $\mathbf{S}(t)$ entlang des Plattenrandes ($\rho = a$). In welche Richtung zeigt er und wie groß ist insgesamt die Leistung $P(t)$, die in den Kondensator fließt?

d) Verifizieren Sie den Poynting-Satz unter Verwendung der Ergebnisse aus den Aufgabenteilen b) und c).

UE-1.6 Quasi-Magnetostatisches Feld einer Zylinderspule

Innerhalb des quasi-magnetostatischen Feldes einer Zylinderspule mit dem Radius a (siehe Skizze) soll das Verhältnis zwischen elektrischer und magnetischer Feldenergie bestimmt werden. Vernachlässigen Sie für diese Modellrechnung sämtliche Randeffekte und nehmen Sie für das zeitabhängige Magnetfeld $\mathbf{H}(\mathbf{r},t)$ innerhalb der Spule eine homogene Verteilung wie im statischen Fall an.

Hinweis: Gehen Sie analog zu Beispiel 1.3 „Feldenergie im Plattenkondensator" vor.

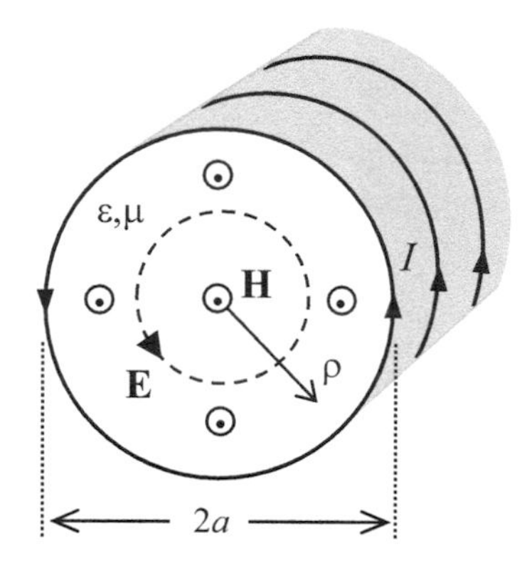

a) Berechnen Sie ausgehend von $\mathbf{H}(t)$ das induzierte elektrische Feld $\mathbf{E}(\mathbf{r},t)$.
b) Bestimmen Sie die Energiedichten des elektrischen Feldes $w_E(t)$ und des magnetischen Feldes $w_M(t)$.
c) Ausgehend von einer harmonischen Schwingung mit der Kreisfrequenz ω und der Amplitude H_0 soll das Verhältnis der zeitlich gemittelten Energiedichten bestimmt werden. Welche Schlussfolgerung kann bezüglich zur elektrischen Größe a/λ der Zylinderspule gezogen werden?

UE-1.7 Quasi-Magnetostatische Felder – Induktion

Auf einem feststehenden Metallrahmen der Breite d ist ein beweglicher Metallstab in leitender Verbindung angeordnet, der mit der konstanten Geschwindigkeit $\mathbf{v}$ in x-Richtung gleitet (siehe Skizze). Der gesamte Aufbau sei ideal leitend und wird von einem ortsabhängigen Magnetfeld $B(x) = K\,x$ senkrecht durchsetzt ($K = const.$). Der Stab befindet sich zum Zeitpunkt $t = 0$ bei $x = 0$.

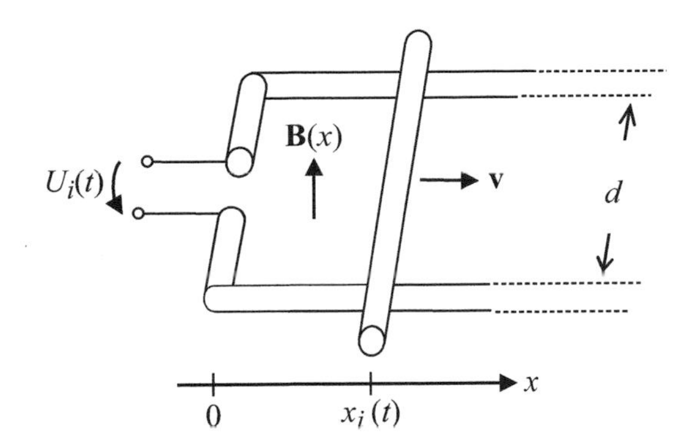

a) Berechnen Sie die an den Rahmenanschlüssen induzierte Spannung $U_i\,(t)$.

b) An den Rahmenanschlüssen sei ein Verbraucher mit Widerstand R angeschlossen. Wie groß ist der im Verbraucher während des Bewegungsvorganges fließende Strom $I(t)$? Welche elektrische Leistung $P_{el}\,(t)$ wird im Verbraucher umgesetzt?

c) Berechnen Sie die an dem beweglichen Stab angreifenden Kraft $\mathbf{F}(t)$ nach Betrag und Richtung.

d) Weisen Sie die Gültigkeit des Energieerhaltungssatzes anhand der Leistungsbilanz $P_{mech} = P_{el}$ explizit nach, wenn $P_{mech} = -\mathbf{F}\cdot\mathbf{v}$ die zur Aufrechterhaltung der Bewegung notwendige mechanische Leistung ist.

Elektrostatische Felder

2

Zusammenfassung

Das statische elektrische Feld ruhender Ladungen stellt die elementarste Feldform dar. Es folgt aus einer skalaren Potentialfunktion, die Lösung einer partiellen DGL 2. Ordnung – der Poisson bzw. Laplace-Gleichung ist. Die Bestimmung der Potentialfunktion unter bestimmten Randbedingungen des Feldes an den Grenzen des Gebietes indem die Lösung gesucht ist, stellt eine Randwertaufgabe dar. Die drei analytischen Lösungsmethoden, die dafür im folgenden Anwendung finden, sind die Spiegelungsmethode, der Separationsansatz nach Bernoulli und die konforme Abbildung. Die Integration der Potentialfunktion über die ladungserfüllten Bereiche ergibt die im elektrostatischen Feld gespeicherte Energie. Der mit der Feldenergie verknüpfte Begriff der Kapazität wird von der einfachen Anordnung mit zwei Elektroden auf ein System mit beliebiger Elektrodenanzahl erweitert.

2.1 Feldgleichungen

In einem System, in dem alle Ladungen ruhen, sodass auch kein Stromfluss und demzufolge auch kein magnetisches Feld vorliegt, reduzieren sich die Maxwell-Gleichungen (Abschn. 1.8.1) zu

$$\text{rot}\,\mathbf{E} = \mathbf{0} \;\text{ bzw. }\; \oint \mathbf{E} \cdot \mathrm{d}\mathbf{s} = 0 \tag{I'}$$

$$\text{div}\,\mathbf{D} = q \;\text{ bzw. }\; \oiint\limits_{\partial V} \mathbf{D} \cdot \mathrm{d}\mathbf{A} = \iiint\limits_{V} q \,\mathrm{d}V. \tag{III}$$

M. Leone, *Theoretische Elektrotechnik*, https://doi.org/10.1007/978-3-658-29208-9_2

Hierbei geht die Integralform von (I′) und (III) durch den Stokesschen (A.80) bzw. dem Gaußschen Integralsatz (A.81) hervor.

Für die vollständige Beschreibung wird die Materialgleichung

$$\mathbf{D} = \varepsilon \mathbf{E}, \tag{2.1}$$

sowie die beiden Randbedingungen an Mediengrenzen benötigt (Abschn. 1.5):

$$\mathbf{e}_n \times (\mathbf{E}_2 - \mathbf{E}_1) = \mathbf{0}, \quad \text{d. h.} \quad E_{t,1} = E_{t,2} \tag{2.2}$$

$$\mathbf{e}_n \cdot (\mathbf{D}_2 - \mathbf{D}_1) = q_A, \quad \text{d. h.} \quad D_{n,2} - D_{n,1} = q_A. \tag{2.3}$$

Hierbei zeigt der Normalenvektor von Medium 1 nach Medium 2.

Nur in wenigen sehr einfachen Fällen mit hoher Symmetrie ist eine Lösung der Feldgleichungen (I′) und (III) in integraler Form direkt möglich. Im Allgemeinen sind für die elektrischen Feldvektoren **E** bzw. **D** drei ortsabhängige skalare Funktionen zu bestimmen. Einfacher ist es, zunächst eine Potentialfunktion (Skalarfeld) zu bestimmen, aus der anschließend das elektrische Vektorfeld berechnet werden kann.

2.2 Das elektrische Potentialfeld

Aus der Wirbelfreiheit des elektrostatischen Feldes (I′)

$$\operatorname{rot} \mathbf{E} = \mathbf{0}$$

folgt aufgrund der Identität (A.74)

$$\operatorname{rotgrad} \varphi \equiv \mathbf{0}$$

unmittelbar, dass die elektrische Feldstärke aus dem Gradienten (A.43) einer skalaren Funktion, dem Potential φ, bestimmt werden kann:

$$\mathbf{E} = -\operatorname{grad} \varphi \quad (\varphi : \textit{elektrisches Skalarpotential}) \tag{2.4}$$

Das negative Vorzeichen ist Konvention. Demzufolge zeigt der Vektor **E** in Richtung abnehmendem Potential.

Die Potentialfunktion φ hat eine fundamentale physikalische Bedeutung. Dazu betrachten wir eine Ladung Q nach Durchlaufen eines Weges zwischen den Punkten A und B in einem elektrischen Feld **E**. Aufgrund der auf sie wirkenden elektrischen Kraft (1.2) wird ihr die Energie

$$W_{AB} = \int_{\mathbf{r}_A}^{\mathbf{r}_B} \mathbf{F}_{el} \cdot \mathrm{d}\mathbf{s} = Q \int_{\mathbf{r}_A}^{\mathbf{r}_B} \mathbf{E} \cdot \mathrm{d}\mathbf{s} = -Q \int_{\mathbf{r}_A}^{\mathbf{r}_B} \operatorname{grad} \varphi \cdot \mathrm{d}\mathbf{s}$$

zugeführt. Ersetzen wir das Wegintegral über den Gradienten nach (A.78) durch die Differenz der Potentialwerte am Anfangs- und Endpunkt, ergibt sich

$$W_{AB} = Q\,[\varphi(\mathbf{r}_A) - \varphi(\mathbf{r}_B)] = Q\,U_{AB}.$$

Hierbei bezeichnet man die *Potentialdifferenz* U_{AB} zwischen den Punkten A und B als *elektrische Spannung* zwischen den beiden Punkten:

$$U_{AB} = \int_{\mathbf{r}_A}^{\mathbf{r}_B} \mathbf{E} \cdot \mathrm{d}\mathbf{s} = \varphi(\mathbf{r}_A) - \varphi(\mathbf{r}_B), \tag{2.5}$$

mit der Einheit

$$[U] = [\varphi] = \frac{[W]}{[Q]} = \frac{\mathrm{kg} \cdot \mathrm{m}^2}{\mathrm{A} \cdot \mathrm{s}^3} = \mathrm{V}\ (\mathrm{Volt}).$$

▶ Die Spannung U_{AB} zwischen den Punkten A und B gibt die auf die Ladung bezogene *Energiedifferenz* W_{AB} an. Sie ist gemäß (2.5) unabhängig von der Wahl des Integrationsweges zwischen den beiden Punkten und nur von der Differenz der Potentialwerte bestimmt.

Ein Vektorfeld mit dieser Eigenschaft bezeichnet man als *konservatives Feld.* Ein weiteres Beispiel hierfür ist das Gravitationsfeld, in dem die potentielle Energiedifferenz zwischen zwei Punkten allein von der Lage (Höhe) abhängt und nicht von der Form des Weges.

Aufgrund der räumlichen Differentiationen im Gradienten (2.4) ist $\mathbf{E}$ gegenüber einer frei wählbaren additiven Konstante C in der Potentialfunktion φ invariant, d. h.

$$\mathrm{grad}(\varphi(\mathbf{r}) + C) = \mathrm{grad}(\varphi(\mathbf{r})).$$

Entsprechend der frei wählbaren Konstante C ist der Potentialwert $\varphi(\mathbf{r})$ in einem Punkt $\mathbf{r}$ nicht absolut, sondern immer auf einen Referenzwert $\varphi(\mathbf{r}_0)$ bezogen, dem ein Bezugspunkt $\mathbf{r}_0$ zugeordnet ist. Aus (2.5) folgt mit $\mathbf{r} = \mathbf{r}_B$ und $\mathbf{r}_0 = \mathbf{r}_A$:

$$\varphi(\mathbf{r}) = -\int_{\mathbf{r}_0}^{\mathbf{r}} \mathbf{E} \cdot \mathrm{d}\mathbf{s} + \varphi(\mathbf{r}_0) \tag{2.6}$$

Gl. (2.6) stellt gewissermaßen die Umkehroperation zu (2.4) dar. Zweckmäßigerweise wählt man für $\mathbf{r}_0$ einen Punkt im Unendlichen oder auf der Erdoberfläche und ordnet diesem den Wert Null zu. Die Potentialfunktion $\varphi(\mathbf{r})$ gibt also die *potentielle Energie einer Einheitsladung im Punkt* $\mathbf{r}$ *gegenüber dem Bezugspunkt* $\mathbf{r}_0$ an.

2.2.1 Feld- und Potentiallinien

Flächen im dreidimensionalen Raum (3D) bzw. Linien im zweidimensionalen Raum (2D), auf denen ein einheitlicher Potentialwert $\varphi = \mathrm{const.}$ besteht, heißen *Äquipotential-*

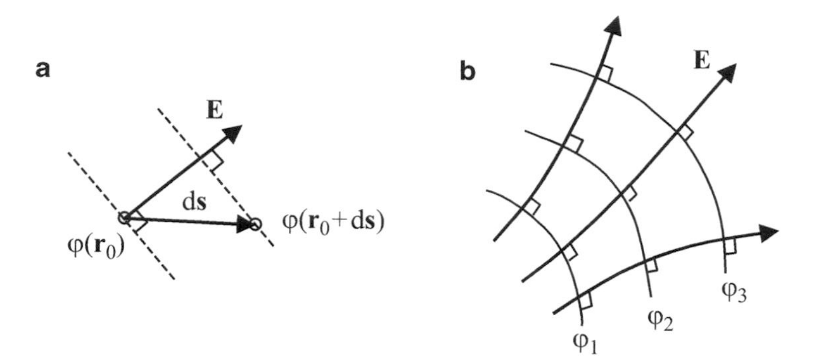

Abb. 2.1 (a) Infinitesimale Potentialdifferenz zwischen zwei Punkten. (b) E-Feldlinien und Äquipotentiallinien

flächen bzw. -linien. Betrachtet man den differentiellen Potentialunterschied im Abstand **ds** zu einem Bezugspunkt $\mathbf{r}_0$:

$$d\varphi = \varphi(\mathbf{r}_0 + \mathbf{ds}) - \varphi(\mathbf{r}_0) = -\mathbf{E} \cdot \mathbf{ds} = -|\mathbf{E}|\ ds\ \cos\measuredangle(\mathbf{E}, \mathbf{ds}),$$

so folgt daraus, dass **E** in Richtung des *größten Potentialgefälles* zeigt (Abb. 2.1a). Das heißt, die **E**-Feldlinien stehen senkrecht auf den Äquipotentiallinien $\varphi = \text{const.}$ (Abb. 2.1b).

▶ Die elektrischen Feldlinien und die Äquipotentiallinien stehen in jedem Punkt senkrecht aufeinander. Sie bilden ein orthogonales Netz.

2.2.2 Leiter im elektrostatischen Feld

In einem elektrostatischen Feld sind alle Ausgleichsvorgänge in einem Leiter auch bei endlicher Leitfähigkeit abgeklungen ($\tau_R \neq 0$, siehe Beispiel 1.1), d. h. es liegen die gleichen Verhältnisse vor wie für einen idealen Leiter im zeitabhängigen Fall. Daraus folgt, dass die Oberfläche eines leitfähigen Körpers im elektrostatischen Feld immer eine Äquipotentialfläche darstellt, da auf ihr nach (2.6) wegen $E_{tan} = 0$ (1.58) kein Potentialunterschied zwischen zwei Punkten bestehen kann. Dies gilt auch für das Innere des Leiters, das feldfrei ist. Gemäß der Randbedingung (1.60)

$$D_n = \frac{E_n}{\varepsilon} = q_A \tag{2.7}$$

ist die Flächenladung direkt proportional zur Feldstärke auf der Leiteroberfläche (Abb. 2.2).

Abb. 2.2 Leiter im elektrostatischen Feld

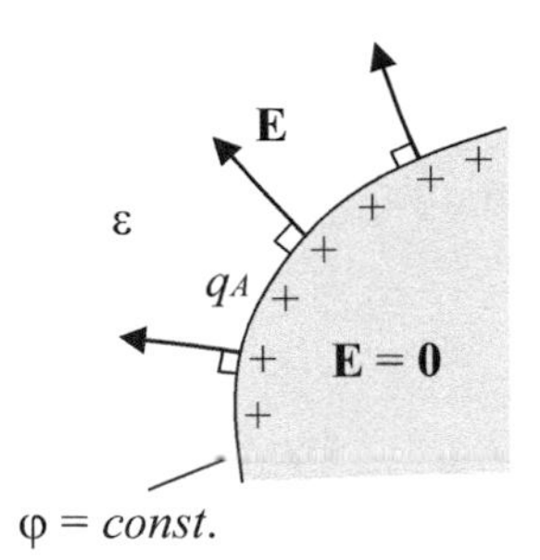

▶ Ein leitender Körper hat im elektrostatischen Feld ein einheitliches Potential. Seine Oberfläche stellt eine Äquipotentialfläche dar, von der die elektrischen Feldlinien senkrecht entspringen bzw. dort münden.

2.3 Die Potentialgleichung

Das elektrostatische Feld muss den beiden Feldgleichungen (I′) und (III) genügen:

$$\text{rot}\,\mathbf{E} = \mathbf{0} \tag{I'}$$

$$\text{div}\,\mathbf{D} = q. \tag{III}$$

Über $\mathbf{E} = -\text{grad}\ \varphi$ ist die erste Feldgleichung (I′) erfüllt. Einsetzen in die zweite Feldgleichung (III) ergibt durch Einsetzen mit (2.1):

$$\text{div}\,\mathbf{D} = \text{div}(\varepsilon\,\mathbf{E}) = -\text{div}(\varepsilon\text{grad}\ \varphi) = q.$$

Die zweifache Vektoroperation lässt sich mit Hilfe der Regel (A.66)

$$\text{div}(\varepsilon\,\mathbf{A}) = \text{grad}(\varepsilon)\cdot\mathbf{A} + \varepsilon\ \text{div}\,\mathbf{A}$$

mit $\mathbf{A} = -\text{grad}\varphi$ überführen in die Form ($\Delta \equiv$ div grad):

$$\varepsilon\Delta\varphi + \text{grad}(\varepsilon)\cdot\text{grad}\ \varphi = -q.$$

Unter der Einschränkung eines *homogenen Mediums* (grad $\varepsilon = 0$) erhalten wir:

$$\Delta\varphi = -\frac{q}{\varepsilon} \quad \textit{Poisson-Gleichung.} \tag{2.8}$$

In einem raumladungsfreien Gebiet ($q = 0$) gilt speziell

$$\Delta\varphi = 0 \quad \textit{Laplace-Gleichung.} \tag{2.9}$$

Wir haben somit für das elektrostatische Feld ein zu den Feldgleichungen (I′) und (III) äquivalentes Gleichungssystem bestehend aus (2.8) und (2.4). Damit wird die Lösung der Feldgleichungen (vektorielles Gleichungssystem) auf die wesentlich einfachere Lösung der Poisson- bzw. der Laplace-Gleichung für die skalare Potentialfunktion zurückgeführt. Die nachträgliche Gradientenbildung (2.4) stellt kein besonderes Problem dar.

2.3.1 Der Eindeutigkeitssatz

Die Lösung der Poisson-Gleichung ist ohne weitere Festlegungen nicht eindeutig definiert, da zu einer *partikulären Lösung* φ_p

$$\Delta \varphi_P = -\frac{q}{\varepsilon}$$

eine Lösung der Laplace-Gleichung *(homogene Lösung)*

$$\Delta \varphi_H = 0$$

dazu addiert werden kann und sie zusammen die Poisson-Gleichung ebenfalls erfüllen:

$$\Delta(\varphi_H + \varphi_P) = \Delta \varphi_H + \Delta \varphi_P = \Delta \varphi_P = -\frac{q}{\varepsilon}.$$

Die homogene Lösung gehört zur Klasse der harmonischen Funktionen. Die Anzahl unterschiedlicher homogener Lösungen ist beliebig.

Zur Beantwortung der Frage, unter welchen Bedingungen nur eine einzig mögliche Lösung der Poisson-Gleichung existiert, gehen wir zunächst von zwei möglichen Lösungen φ_1 und φ_2 der Poisson-Gleichung aus:

$$\Delta \varphi_1 = -\frac{q}{\varepsilon}$$
$$\Delta \varphi_2 = -\frac{q}{\varepsilon}.$$

Daraus folgt, dass die beiden Lösungen φ_1 und φ_2 sich um die homogene Lösung

$$\Delta(\varphi_1 - \varphi_2) = 0$$

der Laplace-Gleichung unterscheiden. Wenden wir nun den 1. Greenschen Integralsatz (A.82)

$$\iiint\limits_V (\Phi\ \Delta\Psi + \operatorname{grad}\Phi \cdot \operatorname{grad}\Psi)\,\mathrm{d}V = \oint\!\!\!\oint\limits_{\partial V} \Phi \operatorname{grad}\Psi \cdot \mathrm{d}\mathbf{A}$$

für zwei Skalarfelder Φ und Ψ an, mit der Wahl $\Phi = \Psi = \varphi_1 - \varphi_2$, so dass $\Delta\Psi = \Delta(\varphi_1 - \varphi_2) = 0$ ergibt, erhalten wir:

$$\iiint_V \left[\text{grad}\,(\varphi_1 - \varphi_2)\right]^2 \mathrm{d}V = \oiint_{\partial V} (\varphi_1 - \varphi_2)\text{grad}\,(\varphi_1 - \varphi_2) \cdot \mathrm{d}\mathbf{A}$$

Mit der Definition (A.44) der Normalableitung $\partial\varphi/\partial n$ bezogen auf die Randfläche ∂V des Integrationsgebietes V schreiben wir den Gradienten im rechten Integral um:

$$\text{grad}\,(\varphi_1 - \varphi_2) \cdot \mathrm{d}\mathbf{A} = \mathbf{e}_n \cdot \text{grad}\,(\varphi_1 - \varphi_2)\,\mathrm{d}A = \left(\frac{\partial \varphi_1}{\partial n} - \frac{\partial \varphi_2}{\partial n}\right) \mathrm{d}A$$

und erhalten schließlich folgende Beziehung für die beiden Lösungen φ_1 und φ_2:

$$\iiint_V \left[\text{grad}\,(\varphi_1 - \varphi_2)\right]^2 \mathrm{d}V = \oiint_{\partial V} (\varphi_1 - \varphi_2)\left(\frac{\partial \varphi_1}{\partial n} - \frac{\partial \varphi_2}{\partial n}\right) \mathrm{d}A. \tag{2.10}$$

Daraus lassen sich die drei folgenden Bedingungen für das Potential auf dem Rand ∂V ableiten, die eine eindeutige Lösung sicherstellen:

a) Das Potential φ ist durch eine Funktion f vorgegeben:

$$\varphi|_{\partial V} = \mathrm{f}(\mathbf{r}); \quad \mathbf{r} \in \partial V \quad \textit{Dirichletsche Randbedingung.} \tag{2.11}$$

b) Die Normalableitung des Potentials $\partial\varphi/\partial n$ ist durch die Funktion g vorgegeben:

$$\left.\frac{\partial \varphi}{\partial n}\right|_{\partial V} = \mathrm{g}(\mathbf{r}); \quad \mathbf{r} \in \partial V \quad \textit{Neumannsche Randbedingung.} \tag{2.12}$$

c) Auf unterschiedlichen Teilen des Randes ist *entweder* φ *oder* $\partial\varphi/\partial n$ vorgegeben:

$$\varphi|_{\partial V} = \mathrm{f}(\mathbf{r}) \vee \left.\frac{\partial \varphi}{\partial n}\right|_{\partial V} = \mathrm{g}(\mathbf{r}); \ \mathbf{r} \in \partial V \ \textit{gemischte Randbedingung.} \tag{2.13}$$

In allen drei Fällen verschwindet das rechte Oberflächenintegral (2.10). Da im linken Volumenintegral das Quadrat des Gradienten nur positiv oder Null sein kann, kann das Integral nur verschwinden wenn $\text{grad}\,(\varphi_1 - \varphi_2) = 0$ ist, d. h. wenn φ_1 und φ_2 entweder identisch sind oder sich höchstens um eine additive Konstante C unterscheiden. Bei der gemischten Randbedingung (2.13) darf immer nur eine der beiden Alternativen auf Teilen der Berandung vorgegeben werden. Andernfalls wäre das Problem überbestimmt.

▶ Die Bestimmung einer Potentiallösung ist nur bei Vorgabe von Randbedingungen nach Dirichlet, Neumann oder einer Kombination aus beiden möglich. Ein so gestelltes Problem bezeichnet man als Randwertaufgabe (RWA).

2.3.2 Das Randwertproblem der Elektrostatik

Die häufigste Randwertaufgabe (RWA) ist vom Dirichletschen Typ, d. h. das Potential ist auf einer Berandung vorgegeben (Abb. 2.3):

$$\left.\begin{aligned} \Delta\varphi &= -\frac{q}{\varepsilon} \\ \varphi|_{\partial V} &= \mathrm{f}(\mathbf{r}); \quad \mathbf{r} \in \partial V \end{aligned}\right\} \quad \textit{Dirichletsche RWA.} \tag{2.14}$$

Die *Neumannsche RWA* mit der Vorgabe

$$\left.\frac{\partial\varphi}{\partial n}\right|_{\partial V} = \mathbf{e}_n \cdot \operatorname{grad}\varphi = -E_n = -\frac{D_n}{\varepsilon}$$

entspricht gemäß der Grenzbedingung $D_{n,2} - D_{n,1} = q_A$ (1.55) mit $D_{n,2} = 0$ (Außenraum feldfrei):

$$\left.\frac{\partial\varphi}{\partial n}\right|_{\partial V} = -\frac{D_{n,1}}{\varepsilon} = \frac{q_A}{\varepsilon}.$$

einer Vorgabe der Oberflächenladung q_A, die in praktischen Fällen selten bekannt ist.

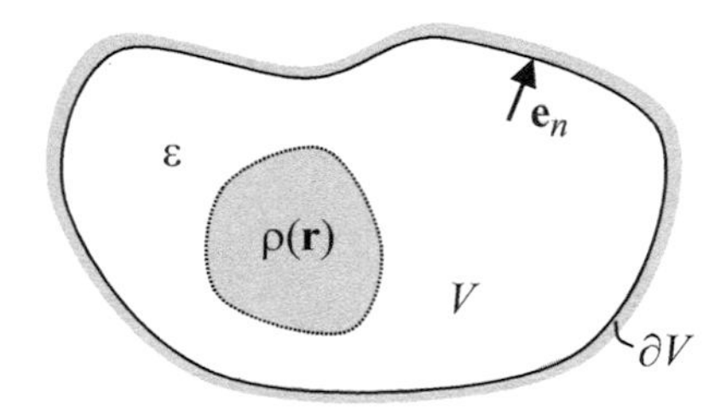

Abb. 2.3 Allgemeine Dirichletsche Randwertaufgabe für das elektrostatische Feld

Beispiel 2.1: Faradayscher Käfig

Als einfaches Beispiel für eine RWA Dirichletschen Typs ist das Feld in einem raumladungsfreien Volumen gesucht, innerhalb einer leitenden Berandung, die sich auf einem beliebigen Potential φ_0 befindet. Es ist also die Lösung der Laplace-Gleichung gesucht:

$$\begin{aligned} \Delta\varphi &= 0 \\ \varphi|_{\partial V} &= \varphi_0 = \mathit{const}. \end{aligned}$$

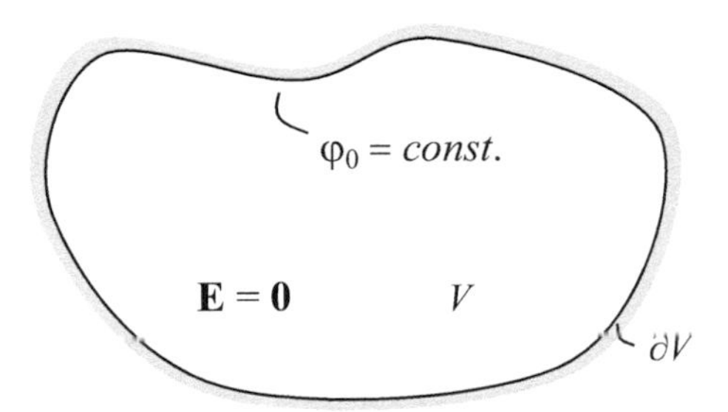

Als Lösung setzen wir versuchsweise einfach an:

$$\varphi(\mathbf{r}) = \varphi_0 = const.$$

Wie man sich leicht überzeugen kann, erfüllt diese Lösung sowohl die Laplace-Gleichung als auch die Randbedingung, so dass diese Lösung nach dem Eindeutigkeitssatz (Abschn. 2.3.1) die einzig mögliche ist.

Für das elektrische Feld erhalten wir mit (2.4)

$$\mathbf{E} = -\text{grad}\ \varphi_0 = \mathbf{0}.$$

Der ganze Innenraum V ist also feldfrei, unabhängig davon auf welchem Potential die Leiterhülle sich befindet bzw. welches Feld außerhalb der Hülle vorliegt. Da dieses Ergebnis völlig unabhängig von der Form der leitenden Hülle ist, gilt allgemein:

Der Hohlraum innerhalb einer leitenden Hülle ist feldfrei *(Faradayscher Käfig)*.

Dieses Ergebnis gilt auch näherungsweise auch für nicht perfekt geschlossene Hüllen, also für metallische Gehäuse mit nicht allzu großen Öffnungen. ◀

2.3.3 Die Greensche Funktion

Für ein gegebenes Randwertproblem ist die Lösung für eine *Punktladung* (1.15) von grundlegender Bedeutung. Mit dieser als *Greensche Funktion* bezeichneten Lösung lässt sich jede andere Lösung mit beliebiger Ladungsverteilung $q(\mathbf{r})$ durch Superposition gewinnen.

Ausgehend von der Lösung der Poisson-Gleichung für eine Punktladung am Ort $\mathbf{r}'$ und Aufpunkt $\mathbf{r}$:

$$\Delta\varphi(\mathbf{r}, \mathbf{r}') = -\frac{q(\mathbf{r}')}{\varepsilon} = -\frac{Q\,\delta(\mathbf{r} - \mathbf{r}')}{\varepsilon} \tag{2.15}$$

definieren wir die *Greensche Funktion* $\text{G}(\mathbf{r}, \mathbf{r}')$ als die auf Q/ε normierte Lösung, d. h. sie erfüllt die Gleichung

$$\Delta\text{G}(\mathbf{r}, \mathbf{r}') = -\delta(\mathbf{r} - \mathbf{r}'). \tag{2.16}$$

Anwendung des 2.ten Greenschen Integralsatzes (A.83)

$$\iiint_V [\varphi_1\, \Delta\varphi_2 - \varphi_2\, \Delta\varphi_1]\, \mathrm{d}V = \oiint_{\partial V} [\varphi_1 \mathrm{grad}\, \varphi_2 - \varphi_2 \mathrm{grad}\, \varphi_1] \cdot \mathrm{d}\mathbf{A}$$

mit der Wahl

$$\varphi_1 = \mathrm{G}(\mathbf{r}, \mathbf{r}') \text{ und } \varphi_2 = \varphi(\mathbf{r}')$$

ergibt mit grad $\varphi \cdot \mathrm{d}\mathbf{A} = \mathbf{e}_n \cdot \mathrm{grad}\, \varphi\, \mathrm{d}A = \frac{\partial \varphi}{\partial n}\, \mathrm{d}A$:

$$\iiint_V \left[\mathrm{G}(\mathbf{r}, \mathbf{r}')\Delta\varphi(\mathbf{r}') - \varphi(\mathbf{r}')\Delta\mathrm{G}(\mathbf{r}, \mathbf{r}')\right]\mathrm{d}V' = \oiint_{\partial V} \left[\mathrm{G}(\mathbf{r}, \mathbf{r}')\frac{\partial \varphi}{\partial n'} - \varphi(\mathbf{r}')\frac{\partial \mathrm{G}(\mathbf{r}, \mathbf{r}')}{\partial n'}\right] \mathrm{d}A'.$$

Einsetzen der Poisson-Gleichungen (2.8) für eine beliebige Ladungsverteilung und für G ergibt nach Anwendung der Ausblendeigenschaft der δ-Funktion (1.16):

$$\varphi(\mathbf{r}) = \frac{1}{\varepsilon}\iiint_V \mathrm{G}(\mathbf{r}, \mathbf{r}')\, q(\mathbf{r}')\, \mathrm{d}V' + \oiint_{\partial V} \left[\mathrm{G}(\mathbf{r}, \mathbf{r}')\frac{\partial \varphi}{\partial n'} - \varphi(\mathbf{r}')\frac{\partial \mathrm{G}(\mathbf{r}, \mathbf{r}')}{\partial n'}\right] \mathrm{d}A'. \tag{2.17}$$

Wählen wir nun für die Greensche Funktion die *homogene Randbedingung,* d. h. $\mathrm{G}(\mathbf{r},\mathbf{r}') = \mathrm{G}(\mathbf{r}',\mathbf{r}) = 0;\ \mathbf{r}' \in \partial V$ (ohne Beweis), so entfällt das erste Glied im Oberflächenintegral und wir erhalten die allgemeine Lösung der Dirichletschen RWA für eine beliebige Potentialvorgabe auf dem Rand:

$$\varphi(\mathbf{r}) = \frac{1}{\varepsilon}\iiint_V \mathrm{G}(\mathbf{r}, \mathbf{r}')\, q(\mathbf{r}')\, \mathrm{d}V' - \oiint_{\partial V} \left[\varphi(\mathbf{r}')\frac{\partial \mathrm{G}(\mathbf{r}, \mathbf{r}')}{\partial n'}\right] \mathrm{d}A'. \tag{2.18}$$

Ganz in Übereinstimmung mit den Ausführungen in Abschn. 2.3.1 setzt sich die Lösung für φ aus einer Partikulärlösung φ_P (Volumenintegral), die auf dem Rand Null ist, und der homogenen Lösung φ_H (Hüllenintegral) zur Erfüllung der Randbedingung vom Dirichletschen Typ $\varphi|_{\partial V} = \mathrm{f}(\mathbf{r}) \neq 0$ zusammen. Entsprechend dem Superpositionsprinzip beinhaltet das Volumenintegral mit der Greenschen Funktion als sog. Kern die Beiträge aller Ladungsanteile.

Für eine gegebene Randgeometrie ist somit ist die Lösung der elektrostatischen RWA für jede beliebige Ladungskonfiguration auf die Bestimmung der entsprechenden Greenschen Funktion $\mathrm{G}(\mathbf{r},\mathbf{r}')$ zurückgeführt.

2.4 Das Feld von Ladungen im Freiraum

Für den Fall, dass die Berandung ∂V ausreichend weit entfernt von sämtlichen felderzeugenden Ladungen im Gebiet V liegt, können wir ∂V ins Unendliche legen und haben die RWA (2.14) mit der Randbedingung

$$\varphi|_{\partial V} = \varphi(|\mathbf{r}| \to \infty) = 0$$

zu lösen.

In diesem Fall verschwindet der Beitrag des Oberflächenintegrals in (2.18) und wir erhalten als allgemeine Lösung für eine beliebige Ladungsverteilung $q(\mathbf{r})$ mit der *Greenschen Funktion des Freiraums* $G_0(\mathbf{r},\mathbf{r}')$

$$\varphi(\mathbf{r}) = \frac{1}{\varepsilon} \iiint_V G_0(\mathbf{r},\mathbf{r}')\, q(\mathbf{r}')\, \mathrm{d}V'. \tag{2.19}$$

2.4.1 Die Greensche Funktion des Freiraums

Zur Bestimmung von $G_0(\mathbf{r},\mathbf{r}')$ ist die Poisson-Gleichung

$$\Delta G_0(\mathbf{r},\mathbf{r}') = -\delta(\mathbf{r}-\mathbf{r}') \tag{2.20}$$

mit der Randbedingung $G_0(|\mathbf{r}-\mathbf{r}'| \to \infty) = 0$ zu lösen. Zu diesem Zweck legen wir den Quellpunkt $\mathbf{r}'$ in den Koordinatenursprung und integrieren (2.20) auf beiden Seiten über ein Volumen V. Für die linke Seite erhalten wir mit dem Gaußschen Integralsatzes (A.81):

$$\iiint_V \Delta G_0\, \mathrm{d}V = \iiint_V \mathrm{div}(\mathrm{grad}\, G_0)\, \mathrm{d}V = \oiint_{\partial V} \mathrm{grad}\, G_0 \cdot \mathrm{d}\mathbf{A}.$$

Mit der Normierungsbedingung (1.14) für die Dirac-Funktion erhalten wir aus der Integration der rechten Seite von (2.20) zunächst:

$$\oiint_{\partial V} \mathrm{grad}\, G_0 \cdot \mathrm{d}\mathbf{A} = -1.$$

Aufgrund einer fehlenden Vorzugsrichtung muss $G_0(\mathbf{r})$ kugelsymmetrisch sein, d. h. $G_0(\mathbf{r}) = G_0(r)$. Wählen wir für ∂V eine Kugeloberfläche um den Ursprung, so erhalten wir mit

$$\mathrm{grad}\, G_0 \cdot \mathrm{d}\mathbf{A} = \frac{\partial G_0}{\partial n} \mathrm{d}A = \frac{\partial G_0}{\partial r} \mathrm{d}A_r$$

und dem entsprechenden Oberflächenelement $dA_r = r^2 \sin\theta \, d\theta \, d\phi$ (A.35)

$$\int_{\phi=0}^{2\pi} \int_{\theta=0}^{\pi} \left(\frac{\partial G_0}{\partial r}\right) r^2 \sin\theta \, d\phi \, d\theta = -1$$

und nach Ausführung der beiden Integrale

$$\frac{\partial G_0}{\partial r} = -\frac{1}{4\pi r^2}.$$

Die Integration über r liefert schließlich

$$G_0(r) = \int \left(\frac{\partial G_0}{\partial r}\right) dr = -\frac{1}{4\pi} \int \frac{1}{r^2} \, dr = \frac{1}{4\pi \, r} + C.$$

Die Konstante C muss wegen der Randbedingung $G_0(r \to \infty) = 0$ verschwinden, sodass

$$G_0(r) = \frac{1}{4\pi r}$$

bzw. in allgemeiner Form für einen beliebigen Quellpunkt $\mathbf{r}'$:

$$G_0(\mathbf{r}, \mathbf{r}') = \frac{1}{4\pi \, |\mathbf{r} - \mathbf{r}'|} \quad \textit{Greensche Funktion des Freiraumes.} \tag{2.21}$$

2.4.2 Coulomb-Integral

Einsetzen der Greenschen Funktion (2.21) in (2.19) ergibt die allgemeine Lösung des Potentials einer Ladungsverteilung im freien Raum:

$$\varphi(\mathbf{r}) = \frac{1}{4\pi\varepsilon} \iiint_V \frac{q(\mathbf{r}')}{|\mathbf{r} - \mathbf{r}'|} \, dV' \quad \textit{Coulomb-Integral (Potential).} \tag{2.22}$$

Die elektrische Feldstärke lässt sich aus der Lösung (2.22) durch den Gradienten gemäß (2.4) bestimmen. Es ist alternativ auch möglich den Gradienten direkt in (2.22) einzuarbeiten, um eine explizite Integrallösung zu erhalten:

$$\mathbf{E} = -\text{grad}\, \varphi = -\frac{1}{4\pi\varepsilon} \iiint_V \text{grad} \left(\frac{1}{|\mathbf{r} - \mathbf{r}'|}\right) q(\mathbf{r}') \, dV'$$

Der Gradient des reziproken Abstandes lässt sich beispielsweise in kartesischen Koordinaten direkt bestimmen, wobei die Differentiationen auf die ungestrichenen Aufpunkt-Koordinaten auszuführen sind:

$$\text{grad} \frac{1}{|\mathbf{r} - \mathbf{r}'|} = -\frac{\mathbf{r} - \mathbf{r}'}{|\mathbf{r} - \mathbf{r}'|^3}.$$

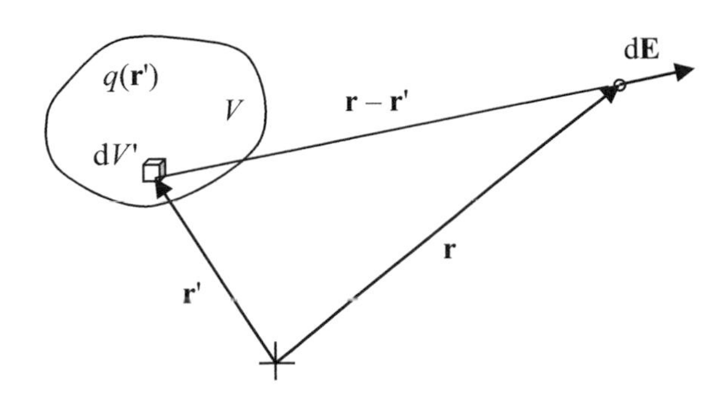

Abb. 2.4 Coulomb-Integral für **E**, das von einer Ladungsverteilung q in einem Gebiet V erzeugt wird

Damit erhalten wir die Integrallösung für die elektrische Feldstärke:

$$\mathbf{E}(\mathbf{r}) = \frac{1}{4\pi\varepsilon}\iiint\limits_V q(\mathbf{r}')\frac{\mathbf{r}-\mathbf{r}'}{|\mathbf{r}-\mathbf{r}'|^3}\,\mathrm{d}V' \quad \textit{Coulomb-Integral.} \tag{2.23}$$

Abb. 2.4 veranschaulicht das Coulomb-Integral (2.23) für ein Volumenelement dV, das im Abstand $\mathbf{r}-\mathbf{r}'$ einen vektoriellen Beitrag d**E** im Aufpunkt liefert, der parallel zum Abstandsvektor $(\mathbf{r}-\mathbf{r}')$ ist. Gegenüber dem skalaren Coulomb-Integral (2.22) für das Potential ist die Berechnung von (2.23) i.A. wesentlich aufwendiger, da jeweils ein Integral für die drei Komponenten von **E** zu lösen ist und der Integrand eine kompliziertere Funktion darstellt.

2.4.3 Punktförmige Ladungsverteilung

Das elementare Feld einer einzigen Punktladung am Ort $\mathbf{r}_Q$ ergibt sich mit Hilfe der Dirac-Funktion (Abschn. 1.2) durch Einsetzen der Ladungsverteilung (1.15) $q(\mathbf{r}) = Q\,\delta(\mathbf{r}-\mathbf{r}_Q)$ in (2.22):

$$\varphi(\mathbf{r}) = \frac{1}{4\pi\varepsilon}\iiint\limits_V \frac{q(\mathbf{r}')}{|\mathbf{r}-\mathbf{r}'|}\,\mathrm{d}V' = \frac{Q}{4\pi\varepsilon}\iiint\limits_V \frac{\delta(\mathbf{r}'-\mathbf{r}_Q)}{|\mathbf{r}-\mathbf{r}'|}\,\mathrm{d}V' = \frac{Q}{4\pi\varepsilon\left|\mathbf{r}-\mathbf{r}_Q\right|},$$

bzw. mit dem Radialabstand r von der Ladung im Koordinatenursprung ($\mathbf{r}_Q = \mathbf{0}$):

$$\varphi(\mathbf{r}) = \frac{Q}{4\pi\varepsilon\, r} \quad \textit{Potential der Punktladung.} \tag{2.24}$$

Daraus resultiert für das elektrische Feld aus dem Gradienten:

$$\mathbf{E}(\mathbf{r}) = -\operatorname{grad}\varphi(\mathbf{r}) = -\frac{Q}{4\pi\varepsilon}\operatorname{grad}\frac{1}{\left|\mathbf{r}-\mathbf{r}_Q\right|} = \frac{Q}{4\pi\varepsilon}\frac{\mathbf{r}-\mathbf{r}_Q}{\left|\mathbf{r}-\mathbf{r}_Q\right|^3},$$

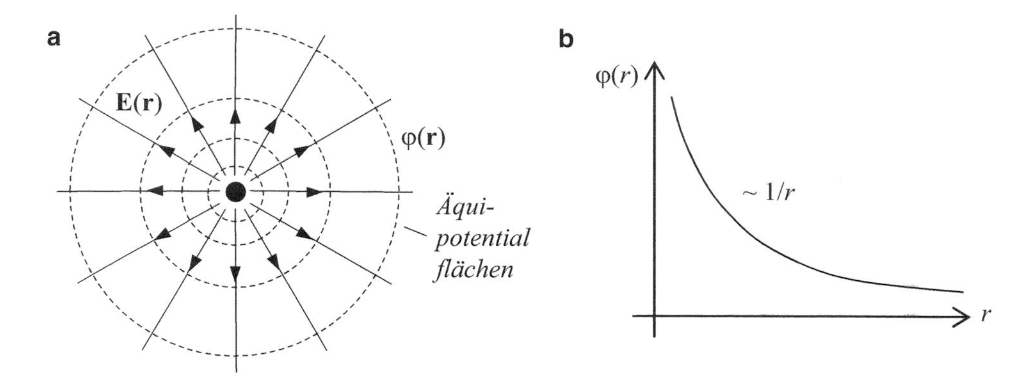

Abb. 2.5 Das elektrische Feld einer Punktladung. (**a**) Feld- und Äquipotentiallinien (**b**) Potentialprofil

bzw. mit $\mathbf{r}_Q = \mathbf{0}$:

$$\mathbf{E}(\mathbf{r}) = \frac{Q}{4\pi\varepsilon\, r^2}\mathbf{e}_r \quad \textit{Feld der Punktladung.} \tag{2.25}$$

Abb. 2.5 veranschaulicht das Elementarfeld der Punktladung. Wie der Vergleich von (2.25) und (2.24) zeigt, nimmt **E** mit dem Quadrat der Entfernung r und damit schneller ab als das Potential, das umgekehrt proportional zum Abstand ist. Die stärkere Abstandsabhängigkeit von **E** gegenüber φ gilt generell für jede räumlich begrenzte Ladungsverteilung.

Solche einfachen Felder mit hoher Symmetrie ergeben sich auch direkt durch Auswertung des integralen Gaußschen Gesetzes (III). Bei Annahme eines kugelsymmetrischen Feldes, das nur vom Abstand r abhängen kann, d. h. $\mathbf{D} = \varepsilon\, E_r\,(r)\,\mathbf{e}_r$ liefert die Integration über eine beliebige Kugeloberfläche A_k mit der eingeschlossenen Ladung Q im Zentrum das Ergebnis (2.25):

$$\oiint_{A_K} \mathbf{D} \cdot \mathrm{d}\mathbf{A} = \varepsilon\, E_r(r) \oiint_{A_K} \mathrm{d}A_r = \varepsilon\, E_r(r)\; 4\; \pi\; r^2 = Q.$$

Das Feld mehrerer Punktladungen

Für eine beliebige Anordnung von Punktladungen Q_i $(i = 1 \ldots N)$ an den Orten $\mathbf{r}_i$ (Abb. 2.6) setzen wir für die Ladungsverteilung die Summe der einzelnen Diracschen Verteilungen an:

$$q(\mathbf{r}) = \sum_{i=1}^{N} Q_i\; \delta(\mathbf{r} - \mathbf{r}_i).$$

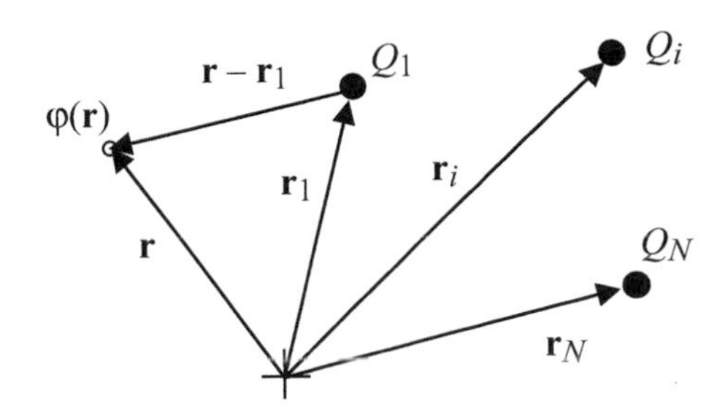

Abb. 2.6 Zur Berechnung des Feldes einer beliebigen Anordnung von Punktladungen

Einsetzen von $q(\mathbf{r})$ in das Coulomb-Integral (2.22) und Vertauschen von Integration und Summation ergibt

$$\varphi(\mathbf{r}) = \frac{1}{4\pi\varepsilon} \sum_{i=1}^{N} \frac{Q_i}{|\mathbf{r}-\mathbf{r}_i|} \tag{2.26}$$

und entsprechend mit dem Coulomb-Integral (2.23) für das elektrische Feld:

$$\mathbf{E}(\mathbf{r}) = \frac{1}{4\pi\varepsilon} \sum_{i=1}^{N} Q_i \frac{\mathbf{r}-\mathbf{r}_i}{|\mathbf{r}-\mathbf{r}_i|^3}$$

Beispiel 2.2: Der elektrische Dipol

Eine einfache aber grundlegende Ladungsanordnung ist der Dipol, bestehend aus zwei entgegengesetzten Punktladungen $\pm Q$ gleicher Größe im Abstand d. Das Potential der Anordnung ergibt sich durch Addition der Einzelpotentiale (2.24) beider Ladungen im Abstand r^+ bzw. r^- vom Aufpunkt:

$$\varphi = \frac{Q}{4\pi\varepsilon}\left(\frac{1}{r^+} - \frac{1}{r^-}\right).$$

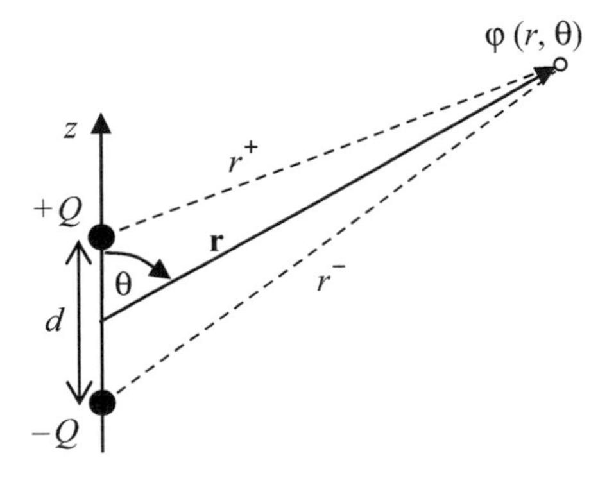

Aus der Symmetrie der Anordnung in Bezug auf die z-Achse, lässt sich dieser Ausdruck auch in Kugelkoordinaten in Abhängigkeit von r und θ ausdrücken. Anwendung des Cosinussatzes für r^+ und r^- ergibt:

$$r^{\pm} = \left(r^2 + (d/2)^2 \mp dr \ \cos\theta\right)^{1/2} = r\left(1 + \left(\frac{d}{2r}\right)^2 \mp \frac{d}{r}\cos\theta\right)^{1/2}.$$

Häufig wird der Dipol als unendlich kleine Anordnung betrachtet, d. h. $d \ll r$. Unter dieser Annahme kann der Ausdruck für die beiden Abstände r^+ und r^- genähert werden:

$$r^{\pm} \approx r\left(1 \ \mp \ \frac{d}{r}\cos\theta\right)^{1/2}.$$

Für den Kehrwert erhalten wir mit $(1+x)^{\alpha} \approx 1+\alpha x$, $|x| \ll 1$:

$$\frac{1}{r^{\pm}} \approx \frac{1}{r}\left(1 \pm \frac{d}{2r}\cos\theta\right).$$

Daraus resultiert für das Potential

$$\varphi(r,\theta) \approx \frac{Q\ d\ \cos\theta}{4\pi\varepsilon r^2}.$$

Als *Punktdipol* bezeichnet man den Grenzfall

$$d \to 0 \quad \text{und} \quad p = Q\ d = const. \quad (Dipolmoment).$$

Ordnen wir dem Dipolmoment $\mathbf{p}$ noch die Richtung von $-Q$ nach $+Q$ zu, so lässt sich der Ausdruck $Q\ d\ cos\theta$ als Skalarprodukt $\mathbf{p}\cdot\mathbf{e}_r$ schreiben und wir erhalten die koordinatenunabhängige Lösung

$$\varphi(r) = \frac{\mathbf{p}\cdot\mathbf{e}_r}{4\pi\varepsilon\ r^2} \quad \textit{Elektrischer Dipol.} \tag{2.27}$$

Charakteristisch für den Dipol ist die quadratische Abstandsabhängigkeit, die im Vergleich zur Punktladung (Monopol) mit $\varphi \sim 1/r$ stärker ausfällt. Dies erklärt sich durch die kompensierende Wirkung der beiden entgegengesetzten Ladungen, die bei $\theta = 90°$ exakt $\varphi = 0$ ergibt.

Zur Berechnung der elektrische Feldstärke gehen wir von Kugelkoordinaten aus. Anwendung der Gradientenformel (A.47) ergibt mit $d\varphi/d\phi = 0$:

$$\mathbf{E} = -\text{grad}\ \varphi = -\left(\frac{\partial\varphi}{\partial r}\ \mathbf{e}_r + \frac{1}{r}\frac{\partial\varphi}{\partial\theta}\ \mathbf{e}_\theta\right).$$

Mit den Ableitungen

$$\frac{\partial\varphi}{\partial r} = -\frac{2p\cos\theta}{4\pi\varepsilon\ r^3}; \quad \frac{\partial\varphi}{\partial\theta} = -\frac{p\sin\theta}{4\pi\varepsilon\ r^2}$$

erhalten wir die Lösung:

$$\mathbf{E} = \frac{p}{4\pi\varepsilon\, r^3}(2\cos\theta\,\mathbf{e}_r + \sin\theta\,\mathbf{e}_\theta). \tag{2.28}$$

Die Feld- und Äquipotentiallinien des elektrischen Dipols sind im folgenden Bild in der r-θ-Ebene skizziert. Im oberen Halbraum haben die Potentiallinien ein positives Vorzeichen, während sie in der unteren Raumhälfte negativ sind.

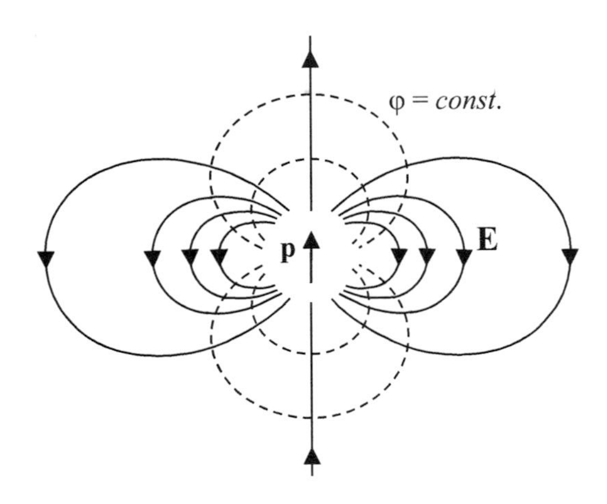

◀

2.4.4 Linienförmige Ladungsverteilung

Eine weitere elementare Ladungsanordnung ist die Linienladung mit konstanter Belegung $q_l = const.$ Aufgrund der Zylindersymmetrie wird für die Berechnung des Feldes $\varphi = \varphi(\rho, z)$ die Linienladung mit der Länge $2a$ entlang der z-Achse eines Zylinder-Koordinatensystems gelegt (Abb. 2.7).

Für die eindimensionale Ladungsverteilung erhalten wir für das Coulomb-Integral (2.22) mit $q\,\mathrm{d}V = q_l\,\mathrm{d}z'$

$$\varphi(\rho, z) = \frac{1}{4\pi\varepsilon}\int \frac{q_l}{|\mathbf{r} - \mathbf{r}'|}\mathrm{d}z' = \frac{q_l}{4\pi\varepsilon}\int_{-a}^{+a} \frac{\mathrm{d}z'}{\sqrt{\rho^2 + (z - z')^2}},$$

mit der Lösung:

$$\varphi(\rho, z) = \frac{q_l}{4\pi\varepsilon}\ \ln\left[\frac{\sqrt{(z-a)^2 + \rho^2} - (z-a)}{\sqrt{(z+a)^2 + \rho^2} - (z+a)}\right]. \tag{2.29}$$

Abb. 2.7 Linienladung

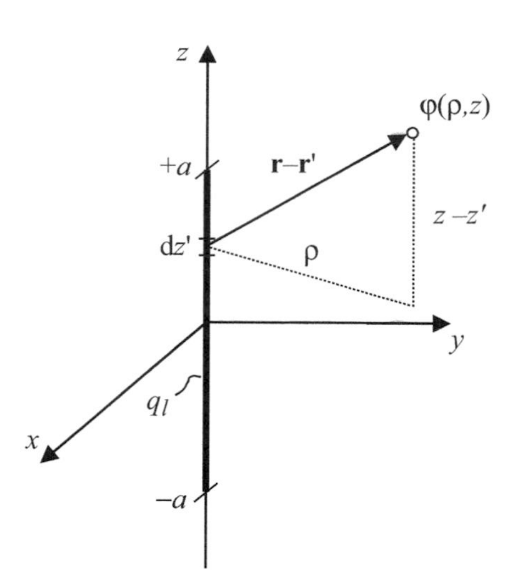

Wir wollen nun das Verhalten dieses Feldes für Aufpunkte in sehr großer und sehr kleiner Entfernung ermitteln. Zur Vereinfachung setzen wir in beiden Fällen $z = 0$.

Sehr kurze Linienladung

Für *große Entfernungen* bzw. sehr kurze Linienladungen, d. h. für $a/\rho \to 0$, schreiben wir die exakte Lösung (2.29) zunächst als Funktion von a/ρ um und erhalten durch Vernachlässigung von $(a/\rho)^2$ gegenüber 1 im Zähler und Nenner die Näherung:

$$\varphi(\rho) = \frac{q_l}{4\pi\varepsilon} \ln\left[\frac{a/\rho + \sqrt{(a/\rho)^2 + 1}}{-a/\rho + \sqrt{(a/\rho)^2 + 1}}\right] \approx \frac{q_l}{4\pi\varepsilon} \ln\left[\frac{1 + a/\rho}{1 - a/\rho}\right].$$

Mit der Näherung des Logarithmus für kleine Argumente

$$\ln\left(\frac{1+x}{1-x}\right) \approx 2x; \;\; \text{für } |x| \ll 1 \tag{2.30}$$

erhalten wir schließlich als asymptotische Lösung des Potentials für große Abstände:

$$\varphi(\rho) \simeq \frac{2\,a\,q_l}{4\pi\varepsilon\rho} = \frac{Q_l}{4\pi\varepsilon\rho}.$$

Dies ist das Feld der Punktladung, entsprechend der anschaulichen Vorstellung, dass die Linienladung in großer Entfernung zu einem Punkt mit der Gesamtladung $Q_l = 2aq_l$ zusammenschrumpft.

Sehr lange Linienladung

Für den umgekehrten Fall der *unendlich langen Linienladung* bzw. für sehr kurze Abstände, d. h. für $\rho/a \to 0$, schreiben wir die exakte Lösung (2.29) als Funktion von ρ/a um:

$$\varphi(\rho) = \frac{q_l}{4\pi\varepsilon} \ln \left[\frac{1 + \sqrt{1 + (\rho/a)^2}}{-1 + \sqrt{1 + (\rho/a)^2}} \right].$$

Durch Näherung der Wurzel jeweils entsprechend

$$\sqrt{1+x} \approx 1 + x/2; \text{ für } \quad x \to 0 \tag{2.31}$$

und Vernachlässigung des Terms $(\rho/a)^2$ im Zähler erhalten wir schließlich als asymptotische Lösung des Potentials der unendlich langen Linienladung:

$$\varphi(\rho) \simeq \frac{q_l}{2\pi\varepsilon} \ln \left[\frac{2\,a}{\rho} \right] \to \infty; \text{ für } a/\rho \to \infty.$$

Die Divergenz des Potentials rührt daher, dass die Ladungsverteilung sich bis ins Unendliche erstreckt. *Dies gilt für jede Art von Ladungsverteilung, die nicht in einem endlichen Gebiet V beschränkt ist*, was gemäß Abschn. 2.4.2 dem Coulomb-Integral (2.22) zugrundeliegt. In diesem Fall ist nur der *Potentialunterschied* zu einem Bezugsabstand ρ_0 im Endlichen sinnvoll, d. h.:

$$\varphi(\rho) - \varphi(\rho_0) = \frac{q_l}{2\pi\varepsilon} \left[\ln \left(\frac{2\,a}{\rho} \right) - \ln \left(\frac{2\,a}{\rho_0} \right) \right].$$

Da das Potential nur bis auf eine frei wählbare Konstante bestimmt ist (Abschn. 2.2), ordnen wir dem Referenzpunkt den Wert $\varphi(\rho_0) = 0$ zu und erhalten für die unendliche Linienladung:

$$\varphi(\rho) = -\frac{q_l}{2\pi\varepsilon} \ln \left(\frac{\rho}{\rho_0} \right) \quad \textit{Logarithmisches Potential.} \tag{2.32}$$

Das elektrische Feld ergibt sich durch Berechnung des Gradienten nach Formeln (A.46), wobei die Ableitungen nach ϕ und z Null sind:

$$\mathbf{E} = -\text{grad}\ \varphi(\rho) = -\frac{\partial \varphi}{\partial \rho} \mathbf{e}_\rho$$

$$E_\rho(\rho) = \frac{q_l}{2\pi\varepsilon\rho} \quad \textit{Feld der Linienladung.} \tag{2.33}$$

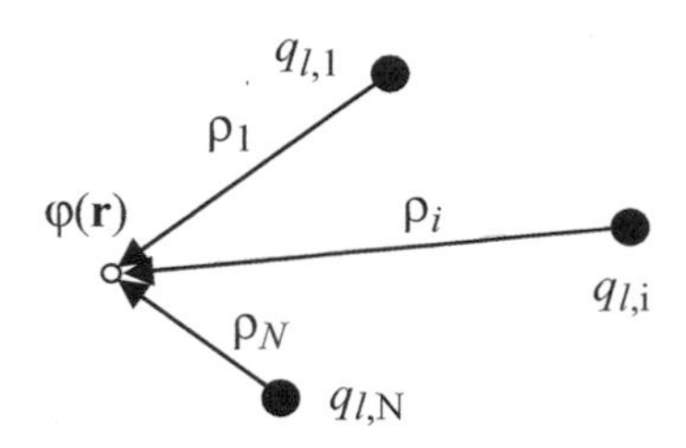

Abb. 2.8 Zur Berechnung des Feldes mehrerer Linienladungen

Auch für diese einfache zylindersymmetrische Ladungsanordnung lässt sich das Feld direkt aus dem Gaußschen Gesetz (III) bestimmen. Ausgehend von einem radial gerichteten Feld, d. h. $\mathbf{D} = \varepsilon\, E_\rho(\rho)\, \mathbf{e}_\rho$, liefert die Integration über eine Zylinderfläche A_Z der Höhe h mit der Ladung q_l auf der Zylinderachse nur über die Mantelfläche A_M einen Beitrag und es resultiert in Übereinstimmung mit (2.33):

$$\oiint_{A_Z} \mathbf{D} \cdot \mathrm{d}\mathbf{A} = \varepsilon\, E_\rho(\rho) \oint_{A_M} \mathrm{d}A_\rho = \varepsilon\, E_\rho(\rho)\, 2\, \pi\rho\, h = q_l\, h.$$

Feld mehrerer Linienladungen

Für eine Anordnung aus mehreren zueinander parallelen Linienladungen (Abb. 2.8) erhält man das Gesamtfeld aus der Superposition der Einzelfelder, zweckmäßigerweise ausgedrückt durch das Potential (2.32), d. h.:

$$\varphi(\mathbf{r}) = -\frac{1}{2\pi\varepsilon} \sum_{i=1}^{N} q_{l,i} \ln\left(\frac{\rho_i}{\rho_0}\right),$$

wobei wir wegen der beliebigen Konstante in der Potentialfunktion frei in der Wahl des individuellen Referenzabstandes ρ_0 sind.

Beispiel 2.3: Der Liniendipol

Eine grundlegende Linienladung-Anordnung ist der Liniendipol, bestehend aus zwei entgegengesetzten Linienladungen $\pm q_l$ gleicher Größe im Abstand $2a$.

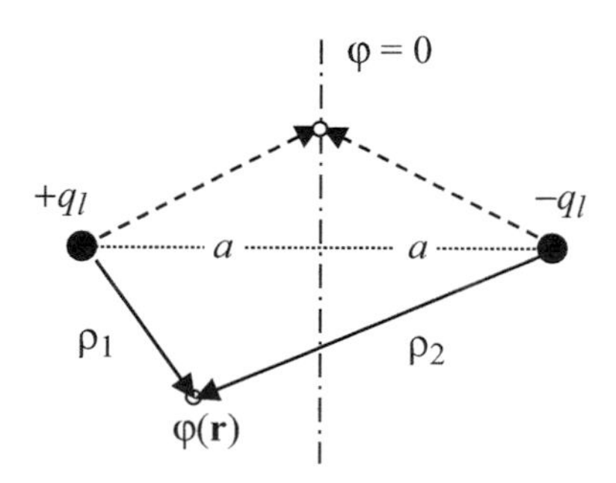

Das Potential der Anordnung ergibt sich durch Addition der beiden Einzelpotentiale nach Gl. (2.32) im Abstand ρ_1 bzw. ρ_2 vom Aufpunkt:

$$\varphi(\mathbf{r}) = -\frac{q_l}{2\pi\varepsilon}\left[\ln\left(\frac{\rho_1}{\rho_0}\right) - \ln\left(\frac{\rho_2}{\rho_0}\right)\right] = -\frac{q_l}{2\pi\varepsilon}\ln\left(\frac{\rho_1}{\rho_2}\right).$$

Durch die Wahl des gleichen Bezugsabstandes ρ_0 ist das Potential auf der Symmetrieebene Null. Dort gilt in jedem Punkt $\rho_1 = \rho_2$.

Für jede andere Äquipotentiallinie mit Potentialwert φ muss gelten:

$$\frac{\rho_1}{\rho_2} = \mathrm{e}^{-2\,\pi\varepsilon\varphi/q_l} = const.$$

Linien auf denen jeder Punkt dieser Bedingung genügt sind in der Geometrie bekannt als *Appoloniuskreise* mit Radius

$$\frac{R}{a} = \sqrt{(x_0/a)^2 - 1}.$$

Die Kreismittelpunkte x_0 liegen zusammen mit den beiden Ursprungspunkten für ρ_1 und ρ_2 auf einer Linie und berechnen sich nach der Formel

$$\frac{x_0}{a} = \frac{1 + (\rho_1/\rho_2)^2}{1 - (\rho_1/\rho_2)^2}.$$

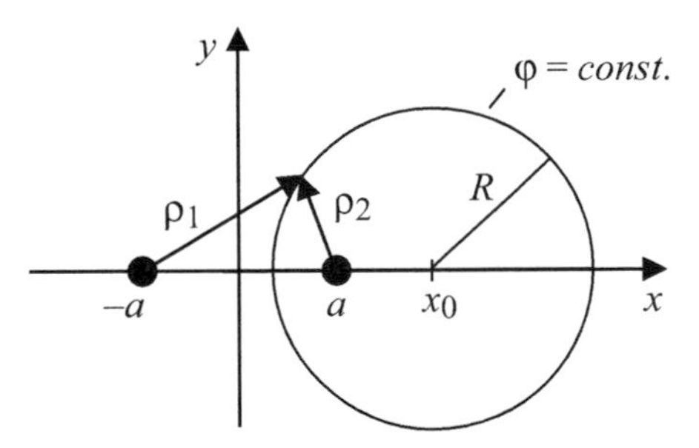

Die als Symmetrielinie resultierende Äquipotentiallinie für $\varphi = 0$ ergibt sich aus diesen Formeln mit $\rho_1/\rho_2 = 1$ als Kreis mit unendlichem Radius und Mittelpunkt $x_0 \to \infty$. Im Folgenden ist das Feldlinienbild des elektrischen Liniendipols skizziert.

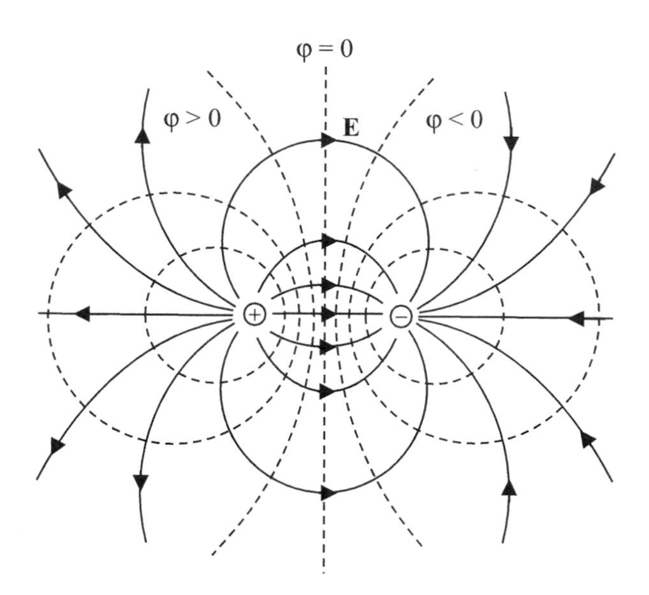

Zur Berechnung der asymptotischen Lösung für das Feld des Liniendipols in großer Entfernung ($\rho >> d = 2a$) schreiben wir die beiden Abstände ρ_1 und ρ_2 in der exakten Lösung

$$\varphi(\mathbf{r}) = -\frac{q_l}{2\pi\varepsilon} \ln\left(\frac{\rho_1}{\rho_2}\right) \tag{2.34}$$

mit Hilfe des Cosinussatzes in Abhängigkeit der Zylinderkoordinaten ρ und ϕ:

$$\rho_{1,2}^2 = (d/2)^2 + \rho^2 - d\ \rho\ \cos(\pi/2 \pm \phi).$$

Den um $\pi/2$ verschobenen Cosinus können wir durch den Sinus ersetzen und erhalten als Näherung für $d \ll \rho$:

$$\rho_{1,2}^2 \approx \rho^2 \pm d\ \rho\ \sin\phi = \rho^2\left(1 \pm \frac{d}{\rho}\sin\phi\right).$$

Einsetzen in den Logarithmus ergibt mit der Näherungsformel (2.30) die asymptotische Lösung:

$$\varphi(\rho,\phi) \simeq -\frac{q_l\, d}{2\pi\varepsilon\rho}\sin\phi. \tag{2.35}$$

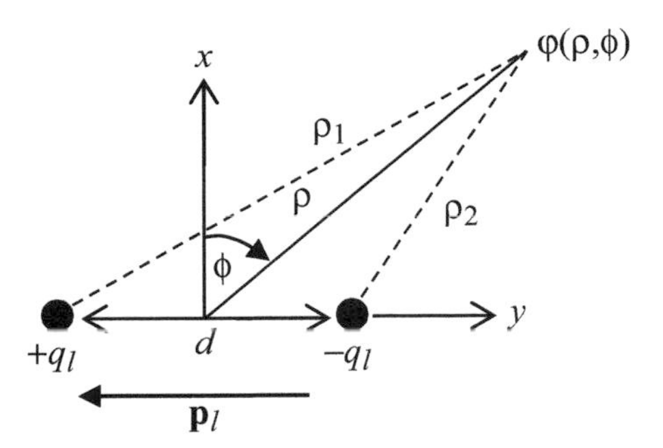

Analog zum elektrischen Dipol (Beispiel 2.2) definieren wir das *Liniendipolmoment* $|\mathbf{p}_l| = q_l\ d$, das von $-q_l$ nach $+q_l$ zeigt, und erhalten mit $\sin\phi = -\cos(\angle\ \mathbf{p}_l, \mathbf{e}_\rho)$ und dem senkrechten Abstand ρ die koordinatenunabhängige, asymptotische Fernfeldlösung des Liniendipols:

$$\varphi = \frac{\mathbf{p}_l \cdot \mathbf{e}_\rho}{2\pi\varepsilon\rho}.$$

Aus dem Gradienten von (2.35) in Zylinderkoordinaten (A.46) ergibt sich mit $\partial\varphi/\partial z = 0$ für die Feldstärke

$$\mathbf{E} = \frac{-p_l}{2\pi\varepsilon\ \rho^2}\left(\sin\phi\ \mathbf{e}_\rho - \cos\phi\ \mathbf{e}_\phi\right),$$

bzw. der von ϕ unabhängige Betrag

$$|\mathbf{E}| = \frac{p_l}{2\ \pi\varepsilon\ \rho^2}.$$

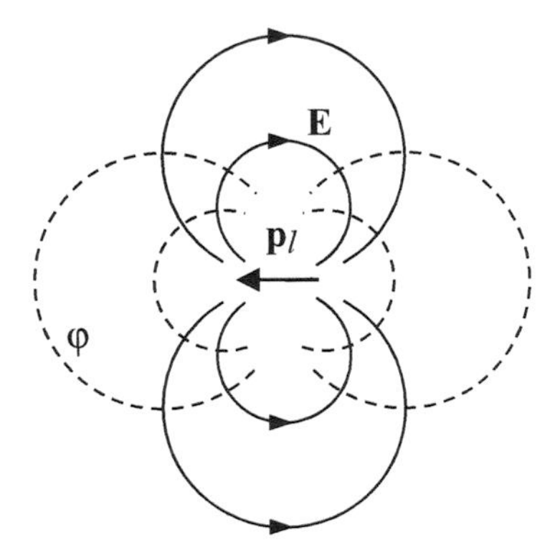

◀

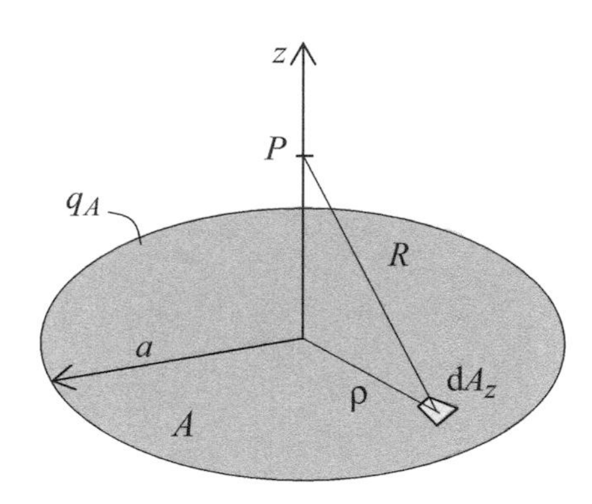

Abb. 2.9 Zur Berechnung des Feldes von Flächenladungen

2.4.5 Flächenladungen

Eine Fläche mit konstanter Ladungsbelegung q_A stellt eine weitere elementare Ladungsanordnung dar. Wir betrachten dazu eine kreisrunde Fläche A mit Radius a und beschränken uns für den beabsichtigten Zweck bei der Berechnung des Feldes auf die z-Achse (Abb. 2.9).

Das Coulomb-Integral (2.22) für das Potential im Punkt P lautet in diesem Fall mit $q\,\mathrm{d}V = q_A\,\mathrm{d}A$ und dem Flächenelement $\mathrm{d}A_z = \rho\,\mathrm{d}\phi\,\mathrm{d}\rho$ (A.28) in Zylinderkoordinaten

$$\varphi(z) = \frac{1}{4\pi\varepsilon}\iint\limits_A \frac{q_A}{R}\mathrm{d}A = \frac{q_A}{4\pi\varepsilon}\int\limits_{\phi=0}^{2\pi}\int\limits_{\rho=0}^{a} \frac{\rho}{\sqrt{\rho^2+z^2}}\,\mathrm{d}\phi\,\mathrm{d}\rho,$$

mit dem Ergebnis:

$$\varphi(z) = \frac{q_A}{2\,\varepsilon}\left(\sqrt{a^2+z^2} - |z|\right).$$

Wie man sich leicht durch Anwendung der Näherungsformel (2.31) überzeugen kann, erhält man aus diesem Ergebnis für $a/z \to 0$ die Lösung der Punktladung mit $Q = q_A \pi\, a^2$.

Für den Fall $a/z \to \infty$, also für die unendliche Ebene, divergiert das Potential und man muss wie bei der Linienladung den Referenzpunkt z_0 für $\varphi(z_0) = 0$ ins Endliche legen, d. h.:

$$\varphi(z) = -\frac{q_A}{2\,\varepsilon}\,(|z| - |z_0|). \tag{2.36}$$

Die Äquipotentialflächen sind also zueinander parallel und in regelmäßigen Abständen angeordnet. Für das elektrische Feld resultiert mit (A.45)

$$\mathbf{E} = -\mathrm{grad}\;\varphi = -\frac{\partial\varphi}{\partial z} = \pm\frac{q_A}{2\,\varepsilon}\mathbf{e}_z; \quad \text{für } z \gtrless 0, \tag{2.37}$$

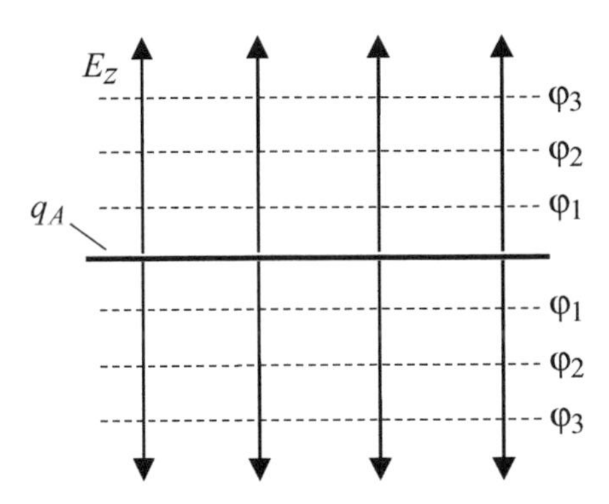

Abb. 2.10 Homogenes Feld der unbegrenzten Flächenladung

also ein vom Abstand unabhängiges, z-gerichtetes Feld. Ein solches Feld bezeichnen wir als *homogenes Feld* (Abb. 2.10).

Auch für diesen symmetrischen Grenzfall lässt sich das Feld direkt aus dem Gaußschen Gesetz (III) bestimmen. In jedem Punkt entlang der z-Achse heben sich für jedes symmetrisch dazu ausgewählte Flächenelemente-Paar die horizontalen Komponenten des Feldes auf. Die Integration über einen zur Ebene senkrechten und zu $z = 0$ symmetrisch angeordneten Zylinder liefert nur auf den beiden Grundflächen ΔA einen Beitrag gleicher Größe, sodass:

$$\oiint\limits_{A_Z} \mathbf{D} \cdot \mathrm{d}\mathbf{A} = 2\,\varepsilon\,E_z\,\Delta A = \Delta A\,q_A.$$

Beispiel 2.4: Die elektrische Doppelschicht

Die Kombination von zwei im Abstand d parallel angeordneten Flächenladungen q_A gleicher Größe und entgegengesetztem Vorzeichen ergibt ein Homogenfeld zwischen den Ladungen. Außerhalb einer solchen Doppelschicht ist das Feld Null. Durch entsprechende Überlagerung von (2.37) erhalten wir

$$\mathbf{E} = \begin{cases} -\dfrac{q_A}{\varepsilon}\mathbf{e}_z & \text{für } |z| \leq d/2 \\ \mathbf{0} & \text{sonst.} \end{cases}$$

Daraus ergibt sich direkt für den Potentialunterschied $\varphi^+ - \varphi^-$ zwischen der positiven und negativen Flächenladung

$$\varphi^+ - \varphi^- = \frac{q_A d}{\varepsilon} = \frac{|\mathbf{p}_A|}{\varepsilon}$$

Hierbei bezeichnet $\mathbf{p}_A$ das *Flächen-Dipolmoment*, das von der negativen zur positiven Ladung zeigt. Ein solches Flächen-Dipolmoment prägt somit einen Potentialunterschied $U = \varphi^+ - \varphi^-$ zwischen zwei Raumgebieten in Richtung von $\mathbf{p}_A$ ein.

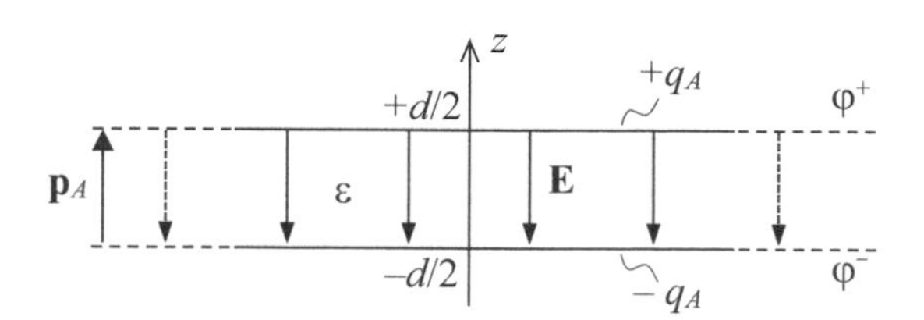

◀

2.4.6 Räumliche Ladungsverteilung

Als Beispiel für das Feld einer räumlichen Ladungsverteilung soll ein Kugelvolumen V mit Radius a betrachtet werden (Abb. 2.11). Um die Rechnung überschaubar zu halten, beschränken wir uns auf eine um den Koordinatenursprung *kugelsymmetrische* Verteilung:

$$q(\mathbf{r}) = \begin{cases} q(r) & r \leq a \\ 0 & r > a \end{cases}$$

Aus der kugelsymmetrischen Ladungsverteilung folgt ein ebenso symmetrisches Feld, sodass wir zur Lösung des Coulomb-Integrals (2.22):

$$\varphi(r) = \frac{1}{4\pi\varepsilon} \iiint\limits_V \frac{q(\mathbf{r}')}{|\mathbf{r} - \mathbf{r}'|} \mathrm{d}V'$$

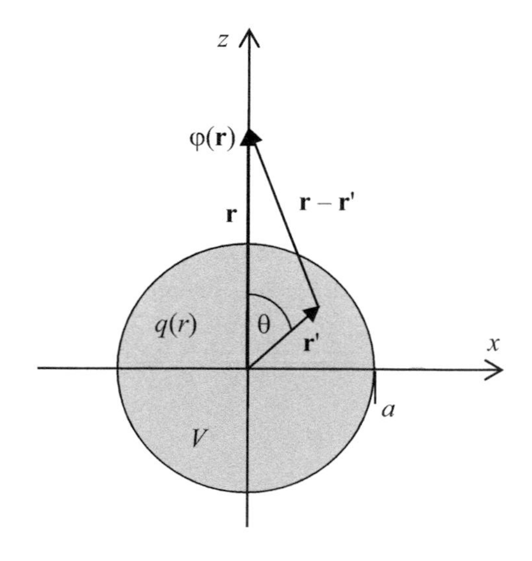

Abb. 2.11 Zur Berechnung des Feldes einer kugelsymmetrischen Raumladungsverteilung

den Aufpunkt im radialen Abstand r vom Ursprung auf eine Koordinatenachse, z. B. die z-Achse legen können. Mit

$$\left|\mathbf{r}-\mathbf{r}'\right| = \sqrt{r^2 + r'^2 - 2\,r\,r'\,\cos\theta} \quad (\textit{Cosinussatz})$$

und dem Volumenelement in Kugelkoordinaten (A.36)

$$\mathrm{d}V = r'^2 \sin\theta \,\mathrm{d}r'\,\mathrm{d}\theta\,\mathrm{d}\phi$$

stellen wir das Volumenintegral auf:

$$\varphi(r) = \frac{1}{4\pi\varepsilon}\int_0^a\int_0^\pi\int_0^{2\pi} \frac{q(\mathbf{r}')\,r'^2\sin\theta}{\sqrt{r^2 + r'^2 - 2\,r\,r'\,\cos\theta}}\,\mathrm{d}\phi\,\mathrm{d}\theta\,\mathrm{d}r'.$$

Nach Ausführung der Integration nach ϕ und θ erhalten wir:

$$\varphi(r) = \frac{1}{2\,\varepsilon\,r}\int_0^a q(\mathbf{r}')\,r'\left[r + r' - \left|r - r'\right|\right]\mathrm{d}r'.$$

Mit der Fallunterscheidung

$$r + r' - \left|r - r'\right| = \begin{cases} 2r'; & r' \le r \\ 2r; & r' > r \end{cases}$$

lautet das Ergebnis:

$$\varphi(r) = \frac{1}{\varepsilon}\begin{cases} \frac{1}{r}\int_0^r q(r')\,r'^2\,\mathrm{d}r' + \int_r^a q(r')\,r'\,\mathrm{d}r' & r \le a \\ \frac{1}{r}\int_0^a q(r')\,r'^2\,\mathrm{d}r' & r \ge a. \end{cases} \tag{2.38}$$

Anwendung des Gradienten in Kugelkoordinaten (A.47)

$$\mathbf{E} = -\mathrm{grad}\;\varphi(r) = -\frac{\partial\varphi}{\partial r}\mathbf{e}_r,$$

mit der Formel

$$\frac{\mathrm{d}}{\mathrm{d}x}\int_c^x \mathrm{f}(x')\,\mathrm{d}x' = \frac{\mathrm{d}}{\mathrm{d}x}[\mathrm{F}(x) - \mathrm{F}(c)] = \mathrm{f}(x)$$

liefert für das Feld die Lösung:

$$E_r(r) = \frac{1}{\varepsilon\,r^2}\begin{cases} \int_0^r q(r')\,r'^2\,\mathrm{d}r' & r \le a \\ \int_0^a q(r')\,r'^2\,\mathrm{d}r' & r \ge a. \end{cases} \tag{2.39}$$

Dieses Ergebnis erhalten wir aufgrund der Kugelsymmetrie wie bei der Punktladung (Abschn. 2.4.3) auch durch direkte Auswertung des Gaußschen Gesetzes (III) über eine Kugeloberfläche mit Radius r.

Das Feld der kugelsymmetrischen Ladungsverteilung lässt sich auch in eine anschauliche Form umschreiben. Berechnen wir die in einer Kugel mit Radius r insgesamt enthaltene Ladungsmenge

$$Q(r) = \iiint\limits_{V_K(r)} q(r')\,\mathrm{d}V = 4\,\pi \int_0^r q(r')\,r'^2\,\mathrm{d}r',$$

so erhalten wir

$$E_r(r) = \frac{Q(r)}{4\pi\varepsilon\,r^2}.$$

Dies entspricht dem einfachen Feld einer im Ursprung befindlichen Punktladung und das Potential führt durch Integration gemäß (2.6)

$$\varphi(r) = -\int_\infty^r E_r(r')\mathrm{d}r'.$$

auf die Lösung des Coulomb-Integrals (2.38).

Beispiel 2.5: Homogene Kugelladung

Für den Spezialfall einer konstante Raumladung:

$$q(r) = \begin{cases} q_0 & r \le a \\ 0 & r > a \end{cases}$$

ergibt die Berechnung der Integrale (2.38) und (2.39) folgenden Potential- und Feldverlauf:

$$\varphi(r) = \frac{q_0}{\varepsilon}\begin{cases} \dfrac{1}{2}\left(a^2 - \dfrac{r^2}{3}\right) & r \le a \\ \dfrac{a^3}{3\,r} & r \ge a \end{cases} \quad \text{und} \quad E_r(r) = \frac{q_0}{3\,\varepsilon}\begin{cases} r & r \le a \\ \dfrac{a^3}{r^2} & r \ge a. \end{cases}$$

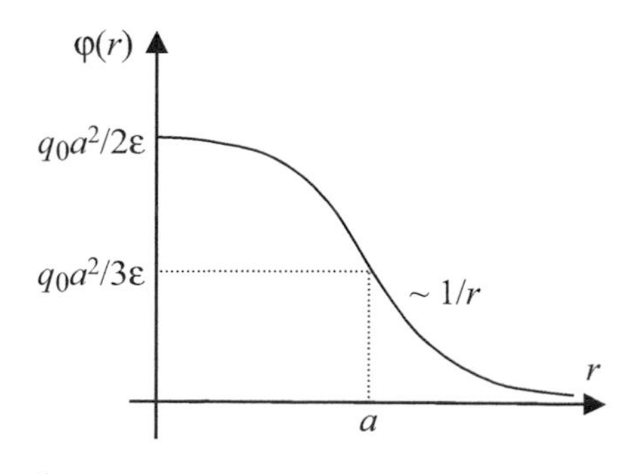

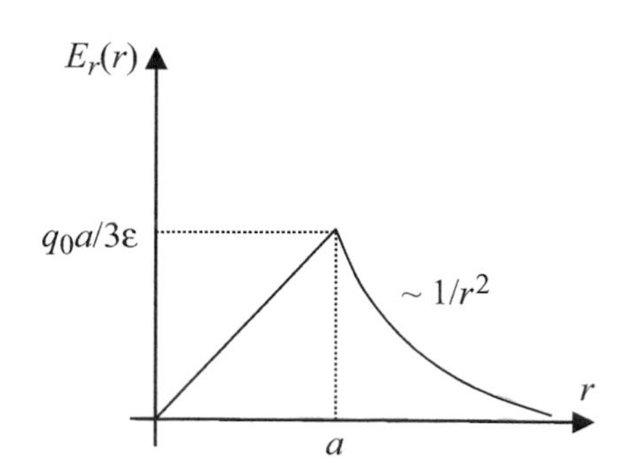

◄

2.5 Die Kapazität

Betrachtet wird eine als *Kondensator* bezeichnete Anordnung aus zwei voneinander isolierten Elektroden zwischen denen eine Spannung

$$U = \int_{P^+}^{P^-} \mathbf{E} \cdot \mathrm{d}\mathbf{s} \tag{2.40}$$

und damit ein elektrisches Feld **E** besteht, das von einer äußeren Quelle erzeugt wird. Hierbei bezeichnen P^+ und P^- jeweils einen beliebigen Punkt auf der positiven Elektrode bzw. negativen Elektrode (Abb. 2.12). Sämtliche Feldlinien die von den Flächenladungen (2.7) von der positiven Elektrode entspringen münden auf der negativen Elektrode, sodass nach dem Gaußschen Gesetz (III)

$$\oiint_{A^\pm} \varepsilon\, \mathbf{E} \cdot \mathrm{d}\mathbf{A} = \pm Q \tag{2.41}$$

die innerhalb einer Hülle $A^\pm$ um die positive bzw. negative Elektrode eingeschlossene Ladung Q gleich groß und entgegengesetzt sein muss.

Für eine feste Elektrodengeometrie innerhalb eines gegebenen Mediums ändert sich nach Gl. (2.40) das Feld **E** bei unterschiedlicher Spannung U nur dem Betrage nach, so dass nach Gl. (2.41) die Ladung Q direkt proportional zu U ist. Die Proportionalitätskonstante ist die *Kapazität* des Kondensators

$$C = \frac{Q}{U}; \quad [C] = \frac{\mathrm{A\,s}}{\mathrm{V}} = \mathrm{F\ (Farad)}. \tag{2.42}$$

Nach dieser Definition ist die Kenntnis der Ladungverteilung oder des Feldes zur Berechnung der Kapazität erforderlich. Damit ist Q oder U bekannt und die jeweils andere Größe ergibt sich nach (2.40) bzw. (2.41).

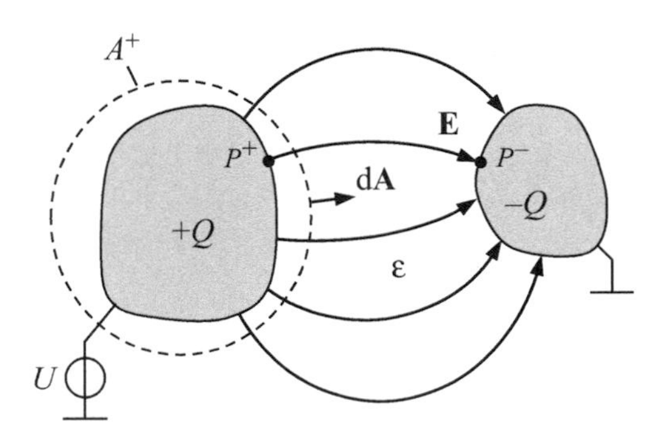

Abb. 2.12 Zur Definition der Kapazität zwischen zwei Elektroden

Die im Kondensator gespeicherte Feldenergie W_E ergibt sich nach (1.70) in Kombination mit (2.4) durch Integration über das gesamte felderfüllte Volumen V:

$$W_E = \frac{\varepsilon}{2} \iiint_V E^2 \mathrm{d}V = \frac{\varepsilon}{2} \iiint_V (\mathrm{grad}\ \varphi)^2 \mathrm{d}V. \tag{2.43}$$

Hierbei wird ohne Einschränkung der Allgemeinheit von einem homogenen Medium ausgegangen. Das rechte Integral können wir mit Hilfe des 1. Greenschen Satzes (A.82) wie folgt umschreiben:

$$\iiint_V (\mathrm{grad}\ \varphi)^2 \mathrm{d}V = \oiint_{\partial V} (\varphi \mathrm{grad}\ \varphi) \cdot \mathrm{d}\mathbf{A} - \iiint_V \varphi \Delta \varphi\ \mathrm{d}V.$$

Das Volumenintegral auf der rechten Seite ist Null, aufgrund der Gültigkeit der Laplace-Gleichung (2.9) im ladungsfreien Raum zwischen den Elektroden. Das Hüllenintegral über den Rand ∂V des felderfüllten Raumes V umfasst die beiden Elektrodenoberflächen $A^{\pm}$ und eine im Unendlichen befindliche Hülle, die die Anordnung umschließt. Während über letztere das Feld für eine Anordnung mit endlicher Ausdehnung verschwindet, ergibt die Integration über die beiden Elektrodenflächen mit (2.4) und $\varphi = U$ bzw. 0 (d$\mathbf{A}$ zeigt in die Elektrode)

$$\oiint_{\partial V} (\varphi \mathrm{grad}\ \varphi) \cdot \mathrm{d}\mathbf{A} = U \oiint_{\partial V} \mathbf{E} \cdot \mathrm{d}\mathbf{A}.$$

Einsetzen in (2.43) ergibt mit (2.41) schließlich als Ergebnis für die gespeicherte Energie:

$$W_E = \frac{1}{2} Q\ U = \frac{1}{2} \frac{Q^2}{C} = \frac{1}{2} C\ U^2. \tag{2.44}$$

Die zweite und dritte Formel erhalten wir mit der Definition (2.42) für C. Umgekehrt resultieren daraus zwei alternative, auf die Energie bezogene Definitionen für die Kapazität:

$$C = \frac{1}{2} \frac{Q^2}{W_E} = \frac{2\ W_E}{U^2}. \tag{2.45}$$

Die Ladung und Energie bleibt nach Entfernen der äußeren Quelle im Kondensator gespeichert. Durch galvanische (leitende) Verbindung kann die Ladung in Form des Entladestroms bzw. die Energie in einem angeschlossenen Verbraucher zurückgewonnen werden.

▶ Ein aus zwei Elektroden bestehender Kondensator ist *ein Speicher für Ladung und elektrischer Energie.* Seine Kenngröße ist die Kapazität C, die durch die Elektrodengeometrie und dem dazwischenliegenden Medium bestimmt ist.

Beispiel 2.6: Der Plattenkondensator

Ein Plattenkondensator besteht aus zwei ebenen, beliebig geformten, leitenden Flächen der Größe A, die sich im Abstand d gegenüberstehen und durch einen Isolator mit Dielektrizitätskonstante ε getrennt sind.

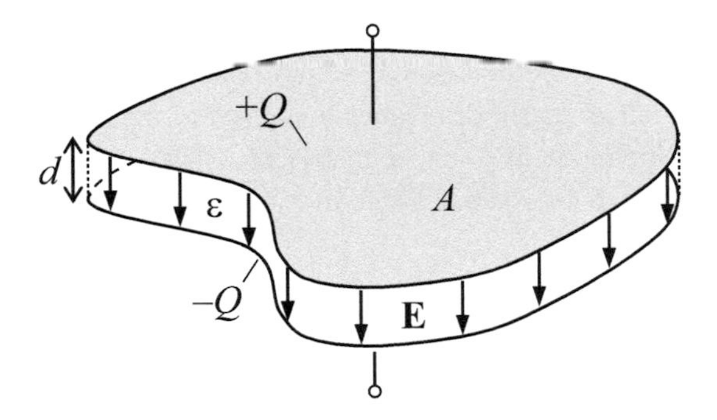

Unter der Voraussetzung, dass *d sehr viel kleiner als die Plattenabmessungen ist*, lässt sich das Feld **E** zwischen den Platten unter Vernachlässigung der Abweichungen an den Plattenrändern durch das Homogenfeld der unbegrenzten elektrischen Doppelschicht (Beispiel 2.4) nähern:

$$\mathbf{E} = -\frac{q_A}{\varepsilon}\mathbf{e}_z \approx \frac{Q/A}{\varepsilon}\mathbf{e}_z.$$

Hierbei ist Q die auf den Platten gespeicherte Ladung. Daraus resultiert für die Spannung zwischen den Platten

$$U = \int_d \mathbf{E} \cdot \mathbf{ds} \simeq E\,d = \frac{Q\,d}{\varepsilon\,A}$$

Einsetzen in die Definition (2.42) ergibt für die Kapazität des *Plattenkondensators*:

$$C \simeq \varepsilon\,\frac{A}{d};\ \text{für } d \to 0. \tag{2.46}$$

Wie aus diesem Ergebnis unmittelbar ersichtlich ist, benötigt man für hohe Kapazitätswerte möglichst große Elektrodenflächen (A) und Isoliermaterialien mit hohem ε_r.

Die Kapazität lässt sich alternativ über die Energiedefinition (2.45) berechnen. Die gespeicherte Feldenergie im Volumen V zwischen den Platten ergibt sich durch Einsetzen des Ausdrucks für **E** in (2.43) zu

$$W_E = \frac{\varepsilon}{2} \iiint\limits_V E^2 \mathrm{d}V \simeq \frac{\varepsilon}{2} \left(\frac{U}{d}\right)^2 A\, d.$$

Einsetzen in (2.45) liefert das Ergebnis (2.46).

Beim realen Plattenkondensator tritt ein *Streufeld an den Plattenrändern* auf, sodass der tatsächliche Wert von C aufgrund des zusätzlichen elektrischen Flusses bzw. der Feldenergie außerhalb der Platten höher ist. Demzufolge ist die Näherung (2.46) umso genauer, je kleiner das Verhältnis von Plattenabstand zu Plattenabmessungen ist.

Das kann damit erklärt werden, dass das Streufeld mit zunehmendem Abstand r im Verhältnis zu den Abmessungen des Plattenkondensators asymptotisch dem Feld eines Dipols mit dem Dipolmoment $p = Q\, d$ entspricht (Beispiel 2.2), das nach Gl. (2.28) direkt mit $1/r^3$ räumlich sehr schnell abnimmt und direkt proportional zum Plattenabstand d ist. ◀

Beispiel 2.7: Zylinderkondensator

Für eine aus zwei koaxialen Zylinderelektroden bestehende Leitung (*Koaxialleitung*) mit Innenradius ρ_i und Außenradius ρ_a soll die *längenbezogene Kapazität*, d. h. die Kapazität/Länge bestimmt werden.

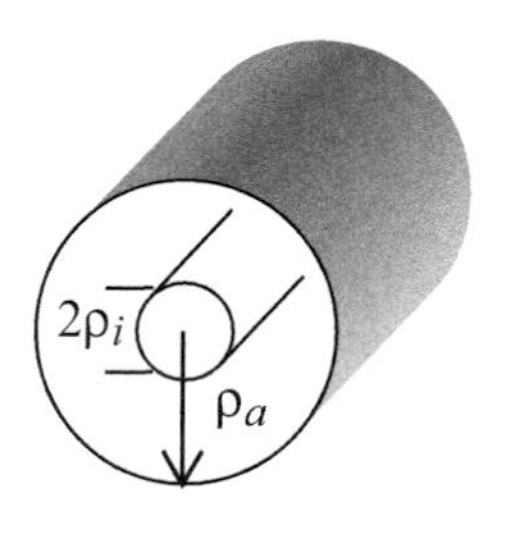

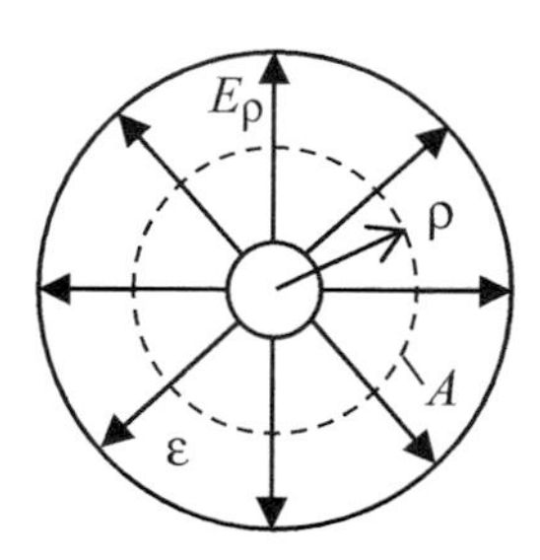

Bei dieser zylindersymmetrischen Anordnung mit homogenem Medium kann das elektrische Feld nur radial gerichtet sein. Es lässt sich direkt aus dem Gaußschen Gesetz (III) bestimmen, wobei die Integration in Längsrichtung bei dieser längenbezogenen Rechnung entfällt. Integration um einen Kreis mit Radius $\rho_i \leq \rho \leq \rho_a$ ergibt für die eingeschlossene Ladung pro Länge (Linienladungsdichte)

$$q_l = \varepsilon \oint \mathbf{E} \cdot \mathbf{e}_\rho \mathrm{d}s = \varepsilon\, E_\rho\, 2\pi\rho.$$

Aus der elektrischen Feldstärke (2.33)

$$E_\rho = \frac{q_l}{2\pi\rho\varepsilon}$$

resultiert für die Spannung zwischen den Elektroden

$$U = \int_{\rho_i}^{\rho_a} E_\rho \, \mathrm{d}\rho = \frac{q_l}{2\pi\varepsilon} \int_{\rho_i}^{\rho_a} \frac{1}{\rho} \mathrm{d}\rho = \frac{q_l}{2\pi\varepsilon} \ln\left(\frac{\rho_a}{\rho_i}\right).$$

Einsetzen in (2.42) ergibt schließlich für die Kapazität/Länge (Kapazitätsbelag)

$$C' = \frac{2\pi\varepsilon}{\ln(\rho_a/\rho_i)}. \qquad \blacktriangleleft$$

2.6 Materie im elektrostatistischen Feld

Im Gegensatz zu elektrischen Leitern besitzen *ideale* Dielektrika keine freien Ladungen. Alle Ladungen sind in den Atomen bzw. Molekülen *gebunden*. Unter der Einwirkung eines äußeren elektrischen Feldes wird das Dielektrikum *polarisiert*. Es gibt drei Arten der Polarisation:

Elektronenpolarisation:
Innerhalb eines Atoms verschieben sich die positiven und negativen Ladungsschwerpunkte aufgrund der auf sie wirkenden elektrischen Kraft. Es entsteht ein Dipolmoment, sodass das Atom als elektrischer Dipol wirksam wird (Abschn. 2.4.3).

Ionenpolarisation:
Innerhalb eines Moleküls werden positive Ionen gegenüber negativen Ionen verschoben, was ebenfalls zur Ausbildung eines Dipols führt.

Orientierungspolarisation:
Die Moleküle tragen ein permanentes elektrisches Dipolmoment. Ohne äußeres Feld sind sie statistisch regellos orientiert, sodass das Medium im Ganzen elektrisch neutral ist. Bei Anlegen eines äußeren Feldes richten sie sich zum Feld aus. Der Effekt tritt bei sog. polaren Medien auf, wie z. B. bei Wasser. Es gibt auch feste Stoffe, sogenannte *Elektrete*, die mit einer permanenten Polarisation versehen werden können und technische Anwendung finden.

Das Verhalten dielektrischer Materie im elektrostatischen Feld soll durch ein einfaches makroskopisches Modell beschrieben werden, indem jedes Atom bzw. Molekül ein von außen induziertes bzw. permanentes Dipolmoment $\mathbf{p}$ trägt. Zur Berechnung des Feldes gehen wir zunächst vom Potential eines Punktdipols (2.27) im freien Raum aus, das sich am Ort $\mathbf{r}'$ befindet:

$$\varphi(\mathbf{r}) = \frac{\mathbf{p} \cdot (\mathbf{r} - \mathbf{r}')}{4\pi\,\varepsilon_0 |\mathbf{r} - \mathbf{r}'|^3}.$$

Dieses Potential enthält die Permittivität des Vakuums (ε_0), d. h. *das Medium wird durch die Dipole ersetzt*.

Um zu einer Kontinuumsbetrachtung überzugehen, definieren wir eine *Volumen-Dipoldichte*

$$\mathbf{P} = \lim_{\Delta V \to 0} \frac{\sum_i \mathbf{p}_i}{\Delta V} = \frac{\mathrm{d}\mathbf{p}}{\mathrm{d}V},$$

die mit dem in Abschn. 1.4 bezeichneten *Polarisationsvektor* (1.43) identisch ist. Ohne Einwirkung eines äußeren elektrischen Feldes ist $\mathbf{P} = \mathbf{0}$. Bei einem Elektret mit permanenter Polarisation liegt ein fester Wert für $\mathbf{P}$ vor.

Bei gegebener Dipolmomentendichte $\mathbf{P}$ enthält ein Volumenelement $\mathrm{d}V'$ im Punkt $\mathbf{r}'$ das differentielle Dipolmoment $\mathrm{d}\mathbf{p} = \mathbf{P}\,\mathrm{d}V'$, das den differentiellen Potentialbeitrag

$$\mathrm{d}\varphi(\mathbf{r}) = \frac{\mathbf{P}(\mathbf{r}') \cdot (\mathbf{r} - \mathbf{r}')}{4\pi\,\varepsilon_0 |\mathbf{r} - \mathbf{r}'|^3} \mathrm{d}V' \tag{2.47}$$

im Aufpunt $\mathbf{r}$ erzeugt (Abb. 2.13).

Bevor der differentielle Potentialausdruck (2.47) über das ganze polarisierte Volumen V integriert wird, nehmen wir mit

$$\frac{\mathbf{r} - \mathbf{r}'}{|\mathbf{r} - \mathbf{r}'|^3} = \nabla' \left(\frac{1}{|\mathbf{r} - \mathbf{r}'|} \right)$$

und der Identität (A.66)

$$\nabla \cdot (\psi \mathbf{A}) \;=\; \mathbf{A} \cdot \nabla \psi \;+\; \psi \nabla \cdot \mathbf{A} \text{ (Nabla wirkt auf Strich-Koordinaten)}$$

folgende Umformung vor:

$$\mathbf{P} \cdot \frac{\mathbf{r} - \mathbf{r}'}{|\mathbf{r} - \mathbf{r}'|^3} = \mathbf{P} \cdot \nabla' \left(\frac{1}{|\mathbf{r} - \mathbf{r}'|} \right) = \nabla' \cdot \left(\frac{\mathbf{P}}{|\mathbf{r} - \mathbf{r}'|} \right) - \frac{1}{|\mathbf{r} - \mathbf{r}'|} \nabla' \cdot \mathbf{P}. \tag{2.48}$$

Die Integration von (2.48) über das Volumen V liefert nach Anwendung des Gaußschen Satzes (A.81) für den ersten Divergenzausdruck das Potentialfeld des polarisierten Volumens:

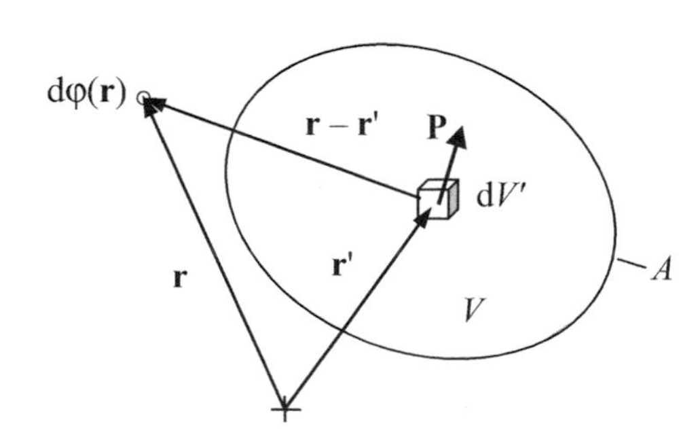

Abb. 2.13 Zur Berechnung des Feldes eines polarisierten Mediums

$$\varphi(\mathbf{r}) = \frac{1}{4\pi\varepsilon_0} \oint\!\!\!\oint_A \frac{\mathbf{P} \cdot \mathrm{d}\mathbf{A}'}{|\mathbf{r} - \mathbf{r}'|} + \frac{1}{4\pi\varepsilon_0} \iiint_V \frac{-\nabla \cdot \mathbf{P}}{|\mathbf{r} - \mathbf{r}'|} \mathrm{d}V' \quad (\nabla' \cdot \mathbf{P} = \nabla \cdot \mathbf{P}).$$

Vergleichen wir dieses Ergebnis mit dem Potentialfeld (2.22) von Raum- und Flächenladungen q bzw. q_A im freien Raum

$$\varphi(\mathbf{r}) = \frac{1}{4\pi\varepsilon_0} \oint\!\!\!\oint_A \frac{q_A}{|\mathbf{r} - \mathbf{r}'|} \mathrm{d}A' + \frac{1}{4\pi\varepsilon_0} \iiint_V \frac{q}{|\mathbf{r} - \mathbf{r}'|} \mathrm{d}V',$$

so können wir daraus folgende Entsprechungen ableiten:

$$-\mathrm{div}\, \mathbf{P} = q_{geb},$$

$$\mathbf{P} \cdot \mathrm{d}\mathbf{A} = q_{A,geb}\, \mathrm{d}A \;\text{ bzw. }\; \mathbf{P} \cdot \frac{\mathrm{d}\mathbf{A}}{\mathrm{d}A} = \mathbf{P} \cdot \mathbf{e}_n = P_n = q_{A,geb}.$$

Das vom polarisierten Medium erzeugte Feld entspricht also einer äquivalenten Verteilung von gebundenen Raum- und Oberflächenladungen q_{geb} bzw. $q_{A,geb}$.

Für den Spezialfall eines homogen polarisierten Mediums ist

$$\mathbf{P}(\mathbf{r}) = const. \Rightarrow q_{geb} = -\mathrm{div}\, \mathbf{P} = 0$$

Wie in Abb. 2.14 skizziert, sind in diesem Fall die gebundenen Ladungen im Inneren des Volumens überall in gleicher Weise gegeneinander verschoben, sodass sie sich zu Null kompensieren. An den Oberflächen resultiert eine unkompensierte Flächenladung $q_{A,geb}$.

Zur weiteren Veranschaulichung soll das Einbringen eines dielektrischen Materials in das Homogenfeld eines geladenen Plattenkondensators untersucht werden (Abb. 2.15). Das Feld ohne Dielektrikum (Abb. 2.15a) sei $\mathbf{E}_0$. Nach Einbringen des Dielektrikums (Abb. 2.15b) bleibt $\mathbf{D}$ aufgrund des senkrecht zur Oberfläche gerichteten Feldes nach

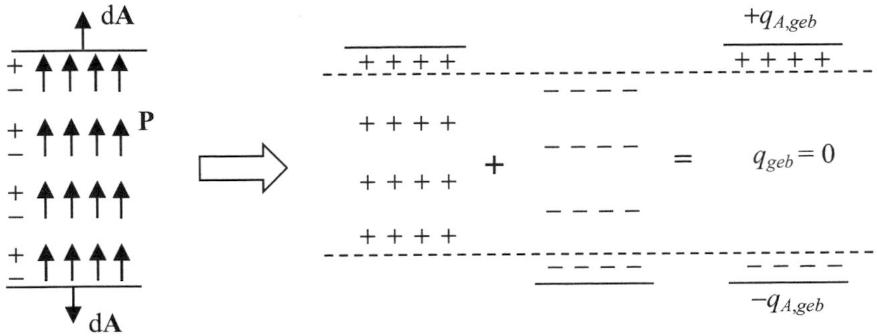

Abb. 2.14 Veranschaulichung eines homogen polarisierten Mediums

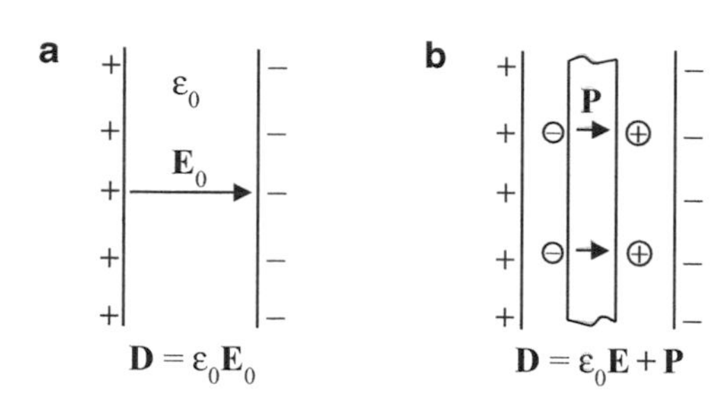

Abb. 2.15 Verhalten eines Dielektrikums in einem homogenen Feld (Plattenkondensator). (**a**) Ohne (**b**) mit Dielektrikum

Gl. (2.3) unverändert ($D_{n,1} = D_{n,2}$). Mit dem elektrischen Feld **E** und dem Polarisationsvektor **P** im Dielektrikum erhalten wir somit aus Gl. (1.44):

$$\varepsilon_0 E_0 = \varepsilon_0 E + P.$$

Mit Gl. (1.43) resultiert daraus

$$E_0 = E + P/\varepsilon_0 = E + \chi_e E = E(1 + \chi_e) = \varepsilon_r E,$$

bzw.

$$\frac{E}{E_0} = \frac{1}{\varepsilon_r}.$$

Hierbei bezeichnet die dimensionslose Zahl χ_e die *elektrische Suszeptibilität*, die die Polarisierbarkeit des Materials charakterisiert. Das elektrische Feld im Dielektrikum wird also um den Faktor $1/\varepsilon_r = 1/(1+\chi_e)$ durch die gebundenen Oberflächenladungen reduziert. Durch die daraus resultierende Verringerung der Spannung erhöht sich nach Gl. (2.42) die Kapazität der Anordnung um den Faktor ε_r, wenn das Dielektrikum den Raum zwischen den Platten voll ausfüllt.

2.7 Methoden zur Lösung von Randwertproblemen

Wie in Abschn. 2.3.1 dargestellt, setzt sich die Lösung des Randwertproblems mit Dirichletschen Randbedingungen (Abb. 2.16)

$$\begin{aligned} \Delta\varphi(\mathbf{r}) &= -\frac{q(\mathbf{r})}{\varepsilon}; &\quad \mathbf{r} \in V \\ \varphi|_{\partial V} &= \mathrm{f}(\mathbf{r}); &\quad \mathbf{r} \in \partial V \end{aligned} \tag{2.49}$$

aus einer partikulären Lösung φ_P und der homogenen Lösung φ_H zusammen:

$$\varphi = \varphi_P + \varphi_H.$$

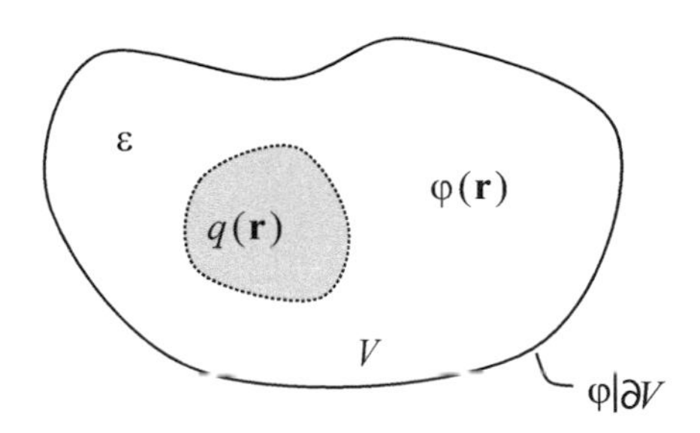

Abb. 2.16 Allgemeines Dirichletsches Randwertproblem

Die partikuläre Lösung φ_P erfüllt zwar die Poisson-Gleichung aber nicht notwendigerweise die geforderte Randbedingung (2.49):

$$\Delta\varphi_P = -\frac{q}{\varepsilon}$$
$$\varphi_P|_{\partial V} \quad \text{beliebig.}$$

Als Partikulärlösung kann beispielsweise das Feld der Ladung im Freiraum gewählt werden.

Die homogene Lösung φ_H erfüllt die Laplace-Gleichung und hat als Randbedingung genau die Differenz zwischen den geforderten Randwerten (2.49) und den Werten der Partikulärlösung auf dem Rand, d. h.:

$$\Delta\varphi_H = 0$$
$$\varphi_H|_{\partial V} = \varphi|_{\partial V} - \varphi_P|_{\partial V}.$$

Die homogene Lösung φ_H dient somit zur Anpassung der Randbedingungen des Randwertproblems (2.49).

Für den speziellen Falls, dass keine Raumladungen im Rechengebiet V vorhanden sind, d. h. $q = 0$, ist einzig die Lösung $\varphi = \varphi_H$ der Laplace-Gleichung mit den gegebenen Randwerten zu bestimmen:

$$\Delta\varphi(\mathbf{r}) = 0$$
$$\varphi|_{\partial V} = \mathrm{f}(\mathbf{r}); \quad \mathbf{r} \in \partial V.$$

In diesem Fall befinden sich die felderzeugenden Ladungen außerhalb des Rechengebietes V bzw. auf dem Rand.

In den folgenden Abschnitten werden drei spezielle Methoden zur Lösung von elektrostatischen Randwertaufgaben vorgestellt, die Spiegelungsmethode (Abschn. 2.7.1), die Separation der Laplace-Gleichung (Abschn. 2.7.2) und die konforme Abbildung für 2D-Probleme (Abschn. 2.7.3). Alle drei Methoden finden auch in der Magnetostatik Anwendung (Kap. 3). Darüber hinaus kann die Spiegelungsmethode und die Separationsmethode auch zur Lösung von zeitabhängigen Feldern verwendet werden.

Im Falle einer Randwertaufgabe in einer Dimension (1D) kann die Lösung der Poisson- bzw. Laplace-Gleichung, wie im folgenden Beispiel gezeigt, direkt durch Integration berechnet werden.

Beispiel 2.8: Flächenladung zwischen geerdeten Platten

Gegeben sei eine Flächenladung q_A, die parallel zwischen zwei Wänden an der Stelle $x = x_0$ angeordnet ist. Die beiden Wände seien „geerdet", d. h. sie haben das Potential $\varphi = 0$. Der Abstand zwischen den Wänden sei d. Die Anordnung sei in y- und z-Richtung unbegrenzt, d. h.

$$\frac{\partial \varphi}{\partial z} = \frac{\partial \varphi}{\partial y} = 0.$$

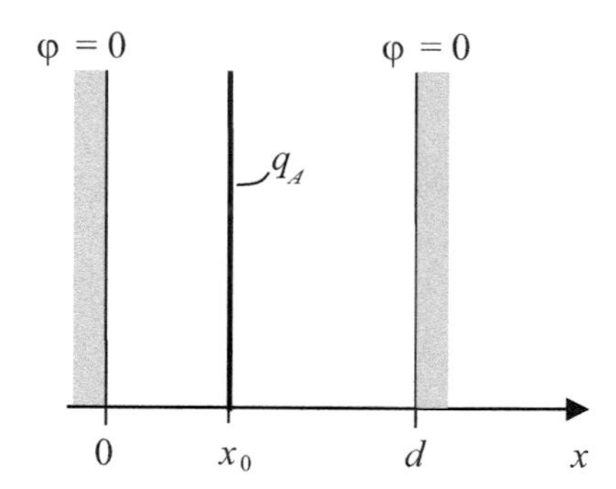

Das gesuchte Potential $\varphi(\mathbf{r}) = \varphi(x)$ zwischen den Wänden hängt damit nur von der x-Koordinate ab. Das zu lösende Randwertproblem lautet dementsprechend:

$$\begin{cases} \dfrac{\partial^2 \varphi}{\partial x^2} = -\dfrac{q_A \, \delta(x - x_0)}{\varepsilon} \\ \varphi|_{\partial V} = 0; \quad x = 0, d \end{cases}$$

Als partikuläre Lösung wählen wir das Potentialfeld (2.36) der geladenen Ebene im Freiraum:

$$\varphi_P = -E_0 |x - x_0|,$$

mit dem homogenen elektrischen Feld (2.37):

$$E_0 = \frac{q_A}{2\,\varepsilon}.$$

Damit ist die Poisson-Gl. erfüllt, aber nicht die Randbedingung $\varphi = 0$ auf den Wänden. Um diese zu erfüllen, benötigen wir noch die homogene Lösung φ_H mit den beiden zu bestimmenden Konstanten C_1 und C_2:

$$\varphi_H(x) = C_1\, x + C_2.$$

Diesen linearen Lösungsausdruck erhält man durch zweimalige Integration der Laplace-Gleichung $\partial^2\varphi/\partial x^2 = 0$.

Die Lösung des Potentialfeldes als Summe von φ_H und φ_P ergibt sich also insgesamt zu:

$$\varphi = \varphi_H + \varphi_P = C_1\, x + C_2 - E_0|x - x_0|.$$

Die beiden Konstanten C_1 und C_2 können aus den Randwerten bei $x = 0,d$ direkt bestimmt werden:

$$\varphi(x = 0) = 0 \Rightarrow C_2 = E_0 x_0$$

$$\varphi(x = d) = 0 = C_1\, d + E_0 x_0 - E_0|d - x_0| \Rightarrow C_1 = E_0\left(1 - 2\frac{x_0}{d}\right)$$

Damit lautet die Lösung für das Potential:

$$\varphi(x) = E_0\left[\left(1 - 2\frac{x_0}{d}\right)x + x_0 - |x - x_0|\right].$$

Und aus dem Gradienten in x-Richtung die elektrische Feldstärke:

$$E_x(x) = -\frac{\mathrm{d}\varphi}{\mathrm{d}x} = -E_0\left[\left(1 - 2\frac{x_0}{d}\right) \mp 1\right]; \quad \text{für } x \gtrless x_0.$$

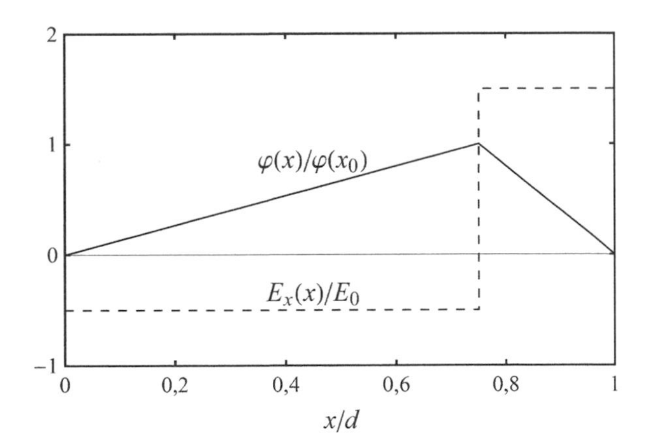

◀

2.7.1 Die Spiegelungsmethode

Die Spiegelungsmethode ist ein anschauliches und effektives Lösungsverfahren für Randwertprobleme mit einfacher Geometrie. Ausgehend von der allgemeinen Lösung des Randwertproblems mit homogener Randbedingung

$$\Delta\varphi = \Delta(\varphi_P + \varphi_H) = -\frac{q}{\varepsilon}$$
$$\varphi|_{\partial V} = (\varphi_P + \varphi_H)|_{\partial V} = 0$$

wird für die partikuläre und die homogene Lösung folgende Wahl getroffen:

φ_P: Feld der Ladung ohne Berandung (Freiraum).

φ_H: Feld von *fiktiven Ladungen* (Spiegelladungen) *außerhalb* von V, zur Anpassung der Randbedingung, d. h. $\varphi_H|_{\partial V} = (\varphi - \varphi_P)|_{\partial V} = -\varphi_P|_{\partial V}$.

Bei der Anwendung der Spiegelungsmethode wird zunächst die Lösung für eine Punktladung gesucht. Die so aufgestellte Greensche Funktion kann dann mittels Gl. (2.18) zur Berechnung des Feldes einer beliebigen Ladungsverteilung verwendet werden.

Abb. 2.17 zeigt einige Beispielgeometrien, die mit dem Spiegelungsprinzip lösbar sind. Während für a) und b) eine einzige Spiegelquelle ausreicht, sind in c) 3 Spiegelquellen erforderlich. In den Fällen d) und e) ist für die exakte Erfüllung der Randbedingung sogar eine unendliche Anzahl von Spiegelquellen notwendig, die mit zunehmender Ordnung vom Lösungsgebiet V entfernt liegen. Die Lösung liegt in diesen Fällen in Form einer unendlichen Reihe vor. Die Methode wird im Folgenden für die beiden ersten Geometrien, der Ebene und der Kugel im Einzelnen vorgestellt.

Ladung vor einer leitenden Ebene

Im linken Halbraum (Lösungsgebiet V) befinde sich eine Punktladung Q im Abstand h vor einer leitenden Wand, auf der das Potential Null ist (Abb. 2.18). Wie durch die gestrichelten Abstandslinien angedeutet, wird diese Randbedingung in jedem Punkt auf der Wand durch eine entgegengesetzte Spiegelladung $-Q$ im gleichen Abstand hinter der Wand, also außerhalb von V, exakt erfüllt.

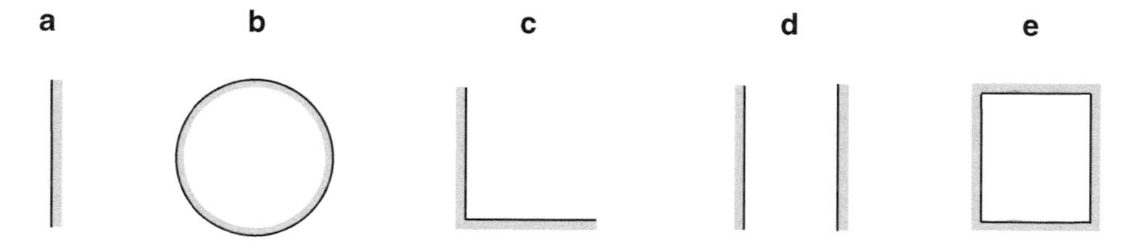

Abb. 2.17 Beispiele für Spiegelungsgeometrien. **(a)** Ebene **(b)** Kugel/Zylinder **(c)** Rechter Winkel **(d)** Parallelplatten **(e)** Hohlzylinder

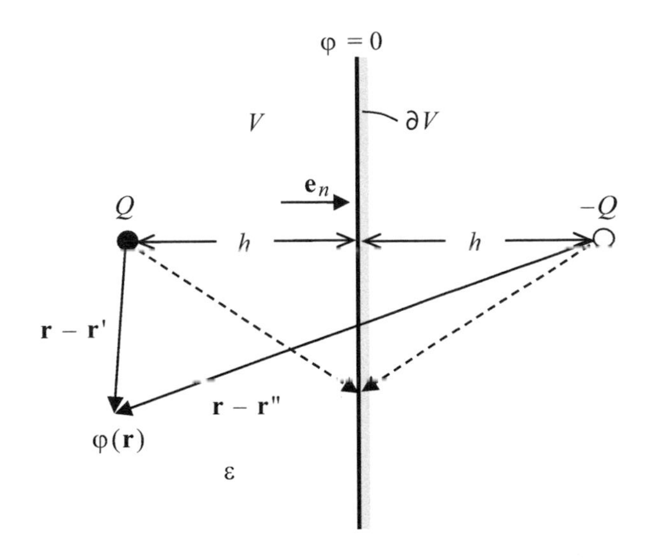

Abb. 2.18 Spiegelanordnung für eine Punktladung vor einer geerdeten Wand

Die Lösung des Potentials für eine Punktladung am Ort $\mathbf{r}' \in V$ setzt sich aus den beiden Einzelpotentialen (2.24) zusammen:

$$\varphi_P(\mathbf{r}) = \frac{Q}{4\pi\varepsilon|\mathbf{r} - \mathbf{r}'|}$$

$$\varphi_H(\mathbf{r}) = \frac{-Q}{4\pi\varepsilon|\mathbf{r} - \mathbf{r}''|}.$$

Die Spiegelladung $-Q$ ist im Spiegelpunkt $\mathbf{r}'' = \mathbf{r}' + 2h\,\mathbf{e}_n$ hinter der Wand ($\mathbf{r}'' \notin V$) angeordnet. Das auf Q/ε normierte Potential ergibt die Greensche Funktion:

$$\mathrm{G}(\mathbf{r}, \mathbf{r}') = \frac{1}{4\pi}\left(\frac{1}{|\,\mathbf{r} - \mathbf{r}'\,|} - \frac{1}{|\,\mathbf{r} - \mathbf{r}' - 2h\,\mathbf{e}_n|}\right).$$

Abb. 2.19 zeigt das resultierende Feldlinienbild der Punktladung vor der leitenden Wand. Darauf befindet sich die wahre, kontinuierlich verteilte Flächenladung, die durch die Anziehungskräfte der Punktladung influenziert wird. Der rechte Teilraum ist *feldfrei*, d. h. die durch die gestrichelten Feldlinien skizzierte Fortsetzung des Feldes zur Bildladung ist fiktiv.

Wir wollen nun mit der Lösung des Potentials die influenzierte Flächenladungsdichte q_A auf der Wand berechnen. Nach (2.7) und (A.44) ist q_A wie folgt mit der Normalableitung des Potentials auf der Wandoberfläche verknüpft (Normalenrichtung hier in die Wand):

$$q_A = -D_{1,n} = -\,\varepsilon\, E_n|_{\partial V} = \varepsilon \left.\frac{\partial \varphi}{\partial n}\right|_{\partial V}.$$

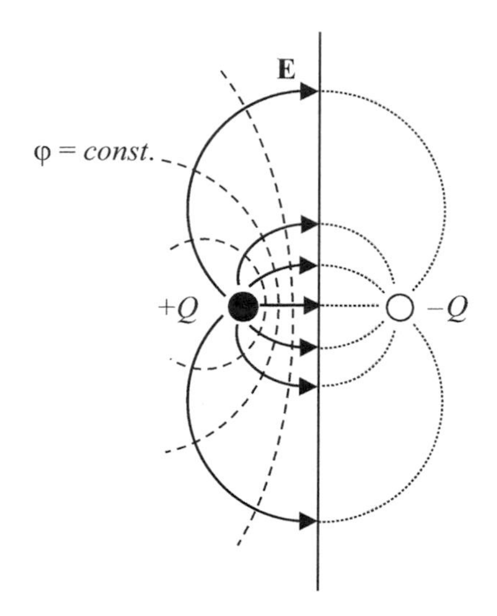

Abb. 2.19 Feld der Punktladung vor geerdeter Wand

Für die Berechnung der Normalableitung setzen wir die beiden Ladungen auf die z-Achse eines Zylinderkoordinatensystems (Abb. 2.20). Mit den Vektoren

$$\begin{aligned}\mathbf{r} &= \rho\ \mathbf{e}_\rho + z\ \mathbf{e}_z \\ \mathbf{r}' &= h\ \mathbf{e}_z \\ \mathbf{e}_n &= -\mathbf{e}_z\end{aligned}$$

erhalten wir für das Potential:

$$\varphi(\rho, z) = \frac{Q}{4\pi\varepsilon}\left(\frac{1}{\sqrt{\rho^2 + (z-h)^2}} - \frac{1}{\sqrt{\rho^2 + (z+h)^2}}\right).$$

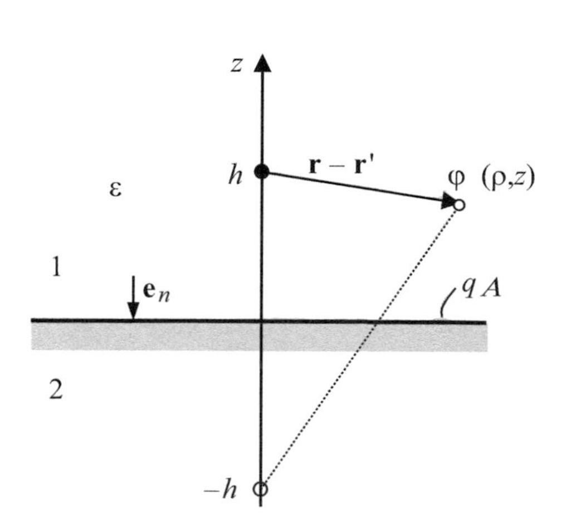

Abb. 2.20 Zur Berechnung der influenzierten Ladung auf der Wand

Daraus ergibt sich mit der Normalableitung auf der Wand ($z = 0$)

$$\left.\frac{\partial \varphi}{\partial n}\right|_{\partial V} = -\left.\frac{\partial \varphi}{\partial z}\right|_{z=0} = -\frac{Q}{2\pi\varepsilon}\frac{h}{\left(\rho^2 + h^2\right)^{3/2}}$$

die gesuchte Oberflächenladungsdichte:

$$q_A = -\frac{Q}{2\pi h^2}\frac{1}{\left(1 + (\rho/h)^2\right)^{3/2}}.$$

Abb. 2.21 zeigt den Verlauf von q_A, normiert auf den Maximalwert $q_{A,0}$ unterhalb der Ladung ($\rho = 0$) wo der größte Teil der Ladung auf der Wand konzentriert ist. Bereits bei einem Radialabstand von $2h$ ist $q_A/q_{A,0} < 9$ %.

Die vollständige Integration von q_A über die Wandoberfläche ergibt für die gesamte influenzierte Ladung

$$Q_{infl} = \iint_{A_\infty} q_A \mathrm{d}A = -\frac{Q\,h}{2\pi}\int_0^\infty\int_0^{2\pi}\frac{\rho\,\mathrm{d}\rho\,\mathrm{d}\phi}{\left(\rho^2 + h^2\right)^{3/2}} = Q\,h\left[\frac{1}{\sqrt{\rho^2 + h^2}}\right]_0^\infty = -Q,$$

in Übereinstimmung mit der Tatsache, dass alle elektrischen Feldlinien von Q auf der Wand münden.

Ladung vor einer leitenden Kugeloberfläche

Gesucht ist das Feld einer Punktladung im Abstand $z_Q > R$ vom Zentrum einer Kugeloberfläche mit Radius R, auf der die Randbedingung $\varphi = 0$ gegeben ist (Abb. 2.22). Die dazu erforderliche Spiegelladung darf in diesem Fall nur *innerhalb der Kugel* angeordnet werden, da das Lösungsgebiet V der vollständige Raum außerhalb der Kugel ist.

Für die gesuchte Spiegelladung Q_S machen wir den Ansatz

$$Q_S = \alpha\,Q,$$

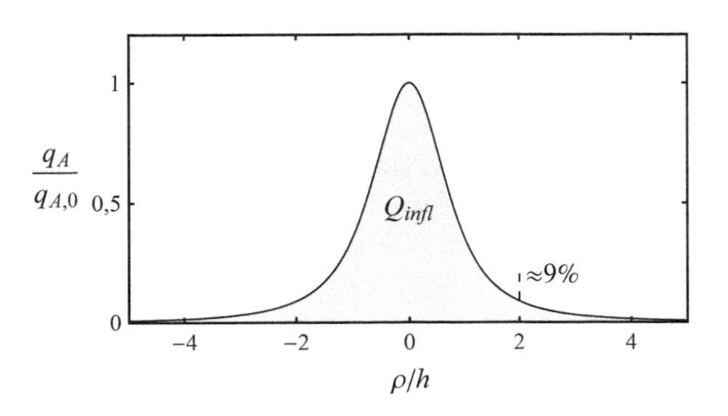

Abb. 2.21 Normierter Verlauf der influenzierten Ladungsdichte auf der Wand

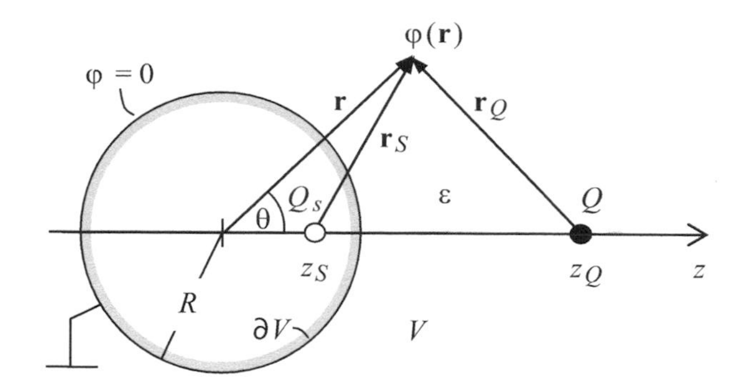

Abb. 2.22 Zur Berechnung des Feldes einer Punktladung vor einer geerdeten Kugeloberfläche

mit einem noch zu bestimmenden Koeffizienten α. Aus Gründen der Rotationssymmetrie um die z-Achse, d. h. $\varphi \neq f(\phi)$, muss die Position der Spiegelladung auf einer Linie mit der reellen Ladung Q sein, also auf der z-Achse, an der Stelle $z_S \leq R$.

Für einen Aufpunkt $\mathbf{r}$ außerhalb der Kugel erhalten wir aus der Superposition der beiden Einzelfelder mit den Abständen $\mathbf{r}_Q$ und $\mathbf{r}_S$ von Q bzw. Q_S:

$$\varphi = \varphi_P + \varphi_H = \frac{Q}{4\pi\varepsilon}\left(\frac{1}{r_Q} + \frac{\alpha}{r_S}\right).$$

Hieraus ergibt sich mit der Randbedingung $\varphi(r = R) = 0$ für den Koeffizienten α unmittelbar

$$\alpha = -\left.\frac{r_S}{r_Q}\right|_{r=R}$$

In Kugelkoordinaten lassen sich die beiden Abstände r_Q und r_S mit Hilfe des Cosinussatzes wie folgt ausdrücken:

$$r_Q^2 = r^2 + z_Q^2 - 2\, r\, z_Q \cos\theta$$
$$r_S^2 = r^2 + z_S^2 - 2\, r\, z_S \cos\theta.$$

Einsetzen ergibt

$$\alpha = -\sqrt{\frac{z_S}{z_Q}}\sqrt{\frac{R^2/z_S + z_S - 2R\cos\theta}{R^2/z_Q + z_Q - 2R\cos\theta}} \overset{!}{=} const.\ \text{für alle}\ \theta.$$

Der zweite Wurzelausdruck ergibt für alle θ den konstanten Wert Eins wenn $R^2 = z_S\, z_Q$. Damit erhalten wir für α und z_S das sog. *Gesetz der reziproken Radien*:

$$z_S = \frac{R^2}{z_Q}; \quad \alpha = -\frac{R}{z_Q}. \tag{2.50}$$

Mit den koordinatenunabhängigen Entsprechungen

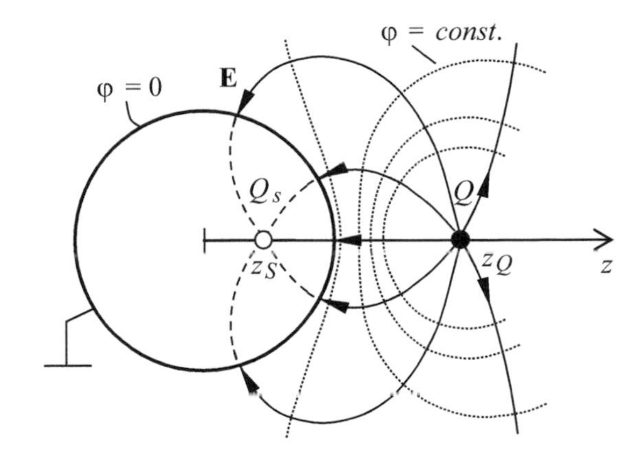

Abb. 2.23 Feld der Punktladung vor der geerdeten Kugel

$$z_Q \to r'$$
$$z_S \to R^2/r'$$
$$r_Q \to \left| \mathbf{r} - \mathbf{r}' \right|$$
$$r_S \to \left| \mathbf{r} - \left(R/r'\right)^2 \mathbf{r}' \right|$$

erhalten wir als Greensche Funktion:

$$\mathrm{G}(\mathbf{r}, \mathbf{r}') = \frac{1}{4\pi} \left(\frac{1}{|\,\mathbf{r} - \mathbf{r}'|} - \frac{R/r'}{\left|\,\mathbf{r} - (R/r')^2 \mathbf{r}'\right|} \right).$$

Abb. 2.23 zeigt die Feld- und Potentiallinien der Punktladung vor der geerdeten Kugel, wobei auch hier die fortgesetzten Feldlinien innerhalb der Kugel (außerhalb V) fiktiv sind, da dieser Raum feldfrei ist.

Wir wollen wie bei der Ebene die auf der Kugeloberfläche influenzierte Ladung Q_{infl} berechnen. In diesem Fall ergibt die direkte Auswertung des Gaußschen Gesetzes (III) über die Kugeloberfläche ∂V und der darin eingeschlossenen Ladung

$$Q_{infl} = \oiint_{\partial V} \mathbf{D} \cdot \mathrm{d}\mathbf{A} = Q_S = -\frac{R}{r_Q} Q.$$

Es handelt sich wie bei der geerdeten Wand um eine negative Ladung, jedoch vom Betrag den durch den Faktor $R/r_Q < 1$ bestimmten Anteil. Das heißt, nur ein Teil der Feldlinien mündet auf der Kugel, während die übrigen, z.T. durch die Anwesenheit der Kugel beeinflusst, in den freien Raum austreten (Abb. 2.23).

Die influenzierte Ladung soll zusätzlich durch Integration der Ladungsdichte q_A über die gesamte Kugeloberfläche explizit berechnet werden. Nach (2.7) ist q_A mit der

Normalableitung des Potentials, bzw. der Greenschen Funktion auf der Kugeloberfläche wie folgt verknüpft:

$$q_A = D_n = -\varepsilon \frac{\partial \varphi}{\partial n} = -\varepsilon \, \frac{Q}{\varepsilon} \, \frac{\partial G(\mathbf{r},\mathbf{r}')}{\partial r}\bigg|_{r=R}.$$

Ausgedrückt in Kugelkoordinaten erhalten wir für die Normalableitung von $G(\mathbf{r},\mathbf{r}')$:

$$\frac{\partial G(\mathbf{r},\mathbf{r}')}{\partial r}\bigg|_{r=R} = \frac{1}{4\pi R} \frac{r'^2 - R^2}{\left(R^2 + r'^2 - 2R\, r' \cos\theta\right)^{3/2}}.$$

Auch in diesem Fall hat die Ladungsdichte naturgemäß direkt unterhalb der Ladung ($\theta = 0$) den höchsten Wert:

$$q_{A,\max} = \frac{Q}{4\pi R^2} \frac{1 - \left(r'/R\right)^2}{\left(1 + (r'/R)^2 - 2\, r'/R\right)^{3/2}}.$$

Die Integration über die gesamte Kugeloberfläche

$$Q_{infl} = -Q \int\limits_{\phi=0}^{2\pi} \int\limits_{\theta=0}^{\pi} \frac{\partial G(\mathbf{r},\mathbf{r}')}{\partial r}\bigg|_{r=R} R^2 \sin\theta \, d\theta d\phi$$

$$= -2\,\pi\, Q\, R^2 \int\limits_{\theta=0}^{\pi} \frac{\partial G(\mathbf{r},\mathbf{r}')}{\partial r}\bigg|_{r=R} \sin\theta \, d\theta$$

führt über die Substitution $\cos\theta = \xi$ auf das Integral

$$\int\limits_{1}^{-1} \frac{d\xi}{\left(R^2 + r'^2 - 2\,R\, r'\xi\right)^{3/2}} = -2/r'\left(r'^2 - R^2\right),$$

und wir erhalten als Ergebnis genau die Spiegelladung ($r' = z_Q$):

$$Q_{infl} = -\frac{Q\,R}{z_Q} = \alpha Q.$$

Im Folgenden soll das Verhalten der Spiegelladung für große und kleine relative Abstände der Ladung von der Kugel untersucht werden.

Im Grenzfall großer Abstände ($z_Q \to \infty$) erhalten wir:

$$Q_S = -\frac{R}{z_Q} Q \to 0$$

$$z_S = R^2/z_Q \to 0.$$

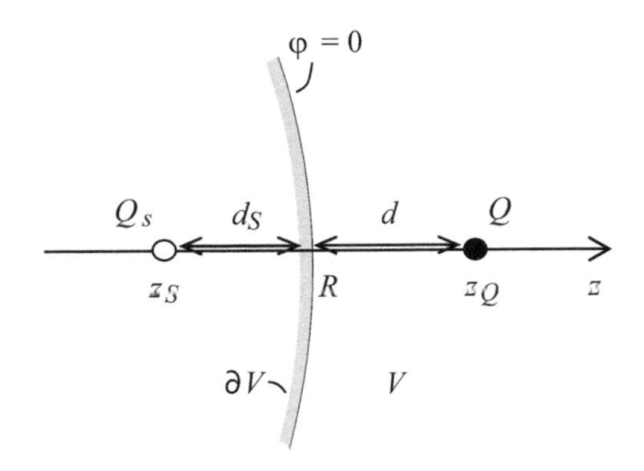

Abb. 2.24 Verhalten der Spiegelladung bei sehr kurzen Abständen der Ladung von der Kugel

Mit zunehmendem Abstand der Ladung rückt die Spiegelladung also ins Zentrum der Kugel und ihr Betrag geht gegen Null.

Für den Grenzfall kleiner Abstände $d = (z_Q - R) \to 0$ zwischen Ladung und Kugeloberfläche erhalten wir für den Abstand der Spiegelladung zur Kugelinnenwand (Abb. 2.24)

$$d_S = R - z_S = R - \frac{R^2}{z_Q} = R\left(1 - \frac{1}{1 + d/R}\right).$$

Mit

$$\frac{1}{1+x} \simeq 1 - x, \quad \text{für } x = d/R \ll 1$$

ergibt sich die asymptotische Näherung

$$d_S \simeq d.$$

Für den Wert der Spiegelladung resultiert:

$$Q_S = -\frac{R}{z_Q}Q = -\frac{R}{R+d}Q \approx -Q.$$

Für sehr kleine Abstände erhalten wir somit näherungsweise das Spiegelmodell für die ebene Wand, was anschaulich damit erklärt werden kann, das in diesem Fall die Krümmung der Kugelwand nur wenig in Erscheinung tritt.

Abschließend wollen wir noch den allgemeineren Fall behandeln, dass die Kugel sich auf einem beliebigen Potential $\varphi_0 \neq 0$ gegenüber einem unendlich weit entfernten Bezugspunkt befindet. Hierfür können wir auf die allgemeine Greensche Integrallösung (2.18) zurückgreifen:

$$\varphi(\mathbf{r}) = \frac{1}{\varepsilon} \iiint_V \mathrm{G}(\mathbf{r}, \mathbf{r}')\, q(\mathbf{r}')\, \mathrm{d}V' - \oiint_{\partial V} \left[\varphi_0 \frac{\partial \mathrm{G}(\mathbf{r}, \mathbf{r}')}{\partial n'}\right] \mathrm{d}A'.$$

Während das Hüllenintegral bei der geerdeten Kugel entfällt, dient es nun zur Berücksichtigung der Aufladung der Kugel.

Bezogen auf Kugelkoordinaten mit (Flächennormale zeigt in die Kugel hinein)

$$\left.\frac{\partial \mathrm{G}(\mathbf{r},\mathbf{r}')}{\partial n'}\right|_{\partial V} = -\left.\frac{\partial \mathrm{G}(\mathbf{r},\mathbf{r}')}{\partial r'}\right|_{r'=R}$$

und durch Ausnutzung der Symmetrie der Greenschen Funktion, d. h.:

$$\left.\frac{\partial \mathrm{G}(\mathbf{r},\mathbf{r}')}{\partial r'}\right|_{r'=R} = \left.\frac{\partial \mathrm{G}\left(\mathbf{r}',\mathbf{r}\right)}{\partial r'}\right|_{r'=R} = \frac{1}{4\pi R}\frac{r^2-R^2}{\left(r^2+R^2-2\,r\,R\cos\theta\right)^{3/2}}$$

erhalten wir für das Hüllenintegral:

$$\begin{aligned}\oint\!\!\!\oint_{\partial V}\left[\varphi_0\frac{\partial \mathrm{G}(\mathbf{r},\mathbf{r}')}{\partial n'}\right]\mathrm{d}A' &= -\varphi_0\int_{\phi=0}^{2\pi}\int_{\theta=0}^{\pi}\left.\frac{\partial \mathrm{G}(\mathbf{r},\mathbf{r}')}{\partial r'}\right|_{r'=R} R^2\sin\theta\;\mathrm{d}\theta\mathrm{d}\phi\\ &= \frac{\varphi_0 R}{2}\left(r^2-R^2\right)\underbrace{\int_{1}^{-1}\frac{\mathrm{d}\xi}{\left(r^2+R^2-2\,r\,R\,\xi\right)^{3/2}}}_{-2/r\left(r^2-R^2\right)} = -\frac{\varphi_0 R}{r}.\end{aligned}$$

Damit lautet die Lösung für eine Ladungsverteilung in der Nähe einer geladenen Kugel:

$$\varphi(\mathbf{r}) = \frac{1}{\varepsilon}\iiint_V q(\mathbf{r}')\,\mathrm{G}(\mathbf{r},\mathbf{r}')\,\mathrm{d}V' + \varphi_0\frac{R}{r}.$$

Der zusätzliche homogene Lösungsanteil entspricht einer Punktladung Q_0 im Kugelzentrum (Abb. 2.25). Der Vergleich mit dem Feld der Punktladung

$$\varphi_0\frac{R}{r} = \frac{Q_0}{4\pi\varepsilon r}$$

liefert als Betrag dieser zusätzlichen Hilfsladung:

$$Q_0 = 4\pi\varepsilon\,R\,\varphi_0.$$

Bei genügend großem Abstand bzw. Abwesenheit der Ladung Q verschwindet auch die Spiegelladung Q_S und es verbleibt das kugelsymmetrische Feld der geladenen Kugel. Diese hat gegenüber einer unendlich fernen Gegenelektrode die Potentialdifferenz $U_0 = \varphi_0$, woraus als Kapazität der Kugel resultiert:

$$C_{Kugel} = \frac{Q_{Kugel}}{U_0} = 4\pi\varepsilon R.$$

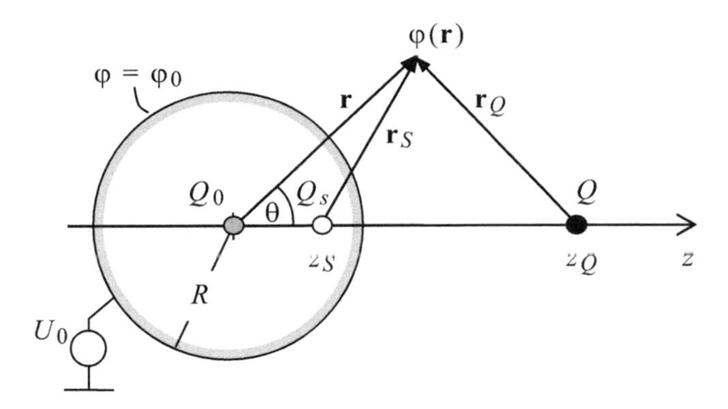

Abb. 2.25 Spiegelmodell der geladenen Kugel mit zusätzlicher Hilfsladung Q_0

Ladung vor dielektrischem Halbraum

Die Punktladung Q befindet sich im Halbraum 1 mit der Permittivität ε_1, im Abstand h von der Grenzebene zu Halbraum 2 mit der Permittivität ε_2 (Abb. 2.26).

Im Gegensatz zur leitenden Wand erzeugt die Ladung in diesem Fall ein elektrisches Feld in beiden Halbräumen. Aus diesem Grund ist jeweils ein separater Ansatz für die benötigte Spiegelungsanordnung erforderlich. Wie in Abb. 2.27a dargestellt, wird für das Feld im Raum 1 eine ähnliche Anordnung wie bei der leitenden Wand angesetzt, jedoch mit einem zu bestimmenden Koeffizienten α für die Spiegelladung αQ. Für Raumteil 2 wird eine Ladung βQ mit unbekanntem Koeffizienten β am Ort der Ladung Q in Raumteil 1 angeordnet (Abb. 2.27b).

Damit erhalten wir für das Potentialfeld in den beiden Räumen jeweils:

$$\varphi_1(\mathbf{r}) = \frac{Q}{4\pi\varepsilon_1}\left(\frac{1}{r_1} + \frac{\alpha}{r_2}\right)$$
$$\varphi_2(\mathbf{r}) = \frac{\beta Q}{4\pi\,\varepsilon_2}\frac{1}{r_3}.$$

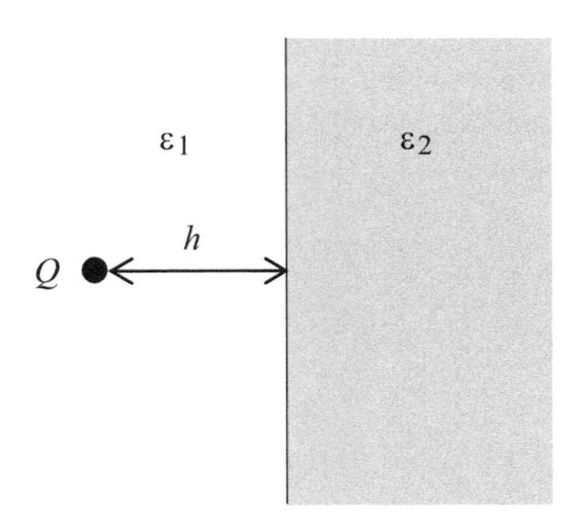

Abb. 2.26 Punktladung vor dielektrischem Halbraum

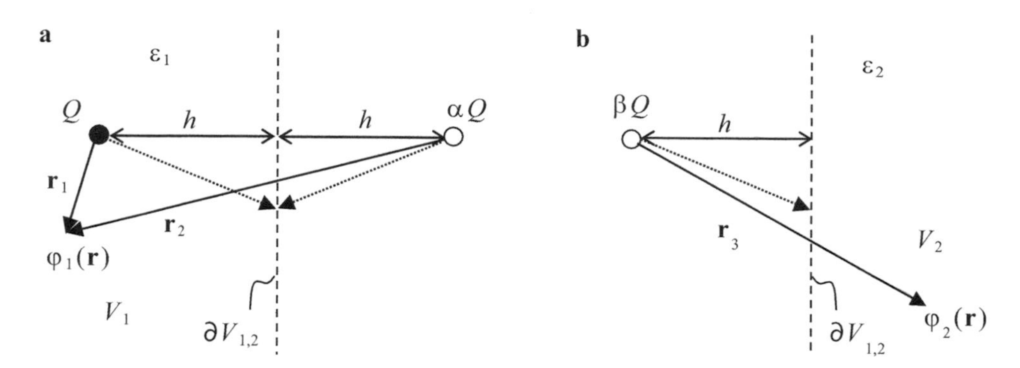

Abb. 2.27 (**a**) Spiegel-Ersatzanordnung für Raumteil 1. (**b**) Für Raumteil 2

Hierbei ist r_1, r_2 jeweils der Abstand zwischen Q bzw. αQ und dem Aufpunkt $\mathbf{r} \in V_1$, während r_3 den Abstand zwischen βQ und dem Aufpunkt $\mathbf{r} \in V_2$ bezeichnet (Abb. 2.27). Ist dieser Lösungsansatz der Richtige, so muss es möglich sein, die beiden noch unbekannten Koeffizienten α und β aus den Stetigkeitsbedingungen an der Grenzfläche zu bestimmen. Hierfür kann man die Stetigkeit des Potentials

$$(1):\quad \varphi_1(\mathbf{r})|_{\partial V_{1,2}} = \varphi_2(\mathbf{r})|_{\partial V_{1,2}}$$

sowie die Stetigkeit der Normalkomponente von $\mathbf{D}$, d. h. $D_{n,1} = D_{n,2}$ (2.3) nutzen:

$$(2):\quad \varepsilon_1 \left(\frac{\partial \varphi_1}{\partial n}\right)\bigg|_{\partial V_{1,2}} = \varepsilon_2 \left(\frac{\partial \varphi_2}{\partial n}\right)\bigg|_{\partial V_{1,2}}.$$

Einsetzen der beiden Potentialansätze ergibt zunächst:

$$(1):\quad \frac{1}{\varepsilon_1}\left(\frac{1}{r_1} + \frac{\alpha}{r_2}\right)\bigg|_{\partial V_{1,2}} = \frac{\beta}{\varepsilon_2}\left(\frac{1}{r_3}\right)\bigg|_{\partial V_{1,2}}$$

$$(2):\quad \frac{\partial}{\partial n}\left(\frac{1}{r_1} + \frac{\alpha}{r_2}\right)\bigg|_{\partial V_{1,2}} = \frac{\partial}{\partial n}\left(\frac{\beta}{r_3}\right)\bigg|_{\partial V_{1,2}}.$$

Wie in Abb. 2.27 durch die gestrichelten Vektoren angedeutet, gilt für jeden Punkt auf der Grenzfläche $\partial V_{1,2}$

$$r_1 = r_2 = r_3$$

und

$$\frac{\partial}{\partial n}\left(\frac{1}{r_1}\right)\bigg|_{\partial V_{1,2}} = \frac{\partial}{\partial n}\left(\frac{1}{r_3}\right)\bigg|_{\partial V_{1,2}} = -\frac{\partial}{\partial n}\left(\frac{1}{r_2}\right)\bigg|_{\partial V_{1,2}}.$$

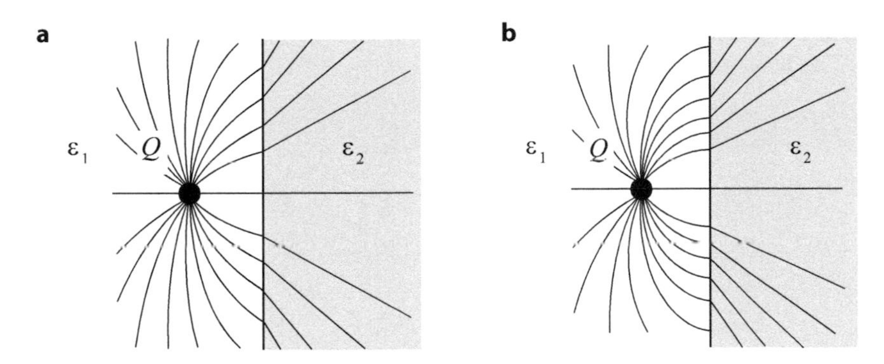

Abb. 2.28 Feldlinien der elektrischen Flussdichte **D**. (**a**) $\varepsilon_2 > \varepsilon_1$ und (**b**) $\varepsilon_2 >> \varepsilon_1$

Die Auflösung des resultierenden Gleichungssystems

(1): $\varepsilon_2(1+\alpha) = \varepsilon_1 \beta$
(2): $\beta = 1 - \alpha$

ergibt schließlich für die beiden Koeffizienten:

$$\alpha = \frac{\varepsilon_1 - \varepsilon_2}{\varepsilon_1 + \varepsilon_2}; \quad \beta = \frac{2\varepsilon_2}{\varepsilon_1 + \varepsilon_2}. \tag{2.51}$$

Das Feld in den beiden Teilräumen soll nun im Folgenden für verschiedene Fälle diskutiert werden. Zunächst erhält man für den trivialen Fall eines einheitlichen Mediums ($\varepsilon_1 = \varepsilon_2$) $\alpha = 0$ und $\beta = 1$, d. h. das Verschwinden der Spiegelladung für Raum 1 und die gleiche Ladung Q für Raumteil 2.

Für $\varepsilon_2 > \varepsilon_1$ erhalten wir aus (2.51) $\alpha < 0$ und $\beta > 1$. Wie das resultierenden Feldbild für die elektrischen Flussdichte **D** in Abb. 2.28a zeigt, werden die Feldlinien im Medium 1 *zum Lot hin gebrochen*, in Übereinstimmung mit der Stetigkeitsbedingung (2.2), aus der für die Tangentialkomponente für **D** folgt

$$\frac{D_{t,1}}{D_{t,2}} = \frac{\varepsilon_1}{\varepsilon_2}, \tag{2.52}$$

während $D_{n,1} = D_{n,2}$ (2.3) ist.

Für $\varepsilon_2 \to \infty$ erreichen die beiden Koeffizienten die Grenzwerte $\alpha \to -1$ und $\beta \to 2$. Wie in Abb. 2.28b) zu sehen ist, stehen in diesem Fall die Feldlinien in Raum 1 senkrecht auf der Grenzfläche. Dies ist identisch mit dem Feld vor der leitenden Wand (Abb. 2.19), das ebenfalls eine gleich große, negative Spiegelladung besitzt. Sämtliche Feldlinien münden in den *gebundenen Oberflächenladungen* auf der Grenzfläche. Dadurch wird das elektrische Feld $\mathbf{E}_2$ In Raum 2 Null, was auch direkt aus dem Feld der Hilfsladung $\beta Q = 2Q$ folgt:

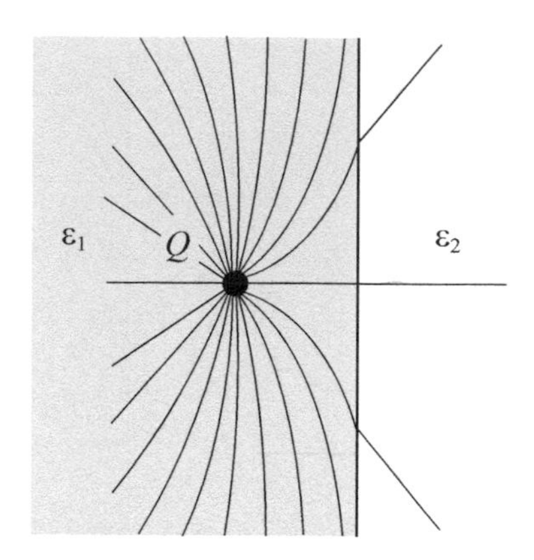

Abb. 2.29 Feldlinien der elektrischen Flussdichte **D** für $\varepsilon_2 < \varepsilon_1$

$$|\mathbf{E}_2| = \frac{2Q}{4\pi\ \varepsilon_2 r_3^2} \to 0; \quad \text{für } \varepsilon_2 \to \infty.$$

Wie in Abb. 2.28b dargestellt, gilt dies nicht für die elektrische Flussdichte **D**, die als Quellen nur *freie Ladungen* hat. Die **D**-Linien verstärken sich sogar gegenüber dem homogenen Medium um den doppelten Betrag:

$$|\mathbf{D}_2| = |\varepsilon_2 \mathbf{E}_2| = \frac{2Q}{4\pi r_3^2}.$$

Im umgekehrten Fall $\varepsilon_2 < \varepsilon_1$ erhalten wir aus Gl. (2.51) $\alpha > 0$ und $\beta < 1$. Die Tangentialkomponenten von **D** sind nach Gl. (2.52) in Raum 1 nun gegenüber Raum 2 größer, d. h. die Feldlinien werden in Raum 1 *vom Lot weg gebrochen* (Abb. 2.29). Im Grenzfall $\varepsilon_1 \to \infty$ erreichen die beiden Koeffizienten die Grenzwerte $\alpha \to 1$ und $\beta \to 0$. Das Feld in Raum 1 entspricht also dem Feld zwei gleich großer Ladungen. Die Normalkomponenten auf der Grenzfläche heben sich deshalb exakt auf. Es dringt somit kein Feld in Raum 2 ein, so dass dieser gemäß $\beta Q = 0$ feldfrei ist.

2.7.2 Separation der Laplace-Gleichung

Der sog. *Produktansatz nach Bernoulli* ist eine systematische Methode zur Lösung von Randwertproblemen mit partiellen Differentialgleichungen. Voraussetzung dafür ist, dass die Randflächen mit den Koordinatenflächen eines orthogonalen Koordinatensystems zusammenfallen. Für den allgemeinen 3-dim. Fall erhält man mit den Koordinaten (x_1,x_2,x_3) die möglichen Lösungen der Laplace-Gleichung

$$\Delta\varphi(x_1, x_2, x_3) = 0$$

in Form eines Produktes

$$\varphi(x_1, x_2, x_3) = \mathrm{f}_1(x_1)\mathrm{f}_2(x_2)\mathrm{f}_3(x_3),$$

wobei die jeweils nur von einer Koordinate abhängigen Funktionen $f_i(x_i)$ aus der Lösung einer 1-dim. gewöhnlichen Differentialgleichung (DGL) 2-ter Ordnung resultieren.

Im Folgenden wird die Separation der Laplace-Gleichung jeweils an einem Beispiel in kartesischen, zylindrischen und Kugelkoordinaten demonstriert.

Separation in kartesischen Koordinaten

Für die Laplace-Gleichung

$$\Delta\varphi = \left(\frac{\partial^2}{\partial x^2} + \frac{\partial^2}{\partial y^2} + \frac{\partial^2}{\partial z^2}\right)\varphi = 0$$

erhalten wir durch Einsetzen des Produktansatzes

$$\varphi = \mathrm{X}(x)\mathrm{Y}(y)\mathrm{Z}(z)$$

mit den drei Funktionen X,Y und Z nach Division durch das Produkt XYZ (triviale Lösung $\varphi = 0$ ausgeschlossen) zunächst die Gleichung

$$\frac{1}{\mathrm{X}}\frac{\partial^2\mathrm{X}}{\partial x^2} + \frac{1}{\mathrm{Y}}\frac{\partial^2\mathrm{Y}}{\partial y^2} + \frac{1}{\mathrm{Z}}\frac{\partial^2\mathrm{Z}}{\partial z^2} = 0.$$

Die drei Summenglieder sind jeweils nur von einer der drei Variablen abhängig, sodass sie zur Erfüllung der Gleichung konstant sein müssen, d. h.:

$$\frac{1}{\mathrm{X}}\frac{\partial^2\mathrm{X}}{\partial x^2} = -k_x^2; \quad \frac{1}{\mathrm{Y}}\frac{\partial^2\mathrm{Y}}{\partial y^2} = -k_y^2; \quad \frac{1}{\mathrm{Z}}\frac{\partial^2\mathrm{Z}}{\partial z^2} = -k_z^2$$

mit den Separationskonstanten (Eigenwerten) k_x, k_y, k_z, die die *Eigenwertgleichung*

$$k_x^2 + k_y^2 + k_z^2 = 0$$

erfüllen. Zwei der drei Eigenwerte können demnach unabhängig voneinander gewählt werden, wobei mindestens ein Term k_i^2 negativ sein muss, d. h. k_i ist imaginär, z. B.

$$k_z = \pm \mathrm{j}\sqrt{k_x^2 + k_y^2} = \pm \mathrm{j}\gamma \text{ und } k_x^2, k_y^2 < 0.$$

Wir erhalten somit die drei gewöhnlichen DGLn 2-ter Ordnung:

$$\frac{\partial^2\mathrm{X}}{\partial x^2} + k_x^2\mathrm{X} = 0; \quad \frac{\partial^2\mathrm{Y}}{\partial y^2} + k_y^2\mathrm{Y} = 0; \quad \frac{\partial^2\mathrm{Z}}{\partial z^2} + k_z^2\mathrm{Z} = 0,$$

die als Lösungen einfache trigonometrische/hyperbolische bzw. lineare Funktionen für $k_i = 0$ mit jeweils zwei unbekannten Konstanten haben. Die Wahl hängt von der Problemstellung ab. Für das Beispiel mit unabhängigen k_x,k_y (reell) und imaginärem k_z erhalten wir die folgenden Lösungen:

$$X = \begin{cases} A\cos(k_x x) + B\sin(k_x x) & k_x \neq 0 \\ A_0 + B_0 x & k_x = 0 \end{cases} \tag{2.53}$$

$$Y = \begin{cases} C\cos(k_y y) + D\sin(k_y y) & k_y \neq 0 \\ C_0 + D_0 y & k_y = 0 \end{cases} \tag{2.54}$$

$$Z = \begin{cases} E\ \cosh(\gamma\, z) + F\sinh(\gamma\, z) & \gamma \neq 0 \\ E_0 + F_0 z & \gamma = 0. \end{cases} \tag{2.55}$$

Da jede Produktkombination

$$\varphi_{k_x,k_y} = X_{k_x} Y_{k_y} Z_{k_x,k_y}$$

und jede Linearkombination aus diesen eine mögliche Lösung der Laplace-Gleichung darstellt, ist die allgemeine Lösung die Summe über alle möglichen Lösungen:

$$\varphi = \sum_{k_x,k_y} X_{k_x} Y_{k_y} Z_{k_x,k_y}.$$

Die Konstanten A bis F und die *Eigenwerte* k_x und k_y werden durch die gegebenen Randbedingungen auf den Koordinatenflächen bestimmt.

Beispiel 2.9: Potential innerhalb eines rechteckigen Hohlraums

Gesucht ist das Potentialfeld innerhalb eines Quaders mit den Abmessungen a,b und c. Alle Seitenwände bis auf die Fläche $z = c$, auf der eine beliebige Potentialvorgabe $\varphi(x,y,z = c) = \mathrm{f}(x,y)$ gegeben ist, seien geerdet ($\varphi = 0$).

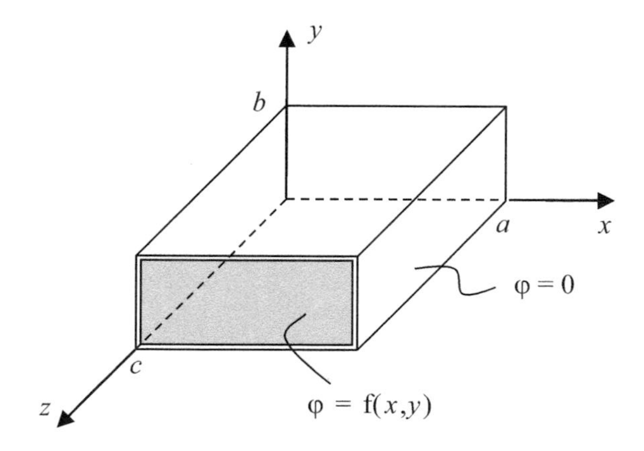

Bestimmung der Konstanten für die Funktion X:

$$\begin{aligned}\varphi = 0 \quad \text{für} \quad x = 0, a &\Rightarrow A = A_0 = B_0 = 0\\ &\Rightarrow B\sin(k_x a) = 0\\ &\Rightarrow k_x a = m\pi; \quad m = 1, 2, 3, \ldots.\end{aligned}$$

Damit erhalten wir für die Lösungen in x-Richtung die unendliche Reihe

$$X_m = B_m \sin\left(k_{x,m} x\right)$$

mit den Eigenwerten

$$k_{x,m} = \frac{m\pi}{a}.$$

In analoger Weise erhalten wir für die Funktion Y:

$$Y_n = D_n \sin\left(k_{y,n} y\right); \quad k_{y,n} = \frac{n\,\pi}{b} \; (n = 1, 2, 3, \ldots).$$

Bestimmung der Konstanten für die Funktion Z:

$$\gamma_{mn} = \sqrt{k_{x,m}^2 + k_{y,n}^2} \neq 0 \Rightarrow E_0 = F_0 = 0$$

$$\varphi = 0 \quad \text{für } z = 0 \Rightarrow E = 0$$

$$Z_{mn} = F_{mn} \,\sinh(\gamma_{mn} z).$$

Nach Zusammenfassen der Konstanten $G_{mn} = B_m D_n F_{mn}$ können wir die Lösung zunächst als unendliche Summe über alle möglichen Lösungen aufstellen:

$$\varphi(x, y, z) = \sum_{n=1}^{\infty}\sum_{m=1}^{\infty} G_{mn} \sin\left(m\,\pi\,\frac{x}{a}\right) \sin\left(n\,\pi\,\frac{y}{b}\right) \sinh(\gamma_{mn} z).$$

Die unbekannten Konstanten G_{mn} sind noch gemäß der verbliebenen Randbedingung

$$f(x, y) = \varphi(x, y, z = c)$$

zu bestimmen. Entsprechend der Lösung von φ in Form einer unendlichen Doppelsumme über Sinusfunktionen stellt dies die Bestimmung der *Fourier-Koeffizienten einer 2-dim. Fourier-Reihe* der Funktion f(x,y) dar. Dazu nutzen wir die *Orthogonalitätsrelationen*

$$\int_0^a \sin\left(m\pi\,\frac{x}{a}\right)\sin\left(p\pi\,\frac{x}{a}\right)\,\mathrm{d}x = \frac{a}{2}\delta_{mp}$$
$$\int_0^b \sin\left(n\pi\,\frac{y}{b}\right)\sin\left(q\pi\,\frac{y}{b}\right)\,\mathrm{d}y = \frac{b}{2}\,\delta_{nq} \tag{2.56}$$

mit dem *Kronecker-Symbol*:

$$\delta_{mn} = \begin{cases} 1 & \text{für } m = n \\ 0 & \text{für } m \neq n. \end{cases}$$

Multiplikation mit $\sin(p\pi x/a)$, $\sin(q\pi y/b)$ auf beiden Seiten von

$$\mathrm{f}(x,y) = \sum_{n=1}^{\infty}\sum_{m=1}^{\infty} G_{mn}\sin\left(m\pi\,\frac{x}{a}\right)\sin\left(n\pi\,\frac{y}{b}\right)\sinh\left(\gamma_{mn}c\right)$$

und Integration über $0 \leq x \leq a$ bzw. $0 \leq y \leq b$ ergibt mit $p,q = 1,2,3\ldots$

$$\int_0^b\int_0^a \mathrm{f}(x,y)\sin\left(p\pi\,\frac{x}{a}\right)\sin\left(q\pi\,\frac{y}{b}\right)\,\mathrm{d}x\,\mathrm{d}y = G_{pq}\frac{a\,b}{4}\sinh\left(\gamma_{pq}c\right)$$

und damit die Berechnungsvorschrift für die Konstanten G_{mn}:

$$G_{mn} = \frac{4\int_0^b\int_0^a \mathrm{f}(x,y)\sin\left(m\,\pi\frac{x}{a}\right)\sin\left(n\,\pi\frac{y}{b}\right)\mathrm{d}x\,\mathrm{d}y}{a\,b\,\sinh\left(c\,\sqrt{(m\,\pi/a)^2 + (n\,\pi/b)^2}\right)}.$$

Für den einfachsten Fall einer konstanten Potentialbelegung, d. h. für

$$\mathrm{f}(x,y) = \varphi_0 = const.$$

ergibt die Lösung des Doppelintegrals

$$\int_0^b\int_0^a \varphi_0\sin\left(m\,\pi\,\frac{x}{a}\right)\sin\left(n\,\pi\,\frac{y}{b}\right)\,\mathrm{d}x\,\mathrm{d}y = \varphi_0\frac{1-(-1)^m}{m\,\pi}\frac{1-(-1)^n}{n\,\pi}a\,b,$$

sodass nur die Konstanten mit ungeradzahligen m,n ungleich Null sind:

$$G_{mn} = \frac{16\,\varphi_0}{m\,n\,\pi^2\sinh\left(c\,\sqrt{(m\,\pi/a)^2 + (n\,\pi/b)^2}\right)}\quad \text{für } m,n = 1,3,5\ldots$$

Im folgenden Bild ist das Feld in der Ebene $y = b/2$ innerhalb des rechteckigen Hohlraums dargestellt.

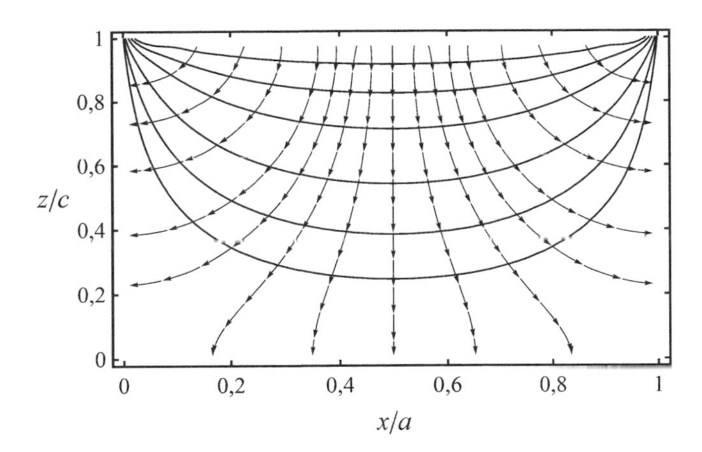

◀

Separation in Zylinderkoordinaten

Mit dem Laplace-Operator in Zylinderkoordinaten (A.72) erhalten wir für die Laplace-Gleichung

$$\Delta\varphi = \frac{1}{\rho}\frac{\partial}{\partial\rho}\left(\rho\frac{\partial\varphi}{\partial\rho}\right) + \frac{1}{\rho^2}\frac{\partial^2\varphi}{\partial\phi^2} + \frac{\partial^2\varphi}{\partial z^2} = 0$$

durch Einsetzen des Produktansatzes

$$\varphi = \mathrm{R}(\rho)\ \Phi(\phi)\mathrm{Z}(z)$$

schrittweise die beiden gewöhnlichen DGLn:

$$\frac{\mathrm{d}^2\mathrm{Z}}{\mathrm{d}z^2} - k_z^2\mathrm{Z} = 0$$

$$\frac{\mathrm{d}^2\Phi}{\mathrm{d}\phi^2} + k_\phi^2\Phi = 0$$

Mit den Lösungen:

$$\mathrm{Z} = \begin{cases} A\cosh\left(k_z\, z\right) + B\sinh\left(k_z\, z\right) & \text{für } k_z \neq 0 \\ A_0 + B_0\, z & \text{für } k_z = 0 \end{cases}$$

$$\Phi = \begin{cases} C\cos\left(k_\phi\, \phi\right) + D\sin\left(k_\phi\, \phi\right) & \text{für } k_\phi \neq 0 \\ C_0 + D_0\, \phi & \text{für } k_\phi = 0 \end{cases}$$

Unter der Einschränkung das die Funktion Φ 2π-periodisch ist, d. h.

$$k_\phi = m = 0, 1, 2, 3, \ldots$$

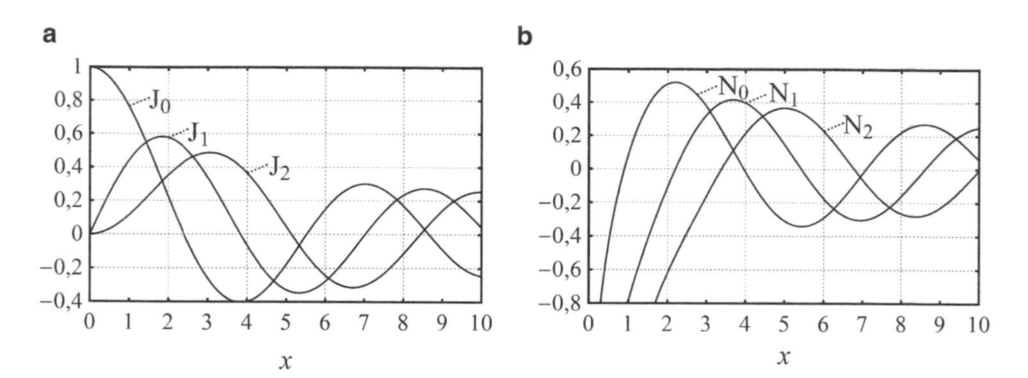

Abb. 2.30 (**a**) Besselfunktion (**b**) Neumannfunktion

resultiert für die Lösung in ρ-Richtung die *Besselsche DGL*:

$$\frac{\mathrm{d}^2\mathrm{R}}{\mathrm{d}\zeta^2} + \frac{1}{\zeta}\frac{\mathrm{dR}}{\mathrm{d}\zeta} + \left(1 - \frac{m^2}{\zeta^2}\right)\mathrm{R} = 0; \quad \text{mit} \quad \zeta = k_z\rho.$$

Die Lösung

$$\mathrm{R} = E\,\mathrm{J_m}(k_z\,\rho) + F\,\mathrm{N}_m(k_z\,\rho).$$

besteht aus den beiden Zylinderfunktionen m-ter Ordnung, die *Besselfunktion* J_m und die *Neumannfunktion* N_m. Die Graphen dieser beiden Funktionen der Ordnung $m = 0{,}1{,}2$ sind in Abb. 2.30 dargestellt.

Alternativ können für die Lösung in z-Richtung statt der hyperbolischen die harmonischen Funktionen angesetzt werden, d. h.

$$\mathrm{Z} = \begin{cases} A\cos(k_z\,z) + B\sin(k_z\,z) & \text{für } k_z \neq 0 \\ A_0 + B_0\,z & \text{für } k_z = 0 \end{cases}$$

und für die Lösung in ρ-Richtung resultiert

$$\mathrm{R} = E\,\mathrm{I}_m(k_z\,\rho) + F\mathrm{K}_m(k_z\,\rho)$$

mit den *modifizierten Zylinderfunktionen m-ter Ordnung* (Abb. 2.31):

$$\mathrm{I}_m(\zeta) = \mathrm{j}^{-m}\mathrm{J}_m(\mathrm{j}\zeta) \qquad \text{mod. Besselfunktion 1. Art}$$

$$\mathrm{K}_m(\zeta) = \frac{\pi}{2}\mathrm{j}^{m+1}(\mathrm{J}_m(\mathrm{j}\zeta) + \mathrm{j}\mathrm{N}_m(\mathrm{j}\zeta)) \qquad \text{mod. Besselfunktion 2. Art.}$$

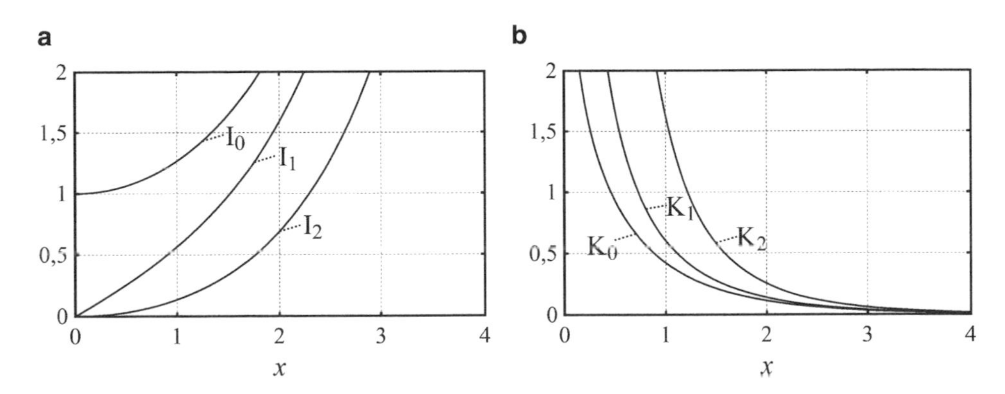

Abb. 2.31 Modifizierte Besselfunktionen. (**a**) 1. Art (**b**) 2. Art

Beispiel 2.10: Potential innerhalb eines runden Hohlzylinders

Analog zum rechteckigen Hohlraum soll das Potential in einem kreisrunden, geerdeten Hohlzylinder mit Radius a und Höhe h bestimmt werden, wobei auf der Deckfläche $z = h$ eine zylindersymmetrische Potentialverteilung

$$\varphi = \mathrm{f}(\rho)$$

vorgegeben sein soll.

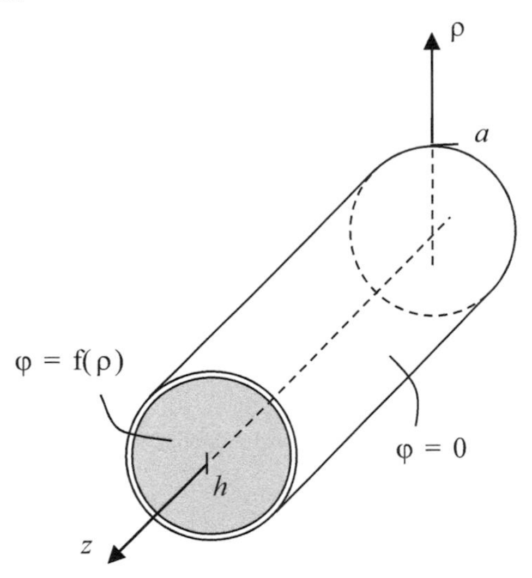

Für die z-Abhängigkeit der Lösung werden zweckmäßigerweise die hyperbolischen Funktionen gewählt, sodass für die radiale Abhängigkeit die Besselfunktionen anzusetzen sind. Für die Konstanten der Funktion R ergibt sich anhand der Randbedingungen:

$$\varphi \quad \text{endlich für } \rho = 0 \Rightarrow F = 0$$

$$\varphi = 0 \text{ für } \rho = a \Rightarrow \mathrm{J}_m(k_z a) = 0$$
$$\Rightarrow k_z = k_{z,mn} = \frac{\eta_{mn}}{a}.$$

Hierbei bezeichnet η_{mn} die n-te Nullstelle von J_m, mit $n = 1,2,3\ldots$ Somit ergibt sich für die R-Funktion:

$$\mathrm{R}_{mn} = E_{mn}\mathrm{J}_m\left(\eta_{mn}\frac{\rho}{a}\right).$$

Bestimmung der Konstanten der Funktion Φ:

$$\varphi \neq \mathrm{f}(\phi) \Rightarrow k_\phi = m = 0 \Rightarrow \quad k_{z,mn} = k_{z,0n}$$
$$\Rightarrow D_0 = 0$$

$$\Phi = C_0$$

Bestimmung der Konstanten für die Funktion Z:

$$k_z = k_{z,0n} \neq 0 \Rightarrow A_0 = B_0 = 0$$

$$\varphi = 0 \quad \text{für} \quad z = 0 \Rightarrow A = 0$$

$$\mathrm{Z}_{0n} = B_{0n} \sinh\left(\eta_{0n}\frac{z}{a}\right)$$

Nach Zusammenfassen der Konstanten $G_n = E_{0n}\, C_0\, B_{0n}$ können wir als Lösung zunächst die allgemeine Linearkombination aufstellen:

$$\varphi(\rho, z) = \sum_{n=1}^{\infty} G_n \sinh\left(\eta_{0n}\frac{z}{a}\right) \mathrm{J}_0\left(\eta_{0n}\frac{\rho}{a}\right).$$

Die Konstanten G_n müssen noch gemäß der verbleibenden Randbedingung

$$\mathrm{f}(\rho) = \varphi(\rho, z = h)$$

bestimmt werden. Entsprechend der Lösung von φ in Form einer unendlichen Summe über Besselfunktionen stellt dies die Bestimmung der *Koeffizienten einer Fourier-Bessel-Reihe* dar. Dazu nutzen wir die Orthogonalitätsrelationen für Besselfunktionen:

$$\int_0^1 x\, \mathrm{J}_m\left(\eta_{mp}x\right) \mathrm{J}_m\left(\eta_{mq}x\right) \mathrm{d}x = \frac{1}{2}\left[\mathrm{J}'_m\left(\eta_{mp}\right)\right]^2 \delta_{pq}; \quad x = \frac{\rho}{a}.$$

Multiplikation von
$$\mathrm{f}(\rho) = \sum_{n=1}^{\infty} G_n \sinh\left(\eta_{0n}\frac{h}{a}\right) \mathrm{J}_0\left(\eta_{0n}\frac{\rho}{a}\right)$$

auf beiden Seiten mit $x\,J_0(\eta_{0p}\;x)$ und Integration über über $0 \le x \le 1$ ergibt mit $J'_0 = -J_1$ für $p = 1,2,3\ldots$

$$\int_0^1 f(xa)\;x\;J_0(\eta_{0p}x)\;dx = G_p\;\sinh\left(\eta_{0p}\frac{h}{a}\right)\;\frac{1}{2}\left[J'_0(\eta_{0p})\right]^2$$

und damit die Berechnungsvorschrift für die Konstanten G_n:

$$G_n = \frac{2\int_0^1 f(xa)\;x\;J_0(\eta_{0n}x)\;dx}{\sinh\left(\eta_{0n}\frac{h}{a}\right)\;J_1^2(\eta_{0n})}.$$

Für den einfachsten Fall einer konstanten Potentialbelegung

$$f(\rho) = \varphi_0 = const.$$

resultieren aus der Lösung des Integrals

$$\int_0^1 x\;J_0(\eta_{0n}x)\;dx = \frac{x}{\eta_{0n}}J_1(\eta_{0n}x)\bigg|_0^1 = \frac{1}{\eta_{0n}}J_1(\eta_{0n})$$

die Konstanten:

$$G_n = \frac{2\;\varphi_0}{\eta_{0n}\sinh\left(\eta_{0n}\frac{h}{a}\right)J_1(\eta_{0n})}.$$

Das resultierende Feldbild auf einer ρ-z-Ebene ähnelt qualitativ dem Ergebnis für den rechteckigen Zylinder (Beispiel 2.9). ◀

Separation in Kugelkoordinaten

Mit dem Laplace-Operator (A.73) in Kugelkoordinaten erhält man für die Laplace-Gleichung

$$\Delta\varphi = \frac{1}{r^2}\frac{\partial}{\partial r}\left(r^2\frac{\partial\varphi}{\partial r}\right) + \frac{1}{r^2\sin\theta}\frac{\partial}{\partial\theta}\left(\sin\theta\frac{\partial\varphi}{\partial\theta}\right) + \frac{1}{r^2\sin^2\theta}\frac{\partial^2\varphi}{\partial\phi^2} = 0$$

durch Einsetzen des Produktansatzes

$$\varphi = R(r)\;\Theta(\theta)\;\Phi(\phi)$$

zunächst für die Funktion Φ die DGL

$$\frac{d^2\Phi}{d\phi^2} + m^2\;\Phi = 0$$

mit der trigonometrischen bzw. linearen Lösung

$$\Phi = \begin{cases} A\cos(m\,\phi) + B\sin(m\,\phi) & \text{für} \quad m \neq 0 \\ A_0 + B_0\,\phi & \text{für} \quad m = 0 \end{cases}$$

Unter der Einschränkung, dass die Funktion Φ 2π-periodisch ist, d. h.

$$m = 0, 1, 2, 3, \ldots,$$

resultiert für die R-Funktion die DGL

$$\frac{\mathrm{d}}{\mathrm{d}r}\left(r^2\frac{\mathrm{dR}}{\mathrm{d}r}\right) - n(n+1)\mathrm{R} = 0 \quad n = 0, 1, 2, 3, \ldots$$

mit der Lösung

$$\mathrm{R} = C\,r^n + D\,r^{-(n+1)}.$$

Für die Θ-Funktion ergibt sich die sog. *verallgemeinerte Legendre DGL:*

$$\frac{1}{\sin\theta}\frac{\mathrm{d}}{\mathrm{d}\theta}\left(\sin\theta\,\frac{\mathrm{d}\Theta}{\mathrm{d}\theta}\right) + \left[n(n+1) - \frac{m^2}{\sin^2\theta}\right]\Theta = 0.$$

Die Lösung

$$\Theta = K\mathrm{P}_n^m(x) + L\mathrm{Q}_n^m(x); \quad x = \cos\theta$$

mit den Koeffizienten K und L besteht aus den sog. zugeordneten Kugelfunktionen

P_n^m : erster Art

Q_n^m : zweiter Art (singulär bei $x = \pm 1$ bzw.bei $\theta = 0, \pi$)

der m-ten Ordnung und n-ten Grades.

Für den Spezialfall *zylindersymmetrischer Lösungen*, d. h. für $m = 0$, lauten die ersten Kugelfunktion erster Art $\mathrm{P}_n(x) := \mathrm{P}_n^0(x)$

$$\mathrm{P}_0 = 1$$

$$\mathrm{P}_1 = x$$

$$\mathrm{P}_2 = \frac{1}{2}\left(3x^2 - 1\right)$$

usw.

Für die Fourier-Entwicklung nach Kugelfunktionen der ersten Art

$$\mathrm{f}(x) = \sum_{n=1}^{\infty} a_n \mathrm{P}_n^m(x)\,; \; -1 \leq x \leq +1$$

lautet die Orthogonalitätsrelation für zwei Funktionen gleicher Ordnung m und unterschiedlichem Grad p und q:

$$\int_{-1}^{+1} P_p^m(x)\, P_q^m(x)\, \mathrm{d}x = \frac{2\,(p+m)!}{(2p+1)(p-m)}\delta_{pq}.$$

Beispiel 2.11: Dielektrische Kugel im homogenen elektrischen Feld

Ein Kugelvolumen mit Radius a und Permittivität ε_i befinde sich in einem unbegrenzten Medium mit der Permittivität ε_a. Gesucht ist das resultierende Feld innerhalb und außerhalb der Kugel, das sich aus dem Primärfeld $\mathbf{E}_0$ und dem Sekundärfeld der polarisierten Kugel zusammensetzt.

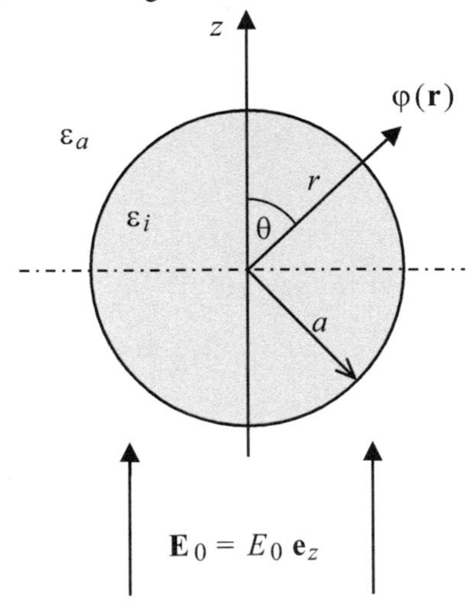

Aufgrund der vorhandenen Zylindersymmetrie bzgl. der z-Achse können

$$m = 0, \quad B_0 = 0$$

gesetzt werden. Für das Potential gibt es keinen physikalischen Grund für eine Singularität innerhalb $0 \leq \theta \leq \pi$, sodass die Kugelfunktion zweiter Art aus der Lösung ausgeschlossen werden kann, d. h.:

$$L = 0.$$

Damit verbleibt als Lösungsansatz zunächst

$$\varphi = \sum_{n=0}^{\infty} A_0 K_n P_n(\cos\theta) \left(C_n r^n + D_n \frac{1}{r^{n+1}} \right).$$

Das vorliegende Zweiraum-Problem erfordert einen getrennten Ansatz für Innen- und Außenraum der Kugel. Nach Elimination weiterer Konstanten in den beiden Lösungsansätzen werden die verbleibenden Konstanten mit Hilfe der Stetigkeitsbedingungen auf der Kugeloberfläche (Gebietsgrenze) bestimmt.

Lösungsansatz für das Potential φ_i im Innenraum:

$$\varphi_i \text{ regulär für } r \to 0 \Rightarrow D_n = 0.$$

Die Summe aller möglichen Lösungen für das Potential mit unbekannten Konstanten $G_{i,n} = A_0\, C_n\, K_n$ lautet somit

$$\varphi_i = \sum_{n=0}^{\infty} G_{i,n}\, r^n P_n(\cos\theta).$$

Lösungsansatz für das Potential φ_a im Außenraum:

Mit zunehmendem Abstand r von der polarisierten Kugel muss die Lösung gegen das vorgegebene Homogenfeld tendieren, d. h.:

$$\lim_{r\to\infty} \varphi_a = \varphi_0 = -\int_0^r \mathbf{E}_0 \cdot \mathbf{ds} = -E_0\, r\, \cos\theta$$

Daraus folgt für das Produkt der Konstanten

$$A_0 C_n K_n = \begin{cases} -E_0 & n = 1 \\ 0; & n \neq 1 \end{cases}$$

Herausziehen des Terms $-E_0\, r\, \mathrm{P}_1(\cos\theta)$ aus der Summe und Zusammenfassen der Konstanten

$$A_0 D_n K_n = G_{a,n}$$

ergibt mit $\mathrm{P}_1(\cos\theta) = \cos\theta$

$$\varphi_a = -E_0\, r\, \cos\theta + \sum_{n=0}^{\infty} G_{a,n} \frac{1}{r^{n+1}} P_n(\cos\theta).$$

Die Konstanten $G_{i,n}$ und $G_{a,n}$ werden aus den Stetigkeitsbedingungen an der Mediengrenze $r = a$ bestimmt:

$$\varphi_i(r = a, \theta) = \varphi_a(r = a, \theta)$$

(1)

$$\sum_n G_{i,n}\, a^n\, P_n = -E_0\, a\, \cos\theta + \sum_n G_{a,n} \frac{1}{a^{n+1}} P_n$$

$$\varepsilon_i \left.\frac{\partial \varphi_i}{\partial r}\right|_{r=a} = \varepsilon_a \left.\frac{\partial \varphi_a}{\partial r}\right|_{r=a} \quad \varepsilon_i$$

(2)

$$\sum_n G_{i,n} n\, a^{n-1} \mathrm{P}_n = -\varepsilon_a \sum_n (n+1) G_{a,n} \frac{1}{a^{n+2}} \mathrm{P}_n - \varepsilon_a E_0 \cos\theta.$$

Für $n \neq 1$ liefert der Koeffizientenvergleich in den beiden Gleichungen unter Ausschluss des Terms mit $\cos\theta = P_1(\cos\theta)$

$$(1): G_{i,n}\, a^n = G_{a,n} \frac{1}{a^{n+1}}$$
$$(2): \varepsilon_i\, n\, G_{i,n}\, a^{n-1} = -\varepsilon_a\, (n+1)\, G_{a,n}\, \frac{1}{a^{n+2}}.$$

Dieses Gleichungssystems hat nur die triviale Lösung $G_{i,n} = G_{a,n} = 0$.

Für $n = 1$ erhalten wir

$$(1): G_{\mathrm{i},1}\, a = G_{\mathrm{a},1}\, \frac{1}{a^2} - E_0\, a$$
$$(2): \varepsilon_\mathrm{i}\, G_{\mathrm{i},1} = -2\, \varepsilon_a\, G_{\mathrm{a},1} \frac{1}{a^3} - \varepsilon_a\, E_0$$

mit der Lösung:

$$G_{i,1} = -E_0 \frac{3\, \varepsilon_a}{\varepsilon_i + 2\varepsilon_a}$$
$$G_{a,1} = E_0\, a^3 \frac{\varepsilon_i - \varepsilon_a}{\varepsilon_i + 2\varepsilon_a}.$$

Innerhalb der Kugel erhalten wir somit für das Potential

$$\varphi_i = -E_0\, \frac{3\, \varepsilon_a}{\varepsilon_i + 2\, \varepsilon_a}\, r \cos\theta = -E_0 \frac{3\, \varepsilon_a}{\varepsilon_i + 2\, \varepsilon_a} z.$$

Daraus resultiert für das elektrische Feld

$$\mathbf{E}_i = -\frac{\partial \varphi_i}{\partial z}\, \mathbf{e}_z = \frac{3\, \varepsilon_a}{\varepsilon_i + 2\varepsilon_a} \mathbf{E}_0,$$

also ein homogenes Feld im Kugelinneren, das parallel zum Primärfeld ist.

Außerhalb der Kugel ergibt sich für das Potential

$$\varphi_a = -E_0\, z + E_0\, \frac{\varepsilon_i - \varepsilon_a}{\varepsilon_i + 2\varepsilon_a}\, a^3\, \frac{\cos\theta}{r^2}.$$

Der zweite Term ist das Sekundärfeld der polarisierten Kugel mit den gebundenen Ladungen auf seiner Oberfläche. Wie der Vergleich mit (2.27) zeigt, hat es die gleiche räumliche Abhängigkeit eines im Zentrum der Kugel angeordneten elektrischen Punktdipols mit dem Dipolmoment

$$p = 4\pi\, E_0\, a^3 \frac{\varepsilon_i - \varepsilon_a}{\varepsilon_i/\varepsilon_a + 2},$$

das mit dem Feld (2.28) das Gesamtfeld im Außenraum ergibt:

$$\mathbf{E}_a = \mathbf{E}_0 + \frac{p}{4\pi\, \varepsilon_a\, r^3} (2\, \cos\theta\, \mathbf{e}_r + \sin\theta\, \mathbf{e}_\theta).$$

Im Folgenden sollen die Ergebnisse diskutiert werden. Für das auf E_0 bzw. auf die elektrische Flussdichte D_0 bezogene Betragsverhältnis des Feldes im Innenraum der Kugel erhalten wir:

$$\frac{E_i}{E_0} = \frac{3}{\varepsilon_i/\varepsilon_a + 2}, \quad \frac{D_i}{D_0} = \frac{\varepsilon_i E_i}{\varepsilon_a E_0} = \frac{3\,\varepsilon_i/\varepsilon_a}{\varepsilon_i/\varepsilon_a + 2}.$$

Im trivialen Fall eines homogenen Mediums ($\varepsilon_i = \varepsilon_a$) ist

$$E_i = E_0, \quad D_i = D_0.$$

Für eine höhere Permittivität der Kugel gegenüber dem Außenraum, d. h. für $\varepsilon_i > \varepsilon_a$ resultiert

$$E_i < E_0, \quad D_i > D_0$$

und als Grenzwerte für $\varepsilon_i >> \varepsilon_a$

$$E_i \rightarrow 0 \quad D_i \rightarrow 3D_0.$$

In diesem Fall erreicht das Dipolmoment den Grenzwert $p \rightarrow 4\pi E_0\, a^3 \varepsilon_a$. Auf der Kugel strebt das Feld damit gegen

$$\mathbf{E}_a(r = a, \theta) \rightarrow 3\, E_0\, \cos\theta\, \mathbf{e}_r.$$

Es steht damit überall senkrecht auf der Kugeloberfläche, d. h. wie auf einer Metalloberfläche.

Für den umgekehrten Fall einer kleineren Permittivität der Kugel gegenüber dem Außenraum, d. h. für $\varepsilon_i < \varepsilon_a$ erhalten wir

$$E_i > E_0, \quad D_i < D_0$$

und als Grenzwerte für $\varepsilon_i << \varepsilon_a$

$$E_i \rightarrow 1{,}5\, E_0 \quad D_i \rightarrow 0.$$

In den folgenden Bildern sind die **D**-Feldlinien für verschiedene $\varepsilon_i / \varepsilon_a$ -Verhältnisse dargestellt.

Die Erhöhung des E-Feldes um das 1,5-fache in einem Dielektrika mit hoher Permittivität ist von praktischer Bedeutung und zwar hinsichtlich eines Auftreten von Durchschlägen in Lufteinschlüssen bei Überschreitung der Durchschlagsfeldstärke (2,5 kV/mm).

Das Dipolmoment erreicht in diesem Fall den Grenzwert $p \rightarrow 2\pi E_0\, a^3$. Auf der Kugeloberfläche strebt damit das Feld gegen

$$\mathbf{E}_a(r = a, \theta) \rightarrow \frac{E_0}{2} \sin\theta\, \mathbf{e}_\theta.$$

Wie im Feldlinienbild für $\varepsilon_i = 0{,}1\varepsilon_a$ erkennbar, verläuft das Feld in diesem Fall nahezu tangential zur Kugeloberfläche.

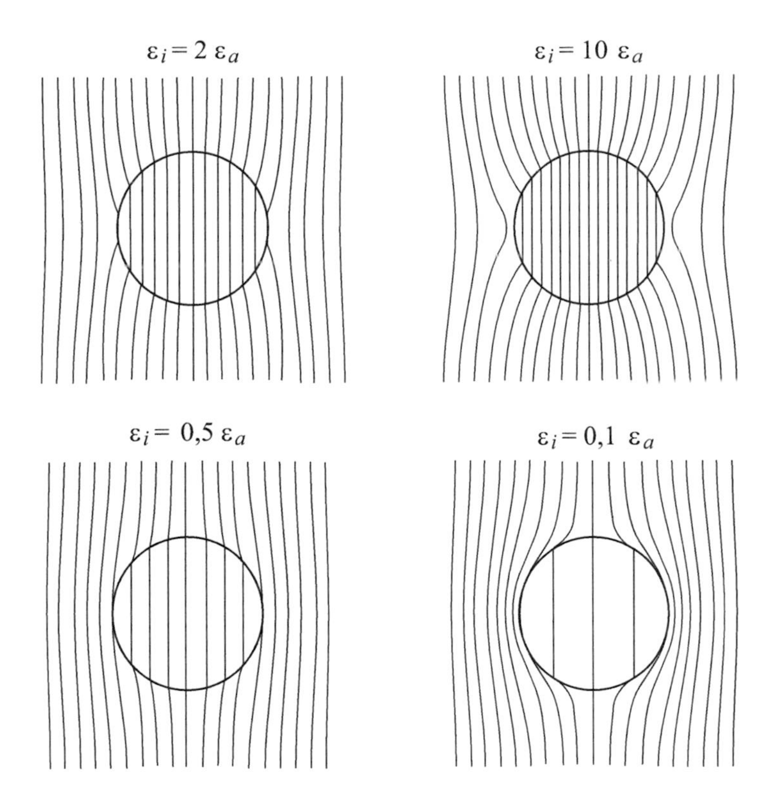

2.7.3 Konforme Abbildung für ebene Felder

Oftmals ist das elektrostatische Randwertproblem nur in 2 Dimensionen, also in einer Ebene gegeben, bzw. lässt sich als ebenes Problem approximieren. Eine sehr effiziente und elegante Methode zur Lösung der Laplace-Gleichung bei zweidimensionalen Randwertproblemen bietet die konforme Abbildung mit Hilfe einer geeigneten *komplexen Funktion*. Dabei wird das gesuchte inhomogene Feld mit krummer Berandung (z-Ebene) mittels einer passenden Abbildungsfunktion $w = \mathrm{f}(z)$ in ein einfacher zu lösendes Problem in die w-Ebene abgebildet, z. B. in das homogene Feld eines Plattenkondensators. Hierbei bezeichnet $z = x + \mathrm{j}y$ einen Punkt in der komplexen z-Ebene und $w = u + \mathrm{j}v$ den entsprechenden Abbildungspunkt in der komplexen w-Ebene (Abb. 2.32).

Es gibt eine Reihe von Funktionen, mit denen sich viele Geometrien behandeln lassen. Voraussetzung ist, dass die Abbildungsfunktion $\mathrm{f}(z)$ *regulär* (*holomorph*, *analytisch*) ist, d. h. das sie innerhalb eines Gebietes der komplexen Ebene in jedem Punkt *eindeutig differenzierbar* ist:

$$\lim_{\Delta z \to 0} \frac{\mathrm{f}(z + \Delta z) - \mathrm{f}(z)}{\Delta z} = \frac{\mathrm{df}(z)}{\mathrm{d}z} = \mathrm{f}'(z).$$

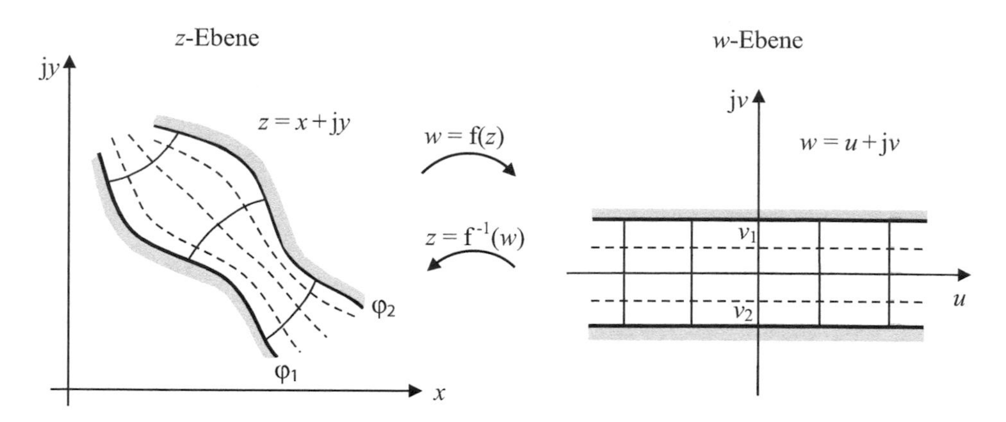

Abb. 2.32 Konforme Abbildung zwischen der Original (z)-Ebene und der Bild (w)-Ebene

Hierbei ist der komplexe Wert der Ableitung $f'(z)$ unabhängig von der Differentiationrichtung $\Delta z = (\Delta x + j\Delta y) \to 0$. Wie direkt durch die beiden zueinander senkrechten Ableitungen in x- und jy-Richtung ersichtlich,

$$\frac{\partial f}{\partial x} = \frac{\partial(u + jv)}{\partial x} = \frac{\partial u}{\partial x} + j\frac{\partial v}{\partial x}$$
$$\frac{\partial f}{\partial jy} = -j\frac{\partial(u + jv)}{\partial y} = \frac{\partial v}{\partial y} - j\frac{\partial u}{\partial y}$$

erfüllen solche Funktion die sog. *Cauchy-Riemannsche DGLn*:

$$\frac{\partial u}{\partial x} = \frac{\partial v}{\partial y}$$
$$\frac{\partial u}{\partial y} = -\frac{\partial v}{\partial x}.$$

Differenzieren nach x bzw. y und ineinander einsetzen:

$$\frac{\partial^2 u}{\partial x^2} = \frac{\partial^2 v}{\partial x \partial y} \frac{\partial^2 u}{\partial y^2} = -\frac{\partial^2 v}{\partial y \partial x}$$
$$\frac{\partial^2 u}{\partial y \partial x} = \frac{\partial^2 v}{\partial y^2} \frac{\partial^2 u}{\partial x \partial y} = -\frac{\partial^2 v}{\partial x^2}$$

ergibt aufgrund der Unabhängigkeit der Reihenfolge der partiellen Differentiationen

$$\frac{\partial^2 v}{\partial x \partial y} = \frac{\partial^2 v}{\partial y \partial x} \quad \text{bzw.} \quad \frac{\partial^2 u}{\partial x \partial y} = \frac{\partial^2 u}{\partial y \partial x}$$

jeweils eine Laplace-Gleichung für die Funktionen $u(x,y)$ und $v(x,y)$:

$$\frac{\partial^2 u}{\partial x^2} + \frac{\partial^2 u}{\partial y^2} = 0$$
$$\frac{\partial^2 v}{\partial x^2} + \frac{\partial^2 v}{\partial y^2} = 0.$$

Dies erlaubt die Einführung eines komplexen Potentials

$$w(z) = u(x,y) + \mathrm{j}v(x,y).$$

Die Funktionen u,v werden als orthogonale Potentiale bezeichnet, da die Linien $u = const.$ und $v = const.$ zueinander senkrecht stehen. Sie bilden ein orthogonales Netz und erlauben somit je nach Zuordnung (Äquipotential- oder Feldlinien) die Lösung *dualer Randwertaufgaben*:

u/v-System			v/u-System		
$u(x,y) = const.$	$\hat{=}$	Äquipotentiallinien	$u(x,y) = const.$	$\hat{=}$	Feldlinien
$v(x,y) = const.$	$\hat{=}$	Feldlinien	$v(x,y) = const.$	$\hat{=}$	Äquipotentiallinien

Bei der *Lösung zugeordneter Potentialprobleme* ist zunächst eine geeignete Abbildungsfunktion auszuwählen, die das Homogenfeld (Plattenkondensator) mit den Linien $v = const.$ bzw. $u = const.$ auf die gegebene krummlinige Geometrie in der z-Ebene abbildet.

Danach erfolgt die Festlegung etwaiger Konstanten in der Funktion und nach Zuordnung der Randwerte die Bestimmung des *Maßstabsfaktors* M:

u/v-System	v/u-System
$\varphi_1 \rightarrow u_1$	$\varphi_1 \rightarrow v_1$
$\varphi_2 \rightarrow u_2$	$\varphi_2 \rightarrow v_2$
$M_u = \frac{\varphi_1 - \varphi_2}{u_1 - u_2}$ [V]	$M_v = \frac{\varphi_1 - \varphi_2}{v_1 - v_2}$ [V]

Aus der komplexen Potentialfunktion lässt sich die elektrische Feldstärke durch Differentiation bestimmen. Aufgrund der speziellen analytischen Eigenschaften ergeben sich eine Reihe von alternativen Berechnungsformeln.

Elektrische Feldstärke (u/v-System):

In Analogie zum Gradienten in kartesischen Koordinaten erhalten wir für die *komplexe Feldstärke*

$$E = -M_u \left(\frac{\partial u}{\partial x} + \mathrm{j}\frac{\partial u}{\partial y} \right)$$

mit

$$E_x = \Re\{E\}, \ E_y = \Im\{E\}.$$

Alternativ ergibt sich beispielsweise mit der zweiten Cauchy-Riemannschen DGL:

$$\frac{\partial u}{\partial y} = -\frac{\partial v}{\partial x}$$

$$E = -M_u\left(\frac{\partial u}{\partial x} - \mathrm{j}\frac{\partial v}{\partial x}\right) = -M_u\left(\frac{\partial w}{\partial x}\right)^*$$

oder allgemein, aufgrund der Unabhängigkeit von der Differentiationsrichtung

$$E = -M_u\left(\frac{\mathrm{d}w}{\mathrm{d}z}\right)^*.$$

Hierbei bezeichnet a^* die konjugiert komplexe Operation.

Für den Fall, das die Umkehrfunktion $z = \mathrm{f}(w)$ gegeben ist, erhalten wir durch Umkehrung des Differentialquotienten:

$$E = \frac{-M_u}{\left(\frac{\mathrm{d}z}{\mathrm{d}w}\right)^*}.$$

Alternativ ergibt sich hierfür mit der ersten Cauchy-Riemannschen DGL:

$$\frac{\mathrm{d}z}{\mathrm{d}w} = \frac{\partial z}{\partial u}$$

$$E = \frac{-M_u}{\left(\frac{\partial z}{\partial u}\right)^*} = \frac{-M_u}{\left(\frac{\partial x}{\partial u} + \mathrm{j}\frac{\partial y}{\partial u}\right)^*},$$

bzw. für den Betrag:

$$|E| = \frac{|M_u|}{\sqrt{\left(\frac{\partial x}{\partial u}\right)^2 + \left(\frac{\partial y}{\partial u}\right)^2}}.$$

<u>*Elektrische Feldstärke (v/u-System)*</u>:

In analoger Weise erhalten wir die Formeln:

$$E = -M_v\left(\frac{\partial v}{\partial x} + \mathrm{j}\frac{\partial v}{\partial y}\right),$$

bzw.

$$E = -M_v\left(\frac{\partial v}{\partial x} + \mathrm{j}\frac{\partial u}{\partial x}\right)^* = -\mathrm{j}M_v\left(\frac{\partial w}{\partial x}\right)^*$$

$$E = -\mathrm{j}M_v\left(\frac{\mathrm{d}w}{\mathrm{d}z}\right)^*.$$

Oder wenn die Umkehrfunktion $z = \mathrm{f}(w)$ gegeben ist:

$$E = \frac{-\mathrm{j}M_v}{\left(\frac{\partial z}{\partial w}\right)^*}$$

$$|E| = \frac{|M_v|}{\sqrt{\left(\frac{\partial x}{\partial v}\right)^2 + \left(\frac{\partial y}{\partial v}\right)^2}}.$$

Eine weitere Eigenschaft konformer Abbildungen ist die sog. *Energieinvarianz*, d. h. die Gleichheit der Feldenergie innerhalb eines Gebietes der z-Ebene und seiner Abbildung in der w-Ebene. Mit der längenbezogenen Energie $W_E{}'$ folgt die Gleichheit der längenbezogene Kapazität C' zwischen zwei Äquipotentiallinien (Elektroden) in der z- und der w-Ebene:

$$W'_E = \frac{1}{2}C'_z U^2 = \frac{1}{2}C'_w U^2 \Rightarrow C'_z = C'_w.$$

Ausgehend von einer Abbildung in ein Homogenfeld in der w-Ebene (Abb. 2.33), lässt sich die längenbezogene Kapazität in Analogie zur Formel des Plattenkondensators

$$C' = \varepsilon \frac{\text{„Plattenbreite"}}{\text{„Plattenabstand"}}$$

in einfacher Weise in den beiden Systemen berechnen:

u/v-System	v/u-System
$C' = \varepsilon \left\lvert \frac{v_2 - v_1}{u_2 - u_1} \right\rvert$	$C' = \varepsilon \left\lvert \frac{u_2 - u_1}{v_2 - v_1} \right\rvert.$

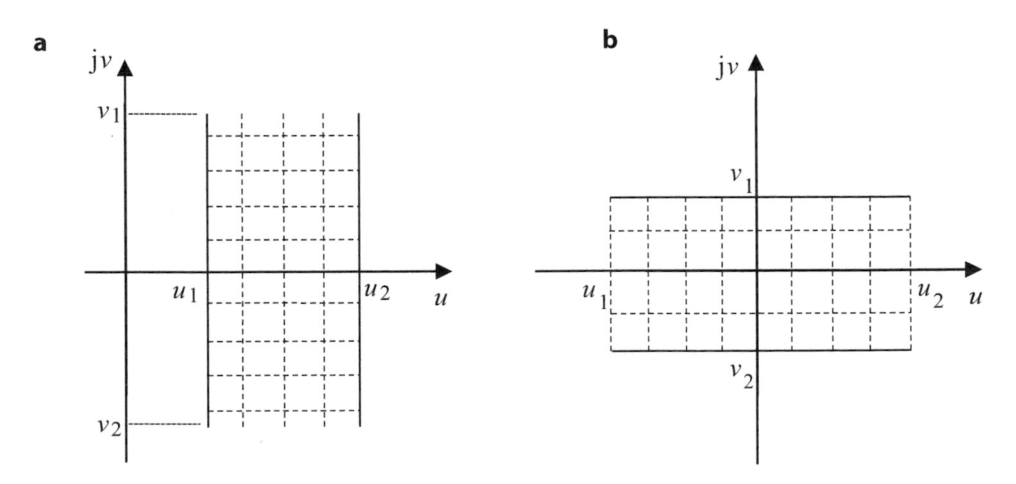

Abb. 2.33 Kapazitätsberechnung in der w-Ebene. **(a)** u/v-System **(b)** v/u-System

Beispiel 2.12: Abbildung: $z = w^2$

Es soll die einfache analytische Funktion $z = w^2$ untersucht werden, d. h.:

$$x + \mathrm{j}y = (u + \mathrm{j}v)^2 = \left(u^2 - v^2 + \mathrm{j}2\,u\,v\right).$$

Die Trennung von Real- und Imaginärteil ergibt

$$x = u^2 - v^2$$
$$y = 2\,u\,v.$$

Für die Äquipotentiallinien erhalten wir somit im u/v-System (Linien $u = const.$)

$$y = 2\,u\,\sqrt{u^2 - x}$$

und im v/u-System (Linien $v = const.$)

$$y = 2\,v\,\sqrt{v^2 + x}.$$

Es handelt sich also um eine nach links bzw. rechts geöffnete konfokale Ellipsenschar. Mit kleiner werdendem Parameter u bzw. v schließen sich die Parabeln und entarten bei $u = 0$ bzw. $v = 0$ zu einer Halbgeraden, in Form der negativen bzw. positiven x-Achse.

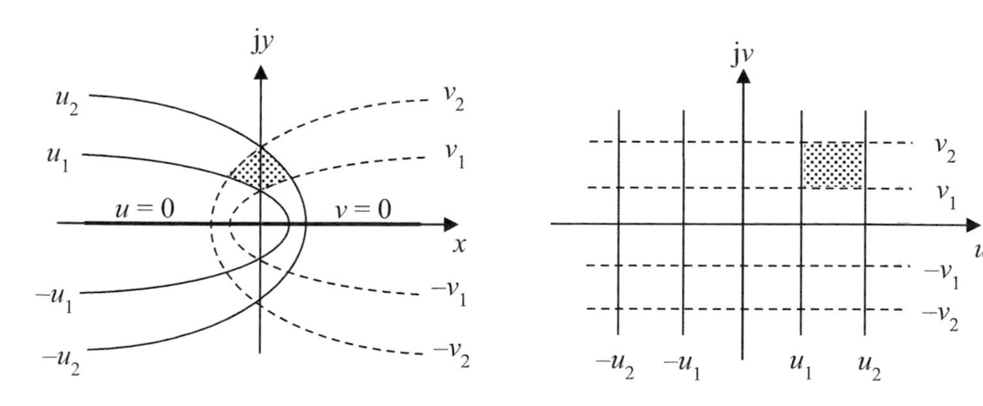

Als Anwendungsbeispiel für die Abbildung $z = c\,w^2$ einschließlich einer reellen Konstante c soll die Feldstärke zwischen zwei in positive x-Richtung geöffnete, parabelförmigen Elektroden berechnet werden. Die Spannung zwischen den Elektroden sei

$$\varphi_1 - \varphi_2 = U.$$

Mit der gegebenen geometrischen Konstante c seien die beiden ellipsenförmigen Elektroden den Linien

$$v_1 = 1$$
$$v_2 = 2$$

zugeordnet. Die Rechnung erfolgt also im v/u-System, mit dem Maßstabsfaktor

$$M_v = \frac{\varphi_1 - \varphi_2}{v_1 - v_2} = \frac{U}{1-2} = -U.$$

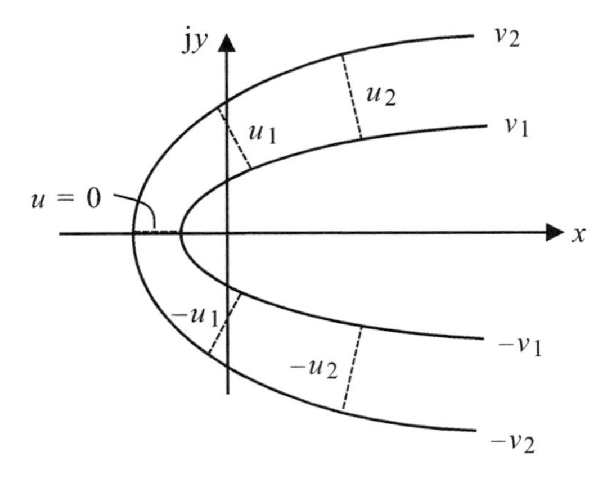

Mit der gegebenen Umkehrfunktion $z = \mathrm{f}(w)$ berechnet sich die komplexe Feldstärke gemäß

$$E = \frac{-\mathrm{j}M_v}{\left(\dfrac{\mathrm{d}z}{\mathrm{d}w}\right)^*} = \frac{-\mathrm{j}M_v}{2\,c\,w^*} = \frac{-\mathrm{j}M_v}{2c(u+\mathrm{j}v)^*}$$

nach komplexer Erweiterung lassen sich Real- und Imaginärteil trennen und wir erhalten für die x- und y-Komponente von E:

$$E_x = M_v\,\frac{v}{2\,c\,\left(u^2+v^2\right)}; \qquad E_y = M_v\frac{-u}{2\,c\,\left(u^2+v^2\right)},$$

bzw. für den Betrag

$$|E| = \sqrt{E_x^2 + E_y^2} = \frac{|M_v|}{2\,c\,\sqrt{u^2+v^2}}.$$

Die maximale Feldstärke resultiert hieraus für das Minimum der Wurzel, d. h. für die Minimalwerte von u und v, bei $u = 0$ und $v = v_1 = 1$. Es handelt sich um die Feldlinien entlang der x-Achse, zwischen den beiden Scheitelpunkten, wo der Elektrodenabstand am geringsten ist. Der maximale Feldstärkewert tritt dabei auf der kleineren Elektrode auf, wo die *Krümmung der Elektrode am größten ist.* Durch Einsetzen ergibt sich dafür der Wert

$$E_{\max} = \frac{U}{2\,c}.$$

Die Zunahme des elektrischen Feldes auf einer Elektrode mit kleinerem Krümmungsradius gilt ganz allgemein. Aus diesem Grund wird beispielsweise in der Hochspannungstechnik stets darauf geachtet, dass die Kanten von spannungstragenden Bauteilen möglichst gut abgerundet sind, um eine unzulässige Feldstärkeüberhöhung, d. h. einen Funkendurchschlag an diesen Stellen zu vermeiden.

Theoretisch wächst die Feldstärke mit zunehmender Elektrodenkrümmung unbegrenzt an und wird unendlich, wenn der Krümmungsradius gegen Null geht. Dies ergibt sich unmittelbar aus unserem Ergebnis, wenn wir die Elektrode 1 durch $v_1 = 0$ zu einem unendlich dünnen Blech entarten lassen. Der Betrag der Feldstärke auf der Elektrode

$$|E| = \frac{M_v}{2\,c\,u} \to \infty \quad \text{für } u = 0$$

wird nun an der Kante des Bleches unendlich, und zwar mit

$$x = u^2 - v^2 \quad \Rightarrow \quad u = \sqrt{x}$$

umgekehrt proportional zur Wurzel des Abstandes von der Kante. Es handelt sich um die sog. *Kantensingularität*, die allgemein in der Nähe jeder Elektrodenkante vorliegt.

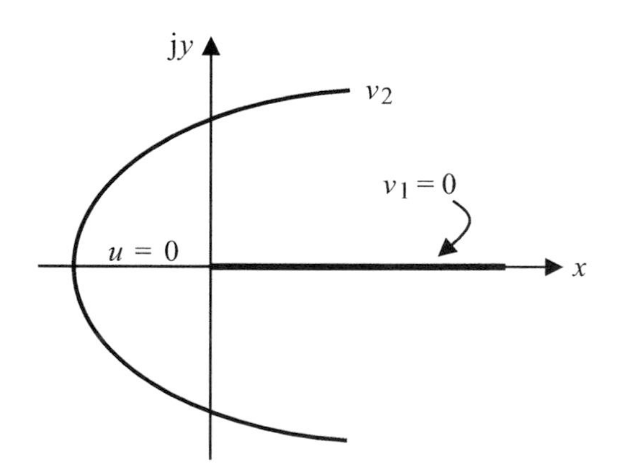

Beispiel 2.13: Abbildung $z = c\,\mathrm{e}^w$

Die Abbildungsfunktion

$$x + \mathrm{j}y = c\mathrm{e}^{(u+\mathrm{j}v)} = c\mathrm{e}^{u}(\cos v + \mathrm{j}\sin v)$$

hat als Real- und Imaginärteil

$$x = c\mathrm{e}^{u}\cos v$$
$$y = c\mathrm{e}^{u}\sin v.$$

Daraus resultiert die folgende Kreisgleichung:

$$x^2 + y^2 = (c\,\mathrm{e}^{u})^2\left[\cos^2 v + \sin^2 v\right] = (c\mathrm{e}^{u})^2.$$

Somit haben wir für eine *u*/*v*- bzw. *v*/*u*-Zuordnung:

$u = const.$: Kreislinien ($v = 0\ldots 2\pi$) mit Radius $r = c\,\mathrm{e}^{u}$
Feld zweier konzentrischer Zylinder

$v = const.$: Halbgeraden mit Steigung $y/x = \tan v$
Feld zweier keilförmig geneigter Elektroden

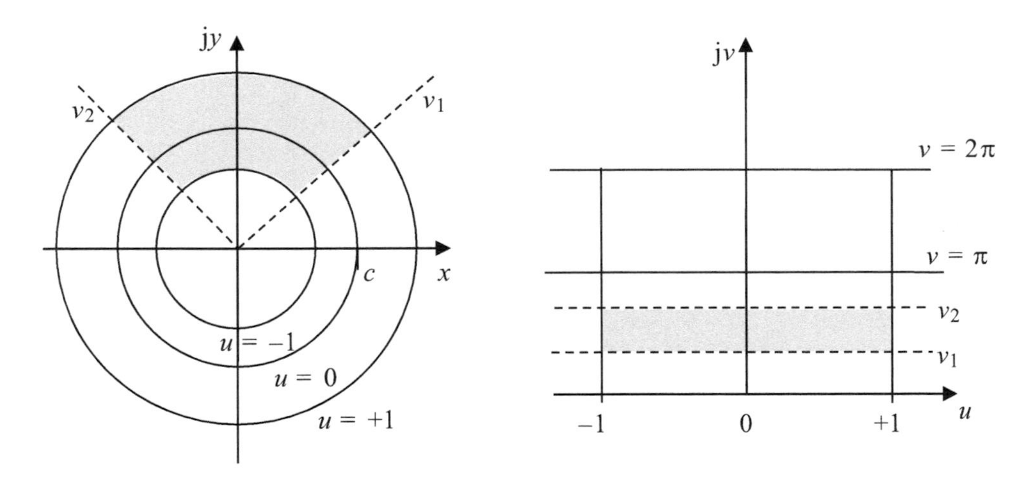

Als Anwendungsbeispiel soll ein Zylinderkondensator mit den Radien $r_1 < r_2$ betrachtet werden. Bezogen auf die *u*/*v*-Zuordnung ist der Maßstabsfaktor bei einer Spannung U_0 zwischen den Elektroden

$$M_u = \frac{\varphi_1 - \varphi_2}{u_1 - u_2} = \frac{U_0}{u_1 - u_2}.$$

Mit

$$r = c\mathrm{e}^{u} \Rightarrow u = \ln\left(\frac{r}{c}\right)$$

resultiert für die beiden Elektrodenradien

$$u_1 = \ln\left(\frac{r_1}{c}\right), \quad u_2 = \ln\left(\frac{r_2}{c}\right)$$

und damit für den Maßstabsfaktor

$$M_u = \frac{U_0}{\ln(r_1/r_2)}.$$

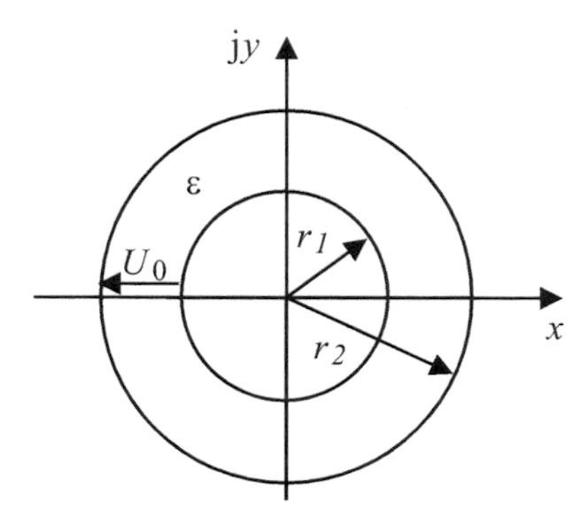

Den Betrag der elektrische Feldstärke erhalten wir, z. B. über

$$|E| = \frac{|M_u|}{\sqrt{\left(\frac{\partial x}{\partial u}\right)^2 + \left(\frac{\partial y}{\partial u}\right)^2}} = \frac{U_0}{\ln(r_2/r_1)}\frac{1}{ce^u} = \frac{U_0}{\ln(r_2/r_1)}\frac{1}{r}; \quad (r_2 > r_1),$$

mit dem maximalen Wert

$$E_{\max} = \frac{U_0}{r_1 \ln(r_2/r_1)},$$

entsprechend dem Punkt auf der Elektrode mit der größten Krümmung.

Für die längenbezogene Kapazität ergibt sich (Vgl. Beispiel 2.7):

$$C' = \varepsilon\frac{|v_2 - v_1|}{|u_2 - u_1|} = \varepsilon\frac{2\pi}{\ln(r_2/r_1)}.$$

◀

2.8 Energie im elektrostatischen Feld

Die im elektrischen Feld gespeicherte Energie ist allgemein durch Integration der Energiedichte w_E (1.70) über das gegebene Volumen V gegeben. Beispielsweise erhält man für ein isotropes und lineares Medium

$$W_E = \iiint_V w_E \, \mathrm{d}V = \frac{\varepsilon}{2}\iiint_V E^2 \mathrm{d}V. \tag{2.57}$$

Für das *elektrostatische Feld* lässt sich auch ein alternatives Energieintegral aufstellen. Mit

$$\mathbf{E} = -\text{grad}\ \varphi$$

ergibt sich

$$W_E = \frac{\varepsilon}{2} \iiint\limits_V (\text{grad}\ \varphi)^2 \text{d}V.$$

Anwendung des 1. Greenschen Integralsatzes (A.82) ergibt mit der Wahl $\varphi_1 = \varphi_1 = \varphi$

$$\iiint\limits_V (\text{grad}\ \varphi)^2 \text{d}V = \oiint\limits_{\partial V} \varphi \text{grad}\ \varphi \cdot \text{d}\mathbf{A} - \iiint\limits_V \varphi \Delta \varphi\ \text{d}V.$$

Bei der der Integration über den gesamten Raum mit Ladungen im Endlichen nimmt das Potential φ mindesten mit $1/r$ und demzufolge der Gradient von φ mindestens mit $1/r^2$ ab, sodass mit $\text{d}A \sim r^2$ das Oberflächeintegral auf der rechten Seite verschwindet. Durch Einsetzen der Poisson-Gleichung

$$\Delta \varphi = -\frac{q}{\varepsilon}$$

erhalten wir

$$\iiint\limits_V (\text{grad}\ \varphi)^2 \text{d}V = \frac{1}{\varepsilon} \iiint\limits_V \varphi\ q\ \text{d}V$$

und damit für die *elektrostatische Feldenergie* die Formel

$$W_E = \frac{1}{2} \iiint\limits_V q\ \varphi\ \text{d}V. \tag{2.58}$$

Diese Formel hat gegenüber dem allgemeinen Integral (2.57) über den unbegrenzten Raum u. a. den Vorteil, dass nur über die Gebiete zu integrieren ist, in den $q \neq 0$ ist.

Beispiel 2.14: Energie einer Punktladungsanordnung

Für eine gegebene statische Anordnung von Punktladungen mit beliebiger Stärke Q_i und Ort $\mathbf{r}_i$ erhalten wir durch Einsetzen der singulären Ladungsdichteverteilung

$$q(\mathbf{r}) = \sum_i Q_i\ \delta(\mathbf{r} - \mathbf{r}_i)$$

in das elektrostatische Energieintegral (2.58) durch Vertauschen der Reihenfolge von Summation und Integration mit der Ausblendeigenschaft (1.16) der Dirac-Funktion

$$W_E = \frac{1}{2} \iiint_V \sum_i Q_i \, \delta(\mathbf{r} - \mathbf{r}_i) \, \varphi(\mathbf{r}) \mathrm{d}V = \frac{1}{2} \sum_i Q_i \, \varphi(\mathbf{r}_i).$$

Gemäß den Ausführungen in Abschn. 2.2 entspricht das Produkt $Q_i \varphi(\mathbf{r}_i)$ der potenziellen Energie der Ladung Q_i im Feld aller Ladungen. Allerdings enthält das Potential $\varphi(\mathbf{r}_i)$ jeweils auch den eigenen, singulären Anteil der Punktladung Q_i an der Stelle $\mathbf{r}_i$. Dieser Anteil entspricht der im eigenen Feld der Ladung gespeicherten Energie. An dieser Stelle tritt das Modell der Punktladung in Erscheinung, das es in der Realität nicht gibt. Tatsächlich kann einem geladenen Elementarteilchen, wie z. B. dem Elektron, eine solche Energie zugeordnet werden, die aufgrund seiner Ausdehnung einen endlichen Wert besitzt. Die „Selbstenergien" können wir in diesem Zusammenhang außer Betracht lassen, da sie für die Herstellung der Ladungskonfiguration weder aufgebracht noch verfügbar sind. Beispielsweise ist sie bei gleichnamigen Ladungen aufgrund der Abstoßungskräfte für die Realisierung der Anordnung von außen aufzubringen, bzw. wird beim umgekehrten Vorgang frei.

Setzten wir für $\varphi(\mathbf{r}_i)$ die Summe (2.26) über alle Einzelpotentiale der Ladungen Q_k $(k \neq i)$ ein, d. h.:

$$\varphi(\mathbf{r}_i) = \frac{1}{4\pi\varepsilon} \sum_{k \neq i} \frac{Q_k}{|\mathbf{r}_i - \mathbf{r}_k|},$$

so erhalten wir als Lösung für die im Feld der Punktladungen gespeicherte Energie

$$W_E = \frac{1}{8\pi\varepsilon} \sum_i \sum_{k \neq i} \frac{Q_i \, Q_k}{|\mathbf{r}_i - \mathbf{r}_k|}.$$

Der in der Lösung enthaltene Faktor 1/2 rührt daher, dass bei der Summation über alle Ladungen jeder Beitrag doppelt gezählt wird, d. h.

$$\frac{Q_i \, Q_k}{|\mathbf{r}_i - \mathbf{r}_k|} = \frac{Q_k \, Q_i}{|\mathbf{r}_k - \mathbf{r}_i|}.$$

◄

Beispiel 2.15: Energie in einer Elektrodenanordnung

Betrachtet wird eine feste Anordnung von N leitfähigen Körpern (Elektroden), die sich jeweils auf dem Potential φ_i befinden und die Ladung Q_i tragen. Zur Berechnung der Energie W_E, die in der gesamten Anordnung gespeichert ist, können wir vom Volumentintegral (2.58) zu einem Integral über die Flächenladungsdichten $q_{A,i}$ auf den Leiteroberlächen übergehen (Abschn. 2.3) und erhalten mit $\varphi = \varphi_i$ auf der Oberfläche des Leiters i:

$$W_E = \frac{1}{2} \iiint\limits_V q \, \varphi \, \mathrm{d}V = \frac{1}{2} \iint\limits_{\partial V} q_A \, \varphi \, \mathrm{d}A = \frac{1}{2} \sum_i \varphi_i \oiint\limits_{A_i} q_{A,i} \, \mathrm{d}A. \tag{2.59}$$

Hierbei ergeben die einzelnen Flächenintegrale

$$\oiint\limits_{A_i} q_{A,i} \, \mathrm{d}A = Q_i$$

die auf der i-ten Elektrode befindliche Ladung Q_i. Wir erhalten formal das gleiche Ergebnis wie für die Energie der Punktladungsanordnung:

$$W_E = \frac{1}{2} \sum_i \varphi_i \, Q_i. \tag{2.60}$$

In diesem Fall ist auch die im Feld der Elektrodenladung Q_i gespeicherte Energie enthalten. Sie ist für das Aufbringen der Ladung auf der Elektrode notwendig bzw. ist umgekehrt verfügbar. Im Unterschied zu den Punktladungen befinden sich die einzelnen Ladungsverteilungen $q_{A,i}$ auf dem vorgegebenen Elektrodenpotential φ_i, so dass die „Eigenenergien" endlich sind.

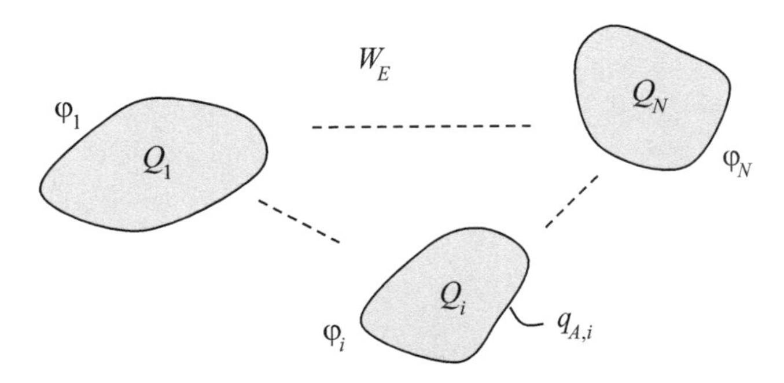

◄

2.9 Teilkapazitäten im Mehrleitersystem

Die in Abschn. 2.5 eingeführte Kapazität für eine Anordnung aus zwei Elektroden lässt sich über die Energie auf ein Mehrleitersystem erweitern. Dieser besteht aus $N + 1$ Leitern, wobei einer davon als Bezugsleiter dient (Abb. 2.34).

Gemäß Superpositionsprinzip sind die Potentiale φ_i auf den einzelnen Leitern linear von den Ladungen Q_k auf den Leitern abhängig. Durch Einführung der *Potential-*

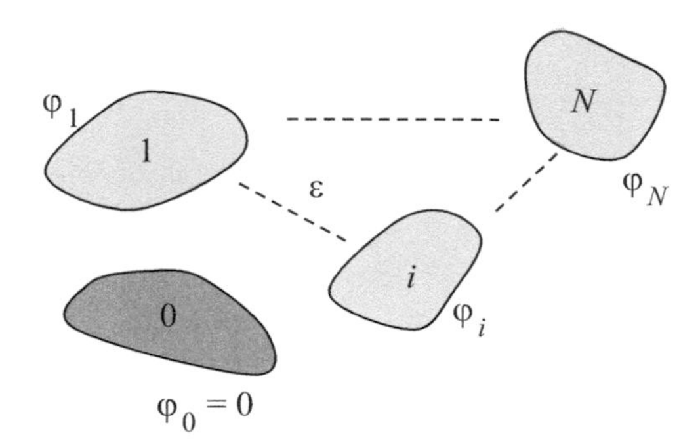

Abb. 2.34 Mehrleitersystem mit Bezugsleiter

koeffizienten α_{ik}, die jeweils den Beitrag von Q_k zum Potential φ_i angeben, lässt sich das folgende lineare Gleichungssystem aufstellen:

$$(\varphi) = \begin{pmatrix} \varphi_1 \\ . \\ . \\ . \\ \varphi_N \end{pmatrix} = \begin{bmatrix} \alpha_{11} & . \; . \; . & \alpha_{1N} \\ . & . \quad . & . \\ . & . \quad . & . \\ . & . \quad . & . \\ \alpha_{N1} & . \; . \; . & \alpha_{NN} \end{bmatrix} \cdot \begin{pmatrix} Q_1 \\ . \\ . \\ . \\ Q_N \end{pmatrix} = [\alpha](Q). \tag{2.61}$$

Die Potentialkoeffizienten sind von der Geometrie und der Permittivität ε des Mediums zwischen den Leitern abhängig. Die Koeffizientenmatrix $[\alpha]$ ist symmetrisch, d. h. es gilt *Reziprozität* ($\alpha_{ik} = \alpha_{ki} \geq 0$). Für den Beweis gehen wir von der Energie im System nach Gl. (2.59) und (2.60) aus:

$$W_E = \frac{1}{2} \sum_i \varphi_i \, Q_i = \sum_i \oiint_{A_i} q_{A,i} \; \varphi_i \; \mathrm{d}A_i.$$

Einsetzen der Summe aller Einzelpotentiale

$$\varphi_i = \sum_k \frac{1}{4\,\pi\varepsilon} \oiint_{A_k} \frac{q_{A,k}}{|\mathbf{r}_i - \mathbf{r}_k|} \mathrm{d}A_k$$

ergibt für die Summenterme jeweils die Beziehung

$$\varphi_i \, Q_i = \oiint_{A_i} q_{A,i} \; \varphi_i \; \mathrm{d}A_i = \frac{1}{4\,\pi\varepsilon} \sum_k \oiint_{A_i} \oiint_{A_k} \frac{q_{A,i} \; q_{A,k}}{|\mathbf{r}_i - \mathbf{r}_k|} \mathrm{d}A_k \mathrm{d}A_i,$$

bzw. für das Potential auf Leiter i

$$\varphi_i = \frac{1}{4\pi\varepsilon} \frac{1}{Q_i} \sum_k \oiint_{A_i} \oiint_{A_k} \frac{q_{A,i} \; q_{A,k}}{|\mathbf{r}_i - \mathbf{r}_k|} \mathrm{d}A_k \mathrm{d}A_i = \sum_k \alpha_{ik} \; Q_k.$$

Hieraus folgt unmittelbar für die Potentialkoeffizienten

$$\alpha_{ik} = \frac{1}{4\pi\varepsilon}\frac{1}{Q_i Q_k}\oint\!\!\oint_{A_i}\oint\!\!\oint_{A_k}\frac{q_{A,i}\,q_{A,k}}{|\mathbf{r}_i - \mathbf{r}_k|}\mathrm{d}A_k\mathrm{d}A_i$$

die Vertauschbarkeit i und k, d. h. $\alpha_{ik} = \alpha_{ki} \geq 0$.

Die Inversion des Gleichungssystems (2.61) liefert umgekehrt die Leiterladungen in Abhängigkeit von den Leiterpotentialen:

$$(Q) = [\alpha]^{-1}(\varphi) = \begin{pmatrix} Q_1 \\ \cdot \\ \cdot \\ \cdot \\ Q_n \end{pmatrix} = \begin{bmatrix} c_{11} & \cdot\;\cdot\;\cdot & c_{1N} \\ \cdot & \cdot\;\;\cdot & \cdot \\ \cdot & \cdot & \cdot \\ \cdot & \cdot\;\;\cdot & \cdot \\ c_{N1} & \cdot\;\cdot\;\cdot & c_{NN} \end{bmatrix} \cdot \begin{pmatrix} \varphi_1 \\ \cdot \\ \cdot \\ \cdot \\ \varphi_N \end{pmatrix} = [c](\varphi). \tag{2.62}$$

Hierbei sind die Matrixelemente der invertierten Potentialkoeffizientenmatrix

$$c_{ik} = \frac{A_{ik}}{\det[\alpha]}(A_{ik} : \text{Adjunkte/Unterdeterminante zum Element } \alpha_{ik})$$

die sog. *Kapazitäts-* oder *Influenzkoeffizienten* mit der Einheit As/V = Farad (F). Sie sind ebenfalls durch die Geometrie und dem Medium bestimmt und geben den Ladungsbeitrag des Leiters i mit Potential φ_i zu Leiter k. Auch für sie gilt Reziprozität:

$$c_{ik} = c_{ki} = \begin{cases} > 0 & \text{für} \quad i = k \\ < 0 & \text{für} \quad i \neq k \end{cases}$$

wobei alle Nebendiagonalelemente negativ sind.

Für die Energie im Mehrleitersystem gelten die beiden folgenden Beziehungen mit den Potential- bzw. Kapazitätskoeffizienten. Ausgehend von (2.60) erhalten wir

$$\text{mit } \varphi_i = \sum_{k=1}^{N} \alpha_{ik}\,Q_k \Rightarrow W_E = \frac{1}{2}\sum_{i=1}^{N}\sum_{k=1}^{N} \alpha_{ik}\,Q_i\,Q_k$$

$$\text{bzw.} Q_i = \sum_{k=1}^{N} c_{ik}\,\varphi_k \Rightarrow W_E = \frac{1}{2}\sum_{i=1}^{N}\sum_{k=1}^{N} c_{ik}\,\varphi_i\,\varphi_k.$$

Um die influenzierte Ladung Q_i von Leiter k in Abhängigkeit der Spannung $U_{ik} = \varphi_i - \varphi_k$ zwischen den beiden Leitern ausdrücken zu können, formen wir schließlich das Gleichungssystem (2.62) durch Herausziehen des Eigenbeitrags und einer Nullergänzung entsprechend um:

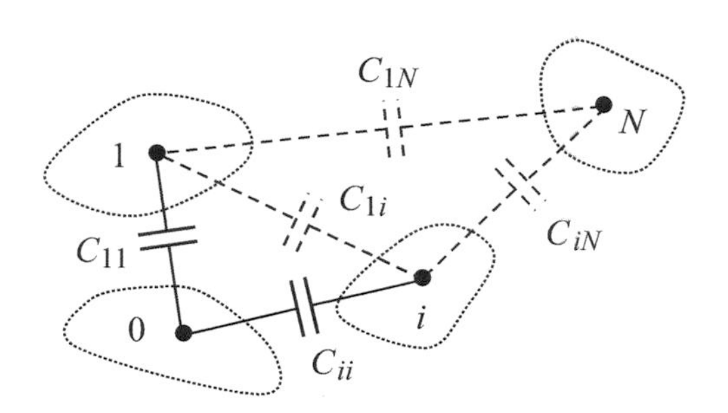

Abb. 2.35 Kapazitives Ersatzschaltbild des Mehrleitersystems (Abb. 2.34)

$$Q_i = \sum_{k=1}^{N} c_{ik}\,\varphi_k = \sum_{\substack{k=1\\(k\neq i)}}^{N} c_{ik}\,\varphi_k + c_{ii}\varphi_i$$

$$= \sum_{\substack{k=1\\(k\neq i)}}^{N} c_{ik}\,\varphi_k - \sum_{\substack{k=1\\(k\neq i)}}^{N} c_{ik}\,\varphi_i + c_{ii}\varphi_i + \sum_{\substack{k=1\\(k\neq i)}}^{N} c_{ik}\,\varphi_i = \varphi_i \sum_{k=1}^{N} c_{ik} - \sum_{\substack{k=1\\(k\neq i)}}^{N} c_{ik}\,(\varphi_i - \varphi_k).$$

Mit

$$U_{ik} = \begin{cases} \varphi_i - \varphi_k & \text{für} \quad i \neq k \quad \text{(Spannung zwischen den Leitern } i \text{ und } k\text{)} \\ \varphi_i & \text{für} \quad i = k \quad \text{(Spannung zwischen Leiter } i \text{ und Bezugsleiter 0)} \end{cases}$$

und den *Teilkapazitäten*

$$C_{ik} = \begin{cases} \sum\limits_{k=1}^{N} c_{ik} & \text{für} \quad i = k \quad \text{(\textit{Eigenkapazität} des Leiters } i \text{ zum Bezugsleiter)} \\ -\,c_{ik} & \text{für} \quad i \neq k \quad \text{(\textit{Gegenkapazität} zwischen Leiter } i \text{ und Leiter } k\text{)} \end{cases}$$

Auch für die Gegenkapazitäten gilt Reziprozität ($C_{ik} = C_{ki}$.).

Die Ladung auf einem Leiter setzt also sich aus Teilladungen zusammen, die jeweils proportional zu den Teilspannungen und Teilkapazitäten zwischen den Leitern sind.

Mit dem Konzept der Teilkapazitäten wird das in Abb. 2.34 dargestellte Mehrleitersystem in ein *kapazitives Ersatzschaltbild* überführt (Abb. 2.35). Zur Bestimmung der dafür notwendigen Potentialkoeffizienten α_{ik} bzw. c_{ik} müssen Methoden der Feldberechnung angewendet werden. Sind alle Teilkapazitäten C_{ik} für die gegebene Geometrie bekannt, können sämtliche Spannungen und Ströme durch einfache Netzwerkberechnung bestimmt werden.

Beispiel 2.16: Zweileiteranordnung über Masseebene

Für eine parallel zu einer Massefläche angeordnete Doppelleitung sollen alle Teilkapazitäten berechnet werden. Die Leiter mit den Radien r_1, r_2 verlaufen in der Höhe h_1 bzw. h_2 zur Massefläche im Abstand a. Die Leitungslänge sei unbestimmt, sodass eine längenbezogene Rechnung durchzuführen ist.

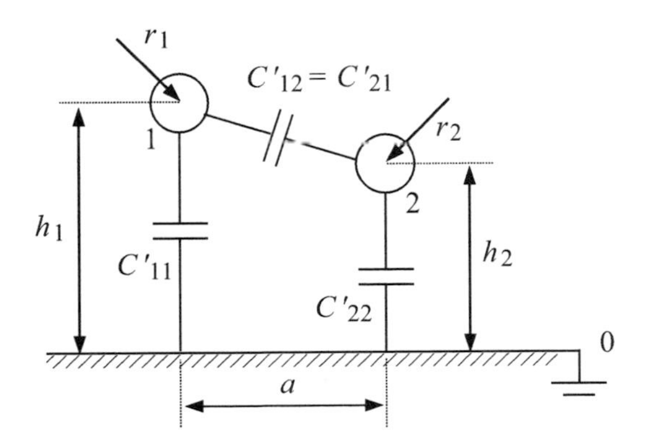

Für die Berechnung der Potentialkoeffizienten α_{ik} $(i,k = 1{,}2)$ bietet sich die *Spiegelungsmethode* aus Abschn. 2.7.1 an. Dabei wird unter der Voraussetzung, dass $r_1, r_2 << h_1, h_2, a$ von einer *Dünndrahtnäherung* ausgegangen, bei der die Ladung auf der Leiteroberfläche als Linienladungsdichte q_l auf der Drahtachse approximiert wird.

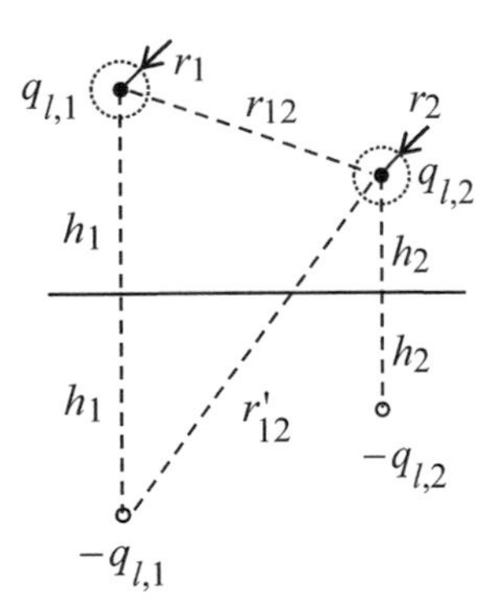

Für das Potential von Leitung 1 erhalten wir durch Addition des direkten Beitrags im Abstand r_1 und des Spiegelbeitrags im Abstand $2h_1$ (r_0: beliebiger Referenzabstand):

$$\varphi_1\big|_{q_{l,2}=0} = -\frac{q_{l,1}}{2\,\pi\varepsilon}\ln\left(\frac{r_1}{r_0}\right) + \frac{q_{l,1}}{2\,\pi\varepsilon}\ln\left(\frac{2\,h_1}{r_0}\right) = \frac{q_{l,1}}{2\,\pi\varepsilon}\ln\left(\frac{2\,h_1}{r_1}\right).$$

Daraus resultiert der Potentialkoeffizient

$$\alpha_{11} = \left.\frac{\varphi_1}{q_{l,1}}\right|_{q_{l,2}=0} = \frac{1}{2\pi\varepsilon}\ln\left(\frac{2\,h_1}{r_1}\right).$$

Analog ergibt sich für Leiter 2

$$\alpha_{22} = \frac{1}{2\pi\varepsilon}\ln\left(\frac{2h_2}{r_2}\right)$$

und zwischen Leiter 1 und Leiter 2 (Reziprozität)

$$\alpha_{12} = \alpha_{21} = \left.\frac{\varphi_2}{q_{l,1}}\right|_{q_{l,2}=0} = \frac{1}{2\pi\varepsilon}\ln\left(\frac{r'_{12}}{r_{12}}\right) = \frac{1}{2\pi\varepsilon}\ln\sqrt{\frac{a^2+(h_1+h_2)^2}{a^2+(h_1-h_2)^2}}.$$

Durch Inversion der Matrix $[\alpha]$ erhalten wir die Kapazitätskoeffizienten c'_{ik} (längenbezogen):

$$\left[c'\right] = [\alpha]^{-1} = \frac{1}{\det[\alpha]}\begin{bmatrix} \alpha_{22} & -\alpha_{12} \\ -\alpha_{12} & \alpha_{11} \end{bmatrix} \quad \text{mit} \quad \det[\alpha] = \alpha_{11}\alpha_{22} - \alpha_{12}^2$$

und daraus schließlich die Teilkapazitäten

$$\left[C'\right] = \begin{bmatrix} c'_{11}+c'_{12} & -c'_{12} \\ -c'_{12} & c'_{22}+c'_{12} \end{bmatrix} = \frac{1}{\alpha_{11}\alpha_{22}-\alpha_{12}^2}\begin{bmatrix} \alpha_{22}-\alpha_{12} & \alpha_{12} \\ \alpha_{12} & \alpha_{11}-\alpha_{12} \end{bmatrix}.$$

Mit dem vollständigen kapazitiven Ersatzschaltbild lässt sich beispielsweise die Betriebskapazität C'_B zwischen den Leitern bestimmen. Aus der Reihen- u. Parallelschaltung ergibt sich

$$C'_B = C'_{12} + \frac{C'_{11}C'_{22}}{C'_{11}+C'_{22}}.$$

Eine weitere Anwendung ist die Bestimmung der kapazitiven Signalkopplung („Übersprechen") zwischen den beiden Leitungen. Beispielsweise sei Leitung 1 eine Hochspannungsleitung mit der Wechselspannungs-Amplitude U_1 und Leitung 2 eine Signalleitung, auf die ein Teil der Wechselspannung von Leitung 1 mit der Amplitude U_2 überkoppelt. Im Rahmen der Quasi-Elektrostatik (Abschn. 1.8.4) resultiert aus dem Ersatzschaltbild ein kapazitiver Spannungsteiler mit Übertragungsverhältnis

$$\frac{U_2}{U_1} = \frac{C'_{12}C'_{22}}{C'_{12}+C'_{22}}\frac{1}{C'_{22}} = \frac{1}{1+C'_{22}/C'_{12}}.$$

Aus diesem Ergebnis geht hervor, das zur Minimierung der unerwünschten Überkopplung ein möglichst großer Leiterabstand (Verringerung von C'_{12}) im Verhältnis zum Masseabstand von Leiter 2 (Erhöhung von C'_{22}) zu wählen ist. ◀

2.10 Übungsaufgaben

UE-2.1 Coulomb-Kraft – Diskrete Ladungsverteilung

Eine beliebige Anzahl von N Punktladungen der Stärke Q_1 ist gemäß der unten dargestellten Skizze auf dem Umfang eines Kreises mit dem Radius r gleichmäßig verteilt. Auf der Flächennormale über dem Mittelpunkt der vom Kreis aufgespannten Fläche befindet sich eine Punktladung der Stärke Q_2 in der Höhe $z = h$.

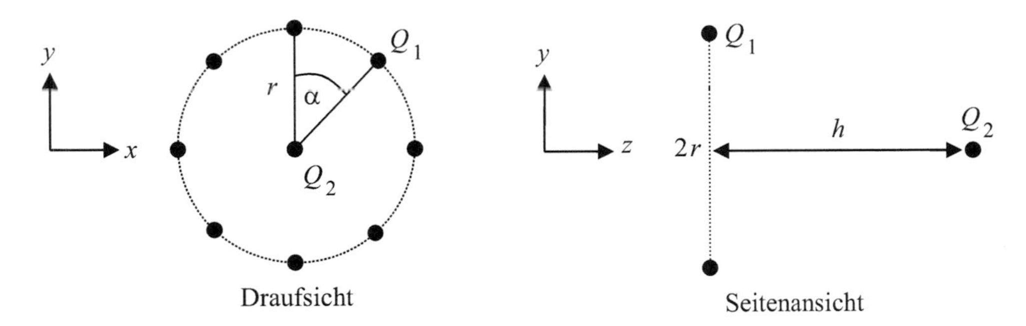

a) Berechnen Sie die elektrische Feldstärke **E** der N Ladungen Q_1, die bei der Ladung Q_2 vorherrscht. Gegen welches Ergebnis strebt die Lösung für **E** im Falle, dass $h >> r$ bzw. $h << r$ gilt? Interpretieren Sie die Ergebnisse.
b) Berechnen Sie allgemein die Kraft **F**, die auf die Ladung Q_2 im Abstand h wirkt. Welche Kraft resultiert für die Grenzfälle $h >> r$ und $h << r$?
c) Bestimmen Sie aus der elektrischen Feldstärke **E** die Potentialverteilung $\varphi(z)$, die die N Ladungen auf dem Ring entlang der Flächennormalen erzeugen. Das Bezugspotential soll auf der Kreisoberfläche liegen, d. h. $\varphi(z = 0) = 0$.

$$\textit{Hinweis:} \int \frac{z}{\sqrt{\left(z^2 + r^2\right)^3}} \, \mathrm{d}z = -\frac{1}{\sqrt{z^2 + r^2}} + \mathrm{C}$$

UE-2.2 Potentialberechnung – Kontinuierliche Ladungsverteilung

Eine in der Ebene $z = 0$ liegende Kreisscheibe mit dem Radius a sei mit einer Flächenladungsdichte $q_A\,(r) = K/r$ ($K = const.$) belegt.

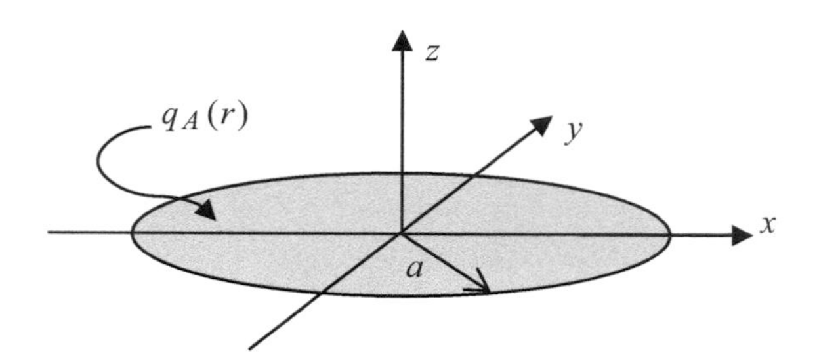

a) Skizzieren Sie die Ladungsdichteverteilung in Abhängigkeit vom Ort r.
b) Berechnen Sie die Gesamtladung Q der Scheibe.
c) Berechnen Sie das Potential φ auf der z-Achse.
d) Berechnen Sie das elektrische Feld $\mathbf{E}$ entlang der z-Achse. Gegen welchem Ergebnis strebt die Lösung für große Abstände $z \gg a$?

$$\textit{Hinweis}: \int \frac{1}{\sqrt{z^2 + r^2}}\, \mathrm{d}r = \operatorname{arsinh}\left(\frac{r}{z}\right) + C$$

UE-2.3 Kraft auf Ladungen

Gegeben sei ein gerader Streifen der Breite b und vernachlässigbarer Dicke, der mit einer homogenen Flächenladungsdichte q_A (C/m^2) belegt ist und parallel zu einer Linienladung q_L (C/m) angeordnet ist (siehe Skizze).

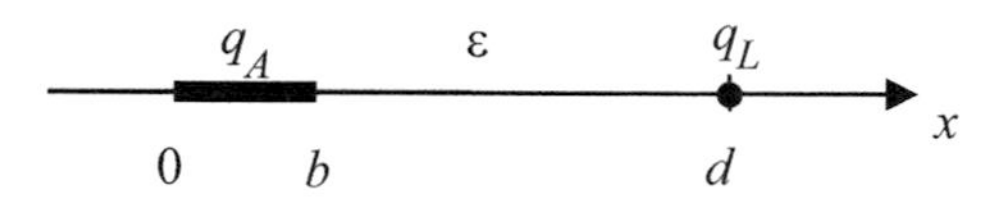

a) Geben Sie formelmäßig die differentielle Feldstärke d$\mathbf{E}$ am Ort $x = d$, die ein an der Stelle x' liegendes Linienladungselement $q_A\,\mathrm{d}x'$ erzeugt, als Funktion von x' an.
b) Berechnen Sie die längenbezogene Kraft $\mathbf{F}'$, die insgesamt auf die Linienladung an der Stelle $x = d$ wirkt.
c) Verifizieren Sie explizit durch umgekehrte Berechnung der längenbezogenen Kraft auf den ladungsbelegten Streifen (q_A) das allgemeine physikalische Prinzip „actio=reactio“.
d) Welches Ergebnis erhalten Sie für die auf den Streifen wirkende Kraft bei sehr großen Abständen ($d >> b$)? Interpretieren Sie das Ergebnis.

Hinweise:

$$\int \frac{1}{ax + c}\, \mathrm{d}x = \frac{1}{a} \ln |ax + c|$$

$$\ln(1 - \xi) \approx -\xi, \quad \text{für } \xi \ll 1$$

UE-2.4 Kapazitätsberechnung – Geschichtete Koaxialleitung

Gegeben sei eine Anordnung aus zwei Zylinderelektroden mit den Radien ρ_1 und ρ_3. Zwischen den Elektroden befindet sich ein geschichtetes Medium. Medium I ($\rho < \rho_2$) habe die Permittivität $\varepsilon_1 = \varepsilon_{r1}\varepsilon_0$ und für Medium II ($\rho > \rho_2$) sei $\varepsilon_2 = \varepsilon_{r2}\varepsilon_0$. Die Zylinderelektroden haben die Länge l und zwischen ihnen liegt die Gesamtspannung U_0 an.

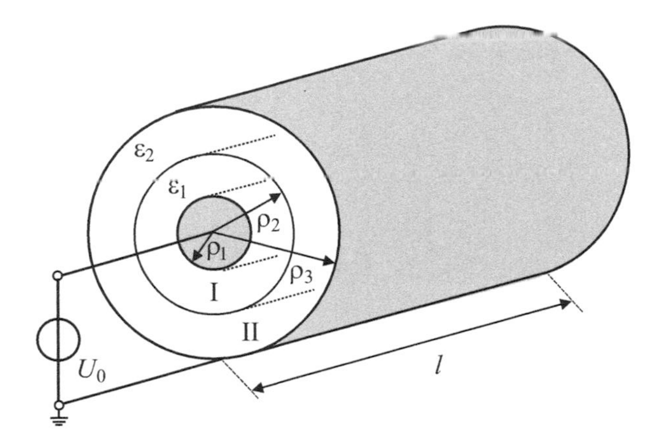

a) Geben Sie die eindimensionale Laplace-Gleichung an. Welche allgemeine Lösung resultiert jeweils in den Raumbereichen I und II?
b) Bestimmen Sie die Konstanten mit Hilfe der Rand- und Stetigkeitsbedingungen an den Mediengrenzen.
c) Berechnen Sie das elektrische Feld in den Raumbereichen I und II. Welche Kapazität C besitzt die gesamte Anordnung?
d) Verifizieren Sie die Kapazität aus c) mit Hilfe des Gaußschen Gesetzes. Gehen Sie hierbei von aus, dass sich auf der inneren Elektrode die Ladung Q befindet.

UE-2.5 Halbleiter – p-n-Übergang

Gegeben ist eine Raumladungsverteilung $q(x)$ (siehe Skizze). Die Ausdehnung in y- und z-Richtung seien als groß gegenüber den Abmessungen in x-Richtung anzusehen, so dass das Problem eindimensional behandelt werden kann.

Berechnen Sie das Potential $\varphi(x)$ und die elektrische Feldstärke $\mathbf{E}(x)$ in den Bereichen $1 - 4$, falls die Permittivität des betrachteten Gebietes ε_0 ist und für die Raumladungen die Bedingung $q_1/q_2 = b/a$ gilt. Nutzen Sie die Stetigkeitsbedingungen an den Bereichsgrenzen zur Bestimmung der Konstanten. Skizzieren Sie die resultierenden Funktionsverläufe für $\varphi(x)$ und $\mathbf{E}(x)$.

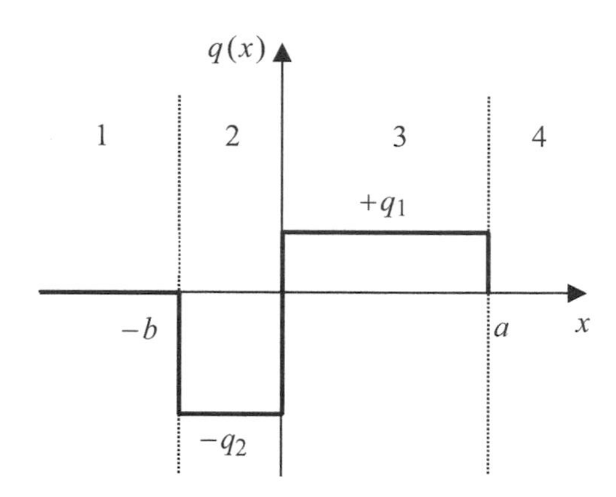

UE-2.6 Schutzwirkung eines Erdseils – Spiegelung an leitender Ebene

Das über Hochspannungsleitungen angebrachte Erdseil wird an den Masten geerdet und schirmt den darunter befindlichen Raum gegen das elektrische Luftfeld ab. Ein Erdseil mit dem Radius R_0 sei in der Höhe h über dem Erdboden gespannt. Durch eine Gewitterwolke mit positiver Ladung wird über der Erde das konstante Vertikalfeld E_0 erzeugt. Es gelte $h >> R_0$.

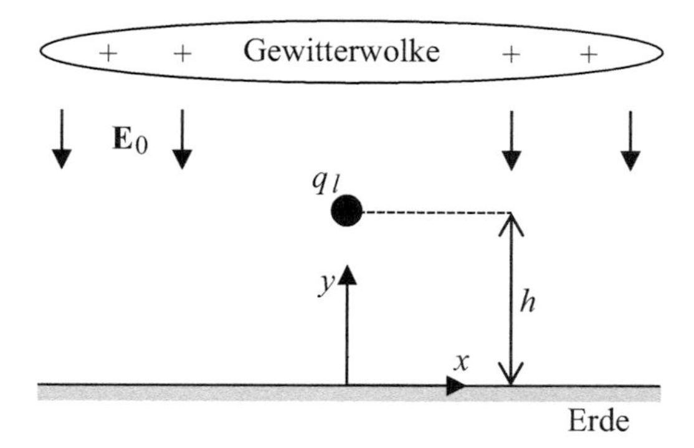

a) Berechnen Sie das Potentialfeld in der Umgebung des Erdseils durch Überlagerung des Primärfeldes φ_0 der Gewitterwolke und des Sekundärfeldes φ_l der Linienladung auf dem Erdungsseil. Setzen Sie zweckmäßigerweise den Nullpunkt für das Gesamtpotential auf die Drahtoberfläche. Die Erdoberfläche soll der Einfachheit halber als leitende Ebene angenommen werden.

b) Wie lautet der resultierende Potential- und Feldstärkeverlauf senkrecht unter dem Erdungsseil (d. h. $x = 0$)?

c) Wie groß ist das Schutzverhältnis $\eta = |E_{ges} \,/\, E_0|$ unter dem Erdseil unmittelbar über dem Erdboden ($x = y = 0$) und in einer Höhe $h' = 0{,}9\,h$? Es sei $R_0 = 5$ mm, $h = 10$ m und $E_0 = 1$ kV/cm.

UE-2.7 Spiegelung am dielektrischen Halbraum

Gegeben ist eine unsymmetrische parallele Zweidrahtleitung mit Leiterradius r_0, welche teilweise in ein Dielektrikum mit $\varepsilon_r > 1$ eingebettet ist (siehe Skizze). Zur Vereinfachung soll von einer Dünndrahtnäherung ausgegangen werden ($r_0 << d_{1,2}$).

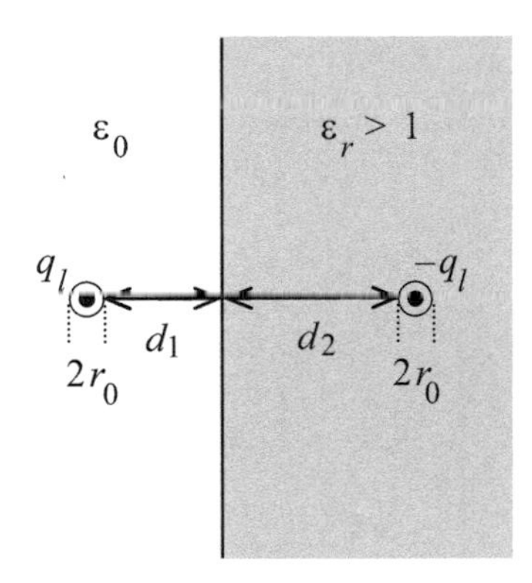

a) Stellen Sie jeweils die äquivalente Spiegel-Ersatzanordnung zur Berechnung des Potentials im linken und rechten Raumbereich auf und berechnen Sie die längsbezogene Kapazität C' der Zweidrahtleitung in Abhängigkeit der gegebenen Geometrie- und Materialparameter.
b) Welches Ergebnis erhalten sie jeweils für $\varepsilon_r = 1$ und $\varepsilon_r \to \infty$? Interpretieren Sie die Ergebnisse.

UE-2.8 Spiegelung am leitenden Zylinder

Gegeben ist eine Linienladung q_l im Abstand r_q vom Mittelpunkt eines leitenden Zylinders mit dem Radius R.

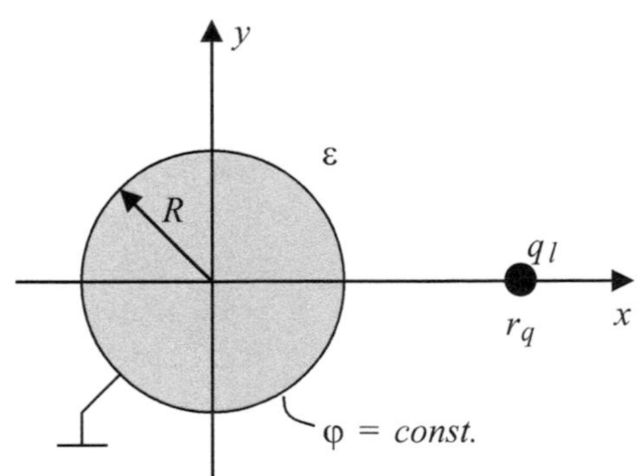

a) Bestimmen Sie die Spiegelanordnung zur Erfüllung der Randbedingung $\varphi = const.$ auf der Zylinderoberfläche.
b) Stellen Sie die Lösung für das Potential $\varphi(x,y)$ außerhalb des Zylinders auf, bezogen auf den Wert $\varphi = 0$ auf dem Zylinder.

c) Berechnen Sie aus dem Potential die Feldstärke $\mathbf{E}(x,y)$ außerhalb des Zylinders.
d) Welche Näherung erhält man für das Spiegelmodell bei sehr kleinem relativem Abstand $\Delta r/R << 1$ zwischen Linienladung und Zylinderwand? Interpretieren Sie das Ergebnis.

UE-2.9 Mehrfachspiegelung am Winkel

Innerhalb eines 90° Winkels, welcher von zwei Ebenen A, B gebildet wird, befindet sich eine Punkladung Q.

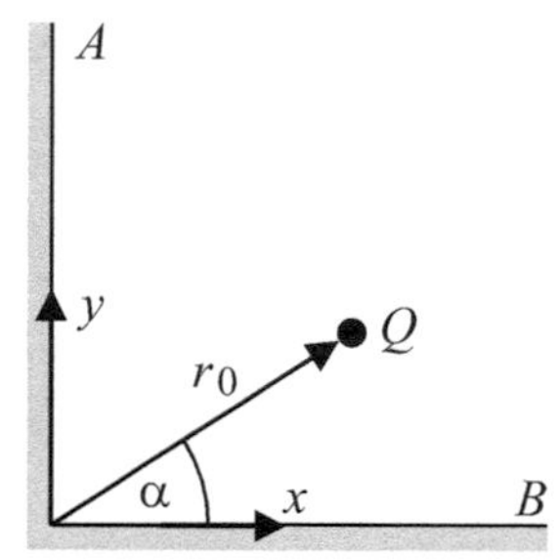

a) Stellen Sie die Spiegel-Ersatzanordnung auf, welche die Randbedingung $\varphi = 0$ auf den Ebenen A und B erfüllt.
b) Berechnen daraus die Potential- und Feldverteilung innerhalb des Winkels.
c) Berechnen Sie für $\alpha = 45°$ das Potential im Fernfeld der Anordnung ($r >> r_0$) für Aufpunkte in der x-y-Ebene. Nutzen Sie dazu die folgende Näherung:

$$\frac{1}{|\mathbf{r} - \mathbf{r}'|} \approx \frac{1}{r}\left(1 + \cos\gamma\left(\frac{r'}{r}\right) - \frac{1}{2}\left(\frac{r'}{r}\right)^2 + \frac{3}{2}\left(\frac{r'}{r}\right)^2 \cos^2\gamma\right)$$

Hierbei beschreibt γ den Winkel zwischen dem Aufpunktsvektor $\mathbf{r}$ und dem Ortsvektor $\mathbf{r}'$ einer Punktladung.

UE-2.10 Separation der Laplace-Gleichung in Zylinderkoordinaten

Gegeben ist eine koaxiale zylindrische Anordnung mit Höhe h und Außenradius b (siehe Zeichnung). Auf der inneren Elektrode mit dem Radius a ist das Potential durch den Verlauf $\varphi_0(z) = U_0 \sin(2\pi z/h)$ vorgegeben. Auf den restlichen Berandungen ist das Potential Null.

Berechnen Sie durch Separation der Laplace-Gleichung das Potential $\varphi(\rho,z)$ in dem von den Elektroden umschlossenen Raum.

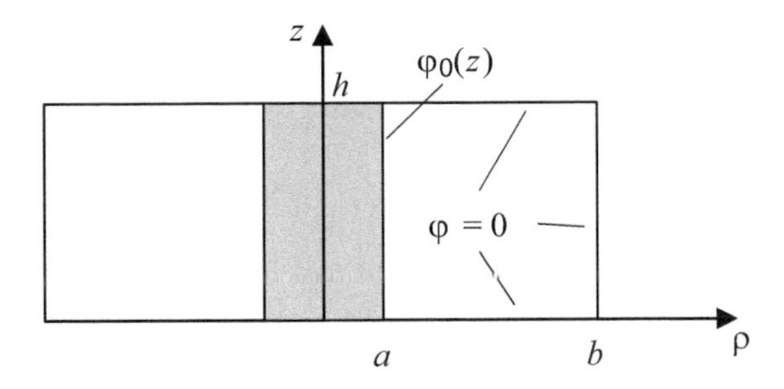

UE-2.11 Separation der Laplace-Gleichung in kartesischen Koordinaten
Gegeben ist ein unendlich langes, rechteckiges Metallrohr mit der Breite b und Höhe a. Auf der oberen Mantelfläche ($x = 0 \ldots a$, $y = b$) befindet sich die Oberflächenladung

$$q_A(x) = q_0 \sin\left(\pi \frac{x}{a}\right).$$

Für das Potential φ auf den restlichen drei Flächen gilt $\varphi = 0$.

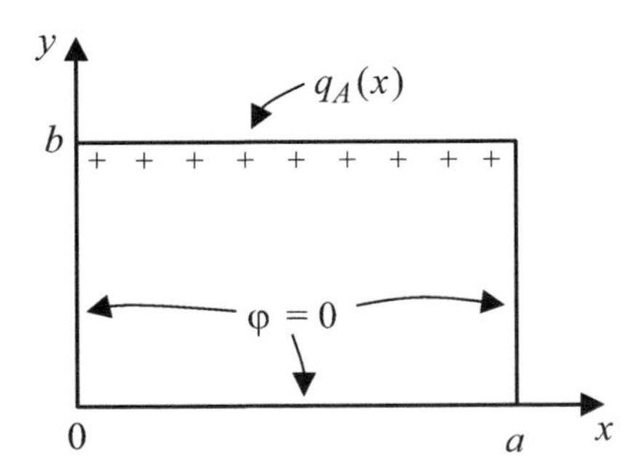

a) Geben Sie die allgemeine Lösung der zweidimensionalen Laplace-Gleichung an.
b) Reduzieren Sie die allgemeine Lösung gemäß der gegebenen Randbedingung $\varphi = 0$ an den drei Seitenwänden.
c) Bestimmen Sie die verbleibende Konstante durch die vorgegebene Ladungsverteilung auf der oberen Seitenwand und schreiben Sie die vollständige Lösung für die Potentialverteilung an.
d) Bestimmen Sie die längenbezogene Kapazität C'. Nutzen Sie dabei die Beziehung zwischen der längenbezogenen Ladung auf der oberen Seitenwand und der längenbezogenen elektrische Feldenergie im Rohr.

UE-2.12 Konforme Abbildung – Leiter über Ebene

Ein Leiter mit Radius r_0 ist im Abstand h über einer leitenden Ebene angeordnet. Die folgenden Berechnungen sollen mit der Abbildungsfunktion

$$z = c\ \cot w$$

erfolgen. Dabei ist $z = x + \mathrm{j}y$ und $w = u + \mathrm{j}v$.

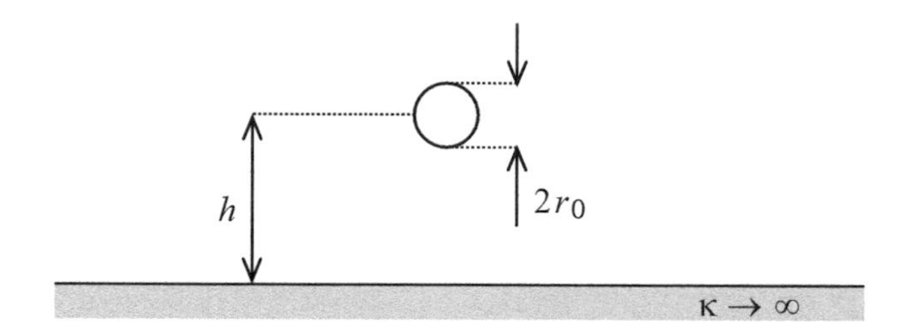

a) Entscheiden sie ob ein u/v- oder ein v/u-System verwendet werden muss.
b) Legen Sie die Parameter v_1, v_2 so fest, dass der Definitionsbereich in der $x + \mathrm{j}y$ Ebene die gegebene Struktur nachbildet und berechnen Sie den Parameter $c > 0$.
c) Berechnen Sie die längenbezogene Kapazität C' der Anordnung. Ermitteln Sie die Kapazität C' für $r_0 << h$ (Dünndrahtnäherung) mit Hilfe der Spiegelungsmethode und vergleichen Sie die Ergebnisse.

   Tipp : $\operatorname{arcosh} x = \ln\left(x + \sqrt{x^2 - 1}\right)$
d) Ermitteln Sie das Maximum der elektrischen Feldstärke für $x = 0$ und $0 < y < h - r$.

Hilfsmittel:

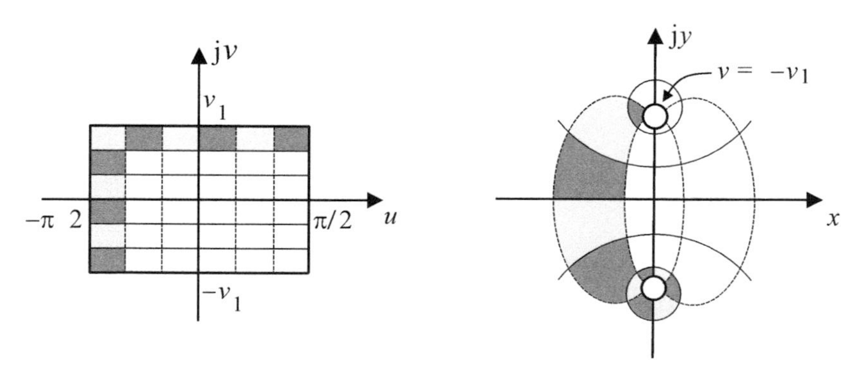

$$x = c\frac{\sin 2u}{\cosh 2v - \cos 2u} \qquad v = const. : x^2 + (y + c\coth 2v)^2 = \frac{c^2}{\sinh^2 2v}$$

$$y = c\frac{-\sinh 2v}{\cosh 2v - \cos 2u} \qquad u = const.: (x - c\cot 2u)^2 + y^2 = \frac{c^2}{\sin^2 2u}$$

UE-2.13 Konforme Abbildung – Elliptisches Koaxialkabel

Gegeben ist ein Kabel mit elliptischem Querschnitt. Zwischen dem Innen- und dem Außenleiter, die als konfokale Ellipsen mit den Brennpunkten $\pm c$ ausgeführt sind, befindet sich ein Füllmaterial mit der relativen Dielektrizitätskonstanten ε_r. Die Halbachsen der beiden Ellipsen sind a_1, b_1 bzw. a_2, b_2 (siehe Skizze). Zwischen den beiden Leitern ist die Spannung $U = \varphi_1 - \varphi_2$ angelegt.

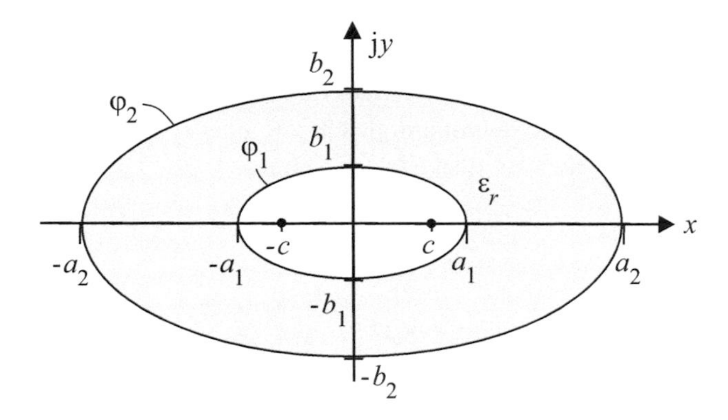

Die konforme Abbildung

$$z = x + \mathrm{j}\,y = c\sin(w) = c\sin(u + \mathrm{j}v),$$

beschreibt für die gegebene Geometrie den Zusammenhang zwischen der Originalebene (z-Ebene) und der Bildebene (w-Ebene)

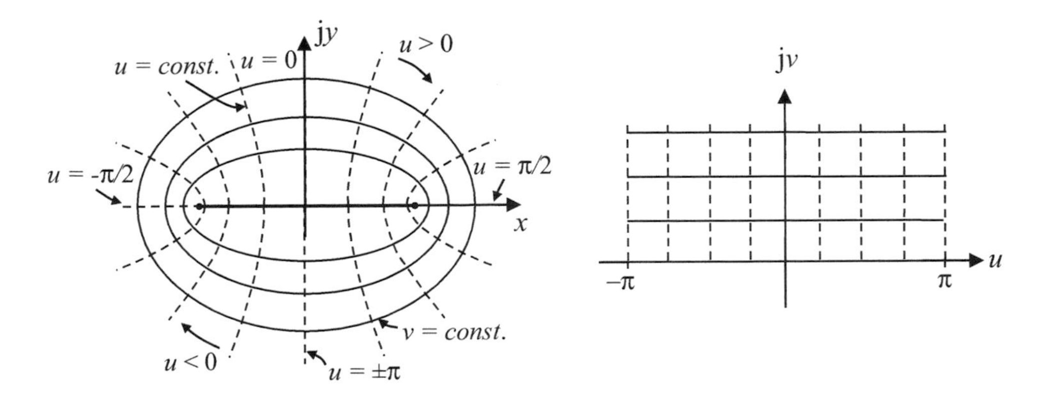

a) Berechnen Sie allgemein die Gleichungen für konstante Werte von u und v. Welche Potentialzuordnung (u/v oder v/u-System) kommt für die vorliegende Geometrie in Frage?

b) Bestimmen Sie den entsprechenden Maßstabsfaktor M mit Hilfe der beiden ausgewählten Punkte $(x = a_1, y = 0)$ und $(x = a_2, y = 0)$.

c) Bestimmen Sie die Konstante c mit Hilfe der beiden ausgewählten Punkte $P_1 = (x = a_1, y = 0)$ und $P_2 = (x = 0, y = b_1)$.

Tipp: $\cosh^2(\xi) - \sinh^2(\xi) = 1$

d) Bestimmen Sie aus der Umkehrabbildung $w(z)$ die Funktion der komplexen Feldstärke $E(z)$ zwischen den beiden Leitern. Welchen Betrag hat die Feldstärke im Punkt P_1?
Hinweis: $\frac{\partial}{\partial z}\arcsin(z) = \frac{1}{\sqrt{1-z^2}}$

e) Berechnen Sie die Kapazität pro Längeneinheit C' der Anordnung.

UE-2.14 Zweileiteranordnung über einer leitenden Ebene

Gegeben ist eine Zweileiteranordnung mit gleichen Radien r_0 und Linienladungsdichten $\pm q_l$ über einer elektrisch leitenden Ebene (siehe Skizze).

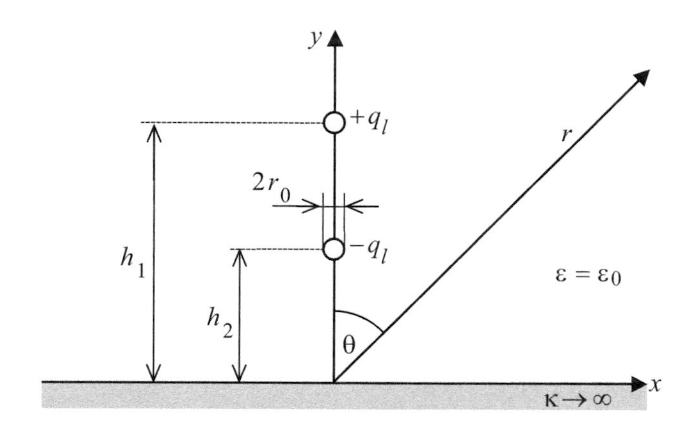

a) Skizzieren Sie die Ersatzanordnung, die dieselben Verhältnisse für das elektrische Skalarpotential $\varphi(x, y > 0)$ wiedergibt.

b) Berechnen Sie die längenbezogenen Potentialkoeffizienten α_{ij} der Leiteranordnung.

c) Berechnen Sie ausgehend von den Ergebnissen aus b) die längenbezogenen Teilkapazitäten C'_{ij}.

d) Zeichnen Sie das Kapazitäts-Ersatzschaltbild für die Leiteranordnung.

e) Wie lautet die Lösung für $\varphi(r,\theta)$ im Fernfeld $(r >> h_1 - h_2)$ ohne die leitende Ebene? Geben Sie damit eine entsprechende Lösung bei Anwesenheit der Ebene an.

Das stationäre Strömungsfeld

3

Zusammenfassung

Wirkt ein elektrostatisches Feld auf ein leitfähiges Medium, so ruft es aufgrund der auf die Ladungsträger wirkenden Coulombkraft ein stationäres Strömungsfeld hervor. In jedem Punkt ist die elektrische Stromdichte über die spezifische Leitfähigkeit des Mediums proportional zur elektrischen Feldstärke verknüpft. Die Berechnung von Strömungsfeldern führt deshalb auf die Lösung des entsprechenden elektrostatischen Randwertproblems. Maßgeblich für die in einem Leiter mit gegebener Geometrie umgesetzte Verlustleistung ist der elektrische Widerstand. Er ist durch Integration über die Stromdichte bzw. die elektrische Feldstärke definiert.

3.1 Feldgleichungen

In einem leitfähigen Medium ($\kappa \neq 0$) hat ein *statisches elektrisches Feld* $\mathbf{E}$ gemäß dem *ohmschen Gesetz* (1.42)

$$\mathbf{J} = \kappa \mathbf{E} \tag{3.1}$$

ein zeitlich konstantes *(stationäres) Strömungsfeld* zur Folge. Sämtliche Zeitableitungen sind weiterhin Null. Es gelten die elektrostatischen Feldgleichungen (I′) und (III).

Das Vektorfeld der elektrischen Stromdichte $\mathbf{J}$ unterliegt seinerseits entsprechenden Feldgleichungen und Randbedingungen. Aus der Kontinuitätsgleichung (1.29) folgt unmittelbar die Divergenzfreiheit von $\mathbf{J}$. Dies entspricht der Strömung einer inkompressiblen Flüssigkeit. Mit (I′) und (3.1) gelten somit für das Strömungsfeld die beiden Feldgleichungen:

$$\operatorname{rot}(\mathbf{J}/\kappa) = \mathbf{0}$$
$$\operatorname{div}\mathbf{J} = 0.$$

M. Leone, *Theoretische Elektrotechnik*, https://doi.org/10.1007/978-3-658-29208-9_3

Entsprechend Abschn. 1.5 erhalten wir für die Tangential- und Normalkomponenten an der Grenze zwischen zwei Medien mit unterschiedlicher spezifischer Leitfähigkeit κ_1 bzw. κ_2 die Randbedingungen

$$\mathbf{e}_n \times \left(\frac{\mathbf{J}_2}{\kappa_2} - \frac{\mathbf{J}_1}{\kappa_1} \right) = \mathbf{0}, \quad \text{bzw.} \quad \frac{J_{t,2}}{J_{t,1}} = \frac{\kappa_2}{\kappa_1} \tag{3.2}$$

$$\mathbf{e}_n \cdot (\mathbf{J}_2 - \mathbf{J}_1) = 0, \qquad \text{bzw.} \quad J_{n,1} = J_{n,2}. \tag{3.3}$$

Hierbei zeigt der Normalenvektor von Medium 1 nach Medium 2.

Nach Gl. (3.3) gilt für den Stromfluss durch eine Grenzfläche zwischen zwei unterschiedlichen Medien

$$\mathbf{e}_n \cdot \mathbf{J}_2 = \mathbf{e}_n \cdot \mathbf{J}_1 = J_n$$

Daraus folgt aus der Randbedingung für die Normalkomponente der elektrischen Flussdichte $\mathbf{D}$ (1.55)

$$\mathbf{e}_n \cdot (\mathbf{D}_2 - \mathbf{D}_1) = \mathbf{e}_n \cdot \left(\frac{\varepsilon_2}{\kappa_2}\mathbf{J}_2 - \frac{\varepsilon_1}{\kappa_1}\mathbf{J}_1 \right) = J_n \left(\frac{\varepsilon_2}{\kappa_2} - \frac{\varepsilon_1}{\kappa_1} \right) = q_A.$$

▶ Ein Stromfluss durch die Grenzfläche zweier unterschiedlicher Medien erzeugt eine Flächenladung q_A an der Grenzfläche.

Beim Übergang zwischen zwei Medien mit unterschiedlicher Leitfähigkeit folgt aus (3.2) und (3.3), dass die Strömungslinien im Medium mit der höheren Leitfähigkeit vom Lot weg gebrochen werden bzw. im schlechteren Leiter zum Lot hin gebrochen werden. Ist der Unterschied der beiden Leitfähigkeiten ausreichend groß, so tritt $\mathbf{J}$ nahezu senkrecht aus der Oberfläche (Abb. 3.1a). Beim Übergang zu einem Isolator ist $J_{n,1} = J_{n,2} = 0$, d. h. die Stromdichte im Leiter verläuft parallel zur Oberfläche (Abb. 3.1b).

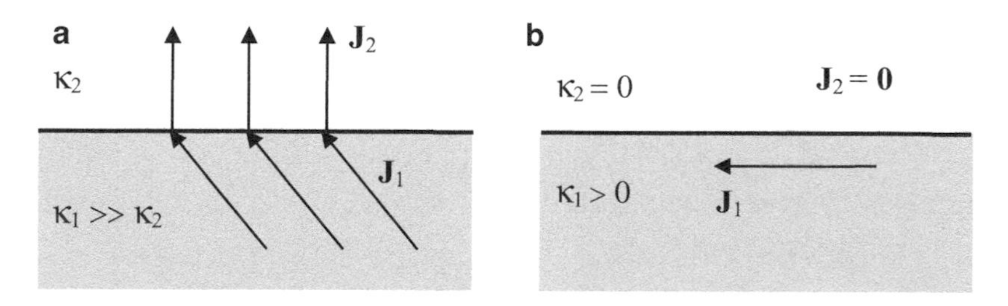

Abb. 3.1 Elektrische Strömungslinien an Mediengrenze **(a)** Übergang zu schlechterem Leiter **(b)** Leiter gegenüber Isolator

3.2 Der elektrische Widerstand

Betrachtet wird eine als *Widerstand* bezeichnete Anordnung aus einem leitfähigen Medium, an das zwei ideal leitfähige Elektroden angeschlossen sind. Eine an den beiden Elektroden angelegte Spannung

$$U = \int_{P^+}^{P^-} \mathbf{E} \cdot \mathrm{d}\mathbf{s} = \int_{P^+}^{P^-} \frac{\mathbf{J}}{\kappa} \cdot \mathrm{d}\mathbf{s} \tag{3.4}$$

geht mit einem elektrischen Feld **E** bzw. einem Strömungsfeld **J** in dem leitenden Medium einher. Hierbei bezeichnen P^+ und P^- jeweils einen beliebigen Punkt auf der positiven Elektrode bzw. negativen Elektrode (Abb. 3.2). Sämtliche Strömungslinien die von der positiven Elektrode entspringen, münden auf der negativen Elektrode, sodass der gesamte *elektrische Strom*

$$I = \pm \oiint_{A^\pm} \mathbf{J} \cdot \mathrm{d}\mathbf{A} \tag{3.5}$$

der aus einer Hülle $A^\pm$ um die positive bzw. negative Elektrode fließt gleich groß und entgegengesetzt sein muss (Abb. 3.2).

Für eine feste Elektrodengeometrie innerhalb eines gegebenen Mediums ändert sich nach Gl. (3.4) die Stromdichte **J** bei unterschiedlicher Spannung U nur dem Betrage nach, so dass nach Gl. (3.5) der Strom I direkt proportional zu U ist. Die Proportionalitätskonstante ist der *elektrische Widerstand*

$$R = \frac{U}{I}; \quad [R] = \frac{\mathrm{V}}{\mathrm{A}} = \Omega(\mathrm{Ohm}) \tag{3.6}$$

bzw. der *elektrische Leitwert* der Anordnung:

$$G = \frac{1}{R}; \quad [G] = \frac{1}{\Omega} = \mathrm{S}(\mathrm{Siemens}). \tag{3.7}$$

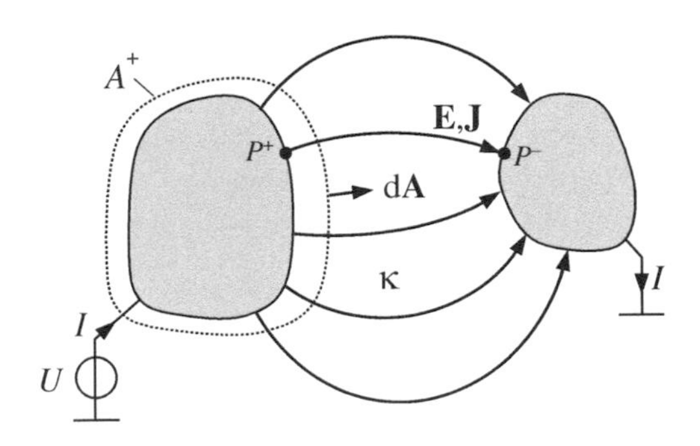

Abb. 3.2 Zur Definition des elektrischen Widerstandes eines leitfähigen Mediums zwischen zwei Elektroden

Nach dieser Definition ist die Kenntnis der Feld- oder Stromdichteverteilung im gesamten Medium zur Berechnung der Widerstandes R mit (3.4) bzw. (3.5) erforderlich.

▶ Der Widerstand R einer aus zwei Elektroden bestehenden Anordnung wird von der spezifischen Leitfähigkeit κ des dazwischenliegenden Mediums und der Geometrie bestimmt.

Die im Widerstand umgesetzte Joulesche Leistung P_J ergibt sich durch Integration der Verlustleistungsdichte (1.70) über das gesamte leitende Medium mit dem Volumen V:

$$P_J = \kappa \iiint_V E^2 \mathrm{d}V = \kappa \iiint_V (\operatorname{grad} \varphi)^2 \mathrm{d}V. \tag{3.8}$$

Hierbei wird ohne Einschränkung der Allgemeinheit von einem homogenen Medium ausgegangen. Das rechte Integral können wir mit Hilfe des 1. Greenschen Satzes (A.82) wie folgt umschreiben:

$$\iiint_V (\operatorname{grad} \varphi)^2 \mathrm{d}V = \oint\!\!\oint_{\partial V} (\varphi \operatorname{grad} \varphi) \cdot \mathrm{d}\mathbf{A} - \iiint_V \varphi \Delta \varphi \mathrm{d}V.$$

Das Volumenintegral auf der rechten Seite ist Null, aufgrund der Gültigkeit der Laplace-Gl. (2.9) im ladungsfreien Raum zwischen den Elektroden. Das Hüllenintegral über den Rand ∂V des felderfüllten Raumes V umfasst die beiden Elektrodenoberflächen $A^{\pm}$ und eine im Unendlichen befindliche Hülle, die die Anordnung umschließt. Während über letztere das Feld für eine Anordnung mit endlicher Ausdehnung verschwindet, ergibt die Integration über die beiden Elektrodenflächen mit $\varphi = U$ bzw. 0

$$\oint\!\!\oint_{\partial V} (\varphi \operatorname{grad} \varphi) \cdot \mathrm{d}\mathbf{A} = \frac{U}{\kappa} \oint\!\!\oint_{A^+} \mathbf{J} \cdot \mathrm{d}\mathbf{A}.$$

Einsetzen in (3.8) ergibt mit (3.5) schließlich als Ergebnis für die Leistung im Widerstand:

$$P_J = UI = \frac{U^2}{R} = I^2 R. \tag{3.9}$$

Die zweite und dritte Formel erhalten wir mit der Definition (3.6) für R. Umgekehrt resultieren daraus zwei alternative, auf die Leistung bezogene Definitionen für den Widerstand:

$$R = \frac{U^2}{P_J} = \frac{P_J}{I^2}. \tag{3.10}$$

Für ein *homogenes Medium* besteht zwischen R und der Kapazität C einer Anordnung eine einfache Beziehung. Einsetzen der beiden Definitionen (3.6) und (3.5) ergibt mit (2.41) und (2.42) für das Produkt

$$RC = \frac{Q}{I} = \frac{\varepsilon \oiint\limits_{A^{\pm}} \mathbf{E} \cdot \mathrm{d}\mathbf{A}}{\kappa \oiint\limits_{A^{\pm}} \mathbf{E} \cdot \mathrm{d}\mathbf{A}},$$

$$RC = \frac{\varepsilon}{\kappa}, \tag{3.11}$$

also genau die nach Gl. (1.49) definierte Relaxationszeit τ_R des Mediums.

Beispiel 3.1: Widerstand eines homogenen, gleichförmigen Zylinders

Betrachtet wird ein gleichförmiger Zylinder mit beliebigem Querschnitt A und homogenem Medium ($\kappa = const.$), an dem zwei ideal leitende Elektroden angebracht sind.

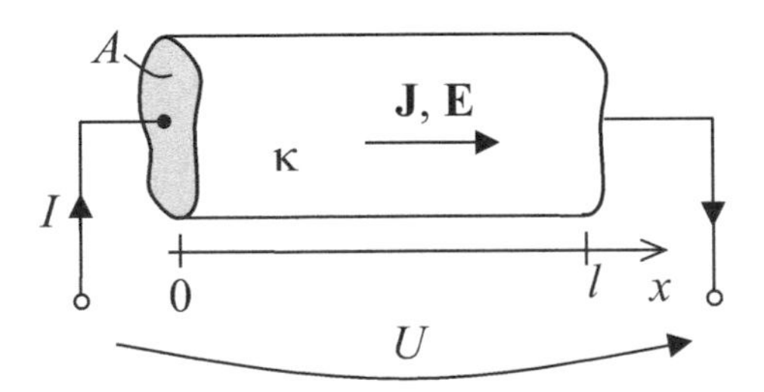

Mit dem längs des Zylinders gerichteten homogenen Strömungsfeld

$$\mathbf{J} = J_x \mathbf{e}_x = \frac{I}{A} \mathbf{e}_x$$

resultiert nach (3.4) für die Spannung über dem Zylinder mit der Länge l $\mathrm{d}\mathbf{s} = \mathrm{d}x\, \mathbf{e}_x$

$$U = \int_0^l \frac{J_x}{\kappa} \mathrm{d}x = \frac{Il}{\kappa A}$$

und für den Widerstand gemäß (3.6)

$$R = \frac{l}{\kappa A}. \blacktriangleleft \tag{3.12}$$

Beispiel 3.2: Zylindrischer Widerstand

Zu berechnen ist der Widerstand zwischen der inneren und äußeren Elektrode eines Koaxialkabels der Länge l, das mit einem Material mit der spez. Leitfähigkeit κ gefüllt ist. Die Elektroden mit den Radien ρ_i und ρ_a seien als ideal leitfähig angenommen, d. h. das elektrische Feld steht senkrecht auf ihnen.

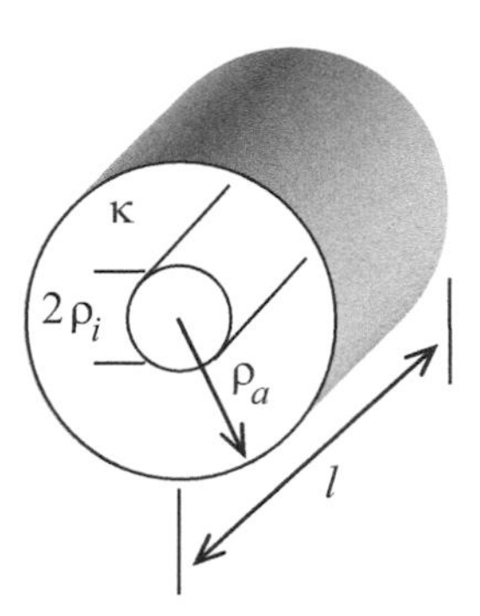

Aus der Zylindersymmetrie des Problems ergibt sich für die Stromdichte ein radialsymmetrisches Feld, d. h. der Gesamtstrom I verteilt sich gleichmäßig auf einer koaxialen Zylinderfläche $A(\rho)$ mit $\rho_i \leq \rho \leq \rho_a$:

$$J_\rho = \frac{I}{A(\rho)} = \frac{I}{2\pi\rho l}.$$

Damit folgt für die Spannung (3.4) zwischen den Elektroden

$$U = \frac{1}{\kappa}\int_{\rho_i}^{\rho_a} J_\rho \mathrm{d}\rho = \frac{I}{2\pi\kappa l} \ln\left(\rho_a/\rho_i\right)$$

und für den Widerstand (3.6)

$$R = \frac{U}{I} = \frac{1}{2\pi\kappa l} \ln\left(\rho_a/\rho_i\right),$$

bzw. für den längenbezogenen Leitwert (Leitwertbelag) mit (3.7):

$$G' = 2\pi\,\kappa/\ln\left(\rho_a/\rho_i\right).$$

Die Berechnung von R über die Leistung P_J nach (3.10) führt durch Integration über das leitende Volumen mit

$$P_J = \iiint\limits_V \frac{J^2}{\kappa} \mathrm{d}V = \frac{1}{\kappa} \int\limits_{z=0}^{l} \int\limits_{\phi=0}^{2\pi} \int\limits_{\rho=\rho_i}^{\rho_a} \left(\frac{I}{2\pi\rho l} \right)^2 \rho \mathrm{d}\rho \mathrm{d}\phi \mathrm{d}z = \frac{I^2}{2\pi\kappa l} \ln(\rho_a/\rho_i)$$

zum gleichen Resultat.

Alternativ ergibt sich durch Kenntnis der Kapazität (Abschn. 2.4)

$$C = \frac{2\pi\varepsilon l}{\ln(\rho_a/\rho_i)}$$

mit der Beziehung (3.11) zwischen Widerstand und Kapazität direkt das Resultat für R. ◀

3.3 Berechnung von Strömungsfeldern

In abschnittsweise homogenen Medien ist zunächst die Laplace-Gleichung

$$\Delta\varphi = 0$$

für das elektrostatische Potential zu lösen, mit den *Randbedingungen:*

Typ Dirichlet: $\varphi = \text{const.}$ auf Leiteroberfläche

Typ von Neumann: $$\frac{\partial\varphi}{\partial n} = \begin{cases} -\frac{J_n}{\kappa} & \text{an Stromtoren} \\ 0 & \text{sonst} \end{cases}$$

Gemischt: $\varphi = \text{const.} \vee \frac{\partial\varphi}{\partial n}$ auf Berandung.

An Medienübergängen sind entsprechend der Stetigkeit des Potentials und Gl. (3.3) die folgenden *Grenzbedingungen* zu erfüllen:

$$\varphi_2 = \varphi_1$$
$$\kappa_1 \frac{\partial\varphi_1}{\partial n} = \kappa_2 \frac{\partial\varphi_2}{\partial n}. \tag{3.13}$$

Das stationäre Strömungsfeld ist mit den Methoden für das elektrostatische Feld zu berechnen, wie Spiegelungsverfahren, Separationsansatz und Konforme Abbildung.

Wegen der völligen Analogie zwischen den Grenzbedingungen für die elektrische Flussdichte **D** und der Stromdichte **J** lässt sich durch die Substitution

$$\mathbf{D} \rightarrow \mathbf{J} \text{ und } \varepsilon \rightarrow \kappa \tag{3.14}$$

aus der Lösung eines elektrostatischen Randwertproblems direkt die Lösung des entsprechenden Strömungsproblems bestimmen.

Beispiel 3.3: Leitfähige Kugel im homogenen Strömungsfeld

Ein unbegrenztes Medium mit der Leitfähigkeit κ_a werde von einem homogenem Strömungsfeld $\mathbf{J}_0$ durchströmt. Zu berechnen ist das resultierende Strömungsfeld in Anwesenheit eines Kugelvolumens mit Radius a und spez. Leitfähigkeit κ_i.

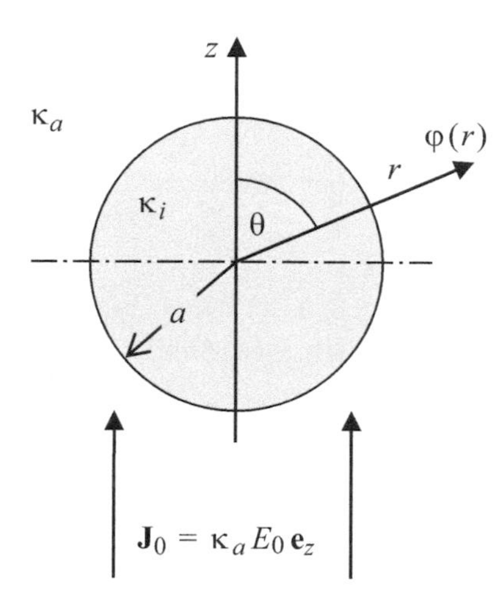

Das zu lösende Randwertproblem lautet

$$\Delta\varphi = 0,$$

mit den Grenzbedingungen (3.13) auf der Kugeloberfläche ($r = a$):

$$\varphi_i = \varphi_a$$

$$\kappa_i \frac{\partial \varphi_i}{\partial r} = \kappa_a \frac{\partial \varphi_a}{\partial r}$$

und der Randbedingung

$$\lim_{r\to\infty} \mathbf{J} = \mathbf{J}_0.$$

Der Vergleich beispielsweise mit dem Ergebnis

$$\mathbf{D}_i = \mathbf{D}_0 \frac{3\varepsilon_i}{\varepsilon_i + 2\varepsilon_a}$$

für die elektrische Flussdichte innerhalb einer dielektrischen Kugel des entsprechenden elektrostatischen Beispiels (2.10) ergibt durch die Substitution (3.14) für das Verhältnis zwischen der homogenen Stromdichte im Kugelinneren und J_0 die Lösung

$$\frac{J_i}{J_0} = \frac{3\kappa_i/\kappa_a}{\kappa_i/\kappa_a + 2}.$$

Nachfolgend ist das resultierende Strömungsfeld im gesamten Gebiet jeweils für ein kleines und ein großes Leitfähigkeitsverhältnis κ_i/κ_a.

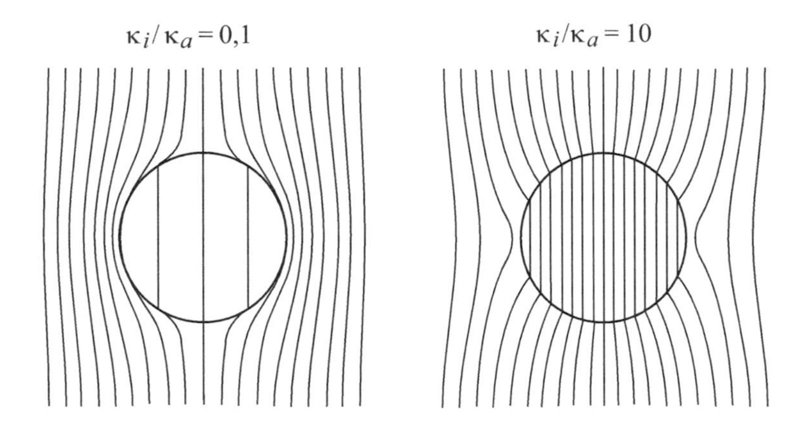

3.3.1 Punktförmige Strömungsquellen

Analog zu Ladungen können Strömungsquellen aus elementaren Punktquellen zusammengesetzt werden. Wie in Abb. 3.3 dargestellt, kann eine solche Quelle durch die Spitze eines dünnen Drahtes realisiert werden, der den Strom I führt und vom umgebenden, leitfähigen Medium isoliert ist.

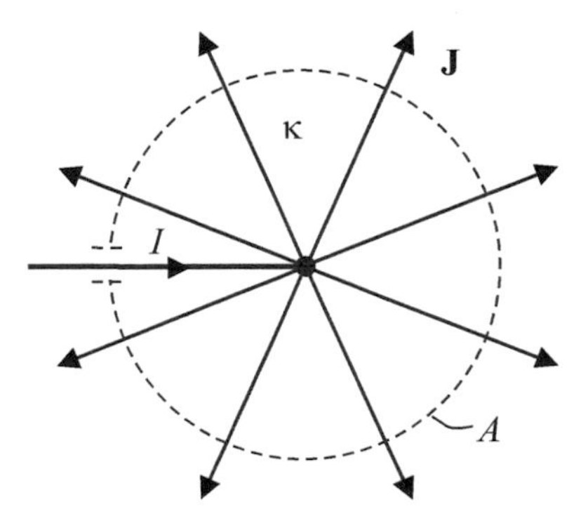

Abb. 3.3 Stationäre Punktströmungsquelle

Die Punktquelle kann als Grenzfall eines unendlich dünnen Drahtes verstanden werden, sodass sich ein kugelsymmetrisches Strömungsfeld im Falle eines homogenen Mediums ergibt. Die Integration der Stromdichte auf einer Kugeloberfläche mit Radius r ergibt

$$I = \oint\!\!\!\oint_A \mathbf{J} \cdot \mathrm{d}\mathbf{A} = 4\pi r^2 J_r$$

bzw.

$$\mathbf{J} = \frac{I}{4\pi r^2}\mathbf{e}_r. \tag{3.15}$$

Mit (3.1) resultiert das elektrische Feld

$$E_r = \frac{J_r}{\kappa} = \frac{I}{4\pi\kappa r^2}$$

und nach (2.6) das elektrische Potentialfeld

$$\varphi(r) = -\int_{\infty}^{r} E_r \mathrm{d}r = \frac{I}{4\pi\kappa r}.$$

Analog lässt sich auch eine Linienstromquelle mit einem längenbezogenen Strom I' definieren. Bezogen auf Zylinderkoordinaten erhalten wir das radialsymmetrische Strömungsfeld

$$\mathbf{J} = \frac{I'}{2\pi\rho}\mathbf{e}_\rho. \tag{3.16}$$

Auch die Definition einer ebenen Flächenstromquelle ist möglich. Mit dem auf die Fläche bezogenen Gesamtstrom I'' ergibt sich für die senkrecht aus der Fläche austretenden Strömungslinien direkt

$$\mathbf{J} = I''\mathbf{e}_n. \tag{3.17}$$

3.3.2 Anwendung des Spiegelungsprinzips

Als Beispiel für die Anwendung der Spiegelungsmethode bei stationären Strömungsfeldern wird eine Punktquelle I im Abstand h vor einer ebenen Grenzfläche zwischen zwei Halbräumen mit unterschiedlicher spezifischer Leitfähigkeit κ_1 und κ_2 betrachtet (Abb. 3.4).

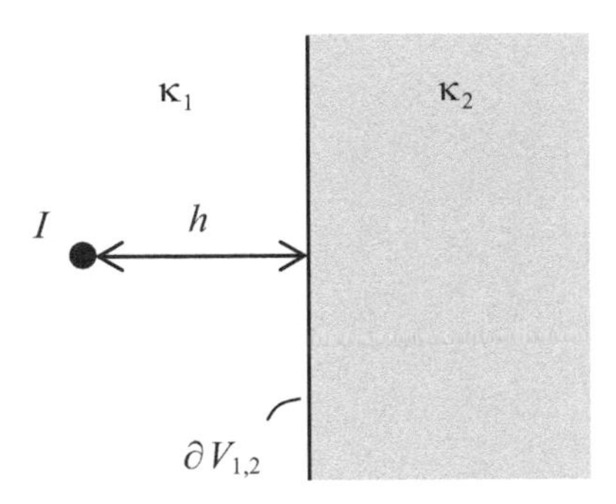

Abb. 3.4 Punktstromquelle I vor einem ebenen Medienübergang

Angesichts des resultierenden Strömungsfeldes in beiden Teilräumen setzen wir in Analogie zur Punktladung vor einem dielektrischen Halbraum (Abschn. 2.7.1) jeweils eine geeignete Hilfsquellenanordnung für Raum 1 und Raum 2 an (Abb. 3.5).

Für das elektrische Potentialfeld in beiden Räumen setzten wir jeweils entsprechend an:

$$\varphi_1(\mathbf{r}) = \frac{I}{4\pi\kappa_1}\left(\frac{1}{r_1} + \frac{\alpha}{r_2}\right)$$

$$\varphi_2(\mathbf{r}) = \frac{\beta I}{4\pi\kappa_2}\frac{1}{r_3}.$$

Die noch unbekannten Koeffizienten α und β ergeben sich aus den Grenzbedingungen (3.13) für das Potential

$$(1): \quad \varphi_1(\mathbf{r})|_{\partial V_{1,2}} = \varphi_2(\mathbf{r})|_{\partial V_{1,2}}$$

$$(2): \quad \kappa_1 \left.\frac{\partial\varphi_1}{\partial n}\right|_{\partial V_{1,2}} = \kappa_2 \left.\frac{\partial\varphi_2}{\partial n}\right|_{\partial V_{1,2}}.$$

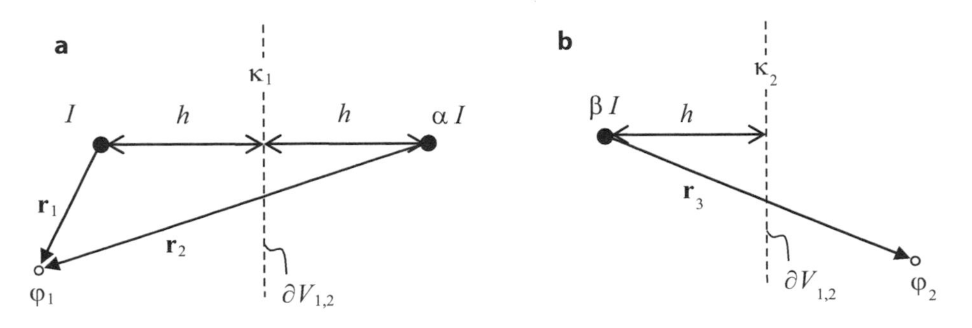

Abb. 3.5 Spiegel-Ersatzanordnung für **(a)** Raum 1 **(b)** für Raum 2

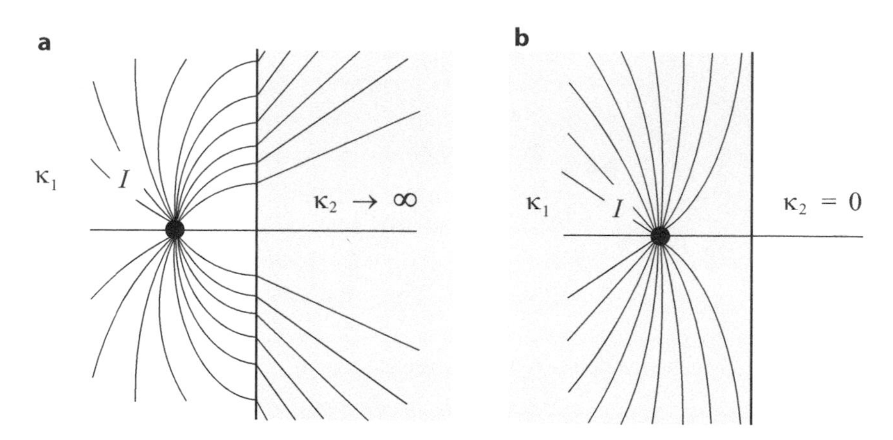

Abb. 3.6 Strömungslinien einer Punktquelle vor Mediengrenze. (**a**) Zu einem unendlich guten Leiter und (**b**) zu einem Isolator

In völliger Analogie zur Spiegelung der Punktladung in Abschn. 2.7.1 bzw. direkt durch die Ersetzungsregel (3.14) resultiert die Lösung

$$\alpha = \frac{\kappa_1 - \kappa_2}{\kappa_1 + \kappa_2}; \quad \beta = \frac{2\kappa_2}{\kappa_1 + \kappa_2}. \tag{3.18}$$

Abb. 3.6 zeigt jeweils das resultierende Strömungsfeld für den Spezialfall, dass der leitende Raum 1 einem unendlich guten Leiter oder einem Isolator gegenübersteht. Im ersten Fall (Abb. 3.6a) mit $\kappa_2 \to \infty$ ergibt sich für die beiden Koeffizienten (3.18) $\alpha = -1$, $\beta = 2$. Die Überlagerung der beiden entgegengesetzt gleich großen Strömungsfelder von realer und Spiegelquelle führt in Raum 1 zum Verschwinden der Tangentialkomponenten auf der Grenzfläche, während in Raum 2 das Strömungsfeld dem einer doppelt so großen Quelle in Raum 1 entspricht. Die Strömungslinien treten also in diesem Fall senkrecht in den perfekten Leiter ein und werden darin vom Lot weg gebrochen.

Im zweiten Fall (Abb. 3.6b) mit $\kappa_2 = 0$ resultiert aus (3.18) $\alpha = +1$, $\beta = 0$. Die Superposition der beiden gleichgroßen Strömungsfelder führt in diesem Fall zu einer Auslöschung der Nomalkomponenten auf der Grenzfläche, d.h. die Stromlinien in Medium 1 fließen an der Grenzfläche entlang. In Medium 2 ist die Stromdichte Null.

3.4 Übungsaufgaben

UE-3.1 Widerstandsberechnungen in zylindrischen Geometrien

Gegeben sei ein in der Mitte aufgeschnittener Hohlzylinder der Höhe h, mit Innenradius r_i, Außenradius r_a und Leitfähigkeit κ. Berechnen Sie mittels ohmschen Gesetzes den elektrischen Widerstand der Anordnung für die beiden Betriebsarten:

a) azimutale Durchströmung
b) radiale Durchströmung
c) Bestimmen Sie für beide Speisefälle den elektrischen Widerstand alternativ durch Integration über differentielle Widerstands- und Leitwertelemente.

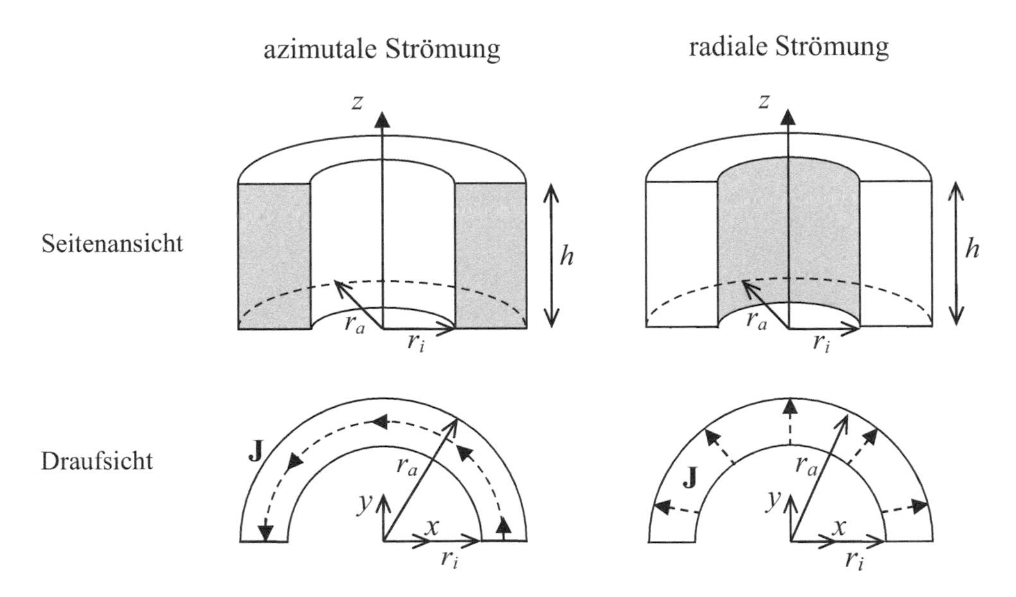

Hinweis: Ist das Strömungsfeld entweder über die Querschnittsfläche A oder entlang der Länge l homogen, kann der Gesamtwiderstand mit dem differentiellen Widerstands- bzw. Leitwertelement berechnet werden:

$$\mathrm{d}R = \frac{\mathrm{d}r}{\kappa A(r)} \quad \text{bzw.} \quad \mathrm{d}G = \frac{\kappa\,\mathrm{d}A}{l(r)}.$$

UE-3.2 Widerstandsberechnung in einer Messanordnung

Eine Füllstands-Messanordnung für einen Inhalt mit der spezifischen Leitfähigkeit κ bestehe aus zwei ideal leitfähigen, koaxialen Zylindern mit Innen- und Außenradius r_i bzw. r_a (obere Skizze).

a) Berechnen Sie den Widerstand R einer Scheibe der Dicke h, (untere Skizze) mit der Methode der differentiellen Widerstände (siehe UE-3.1). Wie groß ist der Messstrom $I(h)$ wenn eine Spannungsquelle U an die Anordnung angeschlossen wird?
b) Verifizieren Sie Ihr Ergebnis für $R(h)$ durch Berechnung der Verlustleistung $P(h)$ in der Füllung. Setzen Sie dazu zunächst die Lösung für die ortsabhängige Stromdichte $J(r)$ bei vorgegebenem Strom I.
c) Berechnen Sie den Widerstand $R(h)$ bei einer Füllung mit ortsabhängiger spezifischer Leitfähigkeit $\kappa(z) = \kappa_0\,\mathrm{e}^{-Kz}$ (mit Konstante K) über die Methode der differentiellen Leitwerte $\mathrm{d}G$, unter Verwendung des Ergebnisses aus Aufgabenteil a).

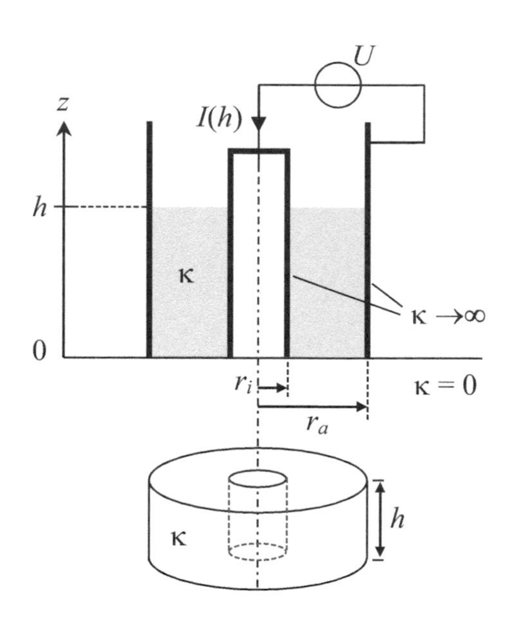

UE-3.3 Spiegelung von Strömungsquellen

Ein Draht mit dem Radius r_0, aus dem der längenbezogene Strom I' fließt, befindet sich in einem leitfähigen Halbraum mit Leitfähigkeit κ im Abstand h vor einer ideal leitfähigen Ebene ($\kappa_G \to \infty$). Hierbei wird im Sinne einer Dünndrahtnäherung angenommen, dass für $r_0 << h$ der Strom aus der Drahtachse fließt.

a) Stellen Sie die Spiegel-Ersatzanordnung auf, welche die Randbedingung auf der Ebene erfüllt.
b) Berechnen Sie den Leitwertbelag G' der Anordnung.
c) Bestimmen Sie alternativ den Leitwertbelag G' aus dem Kapazitätsbelag C' der Anordnung (siehe Aufgabe UE-2.12).

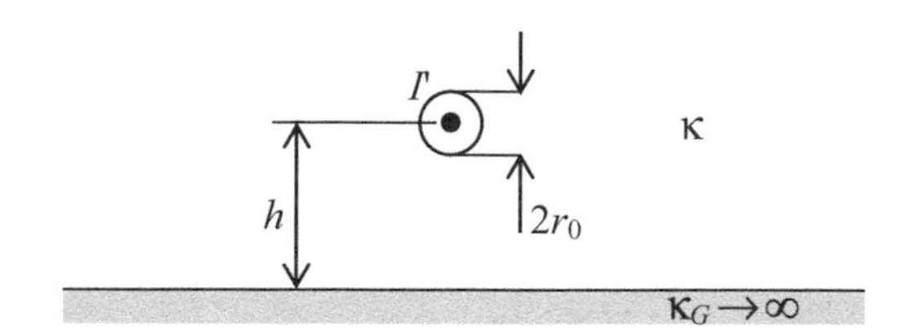

UE-3.4 Elektrisches Strömungsfeld um Lufteinschluss

Das Strömungsfeld und die Verlustleistungsdichte in der Nähe von Lufteinschlüssen in einem Leiter soll untersucht werden. Dazu wird als Modell ein kugelförmiges Volumen mit Radius a aus einem Medium mit spezifischer Leitfähigkeit κ herausgeschnitten.

Ohne den Lufteinschluss, bzw. weit entfernt davon, ist die homogene Stromdichte $\mathbf{J}_0 = J_0\,\mathbf{e}_z$ vorgegeben.

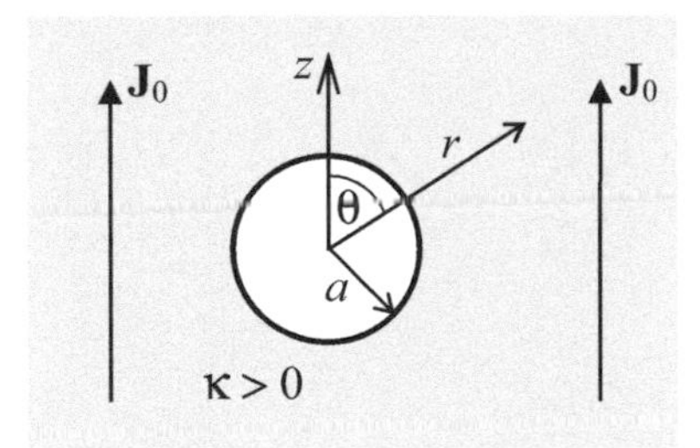

a) Bestimmen Sie zunächst die Lösung für das elektrische Feld außerhalb und innerhalb der Kugel über die Separation der Laplace-Gleichung in Kugelkoordinaten.
Hinweis: Analogiebetrachtung zu Beispiel 3.3
b) An welchem Ort tritt die maximale Verlustleistungsdichte auf, und wie groß ist sie im Verhältnis zum ungestörten Medium?

Magnetostatische Felder

4

Zusammenfassung

Ein zeitlich konstantes (stationäres) Strömungsfeld erzeugt ein statisches Magnetfeld. Im Unterschied zum elektrostatischen Feld folgt es sowohl aus einer skalaren als auch einer vektoriellen Potentialfunktion durch räumliche Ableitung, wobei das magnetische Skalarpotential gegenüber dem Vektorpotential auf einfach zusammenhängende Gebiete beschränkt ist. Beide sind Lösung einer skalaren bzw. vektoriellen Poisson bzw. Laplace-Gleichung. Für das resultierende Randwertproblem können daher auch die entsprechenden Lösungsmethoden wie in der Elektrostatik verwendet werden. Die Integration des Vektorpotentials über die stromführenden Bereiche ergibt die im magnetostatischen Feld gespeicherte Energie. Der mit der Feldenergie verknüpfte Begriff der Induktivität eines Stromkreises wird auf ein System mit mehreren Kreisen erweitert und in Analogie zu den Teilkapazitäten der Elektrostatik in ein System mit partiellen Induktivitäten zerlegt.

4.1 Feldgleichungen

Sämtliche Zeitableitungen sind weiterhin Null. Die Maxwell-Gleichungen zerfallen in zwei Gleichungsgruppen, der elektrostatischen (I′, III) und der Gleichungen für das magnetostatische Feld

$$\operatorname{rot} \mathbf{H} = \mathbf{J} \quad \text{bzw.} \quad \oint_{\partial A} \mathbf{H} \cdot \mathrm{d}\mathbf{s} = \iint_{A} \mathbf{J} \cdot \mathrm{d}\mathbf{A}, \tag{II'}$$

$$\operatorname{div} \mathbf{B} = 0 \quad \text{bzw.} \quad \oiint_{\partial V} \mathbf{B} \cdot \mathrm{d}\mathbf{A} = 0. \tag{IV}$$

M. Leone, *Theoretische Elektrotechnik,* https://doi.org/10.1007/978-3-658-29208-9_4

Hierbei geht die Integralform von (II′) und (IV) durch den Stokesschen (A.80) bzw. den Gaußschen Integralsatz (A.81) hervor. Gl. (II′) wird als *Ampèresches Durchflutungsgesetz* bezeichnet.

Für die vollständige Beschreibung wird die Materialgleichung

$$\mathbf{B} = \mu \mathbf{H} \tag{4.1}$$

sowie die beiden Randbedingungen an Mediengrenzen benötigt (Abschn. 1.5):

$$\mathbf{e}_n \times (\mathbf{H}_2 - \mathbf{H}_1) = \mathbf{J}_A \quad \text{bzw.} \quad H_{t,1} - H_{t,2} = J_A \tag{4.2}$$

$$\mathbf{e}_n \cdot (\mathbf{B}_2 - \mathbf{B}_1) = 0 \quad \text{bzw.} \quad B_{n,1} = B_{n,2}. \tag{4.3}$$

Hierbei zeigt der Normalenvektor von Medium 1 nach Medium 2.

Nur in wenigen sehr einfachen Fällen mit hoher Symmetrie ist eine Lösung der beiden Feldgleichungen (II′) und (IV) in integraler Form direkt möglich. Im Allgemeinen sind für die magnetischen Feldvektoren **H** bzw. **B** drei ortsabhängige skalare Funktionen zu bestimmen. Diese werden im allgemeinen Fall aus einer skalaren bzw. vektoriellen Potentialfunktion bestimmt.

4.2 Die Potentialgleichungen des magnetostatischen Feldes

Im Unterschied zur Elektrostatik können für das statische Magnetfeld zwei Arten von Potentialen definiert werden:

- Skalarpotential φ_m, gültig nur im stromfreien Gebiet
- Vektorpotential **A**, ohne Einschränkung gültig.

4.2.1 Das magnetische Skalarpotential

Ausgehend vom Ampèreschen Durchflutungsgesetz (II′)

$$\text{rot}\mathbf{H} = \mathbf{J}$$

gilt *außerhalb stromführender Bereiche* ($\mathbf{J} = \mathbf{0}$):

$$\text{rot}\mathbf{H} = \mathbf{0}.$$

In Analogie zur Elektrostatik lässt sich aufgrund der Identität rot grad $\varphi \equiv 0$ (A.74) das **H**-Feld als Gradientenfeld eines skalaren magnetischen Potentials φ_m darstellen:

$$\mathbf{H} = -\,\text{grad}\,\varphi_m. \tag{4.4}$$

Das Minuszeichen ist dabei Konvention. Die Umkehroperation

$$\varphi_m(\mathbf{r}) = -\int_{\mathbf{r}_0}^{\mathbf{r}} \mathbf{H} \cdot \mathrm{d}\mathbf{s} + \varphi_m(\mathbf{r}_0) \tag{4.5}$$

mit einem frei wählbaren Bezugspotential $\varphi_m(\mathbf{r}_0)$ in einem beliebigen Punkt $\mathbf{r}_0$ ist allerdings *nicht eindeutig,* sondern aufgrund des Durchflutungsgesetzes (II′) nur um ein ganzzahliges Vielfaches des vom Integrationsweg umfassten Stromes bestimmt. Daraus folgt:

- Das magnetische Skalarpotential φ_m ist auf einfach zusammenhängende Gebiete beschränkt, d. h. der Integrationsweg darf bestimmte „Schnitte" nicht überschreiten.

Abb. 4.1 veranschaulicht die Einführung von Schnitten an zwei Beispielen. Der Verlauf der Schnitte ist dabei beliebig, solange die stromführenden Bereiche nicht mehr als einmal umfahren werden können.

Durch Einsetzen des magnetischen Gradientenfeldes (4.4) in (IV) erhalten wir für ein homogenes, isotropes und lineares Medium, d. h. $\mu \neq f(\mathbf{H},\mathbf{r})$, mit

$$\operatorname{div}\mathbf{B} = \operatorname{div}(\mu\mathbf{H}) = -\operatorname{div}(\mu \operatorname{grad}\varphi_m) = 0$$

die *Laplace-Gleichung* für das magnetostatische Skalarpotential:

$$\Delta\varphi_m = 0. \tag{4.6}$$

Die entsprechenden Bedingungen an einer Grenzflächen $\partial V_{1,2}$ zwischen zwei Medien resultieren aus der Stetigkeit des Potentials und der Normalkomponente von $\mathbf{B} = -\mu \operatorname{grad}\varphi_m$:

$$\varphi_{m,1}\big|_{\partial V_{1,2}} = \varphi_{m,2}\big|_{\partial V_{1,2}}, \tag{4.7}$$

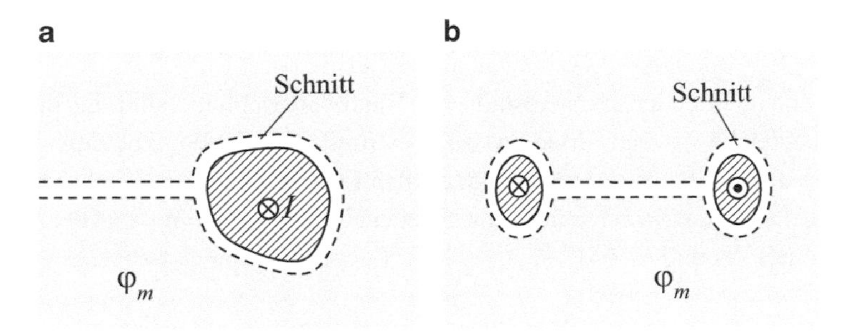

Abb. 4.1 Beispiele (2D) für einfach zusammenhängende Gebiete (**a**) mit einem stromführenden Bereich (**b**) mit zwei stromführenden Bereichen

$$\mu_2 \left.\frac{\partial \varphi_{m,2}}{\partial n}\right|_{\partial V_{1,2}} = \mu_1 \left.\frac{\partial \varphi_{m,1}}{\partial n}\right|_{\partial V_{1,2}}. \tag{4.8}$$

Damit stehen zur Lösung magnetostatischer Randwertprobleme in stromfreien Gebieten in völliger Analogie zur Elektrostatik die gleichen Methoden zur Verfügung, wie die Spiegelungsmethode, die Separation der Laplace-Gleichung und die konforme Abbildung (Abschn. 2.7).

4.2.2 Das magnetische Vektorpotential

Die uneingeschränkte Gültigkeit der IV. Maxwell-Gleichung

$$\operatorname{div} \mathbf{B} = 0$$

erlaubt mit der Identität div rot $\mathbf{A} = 0$ (A.75) die Einführung eines Vektorpotentials:

$$\mathbf{B} = \operatorname{rot}\mathbf{A} \quad [\mathbf{A}] = \frac{\mathrm{Vs}}{\mathrm{m}}. \tag{4.9}$$

Einsetzen von (4.9) in (II′) ergibt für *homogene, isotrope und lineare Medien,* d. h. $\mu \neq f(\mathbf{H},\mathbf{r})$ mit der Regel (A.76)

$$\operatorname{rot}\operatorname{rot}\mathbf{A} = \operatorname{grad}\operatorname{div}\mathbf{A} - \Delta\mathbf{A}$$

zunächst die Gleichung

$$\operatorname{grad}\operatorname{div}\mathbf{A} - \Delta\mathbf{A} = \mu\mathbf{J}.$$

Über die Divergenz von $\mathbf{A}$ kann frei verfügt werden, da nach (4.9) nur die Rotation für das Magnetfeld maßgeblich ist. Mit der speziellen Wahl

$$\operatorname{div}\mathbf{A} = 0 \qquad (\textit{Coulomb} - \textit{Eichung}) \tag{4.10}$$

erhalten wir eine *Poisson-Gleichung (vektoriell)* für das Vektorpotential:

$$\Delta\mathbf{A} = -\mu\mathbf{J}. \tag{4.11}$$

Zur Lösung entsprechender magnetostatischer Randwertprobleme sind die Bedingungen an der Grenzfläche zweier Medien zu bestimmen. Analog zu den Tangentialkomponenten des elektrischen bzw. magnetischen Feldes in Abschn. 1.5 erhalten wir für ein senkrecht zur Grenzfläche errichtetes Flächenelement $\Delta F = h\,\mathrm{d}s$ (Abb. 1.9) für ein genügend kleines $\Delta\mathbf{s}$ und $h \to 0$

$$\lim_{h\to 0} \iint_{\Delta F} \mathbf{B} \cdot \mathrm{d}\mathbf{F} = \lim_{h\to 0} \oint_{\partial(\Delta F)} \mathbf{A} \cdot \mathrm{d}\mathbf{s}$$

$$0 = (\mathbf{A}_1 - \mathbf{A}_2) \cdot \Delta\mathbf{s}.$$

Daraus folgt, dass die Tangentialkomponente des Vektorpotentials stetig ist:

$$\mathbf{e}_n \times (\mathbf{A}_2 - \mathbf{A}_1) = \mathbf{0} \qquad \left(A_{t,1} = A_{t,2}\right). \tag{4.12}$$

Aufgrund der Divergenzfreiheit von **A** (4.10) erhalten wir in Analogie zur Normalkomponente von **B** (Abschn. 1.5, Abb. 1.10) die Stetigkeit der Normalkomponente des Vektorpotentials:

$$\mathbf{e}_n \cdot (\mathbf{A}_2 - \mathbf{A}_1) = 0 \qquad \left(A_{n,1} = A_{n,2}\right). \tag{4.13}$$

4.3 Das Feld von Strömen im Freiraum

Die Berechnung des magnetischen Feldes von beliebigen Stromverteilungen im freien Raum ist über das Vektorpotential ohne Einschränkung möglich. Dazu betrachten wir die Lösung der vektoriellen Poisson-Gl. (4.11) der Einfachheit halber in kartesischen Koordinaten. In diesem Fall erfüllt jede der drei Komponenten die skalare Poisson-Gleichung

$$\Delta A_i = -\mu J_i, \text{mit } i = x, y, z.$$

In völliger Analogie zur Poisson-Gl. (2.14) für das elektrische Potential erhalten wir die Lösung für A_i in Form des *Coulomb-Integrals* (2.19) über die Komponente J_i der Stromdichte in einem Volumen V:

$$A_i(\mathbf{r}) = \mu \iiint\limits_V \mathrm{G}_0\left(\mathbf{r}, \mathbf{r}'\right) J_i\left(\mathbf{r}'\right) \mathrm{d}V' \quad (i = x, y, z),$$

mit der Greenschen Funktion des Freiraumes (2.21)

$$\mathrm{G}_0\left(\mathbf{r}, \mathbf{r}'\right) = \frac{1}{4\pi|\mathbf{r} - \mathbf{r}'|}.$$

Die Zusammenfassung der drei skalaren Integrallösungen für A_i ergibt die allgemeine Lösung des Vektorpotentials einer beliebigen Stromverteilung im Freiraum:

$$\mathbf{A}(\mathbf{r}) = \frac{\mu}{4\pi} \iiint\limits_V \frac{\mathbf{J}\left(\mathbf{r}'\right)}{|\mathbf{r} - \mathbf{r}'|} \mathrm{d}V' \qquad \mathit{Coulomb - Integral(vektoriell)}. \tag{4.14}$$

▶ Das Vektorpotential im Freiraum entspricht der mit dem reziproken Abstand gewichteten Vektorsumme (Integral) der Stromdichte.

Das magnetische Feld lässt sich aus der Lösung (4.14) durch die Rotation nach der Definition (4.9) bestimmen. Für einfache Stromverteilungen kann aber auch direkt eine Integrallösung verwendet werden. Einarbeitung der Rotation in Gl. (4.14)

$$\mathbf{B} = \mathrm{rot}\mathbf{A} = \frac{\mu}{4\pi}\iiint_V \mathrm{rot}\left(\frac{\mathbf{J}(\mathbf{r}')}{|\mathbf{r}-\mathbf{r}'|}\right)\mathrm{d}V'$$

und Umformung des Integranden nach der Regel (A.67) für rot($\varphi\,\mathbf{a}$), mit den Entsprechungen

$$\varphi = 1/|\mathbf{r}-\mathbf{r}'|$$

$$\mathbf{a} = \mathbf{J}(\mathbf{r}')$$

ergibt

$$\mathrm{rot}\left(\frac{\mathbf{J}(\mathbf{r}')}{|\mathbf{r}-\mathbf{r}'|}\right) = \left(\mathrm{grad}\,\frac{1}{|\mathbf{r}-\mathbf{r}'|}\right)\times\mathbf{J}(\mathbf{r}') + \frac{1}{|\mathbf{r}-\mathbf{r}'|}\mathrm{rot}\,\mathbf{J}(\mathbf{r}').$$

Da die Ableitungen der Rotation auf die Aufpunktkoordinaten bezogen sind, ist der zweite Summand auf der rechten Seite Null und wir erhalten mit

$$\mathrm{grad}\,\frac{1}{|\mathbf{r}-\mathbf{r}'|} = -\frac{\mathbf{r}-\mathbf{r}'}{|\mathbf{r}-\mathbf{r}'|^3} = -\frac{\mathbf{e}_R}{R^2} \qquad (R = |\mathbf{r}-\mathbf{r}'|)$$

die integrale Lösung für das magnetische Feld im freien Raum:

$$\mathbf{B} = \frac{\mu}{4\pi}\iiint_V \frac{\mathbf{J}(\mathbf{r}')\times\mathbf{e}_R}{R^2}\,\mathrm{d}V' \qquad \textit{Gesetz von Biot-Savart.} \tag{4.15}$$

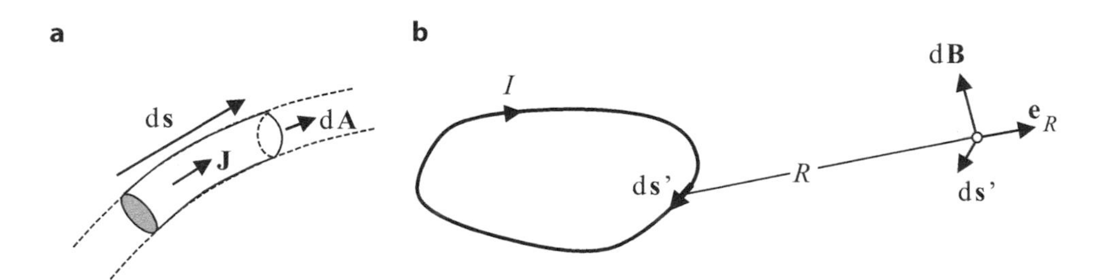

Abb. 4.2 Zur Berechnung des Magnetfeldes von Drahtströmen (**a**) Infinitesimaler Längenabschnitt **ds** in Richtung des Stromes *I* (**b**) Biot-Savartsches Gesetz für einen beliebigen Stromkreis

4.3.1 Ströme in dünnen Drähten

In vielen Fällen ist die Stromdichte **J** in relativ dünnen Drähten lokalisiert, sodass die dreidimensionale Integration in (4.14) bzw. (4.15) auf eine einfaches Integral entlang des Drahtes mit der Länge l reduziert werden kann. Für ein Volumenelement $\mathrm{d}V$ mit infinitesimaler Länge $\mathrm{d}s$ und Querschnitt A können wir das Produkt $\mathbf{J}\,\mathrm{d}V$ im Integranden von Gl. (4.14) wie folgt umformen (Abb. 4.2):

$$\mathbf{J}\,\mathrm{d}V = \mathbf{J}\,A\,\mathrm{d}s = I\,\mathrm{d}\mathbf{s}.$$

Hierbei zeigt $\mathrm{d}\mathbf{s}$ in Richtung des Stromes I. Einsetzen in (4.14) und (4.15) ergibt die entsprechende Lösung für das Vektorpotential bzw. für **B** nach Biot-Savart:

$$\mathbf{A}(\mathbf{r}) = \frac{\mu I}{4\pi}\int_l \frac{\mathrm{d}\mathbf{s}'}{R} \tag{4.16}$$

$$\mathbf{B}(\mathbf{r}) = \frac{\mu I}{4\pi}\int_l \frac{\mathrm{d}\mathbf{s}' \times \mathbf{e}_R}{R^2} \qquad \textit{Gesetz von Biot-Savart.} \tag{4.17}$$

Das Feld eines Linienstroms

Ist eine beliebig komplizierte Leiteranordnung in *geradlinige Abschnitte* unterteilbar, so lässt sich das Feld durch Superposition aller Teilbeiträge bestimmen. Für einen z-gerichteten Abschnitt mit der Länge l und dem Strom I (Abb. 4.3) ist das ebenfalls z-gerichtete Vektorpotential A_z nach Gl. (4.16) zu berechnen:

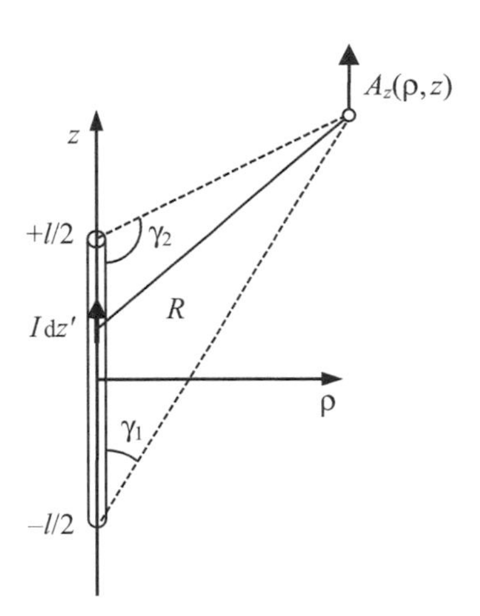

Abb. 4.3 Zur Berechnung des Feldes eines Linienstroms

$$A_z = \frac{\mu I}{4\pi} \int_l \frac{dz'}{R} = \frac{\mu I}{4\pi} \int_{-l/2}^{+l/2} \frac{dz'}{\sqrt{\rho^2 + (z - z')^2}}.$$

Das Integral ist identisch mit dem Integral des elektrischen Potentials einer Linienladung in Abschn. 2.4.4, sodass wir für A_z einen zur Lösung (2.29) analogen Ausdruck erhalten:

$$A_z(\rho, z) = \frac{\mu I}{4\pi} \ln \left[\frac{\sqrt{(z - l/2)^2 + \rho^2} - (z - l/2)}{\sqrt{(z + l/2)^2 + \rho^2} - (z + l/2)} \right]. \tag{4.18}$$

Entsprechend (2.32) ergibt sich für den *unendlich langen Linienstrom* ($l \to \infty$) das auf den Referenzabstand ρ_0 bezogene *logarithmische Potential*

$$A_z(\rho) = -\frac{\mu I}{2\pi} \ln \left(\frac{\rho}{\rho_0} \right). \quad \textit{Unendlicher langer Linienstrom} \tag{4.19}$$

Zur Bestimmung des magnetischen Feldes des *endlich langen* Linienstroms ist gemäß (4.9) die Rotation von $\mathbf{A}$ in Zylinderkoordinaten zu berechnen, d. h.:

$$\mathbf{B} = \mathrm{rot}\mathbf{A} = -\frac{\partial A_z}{\partial \rho}\, \mathbf{e}_\phi.$$

Nach Ausführung der Ableitung auf (4.18) resultiert für das ϕ-gerichtete Magnetfeld

$$B_\phi(\rho, z) = \frac{\mu I}{4\pi\rho} \left[\frac{z + l/2}{\sqrt{(z + l/2)^2 + \rho^2}} - \frac{z - l/2}{\sqrt{(z - l/2)^2 + \rho^2}} \right]. \tag{4.20}$$

Diese Lösung lässt sich mit den trigonometrischen Beziehungen für die beiden Winkel γ_1 und γ_2 (siehe Abb. 4.3)

$$\frac{z \pm l/2}{\sqrt{(z \pm l/2)^2 + \rho^2}} = \pm \cos \gamma_{1,2}$$

in die folgende alternative Form bringen:

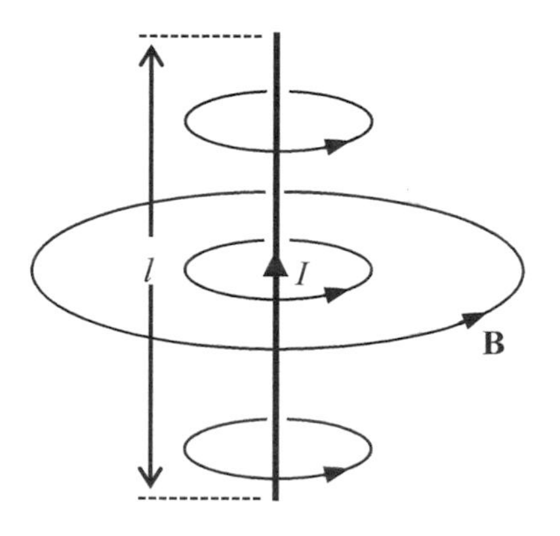

Abb. 4.4 Magnetfeldes eines Linienstroms endlicher Länge l

$$B_{\phi} = \frac{\mu I}{4\pi\rho}(\cos\gamma_1 + \cos\gamma_2). \tag{4.21}$$

Die Magnetfeldlinien verlaufen also in konzentrischen Kreisen um den Strom, im Rechtsschraubensinn bezogen auf die Stromrichtung. Wie in Abb. 4.4 veranschaulicht, ist die Stärke umgekehrt proportional zum Radialabstand ρ, wobei sie auf seiner Achse jenseits des Linienstroms abnimmt und dort Null ist ($\gamma_{1,2} = 0,\pi$).

Für den Grenzfall $l \to \infty$ resultiert aus (4.20) bzw. aus (4.21) für $\gamma_{1,2} \to 0$ die einzig von ρ abhängige Lösung für den unendlich langen Linienstrom:

$$B_{\phi} = \frac{\mu I}{2\pi\rho}. \qquad \textit{Unendlicher langer Linienstrom} \tag{4.22}$$

Dieses Ergebnis folgt auch direkt aus dem Ampèreschen Durchflutungsgesetz (II′), ausgehend von einem ϕ-gerichteten Magnetfeld, das aufgrund der Zylindersymmetrie einzig von ρ abhängen kann:

$$\oint_{\partial A(\rho)} \mathbf{H} \cdot \mathrm{d}\mathbf{s} = 2\pi\rho\, H_{\phi}(\rho) = \iint_A \mathbf{J} \cdot \mathrm{d}\mathbf{A} = I.$$

Umstellen nach H_{ϕ} und Multiplikation mit μ ergibt Gl. (4.22).

Linienstrom entlang eines Polygonzugs

Der Ausdruck (4.21) eignet sich sehr gut für die Berechnung des Magnetfeldes eines abschnittsweise geradlinigen Stromverlaufs (Abb. 4.5). Liegt der *Polygonzug in einer Ebene,* so stehen alle Feldbeiträge $\mathbf{B}_i$ der einzelnen Linienstromabschnitte mit Index i senkrecht zu dieser Ebene und können skalar addiert werden, d. h.:

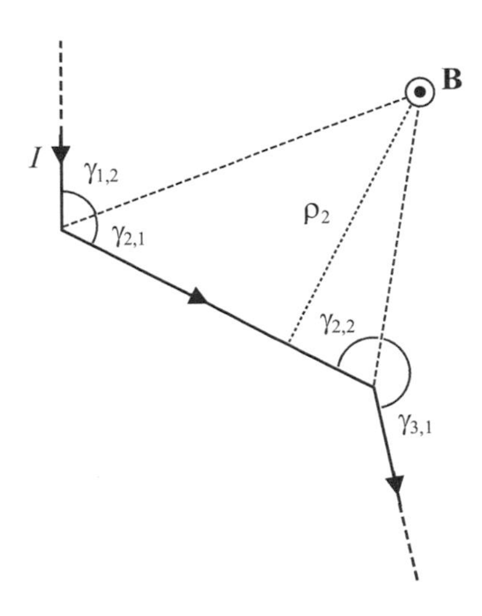

Abb. 4.5 Zur Berechnung des Magnetfeldes eines abschnittsweise geradlinigen Stromverlaufs

$$B = \sum B_i = \frac{\mu I}{4\pi} \sum_i \frac{\cos \gamma_{i,1} + \cos \gamma_{i,2}}{\rho_i}. \tag{4.23}$$

Entsprechend Abb. 4.3 ist die Indizierung 1,2 jeweils in Richtung des Stroms vorzunehmen.

Für den allgemeinen Fall wenn der Polygonzug beliebig im Raum verläuft, sind die einzelnen Beiträge vektoriell zu addieren.

Beispiel 4.1: Feld in der Nähe eines rechtwinkligen Leitungsknickes

Gegeben sei ein in $-y$-Richtung fließender Linienstrom I, der bei $x = 0$, $y = 0$ rechtwinklig in x-Richtung abknickt. Zu berechnen ist das Magnetfeld in der Ebene $z = 0$, in Abhängigkeit der Polarkoordinaten r und ϕ.

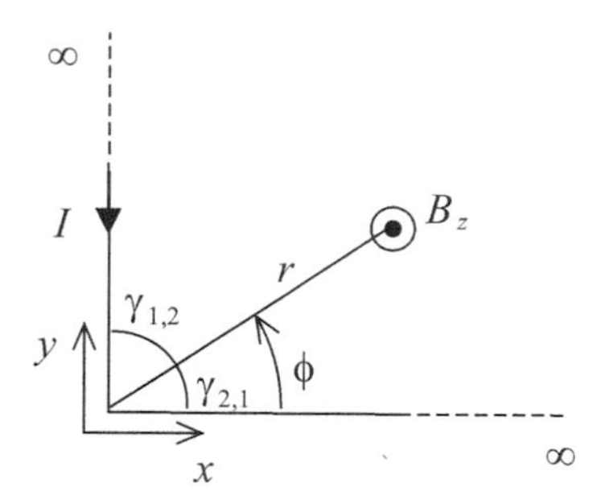

Das z-gerichtete Magnetfeld setzt sich zusammen aus den beiden Beiträgen der beiden Halbgeraden in y- bzw. x-Richtung. Entsprechend Gl. (4.23) setzten wir an:

$$B_z = \frac{\mu I}{4\pi} \left(\frac{\cos \gamma_{1,1} + \cos \gamma_{1,2}}{\rho_1} + \frac{\cos \gamma_{2,1} + \cos \gamma_{2,2}}{\rho_2} \right).$$

Die beiden Winkel $\gamma_{1,1}$ und $\gamma_{2,2}$ an den im Unendlich liegenden Enden der beiden Halbgeraden ist Null, d. h.

$$\cos \gamma_{1,1} = \cos \gamma_{2,2} = 1.$$

Die beiden anderen Winkel können wie folgt in Polarkoordinaten ausgedrückt werden:

$$\cos \gamma_{1,2} = \cos (\pi/2 - \phi) = \sin \phi$$
$$\cos \gamma_{2,1} = \cos \phi.$$

Für die beiden Radialabstände ergibt sich

$$\rho_1 = r \ \sin \gamma_{1,2} = r \ \sin (\pi/2 - \phi) = r \ \cos \phi$$
$$\rho_2 = r \ \sin \phi.$$

Einsetzen in Gl. (4.23) ergibt als Lösung

$$B_z(r,\phi) = \frac{\mu I}{4\pi}\left(\frac{1+\sin\phi}{r\,\cos\phi} + \frac{\cos\phi + 1}{r\,\sin\phi}\right) = \frac{\mu I}{4\pi\,r}\,\frac{1+\sin\phi+\cos\phi}{\sin\phi\,\cos\phi}.$$

Für $\phi = \pi/4$ entlang der Winkelhalbierenden erhält man beispielsweise:

$$B_z\left(r,\frac{\pi}{4}\right) = \frac{\mu I}{4\pi\,r}\,\frac{1+2/\sqrt{2}}{1/2} \approx 0{,}384\,\frac{\mu I}{r}.$$ ◀

Das Feld mehrerer unendlicher langer Linienströme

Für eine Anordnung aus mehreren zueinander parallelen Linienströmen I_i unendlicher Länge (Abb. 4.6) erhält man das Vektorpotential aus der Superposition der Einzelpotentiale nach Gl. (4.19), entsprechend der Einzelabstände ρ_i zum Aufpunkt:

$$A_z = -\frac{\mu}{2\pi}\sum_{i=1}^{N} I_i \ln\left(\frac{\rho_i}{\rho_0}\right), \tag{4.24}$$

wobei wir wegen der beliebigen Konstante in der Potentialfunktion frei in der Wahl des individuellen Referenzabstandes ρ_0 sind (Abb. 4.6).

Das Magnetfeld der parallelen Lininestrom-Anordnung erhalten wir nach (4.9) aus der Rotation des Vektorpotentials (4.24) oder aber auch direkt durch Summation der einzelnen x- und y-Komponenten der Einzelfelder nach Gl. (4.22), jeweils ausgedrückt durch den lokalen Polarwinkel ϕ_i (siehe Abb. 4.6):

$$B_{i,x} = -\frac{\mu I_i}{2\pi\,\rho_i}\sin\phi_i; \quad B_{i,y} = \frac{\mu I_i}{2\pi\,\rho_i}\cos\phi_i,$$

bzw.

$$\mathbf{B} = \frac{\mu}{2\pi}\sum_{i=1}^{N}\frac{I_i}{\rho_i}\left(-\sin\phi_i\,\mathbf{e}_x + \cos\phi_i\,\mathbf{e}_y\right). \tag{4.25}$$

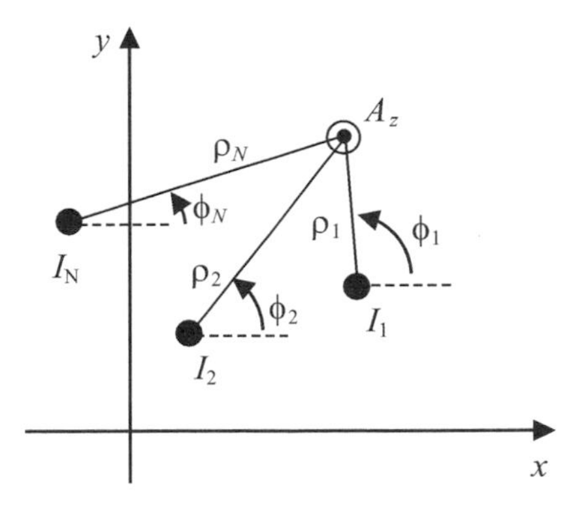

Abb. 4.6 Zur Berechnung des Feldes mehrerer Linienströme

Alternativ lässt sich das 2D-Problem auch sehr elegant mit den Mitteln der *konformen Abbildung* behandeln. Als Anwendungsbeispiel für das magnetische Skalarpotential φ_m liefert die Abbildung

$$z = c\mathrm{e}^{w} \; ; \; c \in \mathbb{R}$$

das zum elektrischen Feld der Linienladung (Abschn. 2.4.4) duale komplexe Potential des Linienstroms:

$$w = u + \mathrm{j}v = \ln\left(\frac{z}{c}\right) = \ln\left|\frac{z}{c}\right| + \mathrm{j}\phi, \tag{4.26}$$

mit

$$\phi = \arctan\frac{y}{x}. \tag{4.27}$$

Entsprechend einer v/u-Zuordnung stellen die Linien $v = const.$ im Bereich $v = \phi = 0 \ldots 2\pi$ die Potentiallinien dar, während die Feldlinien durch $u = const.$ beschrieben werden (Vgl. Beispiel 2.13). Mit den Randwerten

$$\begin{aligned} v_1 = \phi_1 = 0 : &\quad \varphi_{m,1} = 0 \\ v_2 = \phi_2 = 2\pi : &\quad \varphi_{m,2} = -\oint \mathbf{H} \cdot \mathrm{d}\mathbf{s} = -I \end{aligned}$$

erhalten wir für den Maßstabsfaktor (Abschn. 2.7.3)

$$M_v = \frac{\varphi_{m,1} - \varphi_{m,2}}{v_1 - v_2} = -\frac{I}{2\pi}.$$

Damit ergibt sich für die komplexe Feldstärke mit $z = \rho\,\mathrm{e}^{\mathrm{j}\phi}$

$$H = \frac{-\mathrm{j}M_v}{\left(\dfrac{\mathrm{d}z}{\mathrm{d}w}\right)^*} = \frac{\mathrm{j}I}{2\pi\, z^*} = \frac{\mathrm{j}I}{2\pi\rho}\mathrm{e}^{\mathrm{j}v} = \frac{\mathrm{j}I}{2\pi\rho}(\cos\phi + \mathrm{j}\sin\phi)$$

bzw. für den Betrag

$$|H| = \frac{I}{2\pi\rho},$$

in Übereinstimmung mit dem Ergebnis (4.22) aus dem Vektorpotential.

Für das Feld mehrerer Linienströme in den Punkten z_i in der komplexen x-jy-Ebene ergibt sich aus der Superposition der Einzelfelder

$$H(z) = \frac{\mathrm{j}}{2\pi}\sum_{i=1}^{N}\frac{I_i}{(z - z_i)^*}$$

mit den jeweiligen Abständen zwischen Aufpunkt und Linienstrom (siehe Abb. 4.6)

$$(z - z_i)^* = \rho_i \mathrm{e}^{-\mathrm{j}\phi_i}$$

die in Bezug auf die entsprechenden x- und y-Koordinaten identische Lösung (4.25):

$$H = \frac{\mathrm{j}}{2\pi} \sum_{i=1}^{N} \frac{I_i}{\rho_i} \mathrm{e}^{\mathrm{j}\phi_i} = \frac{1}{2\pi} \sum_{i=1}^{N} \frac{I_i}{r_i} (-\sin\phi_i + \mathrm{j}\cos\phi_i).$$

Beispiel 4.2: Der magnetische Liniendipol

Zwei im Abstand d parallel und entgegengesetzte Linienströme $I_1 = -I_2$ stellen eine elementare Anordnung der Magnetostatik dar. Für eine Anordnung unendlicher Länge erhält man das Feld in der Querschnittsebene beispielsweise mit Hilfe des magnetischen Skalarpotentials φ_m in der komplexen x-y-Ebene durch Überlagerung der beiden winkelabhängigen Einzelpotentiale (4.27) zu

$$\varphi_m = -\frac{I}{2\pi}(\phi_1 - \phi_2) = \frac{I}{2\pi}(\phi_2 - \phi_1). \tag{4.28}$$

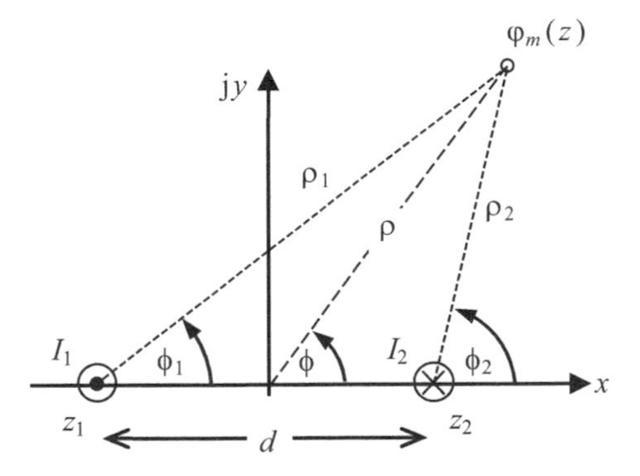

Die Äquipotentiallinien des Liniendipols, auf denen φ_m einen konstanten Wert hat, erfüllen demnach die Bedingung $\phi_2 - \phi_1 = const.$ In der betrachteten Anordnung sind dies Kreise, die durch die beiden sog. *Spurpunkte* $z_{1,2}$ gehen.

Ausgehend von den Feldlinien des Einzelstromes aus (4.26) ergibt sich für den Liniendipol durch Superposition

$$u = u_1 + u_2 = \ln\left|\frac{z - z_1}{c}\right| - \ln\left|\frac{z - z_2}{c}\right| = \ln\left|\frac{z - z_1}{z - z_2}\right|.$$

Mit

$$z_{1,2} = \mp\frac{d}{2}.$$

erhalten wir nach Umformung für die Feldlinien die Kreisgleichung

$$\left[x + \frac{d(1+F)}{2(1-F)}\right]^2 + y^2 = \frac{d^2F}{(1-F)^2},$$

in der sowohl der Radius als auch der auf der x-Achse befindliche Mittelpunkt durch $F = \mathrm{e}^{2u}$ bestimmt wird. Es handelt sich hierbei um *Apoloniuskreise*. Das Feldlinienbild ist damit also dual zu den Feld- und Äquipotentiallinien des elektrischen Liniendipols (Beispiel 2.3).

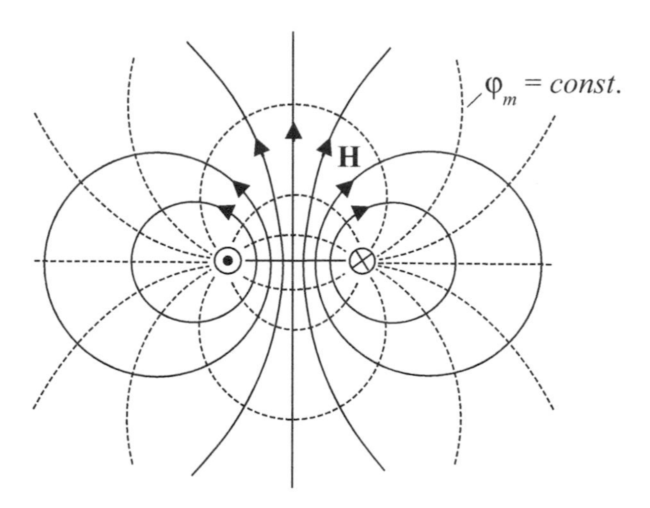

Zur Bestimmung des Fernfeldes, d. h. der asymptotischen Näherung für $r/d \to \infty$, ist eine entsprechende Näherungsrechnung für das magnetische Potential (4.28) für $\phi_1 \approx \phi_2$ durchzuführen. Der Einfachheit halber wollen wir mit Bezug zu Gl. (4.24) vom z-gerichteten Vektorpotential

$$A_z = \frac{\mu I}{2\pi} \ln\left(\frac{\rho_1}{\rho_2}\right)$$

ausgehen, das die gleiche logarithmische Abstandsabhängigkeit wie das Potential des elektrischen Liniendipols (2.34) aufweist. Anwendung des asymptotischen Ergebnisses (2.35) ergibt für das Fernfeld des magnetischen Liniendipols

$$A_z \simeq \frac{\mu I d}{2\pi} \frac{\cos\phi}{\rho}.$$

Durch Einführung des *magnetischen Linien-Dipolmoments*

$$|\mathbf{m}_l| = I\, d,$$

dessen Richtung im Rechtsschraubensinn zur Umlaufrichtung des Hin- und Rückstromes definiert ist, erhalten wir die allgemeinere Lösung

$$\mathbf{A} = \frac{\mu}{2\pi} \frac{\mathbf{m}_l \times \mathbf{e}_\rho}{\rho}.$$

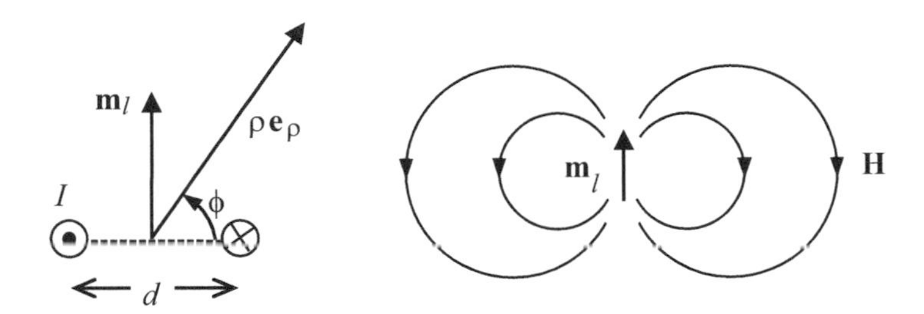

Aus der der Rotation von $\mathbf{A} = A_z(\rho,\phi)\mathbf{e}_z$ erhalten wir gemäß (4.9) für das magnetische Feld

$$\mathbf{B} \simeq \frac{\mu|\mathbf{m}_l|}{2\pi\rho^2}\big(\sin\phi\ \mathbf{e}_\rho - \cos\phi\ \mathbf{e}_\phi\big). \tag{4.29}$$

bzw. den winkelunabhängigen Betrag

$$|\mathbf{B}| \simeq \frac{\mu|\mathbf{m}_l|}{2\pi\rho^2}. \quad ◀$$

Das Feld eines Ringstroms

Als Modell für einen geschlossenen Stromkreis werde ein Linienstrom I entlang eines Kreisringes mit Radius a betrachtet. Nach Gl. (4.16) setzten wir für das Vektorpotential im Aufpunkt $\mathbf{r}$ das Integral über den kreisförmigen Strompfad an:

$$\mathbf{A}(\mathbf{r}) = \frac{\mu I}{4\pi}\oint \frac{\mathrm{d}\mathbf{s}'}{|\mathbf{r}-\mathbf{r}'|}.$$

Aufgrund der Zylindersymmetrie ist das Feld von ϕ unabhängig, sodass wir für die Berechnung der Einfachheit halber einen Punkt in der x-z-Ebene wählen (Abb. 4.7).

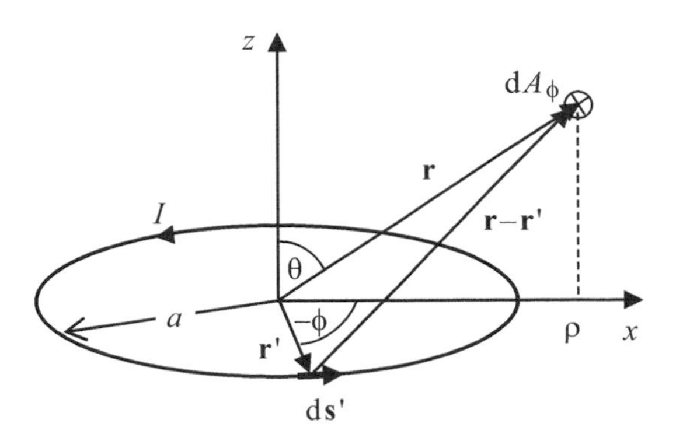

Abb. 4.7 Zur Berechnung des Feldes eines Ringstroms

Mit

$$\mathbf{r} = \rho\,\mathbf{e}_x + z\,\mathbf{e}_z$$
$$\mathbf{r}' = a\,\left(\cos\phi\,\mathbf{e}_x + \sin\phi\,\mathbf{e}_y\right)$$

resultiert für den Abstand zwischen Quell- und Aufpunkt

$$\left|\mathbf{r} - \mathbf{r}'\right| = \sqrt{(\rho - a\,\cos\phi)^2 + (a\,\sin\phi)^2 + z^2} = \sqrt{\rho^2 + z^2 + a^2 - 2\rho a\,\cos\phi}\,.$$

Mit dem Wegelement in ϕ-Richtung, zerlegt in seine x- und y-Komponenten

$$\mathbf{ds} = a\mathrm{d}\phi\,\left(-\sin\phi\,\mathbf{e}_x + \cos\phi\,\mathbf{e}_y\right)$$

erhalten wir für das Vektorpotential

$$\mathbf{A} = \frac{\mu I\,a}{4\pi}\int_0^{2\pi}\frac{-\sin\phi\,\mathbf{e}_x + \cos\phi\,\mathbf{e}_y}{\sqrt{\rho^2 + z^2 + a^2 - 2\rho a\,\cos\phi}}\,\mathrm{d}\phi.$$

Da der Integrand für die x-Komponente eine ungerade Funktion in ϕ ist, ergibt ihre Integration Null. Mit $\mathbf{e}_y = \mathbf{e}_\phi$ ist somit das Vektorpotential wie der Strom einzig ϕ-gerichtet:

$$A_\phi = \frac{\mu I a}{4\pi}\int_0^{2\pi}\frac{\cos\phi}{\sqrt{\rho^2 + z^2 + a^2 - 2\rho a\cos\phi}}\mathrm{d}\phi. \tag{4.30}$$

Integrale dieser Form treten bei Berechnungen über kreis- oder ellipsenförmige Gebiete auf. Dafür hat man standardisierte Lösungsfunktionen eingeführt, die sog. *vollständigen elliptischen Integrale erster bzw. zweiter Art F und E* (Abb. 4.8):

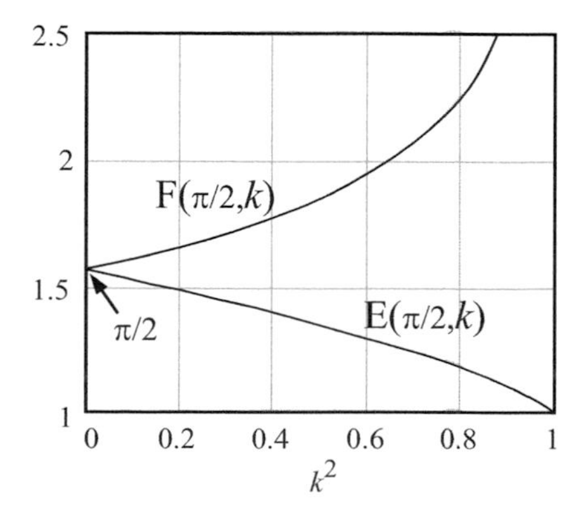

Abb. 4.8 Vollständige elliptische Integrale erster (F) und zweiter Art (E)

$$F\left(\frac{\pi}{2},k\right) = \int_0^{\pi/2} \frac{1}{\sqrt{1-k^2\sin^2\beta}}\,d\beta$$

$$E\left(\frac{\pi}{2},k\right) = \int_0^{\pi/2} \sqrt{1-k^2\sin^2\beta}\,d\beta.$$

Durch Einführung der Variablen

$$\beta = \frac{\pi-\phi}{2}$$

$$k^2 = \frac{4a\rho}{z^2+(\rho+a)^2} \tag{4.31}$$

lässt sich nach entsprechender Umformung von (4.30) die Lösung des Vektorpotentials mit Hilfe der Funktionen E und F wie folgt ausdrücken:

$$A_\phi(\rho,z) = \frac{\mu I}{2\pi\rho}\sqrt{z^2+(\rho+a)^2}\left[\left(1-\frac{k^2}{2}\right).F\left(\frac{\pi}{2},k\right) - E\left(\frac{\pi}{2},k\right)\right]. \tag{4.32}$$

Das Magnetfeld ergibt sich aus (4.32) durch die Rotation in Zylinderkoordinaten:

$$\mathbf{B} = \mathrm{rot}\left(A(\rho,z)\mathbf{e}_\phi\right) = -\frac{\partial A_\phi}{\partial z}\mathbf{e}_\rho + \frac{1}{\rho}\frac{\partial\left(\rho A_\phi\right)}{\partial\rho}\mathbf{e}_z. \tag{4.33}$$

Das Feld in der Ebene senkrecht zur Schleifenfläche entspricht qualitativ dem Feldlinienbild des magnetischen Liniendipols (Beispiel 4.2). Wie aus Gl. (4.32) und (4.33) durch Ableiten und Nullsetzten von z direkt das Verschwinden der ρ-Komponente hervorgeht, ist das Magnetfeld in der Schleifenebene senkrecht dazu gerichtet. Für (4.33) erhält man nur für Fälle wenn $k^2 << 1$ ist eine einfache analytische Lösung.

Ausgehend von der Näherung für F und E durch die ersten Glieder ihrer Potenzreihenentwicklung

$$F\left(\tfrac{\pi}{2},k\right) \approx \frac{\pi}{2}\left[1+2\frac{k^2}{8}+9\left(\frac{k^2}{8}\right)^2+\ldots.\right]$$

$$E\left(\tfrac{\pi}{2},k\right) \approx \frac{\pi}{2}\left[1-2\frac{k^2}{8}-3\left(\frac{k^2}{8}\right)^2-\ldots.\right]$$

erhalten wir durch Einsetzen in (4.32) nach Zwischenrechnung

$$A_\phi(\rho,z) \approx \frac{\mu I}{4\,\rho}\sqrt{z^2+(\rho+a)^2}\,\frac{k^4}{16}.$$

Mit (4.31) lautet schließlich die Näherung für das Vektorpotential explizit

$$A_\phi \approx \frac{\mu I a^2}{4} \frac{\rho}{\left(z^2 + (\rho + a)^2\right)^{3/2}} \quad \text{für } k^2 \ll 1. \tag{4.34}$$

Diese Näherung ist beispielsweise für das Feld in der Nähe der z-Achse zutreffend. Direkt auf der z-Achse ($\rho = 0$) ist $k^2 = 0$ und wir erhalten mit $\mathrm{E} = \mathrm{F} = \pi/2$ aus (4.33) mit $\partial A_\phi / \partial z = 0$ die exakte Lösung

$$B_z = \frac{\mu I a^2}{2\left(z^2 + a^2\right)^{3/2}}. \tag{4.35}$$

Abb. 4.9 zeigt den aus (4.32) und (4.33) berechneten Feldverlauf innerhalb der Schleifenebene, bezogen auf den Feldwert im Mittelpunkt (4.35)

$$B_{z,0} = \frac{\mu I}{2\,a}.$$

Die Kurven enden dabei jeweils am inneren Rand eines in der Realität vorhandenen Drahtes mit Radius r_0. Der Verlauf zeigt, dass das Feld über einen relativ großen Bereich um die Ringachse relativ homogen ist und erst nahe des stromführenden Drahtes stark ansteigt.

Ein weiterer wichtiger Fall, für den die Näherung (4.34) für $k^2 \to 0$ zutrifft, ist das sog. *Fernfeld,* wenn der Aufpunktabstand im Verhältnis zum Schleifenradius a sehr groß ist (Vgl. 4.31):

$$\sqrt{z^2 + \rho^2} \gg a \Rightarrow k^2 \ll 1.$$

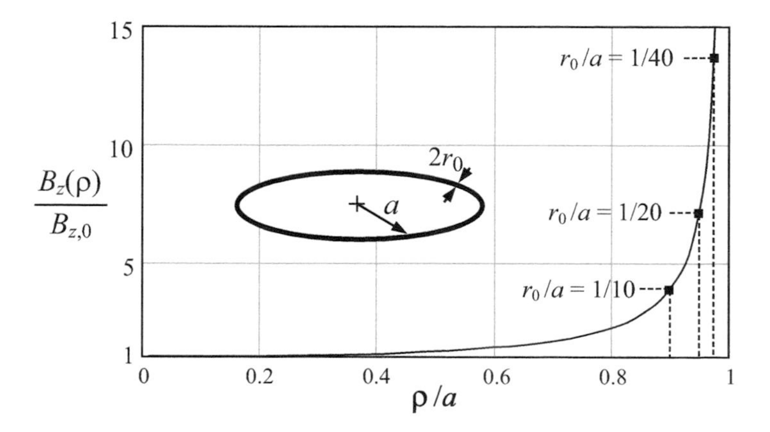

Abb. 4.9 Relatives Feldprofil in der Ebene eines Kreisstromes mit Drahtradius r_0

In diesem Fall reduziert sich (4.34) zu

$$A_\phi(\rho, \phi) \approx \frac{\mu I a^2}{4} \frac{\rho}{\left(z^2 + \rho^2 \right)^{3/2}}.$$

Analog zum elektrischen Dipol führen wir das *magnetische Dipolmoment*

$$m = I \pi a^2,$$

als Produkt aus Strom und Schleifenfläche ein und erhalten nach Umschreiben in Kugelkoordinaten (siehe Abb. 4.7) mit

$$r = \sqrt{z^2 + \rho^2}, \quad \sin\theta = \frac{\rho}{r}$$

als asymptotische Lösung des Vektorpotentials für $r/a \to \infty$

$$A_\phi(r, \theta) \simeq \frac{\mu m}{4\pi} \frac{\sin\theta}{r^2}. \tag{4.36}$$

Nach Ausführung der Rotation auf (4.36) in Kugelkoordinaten (A.61)

$$\mathbf{B} = \operatorname{rot}\left(A_\phi\, \mathbf{e}_\phi\right) = \frac{\mu m}{4\pi r \sin\theta} \left\{ \frac{1}{r^2} \frac{\partial}{\partial\theta} \sin^2\theta\, \mathbf{e}_r - \sin^2\theta\, \frac{\partial}{\partial r}\left(\frac{1}{r}\right) \mathbf{e}_\theta \right\}$$

ergibt sich für das magnetische Fernfeld die Lösung

$$\mathbf{B} \simeq \frac{\mu m}{4\pi r^3} (2\cos\theta\, \mathbf{e}_r + \sin\theta\, \mathbf{e}_\theta) \qquad \textit{Magnetischer Dipol.} \tag{4.37}$$

Wie der Vergleich mit Gl. (2.28) zeigt, geht dieses Ergebnis in das Feld des elektrischen Dipols über wenn wir m durch p ersetzen und μ durch $1/\varepsilon$. Entsprechend ist die durch den gleichen Klammerausdruck gegebene Feldcharakteristik mit der des elektrischen Dipols identisch (Beispiel 2.2).

Wie im folgenden Abschnitt gezeigt wird, ist das Fernfeld (4.36) bzw. (4.37) allgemeingültig, unabhängig von der Form der vom Strom umflossenen Fläche.

Der magnetische Dipol

Gesucht ist das Feld in großer Entfernung einer *beliebig geformten, ebenen* Schleife mit Fläche F und Strom I (Abb. 4.10).

Zur Berechnung des Vektorpotentials

$$\mathbf{A}(\mathbf{r}) = \frac{\mu I}{4\pi} \oint_{\partial F} \frac{\mathrm{d}\mathbf{s}'}{|\mathbf{r} - \mathbf{r}'|} \tag{4.38}$$

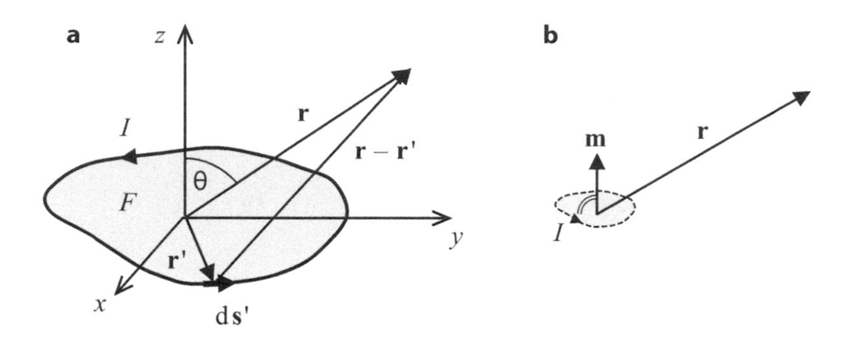

Abb. 4.10 (**a**) Zur Berechnung des Fernfeldes eine beliebig geformten, ebenen Stromschleife mit Fläche F (**b**) Darstellung durch magnetisches Dipolmoment **m**

drücken wir zunächst den Betrag des Abstandvektors zwischen Quell- und Aufpunkt mit Hilfe des Cosinussatzes aus ($\mathbf{r}\cdot\mathbf{r}' = r\,r'\cos\angle\,\mathbf{r},\mathbf{r}'$) und erhalten als Näherung für große Abstände ($r >> r'$)

$$\left|\mathbf{r}-\mathbf{r}'\right| = \sqrt{r^2 + r'^2 - 2\mathbf{r}\cdot\mathbf{r}'} \simeq r\left(1 - \mathbf{r}\cdot\mathbf{r}'/r^2\right). \tag{4.39}$$

Für den Kehrwert resultiert mit $(1+\delta)^a \approx 1 + a\,\delta$ für $\delta << 1$ die Näherung

$$\frac{1}{|\mathbf{r}-\mathbf{r}'|} \simeq \frac{1}{r}\,\frac{1}{\left(1-\mathbf{r}\cdot\mathbf{r}'/r^2\right)} \simeq \frac{1}{r} + \frac{\mathbf{r}\cdot\mathbf{r}'}{r^3}. \tag{4.40}$$

Einsetzen liefert als Fernfeld-Näherung für das Vektorpotential zunächst

$$\mathbf{A}(\mathbf{r}) \approx \frac{\mu I}{4\pi}\left[\frac{1}{r}\oint\limits_{\partial F}\mathrm{d}\mathbf{s}' + \frac{1}{r^3}\oint\limits_{\partial F}\left(\mathbf{r}\cdot\mathbf{r}'\right)\mathrm{d}\mathbf{s}'\right] \quad \text{für } r \gg r'.$$

Das erste Integral in der Klammer ist Null. Das Zweite schreiben wir explizit in kartesischen Koordinaten um:

$$\oint\limits_{\partial F}\left(\mathbf{r}\cdot\mathbf{r}'\right)\mathrm{d}\mathbf{s}' = \oint\limits_{\partial F}\left(xx' + yy'\right)\,\left(\mathrm{d}x'\,\mathbf{e}_x + \mathrm{d}y'\,\mathbf{e}_y\right).$$

Hierbei ist

$$\oint\limits_{\partial F} x'\mathrm{d}x' = \oint\limits_{\partial F} y'\mathrm{d}y' = 0$$

und

$$\oint\limits_{\partial F} x'\,\mathrm{d}y' = -\oint\limits_{\partial F} y'\,\mathrm{d}x' = F$$

Daraus folgt

$$\oint_{\partial F} (\mathbf{r} \cdot \mathbf{r}')\mathrm{d}\mathbf{s}' = F\left(x\,\mathbf{e}_y - y\,\mathbf{e}_x\right) = F\,\mathbf{e}_z \times \mathbf{r}. \tag{4.41}$$

Einführung des *vektoriellen* magnetischen Dipolmoments

$$\mathbf{m} = IF\mathbf{e}_z \quad [m] = \mathrm{A} \cdot \mathrm{m}^2, \tag{4.42}$$

das als Betrag das Produkt aus Strom und Fläche hat, senkrecht auf der Schleifenfläche steht und bezogen auf die Stromrichtung im *Rechtsschraubensinn* gerichtet ist, ergibt für das Vektorpotential die allgemeine Lösung

$$\mathbf{A}(\mathbf{r}) = \frac{\mu}{4\pi}\frac{\mathbf{m} \times \mathbf{e}_r}{r^2} \quad \textit{Magnetischer Dipol}. \tag{4.43}$$

Das Feld des magnetischen Dipols ist also unabhängig von der Form der Fläche F. Für die kreisrunde Schleife folgt nach Ausschreiben des Kreuzproduktes in Kugelkoordinaten die Übereinstimmung mit der Lösung (4.36). Demzufolge ist der Ausdruck (4.37) für das Magnetfeld allgemeingültig, bezogen auf eine beliebig geformte Schleifenfläche in der x-y-Ebene.

4.3.2 Flächenströme

Bei Verteilungen von Flächenstromdichte $\mathbf{J}_A$ ist die Integration für das Vektorpotential (4.14) bzw. für das Magnetfeld (4.15) im Allgemeinen über die beiden entsprechenden Flächendimensionen auszuführen. Im Folgenden werden einige elementare Felder einfacher Flächenströme untersucht.

Strombelegte Ebene

In Analogie zur Flächenladung (Abschn. 2.4.5) untersuchen wir das Feld einer konstanten, z-gerichteten Flächenstromdichte J_A auf der Ebene $y = 0$ (Abb. 4.11a). Aufgrund der einheitlichen Stromrichtung ist das Vektorpotential $A_z\,(y)$ ebenfalls z-gerichtet und hängt höchstens vom Abstand senkrecht zur Ebene in y-Richtung ab.

Für einen Abschnitt dx setzen wir das logarithmische Potential (4.19) eines unendlich langen Linienstroms an, womit sich die Integration über z erübrigt:

$$\mathrm{d}A_z = -\frac{\mu J_A \mathrm{d}x}{2\pi} \ln\left(\frac{\rho}{\rho_0}\right).$$

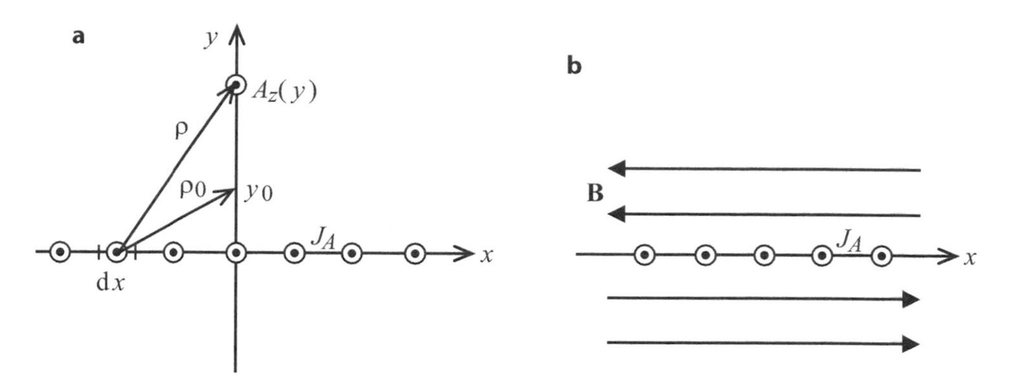

Abb. 4.11 (**a**) Zur Berechnung des Feldes einer strombelegten Ebene (**b**) Homogenes Feld des Flächenstroms

Hierbei bezeichnet ρ_0 den frei wählbaren Bezugsabstand, den wir der Einfachheit halber in einem Punkt y_0 auf der y-Achse legen. Einsetzen der x-und y-Koordinaten liefert als Ergebnis der Integration über $x = -\infty \ldots +\infty$

$$A_z = -\frac{\mu J_A}{4\pi}\int\limits_{-\infty}^{+\infty} \ln\left(\frac{x^2+y^2}{x^2+y_0^2}\right)\mathrm{d}x = -\frac{\mu J_A}{2}(|y| - |y_0|).$$

Anwendung der Rotation (A.59) ergibt:

$$\mathbf{B} = \frac{\partial A_z}{\partial y}\mathbf{e}_x = \mp\frac{\mu J_A}{2}\mathbf{e}_x \quad \text{für} \quad y \gtrless 0.$$

Es handelt sich also um ein homogenes, senkrecht zum Strom gerichtete Magnetfeld (Abb. 4.11b). Entsprechend der Randbedingung (1.53)

$$\mathbf{e}_n \times (\mathbf{H}_2 - \mathbf{H}_1) = \left(H_{1,x} - H_{2,x}\right)\mathbf{e}_z = \mathbf{J}_A,$$

mit $\mathbf{e}_n = \mathbf{e}_y$ und $H_{1,2} = \pm J_A/2$, ändert sich das **H**-Feld beim Durchgang durch die Ebene genau um den Wert J_A.

Axial durchströmte Zylinderoberfläche

Für den in Abb. 4.12a dargestellten, z-gerichteten Flächenstrom J_A auf einer Zylinderoberfläche mit Radius a ist das Vektorpotential ebenfalls z-gerichtet und höchstens von der radialen Koordinate ρ abhängig, d. h.:

$$\mathbf{A} = A_z(\rho)\mathbf{e}_z.$$

Demzufolge sind die magnetischen Feldlinien (A.60)

$$\mathbf{B} = \mathrm{rot}\mathbf{A} = \frac{\partial A_z}{\partial \rho}\mathbf{e}_\phi$$

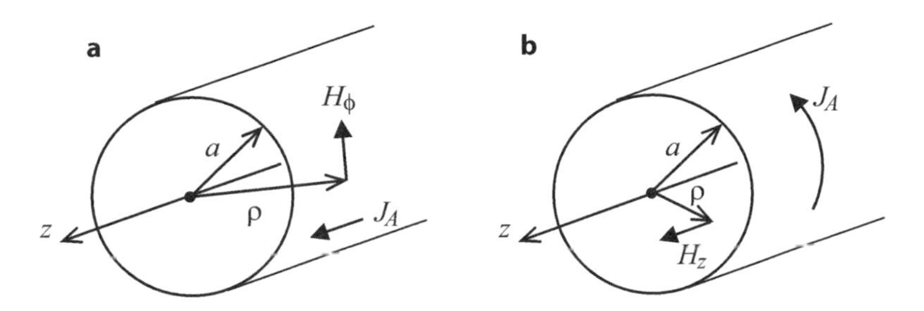

Abb. 4.12 Homogene Strombelegung auf Zylinderoberfläche (**a**) axial (**b**) azimutal

konzentrisch um die Zylinderachse angeordnet. Aufgrund der Zylindersymmetrie ist die Berechnung von **A** nicht notwendig. Außerhalb des Zylinders kann das Magnetfeld direkt durch Auswertung des Ampèreschen Durchflutungsgesetzes (II′) bestimmt werden, wobei sich die Oberflächenintegration über die Volumenstromdichte **J** auf die Integration von $\mathbf{J}_A$ entlang des Zylinderumfangs reduziert:

$$\oint_{\partial A(\rho)} H_\phi(\rho)\ \rho\ \mathrm{d}\phi = \int_0^{2\pi} J_A\ a\ \mathrm{d}\phi \quad ; \ \rho > a.$$

Da sowohl H_ϕ als auch J_A unabhängig von ϕ sind, ist die Lösung beider Integrale trivial, d. h.

$$H_\phi 2\pi\rho = J_A 2\pi a,$$

und wir erhalten für das Magnetfeld außerhalb des Zylinders die Lösung

$$H_\phi = J_A\ \frac{a}{\rho} \quad ; \quad \rho > a.$$

Wegen der $1/\rho$-Abhängigkeit entspricht die Lösung dem Feld eines auf der z-Achse angeordneten, äquivalenten Linienstroms I. Durch Gleichsetzen mit (4.22) erhalten wir hierfür

$$\frac{J_A a}{\rho} = \frac{I}{2\pi\rho} \quad \Rightarrow \quad I = J_A 2\pi a,$$

also den gesamten, kontinuierlich verteilten Strom auf dem Zylindermantel.

Innerhalb des Zylinders können wir mit Hilfe der allgemeinen Randbedingung (1.53)

$$\mathbf{e}_n \times (\mathbf{H}_2 - \mathbf{H}_1) = \mathbf{J}_A$$

mit $\mathbf{e}_n = \mathbf{e}_\rho$, $J_A = \mathbf{e}_z$ schlussfolgern:

$$H_{2,\phi} - H_{1,\phi} = J_A \quad \Rightarrow \quad H_{1,\phi} = 0.$$

Der Innenraum eines auf der Oberfläche axial durchströmten Zylinders unendlicher Länge ist feldfrei.

Azimutal umströmte Zylinderoberfläche

Eine in Umfangsrichtung ϕ konstante Oberflächenstromdichte J_A auf einem Zylindermantel mit Radius a kann als eine Aneinanderreihung unendlicher vieler infinitesimaler Ringströme der Stärke $J_A \mathrm{d}z$ behandelt werden (Abb. 4.12b). Entsprechend der Lösung (4.32) hat das Vektorpotential nur eine ϕ-Komponente, unabhängig von ϕ. Zudem ist es wegen der unbegrenzten Ausdehnung in z-Richtung auch unabhängig von z, d. h.

$$\mathbf{A} = A_\phi(\rho)\, \mathbf{e}_\phi .$$

Daraus resultiert mit (A.60)

$$\mathbf{B} = \mathrm{rot}\, \mathbf{A} = \frac{1}{\rho} \frac{\partial \left(\rho\, A_\phi\right)}{\partial \rho} \mathbf{e}_z$$

ein z-gerichtetes Magnetfeld $\mathbf{H} = H_z \mathbf{e}_z$.

Anwendung des Ampèreschen Durchflutungsgesetzes (II′)

$$\oint\limits_{\partial A(\Delta z)} \mathbf{H}\, \mathrm{ds} = J_A \Delta z$$

für einen Umlauf, der den Strom $J_A \Delta z$ einschließt (Abb. 4.13), liefert

$$H_{1,z} - H_{2,z} = J_A, \tag{4.44}$$

und zwar unabhängig von $0 \leq \rho_1 < a$ und $\rho_2 > a$. Daraus folgt, dass das Feld innerhalb und außerhalb des Zylinders jeweils einen konstanten Wert haben muss.

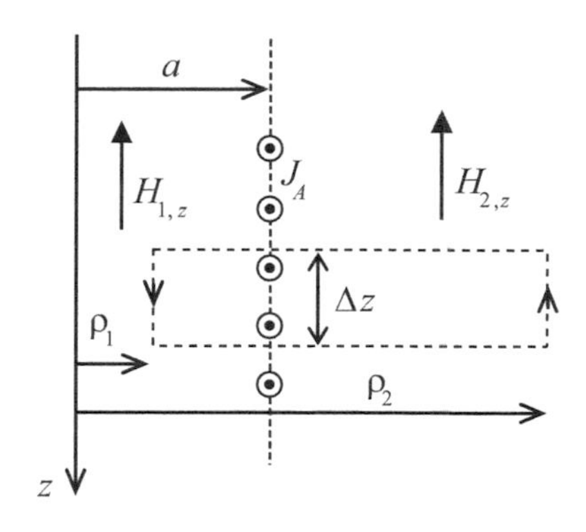

Abb. 4.13 Zur Berechnung des Feldes einer azimutal umströmten Zylinderoberfläche

Innerhalb des Zylinders können wir das Feld auf der Zylinderachse ($\rho = 0$) mit Hilfe der exakten Lösung (4.36) des Ringstroms berechnen. Für einen infinitesimalen Abschnitt dz im Abstand z zu einem beliebigen Aufpunkt setzen wir den differentiellen Beitrag

$$\mathrm{d}H_{1,z} = \frac{J_A \,\mathrm{d}z\, a^2}{2\left(z^2 + a^2\right)^{3/2}}.$$

an und erhalten durch Integration

$$H_{1,z} = \frac{J_A\, a^2}{2} \int_{-\infty}^{+\infty} \frac{\mathrm{d}z}{\left(z^2 + a^2\right)^{3/2}} = \left.\frac{J_A}{2\sqrt{1 + (a/z)^2}}\right|_{-\infty}^{+\infty} = J_A \tag{4.45}$$

also ein homogenes Feld der Stärke J_A. Aus (4.44) folgt unmittelbar $H_{2,z} = 0$, d. h. *der Außenraum eines auf der Oberfläche azimutal umströmten Zylinders unendlicher Länge ist feldfrei.*

4.3.3 Volumenströme

Bei Verteilungen von Volumenstromdichten **J** ist die Integration für das Vektorpotential (4.14) bzw. für das Magnetfeld (4.15) im Allgemeinen über das durchströmte Volumen auszuführen. Im Folgenden werden die drei einfachen Anordnungen des vorangegangenen Abschnitts erneut untersucht, wobei der Strom nun durch ein definiertes Volumen fließen soll. Somit ist die Konfiguration mit einem Oberflächenstrom als Grenzfall eines unendlich dünnen durchströmten Bereichs anzusehen.

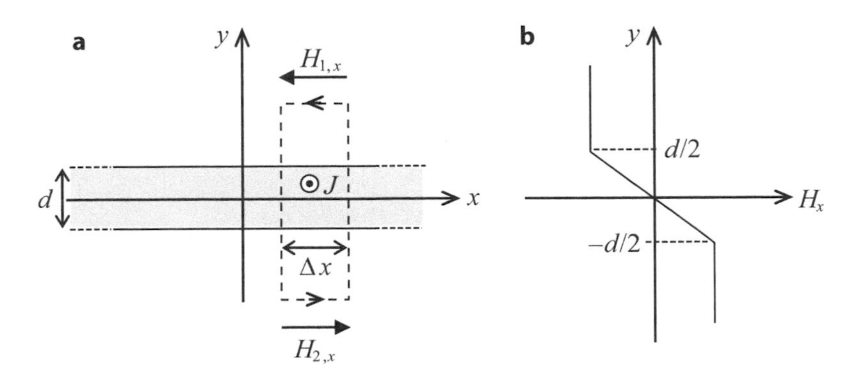

Abb. 4.14 Homogen durchströmte Platte (**a**) Anwendung des Durchflutungsgesetzes (**b**) Feldprofil

Durchströmte Platte

Gegeben ist eine mit der Stromdichte J homogen in z-Richtung durchströmte Platte der Dicke d. Die Ausdehnung in den anderen beiden Dimensionen sei unbegrenzt (Abb. 4.14a). Der Strom durch die Platte kann als eine unendliche Schichtung von Flächenströmen angesehen werden, sodass das Feld wie bei der strombelegten Ebene nur eine x-Komponente hat und einzig von y abhängig ist, d. h.

$$\mathbf{H} = H_x(y)\, \mathbf{e}_x.$$

Die Bestimmung der Feldstärke erfolgt in diesem Fall am einfachsten durch direkte Auswertung des Ampèreschen Durchflutungsgesetztes (II′) entlang eines rechteckigen Pfades der Breite Δx, der die Fläche A senkrecht zur Stromrichtung umschließt (Abb. 4.14a):

$$\oint_{\partial A(y)} \mathbf{H}(y)\, \mathrm{d}\mathbf{s} = \iint_{A(y)} \mathbf{J}\, \mathrm{d}\mathbf{A}.$$

Für einen Umlauf, der die Plattendicke d vollständig einschließt resultiert daraus (Index 1,2 für $y > 0$ bzw. $y < 0$)

$$H_{2,x} - H_{1,x} = J\, d.$$

Wegen der Symmetrie gilt $H_{2,x} = -H_{1,x}$ und wir erhalten für das Feld außerhalb der Platte

$$H_x = \mp \frac{Jd}{2} \quad \text{für} \quad |y| \geq d/2. \tag{4.46}$$

Für den Bereich innerhalb der Platte lassen wir den Pfadabschnitt unterhalb der Platte unverändert und variieren die Höhe y des oberen Abschnitts innerhalb $d/2 \leq y \leq 0$. Der Umlauf gemäß Durchflutungsgesetz ergibt nun mit festem $H_{2,x}$ und der nur zum Teil umschlossenen Plattendicke

$$\frac{Jd}{2} - H_{1,x} = J\,(d/2 + y).$$

Durch Ausnutzung der Symmetrie erhalten wir für das Feld innerhalb der gesamten Platte die Lösung

$$H_x = -Jy \quad \text{für} \quad |y| \leq d/2. \tag{4.47}$$

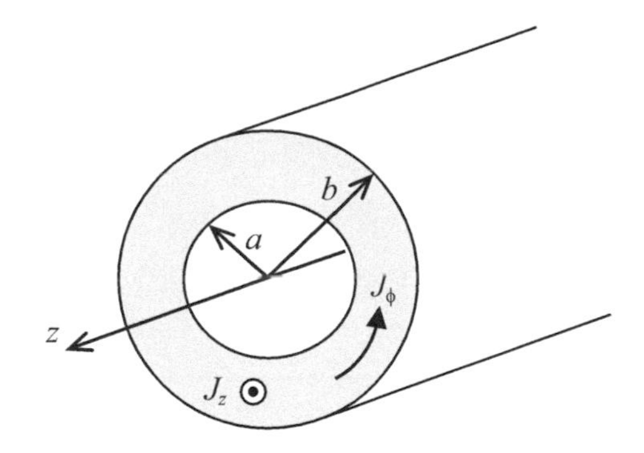

Abb. 4.15 Zur Berechnung des Feldes eines axial bzw. azimutal durchströmten Hohlzylinder

Abb. 4.14b zeigt den Feldstärkeverlauf über die gesamte y-Achse. Wie zu erkennen ist entspricht eine Oberflächenstrombelegung demnach dem Grenzfall $d \to 0$ und $J \to \infty$, mit einer Unstetigkeit bei $y = 0$.

Durchströmter Hohlzylinder

Betrachtet wird ein Hohlzylinder mit Innen- und Außenradius a bzw. $b > a$. Innerhalb der Zylinderwand fließe entweder ein axialer oder ein azimutaler Strom mit der Volumendichte J_z bzw. J_ϕ (Abb. 4.15).

Für den axial durchströmten Hohlzylinder müssen wir im Unterschied zu einer Oberflächenstrombelegung drei Bereiche unterscheiden, wobei der Innenraum ($\rho \leq a$) weiterhin feldfrei ist. Eine entsprechende Auswertung des Durchflutungssatzes (II′) über einen Kreis mit Radius ρ um die z-Achse ergibt

$$\oint_{\partial A(\rho)} \mathbf{H}(\rho)\,\mathrm{d}\mathbf{s} = \iint_{A(\rho)} \mathbf{J}\,\mathrm{d}\mathbf{A} = J_z\pi \begin{cases} 0 & ;\ \rho \leq a \\ \rho^2 - a^2\,; & a \leq \rho \leq b \\ b^2 - a^2\,; & \rho \geq b. \end{cases}$$

Mit Bezug zu einem axialen Oberflächenstrom hat die Feldstärke auch in diesem Fall nur eine von ϕ und z unabhängige ϕ-Komponente und wir erhalten mit $2\,\pi\,\rho\,H_\phi$ für das Ringintegral über $\mathbf{H}$ die Lösung

$$H_\phi = \frac{J_z}{2\rho} \begin{cases} 0 & ;\ \rho \leq a \\ \rho^2 - a^2\,; & a \leq \rho \leq b \\ b^2 - a^2\,; & \rho \geq b\,. \end{cases} \tag{4.48}$$

Außerhalb des Zylinders ($\rho \geq b$) ist das Feld mit dem eines auf der Achse fließenden Linienstroms $I = J_z\pi\,(b^2 - a^2)$, der dem Gesamtstrom in der Zylinderwand entspricht, identisch. Wie der skizzierte Verlauf in Abb. 4.16a zeigt, entspricht eine axiale Oberflächenstrombelegung dem Grenzfall $a \to b$ ($J_z \to \infty$), mit einer Unstetigkeit bei $\rho = a$. Für den Fall eines vollständig durchflossenen, massiven Zylinder ($a = 0$) ist das Feld auf der Achse Null und steigt linear mit ρ an (siehe gestrichelten Verlauf).

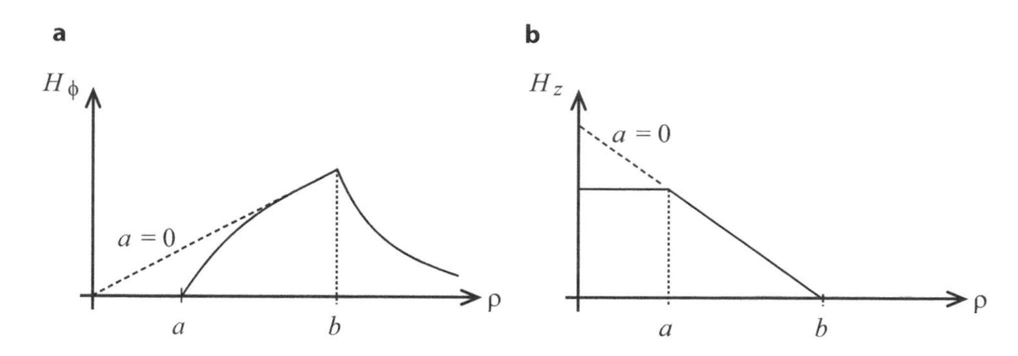

Abb. 4.16 Feldprofil eines homogen durchströmten Hohlzylinders (**a**) axial (**b**) azimutal

Der azimutal durchflossene Zylinder kann als eine Schichtung unendlich vieler Oberflächenstrom-Belegungen innerhalb $a \leq \rho \leq b$ angesehen werden, sodass das Feld im Zylinder einen konstanten, z-gerichteten Wert $H_{1,z}$ hat und außerhalb des Zylinders $H_{2,z} = 0$ gilt. Die Auswertung des Durchflutungsgesetzes (II′) entsprechend (4.44) liefert für einen Umlauf, der den gesamten Wandstrom $J_\phi\, \Delta z(b - a)$ einschließt (Abb. 4.13)

$$H_{1,z} = J_\phi(b - a) + H_{2,z} = J_\phi(b - a).$$

Lassen wir den Pfadabschnitt innerhalb der Zylinderwand unverändert während der Umlauf den Teilstrom $J_\phi\, \Delta z(\rho - a)$ einschließt, so erhalten wir für $H_{2,z}$ innerhalb der Zylinderwand ($a \leq \rho \leq b$)

$$H_{2,z} = H_{1,z} - J_\phi(\rho - a).$$

Insgesamt lautet also die Lösung in den drei Raumbereichen

$$H_z = J_\phi \begin{cases} (b - a)\,; & \rho \leq a \\ (b - \rho)\,; & a \leq \rho \leq b \\ 0 & ; \ \rho \geq b. \end{cases}$$

Wie aus dem skizzierten Verlauf in Abb. 4.16b erkennbar ist, entspricht der Grenzfall $a \to b$ ($J_\phi \to \infty$) einer azimutalen Oberflächenstrombelegung mit einer Unstetigkeit bei $\rho = a$. Für den Fall eines vollständig durchflossenen Zylinders ($a = 0$) sinkt das Feld vom Höchstwert $J_\phi\, b$ auf der Achse linear bis zum Rand auf den Wert Null (siehe gestrichelten Verlauf).

4.4 Energie im magnetostatischen Feld

Die im magnetischen Feld gespeicherte Energie ist allgemein durch Integration der Energiedichte w_M (1.65) über das gegebene Volumen V gegeben. Für ein isotropes und lineares Medium erhält man mit (1.71)

$$W_M = \iiint\limits_V w_M \,\mathrm{d}V = \frac{1}{2} \iiint\limits_V \mathbf{H} \cdot \mathbf{B} \,\mathrm{d}V. \tag{4.49}$$

Für das *magnetostatische Feld* lässt sich auch ein alternatives Energieintegral aufstellen. Mit

$$\mathbf{B} = \operatorname{rot} \mathbf{A}$$

und der Regel (A.69) ergibt sich zunächst

$$W_M = \frac{1}{2} \iiint\limits_V \operatorname{div}(\mathbf{A} \times \mathbf{H}) \,\mathrm{d}V + \frac{1}{2} \iiint\limits_V \mathbf{A} \cdot \operatorname{rot} \mathbf{H} \mathrm{d}V.$$

Anwendung des Gaußschen Integralsatzes (A.81) auf das erste Integral und Einsetzen der differentiellen Form von (II′) ergibt

$$W_M = \frac{1}{2} \oiint\limits_{\partial V} (\mathbf{A} \times \mathbf{H}) \cdot \mathrm{d}\mathbf{A} + \frac{1}{2} \iiint\limits_V \mathbf{A} \cdot \mathbf{J} \,\mathrm{d}V.$$

Bei der Integration über den gesamten Raum mit Strömen im Endlichen nimmt das Vektorpotential $\mathbf{A}$ mindestens mit $1/r$ und $\mathbf{H}$ mindestens mit $1/r^2$ ab, sodass mit $\mathrm{d}A \sim r^2$ das Oberflächeintegral verschwindet und wir erhalten damit für die *magnetostatische Feldenergie* die Formel

$$W_M = \frac{1}{2} \iiint\limits_V \mathbf{J} \cdot \mathbf{A} \,\mathrm{d}V. \tag{4.50}$$

Diese Formel hat gegenüber dem allgemeineren Integral (4.49) den Vorteil, dass nur über die Gebiete zu integrieren ist, in den $\mathbf{J} \neq \mathbf{0}$ ist.

4.5 Die Induktivität

Analog zur Kapazität einer Elektrodenanordnung (Abschn. 2.5), die mit der Feldenergie und dem Vektorfluss verknüpft ist, wird einem *Stromkreis* eine Induktivität L zugeordnet. Man unterscheidet dabei zwischen der *Eigeninduktivität* eines Stromkreises und der *Gegeninduktivität* zwischen zwei Stromkreisen. Die Eigeninduktivität wird noch unterteilt in die *äußere Induktivität,* verbunden mit dem Feld außerhalb des Stromkreises, und der *inneren Induktivität,* die mit auf das Feld innerhalb des stromführenden Leiters bezogen ist. Schließlich lässt sich die äußere Eigen- und Gegeninduktivität in Teilinduktivitäten -auch *partielle Induktivitäten* genannt- für einzelne Stromabschnitte zerlegen.

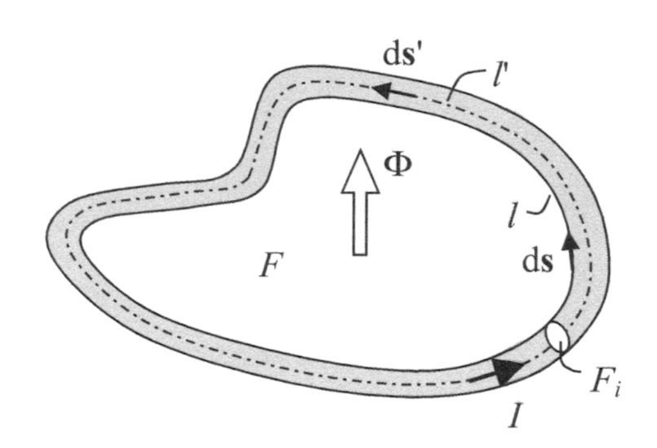

Abb. 4.17 Zur Berechnung der äußeren Induktivität eines Stromkreises

4.5.1 Die äußere Induktivität eines Stromkreises

Betrachtet werde ein Stromkreis beliebiger Form, in dem der Strom I fließt (Abb. 4.17). Wir gehen von einer *Dünndrahtanordnung* aus, d. h. dass der Querschnitt des stromführenden Drahtes $F_i << F$ wesentlich kleiner ist als die umschlossenen Fläche F.

Das Integral (4.50), das über den Volumenstrom im Draht anzuwenden ist, erfasst die gesamte Feldenergie im System. Um die mit dem Feld außerhalb des Drahtes verknüpfte äußere Induktivität zu bestimmen, ersetzen wir $\mathbf{J}$ durch eine auf den Drahtumfang bezogene Oberflächenstromdichte $\mathbf{J}_A$. Nach Abschn. 4.3.2 ist damit der Innenraum des Drahtes feldfrei und wir erhalten für (4.50) mit

$$\mathbf{J}\,\mathrm{d}V = \mathbf{J}_A\,\mathrm{d}A = I\,\mathrm{d}\mathbf{s},$$

lediglich eine Integration entlang der Drahtoberfläche. Hierbei ist dA als Produkt aus Drahtumfang und Längenelement ds zur verstehen, auf das die Richtung des Stromes übergeht. Die Wahl des Integrationspfades ist dabei aufgrund des konstanten Vektorpotentials auf der Drahtoberfläche beliebig. Wir wählen hierfür zweckmäßigerweise den mit l bezeichneten Rand der vom Stromkreis umschlossenen Fläche F (Abb. 4.17):

$$W_M \approx \frac{I}{2} \oint\limits_{l=\partial F} \mathbf{A} \cdot \mathrm{d}\mathbf{s}. \tag{4.51}$$

Das Ringintegral über $\mathbf{A}$ erweist sich durch Umformung mit Hilfe des Stokesschen Integralsatzes (A.80)

$$\oint\limits_{\partial F} \mathbf{A} \cdot \mathrm{d}\mathbf{s} = \iint\limits_{F} \mathrm{rot}\,\mathbf{A} \cdot \mathrm{d}\mathbf{F} = \iint\limits_{F} \mathbf{B} \cdot \mathrm{d}\mathbf{F} = \Phi$$

als der *magnetische Fluss* Φ durch die vom Stromkreis umschlossene Fläche F.

Führen wir nun die äußere Induktivität des Stromkreises ein, als das Verhältnis zwischen Φ und I

$$L = \frac{\Phi}{I} = \frac{1}{I} \iint\limits_F \mathbf{B} \cdot \mathrm{d}\mathbf{F} = \frac{1}{I} \oint\limits_{\partial F} \mathbf{A} \cdot \mathrm{d}\mathbf{s}; \quad [L] = \mathrm{V\,s/A} = \mathrm{Henry(H)}, \tag{4.52}$$

so erhalten wir für die Feldenergie außerhalb des Drahtes die Formel

$$W_M = \frac{1}{2} I^2 L, \tag{4.53}$$

die auch umgekehrt zur alternativen Bestimmung von L aus der Feldenergie (4.49) im felderfüllten Volumen V verwendet werden kann:

$$L = \frac{2\,W_M}{I^2} = \frac{1}{I^2} \iiint_V \mathbf{H} \cdot \mathbf{B}\, \mathrm{d}V. \tag{4.54}$$

Gl. (4.52) kann auch explizit angegeben werden, indem wir gemäß Dünndrahtnäherung für die Berechnung des Vektorpotentials den Volumenstrom im Draht als Linienstrom auf der Drahtachse l' ansetzen, sodass wir im freien Raum mit (4.16)

$$\mathbf{A} = \frac{\mu I}{4\pi} \oint\limits_{l'} \frac{\mathrm{d}\mathbf{s}'}{|\mathbf{r} - \mathbf{r}'|} \tag{4.55}$$

die *Neumannsche Formel* für die äußere Induktivität eines Stromkreises erhalten:

$$L = \frac{\mu}{4\pi} \oint\limits_{l} \oint\limits_{l'} \frac{\mathrm{d}\mathbf{s}\, \mathrm{d}\mathbf{s}'}{|\mathbf{r} - \mathbf{r}'\,|}. \tag{4.56}$$

4.5.2 Die innere Induktivität eines Stromkreises

Die auf die magnetische Energie $W_{M,i}$ innerhalb des Drahtes bezogene innere Induktivität ist mit Bezug zu (4.53) gegeben durch

$$L_i = \frac{2\,W_{M,i}}{I^2} = \frac{1}{I^2} \iiint_{V_i} \mathbf{H} \cdot \mathbf{B}\, \mathrm{d}V. \tag{4.57}$$

Hierbei ist die Energiedichte über das gesamte Drahtvolumen V_i zu integrieren. Eine Bestimmung von L_i über die Flussdefinition (4.52) ist nicht sinnvoll, da die vom magnetischen Fluss durchsetzte Fläche nicht eindeutig definiert ist.

Insgesamt ergibt sich die gesamte Induktivität des Stromkreises als Summe über die äußere und innere Induktivität, d. h.

$$L_{ges} = L + L_i.$$

In vielen praktischen Fällen überwiegt die äußere Induktivität gegenüber der inneren, sodass letztere in erster Näherung vernachlässigt werden kann.

Beispiel 4.3: Die Induktivität eines Kreisrings

Für einen Drahtring mit Radius a und Drahtradius r_0 soll die äußere und die innere Induktivität berechnet werden. Anwendung der Definition (4.52) ergibt mit dem ϕ-gerichteten Vektorpotential (4.32) $A_\phi(\rho,z)$ entlang des inneren Umfangs mit $\phi = a - r_0$ und $z = 0$

$$L = \frac{1}{I} 2\pi \, (a - r_0) \, A_\phi(a - r_0, 0).$$

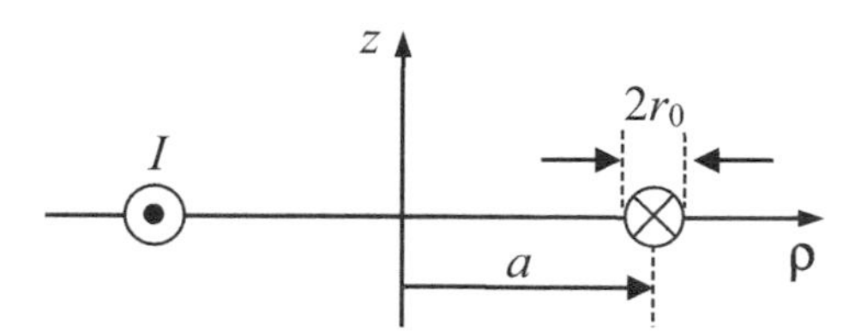

Einsetzen von (4.32) liefert als exaktes Ergebnis zunächst

$$L = \mu(2a - r_0)\left[\left(1 - \frac{k^2}{2}\right)\mathrm{F}\left(\frac{\pi}{2}, k\right) - \mathrm{E}, \left(\frac{\pi}{2}, k\right)\right].$$

Im Rahmen der Dünndrahtnäherung $r_0/a << 1$ gilt für den Parameter k (4.31)

$$k^2 = \frac{4a\rho}{z^2 + (\rho + a)^2} = \frac{4a(a - r_0)}{(2a - r_0)^2} = \frac{1 - r_0/a}{\left(1 - \frac{r_0}{2a}\right)^2} \quad \to \quad 1,$$

womit folgende Näherungen zulässig sind:

$$\begin{aligned} &1 - k^2/2 \quad \to \quad 1/2 \\ &\mathrm{F}\left(\frac{\pi}{2}, k\right) \simeq \ln\left(\frac{4}{\sqrt{1 - k^2}}\right) \quad \text{und} \quad \mathrm{E}\left(\frac{\pi}{2}, k\right) \simeq 1. \end{aligned}$$

Einsetzen in die exakte Lösung für L ergibt mit

$$\frac{1}{\sqrt{1 - k^2}} \approx \frac{1 - r_0/2a}{r_0/2a}$$

die Näherung

$$L \approx \mu a\left[\ln\left(\frac{8a}{r_0} - 4\right) - 2\right] \approx \mu a[\ln(8a/r_0) - 2]; \quad \text{für } 8a/r_0 \gg 4.$$

Zur Bestimmung der inneren Induktivität gemäß (4.57) ist mit

$$\mathbf{B} = \mu \mathbf{H}$$

das Volumenintegral über das Drahtvolumen V_i

$$L_i = \frac{\mu}{I^2} \iiint\limits_{V_i} H^2 \mathrm{d}V$$

bzw. für eine *längenbezogene innere Induktivität* L_i' das Integral

$$L_i' = \frac{\mu}{I^2} \iint\limits_{A_i} H^2 \mathrm{d}A$$

über den Drahtquerschnitt A_i zu berechnen. Mit der ϕ-gerichteten Feldstärke aus (4.48) mit $a = 0$, $b = r_0$ und $J_z = I/(\pi\, r_0^2)$

$$H_\phi = \frac{I}{2\pi r_0{}^2}\rho$$

ergibt die Integration

$$L_i' = \frac{\mu}{4\pi^2 r_0{}^4} \int\limits_{\phi=0}^{2\pi} \int\limits_{\rho=0}^{r_0} \rho^3 \mathrm{d}\rho\, \mathrm{d}\phi$$

das vom Leiterradius unabhängige Ergebnis

$$L_i' = \frac{\mu}{8\pi}. \tag{4.58}$$

Beispielsweise resultiert für einen Kupferdraht ($\mu \approx \mu_0$) der Wert $L_i \approx 0{,}5$ nH/cm.

Für die Gesamtinduktivität des Ringes erhalten wir mit

$$L_i = 2\pi a L_i' = \mu a/4$$

$$L_{ges} = L + L_i \approx \mu a \left[\ln\left(8a/r_0\right) - \frac{7}{4} \right] \approx L.$$

Der Anteil von L_i an L_{ges} beträgt dabei beispielsweise schon für $a/r_0 = 10$ etwa 10 % und für $a/r_0 = 100$ ca. 5 %. ◀

Beispiel 4.4: Die Induktivität der Bandleitung

Eine Bandleitung besteht aus zwei rechteckigen Leitern der Breite w, die im Abstand h parallel zueinander angeordnet und von einem Medium mit der Permeabilität μ getrennt sind.

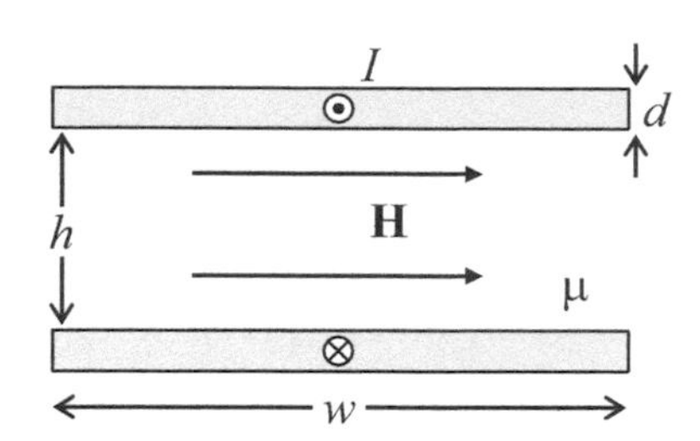

Unter der Voraussetzung, dass *h sehr viel kleiner ist als die Leiterbreite w,* lässt sich das Feld **H** zwischen den Leitern in guter Näherung durch Überlagerung des Homogenfeldes zweier gegensätzlich durchströmter Platten unbegrenzter Ausdehnung (Abschn. 4.3.2) approximieren. Hierbei kann die Abweichung in der Nähe der Plattenränder umso mehr vernachlässigt werden, umso kleiner das Verhältnis h/w ist.

Die äußere Induktivität der Bandleitung berechnet sich gemäß (4.52) durch Integration des magnetischen Flusses zwischen den Leitern. In diesem Fall soll die auf die Leitungslänge bezogene Induktivität L' bestimmt werden, sodass die Integration in Leitungsrichtung entfällt. Wir erhalten mit dem homogenen Feld H die einfache Lösung

$$L' = \frac{1}{I}\int_F B \, \mathrm{d}s = \frac{1}{I}\mu H h.$$

Für H ergibt sich durch Addition der beiden homogenen Einzelfelder (4.46) gleichen Betrags und Richtung mit $J = I/(w\,d)$

$$H = 2\frac{Jd}{2} = \frac{I}{w}.$$

Einsetzen ergibt als Lösung für die äußere, längenbezogene Induktivität

$$L' = \mu\frac{h}{w}.$$

Die Bestimmung der inneren Induktivität der Bandleitung führt gemäß (4.57) auf die Berechnung der Feldenergie innerhalb des Leitervolumens. Für die längenbezogen, innere Induktivität L_i' ist die Integration lediglich über den Leiterquerschnitt $A_i = d\,w$ auszuführen und mit dem Faktor Zwei zu multiplizieren, d. h.:

$$L_i' = 2\frac{\mu}{I^2}\iint_{A_i} H_i^2 \mathrm{d}A = \frac{2\mu w}{I^2}\int_{-d/2}^{+d/2} H_i^2(y)\,\mathrm{d}y.$$

Beispielsweise innerhalb des oberen Leiters ergibt sich das Feld H_i durch Überlagerung des eigenen ortsabhängigen Feldes (4.47) und des homogenen Feldes (4.46) des unteren Leiters zu

$$H_i = -J\,y + J\,d/2 = \frac{I}{d\,w}(d/2 - y).$$

Hierbei beziehen wir uns auf das in Abb. 4.14a dargestellte Koordinatensystem mit Ursprung in Plattenmitte. Einsetzen und Ausführen der Integration liefert als Lösung für die innere längenbezogen Induktivität der Bandleitung die Lösung

$$L_i' = \frac{2}{3}\mu\frac{d}{w}.$$

Die gesamte längenbezogene Induktivität der Bandleitung ergibt sich durch Addition der inneren und äußeren Induktivität zu

$$L\prime_{ges} = L' + L_i' = \frac{\mu}{w}(h + 2d/3) \approx \mu\frac{h}{w} \quad ; \qquad \text{für } d \ll h.$$

Auch in diesem Fall dominiert bei relativ dünnen Leitern die äußere Induktivität gegenüber der inneren. ◀

Beispiel 4.5: Die Induktivität einer Drahtspule (Solenoid)

Auf einem runden Kernmaterial mit Radius a und Permeabilität μ ist ein Draht aufgewickelt, indem der Strom I fließt. Vorausgesetzt dass der Spulendraht relativ dünn, gleichmäßig und dicht aufgewickelt ist, entspricht das Feld in der Spule in guter Näherung dem Innenfeld eines von einer Oberflächenstromdichte J_A azimutal umströmten Zylinders gleichen Radius (Abschn. 4.3.2). Bezeichnen wir $N' = \Delta N/\Delta l$ als die Anzahl der Drahtwindungen pro Länge entlang der Spule, so beträgt das axial gerichtete, homogene Feld innerhalb der Spule entsprechend Gl. (4.45)

$$H = J_A = N'I.$$

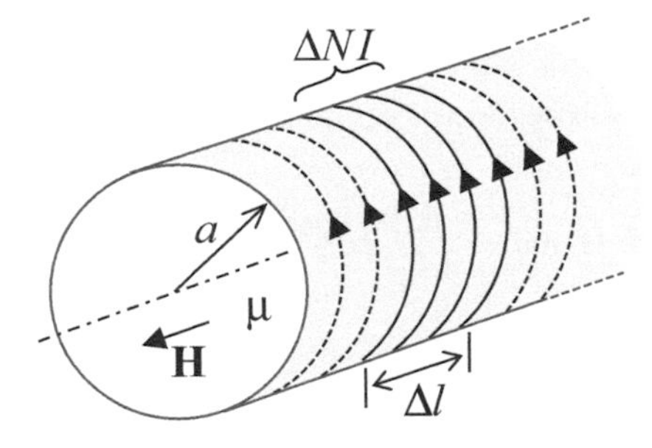

Gemäß (4.52) erhalten wir für die längenbezogene (äußere) Induktivität der Spule das einfache Ergebnis

$$L' = N'\frac{1}{I}\iint\limits_F \mathbf{B}\cdot d\mathbf{F} = N'\frac{1}{I}\mu N' I \pi a^2 = \mu\left(N'\right)^2 \pi a^2$$

Hierbei ist die Formel (4.52) mit N' zu multiplizieren, da der Fluss N-mal pro Länge den gesamten Stromkreis durchsetzt.

Ausgehend von der Definition (4.54) ist in diesem Fall die alternative Berechnung von L' über die Feldenergie ebenfalls einfach:

$$L_i' = \frac{1}{I^2} \iint_F \mathbf{H} \cdot \mathbf{B} \mathrm{d}F = \frac{1}{I^2} \iint_F H^2 \mathrm{d}F = \mu \left(N'\right)^2 \pi a^2.$$

Mit (4.58) beträgt die längenbezogene innere Induktivität der Spule

$$L_i' = N' \frac{\mu}{8\pi} 2\pi\, a = \frac{N' \mu_0 a}{4},$$

wobei für die Permeabilität der üblicherweise verwendeten Leitermaterialien $\mu \approx \mu_0$ gesetzt werden kann. Für die Gesamtinduktivität der Spule erhalten wir somit

$$L'_{ges} = L' + L_i' = \mu_0 N' a \left(1/4 + \mu_r N' \pi a\right) \approx L'.$$

Bei einer dichten Bewicklung ist $N'a >> 1$, sodass bereits bei einer kernlosen Spule ($\mu_r \approx 1$) die innere Induktivität in erster Näherung vernachlässigt werden kann.

Für eine reale Spule mit endlicher Länge $l >> a$ und Windungszahl N erhalten wir durch Vernachlässigung der Feldänderung an den Spulenenden mit $N' = N/l$ die Näherung

$$L \approx L' l = \frac{\mu \pi\, a^2 N^2}{l}. \quad ◀ \tag{4.59}$$

Beispiel 4.6: Die Induktivität einer Ringspule (Toroid)

Ein Toroid mit der Windungszahl N entspricht einer zu einem Ring geschlossenen Zylinderspule mit Innen- und Außenradius ρ_i bzw. ρ_a. Das magnetische Feld H_ϕ innerhalb des Ringkernes mit Querschnitt $h\,(\rho_a - \rho_i)$ verläuft demnach in konzentrischen Kreisen. Ein Umlauf nach dem Ampèreschen Durchflutungsgesetz (II′) mit Radius ρ innerhalb des Kerns schließt den N-fachen Drahtstrom I ein:

$$\oint \mathbf{H} \cdot \mathrm{d}\mathbf{s} = \int_0^{2\pi} H_\phi \rho \mathrm{d}\phi = 2\pi \rho H_\phi = NI.$$

Daraus resultiert für das Magnetfeld

$$H_\phi(\rho) = \frac{I\,N}{2\pi\rho}; \quad \rho_a \geq \rho \geq \rho_i.$$

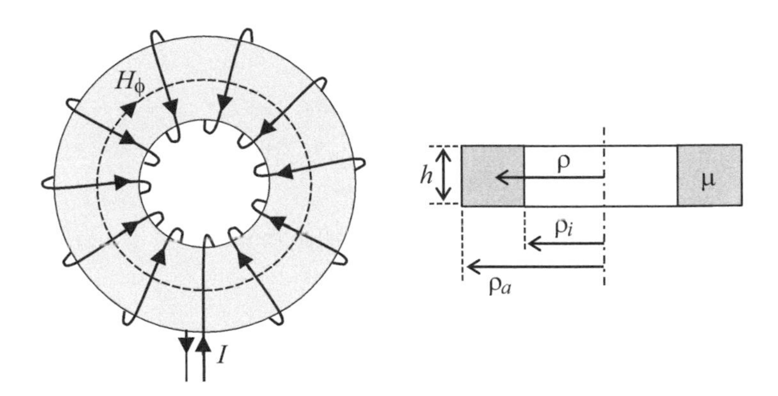

Berechnen wir die Induktivität über die Energie (4.54), so erhalten wir durch Integration über das Ringkern-Volumen

$$L = \frac{\mu}{I^2} \int_0^h \int_0^{2\pi} \int_{\rho_i}^{\rho_a} H^2(\rho)\rho\mathrm{d}\rho\mathrm{d}\phi\mathrm{d}z = N^2 \frac{\mu h}{2\pi} \ln\left(\frac{\rho_a}{\rho_i}\right). \tag{4.60}$$

Als Abschätzung der inneren Induktivität L_i des Drahtes multiplizieren wir (4.58) mit dem N-fachen des Kernumfangs $2(h + \rho_a - \rho_i)$ und erhalten für das Verhältnis zur äußeren Induktivität

$$\frac{L_i}{L} \approx \frac{(\rho_a - \rho_i)/h + 1}{2N\,\mu_r \ln(\rho_a/\rho_i)} \ll 1,$$

wobei übliches Drahtmaterial mit $\mu \approx \mu_0$ angenommen wird. Selbst bei einem unmagnetischen Ringkern ($\mu_r = 1$) und nicht allzu hoher Windungszahl N ist also auch bei der Ringspule die innere Induktivität des Drahtes vernachlässigbar. ◀

4.5.3 Die Gegeninduktivität zwischen Stromkreisen

Betrachtet wird ein System aus N beliebig im Raum angeordneten Stromkreisen, die jeweils die Fläche F_i ($i = 1 \dots N$) einschließen und vom Strom I_i durchflossen werden (Abb. 4.18). Ausgehend von Gl. (4.51) ergibt sich die gesamte magnetische Feldenergie

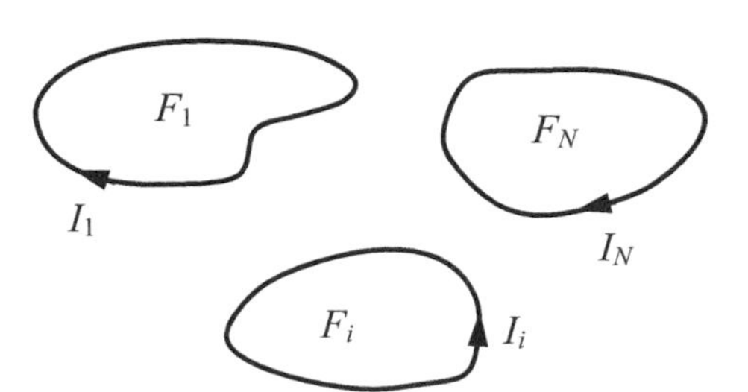

Abb. 4.18 System aus N Stromkreisen (schematisch)

W_M außerhalb der stromführenden Drahtleiter als Summe über die Integration des Vektorpotentials $\mathbf{A}$ entlang aller umschlossenen Flächen ∂F_i :

$$W_M = \frac{1}{2} \sum_{i=1}^{N} I_i \oint_{l_i = \partial F_i} \mathbf{A} \cdot \mathrm{d}\mathbf{s}. \tag{4.61}$$

Hierbei bezeichnet $\mathbf{A}$ das von allen Stromkreisen $(k = 1 \ldots N)$ produzierte Vektorpotential

$$\mathbf{A} = \sum_{k=1}^{N} \mathbf{A}_k = \frac{\mu}{4\pi} \sum_{k=1}^{N} I_k \oint_{l_k} \frac{\mathrm{d}\mathbf{s}'}{|\mathbf{r} - \mathbf{r}'|},$$

wobei gemäß Dünndrahtnäherung (4.55) über die Drahtachse l_k zu integrieren ist. Einsetzen in (4.61) ergibt durch Einführung der *Induktionskoeffizienten*

$$L_{ik} = \frac{1}{I_k} \oint_{l_i} \mathbf{A}_k \cdot \mathrm{d}\mathbf{s} = \frac{\mu}{4\pi} \oint_{l_i} \oint_{l_k} \frac{\mathrm{d}\mathbf{s}' \, \mathrm{d}\mathbf{s}}{|\mathbf{r} - \mathbf{r}'|} \tag{4.62}$$

für die Feldenergie im System

$$W_M = \frac{1}{2} \sum_{i=1}^{N} \sum_{k=1}^{N} I_i I_k L_{ik}. \tag{4.63}$$

Die Induktionskoeffizienten (4.62) stellen als Verallgemeinerung der Neumannschen Formel (4.56) im Falle das $i = k$ ist, die *Eigeninduktivität* des einzelnen Stromkreises und für $i \neq k$ die *Gegeninduktivität* zwischen Stromkreis i und k dar. Für die Induktionskoeffizienten gilt *Reziprozität,* d. h. $L_{ik} = L_{ki}$, wie aus der Invarianz von Gl. (4.62) gegenüber der Vertauschung von i und k direkt hervorgeht. Die beiden Integrationen in Gl. (4.62) sind auf die Stromrichtung in den beiden Kreisen bezogen, sodass L_{ik} ein positives oder ein negatives Vorzeichen haben kann.

Aus (4.63) lassen sich umgekehrt aus der Feldenergie im System durch

$$L_{ik} = \frac{\partial^2 W_M}{\partial I_i \partial I_k}$$

die Induktionskoeffizienten bestimmen. Auch die alternative Berechnung über die entsprechenden magnetischen Teilflüsse durch die einzelnen Stromkreise ist möglich. Die Erweiterung von (4.61)

$$W_M = \frac{1}{2} \sum_{i=1}^{N} I_i \oint_{\partial F_i} \mathbf{A} \cdot \mathrm{d}\mathbf{s} = \frac{1}{2} \sum_{i=1}^{N} I_i \sum_{k=1}^{N} \oint_{\partial F_i} \mathbf{A}_k \cdot \mathrm{d}\mathbf{s}$$

führt mit (4.52)

$$\oint_{\partial F_i} \mathbf{A}_k \cdot \mathbf{ds} = \Phi_{ik}$$

als den magnetischen Fluss durch Stromkreis i, hervorgerufen durch den Strom im Kreis k, durch Definition der Induktionskoeffizienten

$$L_{ik} = \frac{\Phi_{ik}}{I_k} \tag{4.64}$$

auf das Ergebnis (4.63).

Der gesamte magnetische Fluss durch den i-ten Stromkreis setzt sich aus der Summe aller Teilflüsse zusammen, d. h.

$$\Phi_i = \sum_{k=1}^{N} \Phi_{ik} = \sum_{k=1}^{N} I_k \, L_{ik} .$$

Dies lässt sich durch Einführung der *Induktivitätsmatrix* [L]

$$[L] = \begin{bmatrix} L_{11} & L_{12} & \cdots & L_{1N} \\ L_{21} & L_{22} & \cdots & L_{2N} \\ \vdots & \vdots & \ddots & \vdots \\ L_{N1} & L_{N2} & \cdots & L_{NN} \end{bmatrix}$$

als lineares Gleichungssystem

$$(\Phi) = [L] \, (I)$$

zusammenfassen, wobei die Induktivitätsmatrix $[L]$ aufgrund der Reziprozität $L_{ik} = L_{ki}$ *symmetrisch* ist.

Daraus folgt als alternative Berechnungsmöglichkeit für die Induktionskoeffizienten über den Fluss

$$L_{ik} = \frac{\partial \Phi_i}{\partial I_k} \quad \text{bzw.} \quad L_{ik} = \left. \frac{\Phi_i}{I_k} \right|_{I_{i \neq k} = 0} .$$

Beispiel 4.7: Gegeninduktivität koaxialer Kreisringe

Gegeben sind zwei sich parallel im Abstand h gegenüberstehende ringförmige Stromkreise mit den Radien a und b. Für die Gegeninduktivität $M = L_{12} = L_{21}$ (Reziprozität) wählen wir entsprechend Gl. (4.62) den Ansatz

$$M = \frac{1}{I_1} \oint_{l_2} \mathbf{A}_1 \cdot \mathrm{d}\mathbf{s},$$

bei dem das Vektorpotential $\mathbf{A}_1$ des Stromes I_1 im Stromkreis „1“ entlang der von Stromkreis „2“ umschlossenen Flächen zu integrieren ist.

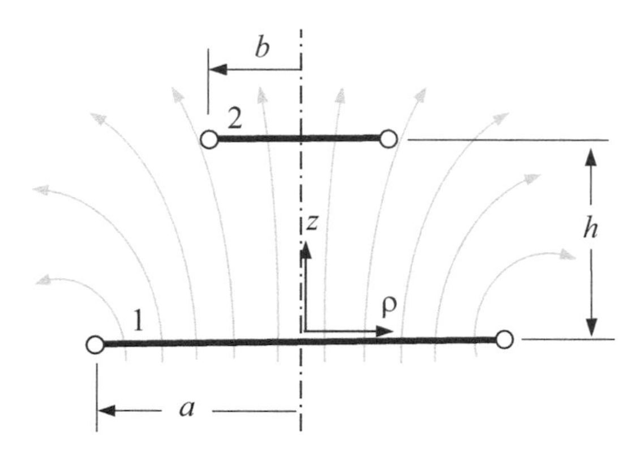

Für das Vektorpotential eines ringförmigen Stromes können wir das exakte Ergebnis (4.32) verwenden, wobei wir uns der Einfachheit auf die Näherung (4.34)

$$A_\phi(\rho, z) \approx \frac{\mu I a^2}{4} \frac{\rho}{\left(z^2 + (\rho + a)^2\right)^{3/2}}$$

für

$$k^2 = \frac{4\,\rho/a}{(z/a)^2 + (\,\rho/a + 1\,)^2} \ll 1$$

beschränken wollen. Beispielsweise liegt der Fehler für einen vertikalen Abstand $z > 3a$ und einen radialen Abstand $\rho < a/3$ ($k^2 < 0{,}12$) unterhalb 10 %. Ausführung der Integration liefert für die Gegeninduktivität für den Fall $b << a$ das Näherungsergebnis

$$M = \frac{1}{I_1} \oint_{s_2} \mathbf{A}_1 \cdot \mathrm{d}\mathbf{s} = \frac{2\pi b}{I_1} A_\phi(b, h) \approx \frac{\mu \pi}{2} \frac{a^2 b^2}{\left[h^2 + (a+b)^2\right]^{3/2}}$$

$$\approx \frac{\mu \pi}{2} \frac{a^2 b^2}{\left(h^2 + a^2\right)^{3/2}}.$$

Zum gleichen Ergebnis gelangen wir über die Flussdefinition (4.64), wenn wir für die magnetische Flussdichte den Wert (4.35)

$$B_z = \frac{\mu I a^2}{2\left(\,z^2 + a^2\right)^{3/2}}$$

auf der Ringachse verwenden. Integration über die Fläche von Stromkreis „2" mit Radius b liefert

$$M = \frac{\Phi_{21}}{I_1} = \frac{1}{I_1} \iint\limits_{F_2} \mathbf{B}_1 \cdot \mathrm{d}\mathbf{F} \approx B_{1,z} F_2 = \frac{\mu \pi}{2} \frac{a^2 b^2}{\left(h^2 + a^2\right)^{3/2}}. \qquad ◀$$

Beispiel 4.8: Gegeninduktivität paralleler Doppelleitungen

Wir betrachten eine häufig anzutreffende Leitungsanordnung, bestehend aus zwei parallelen Dopelleitungen, die jeweils aus einem Hin- und Rückleiter a und b bzw. c und d bestehen.

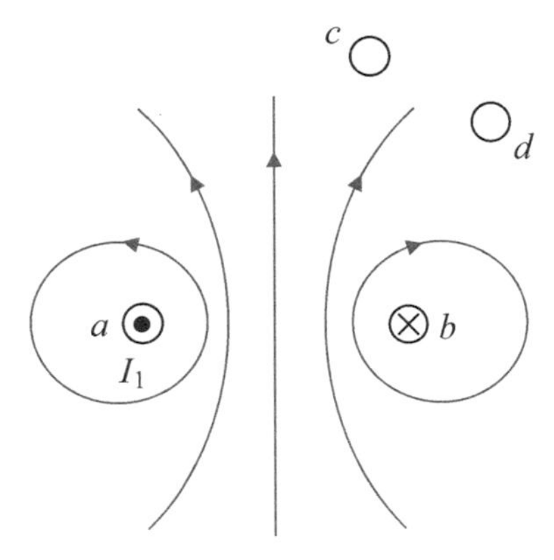

Für die Bestimmung der *längenbezogenen* Gegeninduktivität M' zwischen den beiden Doppelleitungen entfällt in (4.62) die Integration des Vektorpotentials entlang der Leiter und wir erhalten beispielsweise mit dem z-gerichteten Vektorpotential A_1 des Stromes I_1 in den Leitern a und b entlang der Leiter c und d

$$M' = \frac{1}{I_1}\left(A_{1,c} - A_{1,d}\right).$$

Einsetzen des logarithmischen Vektorpotentials (4.19) des unendlichen langen Linienstromes für die jeweils gegensinnigen Beiträge von I_1 in den Leitern a und b im Abstand ρ_{ac} und ρ_{bc} bzw. ρ_{ad} und ρ_{bd} ergibt

$$M' = -\frac{\mu}{2\pi}\left[\ln\left(\frac{\rho_{ac}}{\rho_0}\right) - \ln\left(\frac{\rho_{bc}}{\rho_0}\right) - \ln\left(\frac{\rho_{ad}}{\rho_0}\right) + \ln\left(\frac{\rho_{bd}}{\rho_0}\right)\right],$$

bzw.

$$M' = \frac{\mu}{2\pi} \ln\left(\frac{\rho_{bc}\,\rho_{ad}}{\rho_{ac}\,\rho_{bd}}\right).$$

Eine alternative Berechnung der Gegeninduktivität über die Flussdefinition (4.64) wäre aufgrund der notwendigen Integration über den Leitungsquerschnitt wesentlich aufwendiger. ◄

4.5.4 Partielle Induktivitäten

Der Induktivitätskoeffizient zwischen zwei Stromkreisen bzw. eines Stromkreises lässt sich in Analogie zu den Teilkapazitäten zwischen Teilen einer Leiteranordnung in Teil- oder sog. partielle Induktivitätskoeffizienten zerlegen. Dies soll am Beispiel von drahtförmigen Strukturen hergeleitet werden. Ausgangspunkt dafür ist die Neumannsche Formel (4.62)

$$L_{ik} = \frac{\mu}{4\pi} \oint_{l_i} \oint_{l_k} \frac{\mathrm{d}\mathbf{s}\,\mathrm{d}\mathbf{s}'}{|\mathbf{r} - \mathbf{r}'|} \tag{4.65}$$

für die Gegeninduktivität zwischen zwei Stromkreisen i und k (Abb. 4.19) bzw. der Eigeninduktivität eines Stromkreises ($i = k$).

Wie in Abb. 4.19 dargestellt, lassen sich die beiden Stromkreise in eine beliebige Anzahl Segmente der Länge Δl_m ($m = 1 \dots M$) bzw. Δl_n ($n = 1 \dots N$) zerlegen. Damit gehen in (4.65) die beiden Integrationen entlang der geschlossenen Stromkreispfade l_i und l_k jeweils über in die Summe der Teilintegrale über die Segmente, d. h.:

$$\oint_{l_k} \dots \mathrm{d}\mathbf{s}' \rightarrow \sum_{n=1}^{N} \int_{\Delta l_n} \dots \mathrm{d}\mathbf{s}'$$

$$\oint_{l_i} \dots \mathrm{d}\mathbf{s} \rightarrow \sum_{m=1}^{M} \int_{\Delta l_m} \dots \mathrm{d}\mathbf{s}.$$

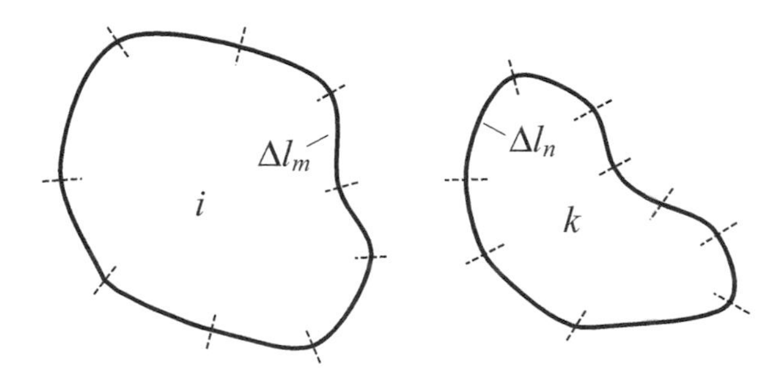

Abb. 4.19 Segmentierung zweier Stromkreise zur Berechnung der Teilinduktivitäten zwischen den Segmenten

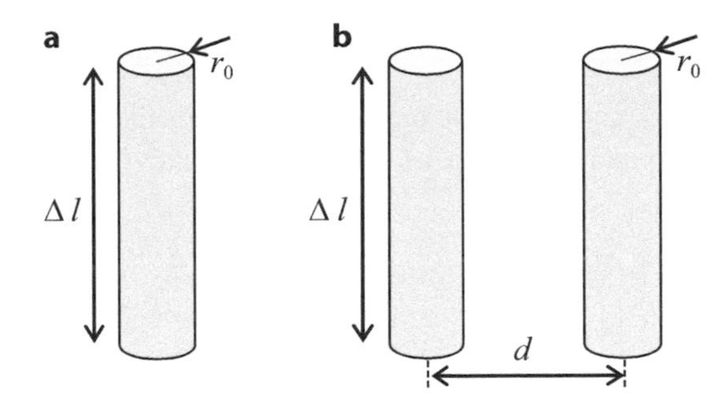

Abb. 4.20 Zur partiellen Induktivität eines dünnen Drahtabschnittes (**a**) bzw. zwischen zwei parallelen Abschnitten gleicher Länge (**b**)

Daraus folgt

$$L_{ik} = \frac{\mu}{4\pi} \sum_{m=1}^{M} \sum_{n=1}^{N} \int_{\Delta l_m} \int_{\Delta l_n} \frac{\mathrm{d}s' \mathrm{d}s}{|\mathbf{r} - \mathbf{r}'|} = \sum_{m=1}^{M} \sum_{n=1}^{N} L_{p,mn}, \tag{4.66}$$

mit den partiellen Induktivitäten jeweils zwischen dem m-ten und n-ten Segment

$$L_{p,mn} = \frac{\mu}{4\pi} \int_{\Delta l_m} \int_{\Delta l_n} \frac{\mathrm{d}s' \mathrm{d}s}{|\mathbf{r} - \mathbf{r}'|}. \tag{4.67}$$

Wie hieraus direkt durch Vertauschung der Integrationsreihefolge ersichtlich ist, gilt auch für die partiellen Induktivitäten Reziprozität, d. h. $L_{p,mn} = L_{p,nm}$.

Mit Hilfe der Teilinduktivitäten lässt sich nach (4.66) die Induktivität von beliebigen Leitergeometrien durch geeignete Segmentierung, z. B. mit geradlinigen Abschnitten, systematisch berechnen. Beispielsweise erhält man aus (4.67) für einen Drahtabschnitt der Länge Δl und Radius r_0, bzw. für zwei parallele Abschnitte der gleichen Länge im Abstand d im Rahmen einer Dünndrahtnäherung, d. h. $r_0 << \Delta l, d$ (Abb. 4.20)

$$L_{p,mn} = \frac{\mu}{4\pi} \int_{\Delta l_m} \int_{\Delta l_n} \frac{\mathrm{d}z\, \mathrm{d}z'}{\sqrt{\rho_{mn}^2 + (z - z')^2}} \quad ; \quad \rho_{mn} = \begin{cases} r_0 \; ; \; m = n \\ d \; ; \; m \neq n \end{cases}.$$

Die Lösung des Integrals ergibt

$$L_{p,mn} = \frac{\mu}{2\pi} \Delta l \left(\ln \left(\frac{\Delta l}{\rho_{mn}} + \sqrt{\left(\frac{\Delta l}{\rho_{mn}}\right)^2 + 1} \right) + \frac{\rho_{mn}}{\Delta l} - \sqrt{\left(\frac{\rho_{mn}}{\Delta l}\right)^2 + 1} \right). \tag{4.68}$$

Für die partielle Eigeninduktivität lässt sich dieser Ausdruck mit $r_0 << \Delta l$ noch zusätzlich vereinfachen zu

$$L_{p,nn} \approx \frac{\mu}{2\pi} \Delta l \left(\ln \left(\frac{2\Delta l}{r_0} \right) - 1 \right). \tag{4.69}$$

Beispiel 4.9: Eigeninduktivität einer rechteckigen Leiterschleife

Gegeben sei eine rechteckige Leiterschleife mit Drahtradius r_0 und den Abmessungen a und b. Gesucht ist die äußere Induktivität L der Schleife.

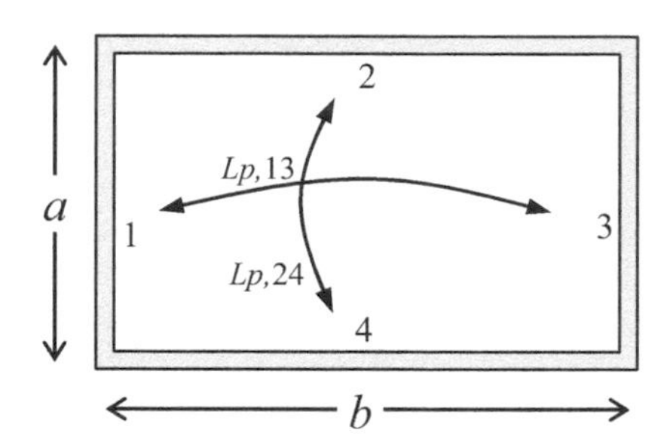

Nach (4.66) setzt sich die Eigeninduktivität des Stromkreises aus den partiellen Eigen- und Gegeninduktivitäten $L_{p,mn}$ der vier Drahtabschnitte 1–4 wie folgt zusammen:

$$L = L_{ii} = \sum_{m=1}^{N} \sum_{n=1}^{N} L_{p,mn}.$$

Da der Strom in den horizontalen und vertikalen Abschnitten senkrecht zueinander gerichtet ist, sind die entsprechenden partiellen Gegeninduktivitäten Null, d. h.

$$L_{p,12} = L_{p,23} = L_{p,34} = L_{p,41} = 0.$$

Zudem gilt wegen der gleichen Länge

$$L_{p,11} = L_{p,33}$$
$$L_{p,22} = L_{p,44}.$$

Schließlich erhalten wir durch Ausnutzung der Reziprozität, d. h.

$$L_{p,13} = L_{p,31}$$
$$L_{p,24} = L_{p,42}$$

insgesamt für die Summe

$$L = 2\left(L_{p,11} + L_{p,22} - L_{p,13} - L_{p,24}\right).$$

Das negative Vorzeichen für die beiden partiellen Gegeninduktivitäten rührt daher, das die Stromrichtung in den beiden Segmenten jeweils entgegengesetzt zueinander ist.

Für eine *quadratische Schleife* ($a = b$) reduziert sich die Summe für L aufgrund $L_{p,11} = L_{p,22}$ und $L_{p,13} = L_{p,24}$ auf

$$L = 4\left(L_{p,11} - L_{p,13}\right).$$

Einsetzen der Gl. (4.68) und (4.69) ergibt mit

$$L_{p,13} = \frac{\mu a}{2\pi}\left(\ln\left(1+\sqrt{2}\right)+1-\sqrt{2}\right)$$

$$L_{p,11} \approx \frac{\mu a}{2\pi}\left(\ln\ (2a/r_0)-1\right)$$

den expliziten Ausdruck

$$L \approx \frac{2\ \mu a}{\pi}\left(\ln\ (2h/r_0)-1{,}467\right).$$

Für eine sehr schmale Leiterschleife *(Doppelleitung)*, d. h. für $b >> a$ ergibt sich für die obige Summe mit $L_{p,11} << L_{p,22}$ und $L_{p,13} << L_{p,24}$ die Näherung

$$L \approx\ 2\ \left(L_{p,22}-L_{p,24}\right).$$

Einsetzen der Gl. (4.68) und (4.69) ergibt mit

$$L_{p,22} \approx \frac{\mu b}{2\pi}\left(\ln (2b/r_0)-1\right) \approx \frac{\mu b}{2\pi}\ \ln (2b/r_0)$$

$$L_{p,24} = \frac{\mu b}{2\pi}\left(\ln\left(b/a+\sqrt{(b/a)^2+1}\right)+a/b\ -\sqrt{(a/b)^2+1}\right) \approx \frac{\mu b}{2\pi}\ \ln (2b/a)$$

insgesamt den expliziten Ausdruck

$$L = \frac{\mu b}{2\pi}\ \ln (a/r_0),$$

bzw. die auf die Länge bezogene Induktivität der Doppelleitung

$$L' \approx \frac{\mu}{2\pi}\ \ln (a/r_0).$$ ◀

4.5.5 Näherungsformel für Leiterschleifen beliebiger Geometrie

Für die äußere Induktivität von Leiterschleifen aus dünnem Draht und beliebiger Schleifenformen lässt sich eine einfache Näherungsformel herleiten.

Ausgehend von der Integraldefinition Gl. (4.52)

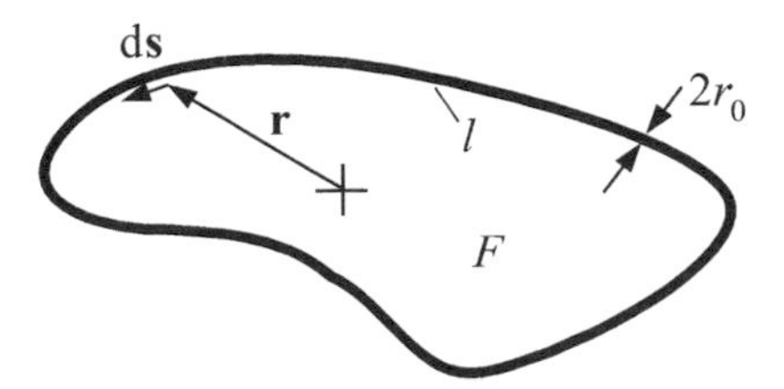

Abb. 4.21 Dünndraht-Leiterschleife beliebiger Form mit Radius r_0 und Umfang l

$$L = \frac{1}{I} \oint_l \mathbf{A} \cdot \mathrm{d}\mathbf{s}$$

wobei $l = \partial F$ die innere Umfangslinie der von der Leiterschleife eingeschlossenen Fläche bezeichnet (Vgl. Abb. 4.17), setzen wir das Vektorpotential entlang l wie folgt an:

$$\mathbf{A}(\mathbf{r}) = -\frac{\mu I}{2\pi} \ln\left(\frac{r_0}{\rho_0}\right) \mathbf{e}_s + \mathbf{f}(\mathbf{r}).$$

Der erste Term entspricht dem Vektorpotential des unendlich langen Linienstroms (4.19) im Abstand r_0 und stellt einen wesentlichen Beitrag zum Gesamtpotential auf der Drahtoberfläche dar. Der zweite Term $\mathbf{f}(\mathbf{r})$ ist die für die jeweilige Schleifenform notwendige Korrektur. Einsetzen in das Integral (4.52) ergibt mit $\mathrm{d}\mathbf{s} = \mathrm{d}s\, \mathbf{e}_s$ zunächst

$$L = -\frac{\mu l}{2\pi} \ln\left(\frac{r_0}{\rho_0}\right) + \frac{1}{I} \oint_l \mathbf{f} \cdot \mathrm{d}\mathbf{s}$$

Drücken wir die einzig von der Schleifenform abhängige mittlere Abweichung

$$\frac{1}{l} \oint_l \mathbf{f} \cdot \mathrm{d}\mathbf{s} = \frac{\mu I}{2\pi} \ln\left(\frac{r_{eff}}{\rho_0}\right)$$

unter Verwendung eines zu bestimmenden, formabhängigen Parameters r_{eff} ebenfalls logarithmisch aus, erhalten wir schließlich die einfache Formel für die Schleifeninduktivität

$$L = \frac{\mu l}{2\pi} \ln\left(\frac{r_{eff}}{r_0}\right). \tag{4.70}$$

Der Vergleich mit der Lösung für die kreisrunde Leiterschleife mit Radius a aus Beispiel 4.3

$$L \approx \mu a [\ln(8\,a/r_0) - 2] \quad \text{für}\, 8a/r_0 \gg 4$$

lässt sich mit $l = 2\pi a$ umwandeln zu

$$L \approx \mu a [\ln(8\,a/r_0) - 2] = \frac{\mu l}{2\pi} \ln\left(\frac{8}{e^2}\frac{a}{r_0}\right) \approx \frac{\mu l}{2\pi} \ln\left(\frac{a}{r_0}\right).$$

Mit $8/\mathrm{e}^2 \approx 1{,}08$ kann der formabhängige Parameter r_{eff} in Formel (4.70) als effektiver Schleifenradius interpretiert werden, der zusammen mit dem Schleifenumfang l die Induktivität L bestimmt.

Als Beispiel sei die quadratische Leiterschleife aus Beispiel 4.9 betrachtet. Aus der Lösung erhalten wir mit $a = l/4$

$$L \approx \frac{2\,\mu a}{\pi}\,(\ln(2h/a) - 1{,}467) = \frac{\mu l}{2\pi}\ln\left(\frac{2}{e^{1{,}467}}a/r_0\right)$$

und somit als effektiven Schleifenradius $r_{eff} = 0{,}461\, a$.

4.6 Materie im magnetostatischen Feld

Die in den Atomen in Bewegung befindlichen Elektronen stellen im Rahmen einer physikalisch-*klassischen* Betrachtung gebundene Kreisströme dar, mit entsprechendem magnetischen Dipolmoment **m** (4.42). Dies ist eigentlich ein sehr einfaches Modell, da die Vorgänge im Atom eine abstraktere, quantenmechanische Beschreibung erfordern. Für ein grundsätzliches Verständnis des Verhaltens von Materie im magnetischen Feld ist eine solch einfache Modellvorstellung jedoch ausreichend.

Ohne äußeres Magnetfeld sind normalerweise alle Dipolmomente statistisch gleichverteilt und die Materie ist magnetisch neutral. Durch Anlegen eines äußeren Magnetfeldes werden die Dipolmomente in Abhängigkeit der Feldstärke ausgerichtet *(Magnetisierung)*. Es resultiert ein sekundäres Magnetfeld, das sich mit dem äußeren Feld zum Gesamtfeld überlagert. Prinzipiell unterscheidet man 3 unterschiedliche Arten der Magnetisierung (Abschn. 1.3.2):

Diamagnetismus:
Atomare Dipolmomente entstehen erst durch Anlegen eines äußeren Feldes. Die dadurch im Medium hervorgerufene magnetische Erregung (Magnetisierung) **M** ist entgegengesetzt zur äußeren Erregung **H**, jedoch betragsmäßig sehr viel kleiner, sodass μ_r geringfügig kleiner als Eins ist. Beispiele hierfür sind Wasser, Kupfer, Wismut.

Paramagnetismus:
Atomare Dipolmomente sind permanent vorhanden und werden durch ein äußeres Feld ausgerichtet. Allerdings wird die Ausrichtung bereits bei Raumtemperatur durch Wärmebewegung stark gestört. **M** ist parallel zur äußeren Erregung **H**, jedoch betragsmäßig sehr viel kleiner, sodass μ_r geringfügig größer als Eins ist. Beispiele hierfür sind Luft, Aluminium, Palladium.

Ferromagnetismus:
Dieser Effekt hat die größte technische Bedeutung aufgrund $\mu_r >> 1$ (…10^5). Tritt nur bei Metallen wie z. B. Eisen, Kobalt, Nickel und deren Legierungen auf. Die atomaren Dipolmomente sind auf den Elektronenspin zurückzuführen. Die Magnetisierung findet innerhalb von sog. Weißsche Bezirken mit einer Ausdehnung von 0,01…1 mm einheitlich statt.

Das Verhalten von Materie im magnetostatischen Feld soll durch ein einfaches makroskopisches Modell beschrieben werden, indem jedem Atom bzw. Molekül einem von außen induziertes bzw. permanentes Dipolmoment **m** zugeordnet wird. Zur Berechnung

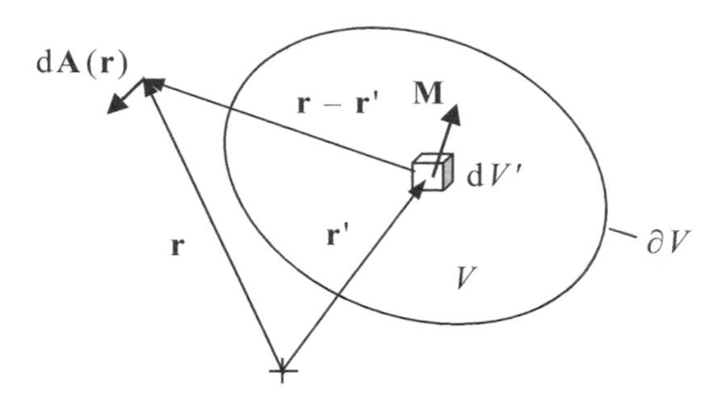

Abb. 4.22 Zur Berechnung des Feldes eines magnetisierten Mediums

des Feldes gehen wir zunächst vom Vektorpotential eines Punktdipols (4.43) im freien Raum aus, der sich am Ort $\mathbf{r}'$ befindet:

$$\mathbf{A}(\mathbf{r}) = \frac{\mu_0}{4\pi} \frac{\mathbf{m} \times (\mathbf{r} - \mathbf{r}')}{|\mathbf{r} - \mathbf{r}'|^3}.$$

Dieses Potential enthält die Permeabilität des Vakuums (μ_0), d. h. *das Medium wird durch die Dipole ersetzt.* Um zu einer Kontinuumsbetrachtung überzugehen, definieren wir eine *Volumen-Dipoldichte*

$$\mathbf{M} = \lim_{\Delta V \to 0} \frac{\sum\limits_i \mathbf{m}_i}{\Delta V} = \frac{\mathrm{d}\mathbf{m}}{\mathrm{d}V} \qquad [M] = \frac{\mathrm{A}}{\mathrm{m}},$$

die mit dem in Abschn. 1.4 bezeichneten *Magnetisierungsvektor* (1.46) identisch ist. Ohne Einwirkung eines äußeren magnetischen Feldes bzw. Vorhandensein einer permanenten Magnetisierung ist $\mathbf{M} = \mathbf{0}$.

Bei gegebener Dipolmomentendichte $\mathbf{M}$ enthält ein Volumenelement $\mathrm{d}V'$ im Punkt $\mathbf{r}'$ das differentielle Dipolmoment $\mathrm{d}\mathbf{m} = \mathbf{M}\,\mathrm{d}V'$, das den differentiellen Potentialbeitrag

$$\mathrm{d}\mathbf{A}(\mathbf{r}) = \frac{\mu_0}{4\pi} \frac{\mathbf{M} \times (\mathbf{r} - \mathbf{r}')}{|\mathbf{r} - \mathbf{r}'|^3} \mathrm{d}V' \tag{4.71}$$

im Aufpunkt $\mathbf{r}$ erzeugt (Abb. 4.22).

Bevor der differentielle Potentialausdruck (4.71) über das ganze magnetisierte Volumen V integriert wird, nehmen wir mit

$$\frac{\mathbf{r} - \mathbf{r}'}{|\mathbf{r} - \mathbf{r}'|^3} = \nabla' \left(\frac{1}{|\mathbf{r} - \mathbf{r}'|} \right)$$

und der Identität (A.67)

$$\nabla \times (\varphi \mathbf{a}) = \varphi \nabla \times \mathbf{a} - \mathbf{a} \times \nabla \varphi$$

folgende Umformung für das Kreuzprodukt in (4.71) vor (Nabla-Operator wirkt auf gestrichene Koordinaten):

$$\mathbf{M} \times \frac{(\mathbf{r} - \mathbf{r}')}{|\mathbf{r} - \mathbf{r}'|^3} = \mathbf{M} \times \nabla' \left(\frac{1}{|\mathbf{r} - \mathbf{r}'|} \right) = \frac{\nabla' \times \mathbf{M}}{|\mathbf{r} - \mathbf{r}'|} - \nabla' \times \left(\frac{\mathbf{M}}{|\mathbf{r} - \mathbf{r}'|} \right). \tag{4.72}$$

Die Integration von (4.72) über das Volumen V liefert nach Anwendung einer Variante des Gaußschen Satzes für den zweiten Rotationsausdruck

$$\iiint_V \mathrm{rot}\,\mathbf{a}\,\mathrm{d}V = -\oiint_{\partial V} \mathbf{a} \times \mathbf{e}_n \mathrm{d}F$$

das Potentialfeld des magnetisierten Volumens:

$$\mathbf{A}(\mathbf{r}) = \frac{\mu_0}{4\pi}\iiint_V \frac{\nabla' \times \mathbf{M}}{|\mathbf{r}-\mathbf{r}'|}\mathrm{d}V' + \frac{\mu_0}{4\pi}\oiint_{\partial V} \frac{\mathbf{M} \times \mathbf{e}_n}{|\mathbf{r}-\mathbf{r}'|}\mathrm{d}F'$$

Vergleichen wir dieses Ergebnis mit dem Potentialfeld (4.14) von Volumen- und Flächenstromdichten $\mathbf{J}$ bzw. $\mathbf{J}_A$ im freien Raum

$$\mathbf{A}(\mathbf{r}) = \frac{\mu_0}{4\pi}\iiint_V \frac{\mathbf{J}}{|\mathbf{r}-\mathbf{r}'|}\mathrm{d}V' + \frac{\mu_0}{4\pi}\oiint_{\partial V} \frac{\mathbf{J}_A}{|\mathbf{r}-\mathbf{r}'|}\mathrm{d}F'$$

so folgt daraus, dass das vom magnetisierten Medium erzeugte Sekundärfeld einer äquivalenten Verteilung von gebundenen Volumen- und Flächenstromdichten

$$\mathbf{J}_{geb} = \mathrm{rot}\mathbf{M}$$

$$\mathbf{J}_{A,geb} = \mathbf{M} \times \mathbf{e}_n$$

im *leeren Raum* entspricht. Für den Spezialfall eines homogen magnetisierten Mediums ist

$$\mathbf{M} = const \quad \Rightarrow \quad \mathbf{J}_{geb} = \mathrm{rot}\mathbf{M} = \mathbf{0}.$$

Wie in Abb. 4.23 skizziert, kompensieren sich in diesem Fall die volumeninternen Ströme zu Null, während an der Oberfläche der Materie die äquivalente gebundene Oberflächenstromdichte $\mathbf{J}_{A,geb}$ resultiert.

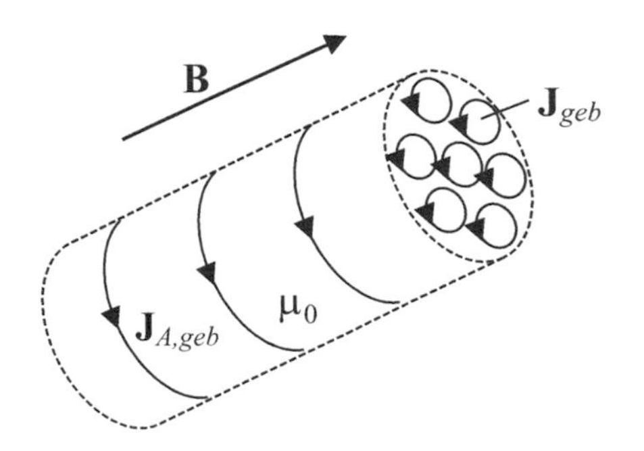

Abb. 4.23 Äquivalente gebundene Flächenstromdichte auf einem homogen magnetisierten Körper

4.6.1 Permanentmagnete

Bei bestimmten Materialien verbleibt auch nach Abschalten eines äußeren Magnetfeldes eine permanente Magnetisierung, die eine sog. *remanente Flussdichte* erzeugt (siehe Abschn. 1.4). Für einen solchen Permanentmagneten wird aus (II′)

$$\text{rot}\,\mathbf{H} = \mathbf{0},$$

d. h. das **H**-Feld eines Permanentmagneten ist wirbelfrei und lässt sich durch den Gradienten eines skalaren, magnetischen Potentials φ_m (4.4) darstellen:

$$\mathbf{H} = -\,\text{grad}\,\varphi_m. \tag{4.73}$$

Mit (1.35)

$$\mathbf{B} = \mu_0(\mathbf{H} + \mathbf{M}) \tag{4.74}$$

und der Divergenzfreiheit von **B** (IV) folgt

$$\text{div}\,\mathbf{H} = -\,\text{div}\,\mathbf{M},$$

d. h. *die Quellen von* **H** *sind die Senken von* **M** *und umgekehrt.* Einsetzen in (4.73) ergibt schließlich die *Poisson-Gleichung* für das magnetische Skalarpotential :

$$\Delta\varphi_m = \text{div}\,\mathbf{M}. \tag{4.75}$$

Der Vergleich mit der Poisson-Gleichung des elektrostatische Feldes (2.8) liefert die analoge Beziehung für die *fiktive* magnetische Raumladungsdichte

$$q_m = -\,\text{div}\,\mathbf{M}. \tag{4.76}$$

Dies erlaubt die alternative Berechnung von Feldern magnetisierter Materie, in völlig analoger Weise wie bei elektrostatischen Feldern über das Coulomb-Integral (2.22)

$$\varphi_m(\mathbf{r}) = \frac{1}{4\pi}\iiint\limits_V \frac{q_m}{|\mathbf{r}-\mathbf{r}'|}\mathrm{d}V' + \frac{1}{4\pi}\oint\!\!\!\oint\limits_{\partial V} \frac{q_{A,m}}{|\mathbf{r}-\mathbf{r}'|}\mathrm{d}A',$$

einschließlich einer etwaig resultierenden *fiktiven,* magnetischen Flächenladungsdichte

$$q_{A,m} = \mathbf{M}\cdot\mathbf{e}_n = M_n,$$

die durch die Normalkomponente von **M** auf der Körperoberfläche gegeben ist.

Abb. 4.24 zeigt das resultierende *magnetische Ersatzladungsmodell* für einen homogen magnetisierten Zylinder. In diesem Fall ist die äquivalente Volumenladungsdichte q_m im Inneren des Zylinders, aufgrund der Divergenzfreiheit von **M** gemäß (4.76) Null und es verbleibt eine äquivalente Flächenladung $q_{A,m}$ auf der Ober- und Unterseite des Zylinders. Diese erzeugt im freien Raum gemäß (4.73) das in Abb. 4.24 skizzierte Quellenfeld für **H**. Für das **B**-Feld ergibt sich nach (4.74) innerhalb des Zylinders ein

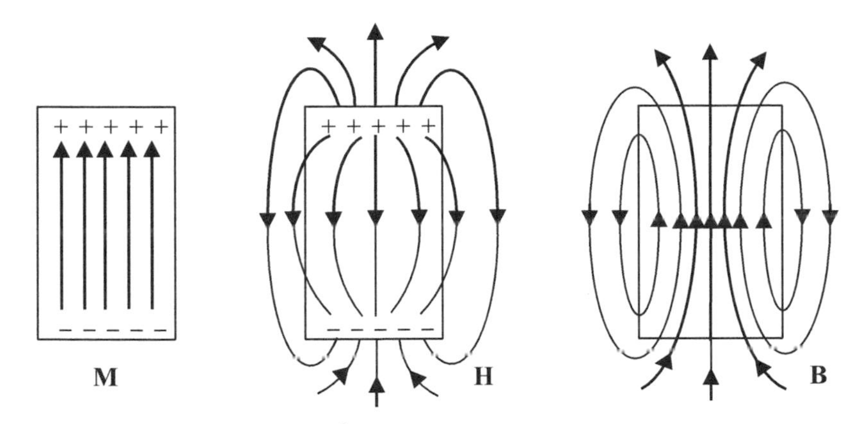

Abb. 4.24 Magnetische Ersatzladungsmodell und Felder eines homogen magnetisierter Zylinders

völlig anderes Feldbild, bei dem die Feldlinien insgesamt geschlossen sind, ganz in Übereinstimmung mit der allgemeingültigen Divergenzfreiheit von **B** gemäß (IV).

4.6.2 Magnetische Kreise

Einige typisiche Anordnungen und Baulemente der Elektrotechnik wie z. B. Elektromagnete, Drosseln, Übertrager, etc. bestehen aus einem hochpermeablen Kernmaterial, auf dem eine oder mehrere Spulen aufgewickelt sind (Abb. 4.25a). Eine solche Anordnung bildet in Analogie zum elektrischen Stromkreis einen sog. magnetischen Kreis, der mit den Mitteln der Netzwerkberechnung behandelt werden kann. Folgende Annahmen liegen dem zugrunde:

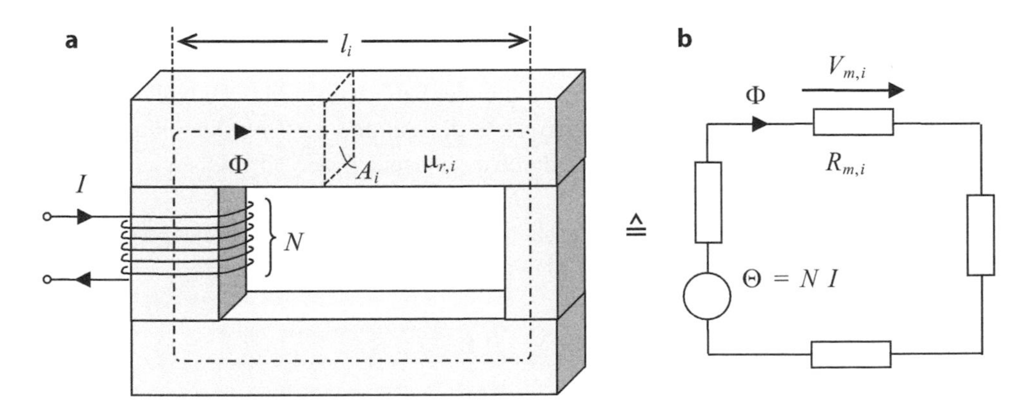

Abb. 4.25 (**a**) Magnetischer Kreis (**b**) Entsprechendes magnetisches Ersatzschaltbild

- Hochpermeables Kernmaterial (μ_r >> 1), d. h. nach Gl. (2.2)
  $B_{t,Kern}/B_{t,Luft} = \mu_r \gg 1 \Rightarrow B_{t,Luft} \ll B_{t,Kern}$.
  Hieraus folgt, dass nahezu der gesamte magnetische Fluss innerhalb des Kerns konzentriert ist.
- Homogenes Feld innerhalb jeden Kernabschnittes, unter Vernachlässigung von Feldverzerrungen in Ecken und Verzweigungen.

Unter den beiden Voraussetzungen lässt sich die Anordnung in ein *äquivalentes magnetisches Ersatzschaltbild* überführen (Abb. 4.25b), das einer einfachen Netzwerkberechnung zugänglich ist. Hierfür kann in Analogie zu den beiden Kirchhoffschen Sätzen des elektrischen Kreises ein Maschen- und Knotensatz aufgestellt werden.

Entsprechend dem Ampèreschen Durchflutungssatz (II′) in integraler Form gilt für einen geschlossenen Umlauf in einer magnetischen 'Masche'

$$\oint \mathbf{H} \cdot \mathrm{d}\mathbf{s} = \sum_i \int_{l_i} \mathbf{H}_i \cdot \mathrm{d}\mathbf{s} = I\,N.$$

Hierbei verläuft die Integration entlang des in Abb. 4.25a gestrichelt gezeichneten *mittleren Pfades* und l_i bezeichnet die Länge eines Maschenabschnitts. Das Produkt $I\,N$ berücksichtigt die Anwesenheit einer felderzeugenden Spule mit N Windungen, durch die der elektrische Strom I fließt. Durch Einführung einer *magnetischen Spannung* entlang des Abschnittes l_i

$$V_{m,i} = \int_{l_i} \mathbf{H}_i \cdot \mathrm{d}\mathbf{s}$$

und einer *magnetischen Quellenspannung (Durchflutung)*

$$\Theta = I\,N$$

erhalten wir

$$\sum_i V_{m,i} = \Theta \qquad \textit{Maschengleichung des magnetischen Kreises.}$$

Hierbei kann Θ bei Fehlen einer Durchflutung in der betreffenden Masche Null sein. Bei mehr als einer stromdurchflossenen Spule ist Θ die Summe der Einzeldurchflutungen, wobei Wicklungssinn und Stromrichtung durch das entsprechende Vorzeichen zu berücksichtigen sind.

Bei einer Verzweigung des magnetischen Flusses (Abb. 4.26) mit entsprechenden Kernquerschnitten A_i erhalten wir mit (IV) in integraler Form

$$\oint\!\!\oint \mathbf{B} \cdot \mathrm{d}\mathbf{A} = \sum_i \iint_{A_i} \mathbf{B}_i \cdot \mathrm{d}\mathbf{A} = 0$$

und den Einzelflüssen

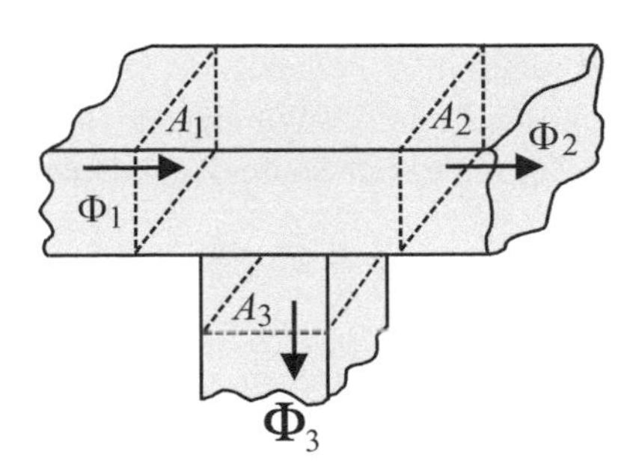

Abb. 4.26 Magnetische Flussverzweigung

$$\iint\limits_{A_i} \mathbf{B}_i \cdot \mathrm{d}\mathbf{A} = \Phi_i$$

die zur Kirchhoffschen Knotengleichung analoge Beziehung

$$\sum_i \Phi_i = 0 \qquad \textit{Knotengleichung des magnetischen Kreises.}$$

Die Analogie zum elektrischen Kreis wird durch ein „Ohmsches Gesetz" vervollständigt. Aus dem Quotienten aus Gesamtdurchflutung Θ und Fluss Φ innerhalb eines Maschenumlaufs

$$\frac{\Theta}{\Phi} = \sum_i \frac{V_{m,i}}{\Phi} = \sum_i R_{m,i}$$

definieren wir den *magnetischen Widerstand* eines Kernabschnitts:

$$R_{m,i} = \frac{V_{m,i}}{\Phi}.$$

Wir erhalten somit die zum Ohmschen Gesetz analoge Beziehung

$$V_m = \Phi\, R_m \quad \textit{„Ohmsches Gesetz" des magnetischen Kreises.} \tag{4.77}$$

Zusammenfassend ist die Entsprechung der elektrischen und magnetischen Netzwerkgrößen wie folgt:

	Elektrisches Netzwerk	Magnetisches Netzwerk
Spez. Leitfähigkeit	κ	μ
Widerstand	R	R_m
Spannung	U	V_m
Strom/Fluss	I	Φ
Ohmsches Gesetz	$U=RI$	$V_m=R_m\,\Phi.$

Darüberhinaus erlaubt der magnetische Widerstand eines Kernmaterials, auf dem eine Spule mit N-Windungen aufgebracht ist, eine zu Gl. (4.52) und (4.54) alternative Bestimmung der Spuleninduktivität. Mit

$$L = \frac{N\Phi}{I}$$

und dem magnetischen ‚Ohmschen Gesetz' (4.77)

$$\Phi = \frac{\Theta}{R_m} = \frac{NI}{R_m}$$

resultiert

$$L = \frac{N^2}{R_m}. \tag{4.78}$$

Beispiel 4.10: Magnetischer Widerstand eines gleichförmigen, homogenen Zylinders

Für einen gleichförmigen Zylinder mit beliebiger Querschnittsform und homogenem Material ($\mu_r = const.$) ist $\mathbf{H}$ konstant über die Zylinderlänge l und $\mathbf{B}$ konstant über die Querschnittsfläche A.

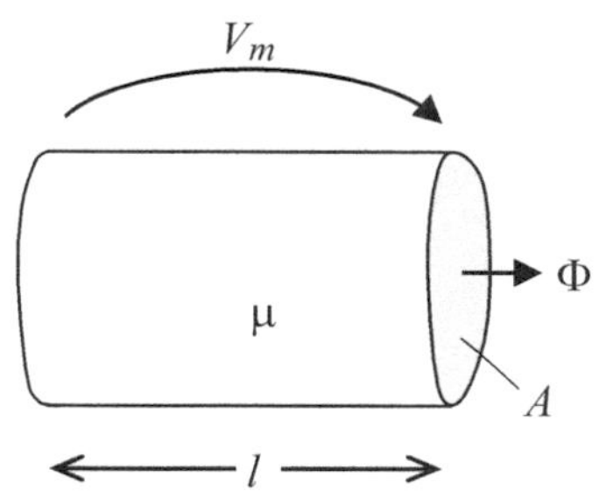

Für den magnetischen Widerstand erhalten wir mit

$$R_m = \frac{V_m}{\Phi} = \frac{\int_l \mathbf{H} \cdot \mathrm{d}\mathbf{s}}{\iint\limits_A \mathbf{B} \cdot \mathrm{d}\mathbf{A}} = \frac{H\,l}{\mu H A}$$

einen zum elektrischen Widerstand (3.12) analogen Ausdruck

$$R_m = \frac{l}{\mu A} \text{ bzw. } \Lambda = \frac{1}{R_m} = \frac{\mu A}{l} \text{ (magn. Leitwert).} \tag{4.79}$$

Für die Induktivität einer auf dem Zylinder aufgewickelten Drahtspule mit N-Windungen erhalten wir durch Einsetzen von (4.79) in (4.78)

$$L = \frac{N^2 \mu A}{l},$$

in Übereinstimmung mit der Gl. (4.59) für die Spule mit kreisrundem Querschnitt $A = \pi a^2$ und Radius a. ◀

Beispiel 4.11: Induktivität einer Ringkernspule mit Luftspalt

Auf einem hochpermeablen Kern mit Innen- und Außenradius r_i und r_a und einem Luftspalt der Länge d ist eine Drahtspule mit N-Windungen aufgebracht.

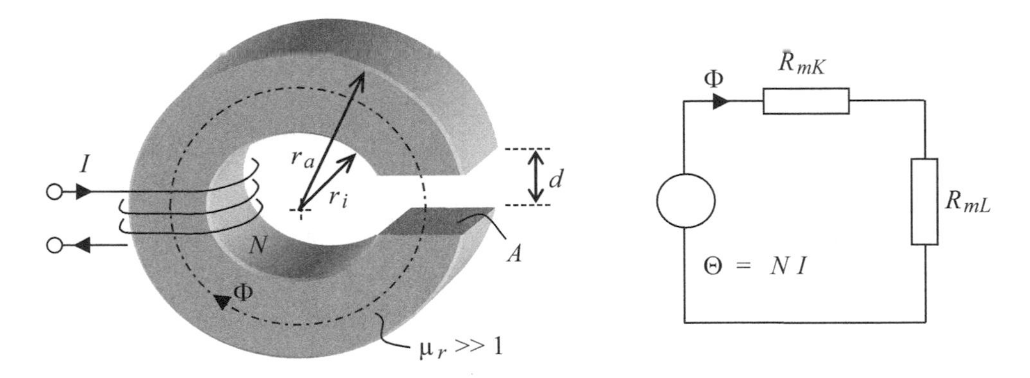

Zur Berechnung der Induktivität kann das dargestellte magnetische Ersatzschaltbild verwendet werden. Hierbei ist der magnetischen Widerstände R_{mK} des Kerns mit der mittleren Länge

$$l_K \approx 2\pi\left(\frac{r_a + r_i}{2}\right) - d$$

und der magnetische Widerstands des Luftspaltes R_{mL} mit der Länge d in Serie geschaltet. Unter Verwendung der Gl. (4.79) erhalten wir für die beiden magnetischen Widerstände

$$R_{mK} = \frac{l_K}{\mu_r\,\mu_0\,A}, \quad R_{mL} = \frac{d}{\mu_0\,A}.$$

Mit der Beziehung (4.78) für die Induktivität eines magnetischen Kreises ergibt sich

$$L = \frac{N^2}{R_m} = \frac{N^2}{R_{mK} + R_{mL}},$$

und nach Einsetzten von R_{mK} und R_{mL} die Lösung:

$$L = \frac{N^2 \mu_0\,\mu_r\,A}{l_K + d\,\mu_r}.$$

Die Luftspaltlänge d bietet somit eine Möglichkeit den genauen Wert von L feinzujustieren. Zudem kann der Luftspalt zur Linearisierung der B-H-Kennlinien (siehe Abschn. 1.4) des Kernmaterials dienen. Mit $R_{mK} << R_{mL}$ wird der magnetische Spannungsabfall $V_{mK} = l_K\ H_K$ bzw. die magnetische Feldstärke im Kern H_K reduziert und damit der Arbeitspunkt in der B-H-Kennlinie unterhalb der Kernsättigung gelegt.

Für $d = 0$ geht das Ergebnis für L erst mit kleiner werdender Kerndicke $\Delta r = r_a - r_i$ in die Lösung (4.60) des geschlossenen Rings asymptotisch über. Dies ist in der Näherung durch den mittleren Pfad für den Fluss im magnetischen Kreis begründet. Bei relativ kleiner Kerndicke Δr liefert die Näherung des Logarithmus in (4.60)

$$\ln\left(\frac{r_a}{r_i}\right) = \ln\left(1 + \frac{\Delta r}{r_i}\right) \approx \frac{\Delta r}{r_i} \quad \text{für } \Delta r \ll r_i,$$

woraus die Übereinstimmung mit der Lösung aus dem magnetischen Kreis hervorgeht:

$$L \simeq \frac{N^2 \mu_r\, \mu_0\, h}{2\pi} \frac{\Delta r}{r_i} \simeq \frac{N^2 \mu_r\, \mu_0\, A}{l_K}. \blacktriangleleft$$

4.7 Randwertprobleme der Magnetostatik

Das magnetostatische Feld beruht auf der gleichen Laplace- bzw. Poissongleichung (4.6) und (4.11) wie in der Elektrostatik. Sie können deshalb mit den in Kap. 2 vorgestellten Methoden in analoger Weise gelöst werden. Im Folgenden soll die Anwendung der Spiegelungsmethode und des Produktansatzes nach Bernoulli jeweils an einem Beispiel gezeigt werden.

4.7.1 Spiegelung an ebener Grenzfläche

Ein Linienstrom der Stärke I sei parallel zur Grenzfläche zwischen zwei Halbräumen mit unterschiedliche Permittivität μ_1, μ_2 angeordnet (Abb. 4.27).

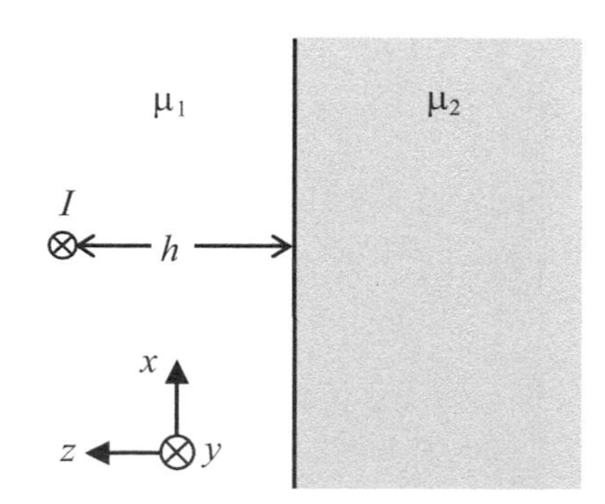

Abb. 4.27 Linienstrom vor Grenzfläche zwischen zwei magnetisch unterschiedlichen Halbräumen

Ausgehend vom Vektorpotential (4.19) eines y-gerichteten Linienstroms I im Abstand ρ und Wahl des Bezugsabstands $\rho_0 = h$, d. h.

$$A_y = -\frac{\mu I}{2\pi} \ln\left(\frac{\rho}{h}\right)$$

machen wir jeweils einen getrennten Spiegelansatz für Raum 1 (Abb. 4.28a) mit unbekannten Spiegelkoeffizienten α und einen entsprechenden Ansatz für Raum 2 mit Spiegelkoeffizienten β (Abb. 4.28b)

Aus der Superposition der Potentiale des realen Stroms I und des Spiegelstroms αI erhalten wir für das Vektorpotential in Raum 1

$$A_{y,1} = -\frac{\mu_1 I}{2\pi}\left[\ln\left(\frac{\rho_1}{h}\right) + \alpha \ln\left(\frac{\rho_2}{h}\right)\right]$$

und mit dem Hilfsstrom βI für Raum 2

$$A_{y,2} = -\frac{\mu_2 I}{2\pi}\beta \ln\left(\frac{\rho_3}{h}\right).$$

Die Bestimmung der Koeffizienten α und β erfolgt aus den Stetigkeitsbedingungen an der Grenzfläche. Dies ist zum einen die Stetigkeit des Vektorpotentials (4.12)

$$(1):\quad A_{y,1}\big|_{\partial V_{1,2}} = A_{y,2}\big|_{\partial V_{1,2}}$$

und zum anderen die Stetigkeit der Tangentialkomponente der magnetischen Erregung (4.2)

$$H_{x,1} = H_{x,2}$$

bei Abwesenheit von Flächenströmen. Mit

$$H_x = \frac{1}{\mu}B_x = \frac{1}{\mu}\mathrm{rot}_x\left(A_y\,\mathbf{e}_y\right) = -\frac{1}{\mu}\frac{\partial A_y}{\partial z} = -\frac{1}{\mu}\frac{\partial A_y}{\partial n}$$

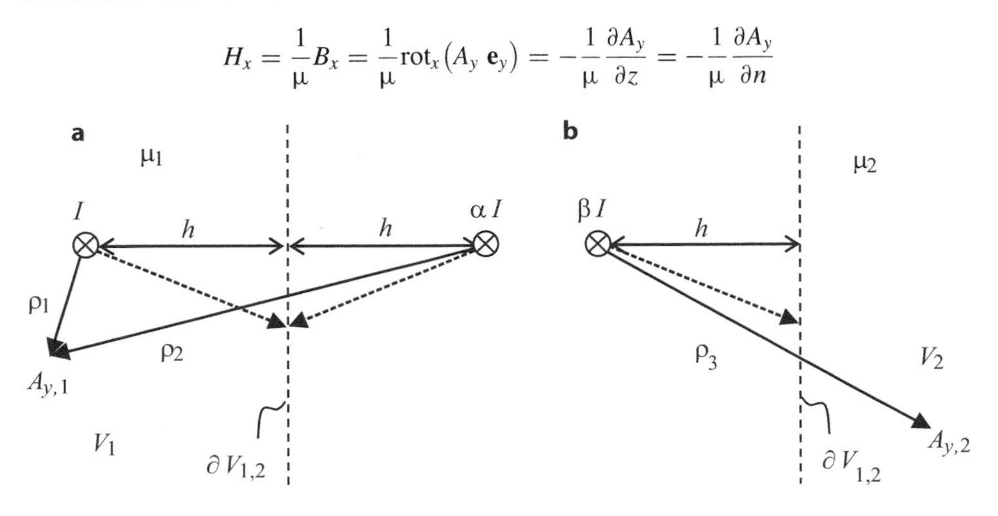

Abb. 4.28 (**a**) Spiegel-Ersatzanordnung für Raumteil 1. (**b**) Für Raumteil 2

folgt für die zweite Stetigkeitsbedingung

$$(2):\quad \frac{1}{\mu_1}\frac{\partial A_{y,1}}{\partial n}\bigg|_{\partial V_{1,2}} = \frac{1}{\mu_2}\frac{\partial A_{y,2}}{\partial n}\bigg|_{\partial V_{1,2}}.$$

Einsetzen der beiden Potentialansätze für Raum 1 und 2 liefert zunächst

$$(1):\quad \mu_1\left[\ln\left(\frac{\rho_1}{h}\right)+\alpha\ln\left(\frac{\rho_2}{h}\right)\right]_{\partial V_{1,2}} = \mu_2\,\beta\,\ln\left(\frac{\rho_3}{h}\right)\bigg|_{\partial V_{1,2}}$$

$$(2):\quad \frac{\partial}{\partial n}\left[\ln\left(\frac{\rho_1}{h}\right)+\alpha\ln\left(\frac{\rho_2}{h}\right)\right]\bigg|_{\partial V_{1,2}} = \beta\frac{\partial}{\partial n}\ln\left(\frac{\rho_3}{h}\right)\bigg|_{\partial V_{1,2}}.$$

Wie in Abb. 4.28 durch die gestrichelten Vektoren angedeutet, gilt für jeden Punkt auf der Grenzfläche $\partial V_{1,2}$

$$\rho_1 = \rho_2 = \rho_3$$

und

$$\frac{\partial}{\partial n}\ln(\rho_1)\bigg|_{\partial V_{1,2}} = \frac{\partial}{\partial n}\ln(\rho_3)\bigg|_{\partial V_{1,2}} = -\frac{\partial}{\partial n}\ln(\rho_2)\bigg|_{\partial V_{1,2}}.$$

Die Auflösung des resultierenden Gleichungssystems

$$\mu_1(1+\alpha) = \mu_2\,\beta$$

$$\beta = 1-\alpha$$

ergibt schließlich für die beiden Koeffizienten:

$$\alpha = \frac{\mu_2-\mu_1}{\mu_1+\mu_2};\quad \beta = \frac{2\,\mu_1}{\mu_1+\mu_2}. \tag{4.80}$$

Das Feld in den beiden Teilräumen soll nun im Folgenden für verschiedene Fälle diskutiert werden. Zunächst erhält man für den trivialen Fall eines einheitlichen Mediums ($\mu_1 = \mu_2$) $\alpha = 0$ und $\beta = 1$, d. h. das Verschwinden des Spiegelstroms für Raum 1 und den Strom I für Raumteil 2.

Für $\mu_2 > \mu_1$ resultiert aus (4.80) $\alpha > 0$ und $\beta < 1$. Die Feldlinien im Medium 1 werden *zum Lot hin gebrochen,* in Übereinstimmung mit der Stetigkeitsbedingung (4.2), aus der für die Tangentialkomponente von **B** folgt

$$\frac{B_{t,1}}{B_{t,2}} = \frac{\mu_1}{\mu_2}, \tag{4.81}$$

während $B_{n,1} = B_{n,2}$ (4.3) ist. Für $\mu_2 \to \infty$ erreichen die beiden Koeffizienten die Grenzwerte $\alpha \to 1$ und $\beta \to 0$. Wie in Abb. 4.29a) zu sehen ist, stehen in diesem Fall die Feldlinien in Raum 1 senkrecht auf der Grenzfläche. Letztere entspricht der Symmetrieebene im Feld zweier gleich großer, paralleler Ströme. Die magnetische Erregung $\mathbf{H}_2$ in Raum 2 verschwindet gemäß des Feldes eines Linienstroms (4.22)

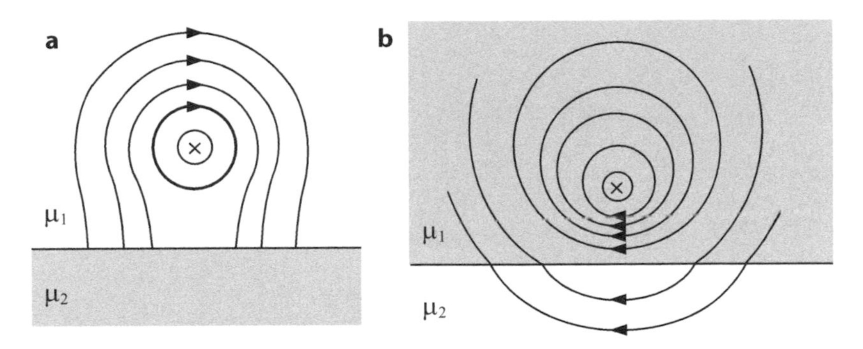

Abb. 4.29 Feldlinien der magnetischen Erregung **H**. (**a**) $\mu_2 >> \mu_1$ und (**b**) $\mu_2 << \mu_1$

$$|\mathbf{H}_2| = \frac{\beta I}{2\pi\rho_3} \to 0; \text{ für } \mu_2 \to \infty.$$

Dies gilt nicht für die magnetische Flussdichte **B**, dessen Feldlinien stets in sich geschlossen sind. Das **B**-Feld erhöht sich sogar gegenüber einem homogenen Medium mit den Eigenschaften von Raum 1 und erreicht mit $\mu_2 \beta \to 2\mu_1$ den doppelten Betrag:

$$|\mathbf{B}_2| = |\mu_2 \mathbf{H}_2| \simeq \frac{\mu_1 I}{\pi\rho}; \text{ für } \mu_2 \to \infty.$$

Im umgekehrten Fall $\mu_2 < \mu_1$ erhalten wir aus Gl. (4.80) $\alpha < 0$ und $\beta > 1$. Die Tangentialkomponenten von **B** sind nach Gl. (4.81) in Raum 1 nun gegenüber Raum 2 größer, d. h. die Feldlinien werden in Raum 1 *vom Lot weg gebrochen* (Abb. 4.29b). Im Grenzfall $\mu_1 \to \infty$ erreichen die beiden Koeffizienten die Grenzwerte $\alpha \to -1$ und $\beta \to 2$. Das Feld in Raum 1 entspricht also dem Feld zwei gleich großer, entgegengesetzter Linienströme (siehe Beispiel 4.2), sodass die Normalkomponente auf der Grenzfläche Null ist. In Raum 2 erreicht das **H**-Feld gegenüber einem homogenen Medium den doppelten Betrag, während das **B**-Feld wegen $\mathbf{B}_2 = \mu_2 \mathbf{H}_2$ sehr viel kleiner wird als in Raum 1, in Übereinstimmung mit (4.81) für die Tangentialkomponente von **B**.

4.7.2 Separation in Zylinderkoordinaten

Betrachtet werde ein in z-Richtung unbegrenzter Zylinder mit Radius a und Permeabilität μ_i innerhalb eines homogenen Mediums mit der Permeabilität μ_a (Abb. 4.30). Der gesamte Raum sei mit der magnetischen Erregung $\mathbf{H}_0$ beaufschlagt.

Aufgrund der Abwesenheit von Strömen lässt sich das Problem uneingeschränkt mit dem magnetischen Skalarpotential φ_m beschreiben. Die zu lösende Laplace-Gl. (4.6) in Zylinderkoordinaten reduziert sich aufgrund der Unabhängigkeit des Feldes von der z-Koordinate zu

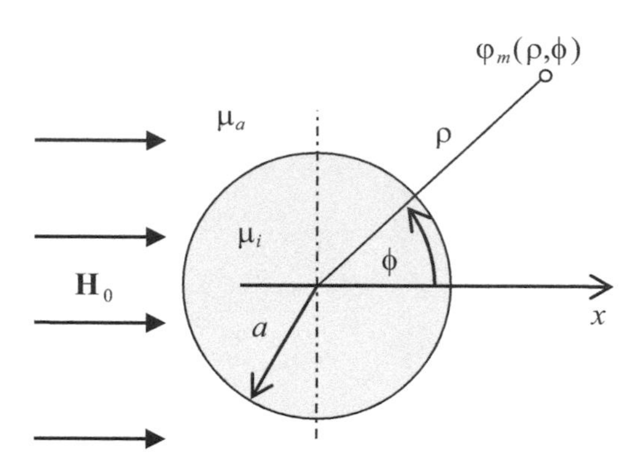

Abb. 4.30 Zylindersymmetrisches Randwertproblem

$$\Delta\varphi_m = \frac{1}{\rho}\frac{\partial}{\partial\rho}\left(\rho\frac{\partial\varphi_m}{\partial\rho}\right) + \frac{1}{\rho^2}\frac{\partial^2\varphi_m}{\partial\phi^2} = 0.$$

Dementsprechend erhält man für das resultierende 2D-Problem mit dem Produktansatz

$$\varphi_m = R(\rho)\ \Phi(\phi)$$

durch Einsetzen schrittweise die beiden gewöhnlichen Differentialgleichungen in ρ und ϕ

$$\frac{d^2R}{d\rho^2} + \frac{1}{\rho}\frac{dR}{d\rho} - \frac{p^2}{\rho^2}R = 0$$

$$\frac{d^2\Phi}{d\phi^2} + p^2\Phi = 0$$

mit der Separationskonstante p. Hieraus folgen die Lösungsfunktionen mit unbekannten Koeffizienten:

$$R = \begin{cases} A\ \rho^p + B\ \rho^{-p} & \text{für } p \neq 0 \\ A_0 + B_0\ \ln(\rho) & \text{für } p = 0 \end{cases}$$

$$\Phi = \begin{cases} C\sin(p\ \phi) + D\cos(p\ \phi) & \text{für } p \neq 0 \\ C_0 + D_0\ \phi & \text{für } p = 0. \end{cases}$$

Aufgrund der Symmetrie der Anordnung, d. h. $\Phi(\phi) = \Phi(-\phi)$, können die beiden Terme mit den Konstanten C und D_0 ausgeschlossen werden. Wegen der erforderlichen 2π-Periodizität sind für die Separationskonstante nur ganzzahlige Werte möglich, d. h. $p = 0,1,2,\ldots$.

Aus dem Produkt der Funktionen R und Φ und durch Zusammenfassen der Konstante, d. h. $A_pD_p \to A_p$, $A_0\,C_0 \to A$, $B_pD_p \to B_p$, $B_0\,C_0 \to B$, erhalten wir schließlich durch Summation über alle möglichen Produktlösungen zunächst die allgemeine Lösung für das Potential

$$\varphi_m = \sum_{p=1}^{\infty} \left(A_p\ \rho^p + \frac{B_p}{\rho^p} \right)\ \cos(p\ \phi) + B\ \ln\rho + A. \tag{4.82}$$

Die fehlenden Konstanten sind über einen getrennten Ansatz in den beiden Teilräumen und Anpassung der Randbedingungen auf dem Zylinderumfang zu bestimmen.

Lösungsansatz für den Innenraum:
Innerhalb des Zylinders entfallen in der allgemeinen Lösung (4.82) wegen der Regularität bei $\rho = 0$ die Terme mit B_p und B, d. h.:

$$\varphi_{m,i} = \sum_{p=1}^{\infty} A_p\ \rho^p \cos(p\ \phi) + A_i.$$

Lösungsansatz für den Außenraum:
Für große Entfernungen vom Zylinder muss die allgemeine Lösung (4.82) in das lineare Potential des Homogenfeldes übergehen, d. h. beispielsweise ausgehend vom Koordinatenursprung

$$\lim_{\rho\to\infty}\ \varphi_{m,a} = -\int_0^{\rho} \mathbf{H}_0 \cdot \mathbf{ds} = -H_0\ \rho\ \cos\phi.$$

Daraus folgt $A_a = 0$, $B = 0$, $A_1 = -H_0$ und $A_p = 0$ für $p > 1$. Somit erhalten wir für das Potential im Innenraum

$$\varphi_{m,a} = \sum_{p=1}^{\infty} \frac{B_p}{\rho^p} \cos(p\ \phi) - H_0\ \rho\ \cos\phi.$$

Bestimmung der Konstanten:
Die noch verbliebenen Konstanten in den beiden Lösungsansätzen für den Innen- und Außenraum können über die Stetigkeit des Potentials und der Normalkomponenten von **B** (4.3) bestimmt werden:

(1): $\varphi_{m,a}(a,\phi) = \varphi_{m,i}(a,\phi)$

(2): $\mu_a\ \left.\frac{\partial\varphi_{m,a}}{\partial\rho}\right|_{\rho=a} = \mu_i\ \left.\frac{\partial\varphi_{m,i}}{\partial\rho}\right|_{\rho=a}.$

Einsetzen der Ausdrücke für $\varphi_{m,i}$ und $\varphi_{m,a}$ ergibt mit $A_{p>1} = 0$

(1): $\sum_{p=1}^{\infty} \frac{B_p}{a^p} \cos(p\ \phi) - H_0\ a\ \cos\phi = A_1\ a\ \cos(\phi) + A_i$

(2): $-\mu_a \sum_{p=1}^{\infty} \frac{B_p\ p}{a^{p+1}} \cos(p\ \phi) - \mu_a\ H_0\ \cos\phi = \mu_i\ A_1\ \cos(\phi).$

Aus dem Koeffizientenvergleich folgt unmittelbar $A_i = 0$ und $B_p = 0$ für $p > 1$. Es verbleibt somit das einfache Gleichungssystem für A_1 und B_1:

$$(1): \frac{B_1}{a} - H_0\, a = A_1\, a$$

$$(2): -\mu_a \left(\frac{B_1}{a^2} + H_0 \right) = \mu_i\, A_1$$

woraus für die beiden Konstanten resultiert:

$$A_1 = \frac{-2\,\mu_a}{\mu_i + \mu_a} H_0 \quad ; \quad B_1 = \frac{\mu_i - \mu_a}{\mu_i + \mu_a} H_0\, a^2.$$

Damit erhalten wir schließlich für das Potential im Zylinder die Lösung

$$\varphi_{m,i}(\rho, \phi) = -\frac{2\mu_a}{\mu_i + \mu_a} H_0\, \rho\, \cos\phi$$

und mit (4.4) und (A.46) daraus das Feld

$$\mathbf{H}_i = -\operatorname{grad} \varphi_{m,i} = \frac{2\mu_a}{\mu_i + \mu_a} H_0 \left(\cos\phi\, \mathbf{e}_\rho - \sin\phi\, \mathbf{e}_\phi\right) = \frac{2\mu_a}{\mu_i + \mu_a} H_0\, \mathbf{e}_x.$$

Im Zylinder ergibt also die Überlagerung des Primärfeldes mit dem Feld der Polarisationsladungen ein homogenes Magnetfeld in Richtung $\mathbf{H}_0$.

Außerhalb des Zylinders lautet die Potentiallösung

$$\varphi_{m,a} = \frac{\mu_i - \mu_a}{\mu_i + \mu_a} H_0\, \frac{a^2}{\rho}\, \cos\phi - \rho\, H_0\, \cos\phi.$$

Der erste Term beschreibt hierbei das Sekundärfeld des polarisierten Zylinders, das mit zunehmender Entfernung ρ vom Zylinder gegenüber dem Primärfeld im zweiten Term verschwindet. Für die magnetische Erregung erhalten wir

$$\mathbf{H}_a = -\operatorname{grad} \varphi_{m,a} = \frac{H_0 a^2}{\rho^2} \frac{\mu_i - \mu_a}{\mu_i + \mu_a} \left(\cos\phi\, \mathbf{e}_\rho + \sin\phi\, \mathbf{e}_\phi\right) + \mathbf{H}_0.$$

Wie der Vergleich mit Beispiel 4.2 zeigt, entspricht das Sekundärfeld einem im Koordinatenursprung angeordneten, x-gerichteten Liniendipol. Hierfür ist in der Lösung (4.30) der Winkel ϕ um $-\pi/2$ zu verschieben. Für das resultierende Linien-Dipolmoment m_l ergibt der Vergleich

$$m_l = -2\pi \frac{\mu_i - \mu_a}{\mu_i + \mu_a} H_0 a^2.$$

Diskussion

Das Verhältnis des Feldes innerhalb des Zylinders zum Primärfeld ist durch die einfache Beziehung gegeben:

$$\frac{H_i}{H_0} = \frac{2}{1 + \mu_i/\mu_a} \quad \text{bzw.} \quad \frac{B_i}{B_0} = \frac{2}{1 + \mu_a/\mu_i}.$$

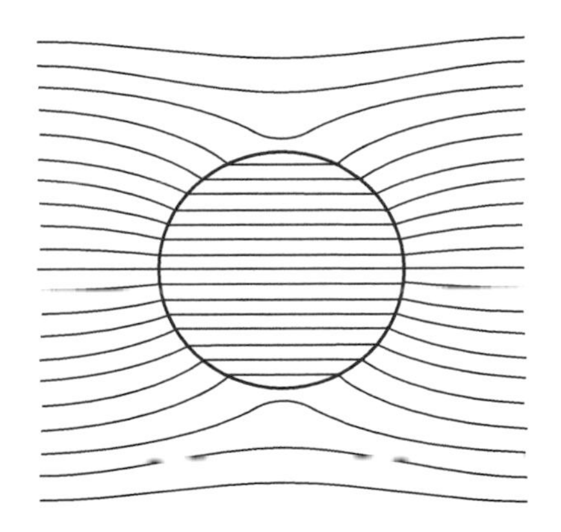

Abb. 4.31 **B**-Feldlinien für einen permeablen Zylinder ($\mu_r = 10$) in Luft

Für den trivialen Fall $\mu_i = \mu_a$ folgt die Gleichheit zwischen Innen- und Außenfeld. Für den Fall eines hochpermeablen Zylinders ($\mu_i >> \mu_a$) geht das Verhältnis asymptotisch gegen

$$\frac{H_i}{H_0} \simeq 2\,\frac{\mu_a}{\mu_i} \quad \text{bzw.} \quad \frac{B_i}{B_0} \simeq 2\left(1 - \frac{\mu_a}{\mu_i}\right) \quad ; \quad \text{für} \quad \mu_i \gg \mu_a,$$

und strebt gegen den Grenzwert

$$\frac{H_i}{H_0} = 0 \quad \text{bzw.} \quad \frac{B_i}{B_0} = 2 \quad ; \quad \text{für } \mu_i \to \infty.$$

Abb. 4.31 zeigt am Beispiel eines in Luft befindlichen Zylinders mit $\mu_r = 10$ das Feldbild für die magnetische Flussdichte **B**. Für einen magnetischen Werkstoff wie Eisen ($\mu_r = 10^3$) beträgt die Erregung H_i nur noch etwa 0,2 % der Primärfeldstärke, während die Flussdichte B_i nahezu den Grenzwert 2 B_0 beträgt.

4.8 Übungsaufgaben

UE-4.1 Durchflutungssatz

Gegeben ist eine Anordnung aus zwei konzentrischen, von den Strömen I_1 und I_2 gegensinnig durchflossenen Metallrohren (siehe Skizze). Berechnen Sie jeweils mit Hilfe des Ampèreschen Durchflutungsgesetzes (II′) die magnetische Feldstärke in den 5 Raumbereichen.

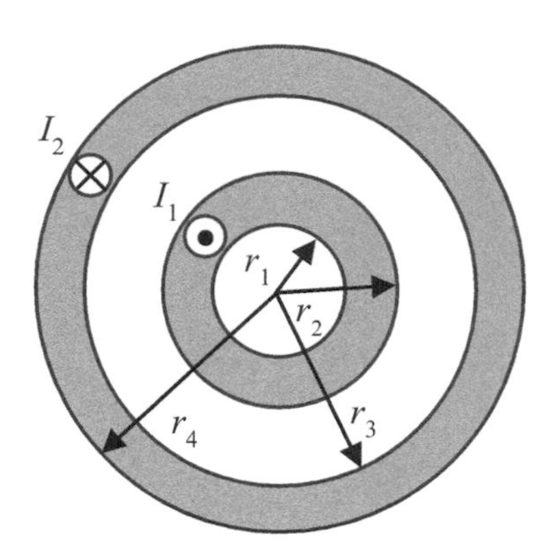

UE-4.2 Gesetz von Biot-Savart – Feld einer quadratischen Leiterschleife

Gegeben ist eine quadratische Leiterschleife mit der Kantenlänge $2a$. Berechnen Sie mit Hilfe des Gesetzes von Biot-Savart die magnetische Feldstärke im Mittelpunkt M der Leiterschleife.

Tipp: Berechnen Sie zunächst das Feld eines einzelnen Linienstroms der Länge $2a$ und bestimmen Sie die Gesamtlösung durch Überlagerung.

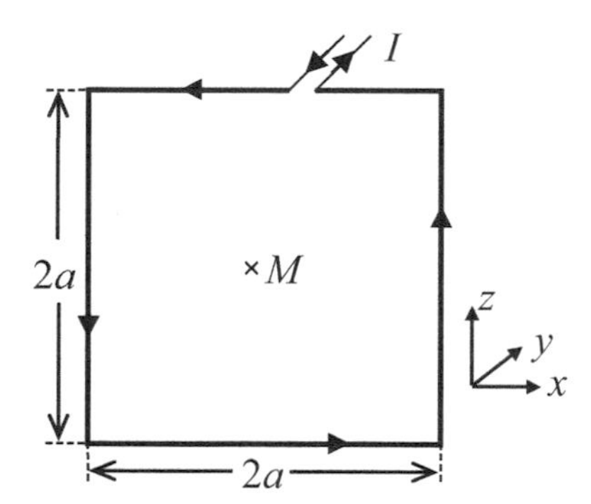

UE-4.3 Helmholtz- und Maxwell-Spule

Zwei kreisförmige Leiterschleifen mit Radius R sind parallel zueinander und symmetrisch zur z-Achse im Abstand R angeordnet. Berechnen Sie das magnetische Feld entlang der z-Achse für die beiden Fälle

a) $I_1 = I_2 \quad = I$ *(Helmholtz-Spule)*
b) $I_1 = -I_2 = I$ *(Maxwell-Spule)*.

Bestimmen Sie jeweils den Feldwert und die Ableitung nach z an der Stelle $z = 0$.

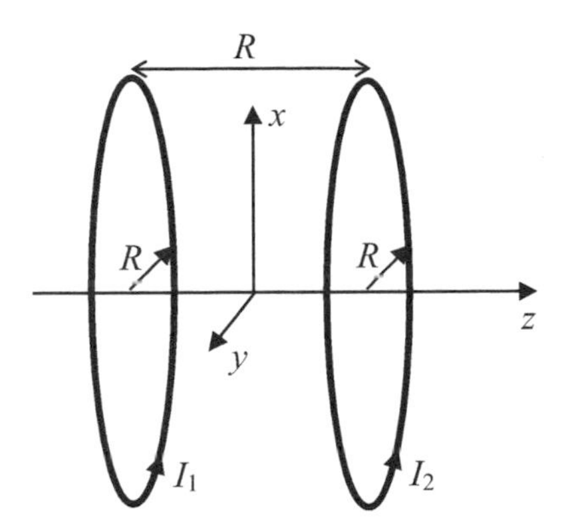

UE-4.4 Magnetfeld eines Bandleiters

Berechnen Sie die magnetische Feldstärke **H** eines gleichmäßig vom Strom I in z-Richtung durchflossenen Bandleiters der Breite $2b$. Die Dicke des Bandleiters sei vernachlässigbar und die Länge werde als unendlich angenommen (2D-Problem).

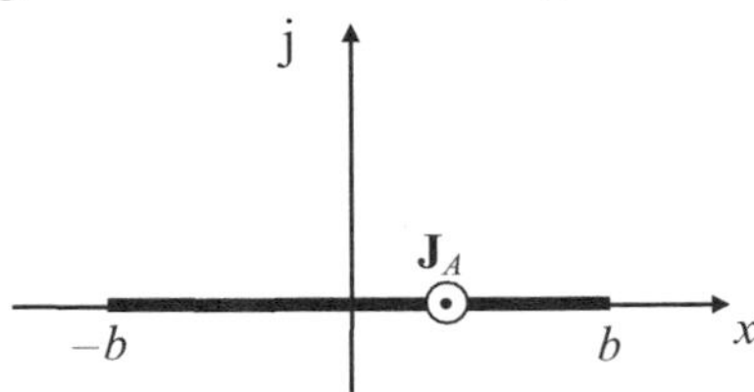

a) Berechnen Sie über den Ansatz der komplexen Feldstärke durch Integration über die Breite $2b$ ($I_i \to J_A\,\mathrm{d}x$) die Komponenten $H_x(\mathbf{r})$ und $H_y(\mathbf{r})$.
b) Welcher Feldstärkeverlauf ergibt sich entlang der x-Achse? Skizzieren Sie den Feldstärkeverlauf auf der x-Achse und die magnetischen Feldlinien in der Querschnittsebene.
c) Leiten Sie aus dem Ergebnis in a) die Lösung für $H_x(\mathbf{r})$ und $H_y(\mathbf{r})$ im Grenzfall $b \to \infty$ ab.
d) Gegen welchen Funktionsverlauf strebt $H_x(\mathbf{r})|_{x=0}$ für $y >> b$? Welcher einfachen Anordnung entspricht dieser Feldstärkeverlauf hinsichtlich des Gesamtstromes?

Hinweis: $\arctan(\zeta) = \zeta$ für $\zeta \to 0$.

UE-4.5 Induktivität der Paralleldrahtleitung

Gegeben sei eine Paralleldrahtanordnung mit kreiszylindrischen Leitern in Luft. Die Geometrie der Anordnung ist durch den Leiterradius r_0 und den Leiterabstand d definiert. Die Stromdichte sei homogen über den Querschnitt des Leiters mit der Permeabilität μ verteilt.

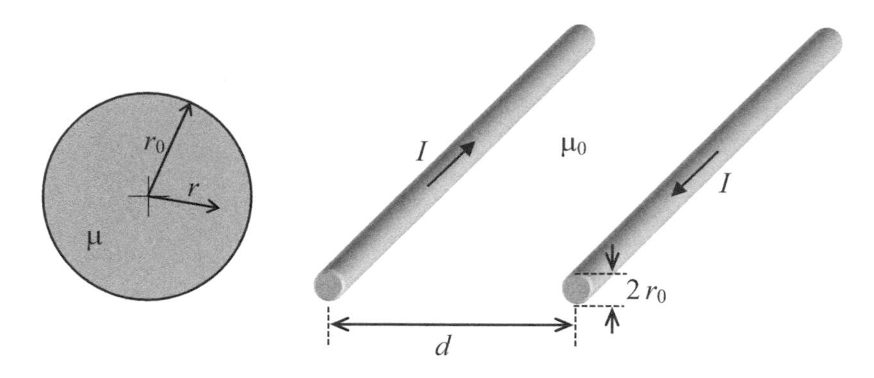

a) Bestimmen Sie die längenbezogene, äußere Induktivität L' der Paralleldrahtleitung, wenn beide Leiter von einem gleich großen, gegensinnigen Strom I durchflossen werden. Welche Näherung gilt für $d >> r_0$?
b) Wie groß ist die längenbezogene, innere Induktivität $L_i{}'$ für die gegebene Geometrie?

UE-4.6 Eigen- und Gegeninduktivität einer quadratischen Leiterschleifenanordnung

Zwei gleich große quadratische Leiterschleifen mit Seitenlänge $2a$ und Drahtradius $r_0 << a$ seien übereinander im Abstand $h >> a$ koaxial angeordnet (siehe Skizze). Berechnen Sie die Eigeninduktivität L_{ii} einer Leiterschleife und die Gegeninduktivität L_{ij} zwischen beiden Leiterschleifen mit Hilfe der Partiellen Induktivitäten (Abschn. 4.5.4).

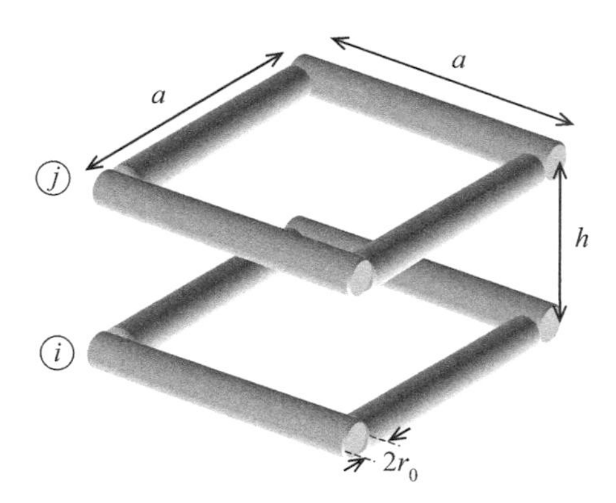

UE-4.7 Magnetischer Kreis

Ein hochpermeabler Kern mit Luftspalt trägt zwei Wicklungen mit N_1 und N_2 Windungen, die von den Strömen I_1 und I_2 durchflossen werden. Für die folgenden Berechnungen soll davon ausgegangen werden, dass Streueffekte vernachlässigt werden können, d. h. der magnetische ist nur im Kern bzw. im Luftspalt konzentriert.

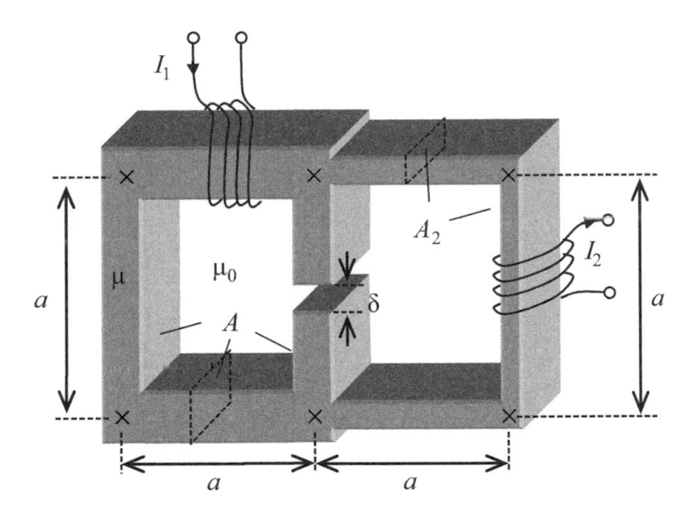

a) Berechnen Sie die magnetische Flussdichte B im Luftspalt in Abhängigkeit der gegebenen geometrischen Parameter (siehe Skizze) und der Ströme I_1 und I_2.
b) Welche Bedingung müssen die Ströme I_1 und I_2 erfüllen damit der Fluss durch den Luftspalt verschwindet?
c) Wie groß ist die Eigeninduktivität der Spule 1?
d) Berechnen Sie die Gegeninduktivität zwischen den beiden Spulen 1 und 2?

UE-4.8 Spiegelung an permeabler Wand

Gegeben ist eine Paralleldrahtleitung mit Drahtabstand d und Drahtradius a in Luft, die über einem permeablem Halbraum ($\mu = \mu_0\mu_r$) im Abstand h parallel angeordnet ist. Die beiden Drähte werden gegensinnig vom Strom I durchflossen (siehe Skizze).

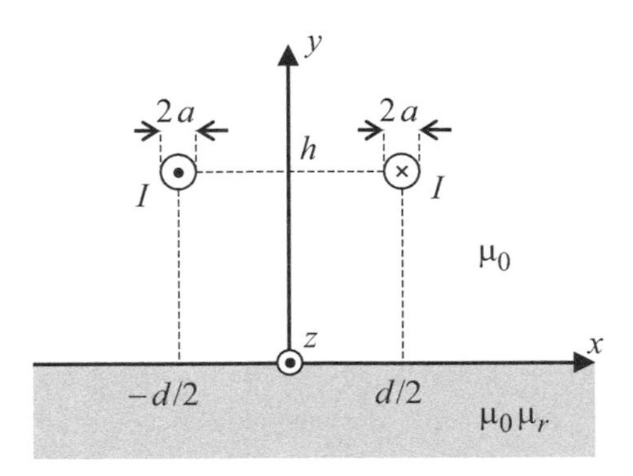

a) Zeichnen Sie die Spiegelersatzanordnung für die Berechnung des Magnetfeldes im oberen Raumteil ($y > 0$) und geben sie die Berechnungsvorschrift für die Spiegelquellen in Abhängigkeit von μ_r an.

b) Stellen Sie mit Hilfe der Spiegelersatzanordnung die Lösung für das Vektorpotential $\mathbf{A}(x,y)$ im oberen Halbraum ($y > 0$) in Abhängigkeit von μ_r auf. Leiten Sie daraus eine Näherungslösung für große Abstände von der Anordnung ab, ausgedrückt in Zylinderkoordinaten $\rho >> d, h$ und ϕ. Der Drahtstrom soll hierbei durch Linienströme dargestellt werden.
   Verwenden Sie dazu die Beziehung:

$$\ln\left(\frac{1+x}{1-x}\right) \approx 2x, \text{für } x \ll 1.$$

c) Berechnen Sie aus b) das magnetische *Fernfeld* $\mathbf{H}(\rho,\phi)$ und interpretieren Sie das Ergebnis.
d) Berechnen Sie über die allgemeine Lösung des Vektorpotentials aus Aufgabenteil b) die äußere, längenbezogene Induktivität L' der Paralleldrahtleitung für $\mu_r \rightarrow \infty$, in Abhängigkeit aller Geometrieparameter ($h >> a$, $d >> a$).

UE-4.9 Spiegelung an ideal leitendem Winkel

Ein dünner Draht mit Radius a führt den Strom I und verläuft in z-Richtung parallel zu einer rechtwinkligen, ideal leitenden Wand (siehe Skizze). Der Abstand des Drahtes zu den beiden Wänden sei gleich h. Die Länge der Anordnung in z-Richtung, wie auch die Länge der Wände in x- und y-Richtung werden als unendlich angenommen. Der gesamte Drahtstrom fließt über die Wand zurück zur Quelle.

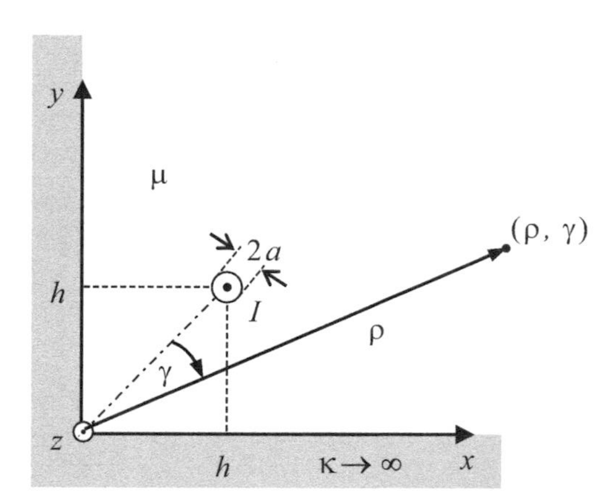

a) Stellen Sie für das Vektorpotential **A** die Randbedingung auf der Wandoberfläche auf, wenn dort die Normalkomponente der magnetischen Flussdichte **B** überall gleich Null sein muss. Konstruieren Sie die zur Erfüllung dieser Randbedingung in Frage kommende Spiegelersatzanordnung.
b) Wie lautet die Lösung für das Vektorpotential an einem beliebigem Punkt (x,y) vor der rechtwinkligen Wand?

c) Bestimmen Sie die asymptotische Näherung für das Vektorpotential bei großen Entfernungen vom Linienstrom in Abhängigkeit von ρ und dem Winkel γ zur 45°-Geraden.
Hinweis: Gehen Sie von einer *Parallelstrahlapproximation* für alle Abstände aus und nutzen Sie folgende Beziehungen:

$$\ln(1 \pm \delta) \approx \pm\delta, \text{für } \delta \ll 1$$

$$\sin^2 x - \cos^2 x = -\cos(2x).$$

d) Bestimmen Sie aus der Lösung von c) das *Fernfeld* der magnetischen Flussdichte $\mathbf{B}(\rho,\varphi)$ in Polarkoordinaten. Skizzieren Sie das Fernfeld.

UE-4.10 Separation in kartesischen Koordinaten

Gegeben ist eine Nut, definiert durch $x = 0\ldots a$ und $y = 0$, in einem hochpermeablen Raum ($\mu_r \to \infty$). Der Bereich $0 < y < b$ sei in y-Richtung gemäß

$$\mathbf{M} = M_0 \sin\left(\frac{\pi x}{a}\right) \mathbf{e}_y$$

magnetisiert. Es ist das magnetische Feld $\mathbf{H}(x,y)$ in den beiden Teilräumen zu bestimmen.

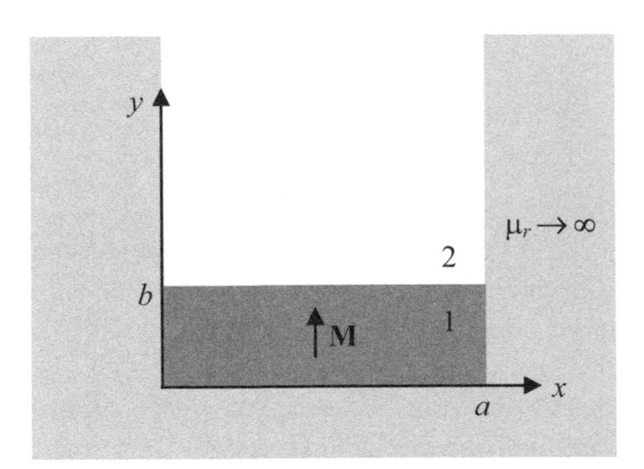

a) Setzen Sie für das magnetische Skalarpotential φ_m die allgemeine Lösung der Laplace-Gleichung gemäß Separationsansatz in x- und y-Richtung auf.
b) Reduzieren Sie getrennt für Raumteil 1 und 2 die allgemeine Lösung φ_{m1} bzw. φ_{m2} gemäß der Randbedingung $\varphi_m = 0$ an den Wänden bzw. für $y \to \infty$.

c) Bestimmen Sie die verbliebenen Konstanten aufgrund der Randbedingung an der Trennfläche bei $y = b$. Verwenden Sie hierfür u. a. die Beziehungen $B_{n1} = B_{n2}$, $B = \mu H$ und $\mathbf{H} = -\text{grad}\ \varphi_m$.
d) Berechnen Sie die Feldstärkeverteilung $\mathbf{H}(x,y)$ in den beiden Teilräumen.

UE-4.11 Separation in Kugelkoordinaten

Ein kugelförmiges Volumen mit Radius a und Permeabilitätskonstante μ_i sei in einem homogenen, unbegrenzten Medium mit μ_a eingebettet, in dem in Abwesenheit der Kugel die homogene magnetische Erregung $\mathbf{H}_0 = H_0\, \mathbf{e}_z$ vorgegeben ist. Es soll das Magnetfeld innerhalb und außerhalb der Kugel durch Lösung der Laplace-Gleichung für das magnetische Skalarpotential φ_m bestimmt werden.

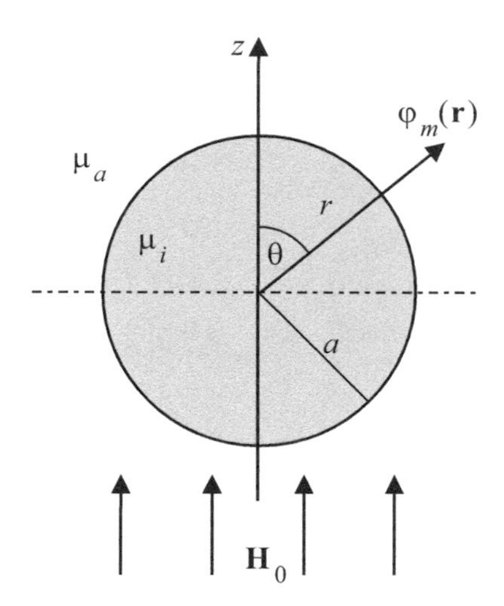

a) Stellen Sie die an das Problem angepasste allgemeine Lösung des magnetischen Potentials φ_m auf. Geben Sie für die Bereiche innerhalb und außerhalb der Kugel die resultierenden Teillösungen $\varphi_{m,i}$ und $\varphi_{m,a}$ mit unbekannten Koeffizienten an.
b) Bestimmen Sie die Koeffizienten aus geeigneten Stetigkeitsbedingungen an der Mediengrenze $r = a$ und geben Sie die beiden Potentiallösungen an.
c) Berechnen Sie die magnetische Erregung $\mathbf{H}_i$ und $\mathbf{H}_a$ im Innen- und Außenraum der Kugel. Welche Art von Feld liegt im Innenraum vor? Durch welche äquivalente Quellanordnung ist das Sekundärfeld der Kugel im Außenraum darstellbar? Bestimmen Sie dafür die Quellenstärke.
d) Berechnen Sie für einen kugelförmigen Lufteinschluss in einem hochpermeablen Medium die Betragsverhältnisse von magnetischer Erregung H_i/H_0 und der magnetischen Flussdichte B_i/B_0.
e) An welchen Orten dicht außerhalb des Lufteinschlusses ist die relative Erregung H_a/H_0 maximal bzw. minimal? Geben Sie die beiden Werte an.

Diffusionsfelder in Leitern

5

Zusammenfassung

Innerhalb von leitfähigen Medien treten bei zeitabhängigen Vorgängen Effekte auf, die auch in anderen Bereichen der Physik als *Diffusionsvorgang* bezeichnet werden. Es betrifft die räumliche und zeitliche Entwicklung des elektromagnetischen Feldes einschließlich der Stromdichte. Im Folgenden wollen wir uns auf zeitlich harmonische Vorgänge beschränken und insbesondere untersuchen, wie die elektrotechnischen Größen Widerstand, Induktivität und Verlustleistung eines Leiters von seiner Geometrie und Material sowie der Betriebsfrequenz abhängen.

5.1 Die elektromagnetischen Diffusionsgleichungen

Betrachtet man das elektromagnetische Feld in Leitern, so ist wegen der relativ hohen spezifischen Leitfähigkeit κ die Verschiebungsstromdichte in der II-ten Maxwell-Gleichung

$$\text{rot}\,\mathbf{H} = \mathbf{J} + \frac{\partial \mathbf{D}}{\partial t} \tag{II}$$

gegenüber der Leitungsstromdichte vernachlässigbar, d. h.:

$$\left|\frac{\partial \mathbf{D}}{\partial t}\right| \ll |\mathbf{J}|. \tag{5.1}$$

Mit den Materialgleichungen

$$\mathbf{D} = \varepsilon\,\mathbf{E} \tag{5.2}$$

$$\mathbf{J} = \kappa\mathbf{E} \tag{5.3}$$

M. Leone, *Theoretische Elektrotechnik*, https://doi.org/10.1007/978-3-658-29208-9_5

folgt daraus

$$\left|\frac{1}{E}\frac{\partial E}{\partial t}\right| \ll \frac{\kappa}{\varepsilon} = \frac{1}{\tau_R}. \tag{5.4}$$

Hierbei bezeichnet τ_R die in Abschn. 1.4 definierte *Relaxationszeit des Mediums* (1.49). Voraussetzung für die Gültigkeit von Gl. (5.1) ist also, dass die relative Änderung des Feldes innerhalb der Relaxationszeit sehr klein ist, was angesichts der Größenordnung von τ_R im Bereich von 10^{-14} s in üblichen Leitern (siehe Beispiel 1.1) bei nahezu allen technischen Vorgängen gegeben ist.

Mit (5.1) reduziert sich die II-te Maxwell-Gleichung dementsprechend zu

$$\text{rot}\,\mathbf{H} = \mathbf{J}, \tag{II'}$$

also dem Ampèreschen Durchflutungsgesetz der Magnetostatik, wobei die Größen darin zeitabhängig sind. Daraus folgt mit der Identität (A.75) unmittelbar für die Stromdichte

$$\text{div}\;\mathbf{J} = 0$$

und aus der III. Maxwell-Gleichung für die Ladungsdichte innerhalb eines homogenen Mediums

$$\text{div}\;\mathbf{D} = \frac{\varepsilon}{\kappa}\,\text{div}\,\mathbf{J} = q = 0. \tag{III'}$$

Ladungs- und Stromdichte verhalten sich räumlich wie im stationären Fall, sind jedoch zeitabhängig, worin die häufig verwendete Bezeichnung als *quasistationäres Feld* begründet ist.

Zusammen mit dem Induktionsgesetz (I) und der Quellenfreiheit von **B** (IV) erhalten wir insgesamt für das elektromagnetische Feld in Leitern das folgende reduzierte Maxwellsche Gleichungssystem:

$$\text{rot}\,\mathbf{E} = -\frac{\partial \mathbf{B}}{\partial t} \quad (\text{I}) \qquad \underset{\mathbf{J}=\kappa\,\mathbf{E}}{\rightleftarrows} \quad \text{rot}\,\mathbf{H} = \mathbf{J} \quad \left(\text{II}'\right)$$

$$\text{div}\;\mathbf{D} = 0 \qquad \left(\text{III}'\right) \qquad\qquad \text{div}\;\mathbf{B} = 0 \quad (\text{IV}).$$

Zwischen dem elektrischen Feld bzw. dem Strom und dem magnetischen Feld besteht eine wechselseitige Verkopplung über das ohmsche Gesetz (5.3). Daraus folgt eine für elektromagnetische Diffusionsvorgänge in Leitern charakteristische inhomogene Strom- und Feldverteilung zu den Rändern hin, auch bekannt als *Stromverdrängung* oder *Skineffekt*. Das elektrische Feld hat gemäß (III') keinen Quellenanteil, d. h. es handelt sich nach (I) um ein reines Wirbelfeld, was mit (5.3) ebenso für die Stromdichte zutrifft und die Bezeichnung *Wirbelstrom* begründet.

Für ein homogenes Medium lassen sich die reduzierten Maxwell-Gleichungen (I), (II'), (III') und (IV) wie folgt entkoppeln. Anwendung der Rotation auf Gl. (II') führt mit der Identität (A.76) zunächst auf

$$\frac{1}{\mu}(\text{grad div}\,\mathbf{B} - \Delta\mathbf{B}) = \kappa\,\text{rot}\,\mathbf{E}$$

Nach Einsetzen von (I) und (IV) erhalten wir für die magnetische Flussdichte die partielle Differentialgleichung 2. Ordnung

$$\Delta\mathbf{B} - \mu\kappa\frac{\partial\mathbf{B}}{\partial t} = \mathbf{0}. \tag{5.5}$$

In analoger Weise erhält man durch Anwendung der Rotation auf Gl. (I) und der Materialgleichung

$$\mathbf{B} = \mu\,\mathbf{H} \tag{5.6}$$

$$\frac{1}{\varepsilon}\,\text{grad div}\,\mathbf{D} - \Delta\mathbf{E} = -\mu\frac{\partial}{\partial t}\text{rot}\,\mathbf{H},$$

und nach Einsetzen von Gl. (III′), (II′) und (5.3)

$$\Delta\mathbf{E} - \mu\kappa\frac{\partial\mathbf{E}}{\partial t} = \mathbf{0}, \tag{5.7}$$

bzw. mit (5.3) für die Stromdichte

$$\Delta\mathbf{J} - \mu\kappa\frac{\partial\mathbf{J}}{\partial t} = \mathbf{0}. \tag{5.8}$$

Für das Vektorpotential $\mathbf{A}$ gilt (4.9)

$$\mathbf{B} = \text{rot}\mathbf{A}. \tag{5.9}$$

Zusammen mit der Coulomb-Eichung (4.10)

$$\text{div}\,\mathbf{A} = 0 \tag{5.10}$$

und (II′) resultiert nach Anwendung der Rotation auf (5.9) die Poisson-Gleichung

$$\Delta\mathbf{A} = -\mu\,\mathbf{J}. \tag{5.11}$$

Andererseits folgt aus (I) durch Einsetzen von (5.9)

$$\text{rot}\mathbf{E} = -\text{rot}\frac{\partial\mathbf{A}}{\partial t} \quad\Rightarrow\quad \text{rot}\left\{\mathbf{E} + \frac{\partial\mathbf{A}}{\partial t}\right\} = \mathbf{0}.$$

Gemäß der Identität (A.74) kann der Ausdruck $\mathbf{E} + \partial\mathbf{A}/\partial t$ einem Gradientenfeld gleichgesetzt werden. Da jedoch $\mathbf{E}$ gemäß (III′) und $\mathbf{A}$ wegen der Coulomb-Eichung (5.10) reine Wirbelfelder sind, folgt für die Beziehung zwischen $\mathbf{E}$ und $\mathbf{A}$

$$\mathbf{E} = -\frac{\partial\mathbf{A}}{\partial t}$$

Multiplikation mit κ gemäß (5.3) ergibt nach Einsetzten in (5.11) schließlich

$$\Delta \mathbf{A} - \mu\kappa \frac{\partial \mathbf{A}}{\partial t} = \mathbf{0}. \tag{5.12}$$

Wie der Vergleich von (5.5), (5.7), (5.8) und (5.12) zeigt, gehorchen alle Feldgrößen einschließlich der Stromdichte der gleichen partiellen DGL vom parabolischen Typ

$$\Delta \mathbf{f} - \mu\kappa \frac{\partial \mathbf{f}}{\partial t} = \mathbf{0}. \tag{5.13}$$

Es handelt sich hierbei um die *Diffusionsgleichung* (vektoriell). Sie beschreibt auch andere physikalische Prozesse wie Teilchendiffusion, Wärmeleitung, usw. Aufgrund der verschiedenen Randbedingungen ergeben sich jedoch für die einzelnen Feldgrößen unterschiedliche Lösungen.

Bei konkreten Aufgabenstellungen sind die Randbedingungen meistens nur für eine der Feldgrößen vollständig definiert. Aus der Lösung der entsprechenden Diffusionsgleichung können alle anderen Feldgrößen aus einer der Maxwell-Gleichungen (I) bzw. (II') durch Differentiation in Kombination mit den Materialgleichungen (5.2), (5.3) und (5.6) bestimmt werden.

5.2 Zeitharmonische Vorgänge

Bei sinus- bzw. cosinusförmiger Zeitabhängigkeit mit Kreisfrequenz ω können die zeitabhängigen Gleichungen unter Verwendung komplexer Amplituden (Betrag und Phase) umgeschrieben werden (siehe Abschn. 1.7). Aufgrund der $e^{j\omega t}$-Abhängigkeit aller Größen gehen dabei die Zeitableitungen in eine Multiplikation mit dem Faktor $j\omega$ über. So erhalten wir für die reduzierten Maxwell-Gleichungen (I), (II'), (III') und (IV) die komplexe Form

$$\text{rot}\,\underline{\mathbf{E}} = -j\omega\underline{\mathbf{B}} \ (\underline{\text{I}}) \qquad \text{rot}\,\underline{\mathbf{H}} = \underline{\mathbf{J}} \ \left(\underline{\text{II}'}\right)$$

$$\text{div}\,\underline{\mathbf{D}} = 0 \quad \left(\underline{\text{III}'}\right) \qquad \text{div}\,\underline{\mathbf{B}} = 0 \ (\underline{\text{IV}}).$$

Die Diffusionsbedingung (5.1) lautet für harmonische Zeitabhängigkeit:

$$|j\omega\varepsilon\underline{\mathbf{E}}| \ll \kappa|\underline{\mathbf{E}}|.$$

Daraus folgt die Frequenzbedingung

$$\omega \ll \frac{1}{\tau_R}. \tag{5.14}$$

Entsprechend des oben zitierten sehr kleinen Wertes der Relaxionszeit τ_R bei Leitern liegt diese Frequenzgrenze im Bereich von $10^{14}\,\text{s}^{-1}$, also jenseits des üblichen technischen Frequenzbereichs.

Die Diffusionsgleichungen der Gestalt (5.13) gehen im harmonischen Fall über in die Form

$$\Delta\underline{\mathbf{f}} - \mathrm{j}\omega\,\mu\,\kappa\,\underline{\mathbf{f}} = \mathbf{0},$$

wobei $\underline{\mathbf{f}}$ stellvertretend für die komplexen Feldamplituden $\underline{\mathbf{B}}$, $\underline{\mathbf{E}}$, $\underline{\mathbf{J}}$ und $\underline{\mathbf{A}}$ steht.

Durch Einführung der *komplexen Ausbreitungskonstante*

$$\underline{\gamma} = \alpha + \mathrm{j}\beta = \sqrt{\mathrm{j}\omega\mu\,\kappa} = (1+\mathrm{j})\frac{1}{\delta} \tag{5.15}$$

und der *charakteristischen Länge (Eindring- bzw. Skintiefe)*

$$\delta = \sqrt{\frac{2}{\omega\mu\kappa}} \quad [\delta] = \mathrm{m} \tag{5.16}$$

erhalten wir die Diffusionsgleichungen (5.5), (5.7), (5.8) und (5.12) in der komplexen Form

$$\Delta\underline{\mathbf{B}} - \underline{\gamma}^2\underline{\mathbf{B}} = \mathbf{0} \tag{5.17}$$

$$\Delta\underline{\mathbf{E}} - \underline{\gamma}^2\underline{\mathbf{E}} = \mathbf{0} \tag{5.18}$$

$$\Delta\underline{\mathbf{J}} - \underline{\gamma}^2\underline{\mathbf{J}} = \mathbf{0} \tag{5.19}$$

$$\Delta\underline{\mathbf{A}} - \underline{\gamma}^2\underline{\mathbf{A}} = \mathbf{0}. \tag{5.20}$$

Der *komplexe Poyntingsche Satz* (Abschn. 1.7.2) reduziert sich aufgrund der Vernachlässigung der Verschiebungsstromdichte zu

$$\oint\!\!\!\oint_{\partial V} \underline{\mathbf{S}} \cdot \mathrm{d}\mathbf{A} = -\frac{1}{2}\iiint_V \underline{\mathbf{E}} \cdot \underline{\mathbf{J}}^* \mathrm{d}V - \mathrm{j}\omega\frac{1}{2}\iiint_V \underline{\mathbf{H}}^* \cdot \underline{\mathbf{B}}\,\mathrm{d}V. \tag{5.21}$$

Hierbei ist

$$\underline{\mathbf{S}} = \frac{1}{2}\underline{\mathbf{E}} \times \underline{\mathbf{H}}^*. \tag{5.22}$$

der *komplexe Poynting-Vektor*, der die *mittlere Scheinleistungs-Flussdichte* durch eine Oberfläche angibt. Zusammen mit der *mittleren Verlustleistungsdichte* (1.77)

$$\overline{p_J(t)} = \overline{\mathbf{E}(t) \cdot \mathbf{J}(t)} = \frac{1}{2}\,\underline{\mathbf{E}} \cdot \underline{\mathbf{J}}^* \tag{5.23}$$

und der *mittleren magnetische Feldenergiedichte* (1.79)

$$\overline{w_M(t)} = \frac{1}{2}\,\overline{\mathbf{H}(t) \cdot \mathbf{B}(t)} = \frac{1}{4}\,\underline{\mathbf{H}}^* \cdot \underline{\mathbf{B}} \tag{5.24}$$

stellt der Poyntingsche Satz (5.21) die Bilanz zwischen der aus einem Volumen V aus- oder einströmenden Scheinleistung (Wirk- und Blindleistung) und der darin umgesetzten Verlustleistung und im Mittel gespeicherten magnetischen Feldenergie.

5.3 Felddiffusion in einen leitfähigen Halbraum

Als einfachsten aber grundlegenden Diffusionsvorgang betrachten wir das Eindringen eines Homogenfeldes mit der Kreisfrequenz ω in einen leitenden Halbraum mit der spezifischen Leitfähigkeit κ (Abb. 5.1).

5.3.1 Lösung der Diffusionsgleichung

Ausgehend von einer gegebenen magnetischen Feldstärke $H_0\,\mathbf{e}_z$ auf der Leiteroberfläche hat das gesuchte Feld im Leiter aufgrund der Stetigkeit der Tangentialfeldstärke (1.52) bei Abwesenheit von Oberflächenstromdichten auch nur eine z-Komponente und hängt von der senkrecht in den Leiter zeigenden x-Richtung ab:

$$\underline{\mathbf{H}}(x) = \underline{H}_z(x)\,\mathbf{e}_z .$$

Die zu lösende Diffusionsgleichung (5.17) reduziert sich, dadurch dass die Ableitungen nach y und z Null sind, zu der gewöhnlichen DGL 2. Ordnung

$$\frac{\mathrm{d}^2\underline{H}_z}{\mathrm{d}x^2} - \underline{\gamma}^2\underline{H}_z = 0 .$$

Wie man sich leicht durch Einsetzen überzeugen kann, hat die allgemeine Lösung die Form

$$\underline{H}_z(x) = \underline{H}_1\,\mathrm{e}^{+\underline{\gamma}\,x} + \underline{H}_2\,\mathrm{e}^{-\underline{\gamma}\,x} . \tag{5.25}$$

Zur Bestimmung der beiden Konstanten $\underline{H}_1, \underline{H}_2$ dienen die beiden Randbedingungen

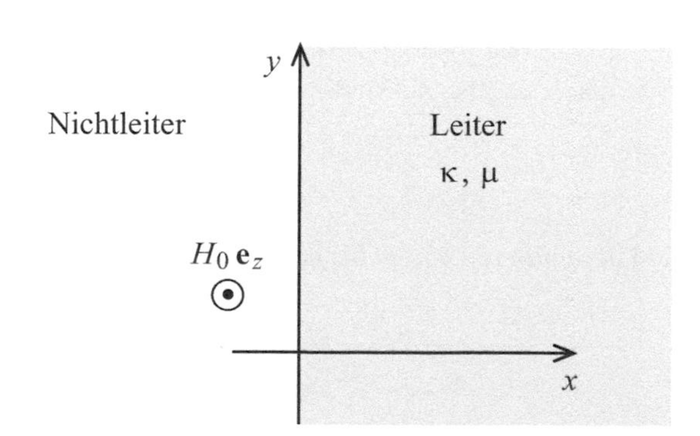

Abb. 5.1 Diffusion eines homogenen Feldes in einen leitenden Halbraum

(1): $\underline{H}_z(x=0) = H_0$

(2): $\lim_{x\to\infty} \underline{H}_z(x) = 0.$

Aus (2) folgt unmittelbar $\underline{H}_1 = 0$ und aus (1) $\underline{H}_2 = \underline{H}_0$ und wir erhalten als Lösung für das magnetische Feld innerhalb des leitenden Halbraums

$$\underline{H}_z(x) = \underline{H}_0\, \mathrm{e}^{-\underline{\gamma}\, x}. \tag{5.26}$$

Aus dem Ampèreschen Durchflutungsgesetz (II')

$$\mathrm{rot}\,\underline{\mathbf{H}} = -\frac{\partial \underline{H}_z}{\partial x}\, \mathbf{e}_y = \underline{\mathbf{J}}$$

ergibt sich durch Einsetzen von (5.26) und Ausführung der einzig verbleibenden Ableitung nach x die y-gerichtete Stromdichte:

$$\underline{J}_y(x) = \underline{\gamma}\, \underline{H}_0\, \mathrm{e}^{-\underline{\gamma}\, x}. \tag{5.27}$$

Über (5.3) folgt daraus unmittelbar für die ebenfalls y-gerichtete elektrische Feldstärke

$$\underline{E}_y(x) = \frac{\underline{\gamma}}{\kappa}\, \underline{H}_0\, \mathrm{e}^{-\underline{\gamma}\, x}. \tag{5.28}$$

Innerhalb des Leiters stehen die elektrische und magnetische Felstärke senkrecht aufeinander und das komplexe Amplitudenverhältnis

$$\frac{\underline{E}_y(x)}{\underline{H}_z(x)} = \frac{\underline{\gamma}}{\kappa} = (1+\mathrm{j})\sqrt{\frac{\omega\,\mu}{2\,\kappa}}\,.$$

ist frequenzabhängig und wird von den Materialkonstanten μ und κ bestimmt, wobei der Phasenunterschied zwischen den beiden Feldern 45° beträgt. Alle Feldgrößen im Leiter sind mit (5.15) betragsmäßig proportional zu

$$\left|\mathrm{e}^{-\underline{\gamma}\, x}\right| = \mathrm{e}^{-\alpha\, x} = \mathrm{e}^{-x/\delta},$$

klingen also exponentiell mit der charakteristischen Länge (Skin- oder Eindringtiefe) δ in Abhängigkeit von Frequenz und Materialparameter μ und κ in den Leiter hinein ab (Abb. 5.2).

Die Skintiefe δ ist also ein Maß für die Stärke des Diffusionsvorganges und ist bei einer ebenen Leiteroberfläche der Abstand, bei dem alle Feldgrößen nur noch 1/e ($\approx 37\,\%$) des Ausgangswerts am Leiterrand betragen. Abb. 5.3 zeigt den Frequenzverlauf von δ für Kupfer, Aluminium und Stahl in doppeltlogarithmischer Auftragung. Wie man sieht, beträgt die Skintiefe bereits bei relativ kleinen Frequenzen der Energietechnik weniger als einen Millimeter und reduziert sich im Hochfrequenzbereich auf nur wenige Mikrometer. Der gesamte Strom wird deshalb nur innerhalb einer sehr dünnen Schicht unterhalb der Leiteroberfläche geführt, was der Grund ist für die Bezeichnung Skin-(engl. Haut) effekt. Der Grund für die kürzere Skintiefe bei Stahl trotz der niedrigeren Leit-

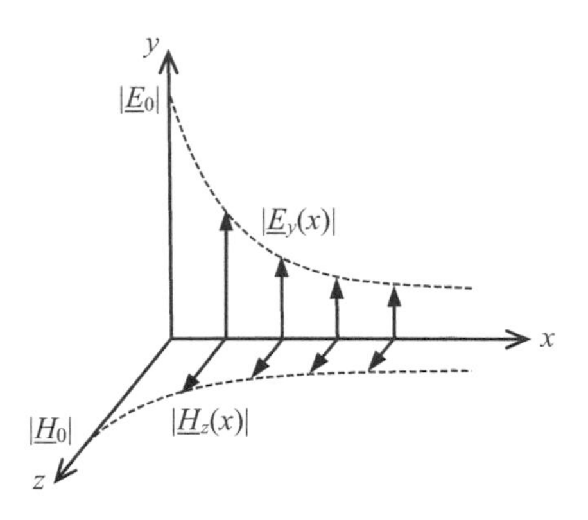

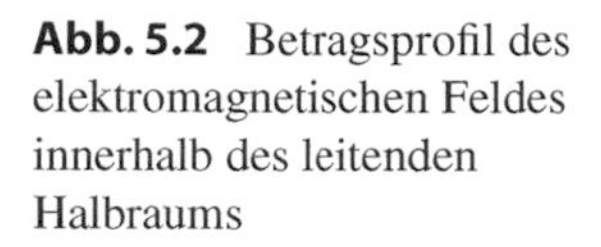
Abb. 5.2 Betragsprofil des elektromagnetischen Feldes innerhalb des leitenden Halbraums

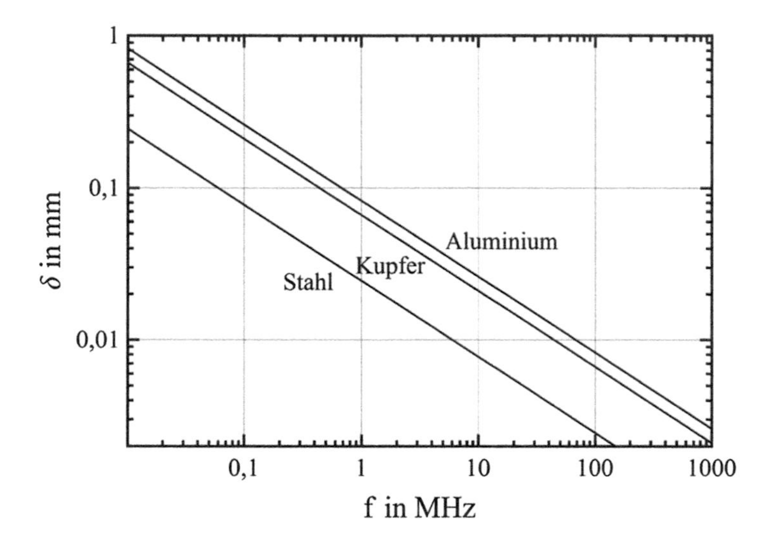

Abb. 5.3 Frequenzabhängigkeit der Skintiefe für drei typische Leitermaterialien

fähigkeit κ im Vergleich zu den anderen beiden Metallen liegt in der wesentlich höheren relativen Permeabilität μ_r. Bei Aluminium und Kupfer beträgt sie nahezu Eins.

Beispiel 5.1: Abschirmung von elektromagnetischen Feldern

Aufgrund des raschen Abklingen des elektromagnetischen Feldes innerhalb weniger Skintiefen können bereits relativ dünne Metallbleche oder sogar Folien dazu dienen einen Raumbereich gegenüber äußeren Feldern abzuschirmen. Als Überschlagsrechnung (vgl. Beispiel 6.2) für den resultierenden Schirmfaktor sei angenommen, dass die Blechdicke d deutlich größer ist als die Skintiefe δ. Unter dieser Voraussetzung erhalten wir mit dem Ergebnis (5.28) für den auf das Betragsverhältnis der elektrische Feldstärken bezogenen Schirmfaktor

$$a = \left| \frac{\underline{E}_0}{\underline{E}(d)} \right| \approx \mathrm{e}^{+d/\delta}.$$

Damit liegt der Schirmfaktor bereits bei $d/\delta = 5$ in der Größenordnung von 100 und bei einer Verdopplung der Frequenz (Reduzierung von δ um $1/\sqrt{2}$) erhöht sich a um das zehnfache.

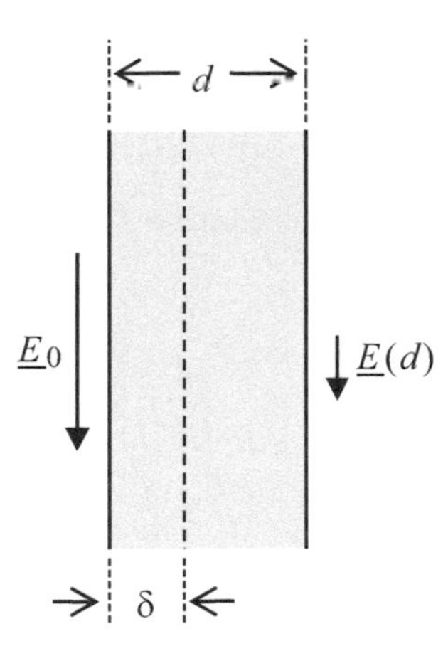

◀

5.3.2 Verlustleistung

Die durch die induzierte Stromdichte (5.27)

$$\underline{J}_y(x) = \underline{J}_0\, \mathrm{e}^{-\underline{\gamma}\, x}$$

innerhalb des leitenden Halbraums umgesetzte Joulesche Leistung berechnet sich durch Integration über die Verlustleistungsdichte (5.23)

$$\overline{p_J(t)} = \frac{1}{2}\mathbf{E} \cdot \mathbf{J}^* = \frac{|\underline{J}|^2}{2\,\kappa}.$$

Für ein in x-Richtung unbegrenzten Quader mit den Kantenlängen Δy, Δz (Abb. 5.4a) erhalten wir für die darin umgesetzte Verlustleistung

$$\begin{aligned} \Delta P &= \frac{\Delta y\, \Delta z}{2\kappa} \int_0^\infty \left|\underline{J}(x)\right|^2 \mathrm{d}x \\ &= \frac{\left|\underline{J}_0\right|^2 \Delta y\, \Delta z}{2\kappa} \int_0^\infty \mathrm{e}^{-2x/\delta}\, \mathrm{d}x = \frac{\left|\underline{J}_0\right|^2 \delta\, \Delta y\, \Delta z}{4\kappa}. \end{aligned}$$

Ausgedrückt durch den Gesamtstrom $\Delta \underline{I}$ durch den Quader mit Widerstand ΔR

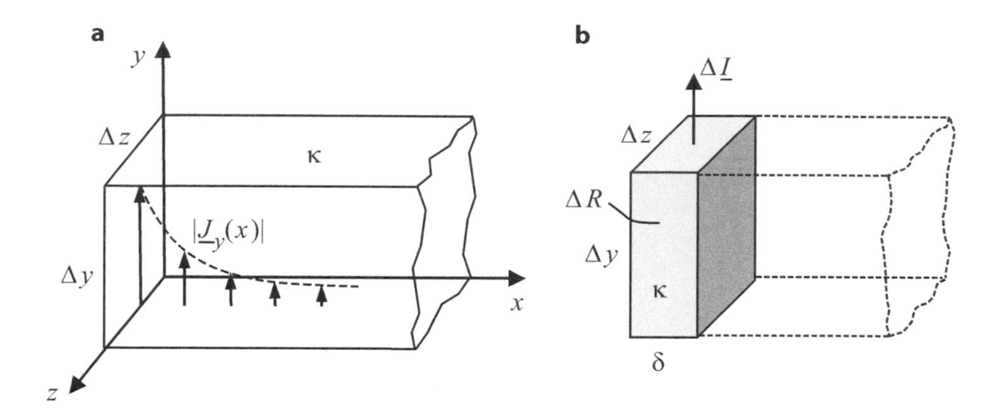

Abb. 5.4 (**a**) Unendlich langer Quader mit induzierter Stromdichte, (**b**) Homogen durchströmter Quader mit äquivalenter Leitschichtdicke δ

$$\Delta P = \frac{1}{2}|\Delta \underline{I}|^2 \, \Delta R = \frac{|\underline{J}_0|^2 \delta \, \Delta y \, \Delta z}{4 \, \kappa}, \tag{5.29}$$

mit

$$\Delta \underline{I} = \Delta z \int_0^\infty \underline{J}_y(x) \, \mathrm{d}x = \underline{J}_0 \, \Delta z \int_0^\infty \mathrm{e}^{-\underline{\gamma} x} \, \mathrm{d}x = \frac{\underline{J}_0 \, \Delta z}{\underline{\gamma}} = \frac{\underline{J}_0 \, \Delta z}{(1 + \mathrm{j})} \delta$$

ergibt sich für den Widerstand des unendlich langen Quaders

$$\Delta R = \frac{\Delta y}{\kappa \, \delta \, \Delta z} \sim \sqrt{\omega}. \tag{5.30}$$

Der Widerstand hat die für den Skineffekt charakteristische Frequenzabhängigkeit proportional zur Wurzel der Frequenz. Das Ergebnis für ΔR lässt sich durch Vergleich mit der Formel (3.12) für den homogen durchflossenen Zylinder mit der Länge $l = \Delta y$ und dem Querschnitt $A = \delta \Delta z$ folgendermaßen interpretieren: ΔR entspricht einem endlichen Quader der Dicke δ, der vom Gesamtstrom $\Delta \underline{I}$ *gleichmäßig* durchflossen wird. Daher bezeichnet man δ auch als *äquivalente Leitschichtdicke* (Abb. 5.4b).

5.4 Felddiffusion im Zylinder

Betrachtet werde ein leitfähiger Zylinder, der einem elektromagnetischen Wechselfeld mit der Kreisfrequenz ω ausgesetzt ist. Der Zylinder habe den Radius a, die spezifische Leitfähigkeit κ und Permeabilität μ und sei in z-Richtung unbegrenzt (Abb. 5.5). Auf der Zylinderoberfläche sei die z-gerichtete, tangentiale magnetische Feldstärke $\underline{H}_0$

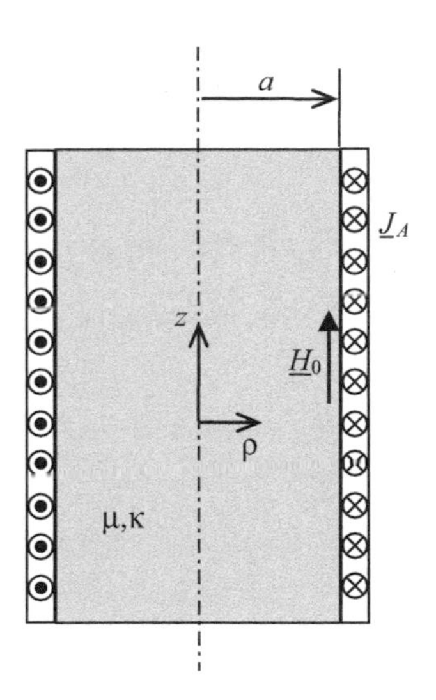

Abb. 5.5 Unbegrenzter Zylinder mit vorgegebener magnetischer Feldstärke $\underline{H}_0$ bzw. Oberflächenstrombelegung $\underline{J}_A$ in Umfangsrichtung

vorgegeben, die einer azimuthalen Oberflächenstrombelegung $\underline{J}_A = \underline{H}_0$ entspricht (Vgl. Abschn. 4.3.2).

5.4.1 Berechnung der Felder

Durch die Vorgabe der axialen Tangentialfeldstärke $\underline{H}_0$ resultiert innerhalb des Zylinders ein ebenfalls z-gerichtetes Magnetfeld $\underline{H}_z(\rho)$, das aufgrund der zylindersymmetrischen Geometrie nur eine Funktion der radialen Koordinate ρ sein kann. Die zu lösende Diffusionsgleichung (5.17) mit dem Laplace-Operator in Zylinderkoordinaten (A.72) reduziert sich mit

$$\frac{\partial \underline{H}_z}{\partial \phi} = \frac{\partial \underline{H}_z}{\partial z} = 0$$

zur der gewöhnlichen *Besselschen Differentialgleichung*

$$\frac{d^2 \underline{H}_z}{d\rho^2} + \frac{1}{\rho}\frac{d\underline{H}_z}{d\rho} - \underline{\gamma}^2 \underline{H}_z = 0. \tag{5.31}$$

Die allgemeine Lösung mit den unbestimmten Koeffizienten $\underline{A}$ und $\underline{B}$

$$\underline{H}_z(\rho) = \underline{A}\, \mathrm{J}_0(\mathrm{j}\,\underline{\gamma}\,\rho) + \underline{B}\, \mathrm{N}_0(\mathrm{j}\,\underline{\gamma}\,\rho)$$

enthält die Besselfunktion J_0 und Neumannfunktion N_0 jeweils nullter Ordnung (Vgl. Abschn. 2.7.2). Letztere kann aufgrund der Singularität für $\rho = 0$ aus der Lösung des vorliegenden Problems ausgeschlossen werden. Die verbleibende Konstante $\underline{A}$ kann aus der Vorgabe

$$\underline{H}_z(\rho = a) = \underline{A}\ \mathrm{J}_0\big(\mathrm{j}\ \underline{\gamma}\ a\big) = \underline{H}_0$$

bestimmt werden und wir erhalten als Lösung des magnetischen Feldes

$$\underline{H}_z(\rho) = \underline{H}_0 \frac{\mathrm{J}_0\big(\mathrm{j}\ \underline{\gamma}\ \rho\big)}{\mathrm{J}_0\big(\mathrm{j}\ \underline{\gamma}\ a\big)}. \tag{5.32}$$

Für die elektrische Feldstärke erhalten wir aus dem Ampèreschen Durchflutungsgesetz ($\underline{\mathrm{II}}'$) mit

$$\mathrm{rot}\ \underline{\mathbf{H}} = \mathrm{rot}\big(\underline{H}_z(\rho)\ \mathbf{e}_z\big) = -\frac{\mathrm{d}\underline{H}_z(\rho)}{\mathrm{d}\rho}\mathbf{e}_\phi$$

einzig die ϕ-Komponente

$$\underline{E}_\phi = -\frac{1}{\kappa}\frac{\mathrm{d}\underline{H}_z(\rho)}{\mathrm{d}\rho}.$$

Mit der Ableitung

$$\frac{\mathrm{d}}{\mathrm{d}x}\mathrm{J}_0(x) = -\mathrm{J}_1(x), \tag{5.33}$$

resultiert für die elektrische Feldstärke die Lösung

$$\underline{E}_\phi = \frac{\mathrm{j}\underline{\gamma}\ \underline{H}_0}{\kappa}\frac{\mathrm{J}_1\big(\mathrm{j}\underline{\gamma}\ \rho\big)}{\mathrm{J}_0\big(\mathrm{j}\underline{\gamma}\ a\big)}, \tag{5.34}$$

bzw. für die Stromdichte (5.3)

$$\underline{J}_\phi = \mathrm{j}\underline{\gamma}\ \underline{H}_0 \frac{\mathrm{J}_1\big(\mathrm{j}\underline{\gamma}\ \rho\big)}{\mathrm{J}_0\big(\mathrm{j}\underline{\gamma}\ a\big)}. \tag{5.35}$$

Wie der Vergleich von (5.32), (5.34) und (5.35) zeigt, wird die zylindersymmetrische Verteilung aller Feldgrößen gemäß (5.15) vom komplexen Argumenten in den Besselfunktionen

$$\mathrm{j}\underline{\gamma}\ \rho = \mathrm{j}(1+\mathrm{j})\frac{\rho}{\delta},$$

d. h. vom Verhältnis $\rho/\delta \leq a/\delta$ bestimmt. Neben der Geometrie (Radius a) ist dieses Verhältnis nach (5.16) noch vom Material (μ,κ) und der Wurzel der Frequenz abhängig. Für die Praxis sind häufig die beiden Extremfälle von Interesse, d. h. bei weit reichender Diffusion (*schwacher Skineffekt*) und bei kurzer Diffusionslänge (*starker Skineffekt*). In diesen beiden Fällen gilt für den Betrag der Argumente der Besselfunktionen

$$\big|\mathrm{j}\underline{\gamma}\ \rho\big| \leq \sqrt{2}\frac{a}{\delta}\begin{cases} \ll 1 & \Rightarrow \text{schwacher Skineffekt} \\ \gg 1 & \Rightarrow \text{starker Skineffekt.} \end{cases}$$

Schwacher Skineffekt a/δ << 1
In diesem Fall erhält man aus (5.32) mit

$$\frac{J_0\left(j\underline{\gamma}\rho\right)}{J_0\left(j\underline{\gamma}a\right)} \approx 1\ ;\ \text{für } \rho/\delta < a/\delta \ll 1$$

als Näherungslösung für das Magnetfeld

$$\underline{H}_z(\rho) \approx \underline{H}_0.$$

Es liegt also ein homogenes Magnetfeld innerhalb des Kerns vor, in Übereinstimmung mit (4.45) für das magnetostatische Feld eines azimutal umströmten Zylinders.

Starker Skineffekt a/δ >> 1
Wenn die Skintiefe relativ kurz ist, erhalten wir mit der asymptotischen Form der Besselfunktion bei großen Argumenten

$$J_0(x) \approx \frac{1}{\sqrt{2\,\pi\,x}} e^{-j(x-\pi/4)} \quad \text{für } |x| \gg 1 \tag{5.36}$$

als Näherungslösung für das Magnetfeld

$$\underline{H}_z \approx \underline{H}_0 \sqrt{\frac{a}{\rho}} e^{-\underline{\gamma}(a-\rho)} \text{ für } \left|\underline{\gamma}\rho\right| \gg 1. \tag{5.37}$$

Dieses Ergebnis lässt sich mit dem Abstand von der Zylinderwand $d = a - \rho$ wie folgt umschreiben:

$$\underline{H}_z \approx \underline{H}_0 \sqrt{\frac{a}{a-d}} e^{-\underline{\gamma}\,d} \approx \underline{H}_0 e^{-\underline{\gamma}\,d} \text{ für} \left|\underline{\gamma}(a-d)\right| \gg 1.$$

Die Vernachlässigung des Wurzelausdrucks führt also zu einer exponentiellen Abhängigkeit des Betrags

$$\left|\underline{H}_z\right| \approx \left|\underline{H}_0\right| e^{-\underline{\alpha}\,d}. \tag{5.38}$$

Es liegen damit ähnliche Verhältnisse wie bei der ebenen Wand (Abschn. 5.3) vor, was dadurch erklärt werden kann, dass die Skintiefe δ wesentlich kleiner ist als der Zylinderradius. Abb. 5.6 zeigt einige Betragsverläufe der magnetischen Feldstärke (5.32) für verschiedene a/δ-Verhältnisse, normiert auf den Wert am Zylinderrand. Während bei kleinen a/δ-Verhältnissen (schwacher Skineffekt) ein nahezu homogenes Feld über dem Drahtquerschnitt vorliegt, nimmt die Feldverdrängung zum Rand hin bei größeren a/δ-Verhältnissen zu und nähert sich allmählich dem exponenentiellen Verlauf (5.38) an.

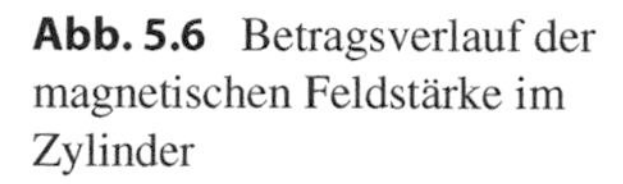

Abb. 5.6 Betragsverlauf der magnetischen Feldstärke im Zylinder

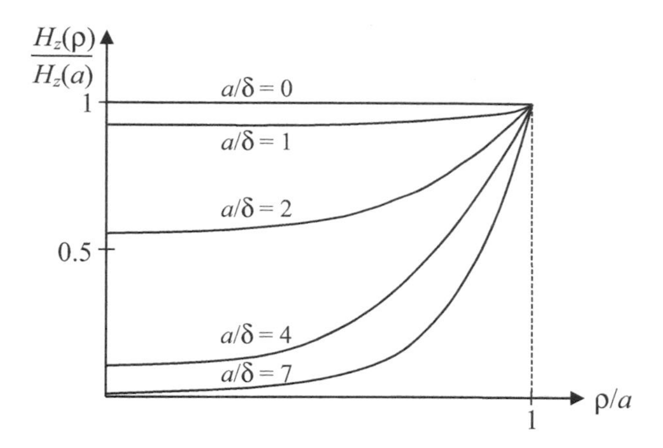

5.4.2 Komplexe Impedanz der Zylinderspule

Die Vorgabeder Oberflächenstrombelegung $\underline{J}_A = \underline{H}_0$ kann näherungsweise durch eine Drahtspule realisiert werden, in der der Strom $\underline{I}$ durch jede Windung fließt (Beispiel 4.5), d.h.

$$\underline{H}_0 = \underline{J}_A \approx N' \underline{I}, \tag{5.39}$$

wobei N' die Anzahl der Windungen pro Länge bezeichnet. Die im Zylinder induzierte Stromdichte $\underline{J}_\phi$ (5.35) verursacht eine Joulesche Verlustleistung gemäß (5.23). Zusätzlich geht mit dem Magnetfeld (5.32) eine im zeitlichen Mittel gespeicherte magnetische Feldenergie (5.24) einher, die einer Blindleistung entspricht. Insgesamt muss die Summe aus Verlust(Wirk)- und Blindleistung, also die Scheinleistung, die im Zylindervolumen V umgesetzt wird, von der Stromquelle geliefert werden, d.h.:

$$\frac{1}{2}|\underline{I}|^2\, \underline{Z} = \oint\!\!\oint_{\partial V} \underline{\mathbf{S}} \cdot \mathrm{d}\mathbf{A}.$$

Hierbei ist $\underline{Z}$ die an den Spulenanschlüssen wirksame Impedanz für die Stromquelle und

$$\underline{\mathbf{S}} = \frac{1}{2}\underline{\mathbf{E}} \times \underline{\mathbf{H}}^*$$

der komplexe Poyntingvektor (5.22), der auf der Zylinderoberfläche ($\rho = a$) zu integrieren ist. Das Oberflächenelement $\mathrm{d}\mathbf{A}$ zeigt dabei in den Zylinder, also in $-\mathbf{e}_\rho$-Richtung. Für eine längenbezogene Rechnung entfällt die Integration des Poynting-Vektors in z-Richtung und wir erhalten mit den Feldkomponenten (5.32) und (5.34) nach Integration in Umfangsrichtung ($\mathrm{d}s = a\,\mathrm{d}\phi$) für die längenbezogene Impedanz

$$\underline{Z}' = \frac{1}{|\underline{I}|^2} \oint \left(\underline{\mathbf{E}} \times \underline{\mathbf{H}}^*\right)\left(-\mathbf{e}_\rho \mathrm{d}s\right) = -\frac{2\pi a}{|\underline{I}|^2} \left(\underline{E}_\phi \, \underline{H}_z^*\right)\Big|_{\rho=a}.$$

Nach Einsetzen der Feldkomponenten (5.32) und (5.34) resultiert mit (5.39) die Lösung

$$\underline{Z}' = -\frac{2\,\pi\,N'^2}{\kappa} \mathrm{j}\underline{\gamma}a \frac{\mathrm{J}_1\left(\mathrm{j}\underline{\gamma}a\right)}{\mathrm{J}_0\left(\mathrm{j}\underline{\gamma}a\right)}. \tag{5.40}$$

Der hier nicht berücksichtigte Leistungsumsatz im Draht kann einfach zu $\underline{Z}$ addiert werden.

Im Folgenden soll die Impedanz (5.40) hinsichtlich ihres asymptotischen Verhaltens jeweils bei schwachem und starkem Skineffekt untersucht werden.

Schwacher Skineffekt $a/\delta \ll 1$

In diesem Fall ist das Argument der Besselfunktionen betragsmäßig sehr viel kleiner Eins und wir erhalten mit den beiden ersten Termen der Taylor-Reihenentwicklung

$$\frac{\mathrm{J}_1(x)}{\mathrm{J}_0(x)} \approx \frac{x}{2} + \frac{x^3}{16}; \; |x| \ll 1$$

als asymptotischen Näherung für die Impedanz

$$\underline{Z}' \approx \frac{\pi\,N'^2}{\kappa}\left(\left(\underline{\gamma}a\right)^2 - \frac{\left(\underline{\gamma}a\right)^4}{8}\right).$$

Mit $\underline{\gamma}^2 = 2\mathrm{j}/\delta^2$ und $\underline{\gamma}^4 = -4/\delta^4$ folgt daraus

$$\underline{Z}' \approx N'^2 \frac{\pi}{2\kappa}\left(\left(\frac{a}{\delta}\right)^4 + \mathrm{j}4\left(\frac{a}{\delta}\right)^2\right) = R' + \mathrm{j}\omega L_0', \tag{5.41}$$

also die Summe aus einem längenbezogenen Widerstand R' und einer positiven Reaktanz, die einer längenbezogenen Induktivität L'_0 entspricht. Damit wird der Scheinleistungsumsatz in Form der Jouleschen Wirk- und magnetischen Blindleistung im Spulenkern impedanzmäßig erfasst. Einsetzen von (5.16) ergibt für die beiden Impedanzelemente jeweils den expliziten Ausdruck

$$R' \approx N'^2 \frac{\mu^2 \kappa\,\pi\,a^4\,\omega^2}{8}$$

$$L_0' \approx N'^2 \mu \; \pi \; a^2.$$

R' repräsentiert somit die im Spulenkern durch den induzierten Wirbelstrom verursachte Joulschen Wärmeverluste. Sie nehmen dementsprechend mit der Frequenz zu, und zwar quadratisch. L'_0 erweist sich als identisch mit der unter magnetostatischen Bedingungen berechneten Induktivität der Drahtspule (4.59) in Beispiel 4.5. Grund dafür ist die nahezu homogene Verteilung des Magnetfeldes über dem Spulenquerschnitt.

Starker Skineffekt $a/\delta >> 1$
Unter Verwendung der asymptotischen Form der Besselfunktionen bei großen Argumenten gilt in (5.40) für das Verhältnis der Besselfunktionen die Näherung

$$\frac{\mathrm{J}_1(\mathrm{j}\underline{\gamma}a)}{\mathrm{J}_0(\mathrm{j}\underline{\gamma}a)} \approx \mathrm{j}\left(1 - \frac{1}{2\underline{\gamma}a}\right)$$

und damit für die Impedanz die asymptotische Lösung

$$\underline{Z}' \approx N'^2 \frac{2\pi}{\kappa}\left(\frac{a}{\delta} - \frac{1}{2} + \mathrm{j}\frac{a}{\delta}\right) = R' + \mathrm{j}\omega L'.$$

Mit (5.16) resultiert damit für die beiden Impedanzelemente

$$R' \approx N'^2 \frac{2\pi}{\kappa}\left(\frac{a}{\delta} - \frac{1}{2}\right) \approx N'^2 \frac{2\pi a}{\kappa\delta} \sim \sqrt{\omega}$$

$$L' = \frac{R'}{\omega} \approx N'^2 \pi \frac{2}{\omega\,\kappa}\frac{a}{\delta} = N'^2 \mu \; \pi \; a \; \delta \sim \frac{1}{\sqrt{\omega}}.$$

Der Ausdruck für R' entspricht dabei nach Gl. (3.12) einem homogen durchströmten Ring mit Umfang $2\pi a$ und effektiver Leitschichtdicke δ. Daraus resultiert die für den starken Skineffekt charakteristische Zunahme mit $\sqrt{\omega}$. Dagegen fällt L' mit der Wurzel der Frequenz ab. Dies kann mit der zunehmenden Feldverdrängung zum Rand hin erklärt werden, wodurch sich die magnetischen Feldenergie innerhalb des Zylinders verringert. Abb. 5.7 zeigt den auf den Faktor $2\pi\, N'^2/\kappa$ normierten Verlauf von R' sowie L'/L_0', in Abhängigkeit von a/δ. Wie zu erkennen ist, gehen die beiden Asymptoten für schwachen Skineffekt ($a/\delta << 1$) und starken Skineffekts ($a/\delta >> 1$) jeweils nach einem relativ kurzen Übergangsbereich um den Abszissenwert $a/\delta \approx 1\ldots2$ ineinander über.

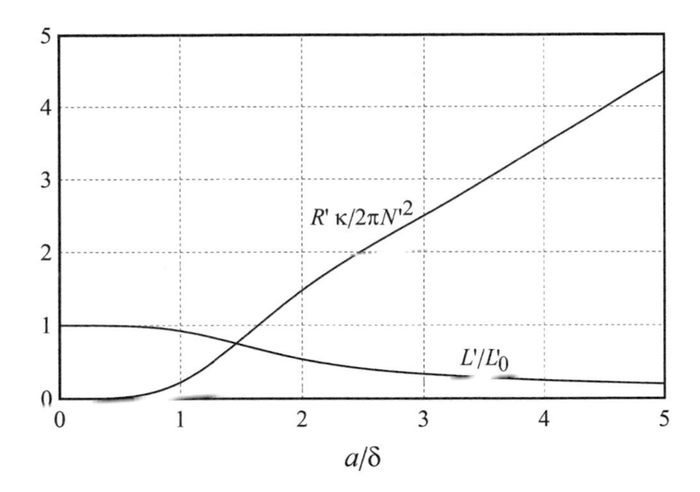

Abb. 5.7 Widerstand und Induktivität der Zylinderspule in normierter Auftragung

Beispiel 5.2: Induktive Erwärmung

Die durch magnetische Wechselfelder in Leitern induzierten Wirbelströme werden in verschiedenen technischen Verfahren zur Wärmebehandlung von Werkstoffen genutzt. Sie weisen gegenüber herkömmlichen Methoden gewisse Vorteile auf, wie das Erwärmen durch nichtleitende Materialien hindurch, die genaue Steuerbarkeit und ein hoher Wirkungsgrad bei Materialien mit nicht sehr hoher Leitfähigkeit. So lässt sich durch die Frequenz die Stromverteilung und damit das Wärmeprofil im Leiter kontrollieren. Bei relativ hohen Frequenzen (geringe Skintiefe) ist eine oberflächennahe Erwärmung möglich.

Als einfaches Beispiel soll für den hier betrachteten Zylinder ein Grafitstab ($\kappa = 10^5$ S/m, $\mu_r \approx 1$) mit Radius $a = 12$ cm betrachtet werden. Für eine möglichst homogene Aufheizung wird eine niedrige Frequenz von 50 Hz gewählt ($\delta \approx 23$ cm). Für die Spule nehmen wir N'=200 Windungen/m an und der Effektivwert des Spulenstroms sei $I_{eff} = |\underline{I}|/\sqrt{2} = 100$ A. Daraus resultiert mit dem längenbezogenen Verlustwiderstand (5.41) für die auf 1m-Länge bezogene Wärmeleistung im Zylinder

$$P' \approx I_{eff}^2 R = I_{eff}^2 N'^2 \frac{\pi}{2\,\kappa} \left(\frac{a}{\delta}\right)^4 \approx 470\ \mathrm{W/m}. \quad ◀$$

5.5 Wechselstromimpedanz von Leitungen

Drahtleitungen sollen elektromagnetische Energie mit möglichst geringen Verlusten übertragen. Bei Wechselstrombetrieb treten jedoch die Diffusionsvorgänge mit zunehmender Frequenz in Erscheinung. Die Verdrängung des Stromes zum Leiterrand bewirkt eine drastische Verringerung des effektiven Leiterquerschnittes, und damit eine entsprechende Erhöhung des Widerstands. Im Folgenden soll das am Beispiel des kreiszylindrischen und quadratischen Leiterquerschnitts im Einzelnen untersucht werden.

5.5.1 Kreiszylindrischer Leitungsquerschnitt

Für einen leitfähigen Zylinder unbestimmter Länge mit Radius a, der vom Strom $\underline{I}$ in axialer Richtung durchflossen wird (Abb. 5.8) erhalten wir aus der Diffusionsgleichung (5.19) in Zylinderkoordinaten für die z-gerichtete Stromdichte mit

$$\frac{\partial \underline{J}_z}{\partial \phi} = \frac{\partial \underline{J}_z}{\partial z} = 0$$

die Besselsche Differentialgleichung

$$\frac{\partial^2 \underline{J}_z}{\partial \rho^2} + \frac{1}{\rho}\frac{\partial \underline{J}_z}{\partial \rho} - \underline{\gamma}^2 \underline{J}_z = 0.$$

Diese ist mathematisch identisch zur Diffusionsgleichung (5.31) für das z-gerichtete Magnetfeld in der Zylinderspule, sodass der gleiche Lösungsansatz mit der Bessel- und Neumannfunktion mit unbestimmten Koeffizienten $\underline{A}$ und $\underline{B}$ verwendet werden kann:

$$\underline{J}_z = \underline{A}\,\mathrm{J}_0(\mathrm{j}\,\underline{\gamma}\,\rho) + \underline{B}\,\mathrm{N}_0(\mathrm{j}\,\underline{\gamma}\,\rho).$$

Auch bei diesem Problem kann die Neumann-Funktion wegen

$$\mathrm{N}_0(\mathrm{j}\,\underline{\gamma}\,\rho) \to \infty \,\text{für}\, \rho \to 0$$

aus der Lösung ausgeschlossen werden, da eine unendliche Stromdichte auf der Drahtachse physikalisch nicht gegeben ist. Bei diesem Problem ist keinerlei Randwert explizit vorgegeben, dennoch kann die Konstante $\underline{A}$ aus der Strombilanz bestimmt werden, d. h.:

$$\underline{I} = \int_0^{2\pi}\int_0^a \underline{J}_z\,\rho\,\mathrm{d}\rho\,\mathrm{d}\phi = 2\pi\underline{A}\int_0^a \mathrm{J}_0(\mathrm{j}\underline{\gamma}\rho)\,\rho\,\mathrm{d}\rho.$$

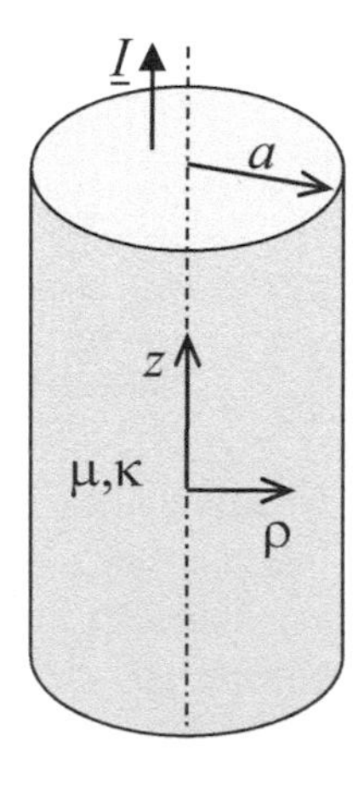

Abb. 5.8 Leitfähiger Kreiszylinder mit vorgegebenem Strom $\underline{I}$

Mit

$$\int_0^a \mathrm{J}_0(\mathrm{j}\underline{\gamma}\rho)\,\rho\,\mathrm{d}\rho = \left[\frac{\rho}{\mathrm{j}\underline{\gamma}}\mathrm{J}_1(\mathrm{j}\underline{\gamma}\rho)\right]_0^a = \frac{a}{\mathrm{j}\underline{\gamma}}\mathrm{J}_1(\mathrm{j}\underline{\gamma}\,a)$$

können wir nach $\underline{A}$ auflösen und wir erhalten als Ergebnis für die Stromdichte

$$\underline{J}_z(\rho) = \frac{\mathrm{j}\,\underline{\gamma}\,\underline{I}}{2\,\pi\,a}\,\frac{\mathrm{J}_0(\mathrm{j}\underline{\gamma}\,\rho)}{\mathrm{J}_1(\mathrm{j}\underline{\gamma}\,a)}. \tag{5.42}$$

Über das ohmsche Gesetz (5.3) ist damit auch die elektrische Feldstärke bekannt:

$$\underline{E}_z(\rho) = \frac{\underline{J}_z}{\kappa} = \frac{\mathrm{j}\,\underline{\gamma}\,\underline{I}}{2\,\pi\,\kappa\,a}\,\frac{\mathrm{J}_0(\mathrm{j}\underline{\gamma}\,\rho)}{\mathrm{J}_1(\mathrm{j}\underline{\gamma}\,a)}. \tag{5.43}$$

Einsetzen in die Maxwell-Gleichung ($\underline{\mathrm{I}}$) ergibt mit der Rotation in Zylinderkoordinaten (A.60)

$$\mathrm{rot}\underline{\mathbf{E}} = \mathrm{rot}\big(\underline{E}_z(\rho)\,\mathbf{e}_z\big) = -\frac{\mathrm{d}\underline{E}_z(\rho)}{\mathrm{d}\rho}\mathbf{e}_\phi$$

und der Ableitungsregel (5.33) die ϕ-gerichtete magnetische Feldstärke

$$\underline{H}_\phi(\rho) = \frac{\underline{I}}{2\,\pi\,a}\,\frac{\mathrm{J}_1(\mathrm{j}\underline{\gamma}\,\rho)}{\mathrm{J}_1(\mathrm{j}\,\gamma\,a)}. \tag{5.44}$$

Für die längenbezogene Impedanz des Drahtes ist analog zur Zylinderspule in Abschn. 5.4.2 der komplexe Poynting-Vektor über den Kreisumfang zu integrieren:

$$\underline{Z}' = \frac{1}{|\underline{I}|^2}\oint\big(\underline{\mathbf{E}}\times\underline{\mathbf{H}}^*\big)\big(-\mathbf{e}_\rho\mathrm{d}s\big) = \frac{2\pi a}{|\underline{I}|^2}\left(\underline{E}_z\,\underline{H}_\phi^*\right)\big|_{\rho=a}$$

Nach Einsetzen der Feldkomponenten (5.43) und (5.44) erhalten wir die auf den Gleichstromwiderstand

$$R_0' = \frac{1}{\pi\,a^2\kappa}$$

bezogene Lösung für die Impedanz:

$$\frac{\underline{Z}'}{R_0'} = \frac{R' + \mathrm{j}\,\omega\,L_i'}{R_0'} = \frac{\mathrm{j}\,\underline{\gamma}\,a}{2}\,\frac{\mathrm{J}_0(\mathrm{j}\underline{\gamma}\,a)}{\mathrm{J}_1(\mathrm{j}\underline{\gamma}\,a)}. \tag{5.45}$$

Die Impedanz setzt sich also auch in diesem Fall aus einem ohmschen und einem induktiven Anteil zusammen. Letzterer entspricht der inneren Induktivität des Drahtes (siehe Beispiel 4.3). Im Folgenden soll jeweils für den schwachen und den starken Skineffekts die asymptotische Lösung für die komplexe Impedanz (5.45) und die Stromdichte (5.42) im Draht bestimmt werden.

Schwacher Skineffekt $a/\delta \ll 1$
Für die Argumente der Besselfunktionen in (5.42) gilt in diesem Fall

$$\left|\mathrm{j}\,\underline{\gamma}\,\rho\right| \leq \left|\mathrm{j}\,\underline{\gamma}\,a\right| = \sqrt{2}a/\delta \ \ll 1,$$

sodass unter Verwendung der Näherung

$$\frac{\mathrm{J}_0\left(\mathrm{j}\,\underline{\gamma}\,\rho\right)}{\mathrm{J}_1\left(\mathrm{j}\,\underline{\gamma}\,a\right)} \approx \frac{2}{\mathrm{j}\,\underline{\gamma}\,a}$$

die asymptotische Lösung für die Stromdichte bei schwachem Skineffekt resultiert:

$$\underline{J}_z \approx \frac{\underline{I}}{\pi\,a^2}.$$

Bei ausreichend niedrigen Frequenzen oder kleinen Leiterradien ist der Strom also nahezu gleichmäßig über den Querschnitt verteilt.

Für die Impedanz (5.45) ist der Näherungsansatz

$$\frac{\mathrm{J}_0(x)}{\mathrm{J}_1(x)} \approx \frac{2}{x}\left(1 - \frac{1}{2}\left(\frac{5}{2}\right)^2\right)$$

einzusetzen und wir erhalten damit als asymptotische Lösung der Impedanz bei schwachem Skineffekt

$$\frac{\underline{Z}'}{R_0'} = \frac{R' + \mathrm{j}\,\omega\,L_i'}{R_0'} \approx 1 + \mathrm{j}\frac{1}{4}\left(\frac{a}{\delta}\right)^2.$$

Darin ist also

$$R' \approx R_0'$$

der längenbezogene Gleichstromwiderstand und für die innere Induktivität $L_i{}'$ ergibt sich in Übereinstimmung mit (4.58) der Gleichstromwert

$$L_i' \approx L_{i,0}' = \frac{R_0'}{4\,\omega}\frac{a^2}{2}\omega\,\mu\,\kappa = \frac{\mu}{8\,\pi}. \tag{5.46}$$

Starker Skineffekt $a/\delta \gg 1$
In diesem Fall gilt für die Argumente der Besselfunktionen in (5.42)

$$\left|\mathrm{j}\,\underline{\gamma}\,\rho\right| \leq \left|\mathrm{j}\,\underline{\gamma}\,a\right| = |x| = \sqrt{2}a/\delta \gg 1.$$

Mit der Näherung (5.36) für J_0 und für J_1 bei großen Argumenten

$$J_1(x) \approx \frac{j}{\sqrt{2\,\pi\,x}} e^{-j\,(x-\pi/4)}\left(1+\frac{1}{2jx}\right) \approx \frac{j}{\sqrt{2\,\pi\,x}} e^{-j\,(x-\pi/4)}$$

erhalten wir für die Stromdichte die asymptotische Lösung

$$\underline{J}_z = \frac{\underline{\gamma}\,\underline{I}}{2\,\pi\,a}\sqrt{\frac{a}{\rho}}\;e^{-\underline{\gamma}(a-\rho)}.$$

Dieses Ergebnis entspricht der Lösung für $\underline{H}_z$ (5.37) in der Zylinderspule und lässt sich ebenso durch Einführung des Randabstandes $d = a-\rho$ in eine einfach zu interpretierende Form umschreiben:

$$\underline{J}_z \approx \frac{\underline{\gamma}\,\underline{I}}{2\,\pi\,a}\frac{1}{\sqrt{1-d/a}}\;e^{-\underline{\gamma}\,d},$$

Für den Betragsverlauf erhalten wir schließlich

$$\left|\underline{J}_z\right| \approx \frac{\sqrt{2}\,|\underline{I}|}{2\,\pi\,a\,\delta}\frac{1}{\sqrt{1-d/a}}\;e^{-d/\delta} \approx \frac{\sqrt{2}\,|\underline{I}|}{2\,\pi\,a\,\delta}\;e^{-d/\delta};\quad \text{für } d \ll a. \tag{5.47}$$

Bei hohen Frequenzen bzw. großen Leiterradien ist der Strom also dicht unterhalb der Oberfläche konzentriert. Aufgrund der gleichen funktionalen Abhängigkeit wie 5.32 ergeben sich für die Stromdichte 5.42 die gleichen normierten Betragsverläufe wie in Abb. 5.6 für verschiedene a/δ-Verhältnisse dargestellt. Die bei kleinen a/δ-Verhältnissen (schwacher Skineffekt) nahezu homogene Stromdichte über dem Drahtquerschnitt geht mit ansteigendem a/δ über in den exponentiellen Verlauf 5.47. Auch in diesem Fall des starken Skineffektes ist die Skintiefe δ gegenüber dem Krümmungsradius so klein, sodass die Verhältnisse am Zylinderrand lokal denen des leitenden Halbraums ähneln (Abschn. 5.3).

Hinsichtlich der Impedanz gilt für das Verhältnis der Besselfunktionen in 5.45 bei großen Argumenten die Näherung

$$\frac{J_0(j\underline{\gamma}a)}{J_1(j\underline{\gamma}a)} \approx -j\left(1+\frac{1}{2\underline{\gamma}a}\right).$$

Damit resultiert die asymptotische Lösung für die Impedanz bei starkem Skineffekt:

$$\frac{\underline{Z}'}{R_0'} = \frac{R'+j\,\omega\,L_i'}{R_0'} \approx \frac{\underline{\gamma}\,a}{2}+\frac{1}{4} = \frac{(1+j)\,a}{2\,\delta}+\frac{1}{4},$$

mit

$$R' \approx R_0'\left(\frac{a}{2\,\delta}+\frac{1}{4}\right) \approx R_0'\frac{a}{2\,\delta} \sim \sqrt{\omega} \tag{5.48}$$

$$L_i' \approx \frac{R_0'}{\omega} \frac{a}{2\,\delta} \sim \frac{1}{\sqrt{\omega}}.$$

Abb. 5.9 zeigt die normierten Verläufe für R' und L_i' über a/δ. Wie zu erkennen ist, gehen die asymptotischen Verläufe für schwachen und starken Skineffekt im Bereich $a/\delta \approx 1\ldots2$ in einander über.

Der Wechselstromwiderstand R' 5.48 bei starkem Skineffekt lässt sich geometrisch einfach interpretieren. Einsetzen von (5.16) ergibt hierfür

$$R' \approx \frac{1}{2\,\pi\,a\,\delta\,\kappa}.$$

Dies ist näherungsweise der Widerstand eines dünnwandigen Hohlzylinders (Abb. 5.10a) mit dem Leitungsquerschnitt $2\,\pi\,a\,\delta$ ($\triangleq\ \delta \times$ *Umfang*). *Beim starken Skineffekt entspricht die Skintiefe δ also wie beim leitenden Halbraum* (Abschn. 5.3) *einer äquivalenten Leitschichtdicke, die vom Strom gleichmäßig durchflossen wird.* Auf analoge Weise lässt sich bei starkem Skineffekt der Wechselstromwiderstand von Drähten mit anderen Querschnittsformen unter der Voraussetzung, dass δ wesentlich kleiner ist als der Krümmungsradius, grob abschätzen.

Bei starkem Skineffekt wird also nur ein Bruchteil des Drahtquerschnittes für die Stromleitung genutzt. Eine weitaus bessere Ausnutzung des Querschnittes bieten sogenannte Hochfrequenzlitzen (Abb. 5.10b). Sie bestehen aus einem Bündel dünnerer Drähte mit Radius $a_L < \delta << a$, die voneinander durch eine Lackschicht isoliert sind. In den einzelnen dünnen Drähten liegt damit der Fall des schwachen Skineffektes vor mit einer nahezu homogenen Stromverteilung. Dadurch reduziert sich der Leitungswiderstand der Litze in etwa auf die Größenordnung des Gleichstromwiderstandes R_0 des entsprechenden massiven Drahtquerschnittes.

Abb. 5.9 Widerstand und innere Induktivität des Zylinderdrahtes

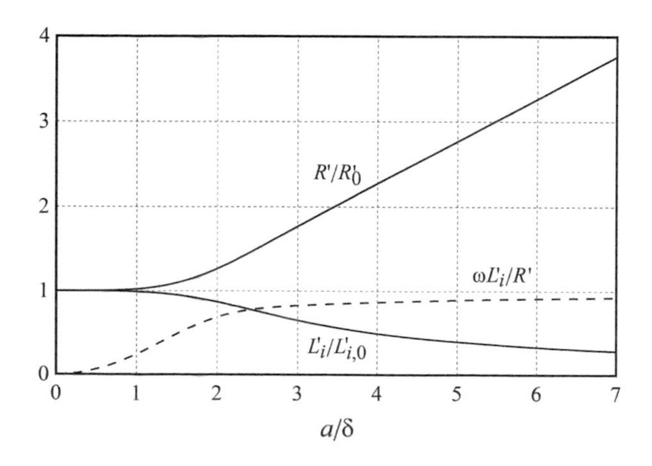

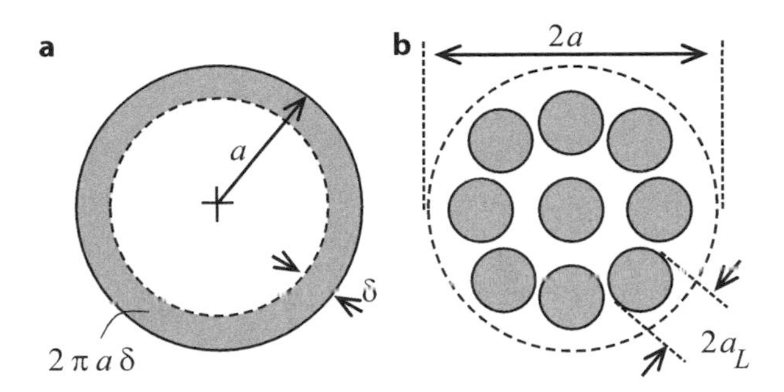

Abb. 5.10 (**a**) Äquivalenter Leitungsquerschnitt beim starken Skineffekt, (**b**) Hochfrequenzlitze mit voneinander isolierten Drähten

5.5.2 Quadratischer Leitungsquerschnitt

Für einen quadratischen Zylinder mit Kantenlänge a, spezifischer Leitfähigkeit κ und Permeabilität μ, der den Strom $\underline{I}$ in z-Richtung führt (Abb. 5.11) erhalten wir aus (5.19) mit

$$\frac{\partial \underline{J}_z}{\partial z} = 0$$

als maßgebliche Diffusionsgleichung für die Stromdichte $\underline{J}_z(x,y)$ in kartesischen Koordinaten

$$\frac{\partial^2 \underline{J}_z}{\partial x^2} + \frac{\partial^2 \underline{J}_z}{\partial y^2} - \underline{\gamma}^2 \underline{J}_z = 0. \tag{5.49}$$

Ausgehend vom allgemeinen Produktansatz für die x- und y-Abhängigkeit

$$\underline{J}_z(x,y) = \mathrm{X(x)Y(y)} = \mathrm{F(x)F(y)}$$

sind beide Funktionen X und Y aufgrund der Symmetrie identisch. Einsetzten in (5.49) ergibt für diese als F bezeichnete Funktion jeweils die Gleichung

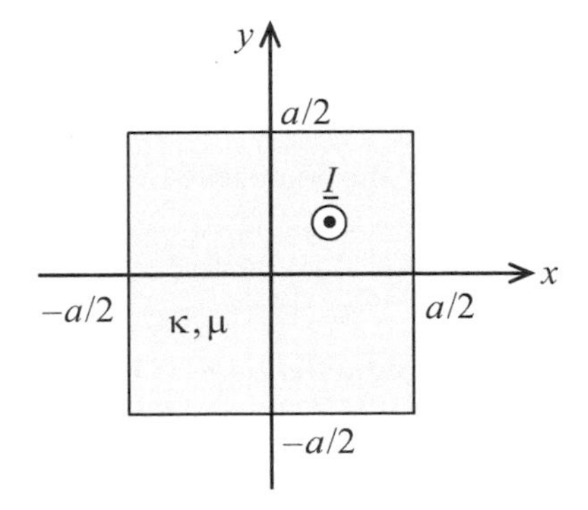

Abb. 5.11 Quadratischer Zylinder mit Strom $\underline{I}$

$$\frac{\partial^2 \text{F}}{\partial x^2} = \frac{\underline{\gamma}^2}{2}\text{F},$$

mit der allgemeinen Lösung

$$\text{F}(x) = \underline{A}\ \cosh\left(\underline{\gamma}x/\sqrt{2}\right) + \underline{B}\ \sinh\left(\underline{\gamma}x/\sqrt{2}\right).$$

Anstatt der trigonometrischen werden hier die hyperbolischen Funktionen gewählt, weil keine homogenen Randbedingungen gegeben sind. Dabei scheidet die hyperbolische Sinusfunktion wegen der notwendigen Symmetrie aus und wir erhalten für die gesuchte Stromdichte zunächst

$$\underline{J}_z(x,y) = \underline{C}\ \cosh\left(\underline{\gamma}x/\sqrt{2}\right)\cosh\left(\underline{\gamma}y/\sqrt{2}\right).$$

Der zusammengefasste noch unbekannte Koeffizient $\underline{C}$ ist aufgrund fehlender Randwerte über die Strombilanz zu bestimmen:

$$\underline{I} = \int_{-a/2}^{a/2}\int_{-a/2}^{a/2} \underline{J}_z(x,y)\ \mathrm{d}x\mathrm{d}y = \frac{8\underline{C}}{\underline{\gamma}^2}\sinh^2\left(\frac{\underline{\gamma}a}{2\sqrt{2}}\right).$$

Damit ergibt sich als Lösung für die Stromdichte

$$\underline{J}_z(x,y) = \frac{\underline{I}\underline{\gamma}^2}{8}\frac{\cosh\left(\underline{\gamma}x/\sqrt{2}\right)\ \cosh\left(\underline{\gamma}y/\sqrt{2}\right)}{\sinh^2\left(\dfrac{\underline{\gamma}a}{2\sqrt{2}}\right)}. \tag{5.50}$$

Mit Bezug zu (5.15) hängt die Stromverteilung von der relativen Kantenlänge a/δ ab, sodass eine systematische Untersuchung des asymptotischen Verhaltens bei kleinen und großen Argumenten möglich ist.

Schwacher Skineffekt $a/\delta \ll 1$

In diesem Fall erhalten wir mit den Näherungen

$$\cosh(x) \approx 1, \quad \sinh(x) \gg x;\ \text{für}\ |x| \ll 1$$

aus (5.50) die homogene *Gleichstromverteilung*

$$\underline{J}_z \simeq \underline{J}_0 = \frac{\underline{I}}{a^2}.$$

Starker Skineffekt $a/\delta \gg 1$

Bei großen Argumenten gilt für die hyperbolischen Funktionen die Näherung

$$\cosh(x) \approx \sinh(x) \approx \frac{1}{2}\mathrm{e}^{|x|}; \text{ für } |x| \gg 1.$$

Aus (5.50) resultiert damit als asymptotische Lösung bei starkem Skineffekt

$$\underline{J}_z(x,y) = \frac{I\gamma^2}{8}\mathrm{e}^{\frac{\gamma}{\sqrt{2}}(|x|+|y|-a)},$$

bzw. die auf die Gleichstromdichte $\underline{J}_0$ bezogene Betragsfunktion

$$\left|\frac{\underline{J}_z}{\underline{J}_0}\right| = \frac{1}{4}\left(\frac{a}{\delta}\right)^2 \mathrm{e}^{\frac{1}{\sqrt{2}\,\delta}(|x|+|y|-a)}.$$

Es liegt also auch in diesem Fall ein *exponentieller Anstieg* der Stromdichte zu den Rändern vor. Allerdings konzentriert sich der größte Anteil des Stromes in den Ecken, wo die Stromdichte sich um bis zu dem Faktor $\mathrm{e}^{a/\sqrt{2}\delta}$ gegenüber den Seitenmitten erhöht. In Abb. 5.12 sind drei exemplarische Betragsverläufe für einen niedrigen, mittleren und hohen a/δ-Wert dargestellt.

Für die längenbezogene *Wechselstromimpedanz des Drahtes* ist analog zum runden Draht (Abschn. 5.5.1) der komplexe Poynting-Vektor über den Umfang des quadratischen Querschnittes zu integrieren:

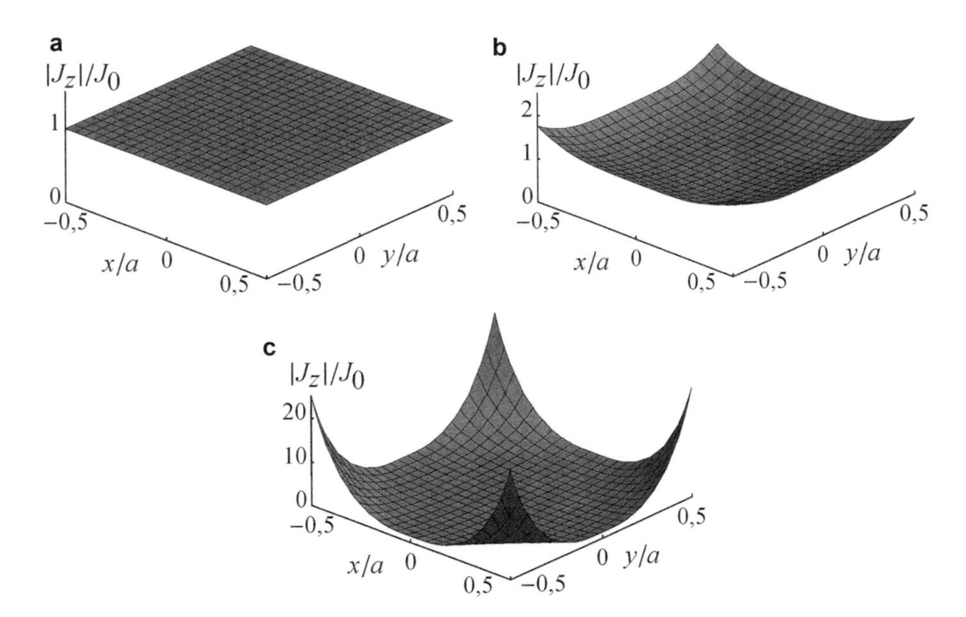

Abb. 5.12 Betragsverlauf der Stromdichte über quadratischem Querschnitt **(a)** $a/\delta = 0{,}1$, **(b)** $a/\delta = 3$, **(c)** $a/\delta = 10$

$$\underline{Z}' = \frac{1}{|\underline{I}|^2} \oint (\underline{\mathbf{E}} \times \underline{\mathbf{H}}^*)(-\mathbf{e}_n \mathrm{d}s) = -\frac{4}{|\underline{I}|^2} \int\limits_{-a/2}^{a/2} \left(\underline{E}_z\, \underline{H}_x^*\right)\Big|_{y=a/2} \mathrm{d}x. \tag{5.51}$$

Hierbei genügt wegen der Symmetrie die Integration über eine der vier Seiten, z. B. für $y = a/2$. Die elektrische Feldstärke $\underline{E}_z = \underline{J}_z/\kappa$ ist über die Stromdichte (5.50) bekannt. Das Magnetfeld ist über das Induktionsgesetz (I) zu berechnen:

$$\nabla \times \underline{\mathbf{E}} = \frac{\partial}{\partial y}\underline{E}_z \mathbf{e}_x - \frac{\partial}{\partial x}\underline{E}_z \mathbf{e}_y = -\mathrm{j}\omega\mu\underline{\mathbf{H}}.$$

Daraus resultiert für die x-Komponente der magnetischen Feldstärke

$$\underline{H}_x(x,y) = \frac{\mathrm{j}}{\omega\,\mu} \frac{\underline{I}\,\underline{\gamma}^3}{\sqrt{2}\,8\kappa} \frac{\cosh\left(\underline{\gamma}x/\sqrt{2}\right)\,\sinh\left(\underline{\gamma}y/\sqrt{2}\right)}{\sinh^2\left(\dfrac{\underline{\gamma}a}{2\sqrt{2}}\right)}.$$

Damit ergibt sich für das Kreuzprodukt in (5.51) mit (5.16)

$$\left(\underline{E}_z\, \underline{H}_x^*\right)\Big|_{y=a/2} = -\frac{\mathrm{j}\,|\underline{I}|^2\underline{\gamma}^*|\underline{\gamma}|^4}{\sqrt{2}\,64\,\kappa} \frac{\delta^2}{2} \coth\left(\frac{\underline{\gamma}a}{2\sqrt{2}}\right) \frac{\left|\cosh\left(\underline{\gamma}x/\sqrt{2}\right)\right|^2}{\left|\sinh\left(\dfrac{\underline{\gamma}a}{2\sqrt{2}}\right)\right|^2}.$$

Zur Ausführung der Integration in (5.51) können die beiden Betragsquadrate der cosh- und sinh-Funktion wie folgt zerlegt werden:

$$\left|\cosh\left(\underline{\gamma}x/\sqrt{2}\right)\right|^2 = \frac{1}{2}\left[\cos\left(\sqrt{2}x/\delta\right) + \cosh\left(\sqrt{2}x/\delta\right)\right]$$

$$\left|\sinh\left(\frac{\underline{\gamma}a}{2\sqrt{2}}\right)\right|^2 = \frac{1}{2}\left[\cosh\left(\frac{a}{\sqrt{2}\,\delta}\right) - \cos\left(\frac{a}{\sqrt{2}\,\delta}\right)\right].$$

Mit $\underline{\gamma}^* = (1-\mathrm{j})/\delta$ und $|\underline{\gamma}|^4 = 4/\delta^4$ folgt daraus für das Kreuzprodukt

$$\left(\underline{E}_z\, \underline{H}_x^*\right)\Big|_{y=a/2} = -\frac{|\underline{I}|^2}{\sqrt{2}\,32\,\kappa} \frac{1+\mathrm{j}}{\delta^3} \coth\left(\frac{\underline{\gamma}a}{2\sqrt{2}}\right) \frac{\cos\left(\sqrt{2}x/\delta\right) + \cosh\left(\sqrt{2}x/\delta\right)}{\cosh\left(\dfrac{a}{\sqrt{2}\,\delta}\right) - \cos\left(\dfrac{a}{\sqrt{2}\,\delta}\right)}.$$

Einsetzen in (5.51) und Ausführen der Integration in x-Richtung ergibt die auf den längenbezogenen Gleichstromwiderstand

$$R_0' = \frac{1}{\kappa\, a^2} \tag{5.52}$$

normierte Wechselstromimpedanz

$$\frac{\underline{Z}'}{R_0'} = \frac{1+\mathrm{j}}{8}\left(\frac{a}{\delta}\right)^2 \frac{\sin\left(\frac{a}{\sqrt{2}\,\delta}\right) + \sinh\left(\frac{a}{\sqrt{2}\,\delta}\right)}{\cosh\left(\frac{a}{\sqrt{2}\,\delta}\right) - \cos\left(\frac{a}{\sqrt{2}\,\delta}\right)} \coth\left(\frac{\gamma a}{2\sqrt{2}}\right). \tag{5.53}$$

Schwacher Skineffekt $a/\delta \ll 1$

Eine Taylor-Reihenentwicklung der hyperbolisch/trigonometrischen Ausdrücke um $a/\delta = 0$ und Abbruch nach dem quadratischen Glied liefert für

$$\frac{\sin\left(\frac{a}{\sqrt{2}\,\delta}\right) + \sinh\left(\frac{a}{\sqrt{2}\,\delta}\right)}{\cosh\left(\frac{a}{\sqrt{2}\,\delta}\right) - \cos\left(\frac{a}{\sqrt{2}\,\delta}\right)} \simeq 2\sqrt{2}\frac{\delta}{a}$$

und für

$$\coth\left(\frac{\gamma a}{2\sqrt{2}}\right) \simeq (1-\mathrm{j})\,\sqrt{2}\frac{\delta}{a} + \frac{1+\mathrm{j}}{6\sqrt{2}}\frac{a}{\delta}.$$

Eingesetzt in (5.53) erhalten wir als asymptotische Näherung der Impedanz bei schwachem Skineffekt

$$\frac{\underline{Z}'}{R_0'} \simeq 1 + \frac{\mathrm{j}}{12}\left(\frac{a}{\delta}\right)^2.$$

Die Impedanz enthält somit den Gleichstromwiderstand R'_0 (5.52) und die innere Induktivität

$$L'_{i,0} \simeq \frac{R'_0}{12\,\omega}\left(\frac{a}{\delta}\right)^2 = \frac{\mu}{24}.$$

Es handelt sich also bei der längenbezogenen, inneren Induktivität wie beim Kreiszylinder (5.46) auch um einen geometrieunabhängigen Wert, der um den Faktor $\pi/3$ nur geringfügig größer ist.

Starker Skineffekt $a/\delta \gg 1$

In diesem Fall ergeben sich folgende Näherungsausdrücke bei großen Argumenten

$$\frac{\sin\left(\frac{a}{\sqrt{2}\,\delta}\right) + \sinh\left(\frac{a}{\sqrt{2}\,\delta}\right)}{\cosh\left(\frac{a}{\sqrt{2}\,\delta}\right) - \cos\left(\frac{a}{\sqrt{2}\,\delta}\right)} \simeq 1,$$

$$\coth\left(\frac{\gamma a}{2\sqrt{2}}\right) \simeq 1.$$

Einsetzen in (5.53) ergibt für die Impedanz bei starkem Skineffekt die asymptotische Lösung

$$\frac{\underline{Z}'}{R'_0} \simeq \frac{1+\mathrm{j}}{8}\left(\frac{a}{\delta}\right)^2.$$

Für den darin enthaltenen längenbezogenen Widerstand R' und die innere Induktivität L'_i resultiert daraus

$$R' \simeq \frac{R'_0}{8}\left(\frac{a}{\delta}\right)^2 = \frac{1}{8\,\kappa\,\delta^2}$$

$$L'_i \simeq \frac{R'}{\omega} = \frac{\mu}{16}.$$

Bemerkenswerterweise hängen beide Größen nicht von der Kantenlänge a ab. Ausgehend vom jeweiligen Gleichstromwert R'_0 bzw. $L'_{i,0}$ wächst der Widerstand R' gemäß (5.16) proportional zur Frequenz monoton an, während die innere Induktivität L'_i einen um den Faktor 3/2 größeren Endwert erreicht. Abb. 5.13 zeigt die normierten Verläufe für R' und L_i' über a/δ. Wie zu erkennen ist, gehen die asymptotischen Verläufe für schwachen und starken Skineffekt im Bereich $a/\delta \approx 2\ldots3$ in einander über.

Insbesondere beim Widerstand R' greift hier also nicht das einfache Näherungsmodell für den starken Skineffekt wie z. B. beim Kreiszylinder, basierend auf den äquivalenten Leitungsquerschnitt ($\delta \times$ *Umfang*). Dies liegt an dem eckigen Leiterquerschnitt, bei dem die Voraussetzung, dass der Krümmungsradius groß gegenüber δ sein muss, in den Ecken nicht erfüllt ist.

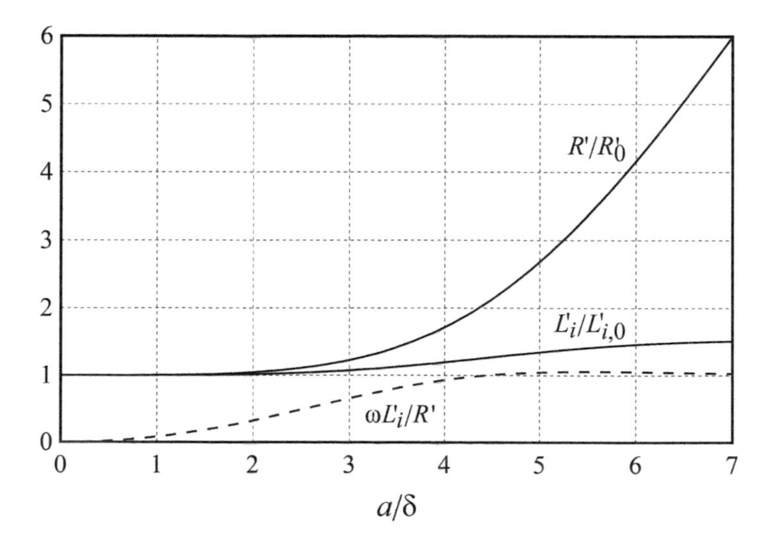

Abb. 5.13 Widerstand und innere Induktivität des quadratischen Zylinders

5.6 Übungsaufgaben

UE-5.1 Wirbelstromverluste in einem Ringkern

Ein Ringkern aus Ferrit mit rundem Querschnitt ist mit einer Spule bewickelt. Durch die Spule fließt der Strom $\underline{I}$ mit der Kreisfrequenz ω. Gesucht sind die Wirbelstromverluste im Kern unter Berücksichtigung folgender vereinfachender Annahmen:

- Streufelder sind vernachlässigbar.
- Für den mittleren Ringkernradius gilt $r_2 >> r_1$ (Querschnittsradius). Somit entspricht das Magnetfeld im Ringkern in guter Näherung dem Feld innerhalb einer unendlich langen Zylinderspule.

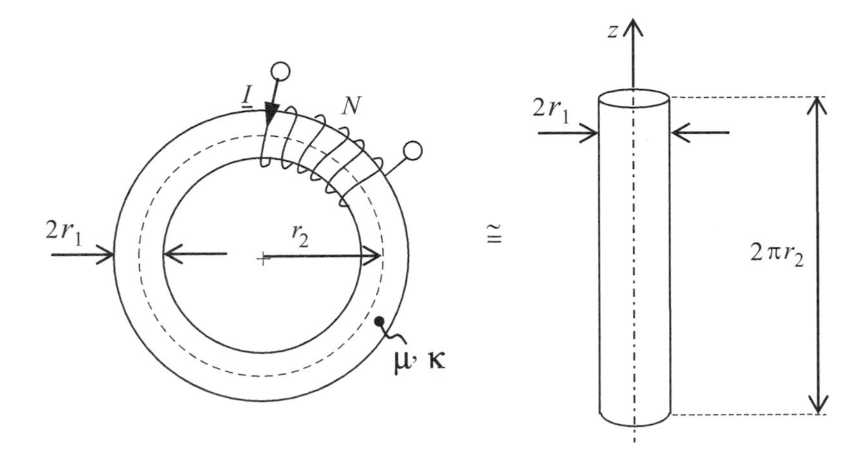

a) Leiten Sie die Lösung für das Magnetfeld innerhalb des Kernes aus der Diffusionsgleichung ab und berechnen Sie die dabei auftretende Konstante.
b) Welche Bedingung gilt für das Verhältnis von r_1 zur Skintiefe δ bei schwachem Skineffekt? Leiten Sie für diesen Fall eine Näherungslösung für $H_z(\rho)$ ab.

Hinweis: $\mathrm{J}_0(x) \approx 1 - \dfrac{x^2}{4}$ für $|x| << 1$

c) Berechnen Sie aus dem Ergebnis von b) die Näherung für die resultierende Wirbelstromdichte $\underline{J}_\phi$ und skizzieren Sie den Betragsverlauf.
d) Ermitteln Sie allgemein die Verlustleistung im Kern.

UE-5.2 Stromverdrängung in einem Blech

An einem flachen metallischen Quader mit spez. Leitfähigkeit κ wird über ideal leitende Kontaktflächen an beiden Enden eine Wechselspannung $\underline{U}$ mit Kreisfrequenz ω angelegt, sodass im Quader ein Wechselstrom in z-Richtung fließt. Zu untersuchen sind die Feld- und Stromverdrängung im Innern des Quaders, wobei Randeffekte der endlichen Seite $b >> a$ zu vernachlässigen sind.

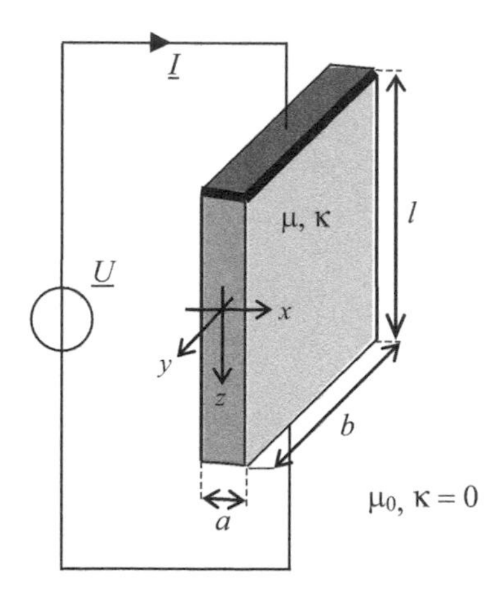

a) Geben Sie die für die komplexe Stromdichte $\underline{\mathbf{J}}$ im Quader maßgebliche Differentialgleichung an, reduziert auf die notwendige Koordinate.
b) Stellen Sie die Lösung für $\underline{\mathbf{J}}$ auf. Bestimmen Sie den Betragsverlauf in x-Richtung für die beiden Extremfälle des schwachen bzw. des starken Skineffektes. Berechnen Sie jeweils für $x = 0$ und $x = a/2$ das Verhältnis zum Gleichstromwert J_{DC}.

Hinweis: $|\cosh((1 + \mathrm{j})x)| = \sqrt{\sinh^2(x) + \cos^2(x)}$

c) Berechnen Sie die komplexe Magnetfeldstärke $\underline{\mathbf{H}}$ im Quader mit der entsprechenden Maxwell-Gleichung.
d) Stellen Sie die Lösung für die komplexe, längenbezogene Wechselstromimpedanz (Länge l) $\underline{Z}' = R' + \mathrm{j}\omega L'$ des Quaders auf und leiten Sie daraus die Näherungslösung für schwachen bzw. starken Skineffekt ab.

UE-5.3 Wirbelströme in einer leitenden Schicht

Eine leitfähige Schicht mit Permeabilität μ, spezifischer Leitfähigkeit κ und Dicke d trage einen Strombelag $\underline{\Gamma}$ mit der Kreisfrequenz ω auf der Oberfläche bei $x = d$ (siehe Skizze). Die andere Oberfläche bei $x = 0$ sei mit einem hochpermeablen Material ($\mu \to \infty$) belegt. Die Struktur sei in y- und in z-Richtung unendlich ausgedehnt.

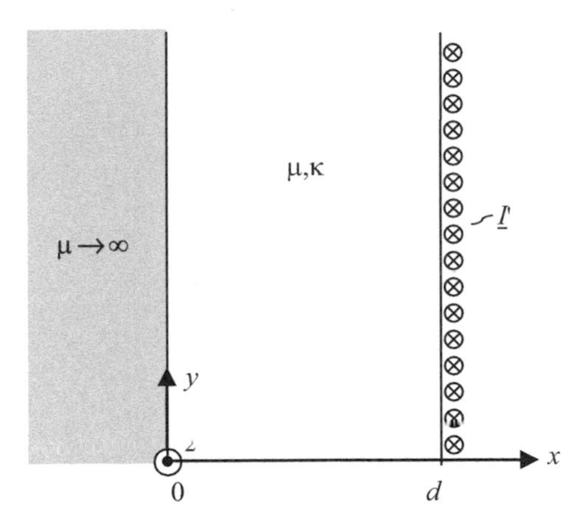

a) Geben Sie die in der Schicht ($0 < x < d$) hervorgerufene Komponente der komplexen magnetischen Feldstärke $\underline{\mathbf{H}}$ als Funktion der entsprechenden Koordinate an und stellen Sie dafür die maßgebliche komplexe Diffusionsgleichung auf, einschließlich ihrer Parameter.

b) Welchen Wert hat die magnetische Feldstärke jeweils auf den beiden Oberflächen bei $x = 0$ und $x = d$?

c) Geben Sie für die Diffusionsgleichung aus a) die allgemeine Lösung für die magnetische Feldstärke an und bestimmen Sie alle Konstanten über die in b) aufgestellten Randbedingungen. Geben Sie die endgültige Lösung für $\underline{\mathbf{H}}$ innerhalb der Schicht an.

d) Bestimmen Sie für die Lösung der magnetischen Feldstärke aus c) die komplexe Näherung für den Fall *starker Skineffekt*.

e) Berechnen Sie mit der komplexen Näherungslösung für $\underline{\mathbf{H}}$ aus d) die komplexe Stromdichte $\underline{\mathbf{J}}$ mit Hilfe der entsprechenden Maxwell-Gleichung. Welches Ergebnis erhalten Sie für die in einem Volumenabschnitt mit den Kantenlängen Δy, Δz und $x = 0 \ldots d$ umgesetzte Verlustleistung ΔP?

UE-5.4 Leitung über leitfähigen Halbraum

Im Luftraum über einem Halbraum mit der spezifischen Leitfähigkeit κ fließt parallel zur Grenzfläche der Strom $\underline{I}$ mit der Kreisfrequenz ω in einem Draht mit dem Radius r_0. Der Abstand des Drahtes zum leitenden Halbraum sei $h \gg r_0$ (siehe Skizze).

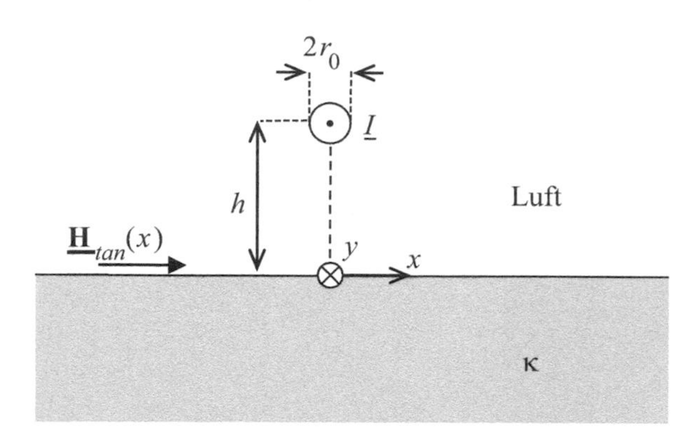

a) Der Halbraum sei zunächst als ideal leitend angenommen ($\kappa \to \infty$). Bestimmen Sie aus der entsprechenden Grundbedingung des elektrischen Feldes den Wert des Vektorpotentials auf der Oberfläche des Halbraums. Welche Spiegelersatzanordnung leiten Sie für das Feld im Luftraum daraus ab?
b) Berechnen Sie mit Hilfe der Spiegelersatzanordnung aus a) die tangentiale magnetische Feldstärke $\underline{H}_{tan}(x)$ auf der Oberfläche des ideal leitenden Halbraumes. Der Draht kann als unendlich lang angenommen werden.
c) Wie groß ist die Oberflächenstromdichte $\mathbf{J}_A(x)$ für $\kappa \to \infty$? Geben Sie die Richtung von $\mathbf{J}_A(x)$ an und skizzieren Sie den Betragsverlauf. Wie groß ist der gesamte Strom, der auf der leitenden Ebene fließt?
d) Für den Fall einer endlichen spez. Leitfähigkeit κ und *stark ausgeprägtem Skineffekt*, d. h. die Skintiefe δ (effektive Leitschichtdicke) ist sehr klein im Vergleich zu allen Abmessungen, soll die längenbezogene Verlustleistung P_V' im leitenden Halbraum näherungsweise berechnet werden. Gehen Sie dabei von der Oberflächenstromdichte $\mathbf{J}_A(x)$ für $\kappa \to \infty$ aus.
e) Berechnen Sie aus P_V' den resultierenden längenbezogenen Widerstand R' des Halbraumes. Wie groß ist R' gegenüber dem längenbezogenen Widerstand des Drahtes R_0' mit gleicher Leitfähigkeit κ und $r_0 >> \delta$? Interpretieren Sie das Ergebnis.

Elektromagnetische Wellenfelder

6

Zusammenfassung

Im allgemeinen, zeitabhängigen Fall sind elektrisches und magnetisches Feld untrennbar miteinander verbunden. Das elektromagnetische Feld ist von seiner Natur her ein Wellenfeld, das sich mit Lichtgeschwindigkeit frei im Raum ausbreitet. Die einfachste und elementare Wellenform ist die ebene Welle. Quellen des elektromagnetischen Wellenfeldes sind zeitabhängige Ladungen und Ströme. Aus deren retardierten elektrodynamischen Potentialen resultieren die elektrischen und magnetischen Feldkomponenten. Die elementaren Strahlungsquellen sind der elektrische und der magnetische Dipol. Elektromagnetische Wellen werden an Medienübergängen reflektiert und gebrochen.

6.1 Die Feldwellengleichungen

Werden keinerlei Einschränkungen für das elektromagnetische Feld getroffen, so muss das vollständige System der Maxwell-Gleichungen gelöst werden:

$$\operatorname{rot}\mathbf{E} = -\frac{\partial \mathbf{B}}{\partial t} \tag{I}$$

$$\operatorname{rot}\mathbf{H} = \mathbf{J} + \frac{\partial \mathbf{D}}{\partial t} \tag{II}$$

$$\operatorname{div}\ \mathbf{D} = q \tag{III}$$

$$\operatorname{div}\ \mathbf{B} = 0 \tag{IV}$$

M. Leone, *Theoretische Elektrotechnik*, https://doi.org/10.1007/978-3-658-29208-9_6

Zusammen mit den Materialgleichungen (1.42), (1.45), (1.48)

$$\mathbf{J} = \kappa\, \mathbf{E} \tag{6.1}$$

$$\mathbf{D} = \varepsilon\, \mathbf{E} \tag{6.2}$$

$$\mathbf{B} = \mu\, \mathbf{H} \tag{6.3}$$

und den Randbedingungen (1.51), (1.53), (1.55), (1.57) auf der Trennfläche zwischen zwei Medien ($\mathbf{e}_n$ zeigt von Medium 1 nach Medium 2)

$$\mathbf{e}_n \times (\mathbf{E}_2 - \mathbf{E}_1) = \mathbf{0} \tag{6.4}$$

$$\mathbf{e}_n \times (\mathbf{H}_2 - \mathbf{H}_1) = \mathbf{J}_A \tag{6.5}$$

$$\mathbf{e}_n \cdot (\mathbf{D}_2 - \mathbf{D}_1) = q_A \tag{6.6}$$

$$\mathbf{e}_n \cdot (\mathbf{B}_2 - \mathbf{B}_1) = 0 \tag{6.7}$$

ist das elektromagnetische Feld innerhalb eines Raumgebietes vollständig bestimmt.

Das vollständige System der Maxwell-Gleichungen (I, II, III, und IV) beinhaltet sämtliche Sonderfälle, wie das elektro- und magnetostatische Feld (Kap. 2, 3), sowie das stationäre und quasistationäre elektromagnetische Feld (Kap. 4, 5). Im allgemeinen Fall tritt seine wellenförmige Natur in Erscheinung, wie dies durch die nachfolgende Entkopplung von (I) und (II) anhand der resultierenden Feldwellengleichung offenkundig wird.

Wir beschränken uns dazu auf ein homogenes, lineares und isotropes Medium (μ, $\varepsilon = const.$). Die Anwendung der Rotation auf beiden Seiten von (II) ergibt mit der Identität (A.76) und (6.2) zunächst

$$\operatorname{rot}\operatorname{rot}\mathbf{H} = \operatorname{grad}\operatorname{div}\,\mathbf{H} - \Delta\mathbf{H} = \operatorname{rot}\mathbf{J} + \varepsilon\operatorname{rot}\frac{\partial\mathbf{E}}{\partial t}.$$

Mit (6.3) und (IV) ist der Term

$$\operatorname{grad}\operatorname{div}\,\mathbf{H} = \frac{1}{\mu}\operatorname{grad}\operatorname{div}\,\mathbf{B} = 0.$$

Nach Einsetzen von (I) und (6.3) gemäß

$$\operatorname{rot}\frac{\partial\mathbf{E}}{\partial t} = \frac{\partial}{\partial t}\operatorname{rot}\mathbf{E} = -\frac{\partial^2\mathbf{B}}{\partial t^2} = -\mu\frac{\partial^2\mathbf{H}}{\partial t^2}$$

erhalten wir schließlich die folgende partielle Differentialgleichung zweiter Ordnung für die magnetische Feldstärke:

$$\Delta\mathbf{H} - \mu\varepsilon\,\frac{\partial^2\mathbf{H}}{\partial t^2} = -\operatorname{rot}\mathbf{J}. \tag{6.8}$$

Es handelt sich hierbei um eine *inhomogene Feldwellengleichung*, die in dieser Form überall in der Physik die wellenförmige Ausbreitung der betreffenden Feldgröße beschreibt. Die Bezeichnung „inhomogen“ bezieht sich hierbei auf die rechte Seite der Gleichung, die die Anregung bzw. die Quelle des Wellenfeldes darstellt. In diesem Fall ist es die Wirbeldichte des elektrischen Strömungsfeldes. In einer solchen Wellengleichung gibt der Faktor $\mu\,\varepsilon$ den Kehrwert des Quadrats der *Fortpflanzungsgeschwindigkeit* des Wellenfeldes an. Im elektromagnetischen Feld ist dies die *Lichtgeschwindigkeit* des betreffenden Mediums:

$$c = \frac{1}{\sqrt{\mu\varepsilon}}. \tag{6.9}$$

In analoger Weise erhalten wir durch Anwendung der Rotation auf (I) mit (6.3)

$$\text{rot rot}\,\mathbf{E} = \text{grad div}\;\mathbf{E} - \Delta\mathbf{E} = -\mu\;\text{rot}\frac{\partial\mathbf{H}}{\partial t}.$$

Einsetzen von (6.2), (III) und (II) ergibt für das elektrische Feld ebenfalls eine inhomogene Feldwellengleichung:

$$\Delta\mathbf{E} - \mu\varepsilon\,\frac{\partial^2\mathbf{E}}{\partial t^2} = \frac{1}{\varepsilon}\,\text{grad}\;q + \mu\,\frac{\partial\mathbf{J}}{\partial t}. \tag{6.10}$$

Im Gegensatz zu (6.8) sind die Quellen des elektrischen Feldvektors sowohl räumliche Ladungsunterschiede als auch zeitabhängige Ströme. Letzterer Quellenanteil ist Ausdruck des Induktionsgesetzes (I).

Da Strom- und Ladungsdichte über die Kontinuitätsgleichung (1.29)

$$\text{div}\;\mathbf{J} = -\frac{\partial q}{\partial t} \tag{6.11}$$

in fester Beziehung zueinander stehen, können die Wellengleichungen für **E** und **H** nicht unabhängig voneinander gelöst werden. Zusammen mit der Tatsache, dass beide Wellengleichungen die gleiche Fortpflanzungsgeschwindigkeit enthalten, spiegelt dies den zugrundeliegenden fundamentalen physikalischen Sachverhalt wieder (siehe auch Abschn. 1.1):

▶ Im allgemeinen, zeitabhängigen Fall sind elektrisches und magnetisches Feld untrennbar miteinander verknüpft. Zusammen stellen sie eine eigenständige physikalische Entität dar, die wir als *elektromagnetisches Feld* bezeichnen.

Nur im statischen Fall, in dem sämtliche Zeitableitungen entfallen und sich die beiden Wellengleichungen für **E** und **H** auf die entsprechenden Poisson-Gleichungen reduzieren, ist eine unabhängige Betrachtung der beiden Felder möglich.

Leitfähiges Medium
In einem leitfähigen Medium ist aufgrund des Ohmschen Gesetzes (6.1) auch ohne unabhängige Stromquellen ein Strömungsfeld vorhanden. Damit lässt sich der Quellenterm in (6.8) mit dem Induktionsgesetz (I) wie folgt ersetzen:

$$\mathrm{rot}\,\mathbf{J} = \kappa\,\mathrm{rot}\,\mathbf{E} = -\mu\kappa\,\frac{\partial \mathbf{H}}{\partial t}. \tag{6.12}$$

Entsprechend gilt in (6.10) für den strömungsmäßigen Quellenterm

$$\frac{\partial \mathbf{J}}{\partial t} = \kappa\,\frac{\partial \mathbf{E}}{\partial t}.$$

In Abwesenheit von Ladungen ($q = 0$) nehmen die beiden Wellengleichungen (6.8) und (6.10) in diesem Fall folgende Form an:

$$\Delta\mathbf{H} - \mu\kappa\,\frac{\partial \mathbf{H}}{\partial t} - \mu\varepsilon\,\frac{\partial^2 \mathbf{H}}{\partial t^2} = \mathbf{0} \tag{6.13}$$

$$\Delta\mathbf{E} - \mu\kappa\,\frac{\partial \mathbf{E}}{\partial t} - \mu\varepsilon\,\frac{\partial^2 \mathbf{E}}{\partial t^2} = \mathbf{0}. \tag{6.14}$$

Es handelt sich hierbei um die sog. *Telegrafengleichungen.* Sie beschreiben allgemein die Ausbreitung elektromagnetischer Wellen in einem verlustbehafteten Medium.

Ist die Relaxationszeit τ_R (1.49) des betrachteten Leiters ausreichend klein, d. h.

$$\frac{1}{|\mathbf{E}|}\left|\frac{\partial \mathbf{E}}{\partial t}\right| \ll \frac{\kappa}{\varepsilon} = \frac{1}{\tau_R} \tag{6.15}$$

ist nach den Ausführungen in Abschn. 5.1 die Ladungsansdichte ohnehin Null. Zum Anderen kann aufgrund (6.15) jeweils in den Gl. (6.13) und (6.14) der Term mit der zweifachen Zeitableitung vernachlässigt werden. In Gl. (6.13) folgt dies nach Einsetzen von Gl. (6.12). Wir erhalten somit für den Fall eines ausreichend guten Leiters genau die Diffusionsgleichungen aus Kap. 5:

$$\Delta\mathbf{E} - \mu\kappa\frac{\partial \mathbf{E}}{\partial t} = \mathbf{0}$$
$$\Delta\mathbf{H} - \mu\kappa\frac{\partial \mathbf{H}}{\partial t} = \mathbf{0}.$$

Nichtleitendes Medium
Betrachten wir das elektromagnetische Feld in einem nichtleitenden Medium ($\kappa = 0$), innerhalb eines Raumgebietes ohne unabhängige Quellen, so kann die rechte Seite in (6.8) und (6.10) jeweils zu Null gesetzt werden und wir erhalten die *homogenen Feldwellengleichungen*

$$\Delta \mathbf{H} - \mu\varepsilon \frac{\partial^2 \mathbf{H}}{\partial t^2} = \mathbf{0} \tag{6.16}$$

$$\Delta \mathbf{E} - \mu\varepsilon \frac{\partial^2 \mathbf{E}}{\partial t^2} = \mathbf{0}. \tag{6.17}$$

Diese Gleichungen beschreiben die *verlustlose Ausbreitung* des elektromagnetischen Feldes in einem homogenen Raumgebiet.

6.1.1 Die ebene Welle

Die einfachste Lösung der homogenen Feldwellengleichungen (6.16) und (6.17), die zugleich auch die *elementare elektromagnetische Wellenform* darstellt, ist die *homogene ebene Welle*. Sie breitet sich geradlinig im Raum aus, wobei die Feldvektoren eine einheitliche Richtung haben.

Betrachten wir beispielsweise (6.17) in kartesischen Koordinaten, so enthält sie gemäß (A.71) jeweils eine skalare Wellengleichung für jede Feldkomponente:

$$\Delta E_i - \mu\varepsilon \frac{\partial^2 E_i}{\partial t^2} = 0 \; (i = x, y, z).$$

Wählen wir z. B. für die Ausbreitungsrichtung die z-Koordinate und für den $\mathbf{E}$-Vektor die x-Richtung, so ist die Funktion $E_x(z, t)$ Lösung der Wellengleichung

$$\frac{\partial^2 E_x(z,t)}{\partial z^2} - \mu\varepsilon \frac{\partial^2 E_x(z,t)}{\partial t^2} = 0.$$

Die allgemeine Lösung einer solchen homogenen, skalaren Wellengleichung der Form

$$\frac{\partial^2 \mathrm{f}(z,t)}{\partial z^2} - \frac{1}{v^2}\frac{\partial^2 \mathrm{f}(z,t)}{\partial t^2} = 0 \tag{6.18}$$

ist die sog. *d'Alembertsche Lösung*

$$\mathrm{f}(z,t) = \mathrm{f}^+(t - z/v) + \mathrm{f}^-(t + z/v). \tag{6.19}$$

Sie beschreibt zwei voneinander unabhängige, in positive und negative z-Richtung mit der *Phasengeschwindigkeit* v fortschreitende Wellen. Die beiden Wellenfunktionen $\mathrm{f}^+(u)$ und $\mathrm{f}^-(u)$ werden durch die Anfangs- und Randbedingungen bestimmt. Hierbei ist jede zweifach-stetig differenzierbare (also jede real mögliche) Funktion, zulässig. Dies lässt sich durch Einsetzen in (6.18) direkt zeigen. Beispielsweise erhalten wir für die in positive Richtung fortschreitende Wellenlösung (Abb. 6.1) mit $u = t - z/v$ durch zweimalige Anwendung der Kettenregel der Differentialrechnung

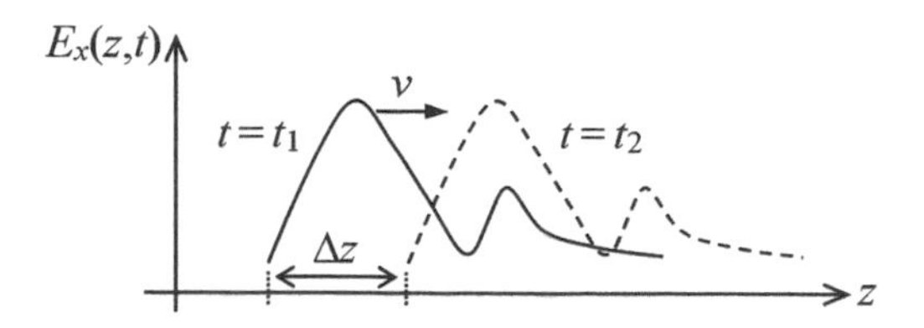

Abb. 6.1 Elektrische Feldstärke einer in positive z-Richtung mit der Geschwindigkeit v fortschreitende ebenen Welle zu zwei Zeitpunkten t_1 und $t_2 = t_1 + \Delta z/v$

$$\frac{\partial^2 E_x}{\partial z^2} = \frac{\partial}{\partial z}\left(-\frac{1}{v}\frac{\partial \mathrm{f}^+(u)}{\partial u}\right) = \frac{1}{v^2}\frac{\partial^2 \mathrm{f}^+(u)}{\partial u^2}$$

$$\frac{\partial^2 E_x}{\partial t^2} = \frac{\partial^2 \mathrm{f}^+(u)}{\partial u^2},$$

womit die Definition der in den Feldwellengleichungen enthaltenen Lichtgeschwindigkeit (6.9) nachträglich bewiesen ist. Dies gilt ebenso für die in negative Richtung laufende Welle $\mathrm{f}^-(u)$.

Zur Untersuchung des Verhältnisses zwischen elektrischem und magnetischem Feld in einer ebenen Welle setzen wir die Lösung von $E_x(z,t)$ in der d'Alembertschen Form (6.19) in die I-te Maxwell-Gleichungen ein. Für eine in positive z-Richtung laufende Welle ergibt die linke Seite

$$\mathrm{rot}\ (E_x(z,t)\ \mathbf{e}_x) = \frac{\partial E_x(z,t)}{\partial z}\ \mathbf{e}_y = -\frac{1}{v}\frac{\partial E_x^+(u)}{\partial u}\ \mathbf{e}_y,$$

sodass die rechte Seite von (I) ebenfalls nur eine y-Komponente enthält:

$$-\mu\frac{\partial H_y(z,t)}{\partial t}\ \mathbf{e}_y = -\mu\frac{\partial H_y^+(u)}{\partial u}\ \mathbf{e}_y.$$

Integriert man beide Seiten und schließt dabei eine physikalisch unbegründete zeitunabhängige Konstante aus, so erhalten wir mit (6.9)

$$\frac{1}{v}E_x^+(u) = \mu H_y^+(u).$$

Die magnetische Feldkomponente weist also den gleichen raumzeitlichen Verlauf wie die elektrische Komponente auf. Beide sind über den konstanten Faktor

$$Z = \frac{E_x^+}{H_y^+} = -\frac{E_x^-}{H_y^-} = \mu v = \sqrt{\frac{\mu}{\varepsilon}} \quad \textit{Feldwellenwiderstand} \tag{6.20}$$

fest miteinander verknüpft. Hierin spiegelt sich also die Untrennbarkeit beider Felder im konkreten Fall der ebenen Welle wieder. Das negative Vorzeichen beim Verhältnis der

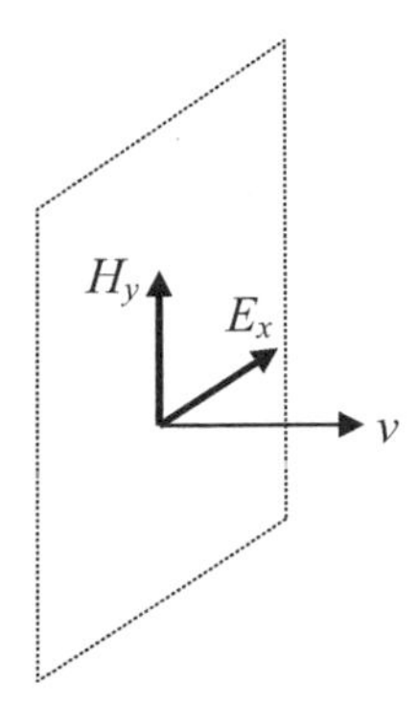

Abb. 6.2 Ebene Welle

rücklaufenden Feldkomponenten ist durch die entgegengesetzte Richtung des Magnetfeldes begründet. Entsprechend der Einheit V/A wird dieser Faktor als *Feldwellenwiderstand* des Mediums bezeichnet. Im Vakuum (Luft) beträgt der Feldwellenwiderstand $Z = Z_0 \approx 376{,}7\ \Omega$.

Eine weitere Eigenschaft der ebenen Welle ist, dass elektrisches und magnetisches Feld senkrecht in einer Ebene sowohl aufeinander als auch (transversal) zur Ausbreitungsrichtung stehen (Abb. 6.2). Die ebene Welle gehört daher zur Klasse der *Transversal-Elektromagnetischen (TEM)-Wellen*.

Der Poynting-Vektor (1.66)

$$\mathbf{S} = \mathbf{E} \times \mathbf{H} = E_x H_y \mathbf{e}_z = \frac{E_x^{\,2}}{Z} \mathbf{e}_z,$$

der den elektromagnetischen Leistungsfluss (Leistung/Fläche) angibt, zeigt in Ausbreitungsrichtung. Mit der Ausbreitung der elektromagnetischen Welle geht also ein Energietransport im Raum einher (siehe Abschn. 1.6).

Bei harmonsicher Zeitabhängigkeit mit Kreisfrequenz $\omega = 2\pi f$ (Frequenz f) lautet die d'Alembertsche Lösung (6.19) einer in z-Richung fortschreitenden ebenen Welle (Abb. 6.3)

$$E_x, H_y \sim \mathrm{f}^+(t - z/v) = \cos\left[\omega\ (t - z/v)\right],$$

mit der zeitliche Periodizität

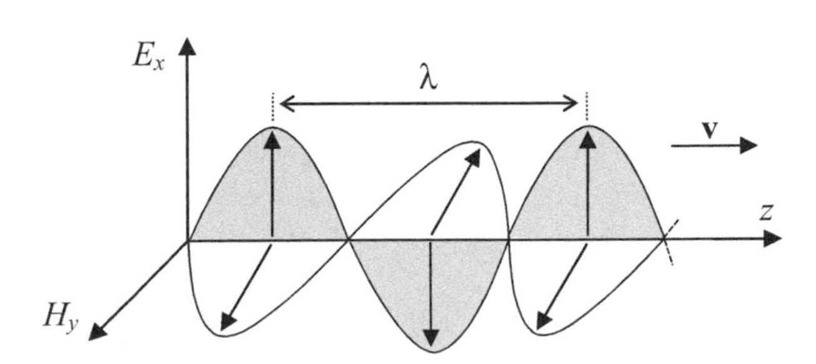

Abb. 6.3 Feldvektoren einer harmonischen ebenen Welle mit Wellenlänge λ

$$T = \frac{2\pi}{\omega} = \frac{1}{f} \; (Periodendauer)$$

und der räumlichen Periodizität (Wellenlänge) $\Delta z = \lambda$ in Ausbreitungsrichtung gemäß

$$\frac{\lambda}{v}\omega = 2\,\pi$$

bzw.

$$\lambda = \frac{v}{f} \; (Wellenl\ddot{a}nge). \tag{6.21}$$

Für den Poynting-Vektor (1.66) einer harmonischen ebenen Welle erhalten wir

$$\mathbf{S} = \mathbf{E} \times \mathbf{H} = E_x H_y \mathbf{e}_z \sim \cos^2[\omega\,(t - z/v)]\mathbf{e}_z,$$

also eine zu jedem Zeitpunkt und in jedem Ort positive Leistungsflussdichte in Ausbreitungsrichtung.

6.1.2 Harmonische Zeitabhängigkeit

Bei zeitlich harmonischen Vorgängen können die allgemeinen inhomogenen Feldwellengleichungen (6.8), (6.10) gemäß

$$\frac{\partial^2 \underline{\mathbf{f}}(\mathbf{r},t)}{\partial t^2} = -\omega^2\, \underline{\mathbf{f}}(\mathbf{r},t)$$

für eine orts- und zeitabhängige Feldgröße $\underline{\mathbf{f}}(\mathbf{r},\,t) = \underline{\mathbf{f}}(\mathbf{r})\,\mathrm{e}^{\mathrm{j}\omega t}$ (Abschn. 1.7) in komplexer Form angeschrieben werden:

$$\Delta\underline{\mathbf{H}} + k^2\underline{\mathbf{H}} = -\mathrm{rot}\;\underline{\mathbf{J}}$$

$$\Delta\underline{\mathbf{E}} + k^2\underline{\mathbf{E}} = \frac{1}{\varepsilon}\,\mathrm{grad}\;\underline{q} + \mathrm{j}\omega\mu\;\underline{\mathbf{J}}.$$

Komplexe Wellengleichungen dieser Form werden als inhomogene *Helmholtz-Gleichungen* bezeichnet. Sie enthalten die *Wellenzahl*

$$k = \omega\sqrt{\mu\varepsilon} = \frac{\omega}{c} = \frac{2\pi}{\lambda}, \tag{6.22}$$

die gemäß (6.9) durch die Fortpflanzungsgeschwindigkeit $v = c$ des Mediums bzw. nach (6.21) auch über die Wellenlänge λ definiert ist.

Die Feldquellen $\underline{q}$ und $\underline{\mathbf{J}}$ erfüllen hierbei die Kontinuitätsgleichung (1.73) in komplexer Form

$$\mathrm{div}\;\underline{\mathbf{J}} = -\mathrm{j}\omega\;\underline{q}.$$

Innerhalb eines Leiters gehen die Telegrafengleichungen (6.13), (6.14) im zeitharmonischen Fall über in die homogenen Helmholtz-Gleichungen

$$\begin{aligned} \Delta\underline{\mathbf{H}} - \underline{\gamma}^2\underline{\mathbf{H}} &= \mathbf{0} \\ \Delta\underline{\mathbf{E}} - \underline{\gamma}^2\underline{\mathbf{E}} &= \mathbf{0} \end{aligned} \tag{6.23}$$

mit der *komplexen* Fortpflanzungskonstante

$$\underline{\gamma}^2 = \mathrm{j}\omega\mu\kappa - k^2. \tag{6.24}$$

Bei sehr guten Leitern, d. h. nach Gl. (5.14) für

$$\omega \ll \frac{1}{\tau_R} = \frac{\kappa}{\varepsilon}$$

reduziert sich die Fortpflanzungskonstante zu

$$\underline{\gamma}^2 = \mathrm{j}\omega\mu\kappa(1 + \mathrm{j}\omega\;\tau_\mathrm{R}) \approx \mathrm{j}\omega\mu\kappa,$$

sodass die beiden Helmholtz-Gleichungen (6.23) in die komplexen Diffusionsgleichungen aus Abschn. 5.2 übergehen.

In einem nichtleitenden Medium ($\kappa = 0$) resultieren dagegen homogene Helmholtz-Gleichungen der Form

$$\begin{aligned} \Delta\underline{\mathbf{H}} + k^2\underline{\mathbf{H}} &= \mathbf{0} \\ \Delta\underline{\mathbf{E}} + k^2\underline{\mathbf{E}} &= \mathbf{0}. \end{aligned} \tag{6.25}$$

Sie beschreiben die verlustlose Ausbreitung von harmonischen Wellen innerhalb eines quellenfreien Gebietes.

Für die elementare Harmonische ebene Welle (Abschn. 6.1.1) ergibt sich als Lösung der entsprechenden komplexen Wellengleichung

$$\Delta\underline{E}_x + k^2\underline{E}_x = 0$$

für die komplexe, x-gerichtete elektrische Feldkomponente:

$$\underline{E}_x(z) = \underline{E}^+\mathrm{e}^{-\mathrm{j}kz} + \underline{E}^-\mathrm{e}^{+\mathrm{j}kz}.$$

Diese Lösung entspricht also gemäß der zeitabhängigen d'Alembertschen Lösung (6.19) zwei gegenläufigen harmonische Schwingungen entlang der z-Achse mit dem Phasengang $\pm\, kz = \pm\, 2\pi\; z/\lambda$, zuzüglich eines in der komplexen Amplitude $\underline{E}^+$ bzw. $\underline{E}^-$ enthaltenen konstanten Phasenwinkels. Die Bildung des Realteils ergibt beispielsweise für eine in +z-Richtung laufende Welle den in Abb. 6.3 skizzierten Amplitudenverlauf zu einem entsprechenden Zeitpunkt.

6.2 Die elektrodynamischen Potentiale

Die direkte Lösung der Feldwellengleichungen (6.8), (6.10) ist nur in wenigen Fällen möglich. Für den allgemeinen Fall mit beliebigen Quelleverteilungen ist wie in der Elektro- und Magnetostatik ein Lösungsansatz über entsprechende Potentiale zu wählen. Im uneingeschränkt zeitabhängigen Fall sind dies ein Vektor- und ein Skalarpotential. Aus diesen elektrodynamischen Potentialen können alle interessierenden Feldgrößen nachträglich durch Differentiation bestimmt werden.

Das *Vektorpotential* $\mathbf{A}$ kann direkt aus der Divergenzfreiheit von $\mathbf{B}$ (IV) und der Identität (A.75) definiert werden, d. h.

$$\operatorname{div}\,\mathbf{B} = \operatorname{div}\,\operatorname{rot}\mathbf{A} \equiv 0,$$

$$\mathbf{B} = \operatorname{rot}\mathbf{A}. \tag{6.26}$$

Einsetzen von (6.26) in (I) ergibt wiederum

$$\operatorname{rot}\mathbf{E} = -\operatorname{rot}\frac{\partial \mathbf{A}}{\partial t},$$

bzw.

$$\operatorname{rot}\left(\mathbf{E} + \frac{\partial \mathbf{A}}{\partial t}\right) = \mathbf{0}.$$

Aus der Identität (A.74) folgt, das der Ausdruck in der Klammer einem Gradientenfeld eines *Skalarpotentials* φ entspricht, d. h.

$$\mathbf{E} + \frac{\partial \mathbf{A}}{\partial t} = -\operatorname{grad}\,\varphi,$$

sodass für das elektrische Feld gilt:

$$\mathbf{E} = -\operatorname{grad}\,\varphi - \frac{\partial \mathbf{A}}{\partial t}. \tag{6.27}$$

Damit ist das elektromagnetische Feld durch Kenntnis der zeitabhängigen Potentiale $\mathbf{A}$ und φ vollständig bestimmt. Wie nachfolgend gezeigt wird, sind die Potentiale ihrerseits Lösungen entsprechender inhomogener Wellengleichungen, die für eine gegebene Quellenverteilung wesentlich einfacher zu berechnen sind als für die Feldwellengleichungen.

6.2.1 Potential-Wellengleichungen

Einsetzen von (6.26) in (II) ergibt mit der Identität (A.76)

$$\text{rot rot}\,\mathbf{A} = \text{grad div}\,\mathbf{A} - \Delta\mathbf{A} = \mu\,\mathbf{J} + \mu\varepsilon\,\frac{\partial\mathbf{E}}{\partial t}$$

und nach Ersetzen von $\mathbf{E}$ durch (6.27) zunächst für das Vektorpotential

$$\Delta\mathbf{A} - \mu\varepsilon\frac{\partial^2\mathbf{A}}{\partial t^2} = -\mu\mathbf{J} + \text{grad}\left(\text{div}\,\mathbf{A} + \mu\varepsilon\,\frac{\partial\varphi}{\partial t}\right).$$

Für das Skalarpotential erhalten wir nach Einsetzen von (6.27) in (III)

$$\Delta\varphi + \frac{\partial}{\partial t}\,\text{div}\,\mathbf{A} = -\frac{q}{\varepsilon}.$$

Das Vektorpotential $\mathbf{A}$ ist einzig durch seine Wirbeldichte gemäß der Rotation (6.26) definiert, sodass über die Divergenz frei verfügt werden kann. Sie ist für eine vollständige Festlegung des Vektorfeldes $\mathbf{A}$ nach dem Hauptsatz der Vektoranalysis (Abschn. A.6) ohnehin erforderlich. Durch die Wahl

$$\text{div}\,\mathbf{A} = -\mu\varepsilon\,\frac{\partial\varphi}{\partial t}\ \ (\textit{Lorenz-Eichung}) \tag{6.28}$$

erhält man für die beiden Potentiale jeweils eine inhomogene Wellengleichung der Form

$$\begin{aligned} \Delta\mathbf{A} - \mu\varepsilon\frac{\partial^2\mathbf{A}}{\partial t^2} &= -\mu\mathbf{J} \\ \Delta\varphi - \mu\varepsilon\frac{\partial^2\varphi}{\partial t^2} &= -\frac{q}{\varepsilon}. \end{aligned} \tag{6.29}$$

Der Vorzug dieser Form der Wellengleichungen besteht darin, dass die Quellen $\mathbf{J}$ und q jeweils getrennt den beiden Potentialen zugeordnet sind. Es sei jedoch auch hier angemerkt, dass sie gemäß Kontinuitätsgleichung (6.11) nicht unabhängig voneinander sind.

▶ Alternativ zu dem System der Maxwell-Gleichungen (I, II, III und IV) ist das elektromagnetische Feld über (6.26) und (6.27) durch Lösung der beiden Wellengleichungen (6.29) für $\mathbf{A}$ und φ ebenfalls vollständig bestimmt.

6.2.2 Retardierte Potentiale

Die Lösung der Wellengleichung für das Vektor- bzw. Skalarpotential (6.29) setzt sich im Allgemeinen aus einer partikularen und einer homogenen Lösung zusammen. Eine Partikulärlösung, die auch zugleich die *Lösung des freien, unbegrenzten Raumes* ist, geben wir hier ohne Beweis an:

$$\mathbf{A}(\mathbf{r},t) = \frac{\mu}{4\pi} \iiint\limits_V \frac{\mathbf{J}\left(\mathbf{r}', t - \left|\mathbf{r} - \mathbf{r}'\right|/c\right)}{\left|\mathbf{r} - \mathbf{r}'\right|} \mathrm{d}V'$$
$$\varphi(\mathbf{r},t) = \frac{1}{4\pi\varepsilon} \iiint\limits_V \frac{q\left(\mathbf{r}', t - \left|\mathbf{r} - \mathbf{r}'\right|/c\right)}{\left|\mathbf{r} - \mathbf{r}'\right|} \mathrm{d}V'. \tag{6.30}$$

Hierbei bezeichnet c die Lichtgeschwindigkeit (6.9) des Mediums.

Die retardierten (verzögerten) Potentiallösungen (6.30) sind sehr anschaulich zu verstehen. Sie entsprechen jeweils dem Coulomb-Integral (4.14) und (2.22) des magnetostatischen Vektor- bzw. elektrostatischen Skalarpotentials im freien Raum, mit dem entscheidenden Unterschied, dass *über die um die Zeitdifferenz* $|\mathbf{r}-\mathbf{r}'|/c$ *zurückliegenden Werte der Quellendichte* $\mathbf{J}(\mathbf{r}')$ bzw. $q(\mathbf{r}')$ *zu integrieren ist* (Abb. 6.4). Diese *retardierte Zeit* resultiert also aus der Laufzeit der elektromagnetischen Zustandsänderung vom Quellpunkt bis zum Aufpunkt. Somit stehen die retardierten Potentiale ganz im Einklang mit dem Kausalitätsprinzip und dem physikalischem Axiom, dass jede Wirkung sich mit der endlichen Lichtgeschwindigkeit durch den Raum fortpflanzt.

Wie direkt ersichtlich ist, gehen die retardierten Potentiale (6.30) im statischen Fall, d. h. wenn $\mathbf{J}$, $q \neq \mathrm{f}(t)$, in die Coulomb-Integrale (4.14) und (2.22) über. Sie sind Lösung der Wellengleichungen (6.29), die bei Wegfall der Zeitableitungen sich zu den entsprechenden Poisson-Gleichung (4.11) und (2.8) reduzieren.

Aus den retardierten Potentiallösungen (6.30) folgen auch direkt die *quasistatischen Felder* (Abschn. 1.8.4). Innerhalb eines Raumgebietes mit charakteristischer Ausdehnung Δl, die so klein ist, dass die Zeitverzögerung $|\mathbf{r}-\mathbf{r}'|/c \leq \Delta l/c$ gegenüber dem zeitabhängigen Vorgang vernachlässigbar ist, gehen die retardierten Potentiale (6.30) in die statische Form über, wobei sie jedoch zeitabhängig sind. Daraus folgen dann über (6.27) und (6.26) das Quasi-Elektrostatische bzw. das Quasi-Magnetostatische Feld.

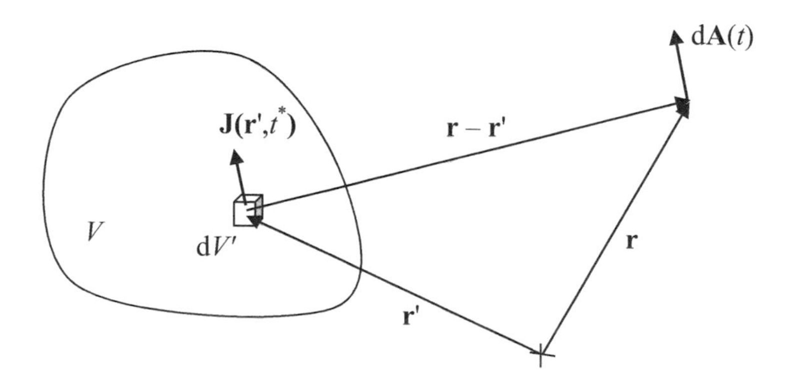

Abb. 6.4 Berechnung des Vektorpotentials mit Stromdichtewert $\mathbf{J}$ im Quellenpunkt $\mathbf{r}'$ zur retardierten Zeit $t^* = t - |\mathbf{r} - \mathbf{r}'|/c$, aufgrund der endlichen Lichtgeschwindigkeit c des Mediums

6.2.3 Harmonische Zeitabhängigkeit

Bei zeitlich harmonischen Vorgängen gehen wir über zu komplexen Feld- und Potentialamplituden und erhalten gemäß Abschn. 1.7

$$\begin{aligned} \underline{\mathbf{B}} &= \operatorname{rot} \underline{\mathbf{A}} \\ \underline{\mathbf{E}} &= -\operatorname{grad} \underline{\varphi} - \mathrm{j}\omega\, \underline{\mathbf{A}}. \end{aligned} \tag{6.31}$$

Aus der komplexen Form der Lorenz-Eichung (6.28)

$$\operatorname{div} \underline{\mathbf{A}} = -\mathrm{j}\omega\mu\varepsilon\, \underline{\varphi}. \tag{6.32}$$

resultieren als Entsprechung zu den inhomogenen Wellengleichungen (6.29) die *Helmholtz-Gleichungen*

$$\begin{aligned} \Delta\underline{\mathbf{A}} + k^2\underline{\mathbf{A}} &= -\mu\, \underline{\mathbf{J}} \\ \Delta\underline{\varphi} + k^2\underline{\varphi} &= -\frac{\underline{q}}{\varepsilon} \end{aligned} \tag{6.33}$$

mit der Wellenzahl k (6.22).

Die komplexe Form der retardierten Potentiale (6.30) ergibt sich durch die komplexe Erweiterung der zeitlich verzögerten Quellengrößen, z. B. für die Stromdichte wie folgt (siehe Abschn. 1.7):

$$\mathbf{J}\left(\mathbf{r}',\, t - \frac{|\mathbf{r}-\mathbf{r}'|}{c}\right) = \widehat{\mathbf{J}}(\mathbf{r}')\, \cos\left(\omega\left(t - \frac{|\mathbf{r}-\mathbf{r}'|}{c}\right) + \phi\right) \to \underline{\mathbf{J}}(\mathbf{r}')\, \mathrm{e}^{-\mathrm{j}\omega\frac{|\mathbf{r}-\mathbf{r}'|}{c}}\, \mathrm{e}^{\mathrm{j}\omega t}.$$

Bei der komplexen Form der retardierten Potentiallösungen wird also über die um $-k|\mathbf{r} - \mathbf{r}'|$ phasenverschobenen Quellengrößen integriert:

$$\begin{aligned} \underline{\mathbf{A}}(\mathbf{r}) &= \frac{\mu}{4\,\pi} \iiint\limits_V \frac{\underline{\mathbf{J}}(\mathbf{r}')\, \mathrm{e}^{-\mathrm{j}\,k\,|\mathbf{r}-\mathbf{r}'|}}{|\mathbf{r}-\mathbf{r}'|} \mathrm{d}V' \\ \underline{\varphi}(\mathbf{r}) &= \frac{1}{4\pi\varepsilon} \iiint\limits_V \frac{\underline{q}(\mathbf{r}')\, \mathrm{e}^{-\mathrm{j}\,k\,|\mathbf{r}-\mathbf{r}'|}}{|\mathbf{r}-\mathbf{r}'|} \mathrm{d}V'. \end{aligned} \qquad \textit{Komplexe retardierte Potentiale} \tag{6.34}$$

Im zeitharmonischen Fall ergibt sich für das Skalarpotential über die Lorenz-Eichung (6.32) folgender Zusammenhang zum Vektorpotential:

$$\underline{\varphi} = \frac{-1}{\mathrm{j}\omega\mu\varepsilon} \operatorname{div} \underline{\mathbf{A}}.$$

Dies ermöglicht die Bestimmung des elektromagnetischen Feldes (6.31) einzig aus dem Vektorpotential und damit aus der Stromdichte $\underline{\mathbf{J}}$ (6.34). Einsetzen in (6.31) ergibt für das elektrische Feld

$$\underline{\mathbf{E}} = -\mathrm{j}\omega\left(1 + \frac{1}{k^2}\ \mathrm{grad\,div}\right)\underline{\mathbf{A}} \tag{6.35}$$

Der Einsparung der Berechnung des Skalarpotentials (6.34) steht also die zweifache vektoranalytische Operation ‚grad div' entgegen, was aber in vielen Fällen trotzdem rechnerisch von Vorteil sein kann.

6.3 Der Hertzsche Dipol

In Analogie zum elektrostatischen Feld einer Punktladung (Abschn. 2.4.3) bzw. des magnetostatischen Feldes eines stationären Stromelements (Abschn. 4.3.1) wollen wir das Elementarfeld eines *harmonisch oszillierenden* Stromelements bestimmen. Damit lässt sich das Feld jeder beliebigen Stromverteilung (6.34) als Superposition dieser Elementarlösung im Sinne einer *Greenschen Funktion* verstehen (vgl. Abschn. 2.3.3).

Wir betrachten also ein infinitesimales Stromelement der Länge l, in dem ein Wechselstrom mit komplexer Amplitude $\underline{I}$ und Kreisfrequenz ω fließt (Abb. 6.5). Ausnahmsweise wollen wir hier von der differentiellen Schreibweise für die Elementlänge l absehen.

Die an den Enden des Stromelementes zu bzw. abfließende Ladung pro Zeit (Abb. 6.5a) entspricht nach der Definition (1.11) dem Strom im Element, d. h. bei der hier betrachteten harmonischen Zeitabhängigkeit, in komplexer Schreibweise

$$\underline{I} = \mathrm{j}\omega\underline{Q}.$$

Die beidseitige Multiplikation mit der Elementlänge ergibt demzufolge

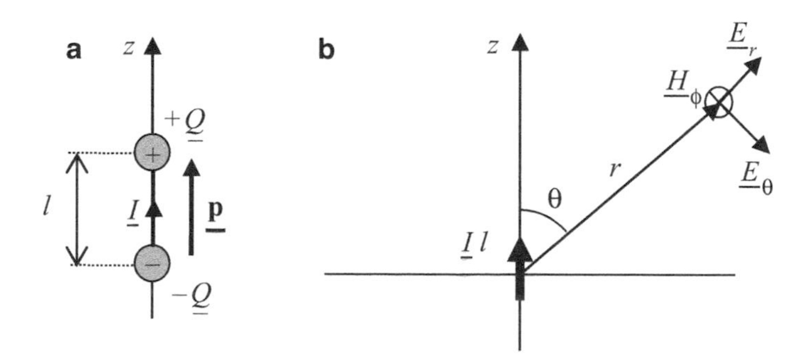

Abb. 6.5 (**a**) Oszillierendes elektrisches Dipolmoment $\underline{p}$ eines harmonisch zeitabhängigen Stromelementes $\underline{I}\,l$ (**b**) zur Berechnung des Elementarfeldes des Hertzschen Dipols

$$\underline{I}\, l = \mathrm{j}\omega \underline{Q}\, l = \mathrm{j}\omega\, \underline{p}. \tag{6.36}$$

Hierbei bezeichnet $p = Ql$ das in Beispiel 2.2 eingeführte elektrische *Dipolmoment* eines aus zwei Punktladung im Abstand l bestehenden *elektrischen Dipols*. Aus diesem Grund wird das Produkt $\underline{I}\, l$ auch als Dipolmoment des Hertzschen Dipols bezeichnet.

▶ Der Hertzsche Dipol entspricht einem oszillierenden elektrischen Dipol, der über das Stromelement periodisch umgeladen wird.

Bei der Berechnung des retardierten Vektorpotentials (6.34) des betrachteten linienförmigen, z-gerichteten Stromelements (Abb. 6.5b) ergibt

$$\underline{\mathbf{J}}\, \mathrm{d}V = \underline{I}\, l\, \mathbf{e}_z$$

nur einen Beitrag im Koordinatenursprung und es resultiert

$$\underline{\mathbf{A}}(\mathbf{r}) = \frac{\mu\, \underline{I}\, l}{4\pi} \frac{\mathrm{e}^{-\mathrm{j}kr}}{r}\, \mathbf{e}_z.$$

Zweckmäßigerweise wählen wir Kugelkoordinaten für die Berechnung der elektrischen und magnetischen Feldkomponenten. Mit der Zerlegung des Einheitsvektors

$$\mathbf{e}_z = \mathbf{e}_r\, \cos\theta - \mathbf{e}_\theta\, \sin\theta$$

lautet das Vektorpotential in Kugelkoordinaten

$$\underline{\mathbf{A}}(\mathbf{r}) = \frac{\mu\, \underline{I}\, l}{4\pi} \frac{\mathrm{e}^{-\mathrm{j}kr}}{r} (\mathbf{e}_r\, \cos\theta - \mathbf{e}_\theta\, \sin\theta).$$

Anwendung von (6.31) ergibt nach Ausführung der Rotation (A.61)

$$\underline{\mathbf{B}} = \mathrm{rot}\, \underline{\mathbf{A}} = \frac{1}{r} \left[\frac{\partial \left(r\, \underline{A}_\theta \right)}{\partial r} - \frac{\partial \underline{A}_r}{\partial \theta} \right] \mathbf{e}_\phi$$

einzig eine ϕ-Komponente für das Magnetfeld des Hertzschen Dipols

$$\underline{\mathbf{B}} = \frac{\mu\, \underline{I}\, l}{4\pi} \left(\mathrm{j}k + \frac{1}{r} \right) \frac{\mathrm{e}^{-\mathrm{j}k\, r}}{r}\, \sin\theta\, \mathbf{e}_\phi.$$

mit zwei unterschiedlichen abstandsabhängigen Termen.

Für die Berechnung des elektrischen Feldes bieten sich mehrere Möglichkeiten an. Zum einen über (6.31) nach Berechnung des retardierten Skalarpotentials (6.34) des oszillierenden elektrischen Dipolmomentes. Eine andere Möglichkeit ist die Anwendung der Formel (6.35), in der $\underline{\mathbf{A}}$ einer zweifachen Differentiation zu unterziehen ist. Alternativ liefert die Maxwell-Gleichung ($\underline{\mathrm{II}}$) außerhalb des Quellenpunktes die Beziehung

$$\underline{\mathbf{E}} = \frac{1}{\mathrm{j}\omega\mu\varepsilon} \operatorname{rot} \underline{\mathbf{B}}, \text{ für } \mathbf{r} \neq 0.$$

Mit der von r und θ abhängigen ϕ-Komponente von $\mathbf{B}$ reduziert sich die Rotation (A.61) auf den Ausdruck

$$\underline{\mathbf{E}} = \frac{1}{\mathrm{j}\omega\mu\varepsilon} \left\{ \frac{1}{r\sin\theta} \frac{\partial\left(\underline{B}_\phi \sin\theta\right)}{\partial\theta} \mathbf{e}_r - \frac{1}{r} \frac{\partial\left(r\underline{B}_\phi\right)}{\partial r} \mathbf{e}_\theta \right\}.$$

Demgemäß besitzt das elektrische Feld des Hertzschen Dipols eine r- und eine θ-Komponente. Nach Ausführung aller Differentiationen erhalten wir schließlich die aus verschiedenen abstandsabhängigen Termen bestehende Lösung:

$$\underline{\mathbf{E}} = \frac{\underline{I}\,l}{\mathrm{j}\,4\pi\omega\varepsilon} \left[2\left(\frac{\mathrm{j}k}{r} + \frac{1}{r^2}\right) \frac{\mathrm{e}^{-\mathrm{j}k\cdot r}}{r} \cos\theta\,\mathbf{e}_r + \left(-k^2 + \frac{\mathrm{j}k}{r} + \frac{1}{r^2}\right) \frac{\mathrm{e}^{-\mathrm{j}k\cdot r}}{r} \sin\theta\,\mathbf{e}_\theta \right].$$

Zusammenfassend schreiben wir das elektromagnetische Feld des Hertzschen Dipols mit den unterschiedlichen abstandsabhängigen Gliedern *als Potenzen des* mit dem Faktor 2π versehenen *elektrischen Abstandes* $kr = 2\pi r/\lambda$ in der folgenden übersichtlichen Form an:

$$\begin{aligned}
\underline{E}_r &= \frac{\underline{I}l}{2\pi} k^2 Z \cos\theta \left(\frac{1}{(kr)^2} - \mathrm{j}\frac{1}{(kr)^3} \right) \mathrm{e}^{-\mathrm{j}kr} \\
\underline{E}_\theta &= \frac{\underline{I}l}{4\pi} k^2 Z \sin\theta \left(\mathrm{j}\frac{1}{(kr)} + \frac{1}{(kr)^2} - \mathrm{j}\frac{1}{(kr)^3} \right) \mathrm{e}^{-\mathrm{j}kr} \\
\underline{H}_\phi &= \frac{\underline{I}l}{4\pi} k^2 \sin\theta \left(\mathrm{j}\frac{1}{(kr)} + \frac{1}{(kr)^2} \right) \mathrm{e}^{-\mathrm{j}kr}.
\end{aligned} \tag{6.37}$$

Hierbei bezeichnet Z den *Feldwellenwiderstand* des Mediums (6.20) und k die Wellenzahl (6.22). Abb. 6.6 zeigt eine Skizze des elektromagnetischen Feldes in einer zum Dipol parallelen Schnittebene zu vier ausgewählten Phasenpunkten ωt. Die um den Dipol konzentrisch verlaufenden magnetischen Feldlinien liegen senkrecht zu dieser Ebene.

Ausgehend von der zeitlichen Proportionalität $p \sim \cos(\omega t)$ hat die Aufladung des Dipols zur Bezugsphase $\omega t = 0$ ihr Maximum in positive z-Richtung erreicht. Während der anschließenden ersten Viertelperiode, in der der Dipol wieder entladen wird, kann das im Raum bestehende Feld wegen der endlichen Ausbreitungsgeschwindigkeit nicht vollständig in den Dipol „zurückfallen", d. h. im gesamten Raum abgebaut werden. Es tritt die sog. *Feldablösung* vom Dipol auf, die bei $\omega t = \pi/2$ abgeschlossen ist. Hierbei schließen sich die elektrischen Feldlinien und breiten sich zusammen mit den magnetischen Feldlinien mit Lichtgeschwindigkeit in den Raum aus. Eine weitere Viertelperiode später ($\omega t = \pi$) ist der Dipol vollständig umgeladen und der Vorgang der Feldablösung schließt sich daran an und endet bei $\omega t = 3\pi/2$. Danach wird der Dipol wieder in die ursprüngliche Richtung umgeladen und der ganze Vorgang wiederholt sich inner-

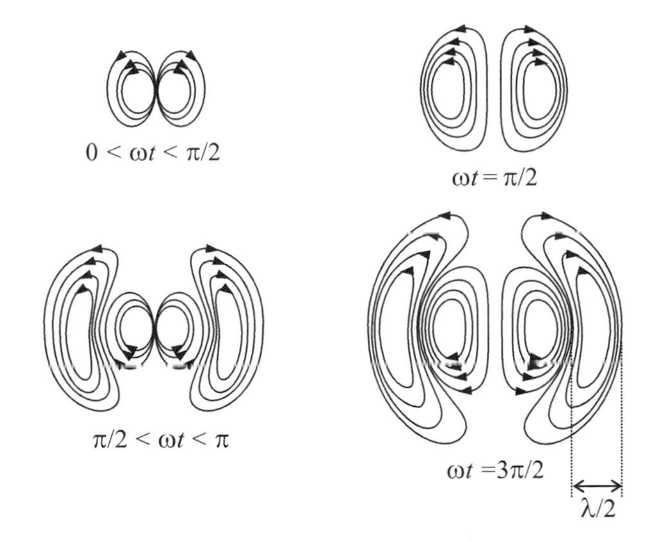

Abb. 6.6 Elektrische Feldlinien des Hertzschen Dipols zu vier verschiedenen Phasen

halb einer solchen Periode $T = 2\pi/\omega$ fortwährend. Die entsprechenden Felder breiten sich dabei mit abwechselnd umgekehrten Vorzeichen wellenförmig in den Raum aus, wobei ihre Stärke von der Raumrichtung (Winkel θ) und der Entfernung r vom Dipol abhängt. Der Abstand zweier Punkte gleicher Phase ist dabei die Wellenlänge $\lambda = cT$.

Entsprechend (6.37) drückt sich die Abstandsabhängigkeit des elektromagnetischen Feldes des Hertzschen Dipols durch das Produkt kr aus und hängt somit vom elektrischen Abstand r/λ ab. Von praktischer Bedeutung sind dabei zwei Raumzonen, das *Nahfeld* ($kr << 1$) im elektrisch kurzen Abstand und das *Fernfeld* ($kr >> 1$) in elektrisch großen Abständen vom Dipol. In diesen beiden Raumzonen wird das elektromagnetische Feld von einem grundsätzlich unterschiedlichen Charakter dominiert.

6.3.1 Nahfeld

Für den Fall

$$k\,r = 2\pi\,\frac{r}{\lambda} \ll 1,$$

d. h. dass der Abstand zum Dipol gegenüber der Wellenlänge λ sehr klein ist, können die Feldausdrücke (6.37) vereinfacht werden. Die Exponentialfunktion reduziert sich zu

$$\mathrm{e}^{-\mathrm{j}kr} \approx 1,$$

d. h. die Phasenverschiebungen im Raum sind vernachlässigbar und wegen

$$\frac{1}{(kr)^3} \gg \frac{1}{(kr)^2} \gg \frac{1}{(kr)}$$

verbleiben in allen Feldausdrücken lediglich die Glieder mit der höchsten Potenz von kr. Wir erhalten somit für das Magnetfeld im Nahfeld des Hertzschen Dipols die asymptotische Lösung

$$\underline{H}_\phi \simeq \frac{\underline{I}\, l}{4\pi} \frac{\sin\theta}{r^2}.$$

Dies entspricht dem Magnetfeld eines stationären Stromelements der Länge l nach der Formel von Biot-Savart (siehe Abschn. 4.3.1), mit dem Unterschied, dass es mit der Kreisfrequenz ω oszilliert.

Für das elektrische Feld ergibt sich zunächst als asymptotische Näherung

$$\underline{\mathbf{E}} \simeq \frac{\underline{I}\, l}{4\pi\, r^3} \frac{Z}{\mathrm{j}k} (2\cos\theta\, \mathbf{e}_\mathrm{r} + \sin\theta\, \mathbf{e}_\theta).$$

Mit

$$\frac{Z}{\mathrm{j}k} = \frac{\sqrt{\mu/\varepsilon}}{\mathrm{j}\omega\sqrt{\mu\varepsilon}} = \frac{1}{\mathrm{j}\omega\varepsilon}$$

und (6.36) erhalten wir schließlich für das elektrische Nahfeld

$$\underline{\mathbf{E}} \simeq \frac{\underline{p}}{4\pi\varepsilon\, r^3} (2\cos\theta\, \mathbf{e}_r + \sin\theta\, \mathbf{e}_\theta).$$

Wie der Vergleich mit Beispiel 2.2 zeigt, handelt es sich hierbei um das oszillierende Feld des statischen Dipols mit dem Dipolmoment $\underline{p}$.

Das Nahfeld des Hertzschen Dipols entspricht also dem in Abschn. 1.8.4. beschriebenen Fall eines *quasi-elektrostatischen (kapazitiven) Feldes*. Dabei spielt das Magnetfeld eine untergeordnete Rolle, was sich im Verhältnis von elektrischer zu magnetischer Feldamplitude widerspiegelt. Wir definieren dazu folgende Feldwellenimpedanz und erhalten:

$$\underline{Z}_F = \frac{\underline{E}_\theta}{\underline{H}_\phi} = \frac{Z}{\mathrm{j}kr}.$$

▶ Das Nahfeld des Hertzschen Dipols ist ein kapazitives, hochohmiges Feld, indem das elektrische Feld dem magnetischen um 90° nacheilt.

6.3.2 Fernfeld

Für den umgekehrten Fall

$$k\, r = 2\pi \frac{r}{\lambda} \gg 1$$

gilt die Ungleichung

$$\frac{1}{(kr)} \gg \frac{1}{(kr)^2} \gg \frac{1}{(kr)^3},$$

sodass in (6.37) nur die abstandsabhängigen Glieder mit der niedrigsten Potenz zu berücksichtigen sind. Dabei ist die radiale Komponente des elektrischen Feldes wegen $|\underline{E}_r| \sim 1/(kr)^2$ gegenüber der θ-Komponente zu vernachlässigen. Wir erhalten somit für das Fernfeld des Hertzschen Dipols

$$\begin{aligned} \underline{E}_\theta &\simeq \mathrm{j}k\frac{\underline{I}\,l}{4\pi}Z\frac{\mathrm{e}^{-\mathrm{j}kr}}{r}\sin\theta \\ \underline{H}_\phi &\simeq \mathrm{j}k\frac{\underline{I}\,l}{4\pi}\frac{\mathrm{e}^{-\mathrm{j}kr}}{r}\sin\theta. \end{aligned} \tag{6.38}$$

Die Feldwellenimpedanz

$$\underline{Z}_F = \frac{\underline{E}_\theta}{\underline{H}_\phi} = \sqrt{\frac{\mu}{\varepsilon}} = Z \tag{6.39}$$

ist in diesem Fall reell und gleich dem Feldwellenwiderstand Z (6.20) der ebenen Welle im Freiraum.

▶ Im Fernfeld des Hertzschen Dipols sind elektrisches und magnetisches Feld zeitlich in Phase und transversal zur Ausbreitungsrichtung (TEM-Feld).

In einem, verglichen mit dem Abstand vom Dipol kleinen Raumbereich, ist die Krümmung der Wellenfront dabei so gering, dass näherungsweise die Verhältnisse einer *ebenen Welle* vorliegen (Abschn. 6.1.1). Da jede beliebige Stromverteilung als Überlagerung von Hertzschen Dipolen aufgefasst werden kann und die Summe von ebenen Wellenfeldern wiederum ein ebenes Wellenfeld ergibt, folgt hieraus eine allgemeine Eigenschaft des Fernfeldes von Strahlungsquellen:

▶ Das Fernfeld jeder beliebigen Strahlungsquelle entspricht *lokal* einem ebenen Wellenfeld.

6.3.3 Strahlungsleistung

Das vom Hertzschen Dipol erzeugte Wellenfeld transportiert eine elektromagnetische Leistung, die im Raum ausgestrahlt wird. Der komplexe Poynting-Vektor (1.74)

$$\underline{\mathbf{S}} = \frac{1}{2}\underline{\mathbf{E}} \times \underline{\mathbf{H}}^*, \tag{6.40}$$

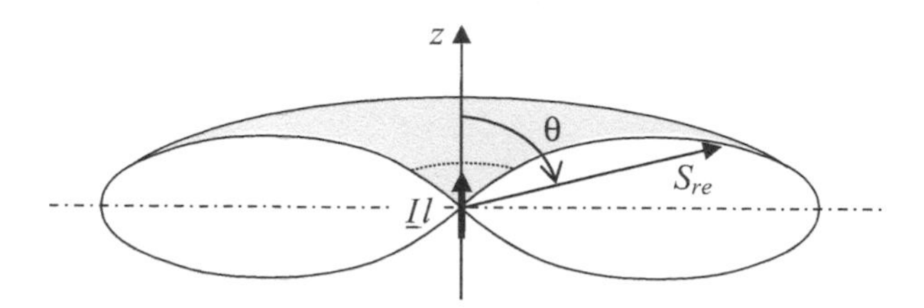

Abb. 6.7 Richtdiagramm des Hertzschen Dipols

der den Mittelwert der komplexen Leistungsflussdichte beschreibt, ergibt mit den drei vorhandenen Feldkomponenten (6.37)

$$\underline{\mathbf{S}} = \frac{1}{2}\left(\underline{E}_\theta \, \underline{H}_\phi{}^* \mathbf{e}_\mathrm{r} - \underline{E}_r \, H_\phi^* \, \mathbf{e}_\theta \right).$$

Einsetzen der Feldkomponenten und Trennen von Real- und Imaginärteil liefert:

$$\underline{\mathbf{S}} = S_{re}\mathbf{e}_r + \mathrm{j}\left(S_{im,r}\mathbf{e}_r + S_{im,\theta}\mathbf{e}_\theta\right).$$

Der Realteil S_{re} hat nur eine radiale Komponente und beschreibt somit die vom Dipol in den Raum ausgestrahlte *Wirkleistungsflussdichte*, mit dem expliziten Ausdruck

$$\mathbf{S}_{re} = \frac{1}{2}\,\mathrm{Re}\left\{\underline{\mathbf{E}} \times \underline{\mathbf{H}}^*\right\} = \frac{|\underline{I}\,l|^2}{32\,\pi^2\,r^2} k^2\,Z\,\sin^2\theta\,\mathbf{e}_r. \tag{6.41}$$

Die explizite Rechnung für die Komponenten $S_{im,r}$ und $S_{im,\theta}$ des Imaginärteils ergibt, dass diese stärker als $1/r^2$mit dem Abstand abnehmen. Sie beschreiben die im *Nahfeld des Dipols oszillierende Blindleistung*, die für den periodischen Auf- und Abbau des elektromagnetischen Nahfeldes benötigt wird.

Die Strahlungscharakteristik des Hertzschen Dipols wird durch das *Richtdiagramm* in Abb. 6.7 veranschaulicht. Hierbei gibt die Länge des Pfeiles den Betrag von S_{re} (6.38) an. Entsprechend der $\sin^2\theta$-Abhängigkeit liegt die Hauptstrahlrichtung senkrecht zum Dipol in horizontaler Ebene.

Die gesamte vom Dipol in den Raum ausgestrahlte mittlere Wirkleistung erhalten wir durch Integration von S_{re} über eine Kugelfläche A mit Radius r (Abb. 6.8), d. h.:

$$P_r = \oint\!\!\!\oint_A \mathbf{S}_\mathrm{re} \cdot \mathrm{d}\mathbf{A} = \frac{1}{2}\,\mathrm{Re}\left\{ \oint\!\!\!\oint_A \underline{\mathbf{E}} \times \underline{\mathbf{H}}^* \cdot \mathrm{d}\mathbf{A} \right\}.$$

Einsetzen von (6.41) ergibt mit dem radialen Oberflächenelement (A.35)

$$P_r = \frac{|\underline{I}\,l|^2 k^2\,Z}{16\,\pi} \underbrace{\int_0^\pi \sin^3\theta\,\mathrm{d}\theta}_{4/3} = \frac{|\underline{I}\,l|^2 k^2\,Z}{12\,\pi}. \tag{6.42}$$

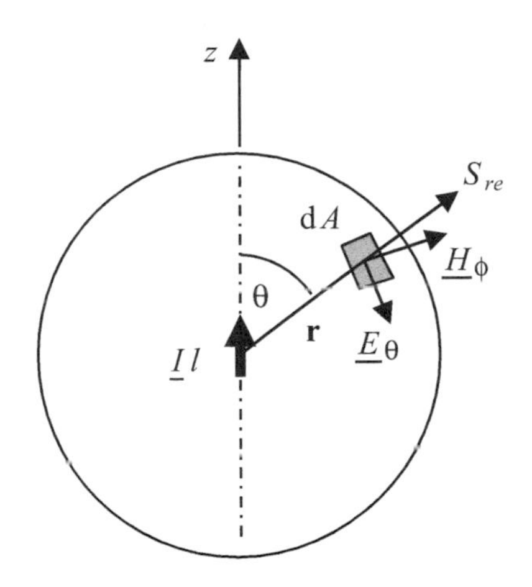

Abb. 6.8 Zur Berechnung der gesamten Strahlungsleistung des Hertzschen Dipols

6.3.4 Strahlungswiderstand

Gemäß dem Energieerhaltungsprinzip muss die vom Dipol abgestrahlte Leistung P_r von einer Stromquelle geliefert werden, für die der Dipol eine Impedanz mit entsprechendem Realteil R_r (Strahlungswiderstand) darstellt, in der P_r umgesetzt wird. Aus der Leistungsbilanz

$$P_r = I_{eff}^2\, R_r = \frac{|\underline{I}|^2}{2}\, R_r,$$

in der I_{eff} den Effektivwert des Stroms bezeichnet, erhalten wir für R_r nach Einsetzen von (6.42) den Ausdruck

$$R_r = \frac{2\,P_r}{|\underline{I}|^2} = \frac{l^2 k^2}{6\,\pi} Z = \frac{2\pi}{3} Z \left(\frac{l}{\lambda}\right)^2.$$

Im Vakuum (Luft) ergibt sich mit $Z = Z_0 = \sqrt{\mu_0/\varepsilon_0} \approx 120\,\pi\,\Omega$ (376,7 Ω) die Formel $R_r = 790\,\Omega\,(l/\lambda)^2$. Für eine reale Anordnung resultiert daraus wegen der Voraussetzung $l << \lambda$ ein sehr kleiner Widerstandswert. Deshalb stellen elektrisch kleine Strahler wenig effektive Antennenanordnungen dar.

6.4 Der magnetische Dipol

Die zum Hertzschen Dipol duale Anordnung stellt eine infinitesimale Stromschleife dar, die vom Wechselstrom $\underline{I}$ mit Kreisfrequenz ω durchflossen wird. Wir betrachten dazu eine in der x-y-Ebenen gelegenen Schleife beliebiger Form (Abb. 6.9), wobei wir für die Schleifenfläche F auch in diesem Fall von der infinitesimalen Schreibweise absehen.

Zur Berechnung des retardierten Vektorpotentials (6.34)

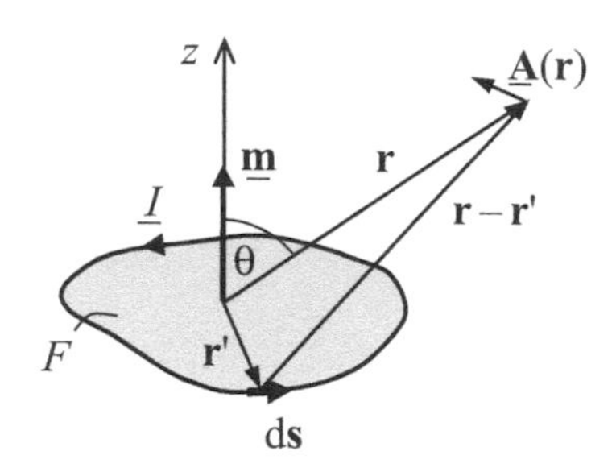

Abb. 6.9 Zur Berechnung der Felder des magnetischen Dipols (*Fitzgeraldscher Dipol*)

$$\underline{\mathbf{A}}(\mathbf{r}) = \frac{\mu\,\underline{I}}{4\pi}\oint\limits_{\partial F}\frac{\mathrm{e}^{-\mathrm{j}\,k\left|\mathbf{r}-\mathbf{r}'\right|}}{|\mathbf{r}-\mathbf{r}'|}\mathrm{d}\mathbf{s}'$$

kann der Abstandsvektor $|\mathbf{r} - \mathbf{r}'|$ wegen der infinitesimalen Schleifenabmessungen, d. h. $|\mathbf{r}'| << |\mathbf{r}|$, durch (4.39)

$$\left|\mathbf{r}-\mathbf{r}'\right| \simeq r - \mathbf{r}'\cdot\mathbf{e}_r$$

genähert werden. Da zusätzlich auch $|\mathbf{r}'| << \lambda$ gilt, reduziert sich die Exponentialfunktion wegen $k\,\mathbf{r}'\cdot\mathbf{e}_r \leq kr' << 1$ zu

$$\mathrm{e}^{-\mathrm{j}\,k|\mathbf{r}-\mathbf{r}'|} \simeq \mathrm{e}^{-\mathrm{j}kr}\mathrm{e}^{\,\mathrm{j}\,k\,\mathbf{r}'\cdot\mathbf{e}_r} \simeq \mathrm{e}^{-\mathrm{j}kr}\left(1+\mathrm{j}\,k\,\mathbf{r}'\cdot\mathbf{e}_r\right).$$

Der Term in Klammern entspricht dabei der nach dem linearen Glied abgebrochenen Taylor-Reihenentwicklung der Exponentialfunktion.

Das zu lösende Integral des retardierten Vektorpotentials nimmt damit die folgende asymptotische Form an:

$$\underline{\mathbf{A}}(\mathbf{r}) \simeq \frac{\mu\,\underline{I}}{4\pi}\mathrm{e}^{-\mathrm{j}kr}\oint\limits_{\partial F}\frac{1+\mathrm{j}\,k\,\mathbf{r}'\cdot\mathbf{e}_r}{|\mathbf{r}-\mathbf{r}'|}\mathrm{d}\mathbf{s}'.$$

Für die beiden Teilintegrale erhalten wir aus den Ergebnissen des statischen magnetischen Dipols aus Abschn. 4.3.1 mit der Näherung (4.40)

$$\frac{1}{|\,\mathbf{r}-\mathbf{r}'|} \simeq \frac{1}{r} + \frac{\mathbf{r}\cdot\mathbf{r}'}{r^3}$$

und (4.41)

$$\oint\limits_{\partial F}\left(\mathbf{r}\cdot\mathbf{r}'\right)\mathrm{d}\mathbf{s}' = F\,\mathbf{e}_z\times\mathbf{r}$$

die beiden folgenden asymptotischen Ausdrücke:

$$\oint_{\partial F} \frac{1}{|\mathbf{r}-\mathbf{r}'|}\mathrm{d}s' \simeq \frac{1}{r}\oint_{\partial F}\mathrm{d}s' + \frac{1}{r^3}\oint_{\partial F}(\mathbf{r}\cdot\mathbf{r}')\mathrm{d}s' = F\,\frac{\mathbf{e}_z\times\mathbf{r}}{r^3},$$

$$\oint_{\partial F} \frac{\mathbf{r}'\cdot\mathbf{e}_r}{|\mathbf{r}-\mathbf{r}'|}\mathrm{d}s' \simeq \frac{1}{r^2}\oint_{\partial F}(\mathbf{r}\cdot\mathbf{r}')\mathrm{d}s' + \frac{1}{r^4}\oint_{\partial F}(\mathbf{r}\cdot\mathbf{r}')^2\mathrm{d}s' \simeq F\,\frac{\mathbf{e}_z\times\mathbf{r}}{r^2}.$$

Hierbei verschwindet im ersten Ausdruck das erste Teilintegral identisch, während im zweiten Ausdruck das zweite Teilintegral gegenüber dem ersten vernachlässigbar ist.

Damit resultiert für das retardierte Vektorpotential die asymptotische Lösung

$$\underline{\mathbf{A}}(\mathbf{r}) \simeq \frac{\mu}{4\pi}\frac{\underline{\mathbf{m}}\times\mathbf{r}}{r^3}(1+\mathrm{j}\,kr)\mathrm{e}^{-\mathrm{j}kr}.$$

Hierbei bezeichnet

$$\underline{\mathbf{m}} = \underline{I}\,F\,\mathbf{e}_z = \underline{m}\,\mathbf{e}_z$$

das in Abschn. 4.3.1 eingeführte *Magnetische Dipolmoment*, dessen Richtung im Rechtsschraubensinn zur Stromrichtung bezogen ist.

Ausgedrückt in Kugelkoordinaten erhalten wir mit

$$\underline{\mathbf{m}}\times\mathbf{e}_r = \underline{m}\,\sin\theta\,\mathbf{e}_\phi$$

ein ϕ-gerichtetes Vektorpotential. Aus (6.31) resultieren damit für das Magnetfeld durch Anwendung von (A.61) die beiden Komponenten

$$\underline{\mathbf{H}} = \frac{1}{\mu}\left[\frac{1}{r\sin\theta}\frac{\partial\,\underline{A}_\phi\sin\theta)}{\partial\,\theta}\mathbf{e}_r - \frac{1}{r}\frac{\partial\,(r\,\underline{A}_\phi)}{\partial\,r}\mathbf{e}_\theta\right] = \underline{H}_r\,\mathbf{e}_r + \underline{H}_\theta\,\mathbf{e}_\theta$$

Über ($\underline{\mathrm{II}}$) ergibt sich für die elektrische Feldstärke ($\mathbf{r}\neq\mathbf{0}$)

$$\underline{\mathbf{E}} = \frac{1}{\mathrm{j}\omega\varepsilon}\mathrm{rot}\underline{\mathbf{H}} = \frac{1}{\mathrm{j}\omega\varepsilon r}\left[\frac{\partial\left(r\,\underline{H}_\theta\right)}{\partial r} - \frac{\partial\underline{H}_r}{\partial\theta}\right]\mathbf{e}_\phi$$

eine einzige Komponente. Analog zum Hertzschen Dipol schreiben wir die Feldkomponenten des magnetischen Dipols in Potenzen von $1/kr$ wie folgt an:

$$\begin{aligned}
\underline{H}_r &= \mathrm{j}\frac{\underline{m}}{2\pi}k^3\cos\theta\left(\frac{1}{(kr)^2} - \mathrm{j}\frac{1}{(kr)^3}\right)\mathrm{e}^{-\mathrm{j}kr}\\
\underline{H}_\theta &= \mathrm{j}\frac{\underline{m}}{4\pi}k^3\sin\theta\left(\mathrm{j}\frac{1}{(kr)} + \frac{1}{(kr)^2} - \mathrm{j}\frac{1}{(kr)^3}\right)\mathrm{e}^{-\mathrm{j}kr}\\
\underline{E}_\phi &= -\mathrm{j}\frac{\underline{m}}{4\pi}k^3 Z\sin\theta\left(\mathrm{j}\frac{1}{(kr)} + \frac{1}{(kr)^2}\right)\mathrm{e}^{-\mathrm{j}kr}
\end{aligned} \tag{6.43}$$

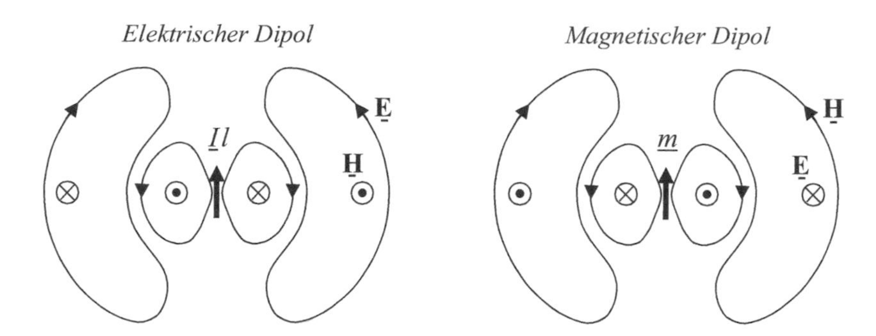

Abb. 6.10 Dualität der Elementarfelder des elektrischen und magnetischen Dipols

Wie der Vergleich mit dem Feld des Hertzschen Dipols (6.37) zeigt, sind elektrische und magnetische Komponenten vertauscht. Die drei Feldausdrücke gehen dabei über die Regel

$$\left.\begin{array}{l} \underline{\mathbf{E}} \to \underline{\mathbf{H}}\, Z \\ \underline{\mathbf{H}} \to -\underline{\mathbf{E}}/Z \\ \underline{I}\, l \to \mathrm{j}k\, \underline{m} \end{array}\right\} \textit{Dualitätsprinzip}$$

exakt ineinander über. Dieser als Dualitätsprinzip bezeichnete Sachverhalt ist in Abb. 6.10 durch Vergleich der skizzierten Felder illustriert.

6.4.1 Nah- und Fernfeld

Im Nahfeld des magnetischen Dipols, d.h. für

$$kr = 2\pi\, \frac{r}{\lambda} \ll 1,$$

erhalten wir mit $\mathrm{e}^{-\mathrm{j}kr} \approx 1$ und der Berücksichtigung nur der Terme mit der höchsten Potenz von kr in (6.43) für das elektrische Feld

$$\underline{E}_\phi \simeq -\mathrm{j} \frac{\omega\mu\, \underline{m}}{4\pi} \frac{\sin\theta}{r^2}$$

Für das Magnetfeld erhalten wir aus (6.43) dementsprechend

$$\underline{\mathbf{H}} \simeq \frac{\underline{m}}{4\pi\, r^3}\, (2\cos\theta\, \mathbf{e}_r + \sin\theta\, \mathbf{e}_\theta),$$

also das oszillierende Feld des statischen magnetischen Dipols (4.37). Das Nahfeld des magnetischen Dipols entspricht damit den in Abschn. 1.8.4 beschriebenen Fall des *quasi-magnetostatischen (induktiven) Feldes.* Das elektrische Feld ist dabei von untergeordneter Bedeutung. Für die entsprechend definierte Feldwellenimpedanz resultiert:

$$\underline{Z}_F = \frac{-\underline{E}_\phi}{\underline{H}_\theta} = \mathrm{j}\, kr\, Z.$$

▶ Das Nahfeld des Magnetischen Dipols ist ein induktives, niederohmiges Feld, indem das elektrische Feld dem magnetischen um 90° voreilt.

Für das Fernfeld, d.h.

$$kr = 2\pi\,\frac{r}{\lambda} \gg 1$$

sind in (6.43) nur die Glieder mit der niedrigsten Potenz von kr zu berücksichtigen, wobei $\underline{H}_r \sim 1/(kr)^2$ gegenüber $\underline{H}_\theta \sim 1/(kr)$ vernachlässigbar ist. Wir erhalten somit für das Fernfeld des magnetischen Dipols

$$\begin{aligned}\underline{H}_\theta &\approx -\frac{\underline{m}\,k^2}{4\pi}\frac{\mathrm{e}^{-\mathrm{j}kr}}{r}\sin\theta \\ \underline{E}_\phi &\approx \frac{\underline{m}\,k^2}{4\pi}Z\frac{\mathrm{e}^{-\mathrm{j}kr}}{r}\sin\theta,\end{aligned} \tag{6.44}$$

mit der im Fernfeld resultierenden Feldwellenimpedanz der ebenen Welle im freien Raum

$$\underline{Z}_F = \frac{\underline{E}_\phi}{-\underline{H}_\theta} = \sqrt{\frac{\mu}{\varepsilon}} = Z.$$

6.4.2 Strahlungsleistung und Strahlungswiderstand

Mit den drei Feldkomponenten (6.43) resultiert für den komplexen Poynting-Vektor (6.40)

$$\underline{\mathbf{S}} = \frac{1}{2}\,\underline{\mathbf{E}} \times \underline{\mathbf{H}}^* = \frac{1}{2}\left(-\underline{E}_\phi\,\underline{H}_\theta^*\,\mathbf{e}_r + \underline{E}_\phi\,\underline{H}_r^*\,\mathbf{e}_\theta\right)$$

eine r- und θ-Komponente. Einsetzen der Feldkomponenten und Trennen von Real- und Imaginärteil liefert

$$\underline{\mathbf{S}} = S_{re}\,\mathbf{e}_r + \mathrm{j}\left(S_{im,r}\,\mathbf{e}_r + S_{im,\theta}\,\mathbf{e}_\theta\right),$$

also wie beim elektrischen Dipol eine einzig radial vom Dipol ausgestrahlte Wirkleistung:

$$\mathbf{S}_{re} = \frac{1}{2}\,\mathrm{Re}\left\{\underline{\mathbf{E}} \times \underline{\mathbf{H}}^*\right\} = \frac{|\underline{m}|^2}{32\,\pi^2\,r^2}\,k^4\,Z\sin^2\theta\,\mathbf{e}_r.$$

Die Richtcharakteristik ist wegen $S_{re} \sim \sin^2\theta$ mit der des Hertzschen Dipols (Abb. 6.7) identisch, bezogen auf die gleiche Richtung der Dipolmomente **m** und **p**. Im Gegensatz zum Realteil S_{re} fällt der Imaginärteil von $\underline{\mathbf{S}}$ stärker als $1/r^2$ ab und beschreibt die im Nahfeld des Dipols oszillierende Blindleistung.

Für die gesamte ausgestrahlte mittlere Wirkleistung erhalten wir

$$P_r = \oiint_A \mathbf{S}_{re} \cdot d\mathbf{A} = \frac{|\underline{m}|^2 k^4\, Z}{16\,\pi} \underbrace{\int_0^{\pi} \sin^3\theta\, d\theta}_{4/3} = \frac{|\underline{m}|^2 k^4\, Z}{12\,\pi}\,.$$

Aus der Leistungsbilanz

$$P_r = I_{eff}^2\, R_r = \frac{|\underline{I}|^2}{2}\, R_r$$

resultiert für den Strahlungswiderstand R_r des magnetischen Dipols der Ausdruck

$$R_r = \frac{F^2\, k^4\, Z}{6\,\pi} = \frac{8}{3}\pi^3\, Z \left(\frac{F}{\lambda^2}\right)^2.$$

Im Vakuum (Luft) ergibt sich mit $Z = Z_0 = \sqrt{\mu_0/\varepsilon_0} \approx 120\,\pi\ \Omega$ (376,7 Ω) die Formel $R_r = 31{,}2\ \mathrm{k}\Omega\ (F/\lambda^2)^2$. Auch in diesem Fall erweist sich ein elektrisch kleiner Strahler aufgrund des sehr kleinen Strahlungswiderstandes ($F^2 << \lambda^2$) als wenig effektive Antennenanordnung.

6.5 Feldwellenimpedanz des elektrischen und magnetischen Dipols

Die Dualität zwischen dem elektrischen und magnetischen Dipol spiegelt sich auch in der Frequenz- bzw. Ortsabhängigkeit der Feldwellenimpedanz $\underline{Z}_F$ wider. Dazu betrachten wir jeweils die Beträge im Nah- und Fernfeld in Abhängigkeit von kr. Aus Abschn. 6.3 bzw. 6.4 resultieren hierfür jeweils die folgenden asymptotischen Verläufe:

$$\text{elektr. Dipol: } |\underline{Z}_F| = \left|\frac{\underline{E}_\theta}{\underline{H}_\phi}\right| = \begin{cases} \dfrac{Z}{kr}\,; & kr \ll 1 \\ Z\,; & kr \gg 1 \end{cases}$$

$$\text{magn. Dipol: } |\underline{Z}_F| = \left|\frac{\underline{E}_\phi}{\underline{H}_\theta}\right| = \begin{cases} Z\,kr\,; & kr \ll 1 \\ Z\,; & kr \gg 1 \end{cases}$$

Wie in Abb. 6.11 für das Vakuum (Luft) dargestellt, nähern sich die beiden Impedanzverläufe in der Nahfeldzone mit zunehmendem Abstand bzw. mit steigender Frequenz einander an und streben nach einem Übergangsbereich für $kr >> 1$ dem Feldwellenwiderstand $Z = Z_0 = \sqrt{\mu_0/\varepsilon_0} \approx 377\ \Omega$ der ebenen Welle im Freiraum an.

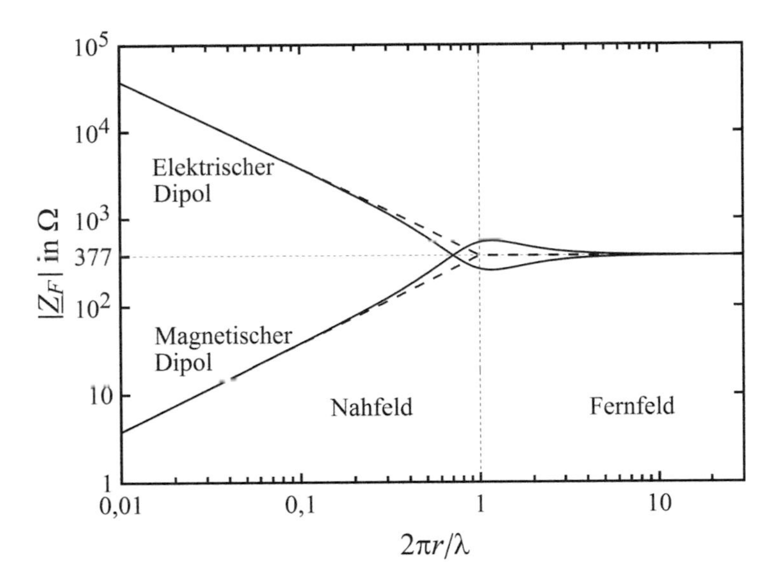

Abb. 6.11 Feldwellenimpedanz des elektrischen und magnetischen Dipols (asymptotische Verläufe gestrichelt)

6.6 Spiegelungsprinzip

Analog zu elektro- und magnetostatischen Feldern (siehe Kap. 2 und 4) kann das Spiegelungsverfahren auch im elektrodynamischen Fall zur Lösung von *Randwertproblemen mit einfachen Geometrien* angewendet werden. Das Prinzip ist in Abb. 6.12 am Beispiel eines Hertzschen Dipols dargestellt, der vertikal im Abstand h über eine ideal leitende Ebene angeordnet ist. Das gesuchte Feld oberhalb der Ebene setzt sich zusammen aus dem ungestörten Feld $\underline{\mathbf{E}}_0$ des Dipols im freien Raum und dem Feld $\underline{\mathbf{E}}_s$ einer im unteren Halbraum (außerhalb des Lösungsgebietes) geeignet angeordneten Spiegelquelle passender Stärke zusammen, d. h.

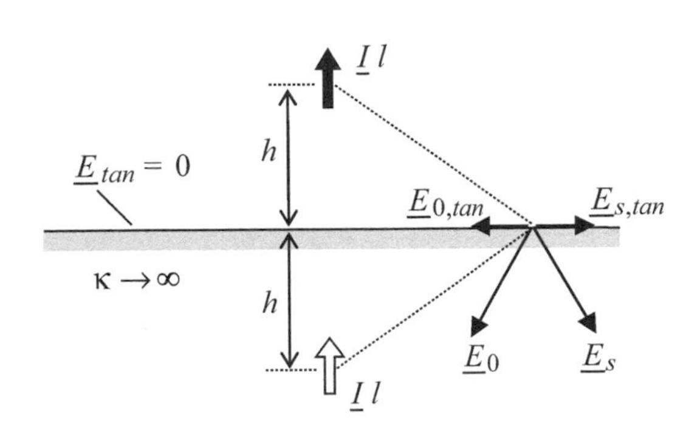

Abb. 6.12 Anwendung des Spiegelungsprinzips für einen vertikal über einer ideal leitenden Ebene angeordneten elektrischen Dipol

$$\underline{\mathbf{E}} = \underline{\mathbf{E}}_0 + \underline{\mathbf{E}}_s.$$

Gleiches gilt für das magnetische Feld.

Die Spiegelquelle ist so zu wählen, dass ihr Feld zusammen mit dem Feld der realen Quelle die Randbedingung $\underline{E}_{tan} = 0$ auf der ideal leitenden Oberfläche erfüllt. In diesem Fall ist dies ein gleich starker und gleichgerichteter Spiegel-Dipol im gleichen Abstand h unterhalb der Oberfläche (Abb. 6.12). Wie man sich leicht überzeugen kann, heben sich damit in jedem Punkt auf der Oberfläche die beiden Tangentialkomponenten des elektrischen Feldes auf:

$$\underline{E}_{\text{tan}} = \left(\underline{\mathbf{E}}_0 + \underline{\mathbf{E}}_s\right)_{\text{tan}} = \underline{E}_{0,\text{tan}} + \underline{E}_{s,\text{tan}} = 0.$$

Da jede beliebige Stromverteilung sich aus unendlich vielen Hertzschen Dipolen zusammensetzt, ist das Spiegelungsprinzip darauf anwendbar. Beispiele dafür sind Antennenanordnungen vor leitenden Oberflächen, die als Reflektor dienen. Dabei lässt sich jede Stromverteilung in Bezug zur Ebene in vertikale und horizontale Komponenten zerlegen. Für letztere ist zur Erfüllung der Randbedingung $\underline{E}_{tan} = 0$ auf der ideal leitenden Oberfläche eine gleich große, jedoch entgegengesetzte Spiegelquelle zu verwenden (Abb. 6.13a). In analoger Weise erhält man auch für die ideal permeable Ebene ($\mu_r \to \infty$) über die Randbedingung $\underline{H}_{tan} = 0$ entsprechende Spiegelungsregeln (Abb. 6.13b).

Für den magnetischen Dipol (Stromschleife) mit dem Dipolmoment $\underline{m}$ (Abschn. 6.4) lassen sich in analoger Weise zum elektrischen Dipol über die Erfüllung der Randbedingung $\underline{E}_{tan} = 0$ auf der ideal leitenden Oberfläche bzw. $\underline{H}_{tan} = 0$ auf der ideal permeablen Ebene entsprechende Spiegelanordnungen aufstellen (Abb. 6.14). Die Dualität der beiden Quellen tritt dabei aufgrund der jeweils entgegengesetzten Spiegelquellen in Erscheinung (vgl. Abb. 6.13).

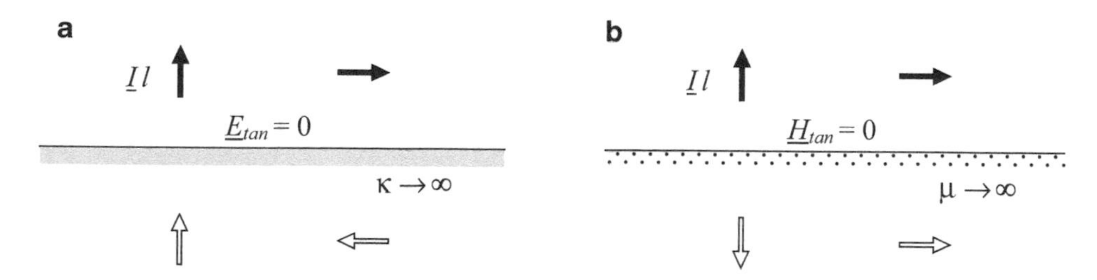

Abb. 6.13 Spiegelung eines vertikalen und eines horizontalen Stromelementes. (**a**) über ideal leitender Ebene (**b**), über ideal permeabler Ebene

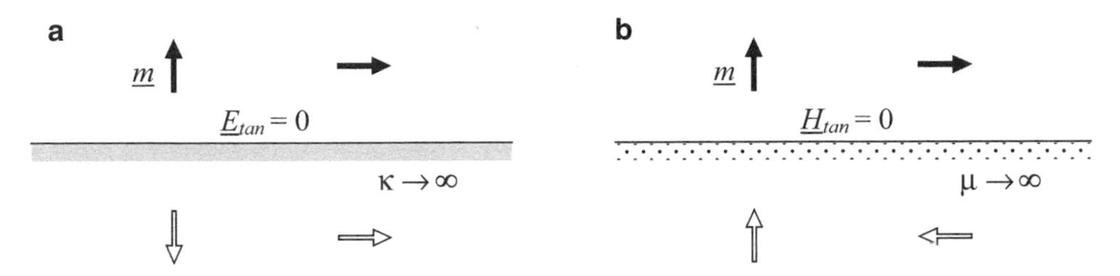

Abb. 6.14 Spiegelung eines vertikalen und eines horizontalen magnetischen Dipols (Stromschleife). (**a**) über ideal leitender Ebene (**b**), über ideal permeabler Ebene

6.7 Linearantennen

Die einfachste Antennenbauform besteht aus zwei geraden Metalldrähten, die über Anschlüsse von einer Spannungsquelle als *Dipol* angeregt werden. Alternativ dazu wird bei der *Monopol*antenne ein einzelner Draht gegenüber einer größeren Referenzelektrode betrieben. Zur Untersuchung des Strahlungsverhaltens einer solchen Linearantenne soll die folgende Modellrechnung durchgeführt werden. Dabei wird zunächst eine Näherungslösung für die Stromverteilung entlang des Antennendrahtes bestimmt, um anschließend durch Integration über alle infinitesimalen Stromelemente das Strahlungsfeld (Fernfeld) berechnen zu können.

6.7.1 Stromverteilung

Betrachtet werde eine in der Mitte aufgetrennte, symmetrisch gespeiste Dipolantenne mit der Gesamtlänge l und dem Drahtradius $a << l$ (Abb. 6.15). Die Unterbrechung an der Speisestelle wird dabei als vernachlässigbar kurz idealisiert.

Abb. 6.15 Symmetrisch gespeiste Drahtantenne (Dipol)

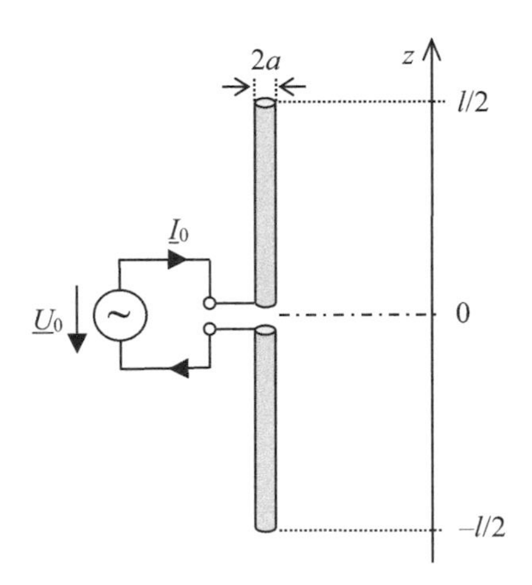

Im Rahmen einer *Dünndrahtnäherung* ($a << l,\lambda$) kann angenommen werden, dass die Stromdichte parallel zum Draht, in z-Richtung fließt und aufgrund der Zylindersymmetrie zu einem Linienstrom $\underline{I}(z)$ auf der Drahtachse zusammengefasst werden kann.

Im Folgenden soll nun aus dem Vektorpotential auf der Drahtoberfläche eine einfache Differentialgleichung für die gesuchte Stromverteilung $\underline{I}(z)$ aufgestellt werden. Für das allgemeine Volumenintegral (6.34) des retardierten Vektorpotentials machen wir somit den Näherungsansatz

$$\underline{\mathbf{J}}\,\mathrm{d}V' \approx \underline{J}_z(z')\,\mathrm{d}V'\,\mathbf{e}_z = \underline{I}(z')\,\mathrm{d}z' \text{ (\textit{Dünndrahtnäherung})}.$$

Damit ergibt sich für das ebenfalls z-gerichtete Vektorpotential

$$\underline{A}_z(z) = \frac{\mu}{4\,\pi}\int_l \frac{\underline{I}(z')\,\mathrm{e}^{-\mathrm{j}\,k\,R}}{R}\mathrm{d}z', \tag{6.45}$$

wobei die Integration über die Gesamtlänge l des Dipols auszuführen ist. Hierbei bezeichnet

$$R = \sqrt{(z-z')^2 + a^2}$$

den Abstand zwischen einem gewählten Aufpunkt auf der Drahtoberfläche an der Stelle z und dem Quellpunkt an der Stelle z' (Abb. 6.16).

Das Integral (6.45) kann nun im Sinne einer Dünndrahtnäherung dahingehend vereinfacht werden, dass nur der Hauptbeitrag für $z' \approx z$ mit $\mathrm{e}^{-\mathrm{j}kR} \approx 1$ Berücksichtigung findet. Daraus folgt näherungsweise

$$\underline{A}_z(z) \approx \frac{\mu}{4\,\pi}\int_l \frac{\underline{I}(z')}{R}\,\mathrm{d}z' \approx \frac{\mu}{4\,\pi}\underline{I}(z)\,K. \tag{6.46}$$

Das Vektorpotential auf der Drahtoberfläche ist also näherungsweise proportional zum lokalen Stromwert, wobei K für einen entsprechenden Geometriefaktor steht.

Über die Formel (6.35) mit der Wellenzahl k (6.22) des den Draht umgebenden Mediums erhalten wir für die Feldstärke auf der Drahtoberfläche den Ausdruck

$$\underline{E}_z(z) = -\mathrm{j}\,\omega\left(1 + \frac{1}{k^2}\frac{\mathrm{d}^2}{\mathrm{d}z^2}\right)\underline{A}_z(z). \tag{6.47}$$

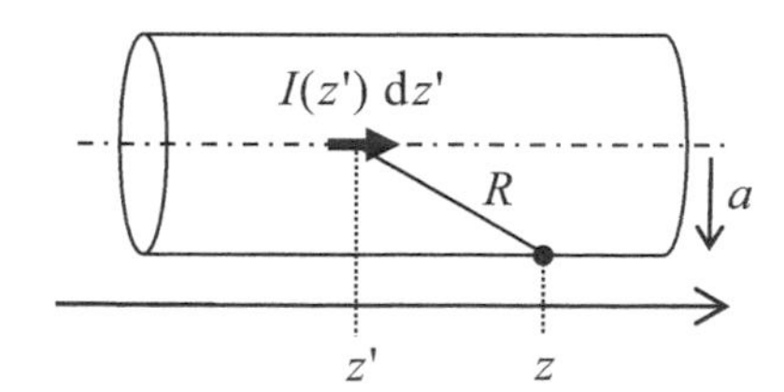

Abb. 6.16 Zur Berechnung des Vektorpotentials auf der Drahtoberfläche

Hierbei entfallen, bezogen auf ein Zylinderkoordinatensystem, in der die z-Achse auf die Drahtachse gelegt wird, sämtliche Ableitungen in ρ und ϕ-Richtung.

Als weitere Vereinfachung soll für den Draht *ideale Leitfähigkeit* angenommen werden. Damit gilt für die Tangentialkomponente der elektrischen Feldstärke auf der Drahtoberfläche, außer im Speisepunkt

$$\underline{\mathbf{E}}_{tan} = \underline{E}_z \, \mathbf{e}_z = \mathbf{0} \quad \text{für } z = 0.$$

Die Speisung des Dipols mit der Spannungsquelle $\underline{U}_0$ entspricht einer *eingeprägten elektrischen Feldstärke* entlang der infinitesimalen Unterbrechung bei $z = 0$.

Einsetzen des Näherungsausdrucks (6.46) in (6.47) ergibt die folgende gewöhnliche Differentialgleichung 2. Ordnung für die gesuchte Stromverteilung im Antennendraht:

$$\frac{\mathrm{d}^2 \underline{I}}{\mathrm{d}z^2} + k^2 \underline{I} = 0 \quad \text{für } z \neq 0.$$

Als erste Randbedingung gilt für die beiden Lösungsbereiche $z > 0$ und $z < 0$ an den Leitungsenden $\underline{I}(z = \pm l/2) = 0$. Nach Abschn. 2.7.2 kann somit die Lösung mit $k \neq 0$ in trigonometrischer Form angesetzt werden, d. h.

$$\underline{I}(z) = \underline{A} \sin\left[k(l/2 - |z|)\right].$$

Aufgrund der Symmetrie der Lösung ist die verbliebene Konstante $\underline{A}$ für beide Bereich identisch und resultiert aus der Stetigkeitsbedingung

$$\underline{I}(z \to 0) = \underline{I}_0 = \underline{A} \sin(k\, l/2).$$

für den Strom am Speisepunkt $z = 0$. Somit erhalten wir für als Lösung für die Stromverteilung auf dem Antennendraht

$$\underline{I}(z) = \underline{I}_{max} \sin\left[k(l/2 - |z|)\right], \quad \text{für} -l/2 \leq z \leq l/2, \tag{6.48}$$

mit

$$\underline{I}_{max} = \frac{\underline{I}_0}{\sin(kl/2)}.$$

Die Stromverteilung auf dem Dipol liegt also in Form von sog. *stehenden Wellen* vor, d. h. der Strom oszilliert überall auf dem Draht gleich- bzw. gegenphasig mit ortsabhängiger Amplitude. Abb. 6.17 zeigt an vier Beispielen den Amplitudenverlauf des Stromes. Für elektrisch sehr kurze Dipole ($l << \lambda$) ergibt sich mit

$$\sin\left[k(l/2 - |z|)\right] \approx k(l/2 - |z|)$$

eine nahezu dreiecksförmige Stromverteilung.

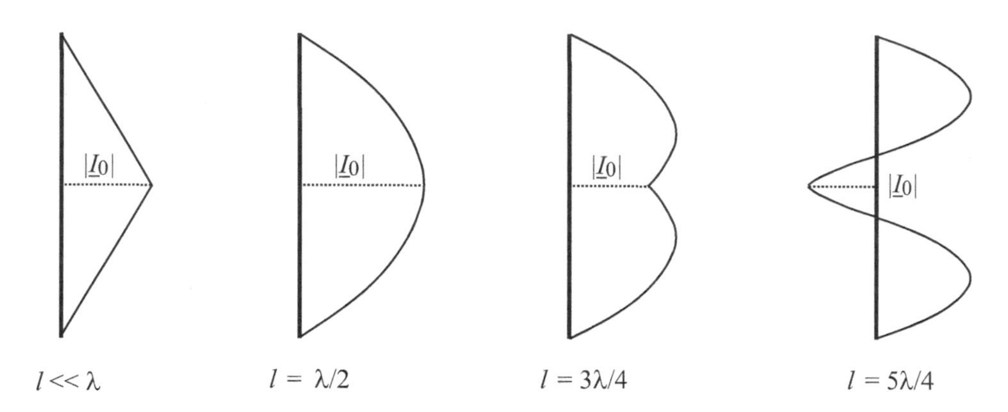

Abb. 6.17 Amplitudenverlauf einiger Stromverteilungen mit aufsteigender Antennenlänge bzw. Frequenz

6.7.2 Fernfeld des symmetrischen Dipols

Zur Berechnung des Fernfeldes können wir wegen der einzigen $\underline{E}_\theta$-Komponente statt über die Integration des retardierten Vektorpotentials (6.34) direkt den entsprechenden Ausdruck (6.38) des Hertzschen Dipols für ein Stromelement der Länge $\mathrm{d}z'$ in differentieller Form ansetzen:

$$\mathrm{d}\underline{E}_\theta = \mathrm{j}k \, \frac{\underline{I}\,\mathrm{d}z'}{4\pi} \, Z \, \frac{\mathrm{e}^{-\mathrm{j}k\,|\mathbf{r}-\mathbf{r}'|}}{|\mathbf{r}-\mathbf{r}'|} \, \sin\theta. \tag{6.49}$$

Für jeden Quellpunkt $\mathbf{r}'$ entlang des Dipols gilt dabei für einen Aufpunkt $\mathbf{r}$ im Fernfeld

$$\left|\,\mathbf{r}'\right| = z' \ll |\,\mathbf{r}\,| = r,$$

bezogen auf den Koordinatenursprung in der Mitte des Dipols (Abb. 6.18). Damit ergibt sich mit (4.39) für den Differenzabstand der asymptotische Ausdruck

$$\left|\mathbf{r}-\mathbf{r}'\right| \simeq r - \frac{\mathbf{r}\cdot\mathbf{r}'}{r} = r - z'\cos\theta.$$

Diese Näherung entspricht der in Abb. 6.18 skizzierten *Parallelstrahl-Approximation* für den Differenzvektor $\mathbf{r} - \mathbf{r}'$.

Damit können die beiden in (6.49) enthaltenen Ausdrücke wie folgt genähert werden:

$$\frac{1}{|\mathbf{r}-\mathbf{r}'|} \approx \frac{1}{r},$$

Abb. 6.18 Zur Berechnung des Fernfeldes des Dipols (Parallelstrahl-Approximation)

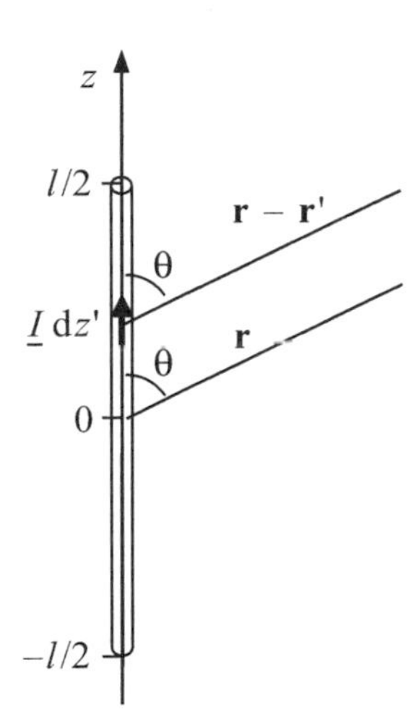

$$\mathrm{e}^{-\mathrm{j}\,k|\mathbf{r}-\mathbf{r}'|} \simeq \mathrm{e}^{-\mathrm{j}kr}\,\mathrm{e}^{\mathrm{j}\,k\,z'\,\cos\theta}.$$

Für das elektrische Fernfeld des symmetrischen Dipols ergibt sich somit das Integral

$$\underline{E}_\theta = \frac{\mathrm{j}k\,Z}{4\pi}\frac{\mathrm{e}^{-\mathrm{j}kr}}{r}\sin\theta\int\limits_{-l/2}^{+l/2}\underline{I}(z')\,\mathrm{e}^{\mathrm{j}\,k\,z'\,\cos\theta}\mathrm{d}z'.$$

Einsetzen der Stromverteilung (6.48) ergibt unter Verwendung der Stammfunktion

$$\int \mathrm{e}^{a\,x}\,\sin(b\,x+c)\mathrm{d}x = \frac{\mathrm{e}^{a\,x}}{a^2+b^2}[\,a\,\sin(b\,x+c) - b\,\cos(b\,x+c)\,]$$

nach Aufteilung der Integration für die beiden Intervalle $-l/2\ldots0$ und $0\ldots+l/2$ die Lösung

$$\underline{E}_\theta = \frac{\mathrm{j}Z\,\underline{I}_{max}}{2\,\pi}\frac{\mathrm{e}^{-\mathrm{j}\,kr}}{r}\left[\frac{\cos(\cos\theta\,kl/2) - \cos(kl/2)}{\sin\theta}\right]. \qquad (6.50)$$

Über die Fernfeldbeziehung (6.39)

$$\underline{H}_\phi = \underline{E}_\theta/Z \qquad (6.51)$$

ist damit auch das magnetische Feld bestimmt.

Die durch den Ausdruck

$$\left|\underline{E}_\theta(\theta)\right| \sim \frac{|\cos(\cos\theta\,kl/2) - \cos(kl/2)\,|}{\sin\theta}$$

gegebene Richtcharakteristik ist in Abb. 6.19 für vier ausgewählte Dipollängen in aufsteigender Reihenfolge exemplarisch dargestellt.

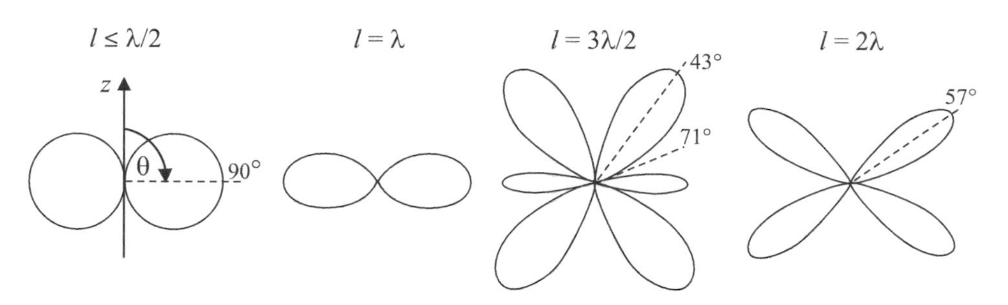

Abb. 6.19 Richtcharakteristik des symmetrischen Dipols mit aufsteigender Antennenlänge bzw. Frequenz

Wie in Abb. 6.19 zu erkennen ist, unterscheidet sich die Richtcharakteristik bei kleinen Dipollängen nicht allzu sehr vom Hertzschen Dipol (vgl. Abb. 6.7), wobei mit zunehmender Dipollänge eine stärkere Bündelung in Hauptstahlrichtung ($\theta = 90°$) eintritt. Bei Überschreiten von $l = \lambda$ treten zusätzliche Maxima in der Richtcharakteristik auf. Diese sog. Aufzipfelung der Strahlungscharakteristik nimmt mit der Antennenlänge zu und ist meist unerwünscht, weil die Sendeleistung sich auf verschiedene Richtungen aufteilt und damit die Effizienz in Hauptstrahlrichtung herabgesetzt wird. Aus diesem Grund ist hauptsächlich der *Halbwellendipol* ($l = \lambda/2$) von praktischer Bedeutung. In diesem Fall ist der Eingangsstrom

$$\underline{I}_0 = \underline{I}_{max} \sin(kl/2) = \underline{I}_{max}$$

und wir erhalten für das Strahlungsfeld des $\lambda/2$-Dipols aus (6.50) mit $k\,l = \pi$ den Ausdruck

$$\underline{E}_\theta = \mathrm{j}\frac{Z\,\underline{I}_0}{2\,\pi}\frac{\mathrm{e}^{-\mathrm{j}\,kr}}{r}\left[\frac{\cos\left(\frac{\pi}{2}\cos\theta\right)}{\sin\theta}\right]. \tag{6.52}$$

Mit (6.51) berechnet sich die vom Dipol ausgestrahlte Leistung durch Integration des Realteils des komplexen Poynting-Vektors (6.40) über eine geschlossene Hüllfläche:

$$P_r = \frac{1}{2}\oiint \mathrm{Re}\left\{\underline{\mathbf{E}} \times \underline{\mathbf{H}}^*\right\}\mathrm{d}\mathbf{A} = \frac{1}{2\,Z}\oiint \left|\underline{E}_\theta(\theta)\right|^2 \mathrm{d}A.$$

Für den Halbwellendipol resultiert daraus für den Strahlungswiderstand nach Einsetzen von (6.52) durch Integration über eine Fernfeldkugel (Abb. 6.8)

$$R_r = \frac{2}{\left|\underline{I}_0\right|^2}P_r = \frac{Z}{2\,\pi}\int_{\theta=0}^{\pi}\frac{\cos^2(\pi/2\cos\theta)}{\sin\theta}\mathrm{d}\theta.$$

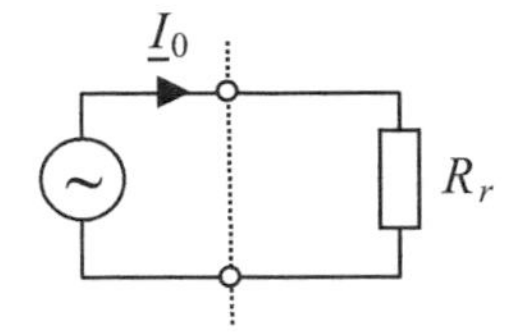

Abb. 6.20 Antennen-Ersatzschaltbild des λ/2-Dipols

Das verbliebene Integral ist nicht elementar lösbar. Sein numerischer Wert beträgt $\approx 1{,}2186$. Für das Vakuum (Luft) mit $Z = Z_0 \approx 376{,}7\ \Omega$ (6.20) ergibt sich für den Strahlungswiderstand des λ/2-Dipols der Wert

$$R_r \approx 73{,}1\ \Omega.$$

Hinsichtlich der Anpassung der Antenne an einen Signalgenerator ist dies ein in der Praxis recht günstiger Wert, was einen zusätzlichen Vorteil des λ/2-Dipols darstellt. Aus der Leistungsbilanz

$$P_{el} = P_r = \frac{|\underline{I}_0|^2}{2} R_r$$

mit der vom Generator gelieferten Leistung P_{el} resultiert das in Abb. 6.20 dargestellte einfache Antennen-Ersatzschaltbild des λ/2-Dipols.

6.7.3 Der Monopol

Eine andere häufig verwendete Drahtantenne, die nur mit einem Dipolarm auskommt, ist der Monopol, insbesondere der *λ/4-Monopol*. Wie in Abb. 6.21 schematisch dargestellt, wird ein Antennenstab mit der Länge $h = \lambda/4$ in kurzem Abstand, vertikal über einer leitenden Oberfläche angeordnet.

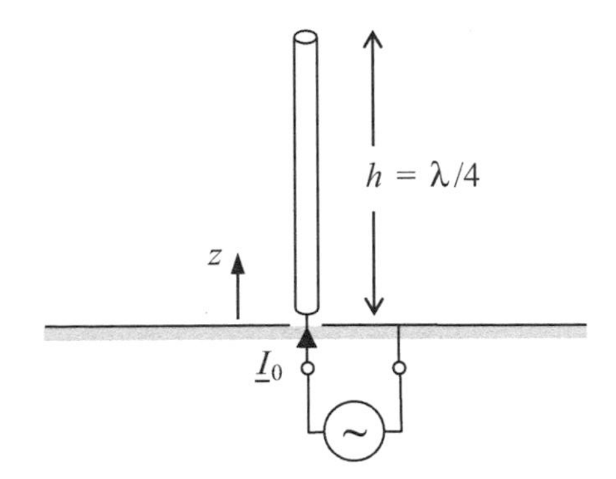

Abb. 6.21 λ/4-Monopol über leitender Ebene (Spiegelebene)

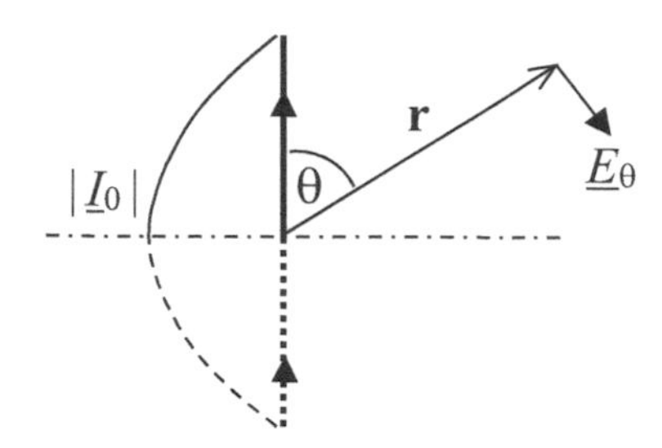

Abb. 6.22 Spiegelung des Stroms beim λ/4-Monopol

Gemäß Abb. 6.12 ist der an dieser Ebene gespiegelte Strom entlang des Monopols identisch mit dem Strom eines zweiten Dipolarms (vgl. Abb. 6.17), sodass das Feld im oberen Halbraum exakt dem des λ/2-Dipols entspricht (Abb. 6.22):

$$\underline{E}_\theta^{\mathrm{mon}} = \underline{E}_\theta^{\mathrm{dip}}, \; \theta \leq \pi/2.$$

Da aber nur der obere Halbraum felderfüllt ist, wird bei gleichem Eingangsstrom $\underline{I}_0$ auch nur die Hälfte der Leistung ausgestrahlt. Wie die folgende Rechnung zeigt, resultiert für den Strahlungswiderstand dementsprechend ein halb so großer Wert wie beim λ/2-Dipol (Abb. 6.22).

Ausgehend von (6.48) ergibt sich für den λ/4-Monopol die Stromverteilung

$$\underline{I}(z) = \underline{I}_{max} \sin [\, k(h - z\,)\,] = \underline{I}_0 \sin [\, k(\lambda/4 - z\,)\,].$$

Aufgrund der Gleichheit der Felder ergibt sich für den Strahlungswiderstand

$$R_r^{\mathrm{mon}} = \frac{Z}{2\,\pi} \int\limits_{\theta=0}^{\pi/2} \frac{\cos^2 (\pi/2 \cos\theta)}{\sin\theta} d\theta \approx \frac{Z}{2\,\pi} \cdot 0{,}6093$$

das gleiche Integral wie beim λ/2-Dipol, jedoch wegen der Beschränkung des Integrationsbereichs auf $\theta = 0 \ldots \pi/2$ mit halbem Betrag, sodass

$$R_r^{\mathrm{mon}} = \frac{1}{2} R_r^{\mathrm{dip}} \approx 36{,}5\;\Omega.$$

6.8 Ausbreitung ebener Wellen

Die in Abschn. 6.1.1 beschriebene homogene ebene Welle stellt nicht nur die einfachste aller Wellenformen dar. Ihre eigentliche Bedeutung liegt vielmehr darin, dass im Fernfeld jeder beliebigen Strahlungsquelle lokal solche Verhältnisse vorliegen (siehe Abschn. 6.3.2). Deshalb wollen wir im Folgenden die Ausbreitung von ebenen Wellen in einem beliebigen, verlustbehafteten Medium näher untersuchen, sowie die Reflexion und Brechung an Medienübergängen studieren.

Die Ausbreitung einer elektromagnetischen Welle wird gemäß der Feldwellengleichung (6.23) für zeitharmonische Vorgänge in einem verlustbehafteten Medium

$$\Delta\underline{\mathbf{E}} - \underline{\gamma}^2\underline{\mathbf{E}} = \mathbf{0}$$

von der *komplexen* Fortpflanzungskonstante (6.24)

$$\underline{\gamma}^2 = \mathrm{j}\,\omega\mu\kappa - k^2 = \mathrm{j}\,\omega\mu\kappa\left(1 + \mathrm{j}\frac{\omega\varepsilon}{\kappa}\right)$$

bestimmt. Sie besteht aus einem Real- und Imaginärteil

$$\underline{\gamma} - \alpha + \mathrm{j}\beta,$$

die explizit gegeben sind durch

$$\alpha = k\sqrt{\frac{1}{2}\left(\sqrt{1 + (\kappa/\omega\varepsilon)^2} - 1\right)} \quad \textit{Dämpfungskonstante} \tag{6.53}$$

$$\beta = k\sqrt{\frac{1}{2}\left(\sqrt{1 + (\kappa/\omega\varepsilon)^2} + 1\right)} \quad \textit{Phasenkonstante,} \tag{6.54}$$

mit der Wellenzahl (6.22)

$$k = \omega\sqrt{\mu\varepsilon} = \frac{\omega}{c}.$$

Bei einer homogenen ebenen Welle ist die Schwingungsrichtung von **E** und **H** ortsunabhängig. Beide Felder stehen senkrecht zueinander und zur Ausbreitungsrichtung (*transversale Felder*). Betrachten wir beispielsweise eine Wellenausbreitung in z-Richtung mit den Feldern $\underline{E}_x(z)$ und $\underline{H}_y(z)$ (siehe Abb. 6.3). Die Feldwellengleichung reduziert sich in diesem Fall zur skalaren Form

$$\frac{\mathrm{d}^2\underline{E}_x}{\mathrm{d}z^2} - \underline{\gamma}^2\underline{E}_x = 0$$

mit der allgemeine Lösung

$$\underline{E}_x(z) = \underline{E}_x^+\mathrm{e}^{-\underline{\gamma}\,z} + \underline{E}_x^-\mathrm{e}^{+\underline{\gamma}\,z}. \tag{6.55}$$

Die Lösung besteht aus einer in positive und eine in negative z-Richtung fortschreitende Welle, auch *hin- und rücklaufende Welle* genannt, mit den Amplituden $\underline{E}_x^+$, $\underline{E}_x^-$. Analog erhält man wegen der gleichen Feldwellengleichung (6.23) für das magnetische Feld:

$$\underline{H}_y(z) = \underline{H}_y^+\mathrm{e}^{-\underline{\gamma}\,z} + \underline{H}_y^-\mathrm{e}^{+\underline{\gamma}\,z}. \tag{6.56}$$

Wie in Abschn. 6.1.1 beschrieben, ist es nicht notwendig die Lösung für $\underline{E}_x(z)$ (6.55) und $\underline{H}_y(z)$ (6.56) separat zu bestimmen. Beide sind über den Feldwellenimpedanz $\underline{Z}$ des Mediums fest miteinander verknüpft. Mit $\mathbf{E} = E_x(z)\mathbf{e}_x$ resultiert aus der (I)-Maxwell-Gleichung:

$$\frac{\mathrm{d}\underline{E}_x(z)}{\mathrm{d}z}\mathbf{e}_y = -\mathrm{j}\,\omega\mu\,\underline{H}_y\,\mathbf{e}_y$$

Nach Einsetzen von (6.55) und (6.56) und Ausführung der Differentiation resultiert daraus

$$\underline{\gamma}\left(-\underline{E}_x^+\mathrm{e}^{-\underline{\gamma}\,z} + \underline{E}_x^-\mathrm{e}^{+\underline{\gamma}\,z}\right) = -\mathrm{j}\,\omega\mu\left(\underline{H}_y^+\mathrm{e}^{-\underline{\gamma}\,z} + \underline{H}_y^-\mathrm{e}^{+\underline{\gamma}\,z}\right).$$

Der Koeffizientenvergleich jeweils für die hin- und rücklaufende Welle liefert

$$\frac{\underline{E}_x^+}{\underline{H}_y^+} = -\frac{\underline{E}_x^-}{\underline{H}_y^-} = \frac{\mathrm{j}\,\omega\mu}{\underline{\gamma}} = \underline{Z}, \tag{6.57}$$

mit der allgemeinen komplexen Feldwellenimpedanz

$$\underline{Z} = \frac{\mathrm{j}\,\omega\mu}{\underline{\gamma}}. \tag{6.58}$$

Bei Kenntnis der Lösung für das elektrische Feld ist also auch direkt das magnetische Feld über die Beziehung (6.57) bekannt:

$$\underline{H}_y(z) = \frac{1}{\underline{Z}}\left(\underline{E}_x^+\mathrm{e}^{-\underline{\gamma}\,z} - \underline{E}_x^-\mathrm{e}^{+\underline{\gamma}\,z}\right). \tag{6.59}$$

Um die Zeitabhängigkeit der beiden komplexen Lösungen (6.55) und (6.59) zu erhalten, bilden wir gemäß Abschn. 1.7 beispielsweise für die hinlaufende Welle nach Multiplikation mit $\mathrm{e}^{\mathrm{j}\omega t}$ den Realteil:

$$\begin{aligned} E_x(z,t) &= \mathrm{Re}\left\{\underline{E}_x^+\,\mathrm{e}^{-\underline{\gamma}\,z}\,\mathrm{e}^{\mathrm{j}\omega t}\right\} = \left|\underline{E}_x^+\right|\mathrm{e}^{-\alpha\,z}\,\mathrm{Re}\left\{\mathrm{e}^{\mathrm{j}(\omega t+\varphi_E-\beta z)}\right\} \\ E_x(z,t) &= \left|\underline{E}_x^+\right|\mathrm{e}^{-\alpha\,z}\,\cos\left(\omega t + \varphi_E - \beta\,z\right) \end{aligned} \tag{6.60}$$

wobei φ_E den Phasenwinkel der komplexen elektrischen Feldstärkeamplitude

$$\underline{E}_x^+ = \left|\underline{E}_x^+\right|\mathrm{e}^{\mathrm{j}\varphi_E}$$

bezeichnet. Analog ergibt sich ein entsprechender Ausdruck für das Magnetfeld (6.59) mit dem Phasenwinkel φ_H der magnetischen Feldstärkeamplitude

$$H_y(z,t) = \left|\frac{\underline{E}_x^+}{\underline{Z}}\right|\mathrm{e}^{-\alpha\,z}\,\cos\left(\omega t + \varphi_H - \beta z\right).$$

Die Dämpfungskonstante α (6.53) bestimmt also die durch Verluste verursachte *exponentielle Dämpfung* der Felder, während die Phasenkonstante β (6.54) die Ausbreitungsgeschwindigkeit bzw. die Wellenlänge λ festlegt. Gemäß der innerhalb der Strecke λ vollständig durchlaufenen Phase

$$\beta\,(z+\lambda)-\beta\,z=2\,\pi$$

ergibt sich für die Wellenlänge, die zu (6.21) alternative Formel:

$$\lambda=\frac{2\,\pi}{\beta}. \tag{6.61}$$

Abb. 6.23 veranschaulicht die Feldverhältnisse für eine gedämpfte homogene ebene Welle.

Für die Flächen konstanter Phase gilt beispielsweise nach Gl. (6.60)

$$\omega t+\varphi_E-\beta z=const.$$

Eine solche Phasenfront bewegt sich mit der sog. *Phasengeschwindigkeit* v entlang der Ausbreitungsrichtung z. Durch zeitliche Ableitung erhalten wir

$$\frac{\mathrm{d}}{\mathrm{d}t}(\omega t+\varphi_E-\beta z)=\omega-\beta\frac{\mathrm{d}\,z}{\mathrm{d}t}=\omega-\beta\,v=0$$

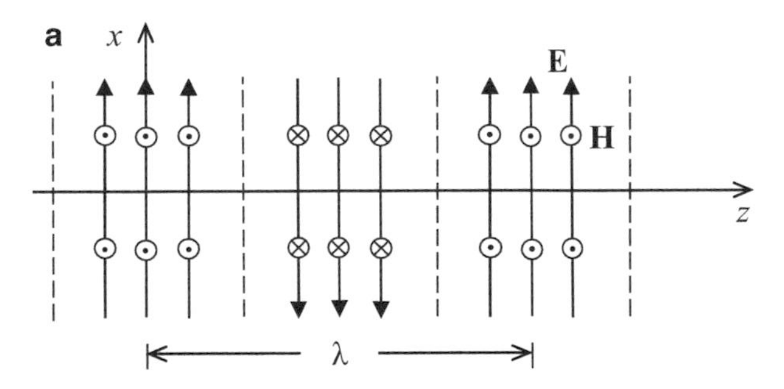

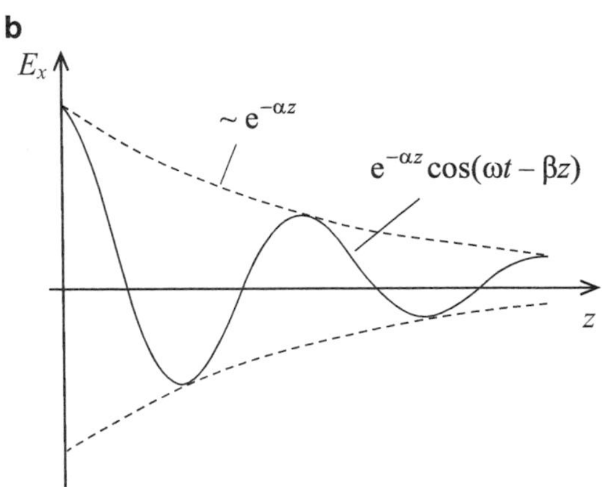

Abb. 6.23 Ausbreitung einer homogenen ebenen Welle (**a**) Feldvektoren (**b**) Amplitudenprofil in einem verlustbehafteten Medium

und mit (6.61) und der Frequenz $f = \omega/2\pi$ die Beziehungen

$$v = \frac{\omega}{\beta} = \lambda f. \tag{6.62}$$

6.8.1 Spezialfälle

Im Folgenden sollen für drei wichtige Fälle die Kenngrößen der ebenen Wellen untersucht werden.

Verlustfreies Medium
Bei fehlender Leitfähigkeit ($\kappa = 0$) resultiert aus (6.53) und (6.54)

$$\alpha = 0$$
$$\beta = k = \omega\sqrt{\mu\varepsilon} = \frac{\omega}{c},$$

mit der Lichtgeschwindigkeit des Mediums

$$v = \frac{\omega}{\beta} = \frac{1}{\sqrt{\mu\varepsilon}} = c.$$

Der Feldwellenwiderstand (6.58)

$$\underline{Z} = \frac{\mathrm{j}\,\omega\mu}{\underline{\gamma}} = \frac{\mathrm{j}\,\omega\mu}{\mathrm{j}\,\omega\sqrt{\mu\varepsilon}} = \sqrt{\frac{\mu}{\varepsilon}}$$

ist rein reell. Das heißt, die Feldamplituden sind konstant und stehen in einem frequenzunabhängigen, proportionalen Verhältnis zueinander.

Medien mit geringen Verlusten
In einem Medium mit $\kappa/\omega\varepsilon \ll 1$, in dem der Leitungsstrom gegenüber dem Verschiebungsstrom klein ist, erhalten wir aus (6.53) und (6.54) folgende Näherungen für die Ausbreitungskonstanten:

$$\alpha \approx \frac{\kappa}{2}\sqrt{\frac{\mu}{\varepsilon}}$$
$$\beta \approx k = \omega\sqrt{\mu\varepsilon} = \frac{\omega}{c}.$$

Die Welle ist schwach gedämpft und breitet sich nahezu mit der Lichtgeschwindigkeit des Mediums ohne Verluste aus:

$$v = \frac{\omega}{\beta} \approx \frac{1}{\sqrt{\mu\varepsilon}} = c.$$

Für den Feldwellenwiderstand (6.58) erhalten wir nach Einsetzen von α und β die Näherung

$$\underline{Z} = \frac{\mathrm{j}\,\omega\mu}{\frac{\kappa}{2}\sqrt{\frac{\mu}{\varepsilon}} + \mathrm{j}\,\omega\,\sqrt{\mu\varepsilon}} = \mathrm{j}\sqrt{\frac{\mu}{\varepsilon}}\,\frac{1}{\frac{1}{2}\frac{\kappa}{\omega\varepsilon} + \mathrm{j}} \approx \sqrt{\frac{\mu}{\varepsilon}}, \text{ mit } \kappa \ll \omega\varepsilon.$$

Verluste können in einem Medium auch allein oder zum Teil durch elektrische bzw. magnetische Polarisierungsvorgänge (Abschn. 1.4) verursacht werden. Am häufigsten handelt es sich um dielektrische Verluste in einem nichtleitfähigen Medium (Isolator). Sie lassen sich in eine effektive spez. Leitfähigkeit umrechnen, mit der aus (6.53) die entsprechende Dämpfungskonstante α resultiert.

Gut leitende Medien

Wenn der Leitungsstrom gegenüber dem Verschiebungsstrom überwiegt ($\kappa/\omega\varepsilon >> 1$) erhalten wir aus (6.53) und (6.54) mit Bezug zur Skintiefe δ (5.16) folgendes Resultat:

$$\alpha \approx \beta \approx \sqrt{\frac{\omega\mu\kappa}{2}} = \frac{1}{\delta} \tag{6.63}$$

$$v \approx \sqrt{\frac{2\,\omega}{\mu\kappa}} = \omega\,\delta.$$

Es handelt sich also um die in Kap. 5 behandelten Diffusionsfelder. Die Feldamplituden sind frequenzabhängig und klingen über die Länge δ auf 1/e-tel exponentiell ab. Die Wellenlänge verkürzt sich dabei gegenüber dem nichtleitfähigen Fall auf $\lambda = 2\pi\delta$. Für die Feldwellenimpedanz (6.58) ergibt sich

$$\underline{Z} \approx \frac{\mathrm{j}\,\omega\mu}{\sqrt{\frac{\omega\mu\kappa}{2}}(1+\mathrm{j})} = \sqrt{\frac{\omega\mu}{\kappa}}\,e^{\mathrm{j}\,\pi/4}. \tag{6.64}$$

Das elektrische Feld eilt dem magnetischen Feld um 45° voraus, wobei das Amplitudenverhältnis von der Frequenz abhängig ist.

6.8.2 Beliebige Ausbreitungsrichtung

Im nachfolgenden Abschnitt wird das Auftreffen einer ebenen Welle auf ein Medienübergang unter einem beliebigen Einfallswinkel behandelt. Aus diesem Grund ist eine Verallgemeinerung der Lösungen (6.55) bzw. (6.59) für eine beliebige Ausbreitungsrichtung im Raum erforderlich. Dazu führen wir den sog. *Wellenvektor*

$$\mathbf{k} = k\,\mathbf{e}_k$$

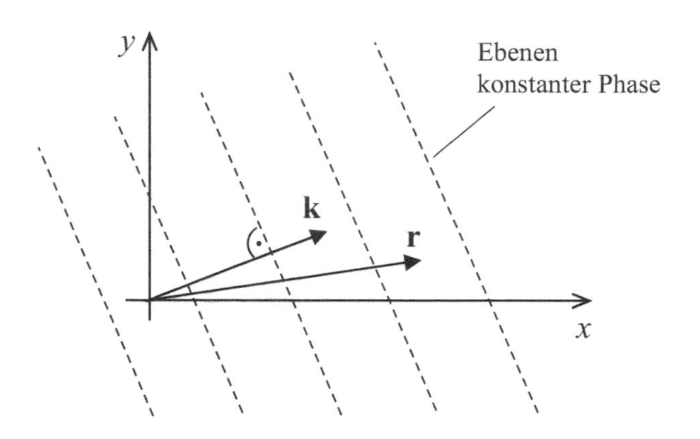

Abb. 6.24 Ausbreitung einer ebenen Welle in Richtung des Wellenvektors **k**

ein, mit dem entsprechenden Einheitsvektor $\mathbf{e}_k$ (siehe Abb. 6.24). Er steht senkrecht auf den Phasenfronten, gemäß der Ebenen-Gleichung $\mathbf{k} \cdot \mathbf{r} = const.$

In einem verlustlosen Medium ist beispielsweise der Ausdruck (6.55) für eine hinlaufende Welle in Richtung **k** wie folgt umzuschreiben:

$$\underline{\mathbf{E}}(\mathbf{r}) = \underline{\mathbf{E}}\, \mathrm{e}^{-\mathrm{j}\mathbf{k}\cdot\mathbf{r}}. \tag{6.65}$$

Die magnetische Feldstärke

$$\underline{\mathbf{H}}(\mathbf{r}) = \frac{1}{Z}\mathbf{e}_k \times \underline{\mathbf{E}}(\mathbf{r}) \tag{6.66}$$

ist dabei so gerichtet, dass der Poynting-Vektor (6.40) in Ausbreitungsrichtung (Richtung des Energietransports) zeigt:

$$\underline{\mathbf{S}} = \frac{1}{2}\underline{\mathbf{E}} \times \underline{\mathbf{H}}^* = \frac{1}{2}\underline{\mathbf{E}}\, \mathrm{e}^{-\mathrm{j}\mathbf{k}\cdot\mathbf{r}} \times \left(\frac{1}{Z}\,\mathbf{e}_k \times \underline{\mathbf{E}}^* \mathrm{e}^{+\mathrm{j}\mathbf{k}\cdot\mathbf{r}}\right).$$

Nach Multiplikation und Anwendung der Regel (A.12) für das zweifache Kreuzprodukt erhalten wir mit $\mathbf{E}\cdot\mathbf{e}_k = 0$ (Transversalfeld) den Ausdruck

$$\mathbf{S} = \frac{|\underline{\mathbf{E}}|^2}{2\,Z}\mathbf{e}_k. \tag{6.67}$$

Der Poynting-Vektor (6.67) gibt die Leistungs-Flussdichte in Ausbreitungsrichtung der Welle an.

6.9 Reflexion und Brechung ebener Wellen

Betrachtet werde der Einfall einer ebenen Welle aus beliebiger Richtung und mit beliebiger *Polarisation* (Schwingungsrichtung des *E*-Feldvektors) in Medium 1 mit Materialkonstanten ε_1, μ_1 auf die Trennfläche zu Medium 2 mit den Materialkonstanten ε_2, μ_2 (Abb. 6.25). Beide Medien seien verlustlos ($\kappa = 0$).

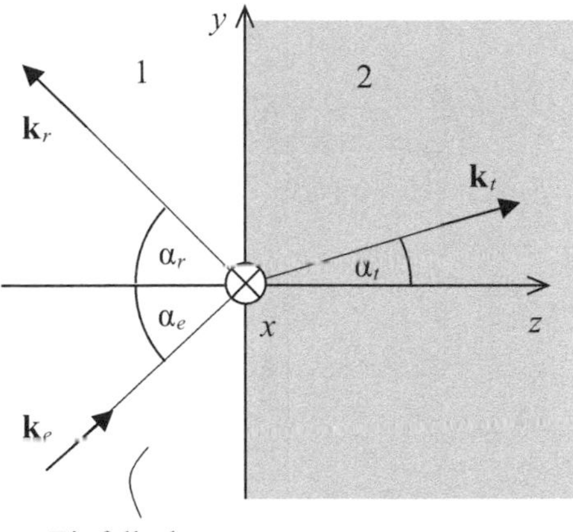

Abb. 6.25 Einfall einer ebenen Welle auf einen Medienübergang

Das in Medium 1 auf die Grenzfläche auftreffende Wellenfeld mit der Amplitude $\underline{\mathbf{E}}_{0,e}$ und dem Wellenvektor $\mathbf{k}_e$ kann nach (6.65) wie folgt ausgedrückt werden:

$$\underline{\mathbf{E}}_e = \underline{\mathbf{E}}_{0,e} \mathrm{e}^{-\mathrm{j}\mathbf{k}_e \cdot \mathbf{r}}. \tag{6.68}$$

Der Winkel der Einfallsrichtung zum Lot auf der Grenzfläche wird als Einfallswinkel α_e bezeichnet (Abb. 6.25).

Zusätzlich wird in Medium 1 eine reflektierte Welle mit Feldamplitude $\underline{\mathbf{E}}_{0,r}$ und Wellenvektor $\mathbf{k}_r$ angesetzt, die unter dem Winkel α_r von der Grenzfläche fortschreitet:

$$\underline{\mathbf{E}}_r = \underline{\mathbf{E}}_{0,r} \mathrm{e}^{-\mathrm{j}\mathbf{k}_r \cdot \mathbf{r}}. \tag{6.69}$$

Für Medium 2 wird eine durchtretende (transmittierte oder gebrochene) Welle mit Amplitude $\underline{\mathbf{E}}_{0,t}$, Wellenvektor $\mathbf{k}_t$ und Winkel α_t angesetzt:

$$\underline{\mathbf{E}}_t = \underline{\mathbf{E}}_{0,t} \mathrm{e}^{-\mathrm{j}\mathbf{k}_t \cdot \mathbf{r}}. \tag{6.70}$$

Der jeweils zugehörige magnetische Feldvektor ist nach (6.66) über den Feldwellenwiderstand des Mediums mit dem elektrischen Feldvektor verknüpft.

Auf der Grenzfläche ($z = 0$) müssen die Tangentialkomponenten von **E** und **H** bei Abwesenheit von Oberflächenströmen die Stetigkeitsbedingungen (6.4) und (6.5) erfüllen, d. h.:

$$\left(\underline{\mathbf{E}}_e + \underline{\mathbf{E}}_r\right)_{\tan} = \left(\underline{\mathbf{E}}_t\right)_{\tan}, \quad \left(\underline{\mathbf{H}}_e + \underline{\mathbf{H}}_r\right)_{\tan} = \left(\underline{\mathbf{H}}_t\right)_{\tan}.$$

Durch Einsetzen von (6.68), (6.69) und (6.70) in Kombination mit (6.66) lässt sich zeigen, dass die Stetigkeitsbedingungen für alle Zeiten und für alle Punkte $\mathbf{r} = \mathbf{r}_0 = (x,y,0)$ auf der Trennfläche nur erfüllt werden können, wenn die drei Wellen für alle $\mathbf{r}_0$ nicht nur die gleiche Frequenz sondern auch die gleiche Phase haben, d. h.:

$$\mathbf{k}_e \cdot \mathbf{r}_0 = \mathbf{k}_r \cdot \mathbf{r}_0 = \mathbf{k}_t \cdot \mathbf{r}_0. \tag{6.71}$$

Daraus folgt:

1) Die Wellenvektoren $\mathbf{k}_e$, $\mathbf{k}_r$, $\mathbf{k}_t$ liegen in der *Einfallsebene*. Das ist die Ebene $x = 0$, senkrecht zur Mediengrenzfläche (Abb. 6.25).
2) *Der Einfallswinkel ist gleich dem Reflexionswinkel*

$$\alpha_e = \alpha_r. \tag{6.72}$$

Beweis: Da sich einfallende und reflektierte Welle im selben Medium befinden, sind die Beträge der Wellenvektoren gleich

$$k_e = k_r = k_1$$

Einsetzen in die Phasenbedingung (6.71):

$$k_1 r_0 \cos\left(\frac{\pi}{2} - \alpha_e\right) = k_1\, r_0 \cos\left(\frac{\pi}{2} - \alpha_r\right)$$

3) *Brechungsgesetz von Snellius*

$$\Rightarrow \alpha_e = \alpha_r = \alpha_1$$

$$\alpha_e = \alpha_r = \alpha_1, \quad \alpha_t = \alpha_2, \quad k_e = k_r, \quad k_t = k_2$$

Einsetzen in die Phasenbedingung (6.71) liefert

$$k_1 r_0 \underbrace{\cos\left(\frac{\pi}{2} - \alpha_1\right)}_{\sin\alpha_1} = k_2 r_0 \underbrace{\cos\left(\frac{\pi}{2} - \alpha_2\right)}_{\sin\alpha_2}$$

$$\Rightarrow k_1 \sin\alpha_1 = k_2 \sin\alpha_2$$

oder mit $k = \omega\sqrt{\mu\varepsilon}$ und reellen Materialkonstanten μ,ε

$$\frac{\sin\alpha_1}{\sin\alpha_2} = \frac{k_2}{k_1} = \sqrt{\frac{\mu_2\varepsilon_2}{\mu_1\varepsilon_1}} = \frac{n_2}{n_1} \quad \textit{Snelliussches Brechungsgesetz} \tag{6.73}$$

Mit dem *Brechungsindex*

$$n = \frac{c_0}{c} = \sqrt{\frac{\mu\varepsilon}{\mu_0\varepsilon_0}} = \sqrt{\mu_r\varepsilon_r}. \tag{6.74}$$

Das nach W. Snell im 17. Jahrhundert benannte Brechungsgesetz (6.73) auf der Basis des Brechungsindex war lange vor seiner Zeit für die Lichtbrechung aus optischen Experimenten bereits bekannt. Die erst im 19. Jahrhundert durchgeführte Vereinheitlichung der Elektromagnetischen Theorie durch J. C. Maxwell und der Einordnung des Lichtes als elektromagnetische Welle findet damit durch (6.73) seine perfekte Bestätigung.

6.9.1 Reflexion und Transmissionsfaktor

Zur Berechnung der Feldamplituden der reflektierten und der gebrochenen (transmittierten) Welle wird die einfallende Welle in zwei Anteile zerlegt:

senkrecht polarisierte Welle, d. h. **E** steht senkrecht zur Einfallsebene (Abb. 6.26a)
parallel polarisierte Welle, d. h. **E** liegt in der Einfallsebene (Abb. 6.26b).

Durch diese beiden zueinander senkrecht polarisierten Wellen kann jede beliebige Polarisierung der einfallenden Welle zusammengesetzt werden. Wir beschränken uns weiterhin auf verlustlose Medien und definieren den auf die Feldamplitude $E_{0,e}$ der einfallenden Welle bezogenen *Reflexionsfaktor*

$$r = \frac{E_{0,r}}{E_{0,e}} \tag{6.75}$$

mit der reflektierten Amplitude $E_{0,r}$ und den *Transmissionsfaktor*

$$t = \frac{E_{0,t}}{E_{0,e}} \tag{6.76}$$

mit der Amplitude $E_{0,t}$ der gebrochenen Welle.

Im Folgenden werden Reflexions- und Transmissionsfaktor jeweils für die senkrecht und die parallel polarisierte Welle über die Stetigkeitsbedingungen an der Mediengrenze bestimmt.

Senkrechte Polarisation

Für die Tangentialkomponenten der elektrischen Feldstärke auf der Trennfläche gilt (6.4)

$$\left(E_{0,e} + E_{0,r}\right) \mathbf{e}_x = E_{0,t}\, \mathbf{e}_x.$$

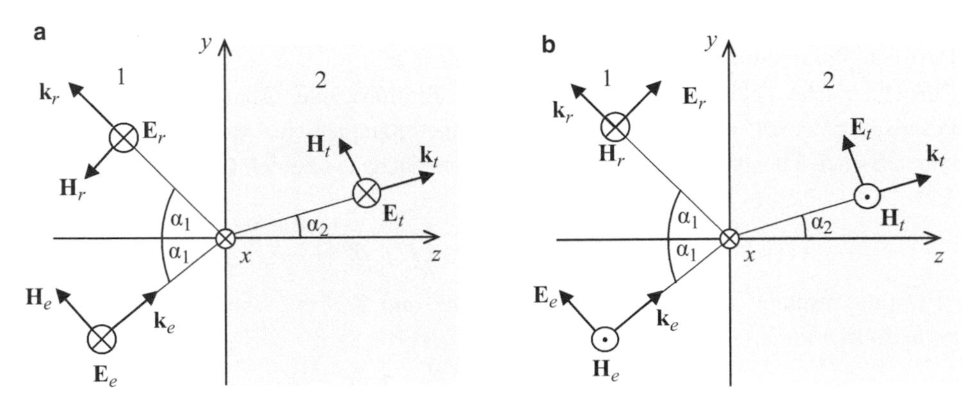

Abb. 6.26 Zerlegung einer beliebig polarisierten ebenen Welle in Bezug zur Einfallsebene in eine (**a**) senkrecht polarisierte und (**b**) parallel polarisierte Welle

Daraus folgt durch Division mit der einfallenden Feldamplitude $E_{0,e}$ gemäß (6.75) und (6.76)

$$(1): 1 + r_s = t_s \ .$$

Für die magnetischen Tangentialfeldstärken gilt (6.5)

$$(\mathbf{H}_e + \mathbf{H}_r)_{\tan} = (\mathbf{H}_t)_{\tan}.$$

Unter Verwendung von (6.66) resultiert daraus

$$\frac{1}{Z_1}\left(E_{0,e}\mathbf{e}_{k,e} \times \mathbf{e}_x + E_{0,r}\mathbf{e}_{k,r} \times \mathbf{e}_x\right)_{\tan} = \frac{1}{Z_2}\left(E_{0,t}\mathbf{e}_{k,t} \times \mathbf{e}_x\right)_{\tan}.$$

Mit jeweils dem Feldwellenwiderstand (6.20) von Medium 1 und 2

$$Z_{1,2} = \sqrt{\frac{\mu_{1,2}}{\varepsilon_{1,2}}}.$$

und den Kreuzprodukten

$$\left(\mathbf{e}_{k,e} \times \mathbf{e}_x\right)_{\tan} = \cos\alpha_1 \ \mathbf{e}_y, \quad \left(\mathbf{e}_{k,r} \times \mathbf{e}_x\right)_{\tan} = -\cos\alpha_1 \ \mathbf{e}_y, \quad \left(\mathbf{e}_{k,t} \times \mathbf{e}_x\right)_{\tan} = \cos\alpha_2 \ \mathbf{e}_y.$$

erhalten wir nach Division mit der einfallenden Feldamplitude $E_{0,e}$ gemäß (6.75), (6.76) als zweite Bestimmungsgleichung

$$(2): Z_2 \ (1 - r_s) \ \cos \ \alpha_1 = Z_1 \ t_s \cos \ \alpha_2.$$

Die Auflösung des Gleichungssystems (1) und (2) ergibt schließlich den sog. *Fresnelschen Reflexions- bzw. Transmissionsfaktor der senkrecht polarisierten Welle*:

$$r_s = \frac{Z_2 \cos \ \alpha_1 - Z_1 \ \cos \ \alpha_2}{Z_2 \cos \ \alpha_1 + Z_1 \ \cos \ \alpha_2} \tag{6.77}$$

$$t_s = \frac{2 \ Z_2 \cos \ \alpha_1}{Z_2 \cos \ \alpha_1 + Z_1 \ \cos \ \alpha_2} \tag{6.78}$$

Parallele Polarisation

Der elektrische Feldstärkevektor liegt in der Einfallsebene. Analog zur senkrechten Polarisation erhält man aus den Stetigkeitsbedingungen für die elektrischen und magnetischen Tangentialfeldstärken auf der Grenzfläche die beiden Gleichungen

$$(1): \left(1 + r_p\right) \ \cos \ \alpha_1 = t_p \cos\alpha_2; \quad (2): Z_2\left(1 - r_p\right) = Z_1 t_p.$$

Daraus resultiert der *Fresnelsche Reflexions- und Transmissionsfaktor der parallel polarisierten Welle*:

$$r_p = \frac{Z_2 \cos \ \alpha_2 - Z_1 \ \cos \ \alpha_1}{Z_2 \cos \ \alpha_2 + Z_1 \ \cos \ \alpha_1} \tag{6.79}$$

$$t_p = \frac{2\,Z_2 \cos\alpha_1}{Z_2 \cos\alpha_2 + Z_1\ \cos\ \alpha_1}. \tag{6.80}$$

6.9.2 Totaltransmission und Totalreflexion

Wie aus (6.77)–(6.80) ersichtlich ist, hängen die reflektierten und transmittierten Feldamplituden in komplizierter Weise vom Einfallswinkel α_1 ab. Der Transmissionswinkel α_2 ist über das Snelliussche Brechungsgesetz (6.73) mit α_1 verknüpft. Unter Verwendung der Brechungsindices n_1, n_2 der beiden Medien lassen sich die Reflexions- und Transmissionsfaktoren (6.77)–(6.80)wie folgt umschreiben:

$$r_s = \frac{n_1 \cos\alpha_1 - n_2 \cos\alpha_2}{n_1 \cos\alpha_1 + n_2 \cos\alpha_2} t_s = \frac{2n_1 \cos\alpha_1}{n_1 \cos\alpha_1 + n_2 \cos\alpha_2}$$

$$r_p = \frac{n_1 \cos\alpha_2 - n_2 \cos\alpha_1}{n_1 \cos\alpha_2 + n_2 \cos\alpha_1} t_p = \frac{2n_1 \cos\alpha_1}{n_1 \cos\alpha_2 + n_2 \cos\alpha_1}$$

Einarbeiten des Snelliusschen Brechungsgesetzes (6.73) ergibt schließlich

$$r_s = \frac{\sin(\alpha_2 - \alpha_1)}{\sin(\alpha_2 + \alpha_1)} t_s = \frac{2\cos\alpha_1 \sin\alpha_2}{\sin(\alpha_2 + \alpha_1)}$$

$$r_p = \frac{\tan(\alpha_2 - \alpha_1)}{\tan(\alpha_2 + \alpha_1)} t_p = \frac{2\cos\alpha_1 \sin\alpha_2}{\sin(\alpha_1 + \alpha_2)\cos(\alpha_1 - \alpha_2)}$$

Totaltransmission

Bei der senkrechten Polarisation verschwindet die Reflexion ($r_s = 0$) nur im trivialen Fall identischer Medien $n_1 = n_2$, wenn nach dem Brechungsgesetz $\alpha_1 = \alpha_2$ gilt. Im Fall *paralleler Polarisation* hingegen wird $r_p = 0$, neben dem trivialen Fall, auch für

$$\alpha_1 + \alpha_2 = \pi/2,$$

d.h. wenn durchgehende und reflektierte Welle senkrecht aufeinander stehen. Der Einfallswinkel α_1 genügt in diesem Fall nach dem Brechungsgesetz von Snellius (6.73) der Beziehung

$$\frac{\sin\ \alpha_1}{\sin(\pi/2 - \alpha_1)} = \tan\ \alpha_1 = \frac{n_2}{n_1}$$

Das heißt, bei einer beliebig polarisierten Welle, die unter dem sog. *Brewster-Winkel*

$$\tan\ \alpha_{1B} = \frac{n_2}{n_1} \quad \textit{Brewster'scher Winkel (Totaltransmission)} \tag{6.81}$$

einfällt, wird nur der senkrecht polarisierte Anteil reflektiert. Diese Eigenschaft wird zur Erzeugung von Licht mit einheitlicher Polarisationsrichtung genutzt.

Totalreflexion

Ein anderes, technisch sehr bedeutungsvolles Phänomen ist die *Totalreflexion*. Wir betrachten dazu den Durchgang einer Welle von einem „optisch dichteren" zu einem „optisch dünneren" Medium, d. h. für $n_1 > n_2$ ($\varepsilon_1 > \varepsilon_2$). Nach dem Brechungsgesetz (6.73)

$$\sin\alpha_2 = \frac{n_1}{n_2}\sin\alpha_1$$

wird in diesem Fall die Welle im Medium 2 vom Lot weg gebrochen ($\alpha_2 > \alpha_1$). Überschreitet der Einfallswinkel α_1 einen bestimmten Wert wird $\sin\alpha_2 > 1$, was für reelle Winkel nicht möglich ist. Ab diesem sog. Grenzwinkel

$$\sin\alpha_{1G} = \frac{n_2}{n_1} = \sqrt{\frac{\mu_2\varepsilon_2}{\mu_1\varepsilon_1}} \quad \textit{Grenzwinkel der Totalreflexion} \tag{6.82}$$

gibt es keine durchtretende Welle mehr, d. h. die einfallende Welle wird *vollständig reflektiert*. Im Medium 2 findet in diesem Fall zwar keine Wellenausbreitung statt, aber es ist keineswegs feldfrei. Mit $\sin\alpha_2 > 1$ wird der Winkel α_2 komplex. Demzufolge ist auch der aus einer y- und z-Komponente bestehende Wellenvektor der transmittierten Welle im Medium 2

$$\underline{\mathbf{k}}_t = k_2\left(\sin\underline{\alpha}_2\,\mathbf{e}_y + \cos\underline{\alpha}_2\,\mathbf{e}_z\right)$$

ebenfalls komplex. Einsetzen von (6.73) ergibt den vom Einfallswinkel α_1 abhängigen Ausdruck

$$\underline{\mathbf{k}}_t = k_2\left(\frac{n_1}{n_2}\sin\alpha_1\,\mathbf{e}_y - \mathrm{j}\sqrt{\left(\frac{n_1}{n_2}\sin\,\alpha_1\right)^2 - 1}\;\mathbf{e}_z\right) = \beta\,\mathbf{e}_y - \mathrm{j}\alpha\,\mathbf{e}_z.$$

Das Vorzeichen der Wurzel ist so gewählt, dass das Feld in Medium 2

$$\underline{\mathbf{E}}_t = \underline{t}\,\mathbf{E}_{0,e}\,\mathrm{e}^{-\alpha z}\,\mathrm{e}^{-\mathrm{j}\beta\,y}$$

in z-Richtung nicht exponentiell divergiert, sondern abklingt. Eine solche Welle wird als *Oberflächenwelle* bezeichnet. Sie pflanzt sich gemäß (6.73) mit der Phasenkonstante $\beta = k_1\sin\alpha_1$ entlang der Grenzfläche fort. Innerhalb von Medium 2 klingen die Feldamplituden mit der Dampfungskonstante α senkrecht von der Grenzfläche exponentiell ab. Es handelt sich bei der Oberflächenwelle somit um eine inhomogene ebene Welle, bei der die Feldgrößen auf den Phasenfronten nicht konstant sind (Abb. 6.27).

Die Auswertung des komplexen Poynting-Vektors (6.40) für die Oberflächenwelle ergibt durch Anwendung der Regel (A.12) für das doppelte Kreuzprodukt:

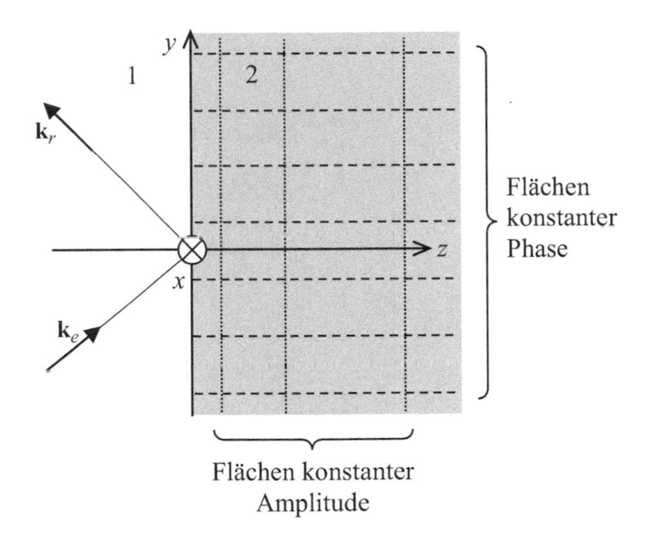

Abb. 6.27 Oberflächenwelle bei Totalreflexion

$$\underline{\mathbf{S}} = \frac{1}{2}\left(\underline{\mathbf{E}}_t \times \frac{1}{Z_2}\left(\frac{\underline{\mathbf{k}}_t^*}{k_2} \times \underline{\mathbf{E}}_t^*\right)\right)$$

$$= \frac{1}{2\,k_2 Z_2}\left(\underline{\mathbf{k}}_t^* \left|\underline{\mathbf{E}}_t\right|^2 - \underline{\mathbf{E}}_t^* \underbrace{\left(\underline{\mathbf{E}}_t \cdot \underline{\mathbf{k}}_t^*\right)}_{0}\right)$$

$$= \frac{1}{2k_2 Z_2} |\underline{t}\;\mathbf{E}_{0e}|^2 \mathrm{e}^{-2\alpha z}\left(\beta\,\mathbf{e}_y + \mathrm{j}\alpha\,\mathbf{e}_z\right).$$

Ein Wirkleistungstransport findet damit nur in y-Richtung entlang der Grenzfläche statt. In z-Richtung (Medium 2) fließt nur Blindleistung.

Das Phänomen der Totalreflexion führt dazu, dass eine elektromagnetische Welle unter der Bedingung (6.82) innerhalb eines gegenüber dem Außenraum optisch dichterem Medium sozusagen eingeschlossen ist. Eine elektromagnetische Welle kann beispielsweise entlang einer Platte durch fortwährende Totalreflexion an den zueinander parallelen Wänden geführt werden. Auf diesem Prinzip beruht die Glasfaser, die als optischer Wellenleiter zur Nachrichtenübertragung über relativ große Entfernungen mit geringer Dämpfung eingesetzt wird.

Beispiel 6.1: Reflexion an einer Grenzfläche zwischen Luft und Glas

Im Folgenden ist am Beispiel der Materialkombination Glas/Luft jeweils der Verlauf des Reflexionsfaktors r_s und r_p für senkrechte bzw. parallele Polarisation in Abhängigkeit des Einfallswinkels α_1 dargestellt.

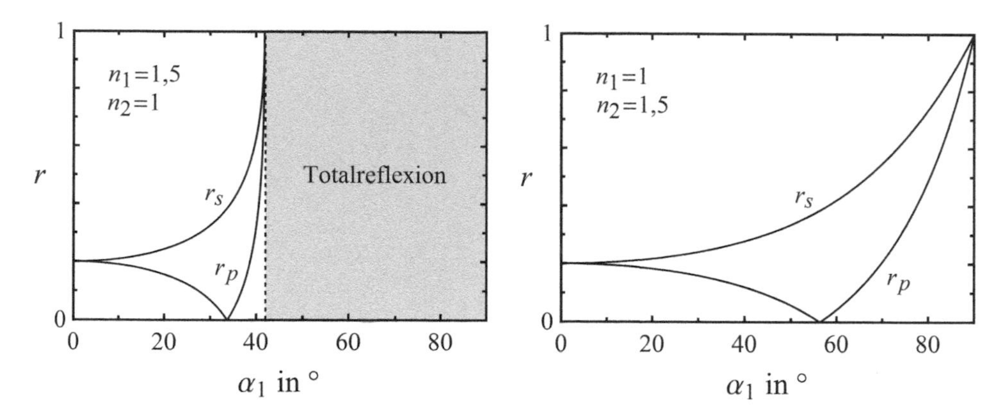

Beim Auftreffen der Welle aus dem „optisch dichterem" Medium Glas ($n_1 = 1{,}5$) auf die Grenzfläche zu Luft ($n_2 = 1$) ergibt sich für den Grenzwinkel der Totalreflexion (6.82) der Wert 41,8°. Bei diesem Winkel erreicht der Reflexionsfaktor den Wert Eins. Unterhalb dieses Winkels nimmt der Reflexionsfaktor bei paralleler Polarisation im Gegensatz zur senkrechten Polarisation mit zunehmendem Einfallswinkel zunächst ab und verschwindet gemäß (6.81) beim Brewster-Winkel von ca. 33,7° vollständig. Im umgekehrten Fall des Auftreffens der Welle von Luft auf Glas tritt der Fall der Totalreflexion nicht auf. Der Brewster-Winkel liegt bei 56,3°. ◀

6.10 Mehrfachreflexion

In analoger Weise zur Reflexion und Transmission an der Grenze zwischen zwei Halbräumen können auch Anordnungen mit mehreren Medienübergängen systematisch untersucht werden. Der Einfachheit halber wollen wir uns dazu im Folgenden auf den senkrechten Einfall einer ebenen Welle auf eine planparallele Schicht der Dicke d beschränken, die sich zwischen zwei Halbräumen befindet (Abb. 6.28).

Für die drei Medien seien die Materialparameter, ausgedrückt durch die Feldwellenimpedanz $\underline{Z}_i$ und Fortpflanzungskonstante $\underline{\gamma}_i = \mathrm{j}\underline{k}_i = \alpha_i + \mathrm{j}\beta_i$ ($i = 1 \ldots 3$), gegeben sowie die Wellenamplitude $\underline{E}_1^+$ der einfallenden Welle in Raum 1.

Gesucht sei der Reflexionsfaktor

$$\underline{R} = \frac{\underline{E}_1^-}{\underline{E}_1^+}$$

an der Grenzfläche zwischen Medium 1 und 2 ($z = 0$) sowie der Transmissionsfaktor

$$\underline{T} = \frac{\underline{E}_3^+}{\underline{E}_1^+}$$

an der Grenzfläche zwischen Medium 2 und 3 ($z = d$).

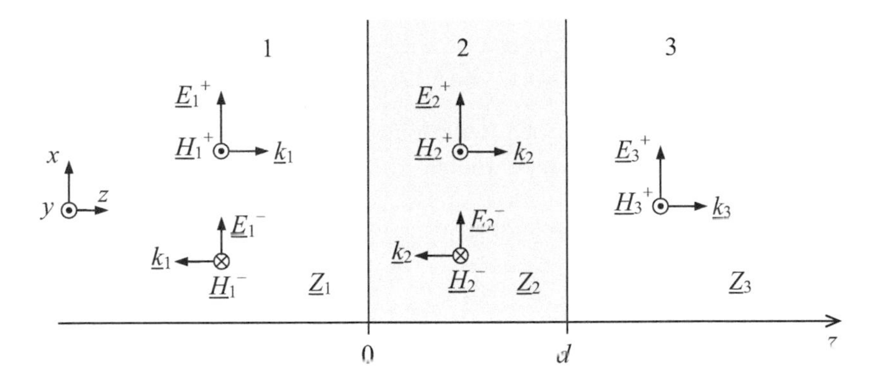

Abb. 6.28 Senkrechter Einfall einer ebenen Welle aus linkem Halbraum (Medium 1) auf eine Platte der Dicke d (Medium 2) und Austritt in den rechten Halbraum (Medium 3)

Für die drei Räume setzten wir gemäß (6.55), (6.58) die allgemeine Lösung für die Feldgrößen mit einer hin- und rücklaufenden Wellen an, wobei im Raum 3 aufgrund der fehlenden Begrenzung keine rücklaufende (reflektierte) Welle auftreten kann:

$$\text{Raum1}: \underline{\mathbf{E}}_1 = \mathbf{e}_x\left(\underline{E}_1^+ \mathrm{e}^{-\underline{\gamma}_1 z} + \underline{E}_1^- \mathrm{e}^{+\underline{\gamma}_1 z}\right) \quad \underline{\mathbf{H}}_1 = \mathbf{e}_y \frac{1}{\underline{Z}_1}\left(\underline{E}_1^+ \mathrm{e}^{-\underline{\gamma}_1 z} - \underline{E}_1^- \mathrm{e}^{+\underline{\gamma}_1 z}\right)$$

$$\text{Raum2}: \underline{\mathbf{E}}_2 = \mathbf{e}_x\left(\underline{E}_2^+ \mathrm{e}^{-\underline{\gamma}_2 z} + \underline{E}_2^- \mathrm{e}^{+\underline{\gamma}_2 z}\right) \quad \underline{\mathbf{H}}_2 = \mathbf{e}_y \frac{1}{\underline{Z}_2}\left(\underline{E}_2^+ \mathrm{e}^{-\underline{\gamma}_2 z} - \underline{E}_2^- \mathrm{e}^{+\underline{\gamma}_2 z}\right)$$

$$\text{Raum3}: \underline{\mathbf{E}}_3 = \mathbf{e}_x \underline{E}_3^+ \mathrm{e}^{-\underline{\gamma}_3 z} \quad \underline{\mathbf{H}}_3 = \mathbf{e}_y \frac{1}{\underline{Z}_3} \underline{E}_3^+ \mathrm{e}^{-\underline{\gamma}_3 z}$$

Im Raumteil 2 tritt unbegrenzte *Mehrfachreflexion* auf, wodurch unendlich viele zeitlich aufeinanderfolgende Beiträge zu den Feldamplituden entstehen. Sie stellen einzelne Terme einer konvergenten Reihe dar, die die zeitliche Entwicklung des Einschwingvorgangs beschreibt. Bei dem hier betrachteten *harmonisch eingeschwungenen Zustand* stellen die komplexen Feldamplituden $\underline{E}_1^-$, $\underline{E}_2^+$, $\underline{E}_2^-$ und $\underline{E}_3^+$ jeweils die Summe aller Reflexionen und Transmissionen dar.

Die Bestimmung der 4 Unbekannten $\underline{E}_1^-$, $\underline{E}_2^+$, $\underline{E}_2^-$ und $\underline{E}_3^+$ erfolgt durch die Stetigkeitsbedingung (6.4), (6.5) der elektrischen und magnetischen Tangentialfeldstärke an den beiden Grenzflächen:

$$\underline{\mathbf{E}}_1(z=0) = \underline{\mathbf{E}}_2(z=0) \quad \underline{\mathbf{H}}_1(z=0) = \underline{\mathbf{H}}_2(z=0)$$

$$\underline{\mathbf{E}}_2(z=d) = \underline{\mathbf{E}}_3(z=d) \quad \underline{\mathbf{H}}_2(z=d) = \underline{\mathbf{H}}_3(z=d)$$

Die Lösung des linearen Gleichungssystems (4×4) ergibt für $\underline{R}$ und $\underline{T}$:

$$\underline{R} = -\frac{(\underline{Z}_1 + \underline{Z}_2)(\underline{Z}_2 - \underline{Z}_3) + \mathrm{e}^{2\underline{\gamma}_2 d}(\underline{Z}_1 - \underline{Z}_2)(\underline{Z}_2 + \underline{Z}_3)}{(\underline{Z}_1 - \underline{Z}_2)(\underline{Z}_2 - \underline{Z}_3) + \mathrm{e}^{2\underline{\gamma}_2 d}(\underline{Z}_1 + \underline{Z}_2)(\underline{Z}_2 + \underline{Z}_3)}$$

$$\underline{T} \quad = \frac{4\,\mathrm{e}^{\underline{\gamma}_2 d}\underline{Z}_2\,\underline{Z}_3}{(\underline{Z}_1 - \underline{Z}_2)(\underline{Z}_2 - \underline{Z}_3) + \mathrm{e}^{2\underline{\gamma}_2 d}(\underline{Z}_1 + \underline{Z}_2)(\underline{Z}_2 + \underline{Z}_3)}.$$

Durch Verwendung der Fresnelschen Reflexions- und Transmissionsfaktoren des Zweiraumproblems für den senkrechten Einfall (6.77), (6.78) an der Grenze zwischen Medium 1 und 2

$$\underline{r}_{12} = \frac{\underline{Z}_2 - \underline{Z}_1}{\underline{Z}_2 + \underline{Z}_1} \qquad \underline{t}_{12} = \frac{2\underline{Z}_2}{\underline{Z}_2 + \underline{Z}_1}$$

bzw. zwischen Medium 2 und 3

$$\underline{r}_{23} = \frac{\underline{Z}_3 - \underline{Z}_2}{\underline{Z}_3 + \underline{Z}_2} \qquad \underline{t}_{23} = \frac{2\underline{Z}_3}{\underline{Z}_3 + \underline{Z}_2}$$

erhalten wir die alternativen Lösungsausdrücke

$$\underline{R} = \frac{\underline{r}_{23} + \underline{r}_{12}\mathrm{e}^{2\underline{\gamma}_2 d}}{\underline{r}_{12}\,\underline{r}_{23} + \mathrm{e}^{2\underline{\gamma}_2 d}}$$

$$\underline{T} = \frac{\underline{t}_{12}\,\underline{t}_{23}\mathrm{e}^{\underline{\gamma}_2 d}}{\underline{r}_{12}\,\underline{r}_{23} + \mathrm{e}^{2\underline{\gamma}_2 d}}.$$

Im Folgenden wollen wir das Reflexions- und Transmissionsverhalten für das vorliegende 3-Raum-Problem für den Fall *verlustloser*, *unmagnetischer* Medien diskutieren, d. h.:

$$\underline{\gamma}_i = \mathrm{j}\,\beta_i = \mathrm{j}\frac{2\,\pi}{\lambda_i} \text{ und } \underline{Z}_i = \sqrt{\mu_0/\varepsilon_i} \quad \text{(reell)}.$$

- $d/\lambda \to 0$

$$\mathrm{e}^{2\underline{\gamma} d} = \mathrm{e}^{2\mathrm{j}\,\beta\,d} \to 1$$

$$\underline{R} \approx -\frac{(Z_1 + Z_2)(Z_2 - Z_3) + (Z_1 - Z_2)(Z_2 + Z_3)}{(Z_1 - Z_2)(Z_2 - Z_3) + (Z_1 + Z_2)(Z_2 + Z_3)}$$

$$= -\frac{Z_1 Z_2 - Z_2 Z_3}{Z_1 Z_2 + Z_2 Z_3} = \frac{Z_3 - Z_1}{Z_3 + Z_1} = r_{13}(\text{reell})$$

$$\underline{T} \approx \frac{4\,Z_2\,Z_3}{(Z_1 - Z_2)(Z_2 - Z_3) + (Z_1 + Z_2)(Z_2 + Z_3)}$$

$$= \frac{4\,Z_3}{2Z_1 + 2Z_3} = \frac{2\,Z_3}{Z_1 + Z_3} = t_{13}\ (\text{reell})$$

Ohne Raum 2 erhalten wir also genau die Fresnelscher Reflexions- und Transmissionskoeffizient zwischen Raum 1 und 3.

- $d = \lambda/4$

$$e^{2\underline{\gamma}d} = e^{j\,\pi} = -1 \text{ bzw. } e^{\underline{\gamma}\,d} = e^{j\,\pi/2} = j$$

$$\underline{R} = \frac{r_{23} - r_{12}}{r_{12}\,r_{23} - 1} = \frac{2Z_2^2}{Z_2^2 + Z_1 Z_3} - 1$$

$$\underline{T} = \frac{j t_{12} t_{23}}{r_{12}\,r_{23} - 1} = -2j \frac{Z_2 Z_3}{Z_2^2 + Z_1 Z_3}$$

Durch Wahl des geometrischen Mittels für

$$Z_2 = \sqrt{Z_1\,Z_3}\ \left(\text{Brechungsindex } n_2 = \sqrt{n_1 n_3}\right)$$

erhält man

$$\underline{R} = 0 \text{ und } \underline{T} = -j\sqrt{Z_3/Z_1}.$$

In diesem Fall verschwindet die Reflexion. Angewendet wird dies beispielsweise in der Optik, wo Linsen mit λ/4-dicken Schichten vergütet werden, um die Reflexion zu mindern.

- $d = \lambda/2$

$$e^{2\underline{\gamma}d} = e^{j\,2\,\pi} = 1 \text{ bzw. } e^{\underline{\gamma}d} = e^{j\,\pi} = -1$$

$$\underline{R} = \frac{r_{23} + r_{12}}{r_{12}\,r_{23} + 1} = \frac{Z_3 - Z_1}{Z_3 + Z_1} = r_{13}$$

$$\underline{T} = -\frac{t_{12} t_{23}}{r_{12}\,r_{23} + 1} = -\frac{2Z_3}{Z_1 + Z_3} = -t_{13}$$

Für den Fall

$$Z_1 = Z_3 \Rightarrow \underline{R} = 0, \quad \underline{T} = -1$$

verschwindet also ebenfalls die Reflexion an der Mediengrenze 1−2, unabhängig von den Eigenschaften von Medium 2. Eine Anwendung ist das sogenannte Radom, das als Wetterschutz für stationäre Antennen oder windschnittige Verkleidung in mobilen Systemen eingesetzt wird.

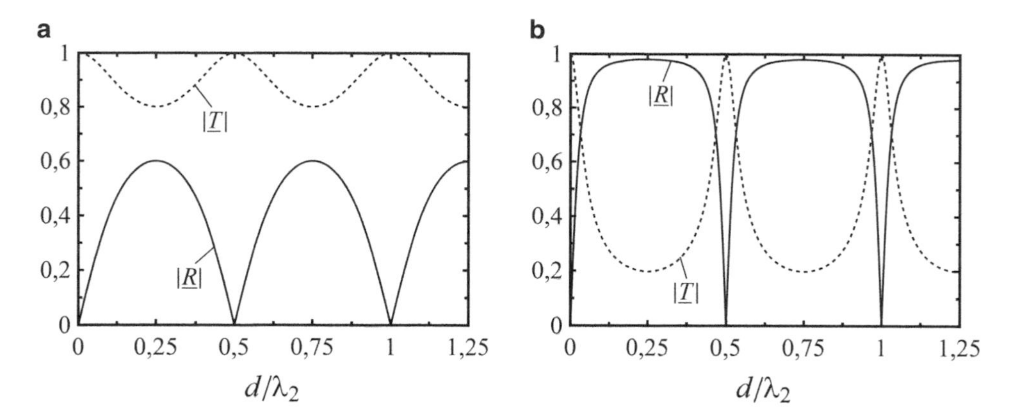

Abb. 6.29 Betragsverlauf des Reflexions- und Transmissionsfaktors einer Platte in einem beidseitig unbegrenztem Medium ($Z_1 = Z_3$) in Abhängigkeit der relativen Plattendicke d/λ_2 (**a**) $Z_2/Z_1 = 1/2$ (**b**) $Z_2/Z_1 = 1/10$

Die beiden Diagramme in Abb. 6.29 zeigen den Betragsverlauf von $\underline{R}$ und $\underline{T}$ einer Platte in Abhängigkeit der Wellenlänge (Frequenz) bzw. Plattendicke d, jeweils für ein gegenüber Raum 1 und 3 kleines und großes Verhältnis der Brechzahl.

Aus den Verläufen in Abb. 6.29 sieht man für beide Materialkombinationen das Verschwinden der Reflexion bei Vielfachen $d = \lambda/2$, während bei ungeradzahligen Vielfachen von $d = \lambda/4$ die Reflexion sein Maximum erreicht. Die Transmission ist an diesen Stellen maximal. Dieses Verhalten ist umso ausgeprägter, je größer der Unterschied der beiden Brechzahlen ist (Abb. 6.29b).

Beispiel 6.2: Schirmdämpfung eines Bleches

Die elektromagnetische Abschirmung eines in Luft befindlichen Metallbleches der Dicke soll über den Ansatz eines 3-Raum-Problems untersucht werden. Wir setzen für die Feldwellenimpedanz von Medium 1 und 2 an (Abb. 6.28)

$$\underline{Z}_1 = \underline{Z}_3 = Z_0(\text{Luft}).$$

Für das gut leitende Medium des Bleches (Raum 2) erhalten wir mit (6.63) und (6.64)

$$\underline{Z}_2 = \sqrt{\frac{\omega\mu}{\kappa}}\, e^{j\,\pi/4},$$

$$\underline{\gamma}_2 = \alpha_2 + j\beta_2 \approx \frac{(1+j)}{\delta}$$

mit der Skintiefe δ. Der Transmissionsfaktor zwischen Medium 1 und 3

$$\underline{T} = \frac{4\,\mathrm{e}^{\underline{\gamma}_2 d}\underline{Z}_2\,Z_0}{(Z_0 - \underline{Z}_2)(\underline{Z}_2 - Z_0) + \mathrm{e}^{2\underline{\gamma}_2 d}(Z_0 + \underline{Z}_2)(\underline{Z}_2 + Z_0)}$$

reduziert sich mit

$$|\underline{Z}_2| \ll Z_0(\text{guter Leiter}) \text{ und } |\mathrm{e}^{\underline{\gamma}_2 d}| = \mathrm{e}^{d/\delta_s} \gg 1$$

zu

$$\underline{T} \approx \frac{4\,\mathrm{e}^{\underline{\gamma}_2 d}\underline{Z}_2\,Z_0}{-Z_0^2 + \mathrm{e}^{2\underline{\gamma}_2 d}Z_0^2} \approx 4\frac{\underline{Z}_2}{Z_0}\mathrm{e}^{-\underline{\gamma}_2 d}.$$

Für die gesuchte Schirmdämpfung des Bleches resultiert daraus

$$a_W = \frac{1}{|\underline{T}|} = \frac{1}{4}\left|\frac{Z_0}{\underline{Z}_2}\right|\mathrm{e}^{d/\delta_s}.$$

Der exponentielle Term entspricht hierbei der Näherungslösung aus Beispiel 5.1

$$a_S = \mathrm{e}^{d/\delta_s},$$

bei dem lediglich die Wirbelstromverluste (Skineffekt) betrachtet werden. Der Vorfaktor $|Z_0/4\underline{Z}_2|$ berücksichtigt also den zusätzlichen durch die Reflexion an der Mediengrenze 1−2 verursachten Beitrag zur Schirmdämpfung (*Reflexionsdämpfung*).

Als Zahlenbeispiel soll eine dünne Kupferfolie mit folgenden Parametern betrachtet werden:

$$d = 0{,}1 \text{ mm},\ \mu = \mu_0,\ \kappa = 5{,}7 \cdot 10^7 \text{ S/m}$$

$$Z_0 \approx 377\ \Omega \text{ (Luft)},\ |\underline{Z}_2| = \sqrt{\frac{\omega\mu}{\kappa}} = 2{,}63 \text{ m}\Omega,$$

$$f = 50 \text{ MHz}.$$

$$\Rightarrow \delta_s = \sqrt{\frac{2}{\omega\mu\kappa}} = 9{,}43 \cdot 10^{-6}\text{m}$$

$$\Rightarrow a_S = \mathrm{e}^{d/\delta_s} \approx 4 \cdot 10^4 \mathrel{\hat{=}} 92 \text{ dB} \quad (= 20 \cdot \log a_S)$$

$$\Rightarrow a_W = \frac{1}{4}\left|\frac{Z_0}{\underline{Z}_2}\right|\mathrm{e}^{d/\delta_s} = 3,6 \cdot 10^4 \cdot a_S \mathrel{\hat{=}} 91 \text{ dB} + 92 \text{ dB} = 183 \text{ dB}$$

Dieser Wert ist trotz der relativ dünnen Metallfolie und der niedrigen Frequenz bereits extrem hoch und nimmt mit steigender Frequenz sogar noch weiter zu. Die zusätzliche Reflexionsdämpfung liegt dabei in der gleichen Größenordnung wie die Dämpfung a_S, die allein durch den Skineffekt zustande kommt. Eine noch dünnere Folie mit $d = 0{,}01$ mm hätte bei der gleichen Frequenz immer noch die sehr hohe Schirmdämpfung von ca. 100 dB. ◀

6.11 Übungsaufgaben

UE-6.1 Reflexion an Grenzflächen – Ebener Einfall

Eine in Luft (Raumteil 1) in z-Richtung fortschreitende ebene Welle mit der elektrischen Feldstärke $\underline{E}_0\mathbf{e}_x$ trifft senkrecht auf die Grenzfläche zu Raumteil 2 (μ_0, ε, κ) auf.

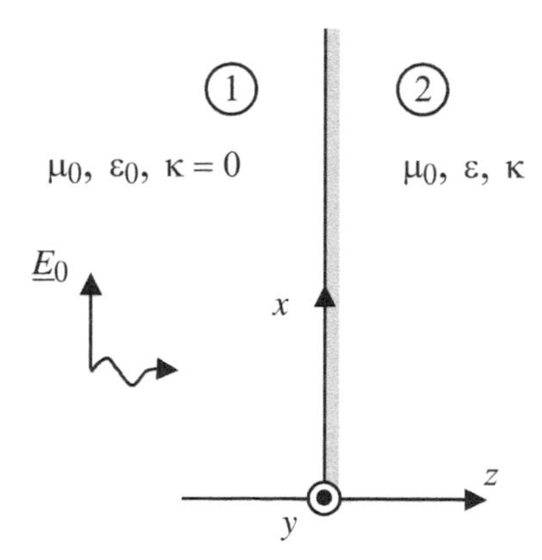

a) Wie groß ist die magnetische Feldstärke $\underline{\mathbf{H}}_0$ im Raum 1.

b) Berechnen Sie den Reflexions- und Transmissionsfaktor $\underline{r}$ bzw. $\underline{t}$ an der Mediengrenze und bestimmen Sie damit die Feldstärken $\underline{\mathbf{E}}_r, \underline{\mathbf{H}}_r$ und $\underline{\mathbf{E}}_t, \underline{\mathbf{H}}_t$ für die reflektierte bzw. die durchtretende Welle.

c) Stellen Sie die Lösung für die räumliche Verteilung $\underline{E}_x(z)$ in den beiden Halbräumen auf. Der Bezugspunkt soll dabei an der Mediengrenze $z = 0$ liegen.

d) Stellen Sie die Betragsverläufe $|\underline{\mathbf{E}}(z)|$ in beiden Teilräumen auf und berechnen diese jeweils für die beiden folgenden Fälle für Raum 2:

   1) ideales Dielektrikum: $\kappa = 0$

   2) sehr guter Leiter: $\kappa >> 1$.

   Welches Wellenlängenverhältnis λ_2/λ_1 ergibt sich in den beiden Fällen 1) bzw. 2)? Skizzieren Sie die Betragsverläufe jeweils in beiden Räumen.

Hinweis: $\left|1 + a\ \mathrm{e}^{\mathrm{j}x}\right| = \sqrt{1 + a^2 + 2\ a\ \cos x}$

e) Stellen Sie die Ausdrücke für die komplexe Leistungsflussdichte der einfallenden, der reflektierten und die der transmittierten Welle ($\underline{S}_h$, $\underline{S}_r$, $\underline{S}_t$) auf. Verifizieren Sie für ein ideales Dielektrikum in Raum 2 den Energieerhaltungssatz, d. h. $\mathrm{Re}\{\underline{S}_h + \underline{S}_r\} = \mathrm{Re}\{\underline{S}_t\}$. Wie groß ist $\mathrm{Re}\{\underline{S}_t\}/\mathrm{Re}\{\underline{S}_h\}$ für den Fall eines Leiters in Raum 2? Interpretieren Sie das Ergebnis.

UE-6.2 Reflexion ebener Wellen – Totalreflexion

Eine ebene Welle mit der mittleren Wirkleistungsflussdichte S_e trifft mit senkrechter Polarisation unter dem Winkel α_1 auf eine Grenzfläche (Dielektrikum/Luft).

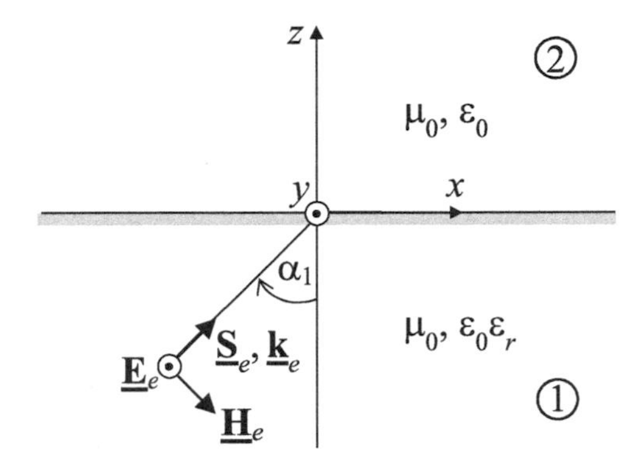

a) Berechnen Sie die elektrische Feldstärke $\underline{\mathbf{E}}_e$ der einfallenden Welle.
b) Wie groß muss der Einfallswinkel α_1 mindestens sein, damit die Welle an der Grenzfläche vollständig reflektiert wird ($\alpha_1 = \alpha_{1G}$, Grenzwinkel der Totalreflexion)? Welchen Wert hat der Winkel α_2 der durchtretenden Welle in diesem Fall?
c) Stellen Sie die räumliche Verteilung des elektrischen Feldes $\underline{\mathbf{E}}_y(x,z)$ jeweils für Raum 1 und 2 für beliebige Einfallswinkel auf. Berechnen Sie den Betrag des Reflexions- und Transmissionsfaktors für $\alpha_1 > \alpha_{1G}$ und ermitteln Sie für diesen Fall den Betragsverlauf des elektrischen Feldes in Raum 2. Interpretieren Sie die Ergebnisse.
d) Welche Richtung hat die Leistungsflussdichte $\underline{\mathbf{S}}$ (Real- u. Imaginärteil) jeweils in beiden Teilräumen für $\alpha_1 > \alpha_{1G}$?

UE-6.3 Magnetischer Dipol über leitender Ebene

Eine Leiterschleife mit Radius a sei im Abstand h über einen ideal leitenden Halbraum waagerecht angeordnet (siehe Skizze) und führe einen Wechselstrom mit Amplitude $\underline{I}$ und Frequenz f. Das umgebende Medium im oberen Halbraum ($z \geq 0$) sei Luft (μ_0, ε_0). Der Radius a sei so klein, so dass die Leiterschleife als magnetischer Dipol behandelt werden kann.

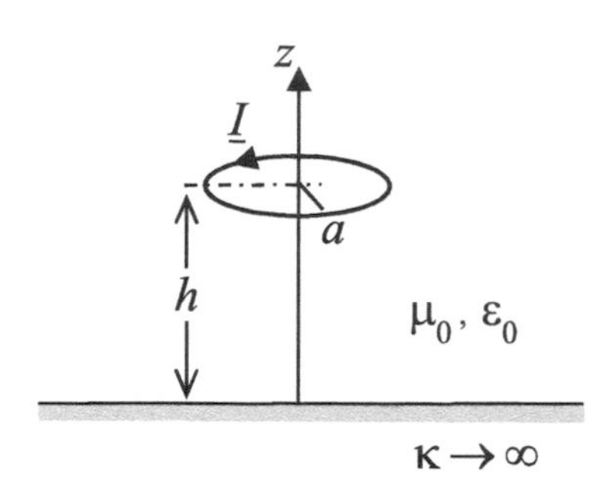

a) Geben Sie die Komponenten des elektromagnetischen Fernfeldes an, die die Leiterschleife im freien Raum (ohne leitenden Halbraum) im Abstand r erzeugt und bestimmen Sie alle notwendigen Größen anhand der gegebenen Parameter.
b) Skizzieren Sie die Spiegelersatzanordnung zur Berechnung des elektromagnetischen Fernfeldes im oberen Luftraum ($z \geq 0$) in Anwesenheit des leitenden Halbraums und geben Sie Richtung und Größe der Spiegelquelle an.
c) Stellen Sie mit Hilfe der Spiegelersatzanordnung die Lösung für das elektrische Fernfeld im Abstand r vom Koordinatenursprung ($z = 0$) auf („Parallelstrahl-Approximation"). Wie berechnet sich daraus die magnetische Fernfeldkomponente?
d) Leiten Sie für den Betrag der elektrischen Fernfeldkomponente eine Näherung für $h/\lambda << 1$ ab und skizzieren Sie die Abhängigkeit vom Winkel θ in Form der vertikalen Strahlungscharakteristik senkrecht zur leitenden Oberfläche. Bei welchem Winkel θ ist die Feldstärke maximal?

Hinweise: $\sin x \approx x \quad \text{für} \quad |x| \ll 1 \quad \text{und} \quad \sin x \cos x = \frac{1}{2} \sin(2x)$

UE-6.4 Antenne vor Reflektorwand

Eine Möglichkeit, die Richtwirkung von Sendeantennen zu erhöhen, ist die Verwendung von Reflektoren. Als einfaches Beispiel soll ein kurzer Dipol der Stärke $\underline{I}h$ im Abstand d vor einer ideal leitenden Wand betrachtet werden. Der Dipol sei parallel zur Ebene ausgerichtet.

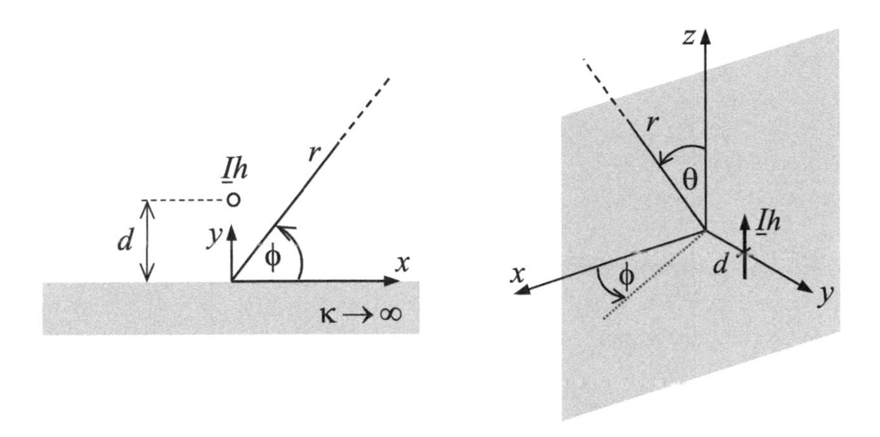

a) Stellen Sie die Spiegelersatzanordnung auf und bestimmen Sie daraus die Lösung für den Betrag des Fernfeldes $|\underline{\mathbf{E}}(r,\theta,\phi)|$.

b) Leiten Sie aus der allgemeinen Lösung für das Fernfeld eine Näherung für einen elektrisch kurzen Abstand d und für den Spezialfall $d = \lambda/4$ her und skizzieren Sie die horizontalen Strahlungscharakteristiken $|\underline{\mathbf{E}}(r,\theta = \pi/2,\phi)|$.

c) Wie groß ist die Feldstärke und die gemittelte Wirkleistungsdichte S_{re} für $d << \lambda$ in Hauptstrahlrichtung im Verhältnis zu dem Wert ohne reflektierende Wand, in Abhängigkeit von d/λ?

d) Berechnen Sie ebenfalls für $d << \lambda$ den Strahlungswiderstand R_r in Abhängigkeit von d/λ, im Verhältnis zum Dipol ohne Reflektorwand.

UE-6.5 Strahlungsbündelung

Zur Bündelung von Strahlungsfeldern können Antennengruppen (Arrays) verwendet werden. Die einfachste Form eines solchen Gruppenstrahlers ist ein Dipolpaar. Als Beispiel seien zwei baugleiche kurze Dipole im Abstand $2d$ betrachtet, die durch entsprechende Speisung mit dem Dipolmoment $\underline{I}_1 h$ bzw. $\underline{I}_2 h$ bei gleicher Frequenz betrieben werden.

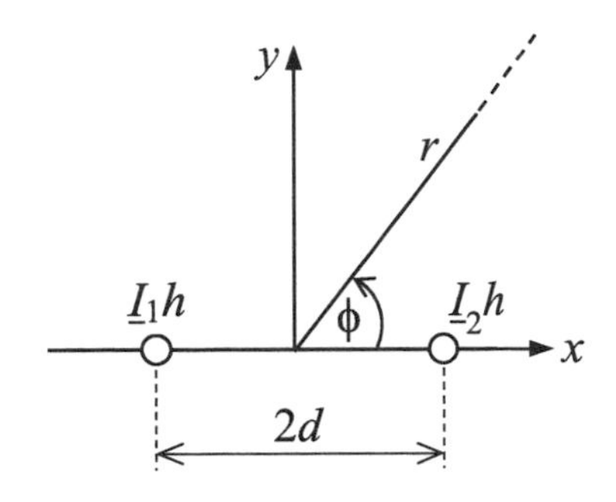

a) Stellen Sie die Lösung $\underline{\mathbf{E}}(r,\theta = \pi/2, \phi)$ im Fernfeld des Strahlers auf.
b) Welchen Betragsverlauf $|\underline{\mathbf{E}}(r, \theta, \phi)|$ erhält man für $2d = \lambda/2$ bei Gleichtakt ($\underline{I}_1 = \underline{I}_2$) und Gegentakt ($\underline{I}_1 = -\underline{I}_2$). Skizzieren Sie die horizontale Richtcharakteristik $|\underline{\mathbf{E}}(r, \theta = \pi/2, \phi)|$ für die beiden Fälle. Um welchen Faktor erhöht sich die mittlere reale Leistungsflussdichte S_{re} jeweils in Hauptstrahlrichtung gegenüber dem Einfachdipol (Rundstrahler) bei gleichem Dipolmoment?

UE-6.6 Kurze Linearantennen

Ein dünner zylindrischer Dipol mit elektrisch kurzer Länge $l << \lambda$ werde symmetrisch durch den Strom $\underline{I}_0$ betrieben.

a) Wie ist der Strom entlang des Dipols näherungsweise verteilt? Skizzieren Sie $|\underline{I}(z)|$.
b) Berechnen Sie die Lösung für das Fernfeld $\underline{\mathbf{E}}(r,\theta,\phi)$. Interpretieren Sie das Ergebnis im Vergleich zur Lösung des Hertzschen Dipols.
c) Wie groß ist der resultierende Strahlungswiderstand?

Häufig werden auch Monopole, die senkrecht über einer leitenden Ebene angeordnet sind, als Sendeantennen verwendet.

d) Berechnen Sie das Fernfeld $\underline{\mathbf{E}}(r,\theta,\phi)$ unter Verwendung der Spiegelersatzanordnung und skizzieren Sie die vertikale Richtcharakteristik $|\underline{\mathbf{E}}(r,\theta,\phi = \text{const.})|$.
e) Wie groß ist der Strahlungswiderstand des Monopols ($R_{r,M}$) im Verhältnis zu dem des Dipols ($R_{r,D}$)?

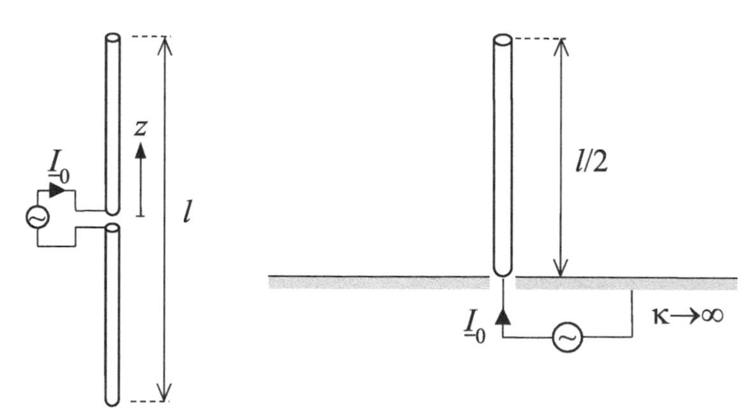

UE-6.7 Mehrfachreflexion

Eine ebene Welle mit elektrischer Feldamplitude $\underline{E}_i$ und Phasenkonstante β_1 im Raumbereich 1 mit dem Wellenwiderstand Z_1 fällt senkrecht auf eine ideal leitende Wand, die mit einer dielektrischen Schicht der Dicke d, aus einem Material mit dem Wellenwiderstand Z_2 und der Phasenkonstante β_2 versehen ist. Beide Medien sollen als verlustfrei angenommen werden. Zu bestimmen ist die Reflexion an der Mediengrenze bei $x = 0$ in Abhängigkeit von Z_1, Z_2, β_1, β_2. Gehen sie dazu wie folgt vor:

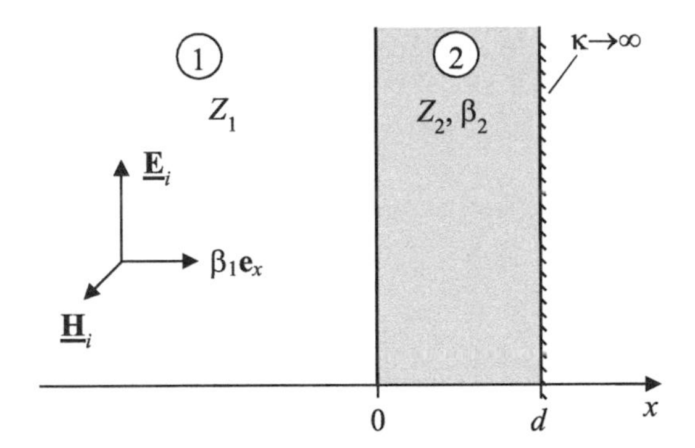

a) Stellen sie die allgemeine Lösung für die elektrischen und magnetischen Feldstärken $\underline{E}_1(x)$, $\underline{E}_2(x)$ und $\underline{H}_1(x)$, $\underline{H}_2(x)$ auf.
b) Stellen Sie aus den Grenz- bzw. Stetigkeitsbedingungen für die Felder an den Grenzflächen bei $x = 0$ und $x = d$ die benötigte Anzahl Gleichungen zur Lösung aller unbekannten Feldamplituden auf.
c) Bestimmen Sie durch Auflösen des Gleichungssystems aus b) die elektrische Feldstärkenamplitude $\underline{E}_r$ bzw. den Reflexionsfaktor $\underline{r} = \underline{E}_r / \underline{E}_i$. Prüfen Sie ihr Ergebnis anhand der beiden Fälle $d \to 0$ und Medium 2 ideal leitend.

Wellen auf Leitungen 7

Zusammenfassung

Elektromagnetische Wellen können sich nicht nur frei im Raum ausbreiten, sondern auch entlang von Leitungen geführt werden. Es gibt viele unterschiedliche Bauformen von Leitungen, auf denen sich bestimmte Wellentypen ausbreiten. Eines der praktisch wichtigsten Leitungstypen für die Energie- und Nachrichtenübertragung ist der TEM (Transversal Elektromagnetische)-Wellenleiter, wie z. B. die Zweidrahtleitung oder das Koaxialkabel. Im Gegensatz zu anderen Leitungstypen haben TEM-Leitungen keine untere Grenzfrequenz und können direkt mit elektrischen Schaltungen verbunden werden. Ihre Geometrie und das Material muss hinsichtlich Verluste und Frequenzbandbreite an die jeweilige Anwendung angepasst werden.

7.1 Leitungsgeführte Wellentypen

Abb. 7.1 zeigt eine Klassifikation der unterschiedlichen Wellentypen auf Leitungen. Sie werden grob in TEM-Wellen und *höhere Wellenmoden* unterschieden. In beiden Fällen sind sowohl geschlossene als auch offene Bauformen möglich. Während beim ersterem das elektromagnetische Feld innerhalb der Leitung eingeschlossen ist, greifen beim letzterem die Felder quer zur Leitung in den Raum aus. Im Folgenden wird der Schwerpunkt auf die TEM-Wellenleiter gelegt. Neben ihrer praktischen Bedeutung können viele wichtige Eigenschaften, die bei allen leitungsgeführten Wellen auftreten, daran studiert werden. Für die eingehende Behandlung anderer Wellenleiter sei auf die einschlägige Literatur der Hochfrequenz- und Mikrowellentechnik verwiesen.

M. Leone, *Theoretische Elektrotechnik,* https://doi.org/10.1007/978-3-658-29208-9_7

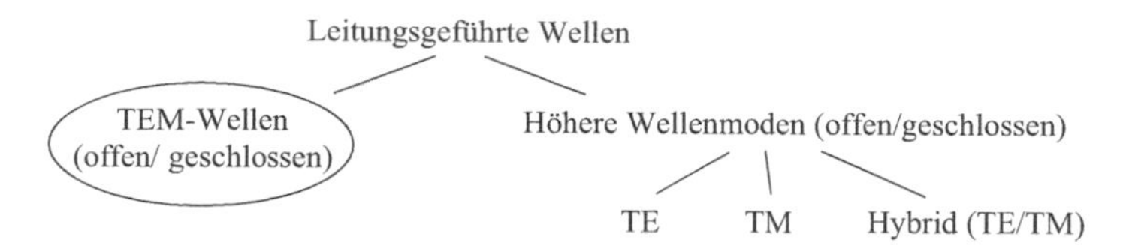

Abb. 7.1 Klassifikation von leitungsgeführten Wellen

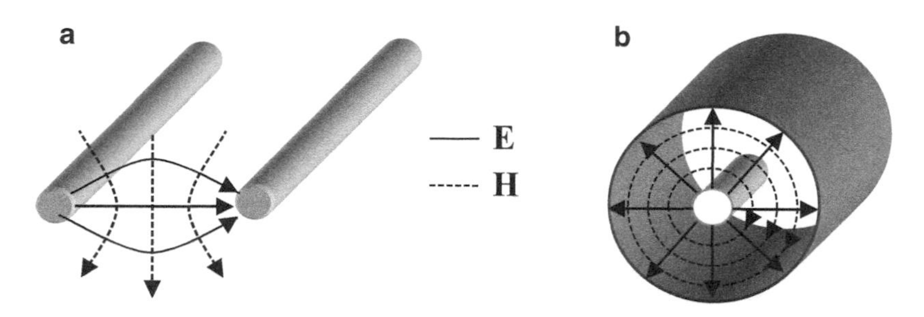

Abb. 7.2 TEM-Leitungen (**a**) Paralleldrahtleitung (**b**) Koaxialkabel

TEM-Wellen

Abb. 7.2 zeigt am Beispiel der Paralleldrahtleitung und des Koaxialkabels die typische Feldkonfiguration eines TEM-Wellenleiters. Elektrische und magnetische Feldlinien stehen in jedem Punkt senkrecht zueinander und zur Ausbreitungsrichtung längs der Leitung. Es handelt sich also um eine ebene Welle (Abschn. 6.1.1), die im Allgemeinen inhomogen ist. Wie wir im Folgenden sehen werden, ist der nutzbare Frequenzbereich (Bandbreite) einer TEM-Leitung $f = 0 \ldots f_{max}$ auf eine obere Frequenz $f_{max} \sim 1/d$ begrenzt, wobei d die *charakteristische Querschnittsabmessung* der Leitung bezeichnet. Bei Überschreiten dieser Frequenzgrenze breiten sich zusätzlich zur TEM-Welle weitere Wellentypen (höhere Moden) aus. Der Betrieb in diesem Frequenzbereich ist unerwünscht, da aufgrund der unterschiedlichen Ausbreitungseigenschaften der einzelnen Wellenmoden und der relativ hohen Verluste entsprechende Signalverzerrungen entstehen. Bei offenen Leitungen (Abb. 7.2a) nimmt zudem mit steigender Frequenz die elektromagnetische Abstrahlung in den Raum zu. Weitere Beispiele für TEM-Wellenleiter sind die Streifenleitung bzw. Mikrostreifenleitung, die innerhalb gedruckter elektronischer Schaltungen im Hochfrequenzbereich weit verbreitete Anwendung finden.

Höhere Wellenmoden

Die höheren Wellentypen teilen sich in TE (transversal elektrisch) und TM (transversal magnetisch) ein. Bei TE-Wellen besitzt das Magnetfeld auch Komponenten in Ausbreitungsrichtung, während umgekehrt bei TM-Wellen elektrische Feldkomponenten in Leitungsrichtung existieren. Auch Kombinationen von TE- und TM-Wellen, sog. hybride

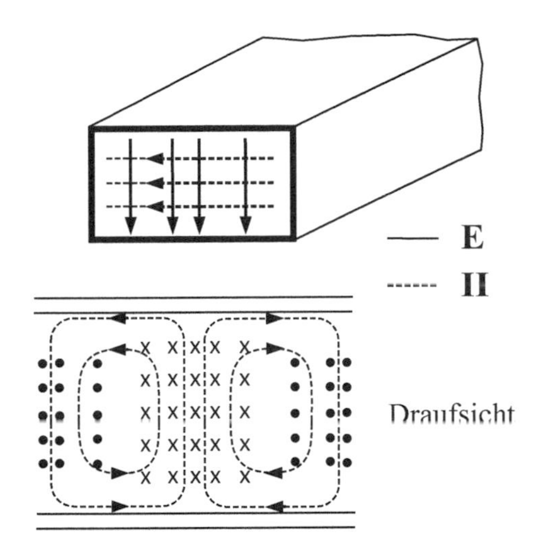

Abb. 7.3 Rechteckhohlleiter mit dem Feld des TE_{10}-Mode niedrigster Ordnungszahl (Grundwelle)

Moden sind möglich. Ein Beispiel für eine Leitung mit höheren Wellenmoden ist der Rechteckhohlleiter (Abb. 2.12), wobei auch Rundhohlleiter zum Einsatz kommen. Ein solcher Hohlleiter besteht aus einem Metallrohr, in dem das Wellenfeld eingeschlossen ist und sich längs des Rohres ausbreitet. Mit steigender Frequenz nimmt die Anzahl der ausbreitungsfähigen TE- bzw. TM-Moden zu, wobei jeder einzelne Mode zu tiefen Frequenzen hin durch die sog. cut-off-Frequenz f_g begrenzt ist. Sie verhält sich umgekehrt proportional zu den Kantenabmessungen des Hohlleiters. Für die Signalübertragung ist der Betrieb mit nur einem Mode erwünscht, wodurch die Frequenzbandbreite zur unteren Grenzfrequenz des nächsthöheren Modes begrenzt ist. Der Wellenmode mit der niedrigsten Ordnungszahl ist der TE_{10}-Mode, der auch als Grundwelle bezeichnet wird (Abb. 7.3). Ein weiterer wichtiger Wellenleiter mit höheren Wellenmoden ist die Glasfaser, auch Lichtwellenleiter genannt. Sie besteht aus einem dielektrischen Draht (Glas) mit relativ dünnem Querschnitt von einigen Mikrometern und ist für Frequenzen im Bereich von Infrarot und sichtbarem Licht ausgelegt.

7.1.1 Die Parallelplattenleitung

Die Ausbreitung unterschiedlicher Wellentypen soll anhand einer Modellrechnung für eine Parallelplattenleitung im Einzelnen untersucht werden (Abb. 7.4). Um die Berechnungen übersichtlich zu halten, seien die beiden im Abstand d parallel angeordneten Platten als ideal leitfähig angenommen und das Medium zwischen den Platten sei ein idealer Isolator ($\kappa = 0$) mit homogenen Materialeigenschaften.

Wir wollen für eine harmonische Zeitabhängigkeit mit der Kreisfrequenz ω die Wellenausbreitung des elektromagnetischen Feldes in positive z-Richtung untersuchen, in der die Platten unbegrenzt sein sollen. Für alle Feldkomponenten gilt dementsprechend

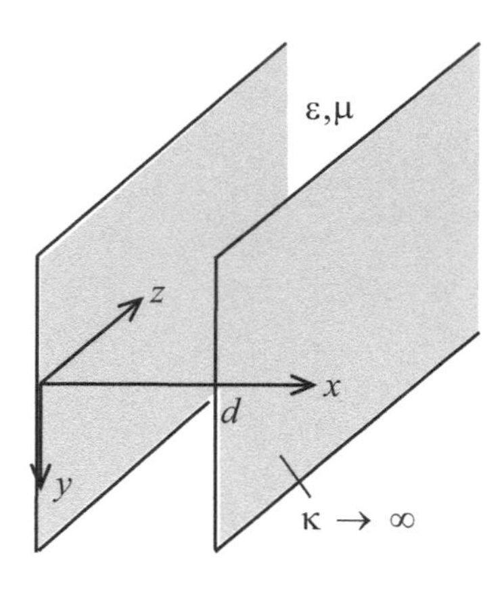

Abb. 7.4 Parallelplattenleitung mit ideal leitenden Wänden

$$\underline{E}_i,\ \underline{H}_i \sim \mathrm{e}^{-\underline{\gamma} z}; \qquad i = x, y, z,$$

wobei $\underline{\gamma}$ eine noch zu bestimmende Fortpflanzungskonstante bezeichnet. Die Platten seien außer in z- auch in y-Richtung unbegrenzt, und wir wollen die Lösungen auffinden, für die die Felder in dieser Richtung konstant sind ($\mathrm{d}/\mathrm{d}y = 0$). Dementsprechend besteht für die gesuchten Felder, beispielsweise für das elektrische Feld, die funktionale Abhängigkeit

$$\underline{\mathbf{E}}(x,z) = \underline{\mathbf{E}}(x)\mathrm{e}^{-\underline{\gamma} z}. \tag{7.1}$$

Damit reduzieren sich die Helmholtz-Gleichungen (6.25) nach Ausführung der Differentiation in z-Richtung mit $\partial/\partial y = 0$ zu

$$\begin{aligned} \frac{\partial^2 \underline{\mathbf{E}}}{\partial x^2} + k^2 \underline{\mathbf{E}} &= 0 \\ \frac{\partial^2 \underline{\mathbf{H}}}{\partial x^2} + k^2 \underline{\mathbf{H}} &= 0, \end{aligned} \tag{7.2}$$

mit

$$k^2 = \underline{\gamma}^2 + \omega^2 \mu\varepsilon. \tag{7.3}$$

Bevor wir an die Lösung von (7.2) gehen, wollen wir ihre Struktur untersuchen. Einsetzen von (7.1) in die komplexen Maxwell-Gleichungen ($\underline{\mathrm{I}}$) und ($\underline{\mathrm{II}}$) liefert

$$\begin{aligned} \underline{\gamma}\,\underline{E}_y &= -\mathrm{j}\omega\mu\,\underline{H}_x \\ -\underline{\gamma}\,\underline{E}_x - \frac{\partial \underline{E}_z}{\partial x} &= -\mathrm{j}\omega\mu\,\underline{H}_y \\ \frac{\partial \underline{E}_y}{\partial x} &= -\mathrm{j}\omega\mu\,\underline{H}_z \end{aligned} \tag{I'}$$

$$\begin{aligned} \underline{\gamma}\underline{H}_y &= \mathrm{j}\omega\varepsilon\underline{E}_x \\ -\underline{\gamma}\underline{H}_x - \frac{\partial \underline{H}_z}{\partial x} &= \mathrm{j}\omega\varepsilon\underline{E}_y \\ \frac{\partial \underline{H}_y}{\partial x} &= \mathrm{j}\omega\varepsilon\underline{E}_z \end{aligned} \tag{II'}$$

Die Auflösung nach den Transversalkomponenten in x,y-Richtung ergibt:

$$\begin{aligned} \underline{H}_x &= -\frac{\underline{\gamma}}{k^2}\frac{\partial \underline{H}_z}{\partial x} & \qquad \underline{E}_x &= -\frac{\underline{\gamma}}{k^2}\frac{\partial \underline{E}_z}{\partial x} \\ \underline{E}_y & \frac{\mathrm{j}\omega\mu}{k^2}\frac{\partial \underline{H}_z}{\partial x} & \qquad \underline{H}_y &= -\frac{\mathrm{j}\omega\varepsilon}{k^2}\frac{\partial \underline{E}_z}{\partial x}. \end{aligned}$$

Damit können sämtliche Wellentypen wie folgt in zwei Gruppen unterteilt werden:

TE-Wellen	TM-Wellen
$\underline{E}_x, \underline{E}_z, \underline{H}_y = 0$	$\underline{E}_y, \underline{H}_x, \underline{H}_z = 0$
$\underline{E}_y, \underline{H}_x, \underline{H}_z \neq 0$	$\underline{E}_x, \underline{E}_z, \underline{H}_y \neq 0$

Diese Einteilung in TE- und TM-Wellen, bei der jeweils nur das magnetische bzw. das elektrische Feld eine Komponente in Ausbreitungsrichtung aufweist, gilt allgemein für jede Wellenleitergeometrie.

TE-Wellen

Für die einzig vorhandene $\underline{E}_y$-Komponente reduziert sich die Wellengleichung (7.2) zu

$$\frac{\partial^2 \underline{E}_y}{\partial x^2} + k^2\underline{E}_y = 0,$$

mit der allgemeinen Lösung (2.53)

$$\underline{E}_y = \left[\underline{C}_1 \sin(kx) + \underline{C}_2 \cos(kx)\right]\mathrm{e}^{-\underline{\gamma}z}.$$

Aufgrund der Randbedingung

$$\underline{E}_y = 0\big|_{x=0,d}$$

auf den ideal leitenden Platten entfällt dementsprechend die Cosinusfunktion ($\underline{C}_2 = 0$) und mit der Sinusfunktion kann die Randbedingung bei $x = d$ nur für Vielfache von π erfüllt werden, d. h.

$$k = k_m = \frac{m\pi}{d}; \quad m = 1, 2, 3, \ldots.$$

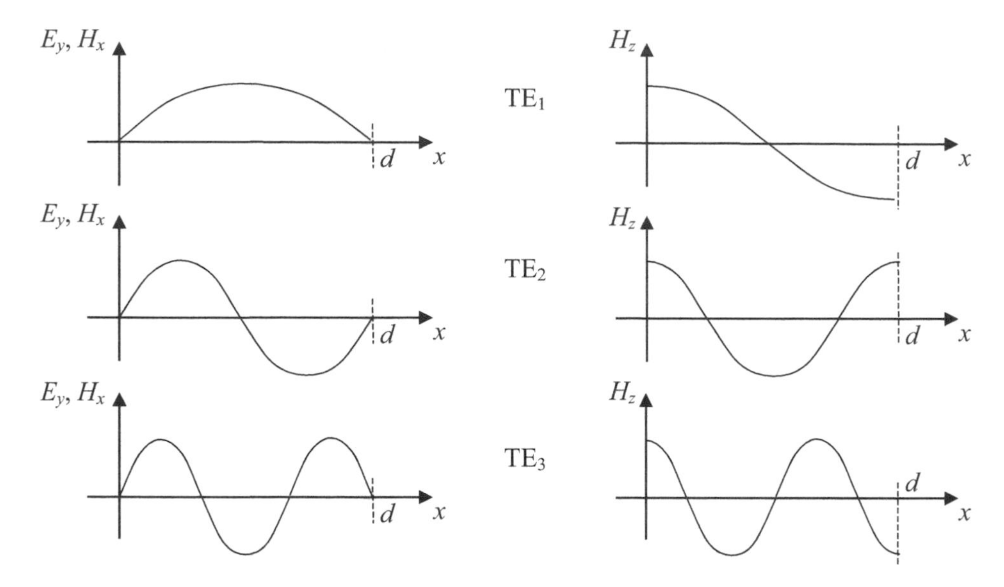

Abb. 7.5 Amplitudenverlauf der Feldkomponenten der ersten drei TE_m-Moden

Damit erhalten wir als Lösungen des elektrischen Feldes für die TE_m-Wellenmoden

$$\underline{E}_y = \underline{E}_0 \sin(k_m x) e^{-\underline{\gamma} z},$$

wobei wegen $m \neq 0$ der TE_0-Mode nicht existiert (alle Feldkomponenten sind Null). Einsetzen von $\underline{E}_y$ in ($\underline{\text{I}}'$) ergibt für die Komponenten des Magnetfeldes die Lösung

$$\underline{H}_x = \frac{\mathrm{j}\gamma}{\omega\mu} \underline{E}_0 \sin(k_m\, x) e^{-\underline{\gamma} z}$$

$$\underline{H}_z = \frac{\mathrm{j}k_m}{\omega\mu} \underline{E}_0 \cos(k_m\, x) e^{-\underline{\gamma} z}.$$

Die Amplitudenverläufe der elektrischen und magnetischen Feldkomponenten sind in Abb. 7.5 für die ersten drei Wellenmoden skizziert.

Aus (7.3)

$$k_m{}^2 = \underline{\gamma}^2 + \omega^2 \mu \varepsilon$$

folgt für die Fortpflanzungskonstante jedes einzelnen Wellenmodes

$$\underline{\gamma}_m = \sqrt{\left(\frac{m\pi}{d}\right)^2 - \omega^2 \mu \varepsilon}. \tag{7.4}$$

Entsprechend (7.1) ist die Voraussetzung für die Wellenausbreitung des m-ten Wellenmodes, dass $\underline{\gamma}$ imaginär ist, d. h. $\omega^2\mu\varepsilon > (m\pi/d)^2$. Unterhalb dieser Grenze ist $\underline{\gamma}$

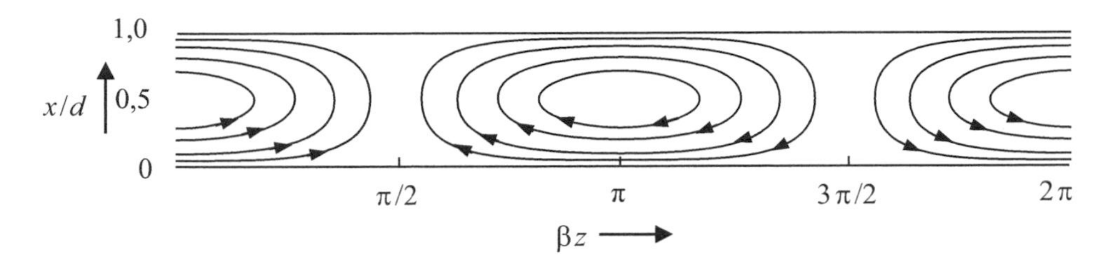

Abb. 7.6 Magnetische Feldlinien des TE_1-Modes ($\beta = \mathrm{Im}\{\underline{\gamma}\}$)

reell, d. h. die Felder klingen exponentiell in Leitungsrichtung ab. Daraus folgt für die unteren Grenzfrequenzen der TE_m-Wellen

$$\omega_{g,m}^{TE} = \frac{1}{\sqrt{\varepsilon\mu}} \frac{m\pi}{d}; \quad m = 1, 2, 3, \ldots .$$

Die Phasenkonstante $\beta = \mathrm{Im}\{\underline{\gamma}\}$ jedes einzelnen Wellenmodes ist nach Gl. (7.4) unterschiedlich. Sie steigt mit zunehmender Frequenz und nähert sich jeweils für $\omega^2\mu\varepsilon >> (m\pi/d)^2$ dem Wert des freien Raumes. Die Wellenlänge in z-Richtung verhält sich gemäß $\lambda = 2\pi/\beta$ umgekehrt dazu. Abb. 7.6 zeigt die H-Feldlinien des TE_1-Modes. Die elektrischen Feldlinien ($\underline{E}_y$) stehen senkrecht zur Zeichenebene (x-z-Ebene).

TM-Wellen

Für die einzig vorhandene $\underline{H}_y$-Komponente reduziert sich die Wellengleichung (7.2) zu

$$\frac{\partial^2 \underline{H}_y}{\partial x^2} + k^2 \underline{H}_y = 0.$$

Das Verschwinden der elektrischen Tangentialkomponente auf den Platten, in diesem Fall $\underline{E}_z$, kann über ($\underline{\mathrm{II}}'$) wie folgt auf $\underline{H}_y$ übertragen werden:

$$\underline{E}_z\big|_{x=0,d} = \frac{1}{\mathrm{j}\omega\varepsilon} \frac{\partial \underline{H}_y}{\partial x} = 0.$$

Angewandt auf die aus Sinus- und Kosinusfunktion bestehende allgemeine Lösung resultiert daraus

$$\frac{\partial \underline{H}_y}{\partial x} = \left[\underline{D}_1 \cos(k\,x) - \underline{D}_2 \sin(k\,x)\right] \mathrm{e}^{-\underline{\gamma} z} = 0, \quad \text{für} \quad x = 0, d.$$

Somit erhalten wir als Lösung für das Magnetfeld

$$\underline{H}_y = \underline{H}_0 \cos(k_n\,x)\, \mathrm{e}^{-\underline{\gamma}\,z}$$

mit

$$k = k_n = \frac{n\pi}{d}, \quad n = 0, 1, 2, 3, \ldots,$$

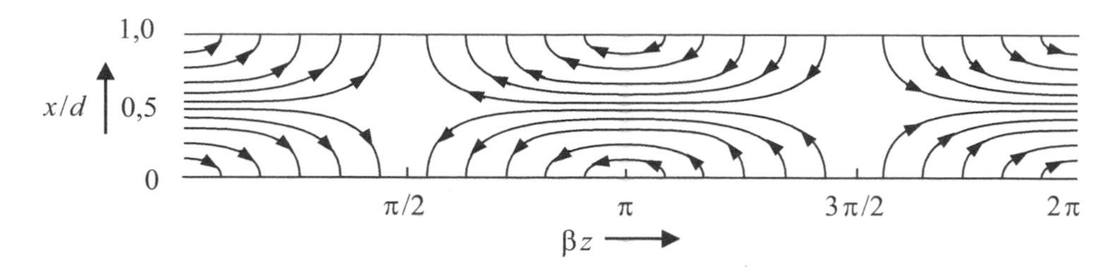

Abb. 7.7 Elektrische Feldlinien des TM_1-Modes ($\beta = \mathrm{Im}(\underline{\gamma})$)

Einsetzen von $\underline{H}_y$ in ($\underline{\mathrm{II}}'$) ergibt als Lösung für die beiden elektrischen Feldkomponenten der TM-Wellen

$$\underline{E}_x = \frac{\underline{\gamma}}{\mathrm{j}\omega\,\varepsilon}\,\underline{H}_0\,\cos(k_n\,x)\,\mathrm{e}^{-\underline{\gamma}\,z}$$

$$\underline{E}_z = \frac{\mathrm{j}\,k_n}{\omega\,\varepsilon}\,\underline{H}_0\,\sin(k_n\,x)\,\mathrm{e}^{-\underline{\gamma}\,z}.$$

Analog zu den TE-Wellen resultiert aus

$$\underline{\gamma}_n = \sqrt{\left(\frac{n\,\pi}{d}\right)^2 - \omega^2\mu\varepsilon}$$

für die unteren Grenzfrequenzen der TM-Wellen

$$\omega_{g,n}^{TM} = \frac{1}{\sqrt{\varepsilon\,\mu}}\,\frac{n\,\pi}{d}; \qquad n = 0, 1, 2, \ldots.$$

Bis auf die Ordnungszahl Null sind sie identisch zu den Grenzfrequenzen der TE-Wellen. Dies gilt nicht allgemein für andere Wellenleiter. Abb. 7.7 zeigt die E-Feldlinien des TM_1-Modes. Die magnetischen Feldlinien ($\underline{H}_y$) stehen senkrecht zur Zeichenebene (x-z-Ebene).

Betrachten wir nun den TM_0-Mode, so erhalten wir mit $n = 0$ aus dem allgemeinen Ergebnis für die Fortpflanzungskonstante und für die Feldkomponenten jeweils folgende Ausdrücke:

$$\underline{\gamma}_0 = \mathrm{j}\omega\sqrt{\mu\varepsilon}$$

$$\underline{H}_y = \underline{H}_0\mathrm{e}^{-\underline{\gamma}z}$$

$$\underline{E}_x = \sqrt{\frac{\mu}{\varepsilon}}\underline{H}_0\mathrm{e}^{-\underline{\gamma}z}$$

$$\underline{E}_y, \underline{E}_z, \underline{H}_x, \underline{H}_z = 0.$$

Es handelt sich also hierbei wie in Abb. 7.8 skizziert um eine TEM- bzw. ebene Welle, die in diesem Fall homogen ist, mit dem Feldwellenwiderstand

Abb. 7.8 TEM (TM_0)-Mode der Parallelplattenleitung

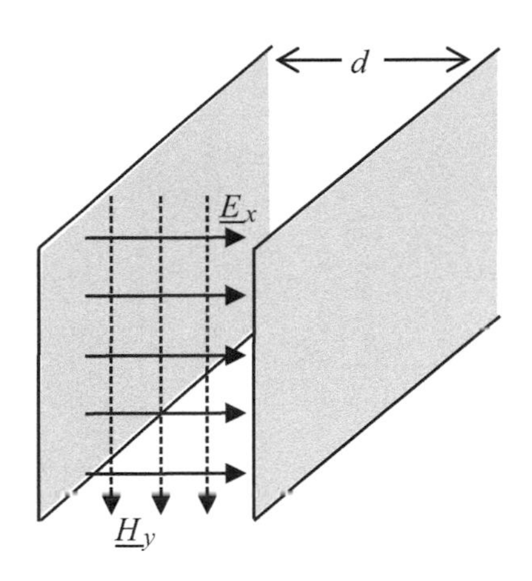

$$Z = \frac{\underline{E}_x}{\underline{H}_y} = \sqrt{\frac{\mu}{\varepsilon}}$$

und der Phasenkonstante des freien Raumes

$$\beta = \mathrm{Im}\,\{\gamma\} = \omega\,\sqrt{\mu\varepsilon}.$$

Der TEM-Mode hat als untere Grenzfrequenz Null und breitet sich als einzige Wellenform bis zur unteren Grenzfrequenz des TE_1 bzw. TM_1-Mode aus. Für eine reine TEM-Wellenausbreitung gilt also die Bedingung

$$\omega < \omega_{g,1}^{TE,TM} = \frac{1}{\sqrt{\varepsilon\mu}}\,\frac{\pi}{d} = \pi\frac{c}{d}.$$

Ausgedrückt durch die Freiraum-Wellenlänge $\lambda = c/f$ erhalten wir

$$d < \frac{\lambda}{2} \quad \text{(TEM-Bedingung).}$$

Innerhalb der Transversalebene entspricht das Feld der TEM-Welle dem elektrostatischen Feld im Plattenkondensator (Beispiel 2.6) bzw. dem magnetostatischen Feld zwischen zwei entgegengesetzt, vom gleichen Strom durchflossene Platten (Beispiel 4.4). Die Bedingung für die TEM-Welle ist also das Vorhandensein *zweier voneinander getrennte Elektroden*. Aus diesem Grund können sich in einem Hohlleiter (Abb. 7.3) keine TEM-Wellen ausbreiten.

Signalübertragungsverhalten
Insgesamt ist das Übertragungsverhalten der Parallelplattenleitung charakterisiert durch die Fortpflanzungskonstanten

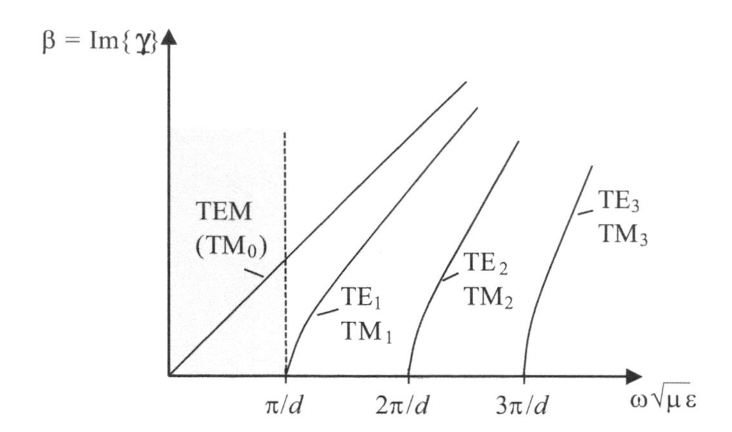

Abb. 7.9 Dispersionsdiagramm der verlustlosen Parallelplattenleitung

$$\underline{\gamma}_m^{TE,TM} = \sqrt{\left(\frac{m\,\pi}{d}\right)^2 - \omega^2\mu\varepsilon}, \quad m = 1, 2, 3, \ldots$$

einschließlich des TEM-Modes

$$\underline{\gamma}_0^{TM} = \underline{\gamma}^{TEM} = \mathrm{j}\omega\sqrt{\mu\varepsilon}.$$

Aufgetragen über der Frequenz ergibt sich das in Abb. 7.9 dargestellte *Dispersionsdiagramm*. Im Gegensatz zum TEM-Mode haben die höheren Moden eine nichtlineare Frequenzabhängigkeit. Kennzeichen dieses als *Dispersion* bezeichneten Verhaltens ist die gemäß

$$\beta = \frac{\omega}{v}$$

frequenzabhängige Phasengeschwindigkeit $v(\omega)$. Ein dispersives Übertragungsverhalten ist für die Signalübertragung unerwünscht, da die einzelnen harmonischen Anteile sich mit unterschiedlicher Phasengeschwindigkeit fortpflanzen und dadurch eine Verzerrung der Signalform mit zunehmender Leitungslänge eintritt. Demgegenüber bietet die TEM-Welle mit konstanter Phasengeschwindigkeit ein verzerrungsfreies Signalübertragungsverhalten. In einer *realen* TEM-Leitung ist die Dispersion verursacht durch Verluste nicht gänzlich zu vermeiden.

Ist die *Frequenzbandbreite* $\Delta\omega$ eines Signals nicht zu groß, lässt sich der Frequenzgang von $\beta(\omega)$ um die Mittenfrequenz ω_0 linearisieren (Abb. 7.10). Die Geschwindigkeit mit der sich das Signal als Gesamtheit seiner harmonischen Kompononenten (Wellengruppe) ausbreitet wird als Gruppengeschwindigkeit v_G bezeichnet und ergibt sich aus dem Kehrwert der Steigung:

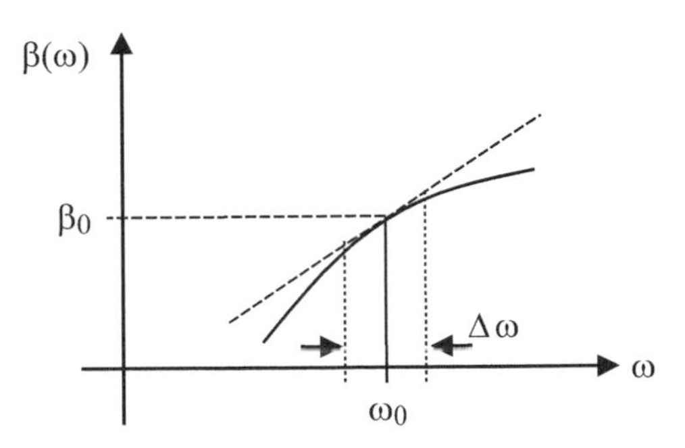

Abb. 7.10 Zur Definition der Gruppengeschwindigkeit v_G

$$v_G = \frac{1}{(\partial\beta/\partial\omega)} = \frac{\partial\omega}{\partial\beta} \quad \textit{Gruppengeschwindigkeit}.$$

Die Umkehrfunktion $\omega(\beta)$ des betreffendens Mediums wird auch *Dispersionsrelation* genannt.

Die Gruppengeschwindigkeit v_G gibt also die *Signal-Ausbreitungsgeschwindigkeit* an. Allgemein gilt $v_G < v$ in Übereinstimmung mit der speziellen Relativitätstheorie, da kein Signal sich schneller als mit der Lichtgeschwindigkeit $v = c$ des Mediums ausbreiten kann.

7.1.2 TEM-Leitungen

Eine der wichtigsten TEM-Leitungsgeometrien ist die Koaxialleitung mit Innen- und Außenradius r_i bzw. r_a (Abb. 7.11).

Die Lösung der Wellengleichung in Zylinderkoordinaten führt auf Bessel- und Neumannfunktionen. Unter Auslassung der Rechnung wollen wir hier nur die untere Frequenzgrenze des ersten höheren TE_1-Modes angeben:

$$\pi(r_i + r_a) < \lambda \quad \text{(TEM-Bedingungder Koaxialleitung)}.$$

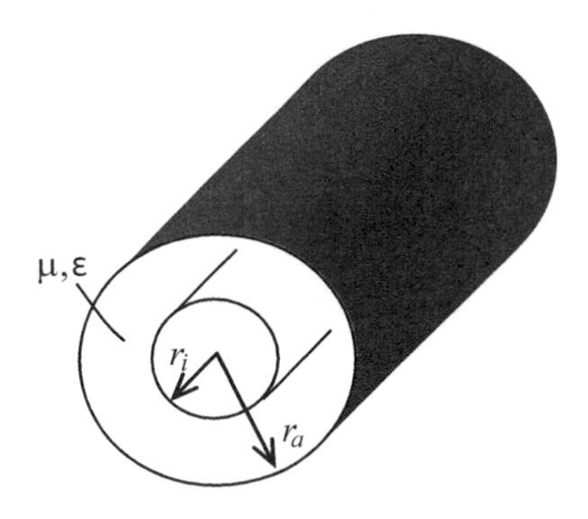

Abb. 7.11 Koaxialleitung

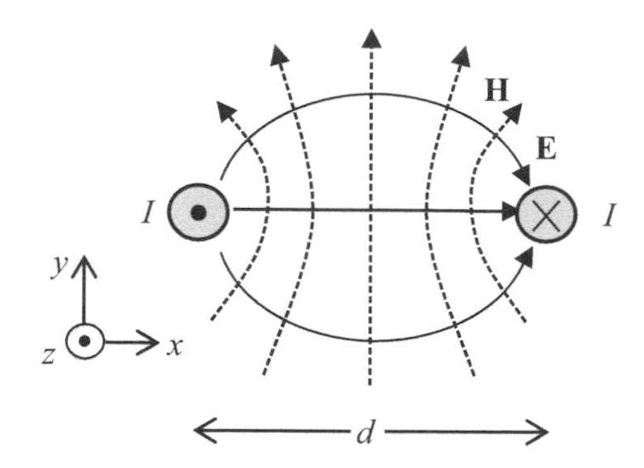

Abb. 7.12 TEM-Feld der Paralleldrahtleitung

Offensichtlich handelt es sich hierbei um den mittleren Umfang $2\pi(r_i+r_a)/2$, der kleiner als die Freiraumwellenlänge λ sein muss.

Die Bedingung für den reinen TEM-Betrieb sowohl bei der Parallelplattenleitung als auch bei der Koaxialleitung ist also, dass die maßgebliche *charakteristische Querschnittsabmessung* unterhalb einer bestimmten Grenze in der Größenordnung der Freiraumwellenlänge λ liegt. Der Wert hängt von der jeweiligen Querschnittsform ab und kann bei geschlossenem Wellenleiter exakt angegeben werden (wegen der unbegrenzten Abmessungen ist die Parallelplattenleitung als geschlossen zu betrachten).

Für den allgemeinen Fall – insbesondere bei offenen Leitungen – kann eine solche TEM-Frequenzgrenze nicht exakt angegeben werden, da mit steigender Frequenz bereits vor Einsetzen des ersten höheren Wellenmodes Feldkomponenten in Leitungsrichtung entstehen. Diese sind insbesondere auf die durch die elektromagnetische Abstrahlung verursachten Verluste zurückzuführen. Man spricht hierbei von Quasi-TEM-Wellenfeldern. Weitere Ursachen dafür können Leitungsverluste oder auch inhomogene Materialverteilungen zwischen den Leitern sein, wie dies bei der Mikrostreifenleitung der Fall ist.

Die Feldverhältnisse in einer offenen Leitung sollen am Beispiel einer verlustlosen Paralleldrahtleitung mit dem Drahtabstand d etwas genauer untersucht werden (Abb. 7.12). Bei Gleichspannung- bzw. Gleichstrombetrieb mit dem Hin- und Rückstrom I liegt zwischen den Leitern ein reines TEM-Feld vor, das aus einer jeweils statischen elektrischen und magnetischen Komponente besteht.

Bei *zeitabhängigem Betrieb* sind Ladungs- und Stromdichten in den Leitern und damit auch die Felder nicht mehr konstant. Dies gilt nicht nur zeitlich, sondern aufgrund des Kausalitätsprinzips auch örtlich entlang der Leitung. Wie in Abb. 7.13 skizziert, geht mit der elektromagnetischen Strahlung von der Leitung eine transversale Komponente des Poynting-Vektors $\mathbf{S}_T$ einher, die nicht wie $\mathbf{S}_z$ für den eigentlichen Leistungstransport in Leitungsrichtung zeigt (Vgl. Beispiel 1.2). Für das Bestehen von $\mathbf{S}_T$ muss deshalb mindestens eine der beiden Feldkomponenten, in unserem Beispiel die elektrische Feldstärke, eine Longitudinalkomponente ($\mathbf{E}_z$) aufweisen.

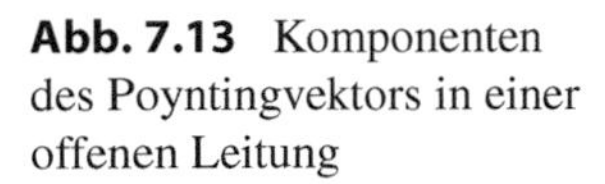

Abb. 7.13 Komponenten des Poyntingvektors in einer offenen Leitung

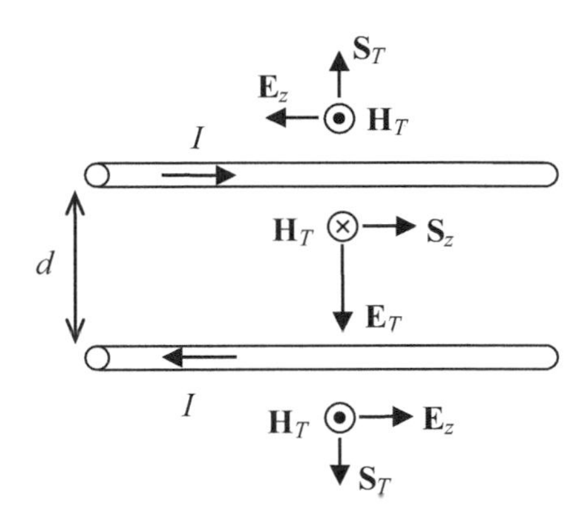

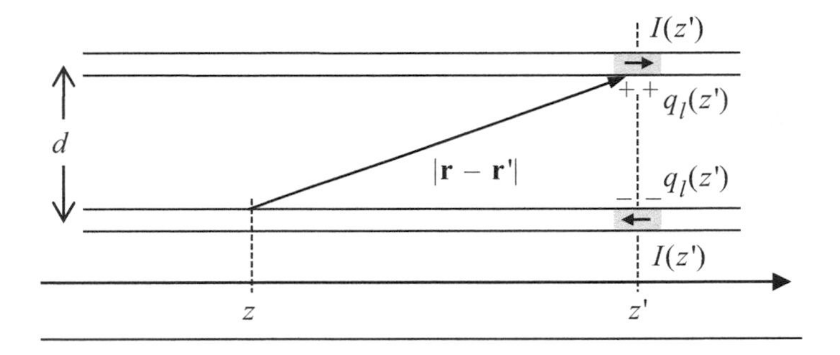

Abb. 7.14 Zur Berechnung des Feldes innerhalb einer TEM-Leitung mit charakteristischer Querabmessung d

Das elektromagnetische Feld in der Leitung ergibt sich aus den retardierten Potentialen, in der für zeitharmonische Vorgänge komplexen Form (6.34). Betrachten wir dazu beispielsweise das komplexe Skalarpotential $\underline{\varphi}(z)$, bei der die Integration über die ortsabhängige, komplexe Linienladungsdichte $\underline{q}_l\,(\mathbf{r}')$ entlang der beiden Leiter durchzuführen ist (Abb. 7.14). Hierbei stehen sich entgegengesetzte, gleich große Ströme wie auch Ladungsdichten $\pm\underline{q}_l\,(z')$ auf den beiden Leitern gegenüber. Fassen wir bei der Integration das Wegelement $\mathrm{d}z'$ für den unteren und oberen Leiter paarweise zusammen, so resultiert für das Potential beispielsweise auf dem unteren Leiter an der Stelle z

$$\underline{\varphi}(z) = \frac{1}{4\pi\varepsilon} \int \underline{q}_l(z') \left(\frac{\mathrm{e}^{-\mathrm{j}k\,\sqrt{(z-z')^2+d}}}{\sqrt{(z-z')^2+d}} - \frac{\mathrm{e}^{-\mathrm{j}k\,|z-z'|}}{|z-z'|} \right) \mathrm{d}z'.$$

Aus dem Integranden ist ersichtlich, dass sich die Wirkungen der beiden gegensätzlichen Ladungsdichten für $|z - z'| >> d$ zunehmend aufheben. Daraus folgt, dass das Feld in der Leitung allein durch die Ladungen in einem Raumbereich der Größenordnung d bestimmt wird. Für den Fall dass der Leiterabstand d elektrisch kurz ist, d. h. für

$$kd = \frac{2\pi}{\lambda} d \ll 1$$

ist die *Retardierung vernachlässigbar*, sodass das Feld zwar zeitabhängig ist, aber in seiner räumlichen Verteilung näherungsweise dem statischen Fall und damit einem TEM-Feld entspricht (Abb. 7.12).

▶ Sind die charakteristischen Querschnittsabmessungen einer Leitung $d \ll \lambda$, besteht auch im zeitabhängigen Fall in sehr guter Näherung ein TEM-Feld.

Als Zahlenbeispiel betrachten wir eine Paralleldrahtleitung in Luft bei einer Signalfrequenz $f = 300$ MHz. Die Wellenlänge $\lambda = c/f$ beträgt somit 1 m. Bei einem Drahtabstand von 1 mm ist das Verhältnis $d/\lambda = 10^{-3}$, sodass nahezu reine TEM-Verhältnisse vorliegen. Würden wir jedoch eine solche Frequenz beispielsweise über eine Mittelspannungs-Freileitung für die Energieversorgung mit einem Leiterabstand in der Größenordnung von einem Meter übertragen wollen, so wäre aufgrund von $d/\lambda = 1$ kaum mehr von einer TEM-Wellenausbreitung auszugehen. Dagegen liegen bei der für solche Leitungen üblichen Frequenz von 50 Hz ($\lambda = 6000$ km) wiederum perfekte TEM-Bedingungen vor. Für praktische Auslegungen kann folgende Grenze zugrunde gelegt werden:

$$d \lessapprox \frac{\lambda}{40} \dots \frac{\lambda}{10} \quad \text{TEM-Bedingung (praktische Grenze).}$$

7.2 TEM-Wellen auf Leitungen

Wir wollen die für die Ausbreitung von TEM-Wellen auf Leitungen maßgeblichen Gleichungen und ihre allgemeine Lösung untersuchen. Dabei sollen für den allgemeinen Fall auch Verluste einbezogen werden. Das sind zum einen ohmsche Verluste in den Leitern und zum anderen Ableitverluste in einem homogenen Medium zwischen den Leitern. Letztere können durch die Leitfähigkeit des Mediums entstehen, sind aber in der Regel bei Verwendung ausreichend guter Isolatoren auf Polarisationsverluste zurückzuführen, die bei zeitabhängigen Feldern entstehen.

7.2.1 Die Feldgleichungen

Bei einem Leiter mit einem nicht verschwindenden ohmschen Widerstand entsteht durch den Strom I in Leitungsrichtung ein entsprechender Spannungsabfall auf der Leiteroberfläche

$$\frac{-\partial U}{\partial z} = E_z \neq 0,$$

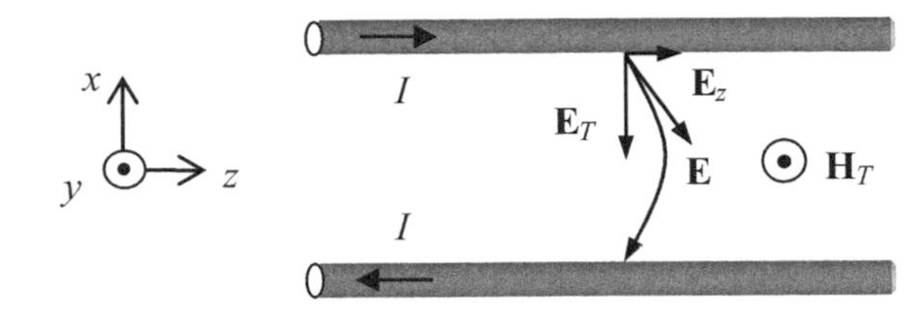

Abb. 7.15 Elektrische Längsfeldstärke bei verlustbehafteten Leitern

und damit eine Längskomponente des elektrischen Feldern E_z, sodass keine exakten TEM-Verhältnisse vorliegen können (Abb. 7.15).

Ausgehend von einem runden Leiter mit Radius a und längenbezogenem Widerstand R' ergibt sich unter Zugrundelegung des starken Skineffektes mit der Skintiefe $\delta < a$ (Abschn. 5.5.1)

$$E_z = R'I \approx \frac{I}{\kappa 2\pi a\delta}.$$

Das Transversalfeld $\mathbf{E}_T$ auf der Leiteroberfläche können wir mit dem Magnetfeld eines Linienstroms (4.22) und über den Feldwellenwiderstand (7.17) wie folgt abschätzen:

$$E_T \approx Z_F H_T \approx Z \frac{I}{2\pi a}.$$

Damit resultiert für das Verhältnis zwischen Längs- und Transversalkomponente des elektrischen Feldes

$$\frac{E_z}{E_T} \approx \frac{1}{\kappa\delta Z}.$$

Betrachten wir beispielsweise einen Kupferleiter ($\kappa = 5{,}6 \cdot 10^7$ S/m) in Luft innerhalb des Frequenzbereichs $f = 1$ MHz … 1 GHz. Nach (5.16) liegt die Skintiefe im Bereich $\delta \approx 66\,\mu$m … 2,1 μm und wir erhalten mit $Z \approx 377\ \Omega$ für das Feldstärkeverhältnis $E_z/E_T \approx 0{,}7 \cdot 10^{-6} \ldots 23 \cdot 10^{-6}$.

Die zusätzliche elektrische Längskomponente E_z ist also für übliche Leiter ausreichend klein, sodass in sehr guter Näherung von einem TEM-Feld ausgegangen werden kann. Wir wollen sie jedoch zur Erfassung der Leitungsverluste berücksichtigen und setzen $\mathbf{E} = \mathbf{E}_T + E_z\,\mathbf{e}_z$ in die (I)-te-Maxwell-Gleichung ein und erhalten unter der Annahme eines rein transversalen magnetischen Feldes $\mathbf{B}_T$ zunächst

$$\nabla \times \mathbf{E}_T + \nabla \times (E_z\mathbf{e}_z) = -\frac{\partial \mathbf{B}_T}{\partial t}. \tag{7.5}$$

Die Aufspaltung des Nabla-Operators in seinen transversalen und longitudinalen Anteil, d. h.

$$\nabla = \nabla_T + \mathbf{e}_z \frac{\partial}{\partial z}; \quad \text{mit} \quad \nabla_T = \mathbf{e}_x \frac{\partial}{\partial x} + \mathbf{e}_y \frac{\partial}{\partial y} \tag{7.6}$$

ergibt für die beiden Terme auf der linken Seite von (7.5)

$$\nabla \times \mathbf{E}_T = \nabla_T \times \mathbf{E}_T + \frac{\partial}{\partial z}\, \mathbf{e}_z \times \mathbf{E}_T$$

$$\nabla \times (E_z\mathbf{e}_z) = \nabla_T \times (E_z\mathbf{e}_z) + \frac{\partial}{\partial z} E_z\mathbf{e}_z \times \mathbf{e}_z.$$

Die transversale Rotation eines transversalen Vektors $\mathbf{a}_T$ ergibt allgemein einen Vektor in z-Richtung:

$$\nabla_T \times \mathbf{a}_T = \nabla_T \times \left(a_x\mathbf{e}_x + a_y\mathbf{e}_y\right) = \left(\frac{\partial a_y}{\partial x} - \frac{\partial a_x}{\partial y}\right)\mathbf{e}_z. \tag{7.7}$$

Daraus folgt

$$\nabla_T \times \mathbf{E}_T = \mathbf{0}, \tag{7.8}$$

da die rechte Seite von (7.5) nur transversale Komponenten enthält. Mit $\mathbf{e}_z \times \mathbf{e}_z = \mathbf{0}$ ergibt sich damit für (7.5)

$$\frac{\partial}{\partial z}\, \mathbf{e}_z \times \mathbf{E}_T + \nabla_T \times (E_z\mathbf{e}_z) = -\frac{\partial \mathbf{B}_T}{\partial t}. \tag{7.9}$$

Die Bildung des Kreuzproduktes mit $\mathbf{e}_z$ auf beiden Seiten der Gleichung ergibt durch Anwendung der Regel (A.12) für den ersten Term auf der linken Seite, allgemein ausgedrückt für einen transversalen Vektor $\mathbf{a}_T$

$$\mathbf{e}_z \times (\mathbf{e}_z \times \mathbf{a}_T) = \mathbf{e}_z(\mathbf{e}_z \cdot \mathbf{a}_T) - \mathbf{a}_T(\mathbf{e}_z \cdot \mathbf{e}_z) = -\mathbf{a}_T \tag{7.10}$$

und für den zweiten Term auf der linken Seite

$$\mathbf{e}_z \times \nabla_T \times (E_z\mathbf{e}_z) = \nabla_T(\mathbf{e}_z \cdot E_z\mathbf{e}_z) - E_z\mathbf{e}_z(\mathbf{e}_z \cdot \nabla_T).$$

Mit $\mathbf{e}_z \cdot \nabla_T = 0$ erhalten wir schließlich für die I-te Maxwell-Gleichung die Form

$$-\nabla_T\, E_z + \frac{\partial \mathbf{E}_T}{\partial z} = \frac{\partial}{\partial t}\mathbf{e}_z \times \mathbf{B}_T. \tag{7.11}$$

Die II-te Maxwell-Gleichung lautet mit der aufgespaltenen Form (7.6) des Nabla-Operators

$$\nabla_T \times \mathbf{H}_T + \mathbf{e}_z \times \frac{\partial \mathbf{H}_T}{\partial z} = \kappa\mathbf{E}_T + \varepsilon\, \frac{\partial \mathbf{E}_T}{\partial t}.$$

Wegen des rein transversalen Vektors auf der rechten Seite ($E_z << E_T$) gilt auch für das Magnetfeld

$$\nabla_T \times \mathbf{H}_T = \mathbf{0}. \tag{7.12}$$

Ausführung des Kreuzproduktes mit $\mathbf{e}_z$ auf beiden Seiten ergibt unter Anwendung von (7.10) für die II-te Maxwell-Gleichung die Form

$$-\frac{\partial \mathbf{H}_T}{\partial z} = \kappa(\mathbf{e}_z \times \mathbf{E}_T) + \varepsilon \frac{\partial}{\partial t}(\mathbf{e}_z \times \mathbf{E}_T). \tag{7.13}$$

Nach (7.8) und (7.12) ist die Flächenrotation der Felder in der Querschnittsebene Null, d. h.

$$\begin{aligned} \nabla_T \times \mathbf{E}_T = \mathbf{0} &\iff \mathbf{E}_T = -\nabla_T \phi \\ \nabla_T \times \mathbf{H}_T = \mathbf{0} &\iff \mathbf{H}_T = -\nabla_T \phi_m \end{aligned} \tag{7.14}$$

Die Transversalfelder sind also in jeder Querschnittsebene der Leitung wirbelfrei und resultieren gemäß der Identität (A.74) aus einem elektrischen bzw. magnetischen Skalarpotential ϕ bzw. ϕ_m. Die Kombination mit den Divergenzen (III) und (IV) ergibt in der Transversalebene jeweils eine Laplace-Gleichung für die Potentiale:

$$\begin{aligned} \Delta_T \phi &= 0 \\ \Delta_T \phi_m &= 0 \end{aligned} \quad \text{mit} \quad \Delta_T = \frac{\partial^2}{\partial x^2} + \frac{\partial^2}{\partial y^2}$$

▶ In jeder Querschnittsebene entspricht die *örtliche* Verteilung der zeitabhängigen TEM-Felder dem statischen Fall.

Betrachten wir nun die Ausbreitung der TEM-Felder in einer verlustlosen Leitung. Mit $E_z = 0$ und $\kappa = 0$ reduzieren sich die beiden Maxwell-Gleichungen (7.11) und (7.13) zu

$$\begin{aligned} \frac{\partial \mathbf{E}_T}{\partial z} &= \mu \frac{\partial}{\partial t}(\mathbf{e}_z \times \mathbf{H}_T) \\ \frac{\partial \mathbf{H}_T}{\partial z} &= -\varepsilon \frac{\partial}{\partial t}(\mathbf{e}_z \times \mathbf{E}_T). \end{aligned}$$

Die *Entkopplung* dieser beiden Gleichungen durch erneutes Ableiten nach z und ineinander Einsetzen liefert schließlich

$$\begin{aligned} \frac{\partial^2 \mathbf{E}_T}{\partial z^2} - \mu\varepsilon \frac{\partial^2 \mathbf{E}_T}{\partial t^2} &= \mathbf{0} \\ \frac{\partial^2 \mathbf{H}_T}{\partial z^2} - \mu\varepsilon \frac{\partial^2 \mathbf{H}_T}{\partial t^2} &= \mathbf{0}. \end{aligned} \tag{7.15}$$

Wir erhalten somit die Wellengleichung für eine ebene Welle aus Abschn. 6.1.1. Sie gelten für eine beliebige inhomogene ebene Welle, bei der die Feldvektoren zwar in der Querschnittsebene ortsabhängig sein können, aber entlang der Leitung in ihrer Schwingungsrichtung unveränderlich sind (Abb. 7.12). Insofern stellt das TEM-Feld in der Parallelplattenleitung (Abb. 7.8) den Spezialfall einer homogenen ebenen Welle dar.

Die allgemeine Lösung der Wellengleichung hat demzufolge die d'Alembertsche Form (6.19)

$$\begin{aligned} \mathbf{E}_T(z,t) &= \mathbf{E}_T^+(t - z/v) + \mathbf{E}_T^-(t + z/v) \\ \mathbf{H}_T(z,t) &= \mathbf{H}_T^+(t - z/v) + \mathbf{H}_T^-(t + z/v) \end{aligned} \tag{7.16}$$

bestehend aus einer hin- und rücklaufenden Welle, die sich jeweils mit der Phasengeschwindigkeit (6.9)

$$v = \frac{1}{\sqrt{\mu\ \varepsilon}}$$

entlang der Leitung bewegen.

Aus der obigen verlustlosen TEM-Form der Maxwell-Gleichung (7.9)

$$\frac{\partial}{\partial z}\, \mathbf{e}_z \times \mathbf{E}_T = -\frac{\partial \mathbf{B}_T}{\partial t}$$

erhalten wir beispielsweise für eine in positive z-Richtung fortschreitende Welle durch Einsetzen des d'Alembertschen Terms mit $u = t - z/v$ für die linke Seite

$$\mathbf{e}_z \times \frac{\partial \mathbf{E}_T^+}{\partial z} = \mathbf{e}_z \times \frac{\partial \mathbf{E}_T^+}{\partial u}\frac{\partial u}{\partial z} = -\frac{1}{v}\frac{\partial}{\partial u}\mathbf{e}_z \times \mathbf{E}_T^+$$

und für die rechte Seite

$$-\mu\frac{\partial \mathbf{H}_T^+}{\partial t} = -\mu\frac{\partial \mathbf{H}_T^+}{\partial u}\frac{\partial u}{\partial t} = -\frac{\partial}{\partial u}\mu\, \mathbf{H}_T^+ .$$

Daraus folgt durch Gleichsetzen

$$\mathbf{e}_z \times \mathbf{E}_T^+ = v\mu\mathbf{H}_T^+ = \sqrt{\frac{\mu}{\varepsilon}}\, \mathbf{H}_T^+ .$$

In Übereinstimmung mit den in Abschn. 6.1.1 beschriebenen Eigenschaften von ebenen Wellen im freien Raum, sind auch die durch eine Leitung geführten TEM-Felder fest über die Feldwellenwiderstand

$$Z = \sqrt{\frac{\mu}{\varepsilon}} = \frac{|\ \mathbf{E}_T^+\ |}{|\ \mathbf{H}_T^+\ |} = \frac{|\ \mathbf{E}_T^-\ |}{|\ \mathbf{H}_T^-\ |} \tag{7.17}$$

miteinander verknüpft, unabhängig von der Leitungsgeometrie. Gleiches gilt entsprechend für die Felder der rücklaufenden Welle.

7.2.2 Die Leitungsgleichungen

Wir wollen nun aus den beiden Maxwell-Gleichungen (7.11) und (7.13) die maßgeblichen Gleichungen für den Strom und die Spannung entlang der Leitung durch Integration bestimmen.

1.te Leitungsgleichung
Integration der I-ten Maxwell-Gleichung (7.11)

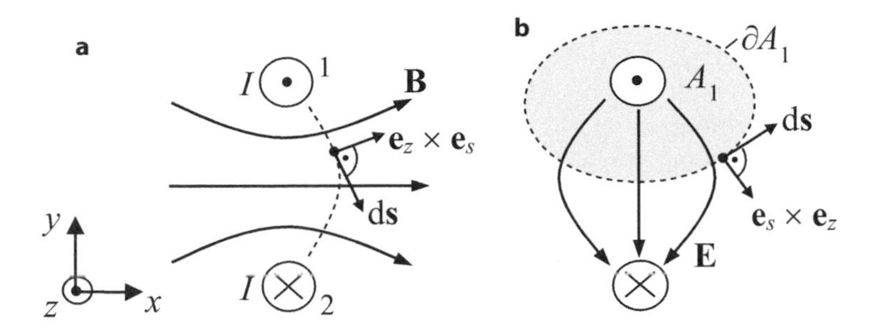

Abb. 7.16 Zur Ableitung der Leitungsgleichungen durch Integration in der Querschnittsebene

$$-\nabla_T E_z + \frac{\partial \mathbf{E}_T}{\partial z} = \frac{\partial}{\partial t}\mathbf{e}_z \times \mathbf{B}_T$$

auf beide Seiten entlang eines beliebigen Pfades von Leiter 1 nach Leiter 2 innerhalb der Querschnittsebene (Abb. 7.16a) ergibt für den ersten Term auf der linken Seite mit der Regel (A.78)

$$\int_1^2 \nabla_T\, E_z \cdot \mathrm{d}\mathbf{s} = E_{z,2} - E_{z,1}.$$

Die beiden Feldstärken entsprechen den längenbezogenen Spannungsabfällen im Leiter 1 und 2. Durch Zusammenfassen des *Widerstandsbelags* $R' = R'_1 + R'_2$ beider Leiter erhalten wir

$$E_{z,1} - E_{z,2} = IR_1{}' - (-I)R_2{}' = I\left(R_1{}' + R_2{}'\right) = IR'.$$

Die Integration des zweiten Terms in (7.11) ergibt aufgrund der Wirbelfreiheit von $\mathbf{E}_T$ (7.14) und der Regel (A.78) die Spannung zwischen den Leitern:

$$\int_1^2 \mathbf{E}_T \cdot \mathrm{d}\mathbf{s} = \int_1^2 \nabla_T\phi \cdot \mathrm{d}\mathbf{s} = (\phi_1 - \phi_2) = U.$$

Zur Integration des rechten Terms in (7.11) führen wir zunächst eine zyklische Vertauschung durch (A.11) und erhalten nach Umkehrung des Kreuzproduktes mit $\mathrm{d}\mathbf{s} = \mathrm{d}s\mathbf{e}_s$

$$\int_1^2 (\mathbf{e}_z \times \mathbf{B}_T) \cdot \mathrm{d}\mathbf{s} = -\int_1^2 \mathbf{B}_T \cdot (\mathbf{e}_z \times \mathbf{e}_s)\mathrm{d}s = \Phi'_m = IL'.$$

Hierbei steht der Vektor $\mathbf{e}_z \times \mathbf{e}_s$ senkrecht auf dem Integrationspfad, durch den der gesamte, auf die Länge bezogene magnetische Fluss Φ'_m hindurchtritt. Nach (4.52) steht dieser mit dem *Induktivitätsbelag* L' der Leitung und dem Strom I gemäß $L' = \Phi'_m/I$ in Beziehung. Einsetzen der drei Integrale in (7.11) ergibt schließlich

$$\frac{\partial U}{\partial z} = -I\,R' - L'\,\frac{\partial I}{\partial t} \quad 1.te\ Leitungsgleichung. \tag{7.18}$$

2.te Leitungsgleichung

Die Integration der II-ten Maxwell-Gleichung (7.13)

$$-\frac{\partial \mathbf{H}_T}{\partial z} = \kappa(\mathbf{e}_z \times \mathbf{E}_T) + \varepsilon\frac{\partial}{\partial t}(\mathbf{e}_z \times \mathbf{E}_T)$$

entlang eines geschlossenen Pfades in der Querschnittsebene, z. B. um Leiter 1 (Abb. 7.16b) ergibt für den ersten Term bei Fehlen eines z-gerichteten Verschiebungsstromes ($D_z = \varepsilon E_z = 0$) gemäß dem Ampèreschen Durchflutungsgesetz (II', Kap. 4)

$$\oint\limits_{\partial A_1} \mathbf{H}_T \cdot \mathrm{d}\mathbf{s} = I.$$

Die Integration des zweiten Terms in (7.13) ergibt nach zyklischer Vertauschung (A.11) mit $\mathrm{d}\mathbf{s} = \mathrm{d}s\,\mathbf{e}_s$

$$\kappa\oint\limits_{\partial A_1} (\mathbf{e}_z \times \mathbf{E}_T) \cdot \mathrm{d}\mathbf{s} = \kappa\oint\limits_{\partial A_1} \mathbf{E}_T \cdot (\mathbf{e}_s \times \mathbf{e}_z)\mathrm{d}s = \oint\limits_{\partial A_1} \mathbf{J}_T \cdot (\mathbf{e}_s \times \mathbf{e}_z)\mathrm{d}s.$$

Der Vektor $\mathbf{e}_z \times \mathbf{e}_s$ steht senkrecht auf dem Integrationspfad, sodass das Integral den längenbezogenen Ableitstrom von Leiter 1 nach 2 ergibt. Ausgedrückt durch den *Querleitwertbelag* G' zwischen den Leitern erhalten wir nach dem Ohmschen Gesetz (3.7)

$$\oint\limits_{\partial A_1} \mathbf{J}_T \cdot (\mathbf{e}_s \times \mathbf{e}_z)\mathrm{d}s = UG'.$$

In analoger Weise liefert die Integration des dritten Terms in (7.13)

$$\varepsilon\oint\limits_{\partial A_1} (\mathbf{e}_z \times \mathbf{E}_T) \cdot \mathrm{d}\mathbf{s} = \oint\limits_{\partial A_1} \mathbf{D}_T \cdot (\mathbf{e}_s \times \mathbf{e}_z)\mathrm{d}s = Q' = UC'$$

gemäß Gausschem Gesetz (III) die längenbezogene Ladung Q' auf dem Leiter, ausgedrückt durch den *Kapazitätsbelag* $C' = Q'/U$ (2.42).

Einsetzen der drei Integrallösungen in (7.13) ergibt schließlich

$$\frac{\partial I}{\partial z} = -UG' - C'\,\frac{\partial U}{\partial t} \quad 2.te\ Leitungsgleichung. \tag{7.19}$$

Für homogene Medien erhalten wir den zu (3.11) identischen, längenbezogenen Zusammenhang

$$\frac{C'}{G'} = \frac{\frac{1}{U}\varepsilon \oint\limits_{\partial A_1} (\mathbf{e}_z \times \mathbf{E}_T) \cdot \mathrm{d}\mathbf{s}}{\frac{1}{U}\kappa \oint\limits_{\partial A_1} (\mathbf{e}_z \times \mathbf{E}_T) \cdot \mathrm{d}\mathbf{s}} = \frac{\varepsilon}{\kappa}.$$

Differentielles Ersatzschaltbild

Die aus den Maxwell-Gleichungen abgeleiteten Leitungsgleichungen (7.18) und (7.19) beschreiben bei Kenntnis aller *primären Leitungsparameter* R', L', G', C' das dynamische Verhalten einer Leitung vollständig. Die netzwerkmäßige Interpretation der Leitungsgleichungen ergibt sich, indem wir beide Gleichungen mit dem differentiellen Längenabschnitt $\mathrm{d}z$ multiplizieren. Wir erhalten für die Spannungsänderung über $\mathrm{d}z$

$$\mathrm{d}U = -IR'\mathrm{d}z - L'\mathrm{d}z\frac{\partial I}{\partial t}$$

und für die Stromänderung über $\mathrm{d}z$

$$\mathrm{d}I = -UG'\,\mathrm{d}z - C'\mathrm{d}z\,\frac{\partial U}{\partial t}.$$

Nach dem Maschen- und Knotensatz der Kirchhoffschen Regeln (1.87), (1.88) resultiert daraus das in Abb. 7.17 dargestellte Ersatzschaltbild für einen infinitesimalen Leitungsabschnitt $\mathrm{d}z$.

Entsprechend Abb. 7.17 kann eine Leitung als eine Hintereinanderschaltung unendlich vieler solcher Ersatzschaltbilder verstanden werden. Tatsächlich lässt sich für einen ausreichend kurzen Leitungsabschnitt der Länge Δs ein solches Ersatzschaltbild als Näherungsmodell ansetzen (siehe Abschn. 7.4.3) bzw. mehrere Elemente kaskadieren.

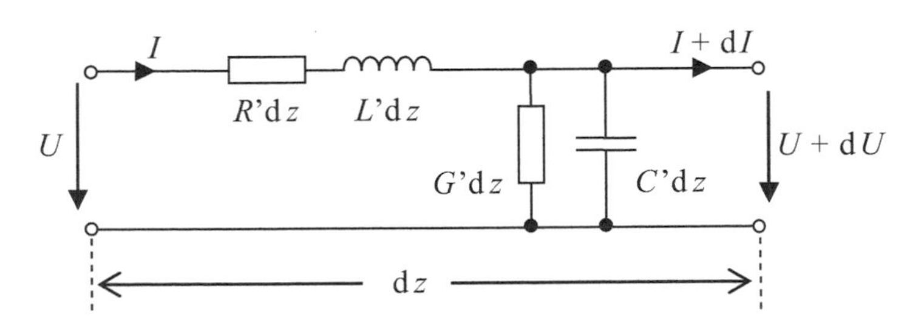

Abb. 7.17 Differentielles Ersatzschaltbild der verlustbehafteten Leitung

7.2.3 Strom- und Spannungswellen

Beide Leitungsgleichungen (7.18) und (7.19) enthalten jeweils Strom und Spannung. Um sie zu entkoppeln, differenzieren wir sie jeweils nach z und erhalten nach ineinander einsetzten

$$\begin{aligned}\frac{\partial^2 U}{\partial z^2} &= R'G'U + \left(R'C' + L'G'\right)\frac{\partial U}{\partial t} + L'C'\frac{\partial^2 U}{\partial t^2} \\ \frac{\partial^2 I}{\partial z^2} &= R'G'I + \left(R'C' + L'G'\right)\frac{\partial I}{\partial t} + L'C'\frac{\partial^2 I}{\partial t^2}\end{aligned} \quad \textit{Telegrafengleichungen.} \tag{7.20}$$

Diese als Telegrafengleichungen bezeichneten partiellen Differentialgleichungen 2. Ordnung stellen eine allgemeinere Form der einfachen Wellengleichungen (7.15) dar. Ihre zeitabhängige Lösung ist nicht in der einfachen d'Alembertschen Form (7.16) darstellbar und man muss im Allgemeinen auf numerischen Methoden ausweichen. In Analogie zu den Netzwerken können wir jedoch für zeitharmonische (stationäre) Vorgänge mit der Kreisfrequenz ω auf die komplexe Form übergehen, bei der die Zeitableitungen gemäß

$$\frac{\partial U}{\partial t} \to \mathrm{j}\omega \underline{U}, \quad \frac{\partial^2 U}{\partial t^2} \to -\omega^2 \underline{U}$$

eliminiert werden können. Damit erhalten wir für die komplexe Amplitude von Spannung bzw. Strom die folgenden komplexen Wellengleichungen

$$\begin{aligned}\frac{\partial^2 \underline{U}}{\partial z^2} - \underline{\gamma}^2\,\underline{U} &= 0 \\ \frac{\partial^2 \underline{I}}{\partial z^2} - \underline{\gamma}^2\,\underline{I} &= 0\end{aligned} \quad \begin{aligned}&\textit{komplexe Wellengleichung} \\ &\textit{der verlustbehafteten Leitung}\end{aligned} \tag{7.21}$$

Hierbei ist

$$\underline{\gamma} = \alpha + \mathrm{j}\beta = \sqrt{(R' + \mathrm{j}\omega L')(G' + \mathrm{j}\omega C')} \tag{7.22}$$

die *komplexe Wellenzahl (Fortpflanzungskonstante)* der Leitung mit

α: *Dämpfungskonstante*

β: *Phasenkonstante.*

Der Vorteil der komplexen Wellengleichung (7.21) ist, dass ihre Lösung die *stationäre d'Alembertsche Form*

$$\begin{aligned}\begin{pmatrix}\underline{U}(z) \\ \underline{I}(z)\end{pmatrix} &= \begin{pmatrix}\underline{U}^+ \\ \underline{I}^+\end{pmatrix}\mathrm{e}^{-\underline{\gamma}z} + \begin{pmatrix}\underline{U}^- \\ \underline{I}^-\end{pmatrix}\mathrm{e}^{+\underline{\gamma}z} \\ &= \begin{pmatrix}\underline{U}^+ \\ \underline{I}^+\end{pmatrix}\mathrm{e}^{-\alpha z}\mathrm{e}^{-\mathrm{j}\beta z} + \begin{pmatrix}\underline{U}^- \\ \underline{I}^-\end{pmatrix}\mathrm{e}^{+\alpha z}\mathrm{e}^{+\mathrm{j}\beta z}\end{aligned} \tag{7.23}$$

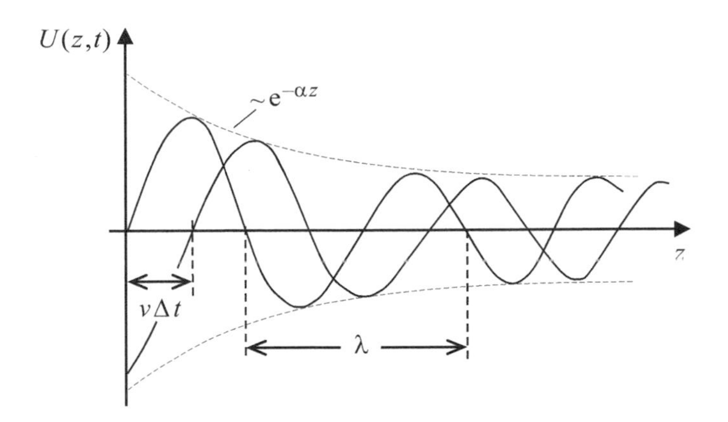

Abb. 7.18 Gedämpfte harmonische Welle zu zwei Zeitpunkten mit der Differenz Δt

einer *gedämpften hin- und rücklaufenden Welle* besitzt, wie sich durch Einsetzen in (7.21) direkt zeigen lässt. Betrachten wir dazu beispielsweise eine in positive z-Richtung fortschreitende Welle (Abb. 7.18)

$$U(z,t) = \mathrm{Re}\left\{\underline{U}^+ \, \mathrm{e}^{\mathrm{j}\omega t - \underline{\gamma} z}\right\} = \widehat{U}^+ \mathrm{e}^{-\alpha z} \cos(\omega t - \beta z + \varphi).$$

Die in Fortpflanzungsrichtung abklingende Amplitude wird durch die Einhüllende *(Enveloppe)* ~ $\mathrm{e}^{-\alpha z}$ bestimmt, während die Phasengeschwindigkeit v bzw. die Wellenlänge $\lambda = 2\pi/\beta$ durch die Phasenkonstante β festgelegt wird.

Dadurch dass die Strom- und Spannungswellen integrale Größen der Wellenfelder sind und diese wiederum fest über den Feldwellenwiderstand des Mediums (7.17) verknüpft sind, muss es auch zwischen den Strom- und Spannungsamplituden der hin- und rücklaufende Welle eine entsprechende Beziehung geben. Einsetzen der allgemeinen Lösung (7.23) für Strom und Spannung in die komplexe Form der 1ten Leitungsgleichung (7.18) ergibt nach Ausführung der z-Differentiation

$$-\underline{\gamma}\left(\underline{U}^+ \mathrm{e}^{-\underline{\gamma} z} - \underline{U}^- \mathrm{e}^{+\underline{\gamma} z}\right) = -\left(R' + \mathrm{j}\omega L'\right)\left(\underline{I}^+ \mathrm{e}^{-\underline{\gamma} z} + \underline{I}^- \mathrm{e}^{+\underline{\gamma} z}\right).$$

Dem Koeffizientenvergleich der beiden unabhängigen Wellenausdrücke entnehmen wir direkt

$$\frac{\underline{U}^+}{\underline{I}^+} = -\frac{\underline{U}^-}{\underline{I}^-} = \frac{R' + \mathrm{j}\omega L'}{\underline{\gamma}} = \sqrt{\frac{R' + \mathrm{j}\omega L'}{G' + \mathrm{j}\omega C'}}.$$

Die Strom- und Spannungsamplituden der hin- und rücklaufenden Welle stehen also über den *komplexen(Leitungs-)Wellenwiderstand*

$$\underline{Z}_w = \frac{R' + \mathrm{j}\omega L'}{\underline{\gamma}} = \sqrt{\frac{R' + \mathrm{j}\omega L'}{G' + \mathrm{j}\omega C'}} \tag{7.24}$$

in einem festen Verhältnis zueinander. Es genügt somit nach (7.23) nur die Lösung der Spannungs- oder Stromamplituden, z. B.

$$\underline{U}(z) = \underline{U}^+ \, \mathrm{e}^{-\underline{\gamma} z} + \underline{U}^- \, \mathrm{e}^{+\underline{\gamma} z}$$

$$\underline{I}(z) = \frac{\underline{U}^+}{\underline{Z}_w} \, \mathrm{e}^{-\underline{\gamma} z} - \frac{\underline{U}^-}{\underline{Z}_w} \, \mathrm{e}^{+\underline{\gamma} z}.$$

Aufgrund der geometrieabhängigen Leitungsparameter hängt der Leitungswellenwiderstand im Gegensatz zum Feldwellenwiderstand (7.17) nicht nur vom Medium, sondern auch von der Leitergeometrie ab.

▶ Das dynamische Verhalten einer Leitung ist vollständig bestimmt durch die primären Leitungskonstanten R', L', G', C' oder durch die sekundären komplexen Leitungskonstanten $\underline{Z}_w$, $\underline{\gamma}$.

Sind die Verluste einer Leitung vernachlässigbar klein, so vereinfachen sich die Telegrafengleichungen mit $R' = G' = 0$ zu den einfachen Wellengleichungen

$$\begin{aligned} \frac{\partial^2 U}{\partial z^2} &= L'C' \frac{\partial^2 U}{\partial t^2} \\ \frac{\partial^2 I}{\partial z^2} &= L'C' \frac{\partial^2 I}{\partial t^2}. \end{aligned} \tag{7.25}$$

Über das Produkt $L'C' = 1/v^2$ ist die Phasengeschwindigkeit der Strom- und Spannungswellen definiert. Da sie aus den Feldern der verlustlosen Wellengleichung (7.15) hervorgehen, die sich mit der Lichtgeschwindigkeit des Mediums ausbreiten, kürzt sich offensichtlich die Geometrieabhängigkeit im Produkt $L'C'$ heraus und es gilt

$$v = \frac{1}{\sqrt{L'C'}} = \frac{1}{\sqrt{\mu\varepsilon}}. \tag{7.26}$$

Der Leitungswellenwiderstand (7.24) ist im verlustlosen Fall *reell*:

$$Z_w = \sqrt{\frac{L'}{C'}}. \tag{7.27}$$

Bei Kenntnis der rein materialabhängigen Phasengeschwindigkeit v (7.26) genügt zur Berechnung des Leitungswellenwiderstandes Z_w somit nur die Bestimmung eines der beiden Leitungsbeläge L' oder C', d. h:

$$Z_w = L'v = \frac{1}{vC'}.$$

Die zeitabhängige Lösung von (7.25) kann entsprechend (7.16) in der d'Alembertschen Form mit *ungedämpften hin- und rücklaufenden Wellen* angesetzt werden:

$$\begin{aligned} U(z,t) &= U^+(t - z/v) + U^-(t + z/v) \\ I(z,t) &= \frac{U^+}{Z_w}(t - z/v) - \frac{U^-}{Z_w}(t + z/v). \end{aligned}$$

Für den stationären (zeitharmonischen) Fall gehen die komplexen Wellengleichungen (7.21) über in die sog. *Helmholtz-Gleichungen*:

$$\begin{aligned} \frac{\partial^2 \underline{U}}{\partial z^2} + \beta^2 \underline{U} &= 0 \\ \frac{\partial^2 \underline{I}}{\partial z^2} + \beta^2 \underline{I} &= 0, \end{aligned} \tag{7.28}$$

mit der Phasenkonstante der verlustlosen Leitung

$$\beta = \frac{\omega}{v} = \omega\sqrt{L'C'}. \tag{7.29}$$

Die stationäre Lösung (7.23) reduziert sich entsprechend zu

$$\begin{aligned} \underline{U}(z) &= \underline{U}^+ \mathrm{e}^{-\mathrm{j}\beta z} + \underline{U}^- \mathrm{e}^{+\mathrm{j}\beta z} \\ \underline{I}(z) &= \frac{\underline{U}^+}{Z_w}\mathrm{e}^{-\mathrm{j}\beta z} - \frac{\underline{U}^-}{Z_w}\mathrm{e}^{+\mathrm{j}\beta z}. \end{aligned} \tag{7.30}$$

Beispiel 7.1: Leitungswellenwiderstand der Parallelplattenleitung

Betrachtet wird eine ideal leitfähige Parallelplattenleitung nach Abb. 7.8 mit Plattenabstand d und einer Plattenbreite w. Unter der Voraussetzung $d \ll w$ seien Randeffekte vernachlässigt, d. h. es wird ein homogenes Feld zwischen den Platten angenommen. In diesem Fall erhält man beispielsweise für den Kapazitätsbelag C' nach der Gl. (2.46) des idealen Plattenkondensators

$$C' = \varepsilon\frac{w}{d}.$$

Daraus folgt

$$Z_w = \frac{1}{vC'} = \frac{\sqrt{\mu\varepsilon}}{C'} = \sqrt{\frac{\mu}{\varepsilon}}\frac{d}{w} = Z\frac{d}{w}.$$

Für den Induktivitätsbelag erhalten wir umgekehrt

◀
$$L' = \frac{Z_w}{v} = \mu \frac{d}{w}.$$

7.3 Instationäre Vorgänge

In vielen praktischen Fällen ist der Zeitverlauf von Spannung und Strom während eines Schaltvorgangs über eine Leitung zu ermitteln. Analog zu den Netzwerken mit Energiespeichern geht die Leitung erst nach einer ausreichend langen Zeit in den stationären (eingeschwungenen) Zustand über.

Die wesentlichen Erscheinungen bei instationären Vorgängen können an der *verlustlosen (dispersionsfreien) Leitung* am einfachsten studiert werden. Nach Abschn. 7.2.3 ist in diesem Fall die Wellengleichung zugrunde zu legen, z. B. für die Spannung

$$\frac{\partial^2 U(z,t)}{\partial z^2} - \frac{1}{v^2}\frac{\partial^2 U(z,t)}{\partial t^2} = 0 \tag{7.31}$$

mit der Phasengeschwindigkeit der Leitung

$$v = \frac{1}{\sqrt{\mu\varepsilon}}. \tag{7.32}$$

Die allgemeine Lösung nach d'Alembert

$$\begin{aligned} U(z,t) &= U^+(t - z/v) + U^-(t + z/v) \\ I(z,t) &= \frac{U^+}{Z_w}(t - z/v) - \frac{U^-}{Z_w}(t + z/v). \end{aligned} \tag{7.33}$$

kann über den Leitungswellenwiderstand

$$Z_w = \sqrt{\frac{L'}{C'}} \tag{7.34}$$

auf die Bestimmung nur einer der beiden Zustandsgrößen Spannung bzw. Strom reduziert werden.

Die Gestalt der hin- und rücklaufenden Wellen wird von den Anfangsbedingungen ($t = 0$) und den Randbedingungen an den beiden Leitungsenden ($z = 0,\ l$) bestimmt. Es liegt also eine sog. *Anfangs- Randwertaufgabe* vor, beispielsweise mit den Anfangsbedingungen

$$U(z, t = 0), \frac{\partial U(z, t = 0)}{\partial t} \quad \text{bzw. } I(z, t = 0)$$

und den Randbedingungen

$$U(z = 0, t), U(z = l, t).$$

7.3.1 Einschaltvorgang in einer unbegrenzten Leitung

Als einfachstes aber grundlegendes Beispiel eines instationären Vorgangs wollen wir das Einschalten einer Gleichspannungsquelle U_0 mit Innenwiderstand R_0 zum Zeitpunkt $t = 0$ betrachten (Abb. 7.19). Die Leitung sei bis zum diesem Zeitpunkt strom- und spannungslos, d. h. es gelten die Anfangsbedingungen

$$U(z,0) = I(z,0) = 0.$$

Hinsichtlich der Randbedingungen können wir aufgrund der unbegrenzten Länge der Leitung eine in negative z-Richtung laufende Welle ausschließen, d. h. $U^- = 0$ und setzen für den Leitungsanfang bei $z = 0$ an:

$$\begin{aligned} U(z=0,t) = U^+(t) &= U_0\sigma(t) - I^+(t)R_0 \\ &= U_0\sigma(t) - \frac{U^+(t)}{Z_w}R_0. \end{aligned}$$

Hierbei machen wir Gebrauch von der Einheits-Sprungfunktion (Heaviside-Funktion)

$$\sigma(t) = \begin{cases} 0; & t < 0 \\ 1; & t \geq 0. \end{cases} \tag{7.35}$$

Die Auflösung nach der hinlaufenden Spannungswelle am Leitungsanfang ergibt

$$U^+(t) = \frac{U_0}{1 + R_0/Z_w}\,\sigma(t), \tag{7.36}$$

entsprechend einem Spannungsteiler, bestehend aus dem Innenwiderstand der Spannungsquelle R_0 und dem Leitungs-Wellenwiderstand Z_w. Wie in Abb. 7.20 dargestellt, wird die Leitung „aus Sicht der Quelle" somit durch den Widerstand Z_w repräsentiert.

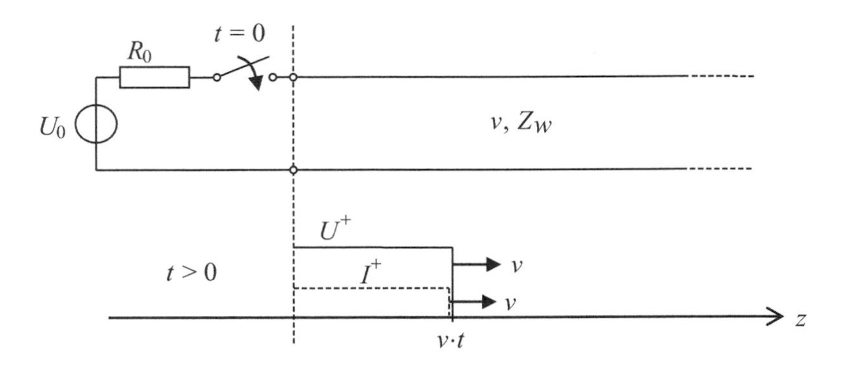

Abb. 7.19 Einfacher Einschaltvorgang in einer unendlich langen Leitung

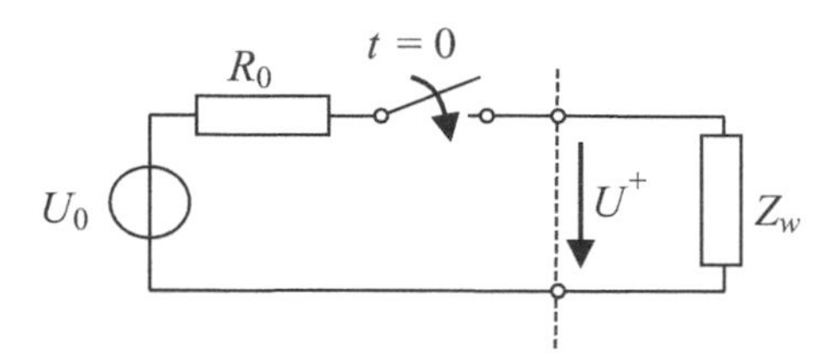

Abb. 7.20 Ersatzschaltbild für den Einschaltvorgang an einer unbegrenzten Leitung

Für jeden anderen Punkt $z > 0$ auf der Leitung können wir das Argument t gemäß der d'Alembertschen Form (7.33) verschieben und erhalten für Spannung und Strom entlang der Leitung jeweils die Lösung

$$U(z,t) = \frac{U_0}{1 + R_0/Z_w}\,\sigma(t - z/v)$$

$$I(z,t) = \frac{U^+(z,t)}{Z_w} = \frac{U_0}{Z_w + R_0}\,\sigma(t - z/v).$$

Wie in Abb. 7.19 skizziert, pflanzt sich eine Spannungs- und Stromwelle mit der Phasengeschwindigkeit v entlang der Leitung fort. Dementsprechend sind die Wellenfronten zum Zeitpunkt $t > 0$ an der Stelle $z = vt$ in der Leitung angelangt. Jenseits von diesem Punkt ist die Leitung zu diesem Zeitpunkt noch strom- und spannungslos.

7.3.2 Reflexion und Brechung

Wir wollen nun das Auftreffen einer Wellenfront an einem Leitungsende betrachten, das mit einer Lastimpedanz Z_L abgeschlossen ist (Abb. 7.21). Für die auftreffende Welle, wie z. B. die im vorangehenden Abschnitt beschriebene hinlaufende Welle mit der Spannung U^+ und dem Strom I^+ gilt auf der Leitung gemäß der Definition des Leitungs-Wellenwiderstands

$$\frac{U^+}{I^+} = Z_w.$$

An den Anschlüssen am Leitungsende gilt jedoch für das Verhältnis zwischen Spannung und Strom nach dem ohmschen Gesetz

$$\frac{U}{I} = Z_L.$$

Im allgemeinen Fall $Z_L \neq Z_w$ entsteht deshalb eine *rücklaufende (reflektierte) Welle* (U^-, I^-), sodass die Abschlussbedingung

$$Z_L = \frac{U}{I} = \frac{U^+ + U^-}{I^+ + I^-}$$

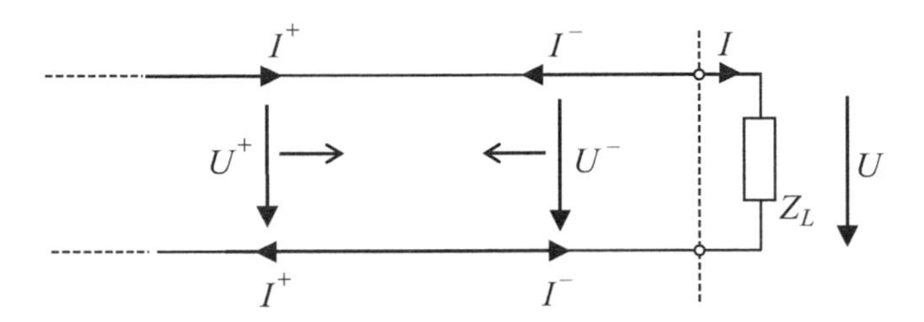

Abb. 7.21 Reflexion an einem Leitungsabschluss

erfüllt werden kann. Drücken wir nach (7.33) die Stromwellen durch die entsprechenden Spannungswellen aus, erhalten wir den Zusammenhang

$$Z_L = \frac{U^+ + U^-}{\frac{U^+}{Z_w} - \frac{U^-}{Z_w}} = Z_w \frac{1 + U^-/U^+}{1 - U^-/U^+}.$$

Das Verhältnis aus rücklaufender zu hinlaufender Spannung charakterisiert das Reflexionsverhalten eines Leitungsabschlusses. Wir definieren dazu den *Reflexionsfaktor*

$$r = \frac{U^-}{U^+}$$

und erhalten nach Einsetzen dafür die Berechnungsformel

$$r = \frac{Z_L/Z_w - 1}{Z_L/Z_w + 1} = \frac{Z_L - Z_w}{Z_L + Z_w}. \tag{7.37}$$

Die folgenden drei wichtigen Grenzfälle können daran abgelesen werden:

$$\begin{aligned} Z_L &= Z_w && \Rightarrow r = 0 && \text{(Anpassung)} \\ Z_L &\to \infty && \Rightarrow r = 1 && \text{(Leerlauf)} \\ Z_L &= 0 && \Rightarrow r = -1 && \text{(Kurzschluss).} \end{aligned}$$

Im Fall der Anpassung ($r = 0$) entsteht keine reflektierte Welle. Die von der hinlaufenden Welle transportierte Leistung wird vollständig in der Abschlussimpedanz Z_L absorbiert. Bei Leerlauf und Kurzschluss ist der Reflexionsfaktor betragsmäßig eins, d. h. es handelt sich um eine *Totalreflexion,* bei der die Welle vollständig reflektiert wird. Bei Leerlauf verdoppelt sich die Spannung U am Leitungsende auf $2U^+$ aufgrund des gleichen Vorzeichens von U^-. Der Strom I hebt sich wegen der Richtungsumkehr bei der rücklaufenden Welle (Abb. 7.21) dabei vollständig auf. Dagegen führt bei Kurzschluss die Umkehrung der Polarität von U^- zu der am Leitungsende erzwungenen Auslöschung der Spannung, wogegen der Strom sich auf $2I^+$ verdoppelt.

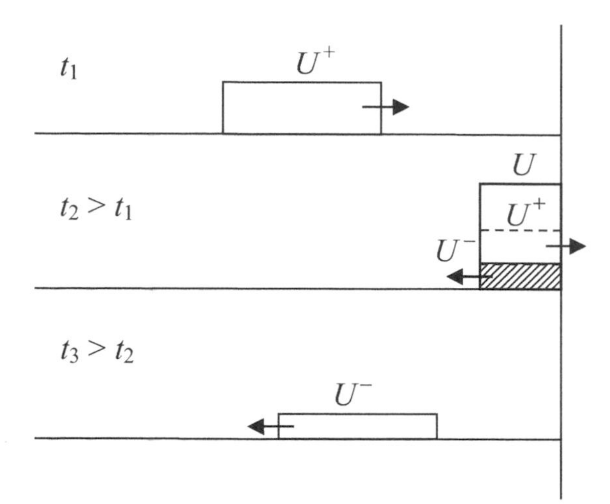

Abb. 7.22 Reflexion eines Impulses an einem Leitungsende

Abb. 7.22 verdeutlicht allgemein den Vorgang der Reflexion zu drei verschiedenen Zeitpunkten am Beispiel einer rechteckigen Welle U^+. Zum Zeitpunkt $t_2 > t_1$, während die hinlaufende Welle noch nicht vollständig am Leitungsende angekommen ist, überlagert sich diese mit der reflektierten Spannung U^- zu U. Die reflektierte Welle läuft zu einem entsprechend gewählten Zeitpunkt $t_3 > t_2$ in Richtung Generator zurück und am Leitungsende ist die Spannung wie vor Eintreffen der Welle wieder Null.

Trifft eine Welle U_1^+ in einer Leitung mit den Parametern $Z_{w,1}$, v_1 auf eine Stoßstelle $z = z_0$ zu einer zweiten Leitung mit unterschiedlichen Parametern $Z_{w,2}$, v_2, so treten die gleichen Phänomene *Reflexion und Brechung* auf wie für eine Freiraumwelle, die auf die Grenzfläche zu einem anderen Medium trifft (Abschn. 6.9). Betrachten wir wie in Abb. 7.23 skizziert, einen rechteckigen Wellenzug, der auf eine solche Stoßstelle trifft, so entstehen wegen des Wellenwiderstandssprungs eine reflektierte Welle (U_1^-), die in Leitung 1 mit v_1 zurückläuft und eine durchgehende *(transmittierte)* Welle U_2^+, die in Leitung 2 mit v_2 in positive z-Richtung fortschreitet.

Wir setzen für Leitung 1 ($z \leq z_0$) die d'Alembertsche Lösung (7.33) mit hin- und rücklaufender Welle für Spannung und Strom an:

$$U_1(z,t) = U_1^+(t - z/v_1) + U_1^-(t + z/v_1)$$

$$I_1(z,t) = \frac{1}{Z_{w,1}}\left[U_1^+(t - z/v_1) - U_1^-(t + z/v_1)\right].$$

In Leitung 2 ($z \geq z_0$) gibt es nur die hinlaufende Welle

$$U_2(z,t) = U_2^+(t - z/v_2)$$

$$I_2(z,t) = \frac{1}{Z_{w,2}} U_2^+(t - z/v_2).$$

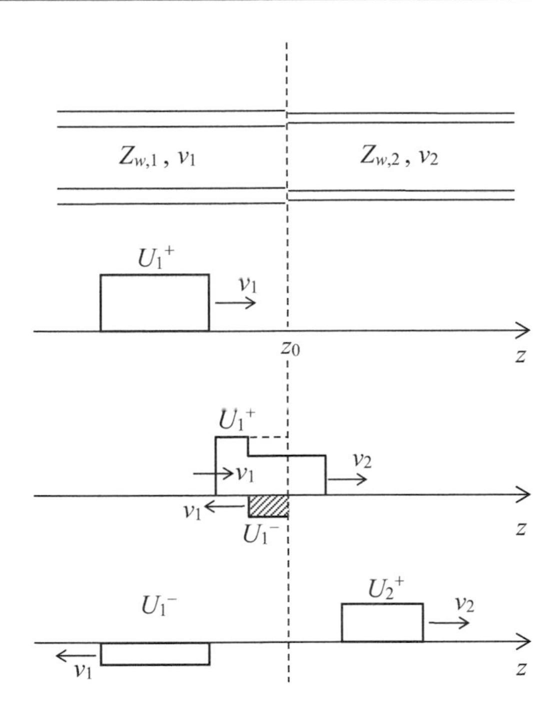

Abb. 7.23 Reflexion und Transmission einer Welle am Übergang zwischen zwei unterschiedlichen Leitungen

Die beiden unbekannten Wellenamplituden U_1^-, U_2^+ können aus der Randbedingung

$$U_1(z_0, t) = U_2(z_0, t)$$
$$I_1(z_0, t) = I_2(z_0, t)$$

für Spannung und Strom an der Stoßstelle $z = z_0$ bestimmt werden:

$$U_1^+(t - z_0/v_1) + U_1^-(t + z_0/v_1) = U_2^+(t - z_0/v_2)$$

$$U_1^+(t - z_0/v_1) - U_1^-(t + z_0/v_1) = \frac{Z_{w,1}}{Z_{w,2}} U_2^+(t - z_0/v_2).$$

Beziehen wir die Wellenamplituden auf die in Leitung 1 auftreffende Welle, so erhalten wir durch Division beider Gleichungen mit U_1^+ den Reflexionsfaktor

$$r = \frac{U_1^-}{U_1^+} = \frac{Z_{w,2} - Z_{w,1}}{Z_{w,2} + Z_{w,1}}$$

und den Transmissionsfaktor

$$t = \frac{U_2^+}{U_1^+} = \frac{2Z_{w,2}}{Z_{w,2} + Z_{w,1}},$$

wobei zwischen beiden Größen die Beziehung resultiert

$$1 + r = t.$$

Beispiel 7.2: Einschaltvorgang mit induktiver Last

Eine Induktivität L wird über eine Leitung der Länge l und einen idealen Schalter zum Zeitpunkt $t = 0$ mit einer Gleichspannungsquelle U_0 mit Innenwiderstand R_0 verbunden. Die Spannung U_e und der Strom I_e am Leitungsende seien bis zu diesem Zeitpunkt Null. Dieser Zustand ändert sich erst bei Eintreffen der hinlaufende Welle mit der Spannungsamplitude (7.36)

$$U^+ = \frac{U_0}{1 + R_0/Z_w}$$

nach der Laufzeit $\tau = l/v$.

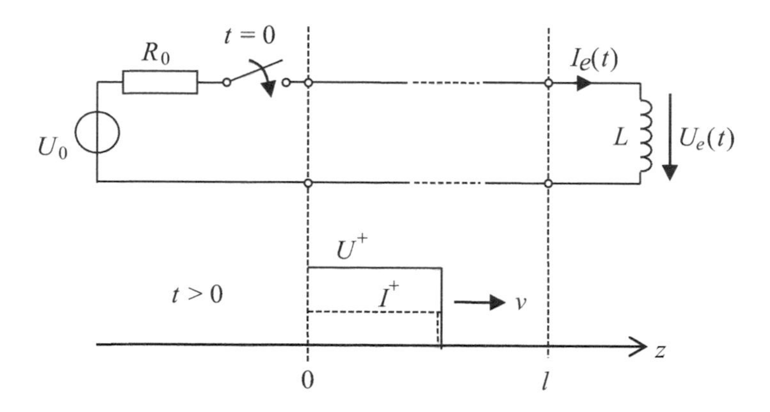

Der Zeitverlauf von Spannung und Strom am Leitungsende resultiert dann aus der Überlagerung von hinlaufender und reflektierter Welle, d. h.

$$U_e(t) = U^+(t - l/v) + U^-(t + l/v)$$

$$I_e(t) = \frac{1}{Z_w}\left[U^+(t - l/v) - U^-(t + l/v)\right].$$

Addition beider Gleichungen ergibt

$$U_e(t) + Z_w I_e(t) = 2U^+(t - l/v).$$

Diesen Zusammenhang können wir als Maschengleichung am Leitungsende interpretieren, bei der die Leitung als Spannungsquelle mit der Amplitude $2U+$ und Innenwiderstand Z_w repräsentiert wird. Das daraus resultierende *Wellen-Ersatzschaltbild* gilt im Allgemeinen nur innerhalb des Zeitraums $\tau \leq t < 3\tau$, da die reflektierte Welle nach der Laufzeit τ beim Generator angelangt ist und für den Fall, dass sie dort reflektiert wird, eine zweite hinlaufende Welle nach einer weiteren Laufzeit τ am Leitungsende ankommt.

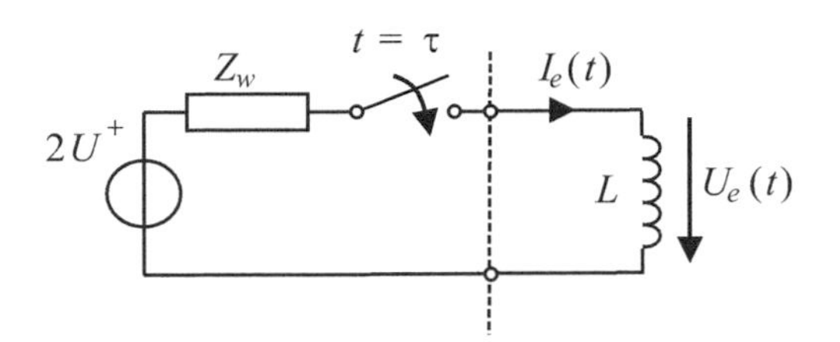

Zur Bestimmung des orts- und zeitabhängigen Spannungs- und Stromverlaufs stellen wir zunächst die aus dem Wellen-Ersatzschaltbild resultierende Maschengleichung auf:

$$L\frac{\mathrm{d}I_e}{\mathrm{d}t} + Z_w I_e = 2\,U^+.$$

Die Lösung dieser gewöhnlichen Differentialgleichung 1. Ordnung ergibt mit der Anfangsbedingung $I_e(t = \tau) = 0$ als Lösung für den Strom am Leitungsende

$$I_e(t) = \frac{2U^+}{Z_w}\left(1 - \mathrm{e}^{-\frac{Z_w}{L}(t-\tau)}\right); \quad \tau \leq t \leq 3\tau,$$

bzw. für die Spannung

$$U_e(t) = 2U^+ - Z_w I_e(t) = 2U^+ \mathrm{e}^{-\frac{Z_w}{L}(t-\tau)}; \quad \tau \leq t \leq 3\tau.$$

Im Folgenden sind die beiden Zeitverläufe am Leitungsende dargestellt, die aus der Überlagerung von hin- und rücklaufender Welle resultieren. Dementsprechend erhalten wir den zeit- und ortsabhängigen Verlauf von Spannung und Strom vor Eintreffen der reflektierten Welle am Generator ($\tau \leq t < 2\tau$) durch die Verschiebung $t \rightarrow t + (z - l)/v$.

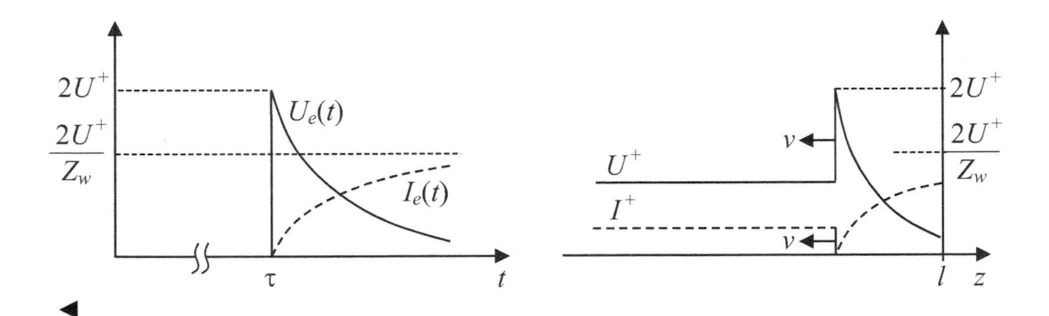

◀

7.3.3 Mehrfachreflexion

Bei einem Einschaltvorgang findet im Allgemeinen eine Reflexion an beiden Enden der Leitung statt (Abb. 7.24). Für die zur Last Z_L hinlaufende Welle ist der Reflexionsfaktor

$$r_L = \frac{Z_L - Z_w}{Z_L + Z_w}$$

wirksam, während am Generator mit der Innenimpedanz Z_G der Reflexionsfaktor

$$r_G = \frac{Z_G - Z_w}{Z_G + Z_w}$$

für die rücklaufende Welle vorliegt. Für den Fall der *lastseitigen Anpassung* ($Z_L = Z_w \Rightarrow r_L = 0$) wird die hinlaufende Welle vollständig in Z_L absorbiert und es ent-

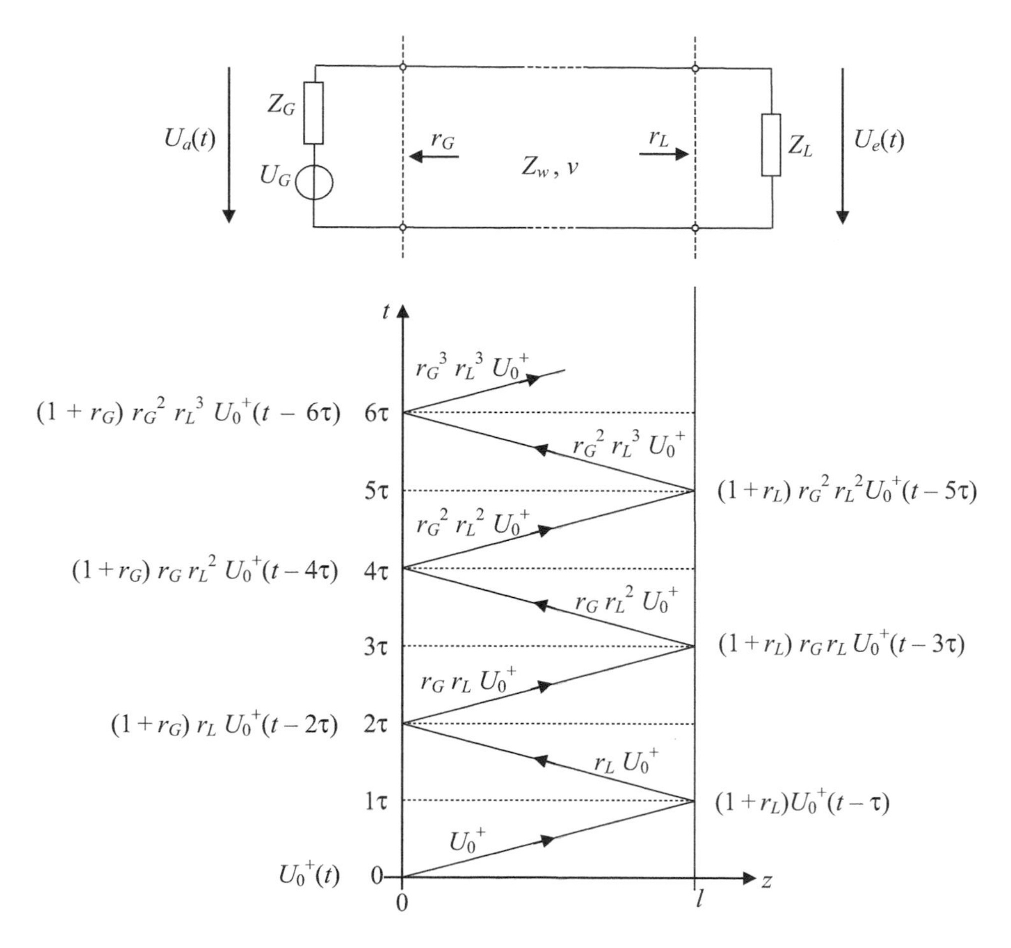

Abb. 7.24 Beidseitige Reflexion einer Leitung mit Laufzeit $\tau = l/v$ mit Laufzeit-Diagramm

steht keine Reflexion. Der Einschaltvorgang ist somit nach der Laufzeit τ der Leitung abgeschlossen. Bei der generatorseitigen Anpassung ($Z_G = Z_w \Rightarrow r_G = 0$, $r_L \neq 0$) wird die an der Last reflektierte Welle erst am Generator vollständig absorbiert. Auf der Leitung gibt es eine hin- und eine rücklaufende Welle. Der Einschaltvorgang erstreckt sich somit auf den Zeitraum von 2τ. Im allgemeinen Fall (Z_G, $Z_L \neq Z_w \Rightarrow r_G$, $r_L \neq 0$) tritt *Mehrfachreflexion* auf, d. h. eine einmal erzeugte hinlaufende Welle wird fortwährend an beiden Leitungsenden hin- und her reflektiert, wobei die Amplitude bei jeder Reflexion um den Faktor $|r_{G,L}| < 1$ reduziert wird. Die Länge des Einschwingvorgangs wird somit von den Reflexionsfaktoren maßgeblich bestimmt. Für $t \to \infty$ konvergieren Strom und Spannung auf der Leitung gegen die stationären Werte (eingeschwungener Zustand). Für den Fall einer beidseitigen Totalreflexion $|r_{G,L}| = 1$, würde der Reflexionsvorgang theoretisch unbegrenzt ablaufen. In der Realität sorgen auch noch so kleine Verluste in der Leitung dafür, dass die Mehrfachreflexion abklingt. Auch sind Abschlüsse mit einem Reflexionsfaktor von exakt eins in der Praxis nicht realisierbar.

Abb. 7.24 verdeutlicht anhand eines Laufzeit-Diagramms die zeitliche Entwicklung der Spannung an beiden Leitungsenden bei Mehrfachreflexion. Ausgehend von der ersten hinlaufenden Welle (7.36) ab $t = 0$

$$U_0^+(t) = U_G(t)\frac{Z_w}{Z_w + Z_G}$$

kommt diese nach der Leitungslaufzeit $\tau = l/v$ am Leitungsende an, wo der reflektierte Anteil $r_L U_0^+$ in Richtung Generator zurückläuft. Am Leitungsende stellt sich die Summenspannung $(1 + r_L)U_0^+ (t - \tau)$ ein. Nach 2τ gelangt die erste Reflexion am Leitungsanfang an und es ergibt sich dort der zu U_0^+ zusätzliche Spannungsbeitrag aus der ersten und zweiten Reflexion. Das aus dem Diagramm ersichtliche Bildungsgesetz ergibt die folgenden unendlichen Summenlösungen am Ende und am Anfang der Leitung:

$$U_e(t) = (1 + r_L)\sum_{n=0}^{\infty}(r_G r_L)^n U_0^+[t - (2n + 1)\tau] \qquad (7.38)$$

$$U_a(t) = U_0^+(t) + r_L(1 + r_G)\sum_{n=0}^{\infty}(r_G r_L)^n U_0^+[t - 2(n + 1)\tau]. \qquad (7.39)$$

Für den Fall dass das Produkt $r_G r_L = 0$ ist, vereinbaren wir $(r_G r_L)^0 = 1$.

Beispiel 7.3: Einschaltvorgang bei Mehrfachreflexion

Wir betrachten das Einschalten einer Einheits-Spannungsquelle $U_G(t) = 1\text{V}\ \sigma(t)$ zum Zeitpunkt $t = 0$ gemäß der Sprungfunktion (7.35). Die Beschaltung der Leitung gemäß Abb. 7.24 sei $R_G = R_L = 3Z_w$. Nach (7.37) ergeben sich an beiden Leitungsenden die Reflexionsfaktoren $r_G = r_L = 1/2$. Für die hinlaufende Primärwelle ergibt sich (7.36)

$$U_0^+ = U_G \frac{Z_w}{Z_w + Z_G} = \frac{1}{4} U_G.$$

Eingesetzt in (7.38) ergibt sich für die Sprungantwort am Leitungsende die Reihe

$$\begin{aligned} U_e(t) &= \frac{3}{8} \mathrm{V} \sum_{n=0}^{\infty} \left(\frac{1}{4}\right)^n \sigma[t - (2n+1)\tau] \\ &= \frac{3\mathrm{V}}{8} \left[\sigma(t-\tau) + \frac{1}{4}\sigma(t-3\tau) + \frac{1}{16}\sigma(t-5\tau) + \frac{1}{64}\sigma(t-7\tau) + \ldots\right] \end{aligned}$$

mit dem nachfolgend skizzierten Zeitverlauf.

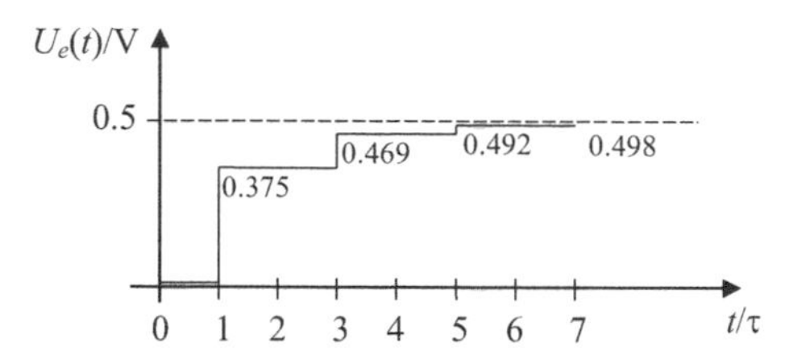

Aus der Reihendarstellung der Sprungantwort $U_e(t)$ lässt sich der Wert im eingeschwungenen Zustand für $t \to \infty$ wie folgt ermitteln:

$$\lim_{t\to\infty} U_e(t) = \frac{3\mathrm{V}}{8} \sum_{n=0}^{\infty} \left(\frac{1}{4}\right)^n = \frac{3\mathrm{V}}{8}\frac{4}{3} = \frac{1}{2}\mathrm{V}.$$

Hierbei wurde von der geometrischen Reihe Gebrauch gemacht:

$$\sum_{n=0}^{\infty} q^n = \frac{1}{1-q}; \quad \text{für } |q| < 1.$$

Der resultierende Grenzwert von 1/2V entspricht somit genau dem Wert, der sich für einen Gleichstromkreis mit dem aus R_G und R_L gebildeten Spannungsteiler mit $R_G = R_L$ ergibt. ◀

Beispiel 7.4: Impulsübertragung bei Mehrfachreflexion

Das Impuls-Übertragungsverhalten einer Leitungsverbindung nach Abb. 7.24 soll anhand der Reihendarstellung (7.38) für das Leitungsende bei reflexionsbehafteter Beschaltung ($r_G, r_L \neq 0$) untersucht werden. Wir betrachten dabei einen Rechteckimpuls mit der Zeitdauer T. Für den Fall, dass die Impulsdauer T kürzer als die Laufzeit τ der Leitung ist, ergibt sich die nachfolgend skizzierte Impulsantwort am Leitungsende. Hierbei treten nach der um τ verzögerten Ankunft des Impulses weitere

Impulse im Abstand von 2τ auf. Deren Abklingen wird von den Reflexionsfaktoren r_G, r_L bestimmt. Im Idealfall $r_L = 0$ (Anpassung) besteht die Impulsantwort einzig aus dem um τ verzögerten Impuls.

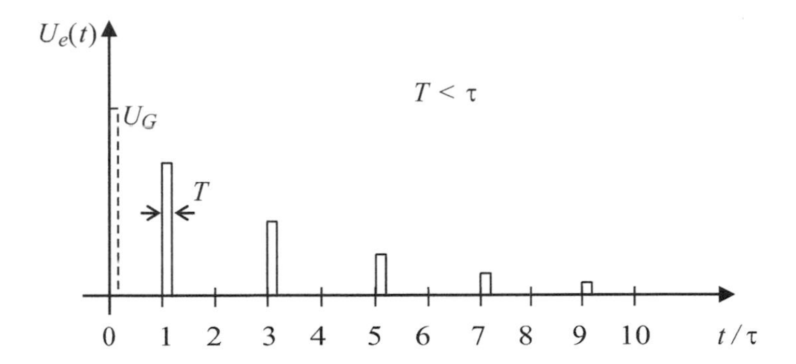

Für den Fall einer gegenüber der Leitungs-Laufzeit τ langen Impulsdauer T ergibt sich bei reflexiver Beschaltung ein völlig anderes Verhalten. Das nachfolgende Diagramm zeigt dies am Beispiel $T = 3\tau$. Es tritt dabei eine Überlagerung aufeinanderfolgender Reflexionen auf, sodass ein langer, zusammenhängender Zeitverlauf mit überlagerten Oszillationen entsteht.

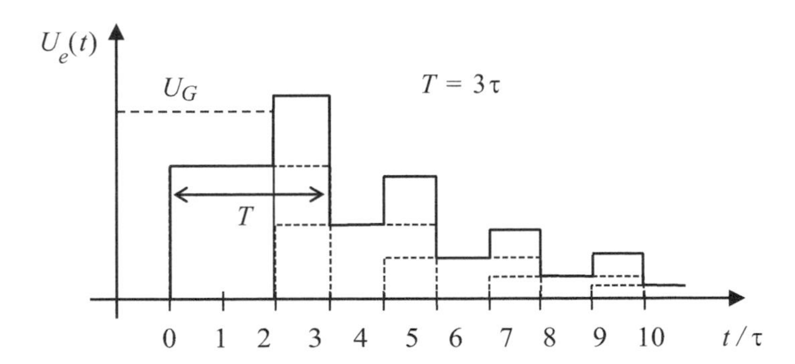

◀

7.3.4 Verlustbehaftete Leitungen

Die Berechnung transienter Vorgänge unter Berücksichtigung von Verlusten in der Leitung bedarf der Lösung der Telegrafengleichungen (3.1). Im Allgemeinen ist dies nur mit numerischen Methoden möglich. Beschränken wir uns auf lineare Leitungsabschlüsse, eröffnet uns die Laplace-Transformation die Möglichkeit einer analytischen Behandlung über die einfache stationäre Lösung (7.23) der komplexen Wellengleichung (7.21). Wir betrachten dazu die mit den komplexen Impedanzen $\underline{Z}_G$ und $\underline{Z}_L$ beschaltete

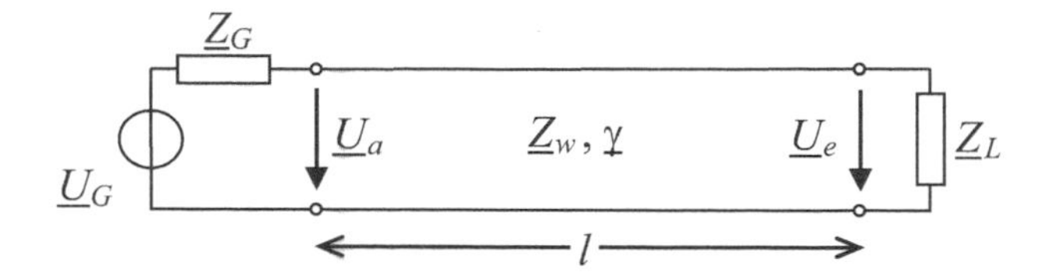

Abb. 7.25 Transiente Berechnung für eine beschaltete Leitung mittels Laplace-Transformation

Leitung als Zweitor (Abb. 7.25) und definieren die von der komplexen Frequenz $s = \sigma + j\omega$ abhängige Übertragungsfunktion

$$\underline{G}(s) = \left.\frac{\underline{U}_e(s)}{\underline{U}_G(s)}\right|_{\underline{Z}_G, \underline{Z}_L}.$$

Hierbei bezeichnen $\underline{U}_G(s)$ und $\underline{U}_e(s)$ die in die komplexe Frequenzebene (Bildebene) transformierten Zeitfunktionen, gemäß der *Laplace-Transformation*

$$\underline{F}(s) = \mathcal{L}\{f(t)\} = \int_{t=0}^{\infty} f(t)\mathrm{e}^{-st}\mathrm{d}t.$$

Die Systemantwort $U_e(t)$ beispielsweise am Leitungsende erhält man für eine beliebige Transformierte $\underline{U}_G(s)$ der Generator-Spannung $U_G(t)$ über die *Laplace-Rücktransformation*

$$f(t) = \mathcal{L}^{-1}\{\underline{F}(s)\} = \frac{1}{2\pi j}\int_{\sigma-j\infty}^{\sigma+j\infty} \underline{F}(s)\mathrm{e}^{st}\mathrm{d}s$$

zu

$$U_\mathrm{e}(t) = \mathcal{L}^{-1}\left\{\underline{U}_e(s)\right\} = \mathcal{L}^{-1}\left\{\ \underline{G}(s)\underline{U}_G(s)\right\}.$$

Beispiel 7.5: Einschaltvorgang einer reflexionsfreien Leitung

Wir betrachten der Einfachheit halber eine beidseitig angepasste Leitung mit $\underline{Z}_G = \underline{Z}_L = \underline{Z}_w$, sodass von der allgemeinen stationären Lösung (7.23) nur die hinlaufende Welle zu berücksichtigen ist. Nach (7.36) ist $\underline{U}^+ = \underline{U}_G/2$ und wir erhalten als Übertragungsfunktion

$$\underline{G}(s) = \frac{\underline{U}_e}{\underline{U}_G} = \frac{1}{2}\mathrm{e}^{-\underline{\gamma}(s)l}.$$

Mit der Laplace-Transformierten $\underline{U}_G(s) = 1/s$ des Einheits-Spannungssprungs $U_G(t) = 1\mathrm{V}\ \sigma(t)$ ergibt sich am Leitungsende die Sprungantwort

$$U_e(t) = \mathcal{L}^{-1}\{\underline{G}(s)\,\underline{U}_G(s)\} = \frac{1}{2}\mathcal{L}^{-1}\left\{\frac{\mathrm{e}^{-\underline{\gamma}(s)l}}{s}\right\}.$$

Wir wollen von kleinen Verlusten ausgehen ($R' << \omega L'$) und vernachlässigen den Leitwertbelag, d. h. $G' \approx 0$. Die Fortpflanzungskonstante (7.22) reduziert sich zu

$$\underline{\gamma}(s) = \sqrt{(R' + sL')(G' + sC')} = s\sqrt{L'C'}\sqrt{1 + \frac{R'}{sL'}}.$$

Für die aus längenbezogenem Widerstand R' und innerer Induktivität bestehende Impedanz Z' der Leiter nehmen wir *starken Skineffekt* an, gemäß Abschn. 5.5.1 ausgedrückt durch

$$\underline{Z}' \approx K\sqrt{\mathrm{j}\omega},$$

mit einem geometrieabhängigen Faktor K. Nach Einsetzen für R' und Näherung gemäß $\sqrt{1+x} \approx 1 + x/2$ für $|x| \ll 1$ erhalten wir schließlich für die Fortpflanzungskontante den Ausdruck

$$\underline{\gamma}(s) \approx s\sqrt{L'C'} + \frac{K}{2}\sqrt{C'/L'}\sqrt{s}.$$

Die gesuchte Sprungantwort ist somit durch folgende Laplace-Rücktransformierte gegeben:

$$U_e(t) = \frac{1}{2}\mathcal{L}^{-1}\left\{\frac{1}{s}\mathrm{e}^{-\frac{Kl}{2}\sqrt{C'/L'}\sqrt{s}}\mathrm{e}^{-s\sqrt{L'C'}l}\right\} = \frac{1}{2}\mathcal{L}^{-1}\{\underline{F}(s)\mathrm{e}^{-s\tau}\},$$

mit der Laufzeit

$$\tau = l\sqrt{L'C'} = l/v$$

und der Funktion

$$\underline{F}(s) = \frac{1}{s}\mathrm{e}^{-\frac{Kl}{2}\sqrt{C'/L'}\sqrt{s}}.$$

Die Anwendung des Verschiebungssatzes der Laplace-Rücktransformation

$$\mathcal{L}^{-1}\{F(s)\mathrm{e}^{-s\tau}\} = f(t-\tau)$$

ergibt mit der Korrespondenz

$$\mathcal{L}^{-1}\left\{\frac{1}{s}\mathrm{e}^{-a\sqrt{s}}\right\} = \mathrm{erfc}\left(\frac{a}{2\sqrt{t}}\right)$$

schließlich die gesuchte zeitabhängige Lösung für die Sprungantwort:

$$U_e(t) = \frac{1\mathrm{V}}{2}\mathrm{erfc}\left(\frac{Kl\sqrt{C'/L'}}{4\sqrt{t-\tau}}\right); \quad t \geq \tau.$$

Hierbei bezeichnet „erfc" die komplementäre Fehlerfunktion. Im Folgenden ist der Verlauf der Sprungantwort für drei verschiedene Leitungslängen $l_1 < l_2 < l_3$ skizziert. Sie sind um die entsprechenden Leitungslaufzeit τ auf der Zeitachse verschoben. Die Zeitkonstante $T_0 = K^2 l^2 C'/L'$ bestimmt wie schnell die Sprungantwort ansteigt. Nach der Zeit $t = \tau + T_0$ erreicht sie entsprechend $\mathrm{erfc}(1/4) \approx 0{,}72$ etwa 72% des Endwerts. Wie in den skizzierten Sprungantworten angedeutet, nimmt die Anstiegsgeschwindigkeit $T_0 \sim l^2$ überproportional mit der Leitungslänge l zu. Die Verläufe streben für $t \to \infty$ gegen den eingeschwungenen Gleichsstromwert $U_e = 1/2$ V.

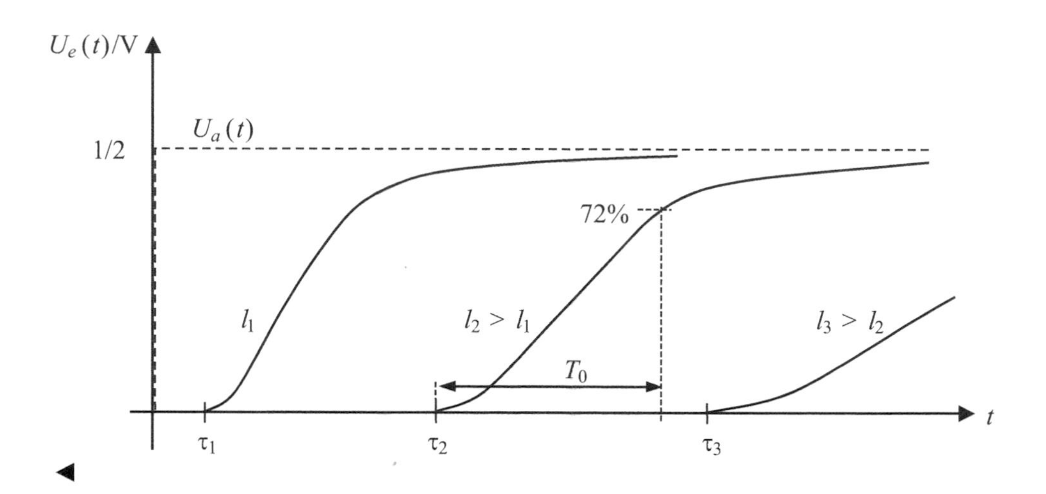

7.4 Stationäre Vorgänge

Wie bei elektrischen Netzwerken ist auch für Leitungen oft eine stationäre Analyse, d. h. im eingeschwungenen Zustand, bei harmonischer Anregung zweckmäßig. Wir verwenden dazu komplexe Amplituden, z. B. für die Spannung $\underline{U} = \hat{U}\,\mathrm{e}^{\mathrm{j}\phi}$, die die reelle Amplitude $\hat{U}$ und einen konstanten Phasenwinkel ϕ beinhaltet, entsprechend dem mit der Kreisfrequenz ω oszillierenden reellen Zeitverlauf

$$U(t) = \hat{U}\cos(\omega t + \phi) = \mathrm{Re}\left\{\hat{U}\,\mathrm{e}^{\mathrm{j}(\omega t+\phi)}\right\} = \mathrm{Re}\left\{\underline{U}\,\mathrm{e}^{\mathrm{j}\omega t}\right\}.$$

Die örtliche Verteilung der komplexen Spannungs- bzw. Stromamplitude ist Lösung der komplexen Wellengleichung (7.21) in der allgemeinen stationären d'Alembertschen Form (7.30)

$$\begin{aligned} \underline{U}(z) &= \underline{U}^+\,\mathrm{e}^{-\underline{\gamma}z} + \underline{U}^-\,\mathrm{e}^{+\underline{\gamma}z} \\ \underline{Z}_w\underline{I}(z) &= \underline{U}^+\,\mathrm{e}^{-\underline{\gamma}z} - \underline{U}^-\,\mathrm{e}^{+\underline{\gamma}z}. \end{aligned} \tag{7.40}$$

Darin enthalten sind die komplexen Amplituden $\underline{U}^+$ bzw. $\underline{U}^-$ der hin- und rücklaufenden Welle, die komplexe Fortpflanzungskonstante (7.22)

$$\underline{\gamma} = \alpha + j\beta = \sqrt{(R' + j\omega L')\,(G' + j\omega C')} \tag{7.41}$$

und die komplexe Leitungswellenimpedanz (7.24)

$$\underline{Z}_w = \frac{\underline{U}^+}{\underline{I}^+} = -\frac{\underline{U}^-}{\underline{I}^-} = \sqrt{\frac{R' + j\omega L'}{G' + j\omega C'}}. \tag{7.42}$$

Die allgemeine Lösung (7.40) stellt also die Überlagerung von zwei gegenläufigen stationären Wellen

$$U^\pm(z,t) = \mathrm{Re}\left\{\, \underline{U}^\pm e^{\mp\underline{\gamma}z} e^{j\omega t}\right\} = \widehat{U}^\pm \cos\left(\omega t \mp \beta z + \phi^\pm\right) e^{\mp\alpha z},$$

dar, die jeweils in Ausbreitungsrichtung z mit der Dämpfungskonstante α exponentiell abklingen (Abb. 7.26). Die komplexen Amplituden ergeben sich durch die Anregung, beispielsweise durch eine Spannungsquelle $\underline{U}_G$ und den beiden Abschlussimpedanzen $\underline{Z}_G$, $\underline{Z}_L$.

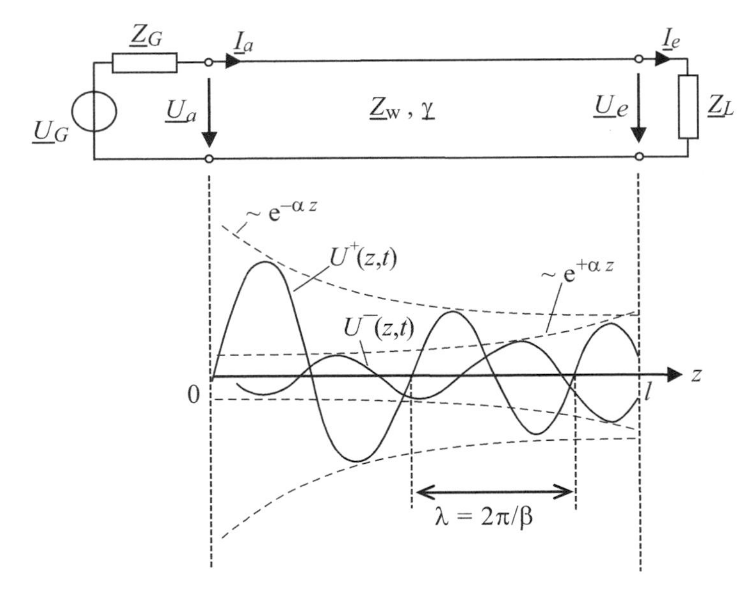

Abb. 7.26 Gedämpfte hin- und rücklaufende Welle auf einer verlustbehafteten Leitung im stationären Zustand bei harmonischer Anregung

7.4.1 Der komplexe Reflexionsfaktor

Für das Verhältnis zwischen Spannung und Strom entlang der Leitung erhalten wir durch Einsetzen von (7.40)

$$\frac{\underline{U}(z)}{\underline{I}(z)} = \underline{Z}_w \frac{\underline{U}^+ \mathrm{e}^{-\underline{\gamma} z}\left[1 + \frac{\underline{U}^-}{\underline{U}^+}\mathrm{e}^{+2\underline{\gamma} z}\right]}{\underline{U}^+ \mathrm{e}^{-\underline{\gamma} z}\left[1 - \frac{\underline{U}^-}{\underline{U}^+}\mathrm{e}^{+2\underline{\gamma} z}\right]}.$$

Wir definieren den ortsabhängigen, komplexen Reflexionsfaktor

$$\underline{r}(z) = \frac{\underline{U}^-}{\underline{U}^+}\,\mathrm{e}^{+2\underline{\gamma} z}$$

und erhalten

$$\frac{\underline{U}(z)}{\underline{I}(z)} = Z_w \frac{1 + \underline{r}(z)}{1 - \underline{r}(z)}$$

Bezogen auf den Reflexionsfaktor am Leitungsende (7.37)

$$\underline{r}(l) = \frac{\underline{U}^-}{\underline{U}^+}\,\mathrm{e}^{+2\underline{\gamma}\, l} = \frac{\underline{Z}_L - \underline{Z}_w}{\underline{Z}_L + \underline{Z}_w} \tag{7.43}$$

erhalten wir schließlich durch Umformung

$$\begin{aligned} \underline{r}(z) &= \frac{\underline{U}^-}{\underline{U}^+}\,\mathrm{e}^{+2\underline{\gamma} z} = \frac{\underline{U}^-}{\underline{U}^+}\,\frac{\mathrm{e}^{+2\underline{\gamma}\, l}}{\mathrm{e}^{+2\underline{\gamma}\, l}}\mathrm{e}^{+2\underline{\gamma} z} = \frac{\underline{U}^-}{\underline{U}^+}\,\mathrm{e}^{+2\underline{\gamma}\, l}\,\mathrm{e}^{-2\underline{\gamma}\,(l-z)} \\ \underline{r}(z) &= \underline{r}(l)\,\mathrm{e}^{-2\underline{\gamma}\,(l-z)}. \end{aligned} \tag{7.44}$$

Beispiel 7.6: Reaktiver Abschluss

Wir betrachten die Reflexion an einer rein imaginären Lastimpedanz

$$\underline{Z}_L = \mathrm{j}X(\omega),$$

und beschränken uns hier auf eine rein reelle Leitungswellenimpedanz $\underline{Z}_w = Z_w$, oder zumindest auf den Fall kleiner Leitungsverluste. Für den Betrag des Reflexionsfaktors am Leitungsende resultiert

$$|\,\underline{r}(l)\,| = \frac{\sqrt{Z_w{}^2 + X^2}}{\sqrt{Z_w{}^2 + X^2}} = 1.$$

An einer rein reaktiven Last tritt also bei reellem Leitungswellenwiderstand Totalreflexion ein, im Einklang mit der Tatsache, dass keine Wirkleistung von der Last aufgenommen wird. Im allgemeinen Fall das die Lastimpedanz einen Realteil besitzt, d. h. $\underline{Z}_L = R_L + \mathrm{j}X_L$, mit $R_L > 0$ folgt durch Einsetzten in (7.43) $|r(l)| < 1$.

Für den Phasenwinkel des Reflexionsfaktors bei rein reaktivem Abschluss erhalten wir aus

$$\arg(\underline{r}) = \arg \underbrace{(\mathrm{j}X - Z_w)}_{2/3 \text{ Quadr. für } X \gtrless 0} - \arg(\mathrm{j}X + Z_w)$$

$$= \arctan \underbrace{(-X/Z_w)}_{4/1 \text{ Quadr. für } \gtrless 0} + \pi - \arctan(X/Z_w) = 2\arctan(Z_w/X).$$

Der komplexe Reflexionsfaktor mit Betrag eins ist also gegeben durch

$$\underline{r} = \mathrm{e}^{\mathrm{j}\psi}; \quad \psi = 2\arctan(Z_w/X). \tag{7.45}$$

Für einen induktiven bzw. kapazitiven Abschluss

$$X = \omega L \quad \text{bzw.} \quad X = -\frac{1}{\omega C}$$

im Falle einer Kapazität C bzw. Induktivität L bewegt sich die Phasenverschiebung der vollständig reflektierten Welle im Bereich

$$\psi = \begin{cases} \pi \dots 0 & (\omega L = 0 \dots \infty) \\ 0 \cdots -\pi & (\omega C = 0 \dots \infty) \end{cases} \tag{7.46}$$

◀

7.4.2 Stehwellenverhältnis

Die allgemeine Lösung (7.40) für die Spannungs- und Stromverteilung können wir unter Zuhilfenahme des komplexen Reflexionsfaktors (7.44) wie folgt umschreiben:

$$\begin{aligned} \underline{U}(z) &= \underline{U}^+\mathrm{e}^{-\underline{\gamma}z} + \underline{U}^-\mathrm{e}^{+\underline{\gamma}z} = \underline{U}^+\left[1 + \underline{r}(l)\mathrm{e}^{-2\underline{\gamma}(l-z)}\right]\mathrm{e}^{-\underline{\gamma}z} \\ \underline{Z}_w\,\underline{I}(z) &= \underline{U}^+\left[1 - \underline{r}(l)\mathrm{e}^{-2\underline{\gamma}(l-z)}\right]\mathrm{e}^{-\underline{\gamma}z}. \end{aligned} \tag{7.47}$$

Die Maxima und Minima der Spannungsverteilung entlang der Leitung sind dementsprechend gegeben durch

$$|\underline{U}(z)|_{\min}^{\max} \sim \left|1 \pm |\underline{r}(l)|\mathrm{e}^{-2\alpha(l-z)}\right|\mathrm{e}^{-\alpha z}. \tag{7.48}$$

Für die Maxima erhalten wir daraus die Phasenbedingung

$$\arg(\underline{r}(l)) - 2\beta(l-z) = (2n+1)\pi; \quad n = 0, 1, 2, 3 \dots$$

Umgestellt nach dem Abstand zwischen zwei Maxima ergibt sich

$$(l-z)_{\max} = \frac{\arg(\underline{r}(l))}{2\,\beta} - n\frac{\pi}{\beta} = \frac{\psi}{2\,\beta} - n\frac{\lambda}{2}.$$

Für die Minima lautet die Phasenbedingung

$$\arg\left(\underline{r}(l)\right) - 2\,\beta\,(l - z) = (2n + 1)\pi \quad n = 0, 1, 2, 3 \ldots$$

woraus sich für den Abstand zwischen zwei Minima ergibt:

$$(l - z)_{\min} = \frac{\psi}{2\,\beta} - n\frac{\lambda}{2} - \frac{\lambda}{4}.$$

Maxima und Minima folgen also im Abstand einer halben Wellenlänge und sind um $\lambda/4$ zueinander versetzt. Da der Vorzeichenwechsel in (7.48) mit der Strom- und Spannungsverteilung (7.40) korrespondiert, folgt zusätzlich noch dass die Spannung um $\lambda/4$ gegenüber dem Strom verschoben ist. Dies soll am Beispiel einer kurzgeschlossenen Leitung, d. h. $\underline{r}(l) = -1$, gezeigt werden. Für den Betrag der Spannungsverteilung (7.47) erhalten wir

$$|\underline{U}(z)| \sim \left|\, 1 - \mathrm{e}^{-2\mathrm{j}\beta\,(l-z)}\mathrm{e}^{-2\alpha\,(l-z)} \,\right| \mathrm{e}^{-\alpha\, z}.$$

Wir erkennen an diesem Ausdruck dass die Amplitude zum Leitungsende insgesamt abnimmt, während die Schwankung zwischen Maxima und Minima zunimmt (Abb. 7.27).

Gemäß (7.48) hängt die Höhe der Maxima und Minima entlang der Leitung vom Reflexionsfaktor $\underline{r}(l)$ am Leitungsende ab. Als Maß für die Impedanzanpassung einer Leitung wird deshalb das *Stehwellenverhältnis* (*Standing-wave ratio*, *SWR*) definiert:

$$s = \frac{|\,\underline{U}\,|_{\max}}{|\,\underline{U}\,|_{\min}}.$$

Mit

$$\underline{U}(z) = \underline{U}^{+}(\,1 + \underline{r}(z)\,)\mathrm{e}^{-\underline{\gamma}\,z}$$

und

$$|\,\underline{U}\,|_{\min}^{\max} = \left|\,\underline{U}^{+}\right|(\,1 \pm |\,\underline{r}(z)\,|\,)\mathrm{e}^{-\alpha\,z}$$

folgt für das ortsabhängige Stehwellenverhältnis

$$s(z) = \frac{|\,\underline{U}_{\max}\,|}{|\,\underline{U}_{\min}\,|} = \frac{1 + |\,\underline{r}(z)\,|}{1 - |\,\underline{r}(z)\,|}.$$

Mit (7.44) folgt daraus dass die Welligkeit zum Generator hin sinkt (Vgl. Abb. 7.27).

Im Falle einer idealen Anpassung, d. h. $\underline{r}(l) = 0$ ist $s = 1$, d.h. es liegt ein glatter Betragsverlauf vor ohne Maxima und Minima, da nur eine hinlaufende, gedämpfte Welle auf der Leitung existiert.

Bei Totalreflexion, d. h. $|\underline{r}(l)| = 1$, wird das Stehwellenverhältnis

$$s(z) = \frac{1 + \mathrm{e}^{-2\alpha\,(l-z)}}{1 - \mathrm{e}^{-2\alpha\,(l-z)}}$$

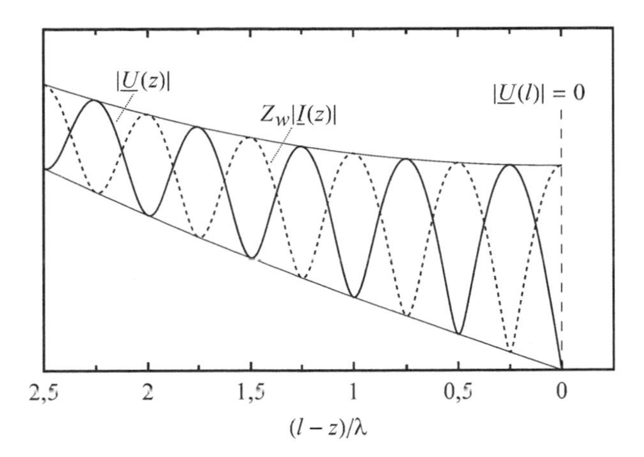

Abb. 7.27 Betragsverlauf von Spannung und Strom entlang einer am Ende kurzgeschlossenen Leitung

maximal und divergiert für $z = l$.

Im Falle einer verlustlosen Leitung ($\alpha = 0$) vereinfacht sich die Formel für das Stehwellenverhältnis zu

$$s(z) = \frac{1 + \mid \underline{r}(l) \mid}{1 - \mid \underline{r}(l) \mid} = const. \tag{7.49}$$

Die Schwankung zwischen Maxima und Minima ist also über die gesamte Leitung gleich. Dies ermöglicht im Prinzip entsprechend der Umstellung

$$\mid \underline{r}(l) \mid = \frac{1 + s}{1 - s}$$

die experimentelle Ermittlung eines unbekannten Reflexionsfaktors $|\underline{r}(l)|$ dem Betrage nach durch Ausmessung der Maxima und Minima auf der Leitung. Diese Methode ist auf die zusätzliche Bestimmung des Phasenwinkels von $\underline{r}(l)$ erweiterbar.

Beispiel 7.7: Leerlaufende/kurzgeschlossene Leitung

Wir wollen die Spannungs- und Stromverteilung auf einer *verlustlosen* Leitung für den Fall $\underline{r}(l) = \pm 1$ (Leerlauf/Kurzschluss) untersuchen. Für das Stehwellenverhältnis (7.49) resultiert $s \to \infty$. Aus (7.47) erhalten wir mit $\underline{\gamma} = \mathrm{j}\beta$

$$\underline{U}(z) \sim \left[1 \pm \mathrm{e}^{-2\mathrm{j}\beta(l-z)}\right] \mathrm{e}^{-\mathrm{j}\beta z}; \quad \text{für } \underline{r}(l) = \pm 1$$

$$\underline{I}(z) \sim \left[1 \pm \mathrm{e}^{-2\mathrm{j}\beta(l-z)}\right] \mathrm{e}^{-\mathrm{j}\beta z}; \quad \text{für } \underline{r}(l) = \pm 1.$$

Die Betragsverläufe sind also proportional zu

$$\left|\left(1 \pm \mathrm{e}^{-2\mathrm{j}\beta(l-z)}\right) \mathrm{e}^{-\mathrm{j}\beta z}\right| = \left|\mathrm{e}^{-\mathrm{j}\beta(l-z)}\right| \left|\mathrm{e}^{+\mathrm{j}\beta(l-z)} \pm \mathrm{e}^{-\mathrm{j}\beta(l-z)}\right|,$$

d. h.

$$|\underline{U}(z)| \sim \begin{cases} |\cos(\beta(l-z))| \\ |\sin(\beta(l-z))| \end{cases} \quad \text{bzw.} \quad |\underline{I}(z)| \sim \begin{cases} |\sin(\beta(l-z))| \\ |\cos(\beta(l-z))| \end{cases}; \quad \text{für } \underline{r}(l) = \pm 1.$$

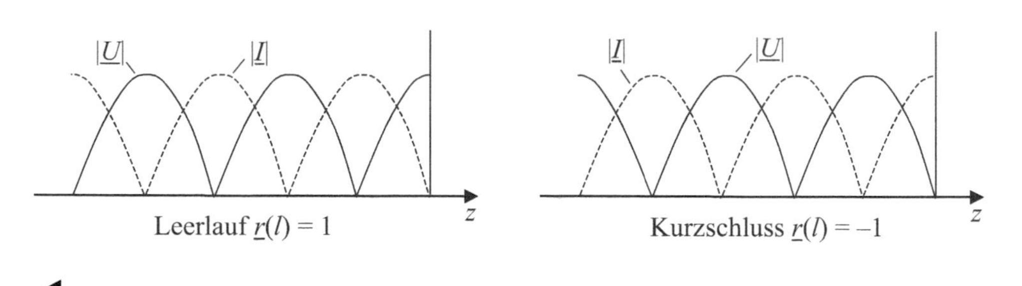

◀

Beispiel 7.8: Beliebiger reeller Abschluss

Ausgehend von einer *verlustlosen* Leitung ist der Reflexionsfaktor (7.43) ebenfalls reell und variiert innerhalb des Bereichs

$$r(l) = -1 \cdots + 1, \quad \text{für} \quad Z_L = 0 \ldots \infty.$$

Der Betragsverlauf der Spannungsverteilung (7.47) folgt dem Ausdruck

$$|\underline{U}(z)| \sim \left|1 + r(l)\, \mathrm{e}^{-2\mathrm{j}\beta(l-z)}\right|.$$

Der Betragsverlauf des Stromes ist entsprechend um $\lambda/4$ versetzt.

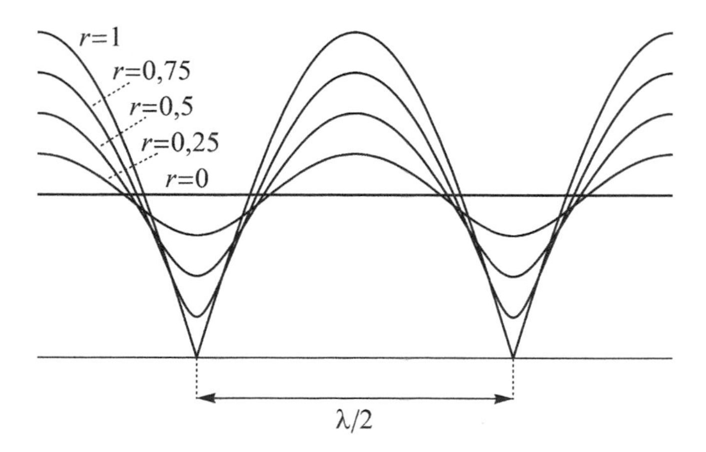

◀

Beispiel 7.9: Kapazitiver Abschluss

Entsprechend dem Reflexionsfaktor (7.43) ist der Betragsverlauf der Spannungsverteilung (7.47) auf einer verlustlosen Leitung bei einer Kapazität C am Leitungsende gegeben durch

$$|\underline{U}(z)| \sim \left|1 + \mathrm{e}^{\mathrm{j}\psi}\,\mathrm{e}^{-2\mathrm{j}\beta\,(l-z)}\right| = \left|\,\mathrm{e}^{+\mathrm{j}\psi/2}\mathrm{e}^{-\mathrm{j}\beta(l-z)}\right|\left|\,\mathrm{e}^{-\mathrm{j}[\psi/2-\beta\,(l-z)]} + \mathrm{e}^{+\mathrm{j}[\psi/2-\beta(l-z)]}\right|.$$

Der erste Betragsausdruck ist Eins und es resultiert

$$|\underline{U}(z)| \sim |\cos\left[\psi/2 - \beta(l-z)\right]|.$$

Die Phasenverschieben $\psi/2$ (7.45) lässt sich als zusätzlicher Leitungsabschnitt interpretieren, mit der äquivalenten Länge

$$\Delta l = \frac{\psi/2}{\beta},$$

d. h.

$$|\underline{U}(z)| \sim |\cos\left[\beta(l - \Delta l - z)\right]|.$$

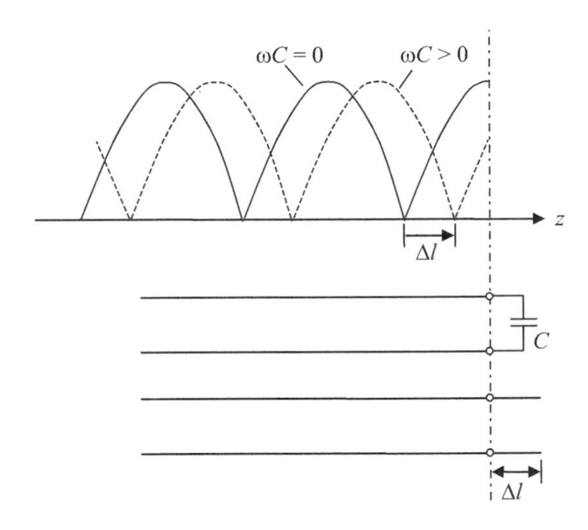

Mit (7.46) erstreckt sich Δl insgesamt über den Bereich

$$\Delta l = -\frac{\arctan(\omega C\,Z_w)}{2\pi}\lambda = 0 \cdots -\frac{\lambda}{4} \quad \text{für } \omega C = 0 \ldots \infty.$$

◀

7.4.3 Die Leitung als Vierpol

Eine Leitung stellt ein lineares, passives und zeitinvariantes Zweitor-System dar, für das eine feste Beziehung zwischen den Spannungen ($\underline{U}_a$, $\underline{U}_e$) und den Strömen ($\underline{I}_a$, $\underline{I}_e$) an den Anschlüssen am Anfang und Ende aufgestellt werden kann (Abb. 7.28).

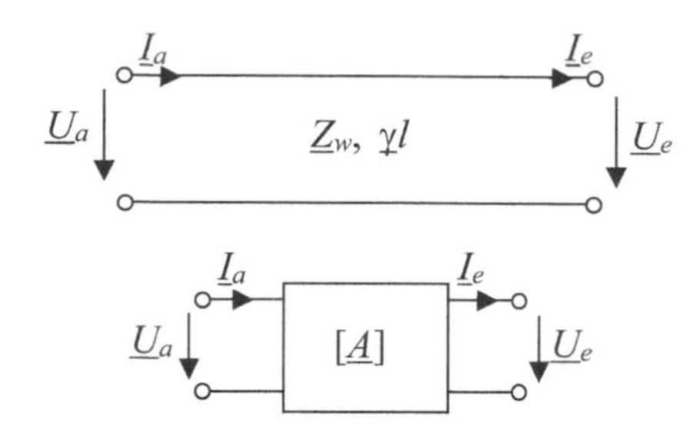

Abb. 7.28 Betrachtung einer Leitung als Zweitor (Vierpol)

Gemäß der allgemeinen Lösung (7.40) ist die Spannung und der Strom am Leitungsanfang ($z = 0$)

$$\underline{U}_a = \underline{U}^+ + \underline{U}^-$$
$$\underline{Z}_w \, \underline{I}_a = \underline{U}^+ - \underline{U}^-$$

und am Leitungsende ($z = l$)

$$\underline{U}_e = \underline{U}^+ \mathrm{e}^{-\underline{\gamma} l} + \underline{U}^- \mathrm{e}^{+\underline{\gamma} l}$$
$$\underline{Z}_w \underline{I}_e = \underline{U}^+ \mathrm{e}^{-\underline{\gamma} l} - \underline{U}^- \mathrm{e}^{+\underline{\gamma} l}.$$

Auflösung der Beziehungen für das Leitungsende nach $\underline{U}^+$, $\underline{U}^-$ ergibt

$$\underline{U}^+ = \frac{\underline{U}_e + \underline{Z}_w \, \underline{I}_e}{2} \, \mathrm{e}^{+\underline{\gamma} l}$$
$$\underline{U}^- = \frac{\underline{U}_e - \underline{Z}_w \, \underline{I}_e}{2} \, \mathrm{e}^{-\underline{\gamma} l}.$$

Durch Einsetzen in die Beziehungen für den Leitungsanfang erhalten wir schließlich für die Spannung

$$\underline{U}_a = \underline{U}_e \frac{\mathrm{e}^{+\underline{\gamma} l} + \mathrm{e}^{-\underline{\gamma} l}}{2} + \underline{Z}_w \, \underline{I}_e \frac{\mathrm{e}^{+\underline{\gamma} l} - \mathrm{e}^{-\underline{\gamma} l}}{2} = \underline{U}_e \cosh\left(\underline{\gamma} l\right) + \underline{Z}_w \, \underline{I}_e \sinh\left(\underline{\gamma} l\right)$$

und analog für den Strom

$$\underline{I}_a = \underline{U}_e / \underline{Z}_w \sinh\left(\underline{\gamma} l\right) + \underline{I}_e \cosh\left(\underline{\gamma} l\right).$$

Wir erhalten somit die gesuchten Beziehungen zwischen den Größen am Ende der Leitung zu den Größen am Leitungsanfang, die sich in der kompakten Vektor-Matrix-Form zusammenfassen lassen:

$$\begin{pmatrix} \underline{U}_a \\ \underline{I}_a \end{pmatrix} = \begin{pmatrix} \cosh\left(\underline{\gamma} l\right) & \underline{Z}_w \sinh\left(\underline{\gamma} l\right) \\ \sinh\left(\underline{\gamma} l\right) / \underline{Z}_w & \cosh\left(\underline{\gamma} l\right) \end{pmatrix} \begin{pmatrix} \underline{U}_e \\ \underline{I}_e \end{pmatrix} = [\underline{A}] \begin{pmatrix} \underline{U}_e \\ \underline{I}_e \end{pmatrix}. \tag{7.50}$$

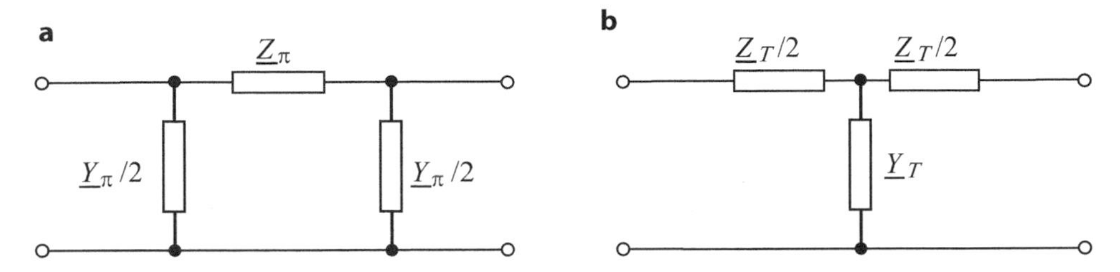

Abb. 7.29 Alternative Ersatzschaltbild-Darstellung einer Leitung durch (**a**) PI-Schaltung und (**b**) T-Schaltung

Hierin bezeichnet $[\underline{A}]$ die sog. Kettenmatrix des Zweitors. Sie erlaubt beispielsweise die Beschreibung einer Hintereinanderschaltung mehrerer Leitung durch einfache Multiplikation der einzelnen Kettenmatrizen.

Ersatzschaltbild-Darstellung

Die Vierpolbeschreibung der Leitung ermöglicht auch die Aufstellung eines Ersatzschaltbildes mit frequenzabhängigen Impedanzen, beispielsweise durch die sog. symmetrische PI- oder T-Schaltung (Abb. 7.29).

Aus den Vierpolgleichungen der PI-Schaltung mit den Impedanzen $\underline{Z}_\pi$ und $\underline{Y}_\pi$ (Abb. 7.29a)

$$\underline{U}_a = \underline{U}_e\left(1 + \frac{\underline{Z}_\pi\underline{Y}_\pi}{2}\right) + \underline{I}_e\underline{Z}_\pi$$
$$\underline{I}_a = \underline{U}_e\underline{Y}_\pi\left(1 + \frac{\underline{Z}_\pi\underline{Y}_\pi}{4}\right) + \underline{I}_e\left(1 + \frac{\underline{Z}_\pi\underline{Y}_\pi}{2}\right)$$

erhalten wir durch Koeffizientenvergleich mit (7.50) und Anwendung der Formel

$$\frac{\cosh(x) - 1}{\sinh(x)} = \tanh(x/2)$$

$$\underline{Z}_\pi = \underline{Z}_w \sinh(\underline{\gamma} l); \quad \underline{Y}_\pi = \frac{2}{\underline{Z}_w}\tanh(\underline{\gamma} l/2). \tag{7.51}$$

Für die T-Schaltung mit den Impedanzen $\underline{Z}_T$ und $\underline{Y}_T$ (Abb. 7.29b) liefert der Koeffizientenvergleich der entsprechenden Vierpolgleichungen

$$\underline{U}_a = \underline{U}_e\left(1 + \frac{\underline{Z}_T\,\underline{Y}_T}{2}\right) + \underline{I}_e\,\underline{Z}_T\left(1 + \frac{\underline{Z}_T\,\underline{Y}_T}{4}\right)$$
$$\underline{I}_a = \underline{I}_e\left(1 + \frac{\underline{Z}_T\,\underline{Y}_T}{2}\right) + \underline{Y}_T\,\underline{U}_e.$$

mit (7.50) die Ersatzschaltbildelemente

$$\underline{Y}_T = \frac{1}{\underline{Z}_w} \sinh\left(\underline{\gamma}\, l\right); \quad \underline{Z}_T = 2\,\underline{Z}_w \tanh\left(\underline{\gamma}\, l/2\right). \tag{7.52}$$

Näherungen für kurze Leitungen

In vielen praktischen Fällen ist eine Leitung elektrisch – also im Verhältnis zur Wellenlenlänge- kurz, d. h. $\beta l = 2\pi l/\lambda \ll 1$. Beispielsweise ist dies für energietechnische Übertragungsleitungen ($f = 50$ Hz) mit einer Wellenlänge $\lambda = 6000$ km in Luft (6.21) bereits schon bei relativ großen Leitungslängen $l < 1000$ km der Fall, während bei Frequenzen der Informationstechnik, beispielsweise 100 MHz und höher ($\lambda < 3$m in Luft) elektrisch kurze Leitungslängen erst im cm-Bereich vorliegen.

Unter der Voraussetzung kleiner Verluste, d. h. $\alpha \ll \beta$, gilt bei elektrisch kurzen Leitungslängen für das Argument in (7.51) und (7.52)

$$\left|\underline{\gamma} l\right| \approx \beta\, l \ll 1,$$

sodass die folgenden Näherungen für die hyperbolischen Funktionen zulässig sind:

$$\sinh\left(\underline{\gamma} l\right) \approx \underline{\gamma} l + \frac{1}{6}\left(\underline{\gamma} l\right)^3$$

$$\tanh\left(\underline{\gamma} l/2\right) \approx \frac{1}{2}\underline{\gamma} l - \frac{1}{24}\left(\underline{\gamma} l\right)^3.$$

Damit erhalten wir für die PI-Schaltung aus (7.51) und Einsetzen von (7.24) die Ersatzschaltbild-Elemente (Abb. 7.30a)

$$\underline{Z}_\pi \approx \underline{Z}_w\, \underline{\gamma} l \left(1 + \frac{1}{6}\left(\underline{\gamma} l\right)^2\right) \approx \underline{Z}_w \underline{\gamma} l = R' l + \mathrm{j}\omega L' l$$

$$\underline{Y}_\pi \approx \frac{\underline{\gamma} l}{\underline{Z}_w}\left(1 - \frac{1}{12}\left(\underline{\gamma} l\right)^2\right) \approx \frac{\underline{\gamma} l}{\underline{Z}_w} = G' l + \mathrm{j}\omega C' l.$$

Analog, folgt aus (7.52) für die Elemente der T-Schaltung (Abb. 7.30b)

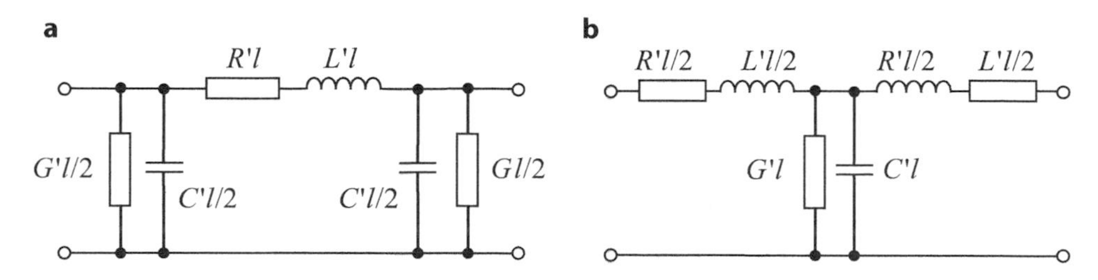

Abb. 7.30 Alternative Ersatzschaltbild-Darstellung einer elektrisch kurzen Leitung durch (**a**) PI-Schaltung und (**b**) T-Schaltung

$$\underline{Z}_T \approx 2\,\underline{Z}_w\,\underline{\gamma} l\left(\frac{1}{2}-\frac{1}{24}(\underline{\gamma} l)^2\right) \approx \underline{Z}_w \underline{\gamma} l = R'l + \mathrm{j}\omega L'l$$

$$\underline{Y}_T \approx \frac{\underline{\gamma} l}{\underline{Z}_w}\left(1-\frac{1}{6}(\underline{\gamma} l)^2\right) \approx \frac{\underline{\gamma} l}{\underline{Z}_w} = G'l + \mathrm{j}\omega C'l.$$

7.4.4 Impedanztransformation

Eine häufige Fragestellung bei der Auslegung von Leitungsverbindungen, wie z. B. für den Anschluss einer Lastimpedanz $\underline{Z}_L$ an einem Generator, ist die Bestimmung der für den Generator resultierenden Impedanz $\underline{Z}_a$ am Eingang der Leitung (Abb. 7.31).

Gegeben ist also $\underline{Z}_L = \underline{U}_e/\underline{I}_e$ und gesucht ist die Eingangsimpedanz $\underline{Z}_a = \underline{U}_a/\underline{I}_a$. Aus der Kettenmatrix-Darstellung (7.50) erhalten wir direkt durch Einsetzen und Division

$$\underline{Z}_a = \frac{\underline{U}_a}{\underline{I}_a} = \underline{Z}_w \frac{\underline{Z}_L \cosh(\underline{\gamma} l) + \underline{Z}_w \sinh(\underline{\gamma} l)}{\underline{Z}_L \sinh(\underline{\gamma} l) + \underline{Z}_w \cosh(\underline{\gamma} l)},$$

bzw. mit $\tanh(x) = \sinh(x)/\cosh(x)$ den Ausdruck

$$\underline{Z}_a = \underline{Z}_w \frac{\underline{Z}_L + \underline{Z}_w \tanh(\underline{\gamma}\, l)}{\underline{Z}_w + \underline{Z}_L \tanh(\underline{\gamma}\, l)} \quad \textit{Impedanztransformation.} \tag{7.53}$$

Die Leitung transformiert also die Lastimpedanz $\underline{Z}_L$ am Leitungsende auf die Impedanz $\underline{Z}_a$ am Leitungsanfang in Abhängigkeit der Leitungsparameter $\underline{Z}_w$, $\underline{\gamma}$ und der Leitungslänge l. Folgende einfache Spezialfälle können der allgemeinen Lösung (7.53) unmittelbar entnommen werden:

- Sehr kurze Leitung:
  Für $|\underline{\gamma} l| \to 0$ geht auch $\tanh(\underline{\gamma} l) \to 0$ und aus (7.53) resultiert $\underline{Z}_a = \underline{Z}_L$. Ist die Leitung also ausreichend kurz ist ihre Wirkung trivialerweise vernachlässigbar.

- Anpassung:
  Einsetzen von $\underline{Z}_L = \underline{Z}_w$ liefert $\underline{Z}_a = \underline{Z}_L$. Bei angepasstem Leitungsabschluss gibt es nur die vom Generator zur Last hinlaufende Welle. Der Generator ‚sieht' sozusagen nur die Wellenimpedanz der Leitung, die in diesem Fall mit der Lastimpedanz identisch ist.

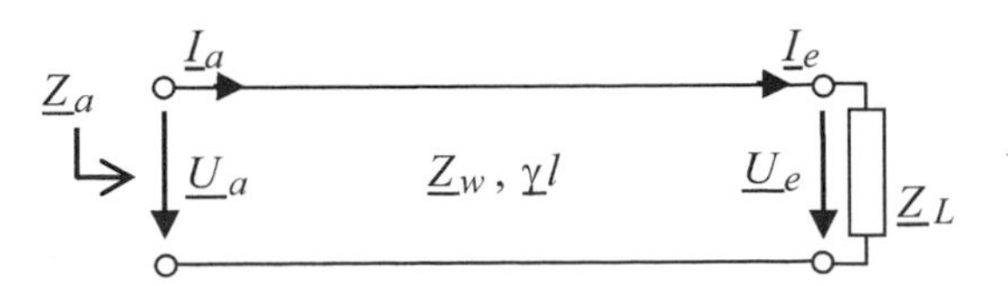

Abb. 7.31 Eingangsimpedanz einer beschalteten Leitung

- Sehr lange verlustbehaftete Leitung:
  Für $\alpha l >> 1$ ergibt sich für $\tanh(\underline{\gamma} l) \approx 1$, sodass aus (7.53) $\underline{Z}_a \approx \underline{Z}_w$ resultiert. Dies ist damit zu erklären, dass die am Leitungsende reflektierte Welle nach Durchgang der Leitung am Leitungsanfang aufgrund der starken Dämpfung vernachlässigbar klein ist.

Für die *verlustlose Leitung* mit $\alpha = 0$ wird in (7.53) $\tanh(\underline{\gamma} l) = \mathrm{j}\tan(\beta l)$ und wir erhalten mit $\underline{Z}_w = Z_w$ (reell)

$$\underline{Z}_a = Z_w \frac{\underline{Z}_L + \mathrm{j}Z_w \tan(\beta \ell)}{Z_w + \mathrm{j}\underline{Z}_L \tan(\beta \ell)} \tag{7.54}$$

Folgende einfache Spezialfälle können der allgemeinen Lösung (7.54) im verlustlosen Fall unmittelbar entnommen werden:

- $\lambda/4$- Leitung:
  Bei einer Leitungslänge $l = \lambda/4$ ist das Argument in (7.54) $\beta l = \pi/2$, so dass $\tan(\beta l) \to \infty$ und wir erhalten für die Eingangsimpedanz

$$\underline{Z}_a = Z_w{}^2/\underline{Z}_L \quad (\lambda/4\text{-Transformator}).$$

Insbesondere wird in diesem Fall Kurzschluss am Leitungsende in einen Leerlauf transformiert und umgekehrt.

- $\lambda/2$- Leitung:
  In diesem Fall ist $\beta l = \pi$, so dass $\tan(\beta l) = 0$ und wir erhalten für die Eingangsimpedanz (7.54)

$$\underline{Z}_a = \underline{Z}_L.$$

In diesem Fall beträgt die gesamte Phasendrehung durch die Leitung 2π entsprechend der zweimal durchlaufenen Leitungsstrecke von hin- und rücklaufender Welle.

- Kurzschluss und Leerlauf:
  Mit $\underline{Z}_L = 0$ bzw. $\underline{Z}_L \to \infty$ resultiert aus (7.54)

$$\underline{Z}_a = \begin{cases} \mathrm{j}Z_w \tan(\beta l); & Z_L = 0 \\ -\mathrm{j}Z_w \cot(\beta l); & Z_L \to \infty \end{cases}$$

Durch Variation der Leitungslänge l können bei fester Frequenz beliebige induktive oder kapazitive Blindwiderstände eingestellt werden (Abb. 7.32).

Beispiel 7.10: Der λ/4-Leitungsresonator

Wie in Abb. 7.32 zu sehen ist, entspricht das Frequenzverhalten der kurzgeschlossenen/ leerlaufenden Leitung bei fester Länge l in der Umgebung von Vielfachen von $\beta l = \pi/2$ abwechselnd einem Parallel- bzw. Serienschwingkreises. Dieses Verhalten wird für den Aufbau von Leitungsresonatoren für hohe Frequenzen genutzt, bei denen herkömm-

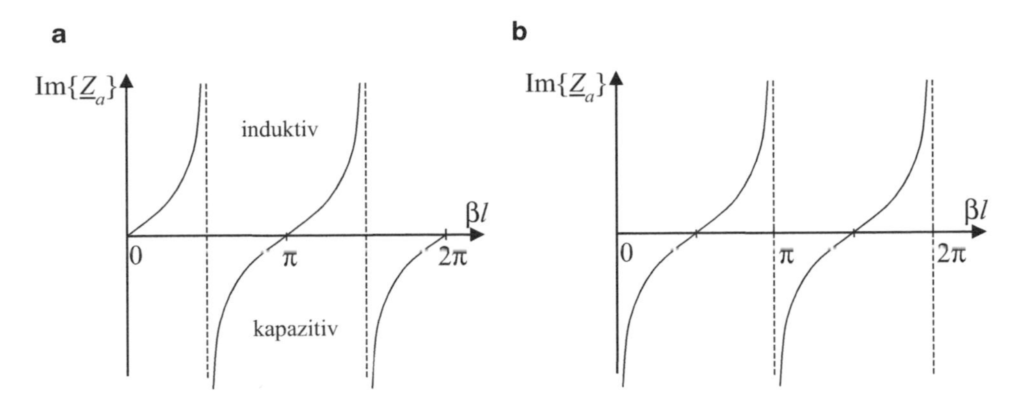

Abb. 7.32 Eingangsimpedanz der verlustlosen Leitung (**a**) Kurzschluss (**b**) Leerlauf

liche Schwingkreisschaltungen aufgrund der parasitären Eigenschaften von diskreten Bauelementen nicht mehr realisierbar sind. Als Beispiel soll eine kurzgeschlossene $\lambda/4$-Leitung dienen, die sich in der Umgebung von $\beta l = \pi/2$ wie ein Parallelschwingkreis verhält (Abb. 7.32a). Wir wollen durch Vergleich des Verlaufs der Eingangsimpedanz mit einem diskreten Parallelschwingkreis um diesen Punkt die entsprechenden konzentrierten Parameter L, C und R bestimmen (Abb. 7.33).

Aus (7.53) ergibt sich für die Eingangsimpedanz im Kurzschlussfall ($\underline{Z}_L = 0$)

$$\underline{Z}_a = \underline{Z}_w \tanh\left(\underline{\gamma} l\right).$$

Mit den Formeln

$$\tanh(x + y) = \frac{\tanh(x) + \tanh(y)}{1 + \tanh(x)\ \tanh(y)}$$

$$\tanh(\mathrm{j}x) = \mathrm{j}\ \tan(x)$$

erhalten wir

$$\underline{Z}_a = \underline{Z}_w \frac{\tanh(\alpha l) + \mathrm{j}\ \tan(\beta l)}{1 + \mathrm{j}\ \tan(\beta l)\tanh(\alpha l)}.$$

Unter der Annahme *geringer Verluste,* d. h. $\alpha l << 1$ können folgende Näherungen durchgeführt werden:

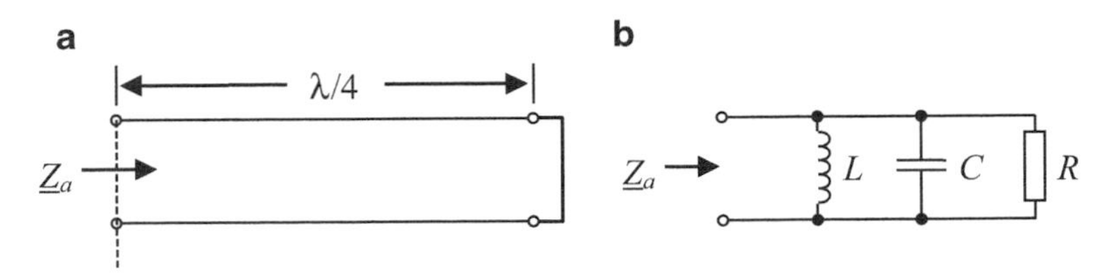

Abb. 7.33 (**a**) $\lambda/4$-Leitungsresonator (**b**) äquivalenter Parallelschwingkreis

$$\tanh(\alpha l) \approx \alpha l, \quad \underline{Z}_w \approx Z_w.$$

Des Weiteren ist im Bereich der Resonanz $\beta l \approx \pi/2$, sodass $\tan(\beta l) >> 1$ ist. Damit vereinfacht sich der Ausdruck der Eingangsimpedanz zu

$$\underline{Z}_a \approx Z_w \frac{\mathrm{j}\tan(\beta l)}{1 + \mathrm{j}\alpha l \tan(\beta l)} = \frac{1}{-\mathrm{j}\cot(\beta \ell) + \alpha l},$$

bzw. die Eingangsadmittanz

$$\underline{Y}_a \approx \frac{1}{Z_w}(-\mathrm{j}\cot(\beta l) + \alpha l).$$

Mit

$$\cot(\beta l) \approx -(\beta l - \pi/2); \quad \text{für } \beta l \approx \pi/2$$

und

$$\beta l = \frac{\omega}{v} l = \frac{\Delta\omega + \omega_0}{v} l; \quad \text{mit } \Delta\omega = (\omega - \omega_0) \text{ und } \frac{\omega_0}{v} l = \pi/2$$

erhalten wir schließlich für die Eingangsadmittanz in der Nähe der Kreisresonanzfrequenz ω_0 den Näherungsausdruck

$$\underline{Y}_a \approx \frac{l}{Z_w}\left[\mathrm{j}(\omega - \omega_0)/v + \alpha\right]; \quad \text{für } \omega \approx \omega_0. \tag{7.55}$$

Für den diskreten Parallel-Schwingkreis (Abb. 7.33b) mit der Resonanzfrequenz $\omega_0 = 1/\sqrt{LC}$ lautet die Eingangsadmittanz

$$\underline{Y}_a = \mathrm{j}\left(\omega C - \frac{1}{\omega L}\right) + \frac{1}{R} = \mathrm{j}\omega_0 C\left(\frac{\omega}{\omega_0} - \frac{\omega_0}{\omega}\right) + \frac{1}{R}.$$

Für den Klammerausdruck führen wir folgende Taylor-Entwicklung bei $\omega = \omega_0$ durch

$$\left(\frac{\omega}{\omega_0} - \frac{\omega_0}{\omega}\right) \approx \left(\frac{\omega}{\omega_0} - \frac{\omega_0}{\omega}\right)_{\omega=\omega_0} + \frac{\mathrm{d}}{\mathrm{d}\omega}\left(\frac{\omega}{\omega_0} - \frac{\omega_0}{\omega}\right)_{\omega=\omega_0} (\omega - \omega_0) = 2\frac{\omega - \omega_0}{\omega_0}$$

und erhalten als Näherungsausdruck für die Eingangsadmittanz des diskreten Schwingkreises

$$\underline{Y}_a \approx \mathrm{j}(\omega - \omega_0)\, 2C + 1/R; \quad \text{für } \omega \approx \omega_0. \tag{7.56}$$

Der Vergleich von (7.55) und (7.56) liefert die folgenden Korrespondenzen zwischen den Leitungs- und Schwingkreisparametern:

$$C = \frac{l}{2Z_w v} = \frac{C'l}{2}; \quad L = \frac{4l^2}{C\pi^2 v^2} = \frac{8L'l}{\pi^2}; \quad R = \frac{Z_w}{\alpha l} = \sqrt{\frac{L'}{C'}}\frac{1}{\alpha l}.$$

Für die Güte des Leitungsresonators resultiert damit

$$Q = \omega_0\, CR = \frac{\omega_0}{2\alpha v}.$$

Als Zahlenbeispiel erhalten wir mit $f_0 = \omega_0/2\pi = 1000$ MHz, $v = 2 \cdot 10^8$ m/s und $\alpha = 0{,}115$ (1 dB/m) für die Güte $Q = 137$. Dies ist ein recht hoher Wert, der mit diskreten Bauelementen nicht einfach zu realisieren ist. ◀

7.5 Übungsaufgaben

UE-7.1 Berechnung des Leitungswellenwiderstands

Berechnen Sie für die Koaxialleitung mit Innen- und Außenradius ρ_i bzw. ρ_a den komplexen Leitungswellenwiderstand $\underline{Z}_w$. Hierbei sind ohmsche Verluste zu vernachlässigen. Für das homogene Medium zwischen den Leitern mit der Permeabilität μ_0 und der statischen Permittivität ε sollen dielektrische Verluste angenommen werden, ausgedrückt durch den dielektrischen Verlustwinkel $\tan\delta = G'/\omega C' << 1$. Bestimmen Sie die Näherung für $\tan\delta << 1$ und den Ausdruck für den verlustlosen Fall?

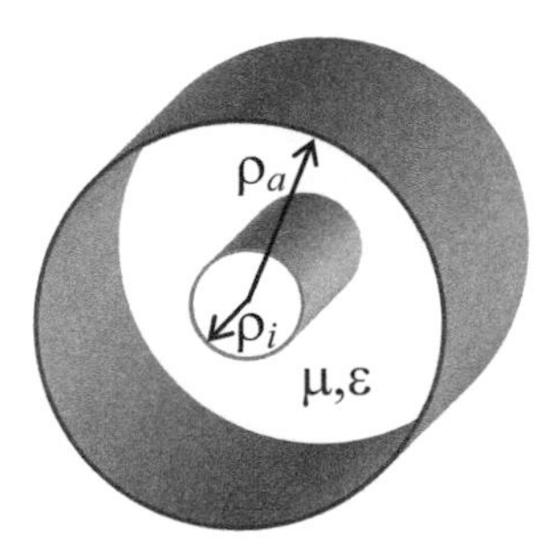

UE-7.2 Schaltvorgang auf einer Leitung im Gleichstrombetrieb

Entlang einer den Gleichstrom I_0 und die Spannung U_0 führenden Leitung werde an der Stelle $z = 0$ der Widerstand R zum Zeitpunkt $t = 0$ zugeschaltet. Es sollen Strom und Spannungsverlauf entlang der Leitung während des Zeitraums untersucht werden, bevor die durch den Schaltvorgang verursachten Änderungen beide Leitungsenden erreichen.

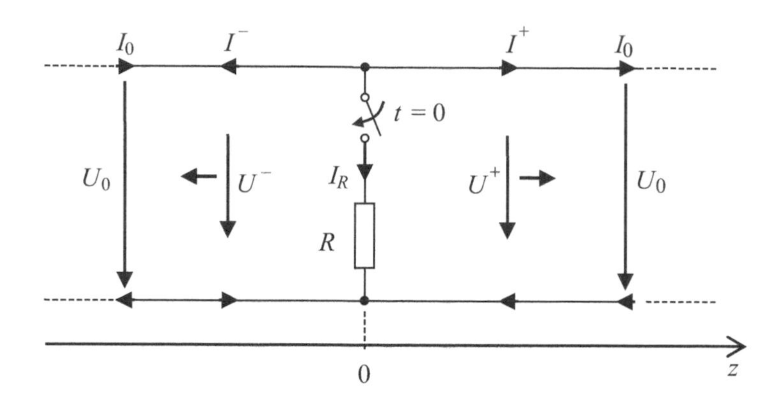

a) Bestimmen Sie aus der Stetigkeitsbedingung für die Spannung und den Knotensatz an der Stelle $z = 0$ die hin- und rücklaufenden Spannungsamplituden U^+ und U^-
b) Stellen Sie jeweils die zeit- und ortsabhängige Lösung für Spannung und Strom für $z > 0$ und $z < 0$ auf und skizzieren die Verläufe zu einem Zeitpunkt $t > 0$.
c) Welcher Spannungs- und Stromverlauf auf der Leitung ergibt sich für den Kurzschlussfall, d. h. für $R = 0$? Wie groß ist der Kurzschlussstrom I_R und wovon hängt er innerhalb des betrachteten Zeitraums ab?

UE-7.3 Einschaltvorgang bei generatorseitiger Anpassung

In manchen Fällen ist eine ausreichende Anpassung der Last R_L an den Leitungswellenwiderstand Z_w nicht möglich. Für eine möglichst reflexionsarme Signalübertragung kann dann zumindest eine generatorseitige Anpassung ($R_G = Z_w$) gewählt werden. Zeigen Sie dies für eine verlustlose Leitung anhand der Spannungsantworten am Anfang und Ende einer Leitung $U_a(t)$ bzw. $U_e(t)$ für einen Einheitssprung $U_G(t) = \hat{U}\,\sigma(t)$ und skizzieren Sie die Ergebnisse für $R_L > Z_w$.

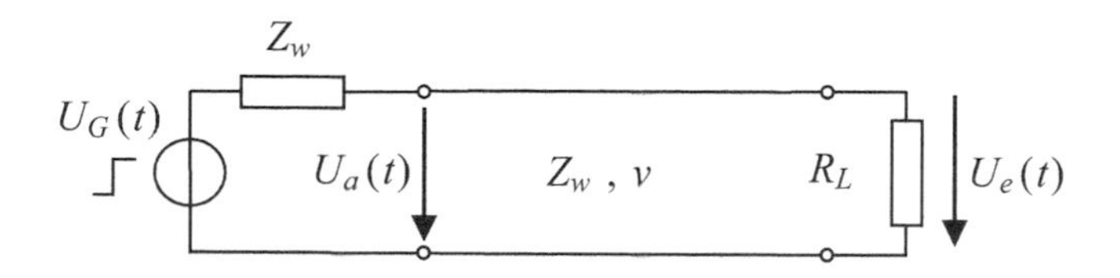

UE-7.4 Impulsantwort einer verlustbehafteten Leitung

Für die in Beispiel 7.5 beschriebene verlustbehaftete, reflexionsfrei abgeschlossene Leitung soll die Übertragung sehr kurzer Impulse untersucht werden. Unter Verwendung der Dirac-Funktion soll die Anregung mit dem Spannungsimpuls $U_G(t) = 1\text{Vs}\,\delta(t)$ erfolgen. Es werden kleine Leitungsverluste ($R' << \omega L'$, $G' = 0$) bei ausgeprägtem Skineffekt angenommen, so dass für Fortpflanzungskonstante die folgende Näherung gilt:

$$\underline{\gamma}(s) \approx s\sqrt{L'C'} + \frac{K}{2}\sqrt{C'/L'}\sqrt{s} \qquad (K: \text{geometr.Konstante}).$$

Hinweis:

$$\mathcal{L}\{\delta(t)\} = 1, \quad \mathcal{L}^{-1}\left\{e^{-a\sqrt{s}}\right\} = \frac{a}{2\sqrt{\pi t^3}}e^{-\frac{a^2}{4t}}$$

a) Stellen Sie die Impulsantwort $\underline{U}_e(s)$ im Laplace-Bereich auf und bestimmen Sie daraus die zeitabhängige Antwort $U_e(t)$.
b) Skizzieren Sie die Spannungsimpulsantwort $U_e(t)$ für drei verschiedene Leitungslängen $l_1 < l_2 < l_3$.
c) Bestimmen Sie die Anstiegszeit $\Delta t = (t - \tau) > 0$, bei der die Impulsantwort ihr Maximum erreicht. Wie ändert sich Δt mit der Leitungslänge l?

UE-7.5 Induktiver Leitungsabschluss

Analog zu Beispiel 7.9 soll der Betragsverlauf der Spannung auf einer stationär betriebenen, verlustlosen Leitung bei Abschluss mit einer Induktivität L untersucht werden.

a) Geben Sie den komplexen Reflexionsfaktor $\underline{r}$ für $\omega L = 0 \ldots \infty$ nach Betrag und Phase an.
b) Stellen Sie den Betragsausdruck für die Spannungsverteilung auf der Leitung auf. Welche äquivalente, zusätzliche Leitungslänge Δl resultiert für $\omega L = 0 \ldots \infty$?
c) Skizzieren Sie den Betragsverlauf der Spannung auf der Leitung für $\omega L = 0$ und $\omega L > 0$.

UE-7.6 Leerlaufender Leitungsresonator

Analog zu Beispiel 7.10 soll eine leerlaufende $\lambda/4$-Leitung mit geringen Verlusten ($\alpha l << 1$) untersucht werden, die sich in der Umgebung von $\beta l = \pi/2$ wie ein Serienschwingkreis verhält (Abb. 7.32b).

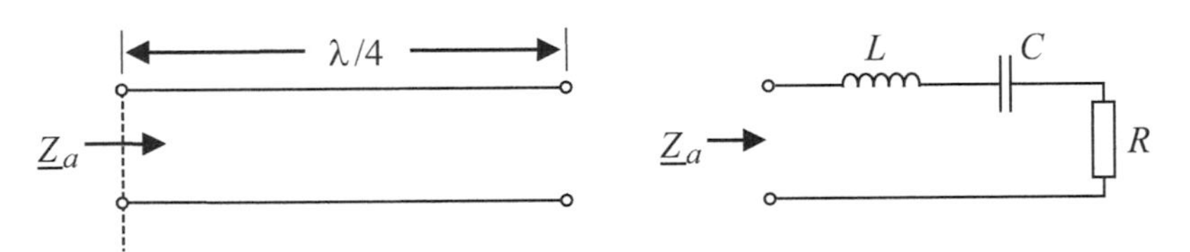

a) Bestimmen Sie die exakte Lösung für die Eingangsimpedanz $\underline{Z}_a$ der Leitung und leiten Sie daraus die Näherung für schwache Verluste und $\beta l \approx \pi/2$ ab.
Hinweis: $\tanh(\alpha l) \approx \alpha l$ und $\underline{Z}_w = Z_w$ (reell).
b) Formen Sie die Näherung für $\underline{Z}_a$ aus a) um in einen von der Frequenzdifferenz $(\omega - \omega_0)$ abhängigen Ausdruck.

Hinweis: $\cot(\beta l) \approx -(\beta l - \pi/2)$; für $\beta l \approx \pi/2$.

c) Stellen Sie die exakte Impedanzfunktion eines verlustbehafteten Schwingkreises auf und leiten Sie daraus die Näherung in der Umgebung der Resonanzfrequenz ω_0 ab.

d) Bestimmen Sie durch Vergleich der Näherungsausdrücke für die Eingangsimpedanz aus b) und c) die konzentrierten Parameter L, C und R und die Güte des äquivalenten Serienschwingkreises.

Hohlraumresonatoren

8

Zusammenfassung

In einem durch leitende Wände abgeschlossenen Raum können sich nur bestimmte elektromagnetische Schwingungsmuster (Moden) unterschiedlicher Frequenz ausbilden. Bei einer solchen Eigenfrequenz tritt Resonanz auf, bei der die Feldgrößen des Schwingungsmodes dominieren. Neben den Medieneigenschaften innerhalb des Hohlraums bestimmen einzig die Geometrie und die Randbedingung für die Felder auf den Wänden die Eigenfrequenzen und die räumliche Verteilung der Eigenschwingungen, die die Lösung eines Eigenwertproblems sind. Ihre Resonanzamplitude (Resonanzgüte) hängt von den Verlusten im Medium und an den Wänden ab und bestimmt maßgeblich den Frequenzgang der Eingangsimpedanz. Diese kann durch eine unbegrenzte Kettenschaltung von RLC-Schwingkreisen dargestellt werden.

8.1 Funktionsprinzip

Das elektromagnetische Feld in einem Hohlraumresonator setzt sich aus einer unendlichen Anzahl von charakteristischen Schwingungsformen *(Moden)* zusammen mit aufsteigender Eigenfrequenz. Die Anregung kann z. B. durch eine kleine Monopolantenne oder Strom-

M. Leone, *Theoretische Elektrotechnik*, https://doi.org/10.1007/978-3-658-29208-9_8

schleife elektrisch bzw. magnetisch oder durch Feldeinkopplung über eine kleine Öffnung erfolgen (Abb. 8.1a–c). Liegt die Frequenz nahe einer solchen Eigenfrequenz werden die Feldamplituden des betreffenden Modes maximal. Solche Resonanzerscheinungen, wie sie auch in anderen Bereichen der Physik (z. B. in der Mechanik, Akustik) in analoger Weise auftreten, sind das Ergebnis einer unendlichen Mehrfachreflexion an den Wänden. Die Feldgrößen oszillieren jeweils überall in gleicher Phase, aber ihre Amplitude ist ortsabhängig mit Maxima und Minima (Nullstellen). Durch die Überlagerung ergibt sich ein stationäres Wellenmuster, das als *stehende Wellen* bezeichnet wird.

Jeder einzelne Mode verhält sich hinsichtlich der Eingangsimpedanz für die anregende Quelle wie ein RLC-Schwingkreis. Elektrisches und magnetisches Feld sind aber im Gegensatz dazu nicht getrennt in der Induktivität L bzw. Kapazität C konzentriert, sondern erfüllen den gesamten Hohlraum. Im Vergleich zu einem diskret aufgebauten Schwingkreis, dessen Schaltelemente kleiner als die Wellenlänge sein müssen (Abschn. 1.8.4), können mit Hohlraumresonatoren sehr viel höhere Resonanzfrequenzen im GHz-Bereich einfach und kompakt realisiert werden. Aufgrund des größeren Volumens, in dem die Felder verteilt sind, fallen die Verluste im Medium und in der Metallwand insgesamt viel kleiner aus, wodurch wesentlich höhere Resonanzgüten erzielt werden.

Es gibt eine Vielzahl von Bauformen in der Praxis. Viele Anwendungen liegen im Mikrowellenbereich, z. B. zur Realisierung von Filtern hoher Güte, oder als Oszillatorbauelement (Klystron) oder in Teilchenbeschleunigern.

8.2 Die inhomogene Feldwellengleichung

Für zeitlich harmonische Felder innerhalb eines homogenen Mediums erhalten wir aus der erneuten Rotation der komplexen Maxwell-Gleichung ($\underline{\text{I}}$) und Einsetzen von ($\underline{\text{II}}$) zunächst

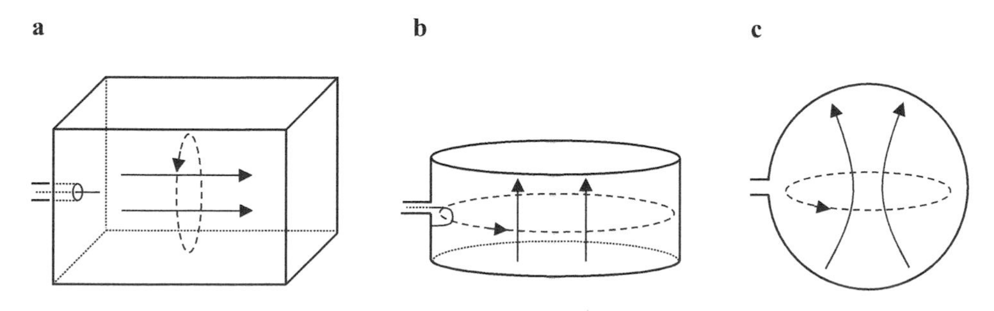

Abb. 8.1 Einfache Geometrien resonanzfähiger Hohlräume und mögliche Anregungen **(a)** elektrisch **(b)** magnetisch **(c)** durch eine Öffnung (schematisch, elektrisches — und magnetisches Feld - - -)

$$\operatorname{rot}\operatorname{rot}\underline{\mathbf{E}} = -\mathrm{j}\omega\mu \left(\kappa\underline{\mathbf{E}} + \underline{\mathbf{J}}_e + \mathrm{j}\omega\,\varepsilon\,\underline{\mathbf{E}}\right).$$

Hierbei setzt sich die Stromdichte $\underline{\mathbf{J}} = \kappa\underline{\mathbf{E}} + \underline{\mathbf{J}}_e$ innerhalb eines verlustbehafteten Mediums aus den Leitungsströmen und *eingeprägten Strömen* $\underline{\mathbf{J}}_e$ von Generatorquellen zusammen. Nach Umstellung erhalten wir für das elektrische Feld die *inhomogene Feldwellengleichung*

$$\operatorname{rot}\operatorname{rot}\underline{\mathbf{E}} + \underline{\gamma}^2\underline{\mathbf{E}} = -\mathrm{j}\omega\mu\,\underline{\mathbf{J}}_e, \tag{8.1}$$

mit der komplexen Fortpflanzungskontante (6.24) in der zweckmäßigen Form

$$\underline{\gamma}^2 = -k^2(1-\mathrm{j}\sigma), \tag{8.2}$$

mit der Wellenzahl

$$k^2 = \omega^2\mu\,\varepsilon \tag{8.3}$$

und dem *Verlustfaktor* des Mediums

$$\sigma = \frac{\kappa}{\omega\varepsilon}. \tag{8.4}$$

In analoger Weise erhalten wir aus der erneuten Rotation der komplexen Maxwell-Gleichung (II) und Einsetzen von (I) die *inhomogene Feldwellengleichung* für das magnetische Feld

$$\operatorname{rot}\operatorname{rot}\underline{\mathbf{H}} + \underline{\gamma}^2\underline{\mathbf{H}} = \operatorname{rot}\underline{\mathbf{J}}_e.$$

Für das hier betrachtete Randwertproblem genügt beispielsweise die Lösung von Gl. (8.1) mit der homogenen Randbedingung $\mathbf{n}\times\mathbf{E} = \mathbf{0}$ auf den leitenden Wänden. Über die Maxwell-Gleichung (I) ist die Lösung für $\underline{\mathbf{H}}$ mit der Lösung für $\underline{\mathbf{E}}$ verknüpft.

Das gesuchte Feld $\underline{\mathbf{E}}$ setzt sich gemäß dem Helmholtz'schen Hauptsatz (Abschn. A.6) im Allgemeinen aus einem Quellenfeld $\underline{\mathbf{E}}_q$ und einem Wirbelfeld $\underline{\mathbf{E}}_w$ zusammen. Das quellenfreie Wirbelfeld ist durch $\operatorname{div}\underline{\mathbf{E}}_w = 0$ definiert, sodass (8.1) sich nach Anwendung der Identität (A.76) $\operatorname{rot}\operatorname{rot} = \operatorname{grad}\operatorname{div} - \Delta$ auf die inhomogene Helmholtzgleichung reduziert:

$$\Delta\,\underline{\mathbf{E}}_w - \underline{\gamma}^2\underline{\mathbf{E}}_w = \mathrm{j}\omega\mu\,\underline{\mathbf{J}}_e \quad (\operatorname{div}\underline{\mathbf{J}}_e = 0). \tag{8.5}$$

Hierbei geht lediglich der quellenfreie Anteil des Anregungsstromes ein.

Für das wirbelfreie Quellenfeld $\underline{\mathbf{E}}_q = -\operatorname{grad}\underline{\varphi}$ erhalten wir für (8.1) gemäß der Identität $\operatorname{rot}\operatorname{grad}\underline{\varphi} = \mathbf{0}$ (A.74) nach Bildung der Divergenz auf beiden Seiten und Anwendung der Kontinuitätsgleichung (1.73) eine Poisson-Gleichung für das komplexe Skalarpotenzial $\underline{\varphi}$:

$$\Delta\,\underline{\varphi} = -\frac{\underline{q}_e}{\varepsilon(1-\mathrm{j}\sigma)}. \tag{8.6}$$

Zusammenfassend setzt sich die Lösung der Feldwellengleichung (8.1) aus der Lösung der Helmholtzgleichung (8.5) und der Poisson-Gleichung (8.6) zusammen, d. h.

$$\underline{\mathbf{E}} = \underline{\mathbf{E}}_w - \text{grad}\,\underline{\varphi}. \tag{8.7}$$

Bei dieser Aufteilung wird das dynamische Verhalten maßgeblich vom Wirbelfeld $\underline{\mathbf{E}}_w$ bestimmt, während das durch den Gradienten gegebene Quellenfeld lediglich ein zusätzliches, rein kapazitives Feld beschreibt (Abschn. 2.5) für den Fall, dass $\text{div}\underline{\mathbf{J}}_e \neq 0$, beispielsweise an den Drahtenden einer Antenne.

Die Lösung von (8.5) und (8.6) ist nur bei einfachen Geometrien wie rechteckig, zylindrisch oder kugelförmig möglich (Abb. 8.1), bei denen der Laplace-Operator im entsprechenden Koordinatensystem separierbar ist (Abschn. 2.72). Für kompliziertere Geometrien kommen numerische Lösungsmethoden zum Einsatz.

8.3 Der eindimensionale Resonator

Die Bestimmung der Felder in einem Hohlraumresonator führt auf die Lösung eines Eigenwertproblems, das zunächst am einfachen 1-dimensionalen Fall studiert werden soll. Hierbei kann auch das grundlegende physikalische Verhalten am übersichtlichsten dargestellt werden.

Wir betrachten dazu das in Abb. 6.28 dargestellte Dreiraumproblem für den Fall, dass Medium 1 und 3 ideale Leiter sind. Gesucht ist das elektromagnetische Feld innerhalb des in x- und y-Richtung unbegrenzten Raumbereiches mit der Dicke d. Als Anregung diene der x-gerichtete Strombelag $\underline{J}_A$ an der Stelle $z = z'$ (Abb. 8.2).

Aufgrund der Divergenzfreiheit des eingeprägten Stromes $\underline{\mathbf{J}}_e$ ist einzig Gl. (8.5) zu lösen, die sich für das ebenfalls x-gerichtete elektrische Feld $\underline{E}_x$ reduziert zu

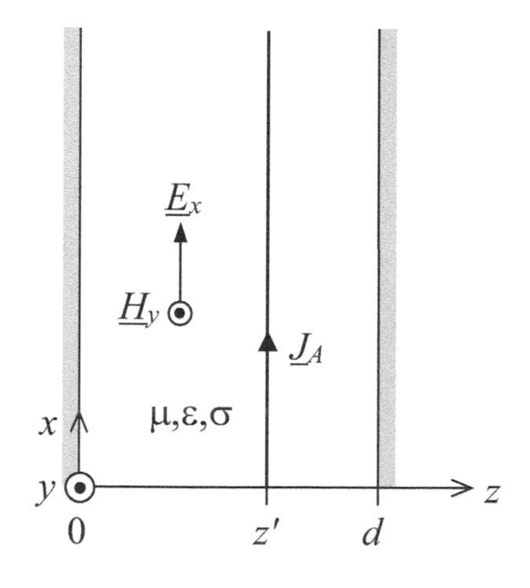

Abb. 8.2 Eindimensionaler Resonator zwischen zwei ideal leitenden Wänden und Stromanregung $\underline{J}_A$

$$\frac{\mathrm{d}^2\underline{E}_x}{\mathrm{d}z^2} - \underline{\gamma}^2\underline{E}_x = \mathrm{j}\omega\mu\,\underline{J}_A\,\delta(z-z'). \tag{8.8}$$

Hierbei wurde von der Dirac-Funktion (1.13) Gebrauch gemacht, um den Strombelag $\underline{J}_A$ an der Stelle z' als Stromdichte $\underline{\mathbf{J}}_e$ auszudrücken.

8.3.1 Freie Schwingungen

Zunächst sollten die möglichen Lösungen der Felder in Abwesenheit einer Anregung ($\underline{J}_A = 0$), bestimmt werden. Dementsprechend setzen wir wie in Abschn 6.5 als allgemeine Lösung der *homogenen Helmholtzgleichung* für das elektrische Feld innerhalb des Resonatorraums $z = 0 \ldots d$ gemäß (6.55) die Summe

$$\underline{E}_x(z) = \underline{E}^+ \mathrm{e}^{-\underline{\gamma} z} + \underline{E}^- \mathrm{e}^{+\underline{\gamma} z}$$

mit den komplexen Amplituden $\underline{E}^+$ und $\underline{E}^-$. Die erste Randbedingung liefert:

$$\underline{E}_x(z=0) = 0 \quad \Rightarrow \quad \underline{E}^+ = -\underline{E}^-.$$

Die zweite Randbedingung

$$\underline{E}_x(z=d) = \underline{E}^+\left(\mathrm{e}^{-\underline{\gamma} d} - \mathrm{e}^{+\underline{\gamma} d}\right) = 0$$

ergibt

$$\mathrm{e}^{2\underline{\gamma} d} = 1.$$

Diese besitzt nur Lösungen für

$$\underline{\gamma} = \mathrm{j}k_n, \tag{8.9}$$

mit den *Eigenwerten*

$$k_n = \frac{n\,\pi}{d}; \qquad n = 1, 2, 3 \ldots. \tag{8.10}$$

und den möglichen Lösungsfunktionen *(Moden)*

$$\underline{E}_{x,n}(z) = \underline{E}_n \sin(k_n z) \tag{8.11}$$

mit beliebigen Amplituden $\underline{E}_n$. Hierbei wurde $n = 0$ wegen der trivialen Lösung $\underline{E}_x = 0$ ausgenommen.

Es liegt somit ein *Eigenwertproblem* vor, das sich für den hier betrachteten 1-dim. Fall durch Einsetzen von (8.9) in die homogene Helmholtzgleichung (8.8) wie folgt schreiben lässt:

$$\begin{aligned} \frac{\mathrm{d}^2 \mathrm{u}_n(z)}{\mathrm{d}\, z^2} &= -k_n^2\, \mathrm{u}_n(z); \quad n = 1,2,3\,\ldots \\ \mathrm{u}_n(z = 0, d) &= 0. \end{aligned} \tag{8.12}$$

Die rellen Lösungen $\mathrm{u}_n(z) = A_n \sin(k_n\, z)$ werden als *Eigenfunktionen* bezeichnet. Sie erfüllen zusammen mit den Eigenwerten k_n die gegebene Dirichlet'schen Randbedingung (Vgl. Abschn. 2.3.1).

Wie in Abschn. 2.7.2 für die Laplace-Gleichung, können wir auch hier als allgemeine Lösung der homogenen Helmholtzgleichung die Linearkombination aller möglichen Lösungen ansetzen:

$$\underline{E}_x(z) = \sum_{n=1}^{\infty} \underline{E}_n \sin(k_n z). \tag{8.13}$$

Mit den Eigenwerten (8.10) resultieren aus (8.2), (8.3) und (8.9) die *komplexen Eigenfrequenzen*

$$\underline{s}_n = \frac{k_n\, c}{\sqrt{1 - \mathrm{j}\sigma}} \approx k_n\, c\; (1 + \mathrm{j}\sigma/2); \quad \text{mit}\; \sigma \ll 1. \tag{8.14}$$

Hierbei beschränken wir uns auf die in Abschn. 6.8.1 bezeichneten *Medien mit geringen Verlusten.*

Da sämtliche Wellenamplituden gemäß der harmonischen Zeitabhängigkeit (Abschn. 1.7)

$$\underline{E}_n(t) \sim \mathrm{e}^{\mathrm{j}\underline{s}_n\, t} \approx \mathrm{e}^{-\frac{k_n\, c\, \sigma}{2}\, t}\, \mathrm{e}^{\mathrm{j}k_n\, c\, t} \tag{8.15}$$

zeitlich oszillieren, beschreiben die komplexen Kreisfrequenzen $\underline{s}_n$ exponentiell gedämpfte Schwingungen mit den *reellen Eigenfrequenzen*

$$\omega_n = k_n\, c. \tag{8.16}$$

Nur im Fall eines verlustlosen Systems ($\sigma = 0$) haben wir es mit ungedämpften Schwingungen zu tun, die einmal angeregt, unbegrenzte Zeit fortbestehen.

Das magnetische Feld ist über die Maxwell-Gleichung (I)

$$\mathrm{rot}\big(\underline{E}_{x,n}(z)\, \mathbf{e}_x\big) = \frac{\mathrm{d}\underline{E}_{x,n}(z)}{\mathrm{d}\, z}\, \mathbf{e}_y = -\mathrm{j}\omega\mu\, \underline{\mathbf{H}}_n$$

mit dem elektrischen Feld (8.11) verknüpft und hat nur eine Komponente in y-Richtung. Für jeden einzelnen Mode ergibt sich mit (8.16) und dem Feldwellenwiderstand $Z = \sqrt{\mu/\varepsilon}$ (6.20)

$$\underline{H}_{y,n}(z) = \mathrm{j}\frac{\omega_n}{\omega}\frac{1}{Z}\underline{E}_n \cos(k_n z). \tag{8.17}$$

Elektrisches und magnetisches Feld oszillieren zeitlich jeweils überall mit gleicher Phase und haben untereinander den Phasenunterschied $\pi/2$. Mit den zueinander orthogonalen Eigenfunktionen Sinus und Cosinus sind die örtlichen Maxima und Minima jeweils um $d/2n$ gegeneinander versetzt (Abb. 8.3).

8.3.2 Erzwungene Schwingungen

Gesucht ist nun die allgemeine Lösung (8.13) bei Anregung durch den zeitlich harmonischen Strombelag $\underline{J}_A$ mit der Frequenz ω an der Stelle $z = z'$ (Abb. 8.2). Die Eigenfunktionen $\sin(k_n z)$ stellen aus mathematischer Sicht eine *vollständige Funktionenbasis* dar, mit der durch Anpassung der Amplituden $\underline{E}_n$ die Lösung in Form einer *Fourierreihe* entwickelt werden kann. So gesehen entsprechen die $\underline{E}_n$ den Fourierkoeffizienten, die vom Ort der Anregung und von der Frequenz ω abhängig sind. Einsetzen der allgemeinen Lösung (8.13) in (8.8) ergibt nach Ausführung der Differenziation

$$-\sum_{n=1}^{\infty} \underline{E}_n (\underline{\gamma}^2 + k_n^2) \sin(k_n z) = \mathrm{j}\omega\mu\, \underline{J}_A\, \delta(z - z').$$

Multiplikation der Gleichung mit $\sin(k_m z)$ und Integration über z ergibt gemäß der Orthogonalitätsrelation (2.56) für die linke Seite nur für $n = m$ einen Wert ungleich Null und wir erhalten entsprechend der Ausblendeigenschaft (1.14) der Dirac-Funktion auf der rechten Seite als Lösung für die Koeffizienten mit (8.2)

$$\underline{E}_n = \frac{2\,\omega\mu\,\underline{J}_A}{d}\,\frac{\sin(k_n z')}{\mathrm{j}\,(k_n^2 - k^2) - k^2\sigma}.$$

Für den periodisch gedämpften Fall ($\sigma << 1$) ist der Dämpfungsterm $k^2\sigma$ im Nenner nur für $k \approx k_n$ von Bedeutung, sodass hierfür der Wert $k_n^2\sigma$ eingesetzt werden kann. Durch Ausklammern der Phasengeschwindigkeit, d. h. $1/c^2$ im Nenner und mit $\mu c^2 = 1/\varepsilon$ erhalten wir schließlich für die modalen Wellenamplituden

$$\underline{E}_n \simeq \frac{2\,\omega\,\underline{J}_A}{\varepsilon d}\,\frac{\sin(k_n z')}{\mathrm{j}\,(\omega_n^2 - \omega^2) - \omega_n^2\sigma}; \quad \sigma << 1. \tag{8.18}$$

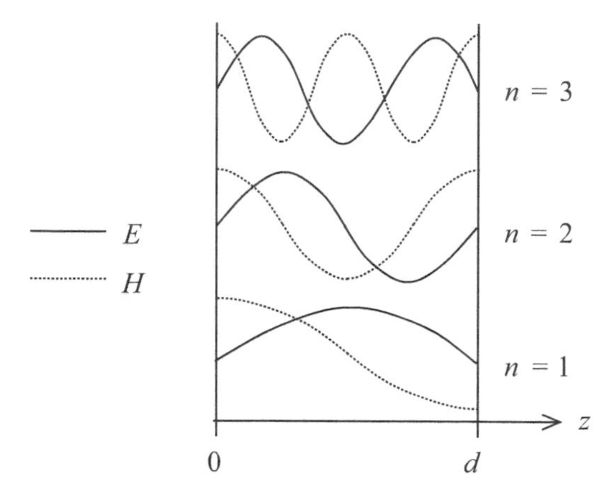

Abb. 8.3 Die ersten 3 Eigenfunktionen des eindimensionalen Resonators

Dieses Ergebnis zeigt die für alle elektromagnetischen Resonatoren charakteristische Orts- und Frequenzabhängigkeit der Anregung jedes einzelnen Schwingungsmodes. An den Schwingungsbäuchen ist die Anregung maximal, während an den Knotenpunkten der entsprechende Mode nicht angeregt wird (Abb. 8.3). Bei der Eigenfrequenz $\omega = \omega_n$ tritt Resonanz auf, bei der die Schwingungsamplitude $\underline{E}_n$ mit dem Strom $\underline{J}_A$ in Phase ist und ihr Maximum erreicht. Die Resonanzamplitude wird vom Faktor $1/\omega_n\,\sigma$ bestimmt und steigt im verlustlosen Fall ($\sigma \to 0$) über alle Grenzen. Für Frequenzen abseits von ω_n geht der Phasenwinkel von $\underline{E}_n$ zu $\underline{J}_A$ über zu $\pm\pi/2$ und sein Betrag fällt mit zunehmendem Frequenzabstand rasch ab. Die Stärke (Schärfe) der Resonanz wird im Amplitudenfrequenzgang durch die Frequenzbandbreite B charakterisiert, die durch den Abfall auf das $1/\sqrt{2}$ -fache der Resonanzamplitude definiert ist (Abb. 8.3).

Abb. 8.4 zeigt den charakteristischen Frequenzgang von $\underline{E}_n/\underline{J}_A$ (8.18) getrennt nach Betrag und Phase für den verlustlosen und verlustbehafteten Fall.

Abschließend soll die Konvergenz der Lösung des elektromagnetischen Feldes am Beispiel eines verlustlosen Mediums ($\sigma = 0$) für eine Anregung an der Stelle $z' = 0{,}7\,d$ bei einer Frequenz $\omega = 2{,}6\,\omega_1$, also zwischen der 2. und 3. Resonanz untersucht werden. Abb. 8.5 zeigt den Verlauf von $\underline{E}_x$ und $\underline{H}_y$. Aufgetragen sind hierbei die normierten Summenlösungen (8.13) bzw. entsprechend (8.17) mit den modalen Amplituden (8.18)

$$\underline{E}_x \sim \sum_{n=1}^{N} \frac{\sin(n\,\pi\,z'/d)\,\sin(n\,\pi\,z/d)}{n^2 - \eta^2} \qquad \underline{H}_y \sim \sum_{n=1}^{N} n\frac{\sin(n\,\pi\,z'/d)\,\cos(n\,\pi\,z/d)}{n^2 - \eta^2}$$

mit $\eta = \omega/\omega_1$ und $z/d = 0 \ldots 1$.

Wie die Lösungen für jeweils $N = 50$ und 500 Summenterme zeigen, nähern sie sich mit zunehmender Anzahl der Eigenschwingungen dem exakten Verlauf an. Dies ist vor allem für das Magnetfeld $\underline{H}_y$ augenfällig, das wegen der Grenzbedingung (6.5)

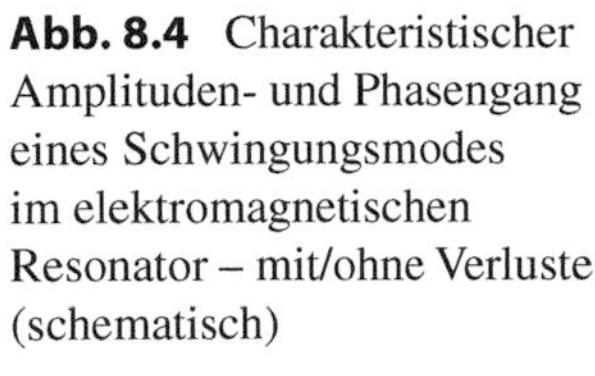

Abb. 8.4 Charakteristischer Amplituden- und Phasengang eines Schwingungsmodes im elektromagnetischen Resonator – mit/ohne Verluste (schematisch)

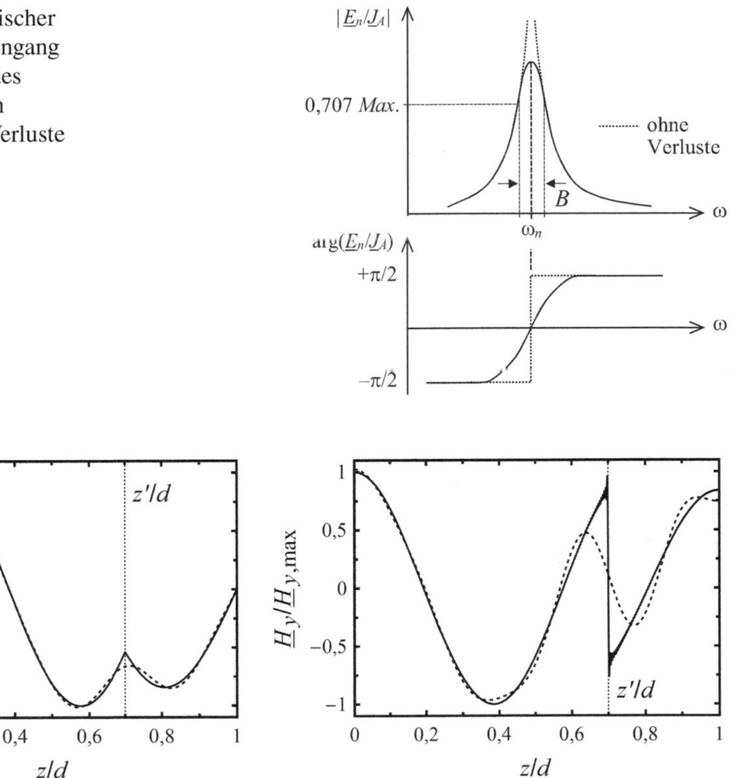

Abb. 8.5 Konvergenz der Lösung des elektrischen (links) und des magnetischen Feldes (rechts), in normierter Auftragung ($\sigma = 0$, $z' = 0{,}7\, d$, $\omega = 2{,}6\, \omega_1$), jeweils für $N = 10$ und $= 500$

bei $z'/d = 0{,}7$ eine sprunghafte Änderung um den Wert $\underline{J}_A$ vollzieht, während gemäß (6.4) $\underline{E}_x$ stetig bleibt. Die kurzen Oszillationen an der Sprungstelle sind als *Gibbs'sches Phänomen* bekannt, das bei der Fourierdarstellung einer unstetigen Funktion allgemein auftritt.

Beispiel 8.1: Der Leitungsresonator

Die in Beispiel 7.10 untersuchte $\lambda/4$-Leitung soll als Eigenwertproblem eines 1-dim. Resonators behandelt werden. Dazu betrachten wir zunächst allgemein eine beidseitig kurzgeschlossene Leitung mit der Länge l, die an der Stelle z_e mit einer punktförmigen Spannungsquelle $\underline{U}_e$ symmetrisch angeregt wird.

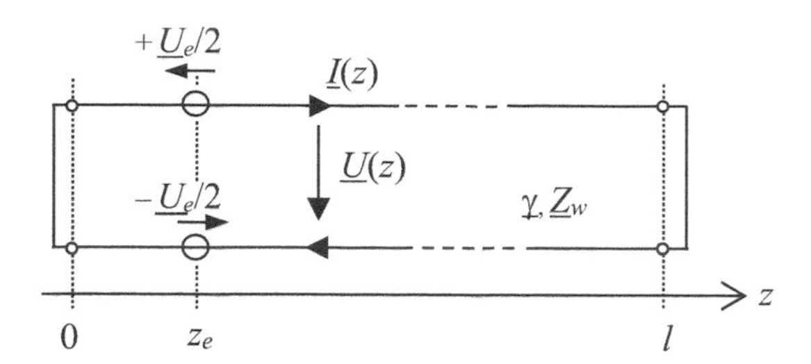

Wir führen mit den primären Leitungsparametern R', L', G' und C' (Abschn. 7.2.2) die folgenden Bezeichnungen ein:

$$\underline{Z}' = R' + \mathrm{j}\omega L'$$
$$\underline{Y}' = G' + \mathrm{j}\omega C'.$$

Entsprechend ergeben sich für die komplexe Fortpflanzungskonstante $\underline{\gamma}$ (7.22) und den Leitungswellenwiderstand (7.24) der Leitung

$$\underline{\gamma} = \alpha + \mathrm{j}\beta = \sqrt{\underline{Z}'\,\underline{Y}'}$$
$$\underline{Z}_w = \sqrt{\underline{Z}' / \underline{Y}'}.$$

Für die Spannung $\underline{U}(z)$ und den Strom $\underline{I}(z)$ entlang der Leitung ($z = 0 \ldots l$) erhalten wir aus der komplexen Form der beiden Leitungsgleichungen (7.18) und (7.19) unter Einbeziehung der Spannungsquelle $\underline{U}_e$ an der Stelle $z = z_e$ zunächst

$$\frac{\mathrm{d}\,\underline{U}(z)}{\mathrm{d}z} = -\underline{Z}'\underline{I}(z) + \underline{U}_e\,\delta(z - z_e)$$
$$\frac{\mathrm{d}\,\underline{I}(z)}{\mathrm{d}z} = -\underline{Y}'\underline{U}(z).$$

Die Modifikation der 1. Leitungsgleichung mittels Dirac-Funktion erklärt sich aus dem differenziellen Ersatzschaltbild (Abb. 7.17), in dem $\underline{U}_e$ in Serie mit der längenbezogenen Längsimpedanz $\underline{Z}'$ angeordnet ist.

Die Entkopplung der beiden Leitungsgleichungen durch erneute Differenziation der zweiten und Einsetzen der ersten liefert die inhomoge, komplexe Helmholtzgleichung für den Strom

$$\frac{\mathrm{d}^2\underline{I}(z)}{\mathrm{d}z^2} - \underline{\gamma}^2\underline{I}(z) = -\underline{Y}'\,\underline{U}_e\,\delta(z - z_e),$$

die mathematisch Gl. (8.8) entspricht. Es gelten Neumann'schen Randbedingungen

$$\frac{\mathrm{d}\,\underline{I}(z)}{\mathrm{d}z} = 0; \quad z = 0, l,$$

die aus dem Verschwinden der Spannung $\underline{U}(z = 0, l) = 0$ an den beiden kurzgeschlossenen Leitungsenden aus der 2. Leitungsgleichung folgen.

Es liegt somit das Eigenwertproblem mit Neumann'scher Randbedingung

$$\frac{\mathrm{d}^2 w_n(z)}{\mathrm{d}z^2} = -k_n^2 w_n(z)$$

$$\frac{\mathrm{d}\, w_n(z)}{\mathrm{d}z} = 0; \quad z = 0, l$$

vor, mit den resultierenden Eigenfunktionen $w_n(z) = A_n \cos(k_n z)$ und den Eigenwerten

$$k_n = \frac{n\,\pi}{l}; \quad n = 0, 1, 2 \ldots .$$

Die allgemeine Lösung für die Stromverteilung ist demzufolge

$$\underline{I}(z) = \sum_{n=0}^{\infty} \underline{I}_n \cos(k_n z).$$

Zur Bestimmung der modalen Stromamplituden $\underline{I}_n$ setzen wir diese Summe in die inhomogene Wellengleichung ein und erhalten nach Ausführung der Differenziation, Multiplikation mit $\cos(k_m z)$ und Integration über z gemäß der gleichen Orthogonalitätsrelation wie (2.56) für die linke Seite nur für $n = m$ einen Wert ungleich Null. Entsprechend der Ausblendeigenschaft (1.14) der Dirac-Funktion auf der rechten Seite ergibt sich als Lösung für die modalen Stromamplituden

$$\underline{I}_n = \frac{\underline{Y}' \underline{U}_e}{l} \frac{\cos(k_n z_e)}{k_n^2 + \underline{\gamma}^2} \begin{cases} 2; & n > 0 \\ 1; & n = 0 \end{cases}.$$

Einsetzen in die Summenlösung ergibt für die Eingangs*admittanz* am Leitungsanfang ($z_e = 0$)

$$\underline{Y}_a = \frac{\underline{I}(z_e = 0)}{\underline{U}_e} = \frac{1}{\underline{Z}' l} + \frac{2\underline{Y}'}{l} \sum_{n=1}^{\infty} \frac{1}{k_n^2 + \underline{\gamma}^2}.$$

Dieser Ausdruck entspricht gemäß der Partialbruchdarstellung des coth-Funktion

$$\coth(x) = \frac{1}{x} + 2x \sum_{n=1}^{\infty} \frac{1}{(n\,\pi)^2 + x^2}$$

der aus der Impedanztransformation (7.53) resultierenden Eingangs*impedanz* $\underline{Z}_a$ für $\underline{Z}_L = 0$:

$$\underline{Y}_a = \frac{1}{\underline{Z}_a} = \frac{1}{\underline{Z}_w \tanh(\underline{\gamma} l)} = \frac{1}{\underline{Z}_w} \coth(\underline{\gamma} l).$$

Der in Beispiel 7.10 untersuchte Betrieb als λ/4-Resonator wird durch $\underline{Y}_a$ nahe der ersten Nullstelle bzw. durch $\underline{Z}_a$ nahe der ersten Polstelle beschrieben. Für diese erhalten wir mit der Partialbruchdarstellung

$$\tanh(x) = 8x \sum_{n=1,3,5}^{\infty} \frac{1}{(n\,\pi)^2 + 4x^2}$$

bei Annahme kleiner Verluste, d. h.

$$\underline{Z}' \approx \mathrm{j}\omega L' \,, \quad \underline{\gamma}^2 = (\alpha + \mathrm{j}\beta)^2 \approx \; -\beta^2 + \mathrm{j}2\,\alpha\,\beta$$

die Partialbruchform

$$\underline{Z}_a \approx \frac{8\omega L'}{l} \sum_{n=1,3,5}^{\infty} \frac{1}{\mathrm{j}(4\beta^2 - k_n^2) + 8\,\alpha\,\beta}.$$

Die erste Resonanz ($n = 1$) erfolgt bei Verschwinden des Imaginärteils im Nenner, d. h. für

$$4\left(\frac{2\pi}{\lambda}\right)^2 = \left(\frac{\pi}{l}\right)^2 \Rightarrow \; l = \frac{\lambda}{4}.$$

Für Frequenzen nahe der entsprechenden Resonanzfrequenz

$$\omega_1 = \frac{\pi}{2\,l\sqrt{L'C'}}$$

bei der der 1. Partialbruch dominiert, reduziert sich die Eingangsimpedanz näherungsweise zu

$$\underline{Z}_a(\omega \approx \omega_1) \approx \frac{8L'}{l} \frac{1}{\dfrac{1}{\mathrm{j}\omega}\left(\dfrac{\pi}{l}\right)^2 + \mathrm{j}\omega 4L'C' + 8\alpha\sqrt{L'C'}}.$$

Der direkte Vergleich mit der Impedanz eines Parallelschwingkreises mit den Elementen L_p, C_p und G_p

$$\underline{Z}_a(\omega) = \frac{1}{\dfrac{1}{\mathrm{j}\omega\, L_p} + \mathrm{j}\omega\, C_p + G_p}$$

ergibt schließlich in Übereinstimmung mit den Ergebnissen aus Beispiel 7.10 die Korrespondenzen

$$L_p = \frac{8L'\,l}{\pi^2}; \quad C_p = \frac{C'l}{2}; \quad G_p = \alpha\, l\sqrt{\frac{C'}{L'}}.$$

◀

8.4 Der dreidimensionale Resonator

Wir wollen nun die vorangegangene 1-dimensionale Untersuchung verallgemeinern und betrachten einen innerhalb perfekt leitender Wände ($\kappa \to \infty$) eingeschlossenen Raum V beliebiger Geometrie. Die Anregung des elektromagnetischen Feldes ($\underline{\mathbf{E}}, \underline{\mathbf{H}}$) erfolgt durch eine eingeprägte Stromdichte $\underline{\mathbf{J}}_e$, die von einem Generator als Eingangsstrom $\underline{I}_e$ über einen Anschlusstor zugeführt wird (Abb. 8.6).

Ausgehend von der Helmholtzgleichung (8.5) für das quellenfreie elektrische Feld $\underline{\mathbf{E}}_w$ ergibt sich als Erweiterung von (8.12) die Eigenwertgleichung

$$\Delta \mathbf{u}_n(\mathbf{r}) = -k_n^2\, \mathbf{u}_n(\mathbf{r}), \quad \mathbf{r} \in V \quad (n = 1, 2, 3 \ldots) \tag{8.19}$$

mit den vektoriellen und reellen Eigenfunktionen $\mathbf{u}_n(\mathbf{r})$ und den zugehörigen rellen Eigenwerten k_n. Die Eigenfunktionen sind innerhalb V quellenfrei (div $\mathbf{u}_n = 0$) und erfüllen die homogene Randbedingung

$$\mathbf{n} \times \mathbf{u}_n(\mathbf{r}) = \mathbf{0}, \qquad \mathbf{r} \in \partial V \tag{8.20}$$

auf der Randfläche ∂V. Die Eigenfunktionen $\mathbf{u}_n$ bilden ein vollständiges, orthonormiertes Funktionensystem in V im Sinne von

$$\underline{\mathbf{E}}_w = \sum_n \underline{E}_n\, \mathbf{u}_n(\mathbf{r}), \tag{8.21}$$

mit den Koeffizienten $\underline{E}_n$ und der Orthogonalitätsrelation

$$\iiint_V \mathbf{u}_n(\mathbf{r}) \cdot \mathbf{u}_m(\mathbf{r})\, \mathrm{d}V = \begin{cases} V; & m = n \\ 0; & m \neq n. \end{cases} \tag{8.22}$$

Die Eigenfunktionen sind mit der gewählten Normierung einheitenlos. Bei einem 2- oder 1-dimensionalem Problem ist V durch die Fläche bzw. die Länge ihres Definitionsbereichs zu ersetzen. Einsetzen von (8.21) in (8.5) ergibt nach Multiplikation mit $\mathbf{u}_m$ und

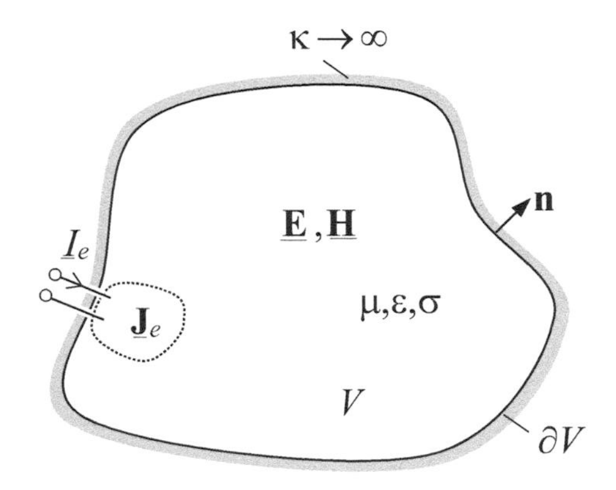

Abb. 8.6 Hohlraumresonator beliebiger Geometrie und Anregung durch Stromdichte $\underline{\mathbf{J}}_e$ bzw. Generatorstrom $\underline{I}_e$ (schematisch)

Anwendung von (8.22) die Lösung der Koeffizienten für die vorgegebene Verteilung des quellenfreien Anregungsstromes ($\mathrm{div}\underline{\mathbf{J}}_e = 0$)

$$\underline{E}_n = \frac{\omega\mu}{V}\frac{1}{\mathrm{j}\left(k_n^2+\underline{\gamma}^2\right)}\iiint\limits_V \mathbf{u}_n(\mathbf{r})\cdot\underline{\mathbf{J}}_e(\mathbf{r})\,\mathrm{d}V. \tag{8.23}$$

Die explizite Lösung des Feldes $\underline{\mathbf{E}}_w$ erhält man durch Einsetzen in (8.21). Analog zum elektrostatischen Feld (Abschn. 2.4) kann sie mithilfe der Greenschen Funktion $\overline{\mathbf{G}}(\mathbf{r},\mathbf{r}')$ des gegebenen Randwertproblems in der allgemeinen Form

$$\underline{\mathbf{E}}_w = \iiint\limits_V \overline{\mathbf{G}}(\mathbf{r},\mathbf{r}')\cdot\underline{\mathbf{J}}_e(\mathbf{r}')\,\mathrm{d}V'.$$

angeschrieben werden. Im Unterschied zum Skalarfeld in der Elektrostatik ist

$$\overline{\mathbf{G}}(\mathbf{r},\mathbf{r}') = \frac{\omega\mu}{\mathrm{j}V}\sum_n\frac{\mathbf{u}_n(\mathbf{r})\;\mathbf{u}_n(\mathbf{r}')}{k_n^2+\underline{\gamma}^2}.$$

eine *dyadische Greensche Funktion*, aufgrund des sog. dyadischen Produktes $\mathbf{u}_n(\mathbf{r})\;\mathbf{u}_n(\mathbf{r}')$, das im Sinne der Reihenfolge $\mathbf{a}\;\mathbf{b}\cdot\mathbf{c} = \mathbf{a}\;(\mathbf{b}\cdot\mathbf{c})$ zu verstehen ist.

Das magnetische Feld ergibt sich mit (I) direkt aus (8.21) zu

$$\underline{\mathbf{H}} = \frac{1}{\mathrm{j}\omega\mu}\mathrm{rot}\,\underline{\mathbf{E}}_w = \frac{1}{\mathrm{j}\omega\mu}\sum_n k_n\,\underline{E}_n\,\mathbf{w}_n(\mathbf{r}), \tag{8.24}$$

mit den Eigenfunktionen des Magnetfeldes

$$\mathbf{w}_n = \frac{1}{k_n}\mathrm{rot}\,\mathbf{u}_n, \tag{8.25}$$

die ebenfalls ein vollständiges, orthonormiertes Funktionensystem bilden. Sie sind aufgrund der Identität (A.75) ebenfalls divergenzfrei und wie sich mit (A.69) und (8.20) zeigen lässt, erfüllen sie die für das Magnetfeld notwendige Randbedingung $\mathbf{n}\cdot\mathbf{H}=0$ auf der Metallwand:

$$\mathbf{n}\cdot\mathbf{w}_n \;\sim\; \mathbf{n}\cdot\mathrm{rot}\,\mathbf{u}_n = \mathbf{u}_n\mathrm{rot}\,\mathbf{n} \;-\; \mathrm{div}(\mathbf{n}\times\mathbf{u}_n) = 0.$$

8.4.1 Eingangsimpedanz

Wir wollen nun die Leistungsbilanz im Hohlraumresonator aufstellen und schreiben dazu den komplexen Poynting'schen Satz (1.76) wie folgt an:

$$\frac{1}{2}\oiint\limits_{\partial V}\left(\underline{\mathbf{E}}\times\underline{\mathbf{H}}^*\right)\cdot\mathrm{d}\mathbf{A} = -\frac{1}{2}\iiint\limits_V\underline{\mathbf{E}}\cdot\underline{\mathbf{J}}^*\,\mathrm{d}V + \mathrm{j}2\omega\iiint\limits_V\left(\frac{\varepsilon}{4}\,|\underline{\mathbf{E}}|^2 - \frac{\mu}{4}\,|\underline{\mathbf{H}}|^2\right)\mathrm{d}V. \tag{8.26}$$

Das Integral über den Poynting-Vektor auf der linken Seite gibt die aus dem Hohlraum V ausstrahlende Leistung (Abschn. 1.6). Im hier betrachteten Fall mit ideal leitenden Wänden muss sie Null sein, was unmittelbar wegen des Verschwindens der elektrischen Tangentialfeldstärke auf der Resonatorwand entsprechend (8.20) resultiert:

$$(\underline{\mathbf{E}} \times \underline{\mathbf{H}}^*) \cdot \mathrm{d}\mathbf{A} \;=\; (\mathbf{n} \times \underline{\mathbf{E}}) \cdot \underline{\mathbf{H}}^* \mathrm{d}A \;=\; 0.$$

Das erste Integral auf der rechten Seite von (8.26) lässt sich durch die Aufteilung

$$\underline{\mathbf{J}} \;=\; \kappa \underline{\mathbf{E}} + \underline{\mathbf{J}}_e$$

in Leitungs- und Generatorstromdichte in die Verlustleistung $\overline{P}_V$ (1.80) innerhalb V und in die von der Generatorquelle in V eingespeiste Scheinleistung $\overline{S}_{in}$ zerlegen, d.h.

$$\frac{1}{2}\iiint\limits_V \underline{\mathbf{E}} \cdot \underline{\mathbf{J}}^* \,\mathrm{d}V = \frac{\kappa}{2}\iiint\limits_V |\,\underline{\mathbf{E}}\,|^2 \,\mathrm{d}V + \frac{1}{2}\iiint\limits_V \underline{\mathbf{E}} \cdot \underline{\mathbf{J}}_e^* \mathrm{d}V = \overline{P}_V - \overline{S}_{in}.$$

Das zweite Integral in (8.26) gibt die Differenz aus den Mittelwerten der elektrischen und magnetischen Energie $\overline{W}_E$ (1.81) bzw. $\overline{W}_M$ (1.82), die im Resonator gespeichert sind. Wir erhalten somit für die Leistungsbilanz in einem Hohlraumresonator

$$\begin{aligned} \overline{S}_{in} &= \frac{\kappa}{2}\iiint\limits_V |\,\underline{\mathbf{E}}\,|^2 \,\mathrm{d}V + \mathrm{j}2\omega \iiint\limits_V \left(\frac{\mu}{4}\,|\,\underline{\mathbf{H}}\,|^2 - \frac{\varepsilon}{4}\,|\,\underline{\mathbf{E}}\,|^2\right)\mathrm{d}V \\ &= \overline{P}_V + \mathrm{j}2\omega\left(\overline{W}_M - \overline{W}_E\right) \end{aligned} \tag{8.27}$$

und entsprechend

$$\overline{S}_{in} \;=\; \frac{1}{2}\left|\underline{I}_e\right|^2 \underline{Z}_{in}$$

mit dem Generatorstrom $\underline{I}_e$ resultiert für die Eingangsimpedanz $\underline{Z}_{in}$ an den Generatoranschlüssen (Abb. 8.6) die allgemeine Beziehung

$$\underline{Z}_{in} = 2\frac{\overline{P}_V + \mathrm{j}2\omega\left(\overline{W}_M - \overline{W}_E\right)}{\left|\underline{I}_e\right|^2}. \tag{8.28}$$

Somit tritt genau dann Resonanz im Hohlraum auf, wenn die gespeicherte Energien im elektrischen und im magnetischen Feld gleich groß sind, sodass der Blindleistungsumsatz insgesamt Null wird und der Generator einzig die Verlustleistung $\overline{P}_V$ im Resonator deckt bzw. die Eingangsimpedanz $\underline{Z}_{in}$ rein reell wird.

Wie mit (A.66) gezeigt werden kann, sind Wirbel- und Quellenfeld aus dem sich das elektrische Feld nach (8.7) zusammensetzt zueinander orthogonal:

$$\iiint\limits_V \underline{\mathbf{E}}_w \cdot \operatorname{grad} \underline{\varphi} \, \mathrm{d}V = \iiint\limits_V \operatorname{div}(\underline{\varphi}\, \underline{\mathbf{E}}_w) \mathrm{d}V - \iiint\limits_V \underline{\varphi} \operatorname{div} \underline{\mathbf{E}}_w \mathrm{d}V$$
$$= \underline{\varphi} \oiint\limits_{\partial V} \underline{\mathbf{E}}_w \cdot \mathrm{d}\mathbf{A} = 0.$$

Hierbei verschwindet zunächst das zweite Integral auf der rechten Seite aufgrund der Quellenfreiheit $\operatorname{div}\underline{\mathbf{E}}_w = 0$. Aus dem gleichen Grund ist auch das erste Integral nach Anwendung des Gaußschen Integralsatzes (A.81) mit $\underline{\varphi} = const.$ ebenfalls Null. Somit gilt für das elektrische Energieintegral in (8.27)

$$\iiint\limits_V |\underline{\mathbf{E}}|^2 \mathrm{d}V = \iiint\limits_V \left|\underline{\mathbf{E}}_w - \operatorname{grad} \underline{\varphi}\right|^2 \mathrm{d}V = \iiint\limits_V \left|\underline{\mathbf{E}}_w\right|^2 \mathrm{d}V + \iiint\limits_V \left|\operatorname{grad} \underline{\varphi}\right|^2 \mathrm{d}V.$$

Die im elektrische Quellenfeld nach (8.7) gespeicherte Energie $2\overline{W}_E$ (1.81)

$$\frac{\varepsilon}{2} \iiint\limits_V \left|\operatorname{grad} \underline{\varphi}\right|^2 \mathrm{d}V = \frac{1}{2} C_0 \left|\frac{\underline{I}_e}{\mathrm{j}\,\omega\, C_0}\right|^2.$$

lässt sich durch die entsprechende Kapazität C_0 und den Generatorstrom $\underline{I}_e$ ausdrücken. Des Weiteren erhalten wir aufgrund der Orthogonalität (8.22) der Moden $\mathbf{u}_n$ und $\mathbf{w}_n$ jeweils untereinander für das Energieintegral des elektrischen Wirbelfeldes

$$\iiint\limits_V \left|\underline{\mathbf{E}}_w\right|^2 \mathrm{d}V = \iiint\limits_V \left|\sum_n \underline{E}_n \mathbf{u}_n\right|^2 \mathrm{d}V = V \sum_n \left|\underline{E}_n\right|^2$$

und analog für das magnetische Energieintegral mit (8.24)

$$\iiint\limits_V |\underline{\mathbf{H}}|^2 \mathrm{d}V = \iiint\limits_V \left|\frac{1}{\mathrm{j}\omega\mu} \sum_n k_n \underline{E}_n \mathbf{w}_n\right|^2 \mathrm{d}V = \frac{V}{\omega^2 \mu^2} \sum_n k_n^2 \left|\underline{E}_n\right|^2.$$

Einsetzen in (8.27) ergibt für die Eingangsimpedanz (8.28) nach einer längeren Zwischenrechnung als Ergebnis für die Eingangsimpedanz des Hohlraumresonators unter Einbeziehung des kapazitiven Modes mithilfe der Kapazität C_0 einschließlich möglicher Verluste den Ausdruck

$$\underline{Z}_{in} = -\frac{\omega}{\varepsilon V} \sum_{n=1}^{\infty} \frac{\left|\underline{v}_n\right|^2}{\mathrm{j}\,(\omega_n^2 - \omega^2) - \omega^2 \sigma} + \frac{1}{\mathrm{j}\,\omega\, C_0 (1 - \mathrm{j}\sigma)}. \tag{8.29}$$

Hierbei bezeichnet der *modale Kopplungsfaktor* $\underline{v}_n$ das auf den Generatorstrom normierte integrale Produkt

$$\underline{v}_n = \frac{1}{\underline{I}_e} \iiint\limits_V \mathbf{u}_n(\mathbf{r}) \cdot \underline{\mathbf{J}}_e(\mathbf{r})\, \mathrm{d}V \tag{8.30}$$

und gibt somit die Stärke der Anregung der einzelnen Moden durch die Stromverteilung $\underline{\mathbf{J}}_e$ an.

8.4.2 Resonatorgüte

In Gl. (8.29) werden durch den Verlustfaktor σ die dielektrischen Verluste im Medium erfasst. Im Allgemeinen kann ein resonanzfähiges System verschiedene Energieverluste aufweisen, so wie z. B. beim gewöhnlichen elektrischen Schwingkreis in der Kapazität und in der Induktivität. Beim Hohlraumresonator ist auch die endliche spezifische Leitfähigkeit der Wände zu berücksichtigen, in denen innerhalb der Skintiefe δ eine Joulesche Verlustleistung entsteht (Abschn. 5.3.2). Wir wollen deshalb die Beschreibung der Verluste im Resonator so verallgemeinern, dass sie in der Impedanzformel (8.29) zu einer Größe, der Güte Q, zusammengefasst werden können.

Dazu betrachten wir die freie Schwingung eines einzelnen Modes ohne äußere Energiezufuhr, die durch die Verluste im System mit der Zeit abklingt. Aus der integralen Poynting'schen Leistungsbilanz (1.68) im geschlossenen Resonator ($\underline{\mathbf{S}} \cdot \mathbf{n} = 0$ auf der Wand) erhalten wir über eine Periode als zeitlichen Mittelwert der insgesamt umgesetzten Verlustleistung

$$\overline{P}_V = -\frac{\mathrm{d}}{\mathrm{d}t}\left(\overline{W}_E + \overline{W}_M\right) = -\frac{\mathrm{d}}{\mathrm{d}t} 2\,\overline{W}_{E,M}. \tag{8.31}$$

Die insgesamt im Resonator gespeicherte Energie, aus der sich die Verlustleistung $\overline{P}_V$ speist, wechselt periodisch zwischen dem elektrischen und magnetischen Feld, sodass die Mittelwerte beider Feldenergien $\overline{W}_E$ und $\overline{W}_M$ gleich groß sind. Mit $\overline{P}_V \sim \overline{W}_{E,M}$ resultiert als Lösung für (8.31) der einfache exponentielle Zeitverlauf

$$\overline{W}_{E,M} \sim \mathrm{e}^{-t/\tau},$$

sodass

$$\overline{P}_V = \frac{1}{\tau} 2\overline{W}_{E,M}. \tag{8.32}$$

Die Gesamtverluste im System sind also durch die Zeitkonstante τ erfasst, mit der die gespeicherte Energie exponentiell abklingt. Der während dieser Zeitdauer τ durchlaufene Phasenwinkel der Schwingung ist die *Resonatorgüte*

$$Q_n = \omega_n \tau. \tag{8.33}$$

Hierbei ist für die frequenzabhängige Zeitkonstante τ jeweils der entsprechende Wert bei ω_n zu verwenden. Einsetzen in (8.32) ergibt für die Güte die alternative Definition

$$Q_n = \frac{2\,\omega_n \overline{W}_{E,M}}{\overline{P}_V}. \tag{8.34}$$

Bei der Berechnung ist die Wahl zwischen den beiden abhängig davon, an welchem der beiden Felder der Verlustmechanismus gekoppelt ist.

Für die dielektrischen Verluste des Mediums, charakterisiert durch den Verlustfaktor σ (8.4) ergibt sich nach (8.15) mit $\overline{W}_E \sim |\underline{\mathbf{E}}|^2$ die Zeitkonstante $\tau = 1/\omega_n\sigma$ und nach der Definition (8.33) die Güte

$$Q_n = 1/\sigma(\omega_n). \tag{8.35}$$

Somit erhalten wir für (8.29) mit den Güten Q_n der einzelnen Schwingungsmoden die allgemeine Form

$$\underline{Z}_{in} = -\frac{\omega}{\varepsilon V}\sum_{n=1}^{\infty}\frac{|\underline{v}_n|^2}{\mathrm{j}\,(\omega_n^2-\omega^2)-\omega_n^2/Q_n} + \frac{1}{\mathrm{j}\,\omega\,C_0(1-\mathrm{j}\sigma)}. \tag{8.36}$$

Wie in Gl. (8.18) für den eindimensionalen Resonator wurde unter der Voraussetzung kleiner Verluste ($Q_n >> 1$) für den Dämpfungsterm ω^2/Q_n im Nenner der Resonanzwert ω_n^2/Q_n eingesetzt.

Setzt sich die Verlustleistung aus unterschiedlichen Anteilen $\overline{P}_{V,i}$ zusammen, dann resultiert aus (8.34) für die modale Gesamtgüte des Systems die folgende Additionsvorschrift für die Einzelgüten $Q_{i,n}$

$$Q_n = \frac{2\omega_n \overline{W}_{E,M}}{\sum_i \overline{P}_{V,i}} = \frac{1}{\sum_i \frac{1}{Q_{i,n}}}. \tag{8.37}$$

Die Güte ist ein Maß für die Schärfe der Resonanz. Wie in Abb. 8.4 dargestellt, wird sie durch die Frequenzbandbreite B angegeben, die so definiert ist, dass für $\omega_n \pm B/2$ der Betrag von $\underline{Z}_{in}$ auf das $1/\sqrt{2}$ -fache des Maximums bei Resonanz abfällt. Das ist genau dann der Fall, wenn der Imaginärteil der Eingangsimpedanz vom Betrag gleich dem Realteil wird, d. h. es gilt für jeden modalen Impedanzterm in (8.36)

$$\frac{|\omega_n^2-\omega^2|}{\omega_n} = \omega_n/Q_n.$$

Durch Einsetzen $\omega = \omega_n \pm B/2$ erhalten wir für die Bandbreite $B << \omega_n$ des n-ten Schwingungsmodes die Formel

$$\frac{B}{\omega_n} = \frac{1}{Q_n}.$$

Der Betrag der Spannung bzw. des Eingangsstromes fällt bei $\omega_n \pm B/2$ ebenfalls auf das $1/\sqrt{2}$ -fache des Resonanzwertes und die aufgenommene Wirkleistung entsprechend dem Spannungs- bzw. Stromquadrat auf die Hälfte.

8.4.3 Wandverluste

Aufgrund der endlich Leitfähigkeit entstehen in einem Hohlraumresonator auch Verluste in der Metallwand durch die vom elektromagnetischen Wechselfeld induzierten Ströme. Ausgehend vom starken Skineffekt beträgt die differenzielle ohmsche Verlustleistung im Volumen mit dem Oberflächenelement dA (5.29)

$$\mathrm{d}\overline{P}_J = \frac{|\underline{J}_0|^2 \delta}{4\kappa}\,\mathrm{d}A.$$

Hierbei bezeichnet $\underline{J}_0$ die Stromdichte direkt unterhalb der Metalloberfläche. Sie nimmt aufgrund des Skineffekts exponentiell in den Leiter hinein ab. Die Skintiefe δ (5.16) ist bei Resonatorfrequenzen im GHz-Bereich mit weniger als 10^{-6} m (Abb. 5.3) äußerst klein, sodass der gesamte Wandstrom durch eine Oberflächenstromdichte approximiert werden kann, die nach Abschn. 5.3.2 $\underline{\mathbf{J}}_A = \underline{\mathbf{J}}_0\delta/(1+\mathrm{j})$ entspricht. Die Flächenstromdichte ist wiederum nach (1.59) direkt mit der tangential zur Wand gerichteten magnetischen Feldstärke $\underline{\mathbf{H}}_t$ verknüpft, d. h.:

$$\underline{\mathbf{J}}_A = \mathbf{n} \times \underline{\mathbf{H}} = \underline{\mathbf{H}}_t$$

sodass die auf das Flächenelement bezogene Verlustleistung innerhalb der Wand

$$\mathrm{d}\overline{P}_J = \frac{|\underline{\mathbf{H}}_t|^2}{2\kappa\delta}\,\mathrm{d}A \tag{8.38}$$

durch die tangentialen Magnetfeldstärke auf der Wand gegeben ist.

Durch die endliche Leitfähigkeit κ der Wand dringt das Feld in eine Tiefe der Größenordnung δ in die Wand ein und es entsteht eine tangentiale elektrische Feldstärke auf der Wandoberfläche. Diese ist jedoch aufgrund der sehr hohen Leitfähigkeit der Wand so klein, dass wir in sehr guter Näherung mit den Lösungen unter der idealen Randbedingung (8.20) rechnen können.

Mit den Eigenfunktionen des Magnetfeldes $\mathbf{w}_n$ erhalten wir durch Einsetzen von (8.24) in (8.38) und Integration über die gesamte Wandoberfläche für die Verlustleistung des n-ten Modes

$$\overline{P}_{J,n} = \frac{k_n^2 |\underline{E}_n|^2}{2\omega_n^2 \mu^2 \kappa\, \delta(\omega_n)} \oint\!\!\!\oint_{\partial V} |\mathbf{w}_n|^2 \mathrm{d}A.$$

Einsetzen in (8.34) ergibt mit $\overline{P}_V = \overline{P}_{J,n}$ und

$$\overline{W}_{E,n} = \frac{\varepsilon}{4} \iiint\limits_V |\underline{\mathbf{E}}_n|^2 \mathrm{d}V = \frac{\varepsilon}{4} |\underline{\mathbf{E}}_n|^2 \iiint\limits_V |\mathbf{u}_n|^2 \mathrm{d}V = \frac{\varepsilon V}{4} |\underline{\mathbf{E}}_n|^2$$

die Berechnungsvorschrift für den modalen Gütefaktor der Wandverluste

$$Q_n = \frac{2\,V}{\delta(\omega_n) \oiint\limits_{\partial V} |\mathbf{w}_n|^2 \mathrm{d}A}. \tag{8.39}$$

8.4.4 Ersatzschaltbilddarstellung

Die allgemeine Lösung der Eingangsimpedanz (8.36) lässt sich durch ein äquivalentes elektrisches Ersatzschaltbild mit konzentrierten Elementen darstellen, das aus einer Reihenschaltung von verlustbehafteten Parallelschwingkreisen und einer statischen Kapazität C_0 mit Parallelleitwert $G_0 = \kappa C_0/\varepsilon$ besteht:

$$\underline{Z}_{in} = \sum_n \frac{1}{\mathrm{j}\,\omega\, C_n + \dfrac{1}{\mathrm{j}\,\omega\, L_n} + G_n} + \frac{1}{\mathrm{j}\,\omega\, C_0 + G_0}. \tag{8.40}$$

Der direkten Vergleich mit (8.36) ergibt nach der Umformung

$$\frac{1}{\mathrm{j}\,\omega\, C_n + \dfrac{1}{\mathrm{j}\,\omega\, L_n} + G_n} = -\frac{\omega}{C_n} \frac{1}{\mathrm{j}\left(\dfrac{1}{C_n L_n} - \omega^2\right) + \omega_n G_n / C_n}.$$

für die modalen Kapazitäten C_n, Induktivitäten L_n und Leitwerte G_n die Korrespondenzen

$$C_n = \frac{\varepsilon\, V}{|\underline{v}_n|^2}; \quad L_n = \frac{1}{\omega_n^2\, C_n}; \quad G_n = \frac{\omega_n C_n}{Q_n}. \tag{8.41}$$

Abb. 8.7 zeigt ein solches kanonisches Ersatzschaltbild, das auf der *Foster-Darstellung 1. Art* basiert. Das dazu duale Foster-Ersatzschaltbild 2. Art besteht aus der Parallelschaltung von Reihenschwingkreisen. Sie bietet im verlustlosen Fall eine exakte Netzwerkdarstellung der Eingangsimpedanz eines beliebigen passiven und verlustlosen elektromagnetischen Systems. Dementsprechend stellt sie bei kleinen Verlusten mit der Erweiterung um die Verlustelemente G_n eine sehr gute Näherung dar.

Der charakteristische Frequenzgang der Eingangsimpedanz lässt sich mit dem Foster-Ersatzschaltbild (Abb. 8.7) sehr einfach verstehen. Es beginnt mit einem kapazitiven Abschnitt unterhalb der ersten Hohlraumresonanz, gefolgt von Parallelresonanzen (Polstellen), die in aufsteigender Reihenfolge in der Nähe ihrer Eigenfrequenzen ω_n dominieren. Zwischen ω_n und ω_{n+1} treten jeweils Minima (Nullstellen) auf, die durch

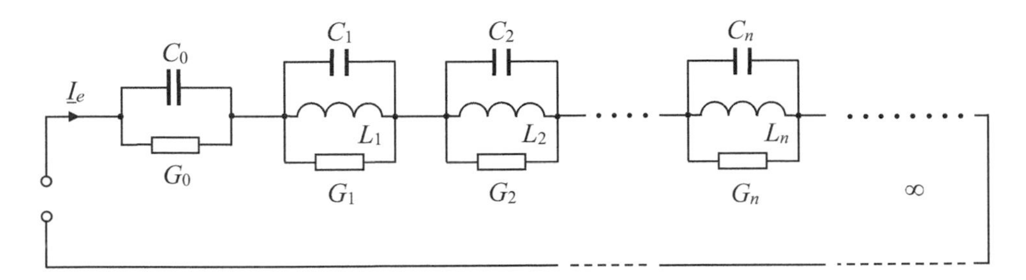

Abb. 8.7 Ersatzschaltbild-Darstellung des Hohlaumresonators (modifiziertes Foster-Netzwerk 1.Art)

Reihenresonanz der kapazitiven Reaktanz der überresonanten Kreise $0 \ldots n$ und der induktiven Reaktanz der übrigen unterresonanten Kreise $n+1 \ldots \infty$ entsteht (siehe Beispiel 6.4).

Beispiel 8.2: Rechteckiger Hohlraumresonator

Gesucht ist die allgemeine Lösung des elektromagnetischen Feldes innerhalb eines rechteckigen Hohlraums mit den Abmessungen *a*, *b* und *c*, das von leitenden Wänden begrenzt wird und an der Stelle (x_e, z_e) von einem vertikalen Linienstrom $\underline{I}_e$ der Länge *b* angeregt wird.

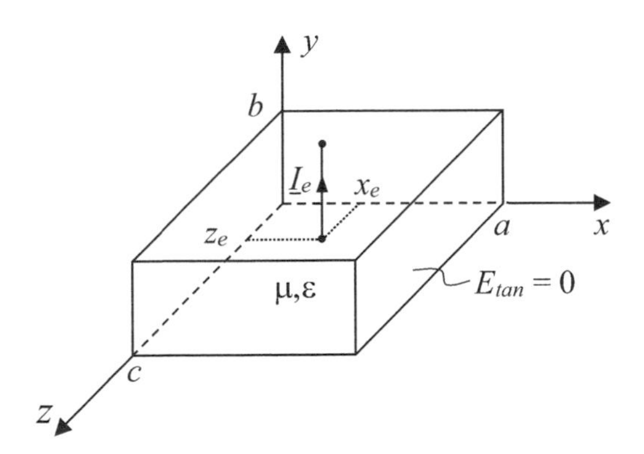

Gemäß der Eigenschaft (A.77) des Laplace-Operators in kartesischen Koordinaten zerfällt die vektorielle Eigenwertgleichung (8.19) für $\mathbf{u}_n$ in jeweils eine skalare Gleichung für die drei Komponenten, d. h.:

$$\begin{aligned}
\Delta \mathrm{u}_{x,n}(\mathbf{r}) &= -k_n^2 \, \mathrm{u}_{x,n}(\mathbf{r}) \\
\Delta \mathrm{u}_{y,n}(\mathbf{r}) &= -k_n^2 \, \mathrm{u}_{y,n}(\mathbf{r}) \\
\Delta \mathrm{u}_{z,n}(\mathbf{r}) &= -k_n^2 \, \mathrm{u}_{z,n}(\mathbf{r}).
\end{aligned}$$

Die Randbedingung (8.20) geht wie folgt auf die drei Funktionen über

$$\begin{aligned} u_{x,n}(y=0,b) &= u_{x,n}(z=0,c) &&= 0 \\ u_{y,n}(x=0,a) &= u_{y,n}(z=0,c) &&= 0 \\ u_{z,n}(x=0,a) &= u_{z,n}(y=0,b) &&= 0. \end{aligned}$$

Jede einzelne der skalaren Eigenwertgleichungen kann zunächst getrennt mithilfe des Produktansatzes (Abschn. 2.7.2) gelöst werden, wobei die Separationskonstanten (Eigenwerte) für die funktionale Abhängigkeit in x-,y- und z-Richtung jeweils die Gleichung

$$k_p^2 + k_q^2 + k_r^2 = k_{pqr}^2 = k_n^2; \quad p,q,r = 0,1,2,3\ldots.$$

erfüllen müssen. Mit den gegebenen Randbedingungen ergeben sich aus allen möglichen Lösungen (2.53)–(2.55) jeweils die folgenden Lösungsfunktionen für die drei Komponenten von $\mathbf{u}_n = \mathbf{u}_{p,q,r}$:

$$\begin{aligned} u_x &= A\ \cos(k_p x)\sin(k_q y)\sin(k_r z) \\ u_y &= B\ \sin(k_p x)\cos(k_q y)\sin(k_r z) \\ u_z &= C\ \sin(k_p x)\sin(k_q y)\cos(k_r z) \end{aligned}$$

mit den reellen Eigenwerten

$$k_p = \frac{p\,\pi}{a}; \quad k_q = \frac{q\,\pi}{b}; \quad k_r = \frac{r\,\pi}{c}.$$

Daraus ergeben sich für die Eigenfrequenzen (8.16)

$$\omega_{pqr} = \frac{\pi}{\sqrt{\mu\varepsilon}}\sqrt{\left(\frac{p}{a}\right)^2 + \left(\frac{q}{b}\right)^2 + \left(\frac{r}{c}\right)^2}.$$

Wie man den Komponenten von $\mathbf{u}_{pqr}$ entnehmen kann, darf nur eine der 3 Eigenwerte Null sein, da andernfalls alle Komponenten verschwinden.

Die zunächst beliebigen Konstanten A,B und C können nicht unabhängig voneinander gewählt werden, wegen der notwendigen Quellenfreiheit von $\mathbf{u}_{pqr}$. Diese ist Voraussetzung für die Gültigkeit der Helmholtzgleichung (8.5) bzw. der Eigenwertgleichung (8.19). Aus div $\mathbf{u}_{pqr} = 0$ folgt nach Ausführung der Ableitungen nach x,y,z die Bedingung

$$(1): A\,k_p + B\,k_q + C\,k_r = 0$$

Zur Erfüllung der Normierung (8.22), d. h.

$$\iiint_V \left|\mathbf{u}_{pqr}(\mathbf{r})\right|^2 \mathrm{d}V = V$$

ergibt sich nach Integration der 3 Komponenten von $\mathbf{u}_{pqr}$ über das Volumen $V = a\,b\,c$ als zweite Bedingung

$$(2)\colon A^2 + B^2 + C^2 = K^2 = \begin{cases} 8; & \text{für } p \cdot q \cdot r \neq 0 \\ 4; & \text{sonst} \end{cases}.$$

Eine weitere Bedingung zur Bestimmung der Konstanten A, B und C erhält man durch Zerlegung des Feldes in zwei linear unabhängige Anteile. Bezogen auf eine der drei orthogonalen Raumrichtungen ist dies jeweils das Feld, das keine elektrische bzw. keine magnetische Komponente dazu besitzt. Den ersten Fall bezeichnet man als transversal-elektrisches (TE) und den zweiten transversal-magnetisches (TM) Wellenfeld (Vgl. Abschn. 7.1.1). Wählen wir beispielsweise die z-Richtung als Bezug, so ergeben sich für das TE-Feld ($C = 0$) aus den Bedingungen (1) und (2) die Konstanten

$$A^{TE} = -K \frac{k_q}{\sqrt{k_p^2 + k_q^2}}$$

$$B^{TE} = K \frac{k_p}{\sqrt{k_p^2 + k_q^2}}$$

$$C^{TE} = 0.$$

Für die entsprechende TM-Bedingung gilt gemäß (8.25)

$$\mathbf{e}_z \cdot \mathbf{w}_{pqr} = \mathbf{e}_z \cdot \frac{1}{k_{pqr}} \operatorname{rot} \mathbf{u}_{pqr} = 0$$

nach Ausführen der Differenziationen

$$B\,k_p - A\,k_q = 0.$$

Zusammen mit den Bedingungen (1) und (2) resultieren daraus für das TM-Feld die Konstanten

$$A^{TM} = -K \frac{k_p k_r}{k_{pqr}\sqrt{k_p^2 + k_q^2}}$$

$$B^{TM} = -K \frac{k_q k_r}{k_{pqr}\sqrt{k_p^2 + k_q^2}}$$

$$C^{TM} = K\frac{\sqrt{k_p^2 + k_q^2}}{k_{pqr}}.$$

Durch Überlagerung der TE- und TM-Anteile erhalten wir schließlich das Ergebnis für die Konstanten:

$$A = A^{TE} + A^{TM} = -\frac{K}{\sqrt{k_p^2 + k_q^2}}\left(k_q + \frac{k_p k_r}{k_{pqr}}\right)$$

$$B = B^{TE} + B^{TM} = \frac{K}{\sqrt{k_p^2 + k_q^2}}\left(k_p - \frac{k_q k_r}{k_{pqr}}\right)$$

$$C = C^{TM} = K\frac{\sqrt{k_p^2 + k_q^2}}{k_{pqr}}.$$

Der Rechteckresonator wird häufig im sog. *Grundmode* mit der niedrigsten Eigenfrequenz betrieben. Für eine Geometrie mit $c > a > b$ ist dies der Mode mit $p = 1$, $q = 0$, $r = 1$ mit der Eigenfrequenz

$$\omega_{101} = \frac{\pi}{\sqrt{\mu\varepsilon}}\sqrt{\frac{1}{a^2} + \frac{1}{c^2}}.$$

Beispielsweise resultiert aus den Abmessungen $c = 15$ cm, $a = 10$ cm und Luft als Medium die Eigenfrequenz $f_{101} = 1{,}8$ GHz.

Die Eigenfunktion für den Grundmode reduziert sich zu

$$\mathbf{u}_{101} = 2\ \sin(\pi\, x/a)\sin(\pi\, z/c)\ \mathbf{e}_y.$$

Damit resultiert für die Eigenfunktion des Magnetfeldes (8.25)

$$\mathbf{w}_{101} = \frac{2}{k_{101}}\begin{pmatrix} -\frac{\pi}{c}\sin(\pi\, x/a)\cos(\pi\, z/c) \\ 0 \\ \frac{\pi}{a}\cos(\pi\, x/a)\sin(\pi\, z/c) \end{pmatrix}.$$

Nach (8.23) ergibt sich für die Amplitude des elektrischen Feldes bei Anregung mit einem y-gerichteten Stromfaden $\underline{I}_e$ an der Stelle (x_e, z_e), d. h. mit $\underline{\mathbf{J}}_e = \underline{I}_e\,\delta(x - x_e)\,\delta(z - z_e)\,\mathbf{e}_y$ der Ausdruck

$$\underline{E}_{101} = \frac{4\,\underline{I}_e\,\omega}{\varepsilon\, a\, c}\frac{\sin(\pi\, x_e/a)\sin(\pi\, z_e/c)}{\mathrm{j}\,(\omega_{101}^2 - \omega^2) + \omega_{101}^2/Q_{101}}.$$

Hierbei werden wie in (8.36) die Verluste durch die Güte Q_{101} berücksichtigt.

Im luftgefüllten Hohlraumresonator sind praktisch nur die Wandverluste zu berücksichtigen. Zur Berechnung der modalen Güte nach (8.39) ist das Integral über $\mathbf{w}_{101}$ über alle 6 Seitenflächen des Quaders durchzuführen, d. h.

$$\oiint_{\partial V} |\mathbf{w}_{101}|^2 \mathrm{d}A = \frac{4\,\pi^2}{\omega_{101}^2\,\mu\,\varepsilon} \left[2\int_0^b \int_0^a |\mathbf{w}_{101}|^2_{z=0} \mathrm{d}x\mathrm{d}y + 2\int_0^c \int_0^b |\mathbf{w}_{101}|^2_{x=0} \mathrm{d}y\mathrm{d}z + 2\int_0^c \int_0^a |\mathbf{w}_{101}|^2_{y=0} \mathrm{d}x\mathrm{d}z \right].$$

Die Auswertung der Integrale und Einsetzen in (8.39) liefert schließlich für die Güte des Grundmodes den Ausdruck

$$Q_{101} = \frac{V(a^2+c^2)}{\delta(\omega_{101})} \frac{1}{2\,b\,(a^3+c^3)+a\,c\,(a^2+c^2)}$$

Gemäß (8.21) und (8.24) hat der 101-Grundmode des Rechteckresonators folgende Feldkomponenten

$$\begin{aligned} \underline{E}_y &= 2\,\underline{E}_{101}\,\sin(\pi\,x/a)\sin(\pi\,z/c) \\ \underline{H}_x &= \mathrm{j}\frac{2\,\pi\underline{E}_{101}}{\omega\mu\,c}\sin(\pi\,x/a)\cos(\pi\,z/c) \\ \underline{H}_z &= -\mathrm{j}\frac{2\,\pi\underline{E}_{101}}{\omega\mu\,a}\cos(\pi\,x/a)\sin(\pi\,z/c). \end{aligned}$$

Wie aus dem Ausdruck für die Amplitude $\underline{E}_{101}$ ersichtlich ist, tritt die maximale Anregung des 101-Modes durch den Linienstrom $\underline{I}_e$ im Zentrum des Resonators auf und nimmt zu den Seiten hin ab.

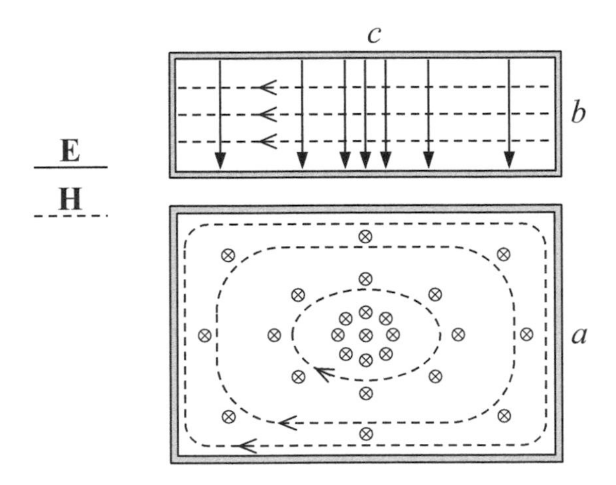

Durch die Anregung mit dem divergenzfreien Linienstrom ($\mathrm{div}\,\mathbf{J}_e = 0$) ist kein Quellenfeld vorhanden, sodass der statische Term $C_0 || G_0$ in der Eingangsimpedanz

(8.40) entfällt. Bei Betrieb im Bereich der Eigenfrequenz $\omega \approx \omega_{101}$ kann der erste resonante Term aus der Modalsumme in (8.40) herausgezogen werden. Bei allen anderen subresonanten Termen ($\omega < \omega_{pqr}$) in der Summe überwiegt der induktive Anteil. Sie lassen sich unter Vernachlässigung des Parallelleitwertes G_{pqr} zu einer Induktivität $\tilde{L}_0$ zusammenfassen. Die Eingangsimpedanz im Grundmode-Betrieb hat also in guter Näherung die einfache Form

$$\underline{Z}_{in} \approx \frac{1}{\mathrm{j}\,\omega\, C_{101} + \dfrac{1}{\mathrm{j}\,\omega\, L_{101}} + G_{101}} + \mathrm{j}\,\omega \tilde{L}_0.$$

Das Ersatzschaltbild besteht somit aus dem Resonanzkreis des 101-Modes in Reihe mit der Induktivität $\tilde{L}_0 = L_0 - L_{101}$.

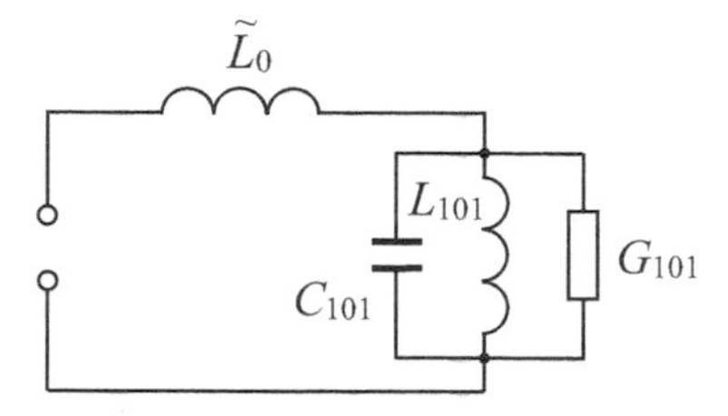

Die unendliche Reihe zur Berechnung von L_0

$$L_0 = \sum_{p,q,r}^{\infty} L_{pqr} = \sum_{p,q,r}^{\infty} \frac{\left|\underline{v}_{pqr}\right|^2}{\varepsilon\, V \omega_{pqr}^2}$$

ist ohne die Berücksichtigung eines Querschnittes des Drahtes indem der Anregungsstrom $\underline{I}_e$ fließt, divergent. Dies hat allgemein damit zu tun, dass die Induktivität eines Stromkreises umgekehrt zum Drahtradius zunimmt (Abschn. 4.5). Für die Anregung des Grundmodes ist die Berechnung des Anregungsterms (8.30) mit einem Stromfilament völlig ausreichend, jedoch muss für L_0 die Integration wegen des starken Skineffekts zumindest über eine effektive Oberflächenstromdichte auf der Drahtoberfläche erfolgen. Als einfache Näherung kann sie als konstant angesetzt werden und die Integration entlang einer Linie im Abstand des Radius zur Drahtachse durchgeführt werden. ◀

Beispiel 8.3: Zylindrischer Hohlraumresonator

Als Beispiel eines Hohlraumresonators mit zylindrischer Geometrie soll das Feld innerhalb einer runden Parallelplattenanordnung mit Radius a und Plattenabstand d berechnet werden. Die Untersuchung knüpft direkt an die quasistatische Beschreibung der Felder in einem Plattenkondensator in Beispiel 1.3 an, das auf niedrige Frequenzen beschränkt ist.

Im Vergleich zum vorangegangenen Beispiel 6.3 besteht für das Eigenwertproblem ein grundlegender Unterschied in der Definition der Randbedingungen. Während auf den beiden Plattenflächen $\mathbf{n} \times \mathbf{E} = \mathbf{0}$ gilt, ist dies an den offenen Plattenrändern nicht der Fall. Eine ähnlich einfache Randbedingung lässt sich jedoch über das Magnetfeld formulieren.

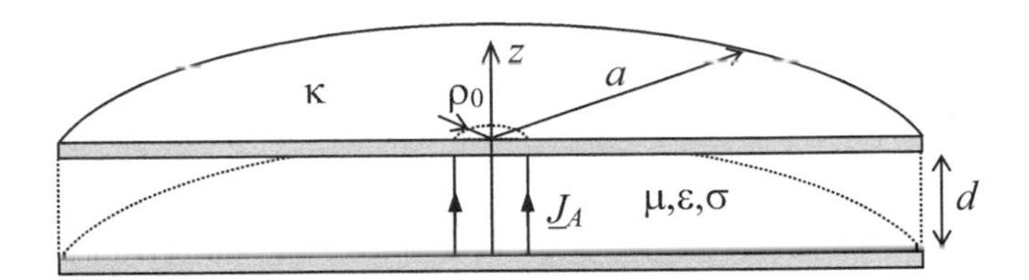

Als Anregung diene der Strom $\underline{I}_e$, der als homogener Strombelag $\underline{J}_A$ auf der koaxialen, Zylinderoberfläche mit Radius ρ_0 fließt, d. h.

$$\underline{\mathbf{J}}_A = \frac{\underline{I}_e}{2\,\pi\,\rho_0}\mathbf{e}_z.$$

In Übereinstimmung mit dieser Vorgabe wollen wir die gesuchten Lösungen der Eigenfunktionen dahingehend einschränken, dass unter der Annahme $\rho_0, d << \lambda$ keine funktionale Abhängigkeit (Modenordnung Null) in z-Richtung besteht. Zusätzlich resultiert aus der Zylindersymmetrie des Problems eine ebenfalls zylindersymmetrische Lösung. Damit reduziert sich die inhomogene Helmholtzgleichung (8.5) mit dem rein z-gerichteten Anregungsstrom $\underline{J}_A$ und dem Laplace-Operator (A.72) in Zylinderkoordinaten insgesamt zu

$$\frac{\partial^2 \underline{E}_z}{\partial\,\rho^2} + \frac{1}{\rho}\frac{\partial \underline{E}_z}{\partial\,\rho} - \underline{\gamma}^2 \underline{E}_z = \mathrm{j}\omega\mu\,\underline{J}_A\,\delta(\rho - \rho_0).$$

Gesucht ist also die Lösung für die einzig vorhandene, z-gerichtete und nur von ρ abhängige elektrische Feldkomponente $\underline{E}_z(\rho)$. Aufgrund der Divergenzfreiheit von $\underline{J}_A$ entfällt ein zusätzlicher wirbelfreier Feldanteil als Lösung von (8.6).

Zur Aufstellung einer Randbedingung am Plattenrand ($\rho = a$) betrachten wir das Magnetfeld. Aus (I) erhalten wir mit

$$\operatorname{rot} \underline{E}_z(\rho)\mathbf{e}_z \;=\; -\frac{\partial \underline{E}_z}{\partial \rho}\mathbf{e}_\phi \;=\; -\mathrm{j}\omega\mu\underline{\mathbf{H}}$$

ein ϕ-gerichtetes Magnetfeld $\underline{H}_\phi$. Dieses muss auf der Plattenoberfläche ($z = 0, d$) gemäß (1.59)

$$\underline{\mathbf{J}}_A = \pm\mathbf{e}_z \times \mathbf{e}_\phi \underline{H}_\phi = \mp\mathbf{e}_r \underline{H}_\phi$$

für $\rho = a, 0$ wegen des Verschwindens der ρ-gerichteten Stromdichte ebenfalls Null sein. Für den Bereich zwischen den Platten ($0 < z < d$) gilt diese Annahme nur für $\rho = 0$, während sie am Plattenrand nur näherungsweise erfüllt ist. Grund ist die

Vernachlässigung des *elektrischen Streufelds* am Plattenrand, das eine zusätzliche ρ-Komponente besitzt. Sie hängt vom Verhältnis d/a ab, sodass wir für die folgende Berechnung unter der Voraussetzung $d \ll a$ diese vernachlässigen. Wir erhalten somit analog zu (8.19), (8.20) das folgende *Eigenwertproblem mit Neumann'scher Randbedingung:*

$$\frac{\mathrm{d}^2 \mathrm{u}_n(\rho)}{\mathrm{d}\,\rho^2} + \frac{1}{\rho}\frac{\mathrm{d}\,\mathrm{u}_n(\rho)}{\mathrm{d}\,\rho} = -k_n^2 \mathrm{u}_n(\rho)$$

$$\frac{\mathrm{d}\,\mathrm{u}_n(\rho)}{\mathrm{d}\,r} = 0, \quad \rho = 0, a$$

Es handelt sich hierbei um die Bessel'sche DGL der Ordnung $m=0$ aufgrund der ϕ-Unabhängigkeit der Lösung (Vgl. Beispiel 2.10). Aufgrund der Regularität bei $\rho=0$ entfällt der Beitrag der Neumann-Funktion und wir erhalten für die Eigenfunktionen

$$\mathrm{u}_n(\rho) = A_n \mathrm{J}_0(k_n\,\rho)$$

mit der Bessel-Funktion J_0 nullter Ordnung. Aus der Randbedingung

$$\frac{\mathrm{d}\,\mathrm{u}_n(\rho)}{\mathrm{d}\,\rho} = -A_n k_n \mathrm{J}_1(k_n\,\rho) = 0; \qquad \text{für} \;\; \rho = 0, a$$

resultieren die Eigenwerte

$$k_n = \frac{\eta_{1n}}{a},$$

mit der n.-Nullstelle η_{1n} der Bessel-Funktion 1. Ordnung und aus (8.16) die Eigenfrequenzen

$$\omega_n = \frac{\eta_{1n}}{a\sqrt{\mu\varepsilon}}.$$

Zur Erfüllung der Normierungsbedingung (8.22) erhalten wir für die Eigenfunktionen nach Integration über das Zylindervolumen und Auflösung nach A_n gemäß der Orthogonalitätsrelation der Bessel-Funktion (Beispiel 2.10)

$$\mathbf{u}_n(\rho) = \frac{\mathrm{J}_0(k_n\,\rho)}{\mathrm{J}_0(\eta_{1n})}\mathbf{e}_z.$$

Damit ergeben sich für die Eigenfunktionen des magnetischen Feldes (8.25) durch Bildung der Rotation

$$\mathbf{w}_n(\rho) = \frac{\mathrm{J}_1(k_n\,\rho)}{\mathrm{J}_0(\eta_{1n})}\mathbf{e}_\phi.$$

Zur Berechnung der modalen Gütefaktoren für die ohmschen Verluste nach Formel (8.39) ist das folgende Integral auf den beiden Metallflächen zu bestimmen:

$$\oiint_{\partial V} |\mathbf{w}_n|^2 \mathrm{d}A = 2 \int_0^{2\pi} \int_0^a \left(\frac{\mathrm{J}_1(k_n \rho)}{\mathrm{J}_0(\eta_{1n})} \right)^2 \rho \, \mathrm{d}\rho \, \mathrm{d}\phi = \frac{4\pi}{\mathrm{J}_0^2(\eta_{1n})} \int_0^a \mathrm{J}_1^2(k_n \rho) \, \rho \, \mathrm{d}\rho \, .$$

Das verbliebene Integral in ρ-Richtung ergibt nach der Orthogonalitätsrelation der Bessel-Funktion 1. Ordnung (Beispiel 2.10) mit $\mathrm{J}_1'(x) = \mathrm{J}_0(x) - \mathrm{J}_1(x)/x$

$$\int_0^a \mathrm{J}_1^2(k_n \rho) \, \rho \, \mathrm{d}\rho = \frac{a^2}{2} [\mathrm{J}_1'(\eta_{1n})]^2 = \frac{a^2}{2} \mathrm{J}_0^2(\eta_{1n}).$$

Einsetzen in (8.39) ergibt mit der Skintiefe $\delta(\omega_n)$ nach (5.16) als Ergebnis für die Güte der ohmschen Verluste den einfachen Ausdruck

$$Q_{J,n} = \frac{V}{\delta(\omega_n) \pi a^2} = \frac{d}{\delta(\omega_n)}.$$

Für die Güte des Mediums Q_D zwischen den Platten kann statt des Verlustfaktors σ alternativ der oftmals für Dielektrika angegebene Tangens des dielektrischen Verlustwinkels δ_ε verwendet werden, d.h. nach (8.35) resultiert für den n.-ten Mode

$$Q_{D,n} = \frac{1}{\sigma(\omega_n)} = \frac{1}{\tan \delta_\varepsilon(\omega_n)}.$$

Damit erhält man gemäß (8.37) für die modale Gesamtgüte den Ausdruck

$$Q_n = \frac{1}{\tan \delta_\varepsilon(\omega_n) + \delta(\omega_n)/d}.$$

Für den modalen Kopplungsfaktor resultiert mit der durch den Strombelag J_A singulären Stromdichte $\mathbf{J}_\mathrm{e} = J_A \, \delta(\rho - \rho_0) \, \mathbf{e}_z$ auf dem Innenzylinder mit Radius ρ_0

$$\nu_n = d \frac{\mathrm{J}_0(k_n \rho_0)}{\mathrm{J}_0(\eta_{1n})}.$$

Einsetzen in (8.23) ergibt für die modalen Amplituden der elektrischen Feldstärke mit (8.2), (8.3), (8.16) unter Einbeziehung aller Verluste durch $\omega^2 \sigma \rightarrow \omega^2/Q$ und Näherung durch die Resonanzwerte die Lösung

$$\underline{E}_n = \frac{\omega \underline{I}_e}{\varepsilon \pi a^2} \frac{\mathrm{J}_0(\eta_{1n} \rho_0/a)}{\mathrm{J}_0(\eta_{1n})} \frac{1}{\mathrm{j}(\omega_n^2 - \omega^2) - \omega_n^2/Q_n}.$$

Durch Aufsummation aller Moden (8.21) erhalten wir schließlich nach Einsetzen der Eigenfunktionen $\mathbf{u}_n$ die Lösung für die elektrische Feldstärke innerhalb der zylindrischen Parallelplattenanordnung

$$\underline{E}_z(\omega, \rho) = \frac{\omega \underline{I}_e}{\varepsilon \pi a^2} \sum_{n=1}^{\infty} \frac{\mathrm{J}_0(\eta_{1n} \rho_0/a)}{\mathrm{J}_0^2(\eta_{1n})} \frac{\mathrm{J}_0(\eta_{1n} \rho/a)}{\mathrm{j}(\omega_n^2 - \omega^2) - \omega_n^2/Q_n}.$$

Das nachfolgende Diagramm zeigt den normierten Betragsverlauf $|\underline{E}_z(\rho/a)|$ für den verlustlosen Fall mit $\rho_0/a = 0{,}1$. Dargestellt sind die auf den Maximalwert bezogenen Verläufe für die drei ausgewählten Frequenzen $\omega = \omega_2/40$, $\omega \rightarrow \omega_2$ und $\omega = 3\omega_2$ ($\omega_4 < 3\omega_2 < \omega_5$). Durch den Bezug auf die erste Resonanzfrequenz ω_2 ($\omega_1 = 0$) sind die Ergebnisse unabhängig vom Plattenradius a und der Lichtgeschwindigkeit des Mediums zwischen den Platten. Aufgrund der fehlenden ohmschen Verluste sind sie auch unabhängig vom Plattenabstand d und den Materialeigenschaften der Platten. Wie zu erwarten, ist der Feldverlauf bei Frequenzen weit unterhalb der ersten Hohlraumresonanz (gestrichtelt) nahezu konstant und entspricht dem quasistatischen Fall (Abschn. 1.8.4). Nahe ω_2 (durchgezogen) dominiert der erste Schwingungsmode u_2. Generell beträgt bei Resonanz die Anzahl der Maxima n bzw. die Anzahl der Knoten $n-1$. Wie man anhand des Verlaufs für $3\omega_2$ sieht (gepunktet), resultiert bei allen anderen Frequenzen aus der entsprechenden Überlagerung mehrerer benachbarter Moden ein entsprechendes Stehwellenmuster.

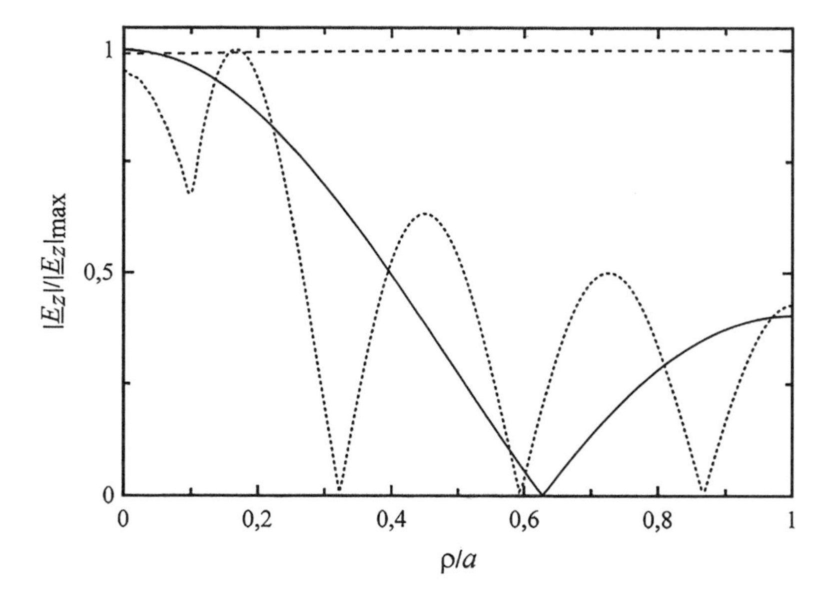

Für die Eingangsimpedanz wollen wir direkt die Ersatzschaltbildelemente nach Gl. (8.41) bestimmen.

$$C_n = \frac{\varepsilon V}{|\underline{v}_n|^2} = C_{stat} \frac{J_0^2(\eta_{1n})}{J_0^2(\eta_{1n}\,\rho_0/a)}$$

mit der statischen Plattenkapazität

$$C_{stat} = \varepsilon \frac{\pi\, a^2}{d}.$$

Daraus ergeben sich entsprechend

$$L_n = \frac{1}{\omega_n^2 C_n}$$

$$G_n = \frac{\omega_n C_n}{Q_n}$$

Für $n=1$ erhalten wir mit $\eta_{11}=\omega_1=0$

$$C_1 = C_{stat}; \quad L_1 \to \infty; \quad G_1 = 0.$$

Wir können somit den ersten Term aus der Modalsumme (8.40) herausziehen und erhalten als Ergebnis für die Eingangsimpedanz

$$\underline{Z}_{in} = \frac{1}{\mathrm{j}\,\omega\, C_{stat}} + \sum_{n=2}^{\infty} \frac{1}{\mathrm{j}\,\omega\, C_n + \dfrac{1}{\mathrm{j}\,\omega\, L_n} + G_n}.$$

Hierbei entfällt der Term nullter Ordnung aufgrund der Divergenzfreiheit der Anregung $\underline{J}_A$. Das Ergebnis ist mit dem korrespondierenden Ersatzschaltbild (Abb. 8.7) auf anschauliche Weise zu verstehen. Wie in der quasistatischen Untersuchung des Plattenkondensators in Beispiel 1.3 gezeigt, ist das Verhalten bei Frequenzen unterhalb der ersten Hohlraumresonanz durch die statische Plattenkapazität C_{stat} und die quasistatische Induktivität bestimmt. Letztere resultiert aus der Hintereinanderschaltung der modalen Induktivitäten L_n aller subresonanten Schwingkreise $(\omega<\omega_n)$ mit $n>1$ und führt zu einer ersten Reihenresonanz gemäß der Thomson'schen Formel bei $\omega_{res} = 1/\sqrt{C_{stat}L_0}$. Mit steigender Frequenz wechseln sich Parallel- und Serienresonanzen ab. Dies wird am folgenden Zahlenbeispiel anhand des Betragsfrequenzganges von $\underline{Z}_{in}$ für folgende Parameter gezeigt: $a = 10$ cm, $d = 1$ cm, $\rho_0/a = 0{,}1$, $\kappa=58\cdot 10^6$ S/m (Platten). Für das verlustbehaftete Medium zwischen den Platten gilt $\varepsilon_r = 4$, $\tan\delta_\varepsilon = 0{,}01$. Die Permeabilität ist einheitlich μ_0. Zum Vergleich ist die Impedanz der Reihenschaltung aus statischer Plattenkapazität C_{stat} und L_0 gestrichelt eingezeichnet.

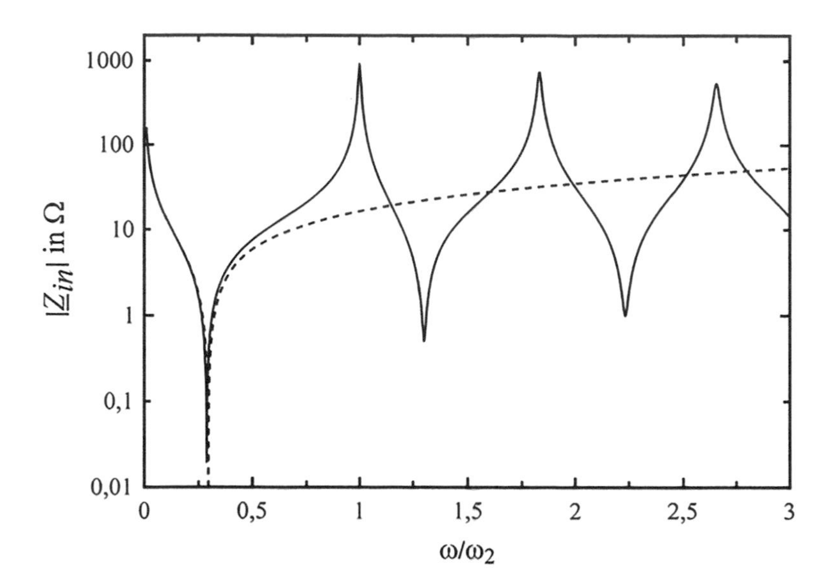

◄

8.5 Übungsaufgaben

UE-8.1 Leitungsresonator

Als Alternative zu dem beidseitig kurzgeschlossenen Leitungsresonator aus Beispiel 8.1 soll eine beidseitig leerlaufende Leitung der Länge l untersucht werden, die an der Stelle z_e mit einer punktförmigen Stromquelle $\underline{I}_e$ angeregt wird.

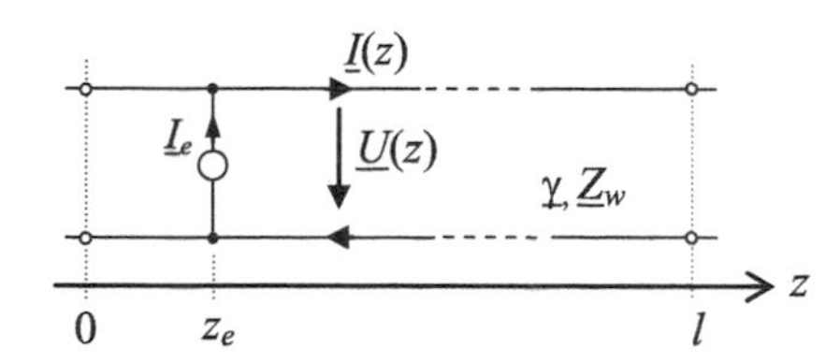

Die komplexe Fortpflanzungskonstante $\underline{\gamma}$ (7.22) und der Leitungswellenwiderstand (7.24) der Leitung sind mit den primären Leitungsparametern R', L', G' und C' (Abschn. 7.2.2) wie folgt definiert:

$$\underline{\gamma} = \alpha + \mathrm{j}\beta = \sqrt{\underline{Z}'\underline{Y}'} = \sqrt{(R' + \mathrm{j}\omega L')(G' + \mathrm{j}\omega C')}$$
$$\underline{Z}_w = \sqrt{\underline{Z}'/\underline{Y}'} = \sqrt{(R' + \mathrm{j}\omega L')/(G' + \mathrm{j}\omega C')}.$$

a) Stellen Sie die beiden Leitungsgleichungen unter Einbeziehung der Stromquelle $\underline{I}_e$ auf und leiten Sie daraus die inhomogene, komplexe Wellengleichung für die Spannung $\underline{U}(z)$ entlang der Leitung ab. Welche Randbedingungen sind anzusetzen?

b) Bestimmen Sie aus dem entsprechenden Eigenwertproblem die Eigenfunktionen und Eigenwerte, sowie die allgemeine Lösung für $\underline{U}(z)$ mit unbestimmten modalen Spannungsamplituden $\underline{U}_n$.

c) Berechnen Sie die Spannungsamplituden $\underline{U}_n$ und stellen Sie damit die Lösung für die Eingangsimpedanz $\underline{Z}_a$ am Leitungsanfang ($z_e = 0$) auf.

d) Stellen Sie mit Hilfe der Korrespondenz

$$\left(\frac{1}{x} + 2x\sum_{n=1}^{\infty}\frac{1}{(n\pi)^2 + x^2}\right)^{-1} = 8x\sum_{n=1,3,5}^{\infty}\frac{1}{(n\pi)^2 + 4x^2}$$

die Lösung für die Eingangsadmittanz $\underline{Y}_a$ auf und nähern Sie den Ausdruck für den Fall kleiner Verluste ($\underline{Y}' \approx \mathrm{j}\omega C'$, $\underline{\gamma}^2 \approx -\beta^2 + \mathrm{j}2\alpha\beta$). Bei welchem Verhältnis l/λ tritt die erste Resonanz auf?

e) Bestimmen Sie für die erste Resonanz durch Vergleich mit der Admittanz des entsprechenden Schwingkreises die äquivalenten Schwingkreiselemente R, L und C.

UE-8.2 Parallelplattenresonator

Eine Parallelplattenanordnung mit den Seitenlängen a, b und Plattenabstand d werde über einen dünnen vertikalen Draht an der Stelle (x_e,y_e) von einem Wechselstrom $\underline{I}_e$ angeregt. Die metallischen Platten haben eine hohe spezifische Leitfähigkeit κ und sind durch ein Material mit den Parametern μ, ε und $\tan\delta_\varepsilon$ voneinander isoliert. Für den Plattenabstand gilt $d << \lambda$, sodass nur Feldmoden mit den Ordnungszahlen p,q $(q = 0)$ zu betrachten sind. Gehen Sie bei den Berechnungen von der Annahme kleiner Verluste aus.

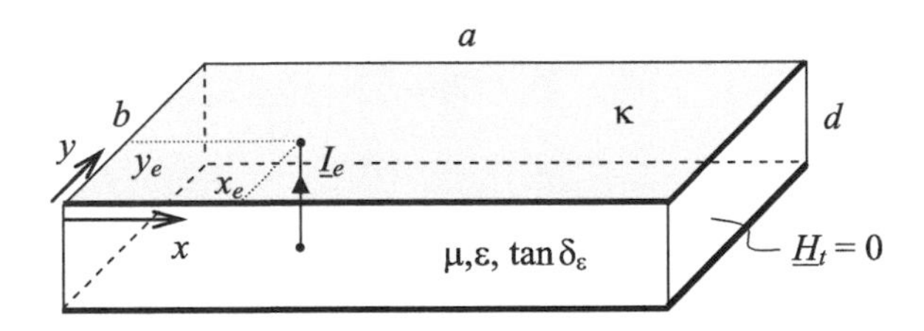

a) Wie lautet die maßgebliche inhomogene Helmholtzgleichung für das elektrische Feld und welche Randbedingungen gelten an den vier Seitenwänden wenn $d << a,b$, sodass dort näherungsweise die tangentiale magnetische Feldstärke $\underline{H}_t = 0$ angesetzt werden kann.

b) Stellen Sie das resultierende Eigenwertproblem auf und bestimmen Sie die Eigenfunktionen u_{pq} und Eigenwerte k_{pq} sowie die Eigenfrequenzen ω_{pq}

c) Führen Sie eine Normierung der Eigenfunktionen u_{pq} durch und berechnen Sie damit die ebenfalls orthonormierten Eigenfunktionen $\mathbf{w}_{pq}$ des magnetischen Feldes aus. Überprüfen Sie explizit die Erfüllung der Randbedingung für das Magnetfeld.

d) Berechnen Sie die modalen Güten $Q_{J,pq}$ und $Q_{D,pq}$ der ohmschen bzw. dielektrischen Verluste und die daraus resultierende modale Güte Q_{pq} des Systems.
e) Bestimmen Sie die modalen Amplituden des elektrischen Feldes in Abhängigkeit vom Anregungspunkt x_e, y_e.
f) Bestimmen Sie näherungsweise die Eingangsimpedanz $\underline{Z}_{in}$ für einen dünnen Einspeisedraht mit Radius r_0 aus der Spannung entlang einer parallelen Line auf der Drahtoberfläche mit den Koordinaten $(x_e + r_0, y_{e,z} = 0 \ldots d)$. Welcher Term ergibt sich für den statischen Mode ($p = q = 0$) im Summenausdruck für $\underline{Z}_{in}$?

UE-8.3 Zylinderresonator

Als Alternative zum Rechteckresonator soll ein geschlossener Metallzylinder mit Radius a und Höhe d berechnet werden. Der Resonator sei mit einem verlustfreien Medium (μ, ε) gefüllt und die Zylinderwand habe die spezifische Leitfähigkeit κ.

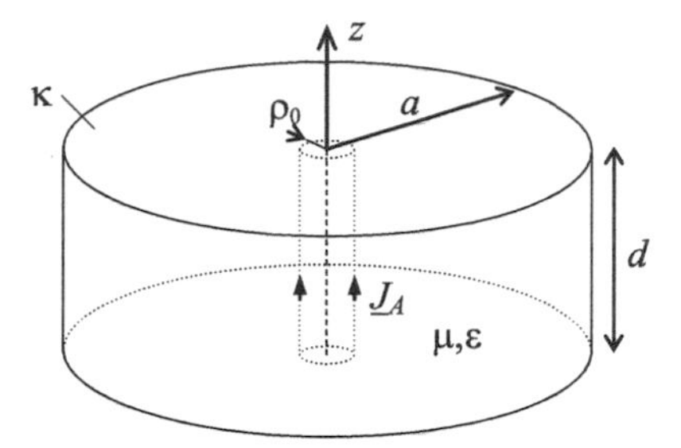

Als Anregung diene der Strom $\underline{I}_e$, der als homogener Strombelag $\underline{J}_A$ auf der Oberfläche des koaxialen Innenzylinders mit Radius ρ_0 fließt, d.h.

$$\underline{\mathbf{J}}_A = \frac{\underline{I}_e}{2\pi\rho_0}\mathbf{e}_z$$

a) Stellen Sie die maßgebliche inhomogene Helmholtzgleichung für das elektrische Feld unter Berücksichtigung der Zylindersymmetrie für Moden mit konstanten Feldkomponenten in z-Richtung. Welche Randbedingungen sind anzusetzen?
b) Geben Sie das resultierende Eigenwertproblem an und bestimmen Sie die normierten Eigenfunktionen $\mathbf{u}_n$, Eigenwerte k_n und die Eigenfrequenzen ω_n. Welche Eigenfunktionen $\mathbf{w}_n$ ergeben sich für das magnetische Feld?
c) Berechnen Sie die modalen Güten $Q_{J,n}$ in Bezug auf die ohmschen Verluste in der Wand.
Hinweis:

$$\int_0^a \mathrm{J}_1^2(\eta_{0n}\,\rho/a)\,\rho\,\mathrm{d}\rho = \frac{a^2}{2}\mathrm{J}_1^2(\eta_{0n})$$

d) Geben Sie die Lösung für das elektrische und das magnetische Feld bei Anregung durch den Strom $\underline{I}_e$ über den Innenzylinder an, unter der Annahme kleiner Verluste.
e) Welchen Ausdruck erhalten Sie für die Eingangsimpedanz $\underline{Z}_{in}$? Bestimmen Sie die Ersatzschaltbildelemente bei Betrieb im Grundmode ($n = 1$).

A. Mathematische Grundlagen und Formeln

In diesem Anhang sind die wichtigsten mathematischen Zusammenhänge und Formeln zusammengestellt, die in diesem Buch benötigt werden. Auf eine ausführliche Darstellung wird bewusst verzichtet und auf Standardwerke der Ingenieurmathematik verwiesen. Einige ausgewählte Lehrbücher sind im Literaturverzeichnis angegeben.

A.1 Skalar- und Vektorfeld

Ein Feld bezeichnet einen Raumbereich, in dem jedem Punkt (Ort)

- die Stärke *(Skalarfeld)*
- die Stärke und die Richtung *(Vektorfeld)*

einer physikalischen Größe zugeordnet ist.

Skalarfeld

Die Funktion $\varphi(\mathbf{r})$ ordnet jedem Punkt $\mathbf{r}$einen skalaren Wert zu, wie z. B. Temperatur, Druck, elektrisches, Potential usw.

Zur Veranschaulichung von Skalarfeldern dienen *Niveaulinien* (2D) bzw. *Niveauflächen* (3D), auf denen das Feld einen konstanten Wert φ_0, φ_1, φ_2 hat (Abb. A.1). Im elektrischen Feld werden diese auch als *Äquipotentiallinien* bzw. *-flächen* bezeichnet.

Wählt man eine konstante Differenz zwischen den Niveaulinien/-flächen, d.h.

$$(\varphi_1 - \varphi_0) = (\varphi_2 - \varphi_1) = \ldots.$$

so veranschaulicht der Abstand zwischen ihnen die Stärke der Änderung des Feldes.

M. Leone, *Theoretische Elektrotechnik*, https://doi.org/10.1007/978-3-658-29208-9

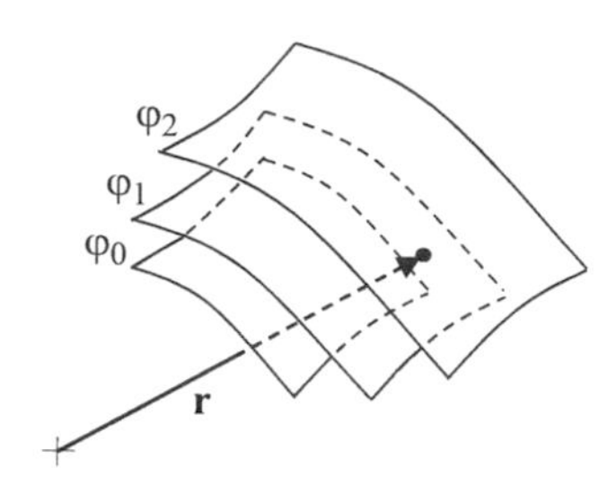

Abb. A.1 Veranschaulichung von Skalarfeldern durch Niveauflächen

Vektorfeld

Die Vektorfunktion $\mathbf{E}(\mathbf{r})$ ordnet jedem Ort $\mathbf{r}$einen Vektor zu (3 ortsabhängige skalare Funktionen), wie z. B. Kraft, Strömungsgeschwindigkeit, elektrische Feldstärke, usw. Ausgeschrieben in kartesischen Koordinaten (x, y, z):

$$\mathbf{E}(\mathbf{r}) = E_x(\mathbf{r})\,\mathbf{e}_x + E_y(\mathbf{r})\,\mathbf{e}_y + E_z(\mathbf{r})\,\mathbf{e}_z.$$

Zur Veranschaulichung von Vektorfeldern dienen *Feldlinien*. Das sind Linien, die in jedem Punkt tangential zum Feldvektor verlaufen (Abb. A.2). Zeichnet man die Feldlinien so, das zwischen ihnen jeweils der gleiche Vektorfluss durchtritt (siehe Abschn. A.4.2), so veranschaulicht die Feldliniendichte die Stärke des Vektors.

A.2 Vektoralgebra

Zerlegung des Vektors $\mathbf{A}(\mathbf{r})$ in seine kartesischen Komponenten (Abb. A.3):

$$\mathbf{A} = \begin{pmatrix} A_x \\ A_y \\ A_z \end{pmatrix} = A_x\mathbf{e}_x + A_y\mathbf{e}_y + A_z\mathbf{e}_z. \tag{A.1}$$

Betrag eines Vektors:

$$|\mathbf{A}| = A = \sqrt{A_x^2 + A_y^2 + A_z^2}\,. \tag{A.2}$$

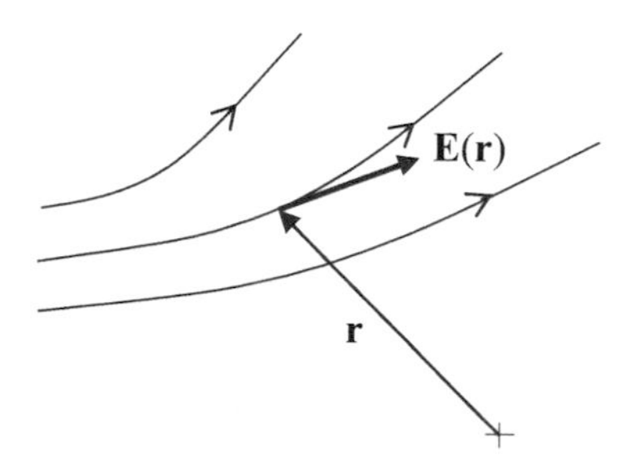

Abb. A.2 Veranschaulichung von Vektorfeldern durch Feldlinien

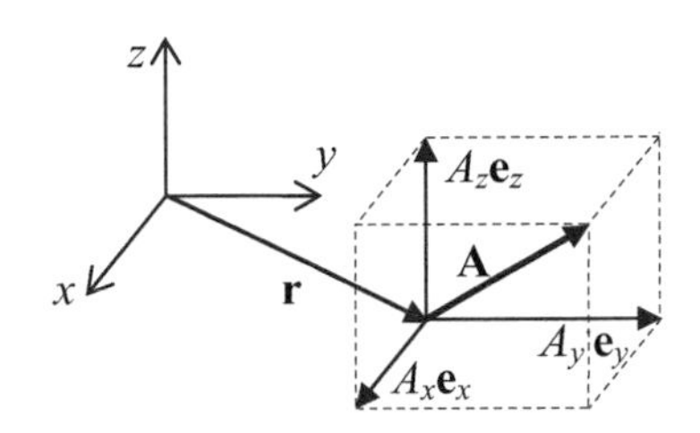

Abb. A.3 Kartesische Komponenten eines Vektors **A**

Einheitsvektoren:

$$|\mathbf{e}_x| = |\mathbf{e}_y| = |\mathbf{e}_z| = 1. \tag{A.3}$$

Einheitsvektor in Richtung des Vektors **A:**

$$\mathbf{e}_A = \frac{\mathbf{A}}{|\mathbf{A}|} \quad \text{bzw.} \quad \mathbf{A} = A\mathbf{e}_A. \tag{A.4}$$

Produkt mit Skalar λ:

$$\lambda\,\mathbf{A} = \lambda A\mathbf{e}_A\,(\text{Vektor}). \tag{A.5}$$

Skalarprodukt

Das Skalar- oder auch innere Produkt zweier Vektoren **A** und **B** ist das Produkt der beiden zueinander *parallelen* Komponenten (Abb. A.4). Das Ergebnis ist ein *Skalar.*

$$\mathbf{A}\cdot\mathbf{B} = AB\cos\left(\measuredangle\mathbf{A},\mathbf{B}\right) = AB\,\cos\alpha. \tag{A.6}$$

In Komponentenschreibweise:

$$\begin{pmatrix} A_x \\ A_y \\ A_z \end{pmatrix} \cdot \begin{pmatrix} B_x \\ B_y \\ B_z \end{pmatrix} = A_xB_x + A_yB_y + A_zB_z. \tag{A.7}$$

Das Skalarprodukt ist *kommutativ,* d.h:

$$\mathbf{A}\cdot\mathbf{B} = \mathbf{B}\cdot\mathbf{A}.$$

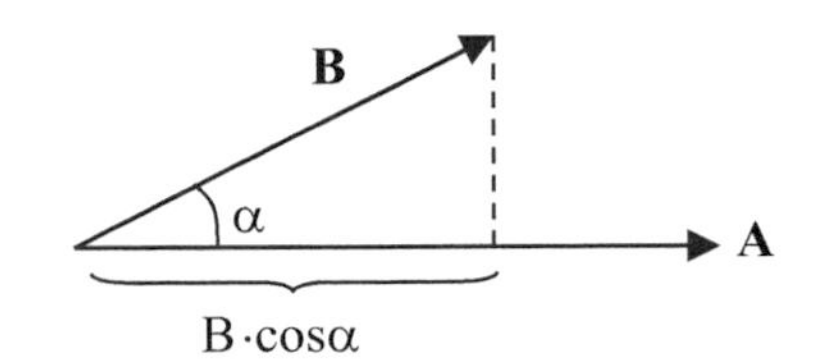

Abb. A.4 Skalarprodukt

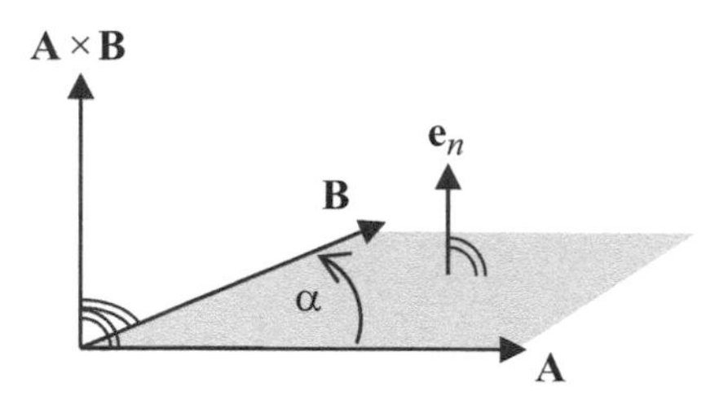

Abb. A.5 Vektorprodukt

Spezialfälle:

$$\mathbf{A}\cdot\mathbf{B} = AB \iff \mathbf{A} \parallel \mathbf{B} \text{ (parallel)}$$
$$\mathbf{A}\cdot\mathbf{B} = 0 \iff \mathbf{A} \perp \mathbf{B} \text{ (orthogonal).}$$

Kreuzprodukt (Vektorprodukt)

Das Kreuz- oder auch äußere Produkt zweier Vektoren **A** und **B** ergibt als Betrag das Produkt der beiden zueinander *senkrechten* Komponenten, d.h. die von den beiden Vektoren aufgespannte Fläche. Das Ergebnis ist ein *Vektor*, der senkrecht auf der Fläche steht. Die Richtung (Normalen-Einheitsvektor $\mathbf{e}_n$) ergibt sich durch Drehung von **A** nach **B** im *Rechtsschraubensinn* (Abb. A.5):

$$\mathbf{A} \times \mathbf{B} = AB \sin\alpha \, \mathbf{e}_n. \tag{A.8}$$

In Komponentenform (Determinantenregel):

$$\begin{pmatrix} A_x \\ A_y \\ A_z \end{pmatrix} \times \begin{pmatrix} B_x \\ B_y \\ B_z \end{pmatrix} = \begin{vmatrix} \mathbf{e}_x & \mathbf{e}_y & \mathbf{e}_z \\ A_x & A_y & A_z \\ B_x & B_y & B_z \end{vmatrix} = \left(A_yB_z - A_zB_y\right)\mathbf{e}_x + (A_zB_x - A_xB_z)\,\mathbf{e}_y + \left(A_xB_y - A_yB_x\right)\mathbf{e}_z. \tag{A.9}$$

Das Vektorprodukt ist *nicht kommutativ*, d. h.:

$$\mathbf{A} \times \mathbf{B} \neq \mathbf{B} \times \mathbf{A} = -\mathbf{A} \times \mathbf{B}.$$

Spezialfälle:

$$\mathbf{A} \times \mathbf{B} = AB\,\mathbf{e}_n \iff \mathbf{A} \perp \mathbf{B}$$
$$\mathbf{A} \times \mathbf{B} = \mathbf{0} \iff \mathbf{A} \parallel \mathbf{B}.$$

Spatprodukt

$$\mathbf{A} \cdot (\mathbf{B} \times \mathbf{C}) = \begin{vmatrix} A_x & A_y & A_z \\ B_x & B_y & B_z \\ C_x & C_y & C_z \end{vmatrix} = V \tag{A.10}$$

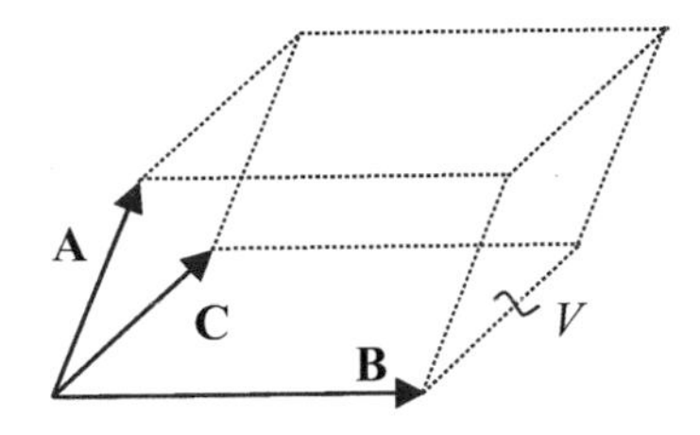

Abb. A.6 Spatprodukt

Das Spatprodukt ergibt das Volumen V des durch die Vektoren **A**, **B** und **C** definierten Parallelepiped (Abb. A.6).

Zyklische Vertauschung

$$\mathbf{A} \cdot (\mathbf{B} \times \mathbf{C}) = \mathbf{C} \cdot (\mathbf{A} \times \mathbf{B}) = \mathbf{B} \cdot (\mathbf{C} \times \mathbf{A}). \tag{A.11}$$

Doppeltes Vektorprodukt

$$\mathbf{A} \times (\mathbf{B} \times \mathbf{C}) = \mathbf{B} \cdot (\mathbf{A} \cdot \mathbf{C}) - \mathbf{C} \cdot (\mathbf{A} \cdot \mathbf{B}). \tag{A.12}$$

Normal- und Tangentialkomponente eines Vektors zu einer Fläche

Zerlegung eines Vektors **A** auf einer Fläche Smit Normalen-Einheitsvektor $\mathbf{e}_n \perp S$ (Abb. A.7):

Normalkomponente: $\mathbf{A}_n = (\mathbf{e}_n \cdot \mathbf{A})\,\mathbf{e}_n$

Tangentialkomponente: $\mathbf{A}_t = (\mathbf{e}_n \times \mathbf{A}) \times \mathbf{e}_n = \mathbf{A}(\mathbf{e}_n \cdot \mathbf{e}_n) - \mathbf{e}_n(\mathbf{e}_n \cdot \mathbf{A}) = \mathbf{A} - \mathbf{A}_n$ (A.12).

$\mathbf{A} = \mathbf{A}_n + \mathbf{A}_t$

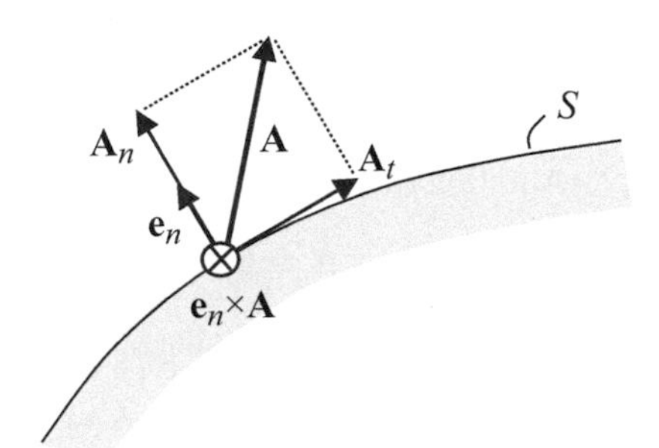

Abb. A.7 Zerlegung von **A** in Normal- und Tangentialkomponente zur Fläche S

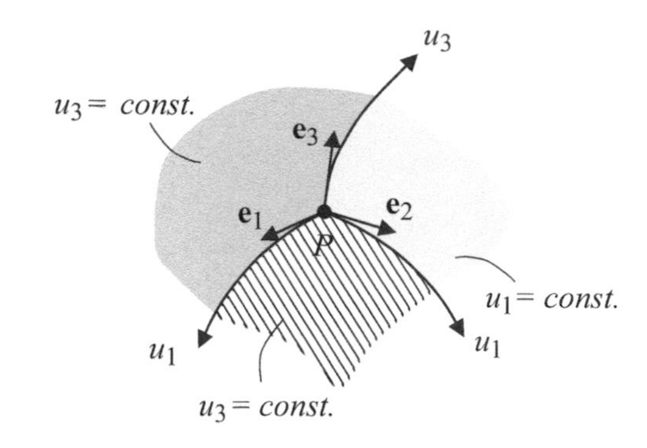

Abb. A.8 Orthogonales, krummliniges Koordinatensystem mit den Koordinatenflächen $u_i = const.$

A.3 Koordinatensysteme

Vektoroperationen gelten allgemein im Raum ohne Angaben eines speziellen Bezugssystems. Bei der Lösung einer konkreten Aufgabenstellung benötigt man ein Koordinatensystem, wie z. B. das kartesische Koordinatensystem.

In einem orthogonalen krummlinigen Koordinatensystem (Abb. A.8) mit den Koordinaten u_1, u_2, u_3 ist ein Punkt P eindeutig durch

das Zahlentripel (u_1, u_2, u_3), bzw.
den Schnittpunkt der 3 Flächen $u_1 = const.$, $u_2 = const.$, $u_3 = const.$ bestimmt.

Einheitsvektoren (Basisvektoren): $\mathbf{e}_i$ $(i = 1, 2, 3)$,

mit
$$\mathbf{e}_i \cdot \mathbf{e}_j = \begin{cases} 1 & \text{für} \quad i = j \\ 0 & \text{für} \quad i \neq j \end{cases}$$

und
$$\mathbf{e}_1 \times \mathbf{e}_2 = \mathbf{e}_3$$
$$\mathbf{e}_3 \times \mathbf{e}_1 = \mathbf{e}_2 \quad (\textit{orthogonales, rechtsdrehendes Koordinatensystem}).$$
$$\mathbf{e}_2 \times \mathbf{e}_3 = \mathbf{e}_1$$

Komponenten des Vektors **A**:

$$\mathbf{A} = A_1\mathbf{e}_1 + A_2\mathbf{e}_2 + A_3\mathbf{e}_3.$$

Addition/Subtraktion:

$$\mathbf{A} \pm \mathbf{B} = (A_1 \pm B_1)\,\mathbf{e}_1 + (A_2 \pm B_2)\,\mathbf{e}_2 + (A_3 \pm B_3)\,\mathbf{e}_3.$$

Multiplikation mit Skalar λ:

$$\lambda \cdot \mathbf{A} = \lambda A_1\,\mathbf{e}_1 + \lambda A_2\,\mathbf{e}_2 + \lambda A_3\,\mathbf{e}_3.$$

Skalarprodukt:

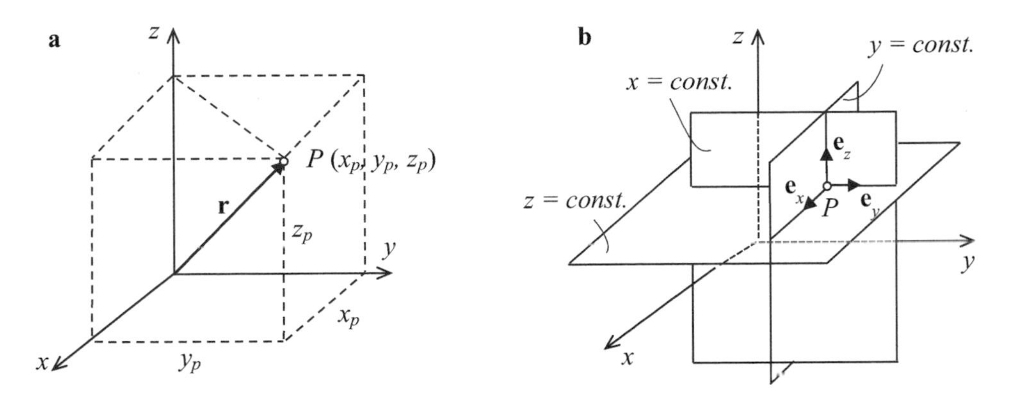

Abb. A.9 Punkt P im kartesischen Koordinatensystem (**a**) Koordinatendarstellung, (**b**) Koordinatenflächen $x, y, z = const.$

$$\mathbf{A} \cdot \mathbf{B} = A_1 B_1 + A_2 B_2 + A_3 B_3.$$

Vektorprodukt:

$$\mathbf{A} \times \mathbf{B} = \begin{vmatrix} \mathbf{e}_1 & \mathbf{e}_2 & \mathbf{e}_3 \\ A_1 & A_2 & A_3 \\ B_1 & B_2 & B_3 \end{vmatrix} = (A_2 B_3 - A_3 B_2)\,\mathbf{e}_1 + (A_3 B_1 - A_1 B_3)\,\mathbf{e}_2 \;\; + (A_1 B_2 - A_2 B_1)\,\mathbf{e}_3.$$

Ein Problem, das gewisse räumliche Symmetrien aufwirft, lässt sich einfach durch ein entsprechendes Koordinatensystem ausdrücken, z. B. durch Zylinder- oder Kugelkoordinaten bei Zylinder- bzw. Kugelsymmetrien. Eine Behandlung mit kartesischen Koordinaten ist zwar immer möglich, führt aber in den meisten Fällen zu unnötig komplizierten Ausdrücken.

A.3.1 Kartesisches Koordinatensystem

Basisvektoren: $\mathbf{e}_x, \; \mathbf{e}_y, \; \mathbf{e}_z.$

Ortsvektor: $\mathbf{r} = x_p\,\mathbf{e}_x + y_p\,\mathbf{e}_y + z_p\,\mathbf{e}_z.$

Differentielles Wegelement:

$$\mathrm{d}\mathbf{r} = \mathrm{d}x\,\mathbf{e}_x + \mathrm{d}y\,\mathbf{e}_y + \mathrm{d}z\,\mathbf{e}_z. \tag{A.13}$$

Vektorielles (gerichtetes) Flächenelement auf den Koordinatenflächen in Richtung der Flächennormalen (Abb. A.10):

$$\begin{aligned} \mathrm{d}\mathbf{A}_x &= \mathrm{d}y\mathrm{d}z\,\mathbf{e}_x \\ \mathrm{d}\mathbf{A}_y &= \mathrm{d}x\mathrm{d}z\,\mathbf{e}_y \\ \mathrm{d}\mathbf{A}_z &= \mathrm{d}x\mathrm{d}y\,\mathbf{e}_z. \end{aligned} \tag{A.14}$$

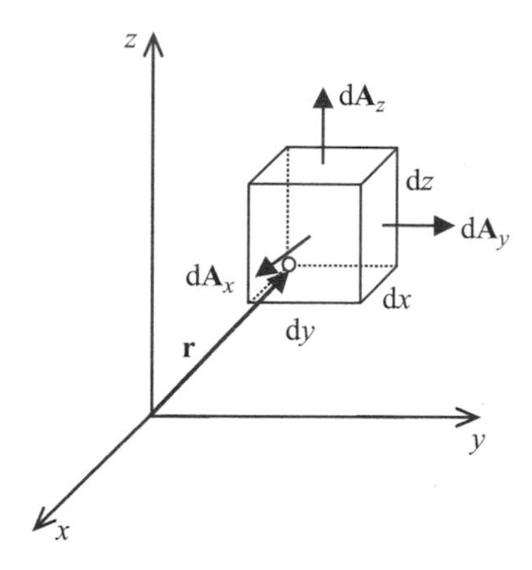

Abb. A.10 Differentielle Weg- und Flächenelemente und Volumenelement im kartesischen Koordinatensystem

Differentielles Volumenelement:

$$dV = dx dy dz. \tag{A.15}$$

A.3.2 Krummlinige orthogonale Koordinatensysteme

Unter den krummlinigen Koordinatensystemen zeichnen sich die sog. orthogonalen Systeme dadurch aus, dass in jedem Punkt die Koordinatenlinien senkrecht aufeinander stehen, wie z. B. bei *Zylinder- und Kugelkoordinaten.*

Zur Bestimmung der differentiellen Längen- und Flächenelemente, sowie des Volumenelements werden die Transformationsformeln zwischen den Koordinaten u_1, u_2, u_3 und den kartesischen Koordinaten x,y,z benötigt, d. h.:

$$x = x(u_1, u_2\, u_3), \quad y = y(u_1, u_2\, u_3), \quad z = z(u_1, u_2\, u_3).$$

Das differentielle Wegelement $\mathbf{ds}_i$ in Richtung $u_i (i = 1, 2, 3)$ erhält man aus dem totalen Differenzial des Ortsvektors:

$$\mathbf{ds}_i = \frac{\partial x(u_1, u_2, u_3)}{\partial u_i} du_i\, \mathbf{e}_x + \frac{\partial y(u_1, u_2, u_3)}{\partial u_i} du_i\, \mathbf{e}_y + \frac{\partial z(u_1, u_2, u_3)}{\partial u_i} du_i\, \mathbf{e}_z,$$

bzw. in skalarer Form:

$$ds_i = \left| \frac{\partial \mathbf{r}}{\partial u_i} \right| du_i = h_i\, du_i, \tag{A.16}$$

mit dem *Metrikfaktor* (metrischer Koeffizient, Lamé-Koeffizient) in Koordinatenrichtung i:

$$h_i = \left| \frac{\partial \mathbf{r}}{\partial u_i} \right| = \left| \frac{\partial x}{\partial u_i} \mathbf{e}_x + \frac{\partial y}{\partial u_i} \mathbf{e}_y + \frac{\partial z}{\partial u_i} \mathbf{e}_z \right| = \sqrt{\left(\frac{\partial x}{\partial u_i}\right)^2 + \left(\frac{\partial y}{\partial u_i}\right)^2 + \left(\frac{\partial z}{\partial u_i}\right)^2}. \tag{A.17}$$

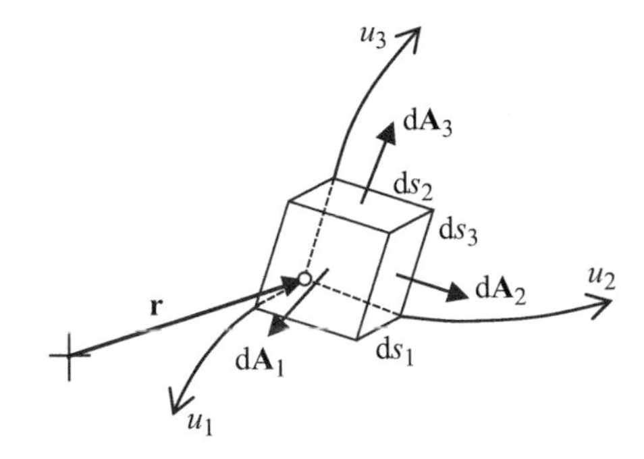

Abb. A.11 Differentielle Weg- und Flächenelemente und Volumenelement in einem krummlinigen, orthogonalen Koordinatensystem

Für das *kartesische Koordinatensystem* (A.3.1) ergibt sich speziell

$$h_1 = h_2 = h_3 = 1. \tag{A.18}$$

Für die drei Basisvektoren erhält man damit:

$$\mathbf{e}_i = \frac{\partial \mathbf{r}/\partial u_i}{|\partial \mathbf{r}/\partial u_i|} = \frac{1}{h_i}\frac{\partial \mathbf{r}}{\partial u_i}. \tag{A.19}$$

Dementsprechend ergibt sich für das differentielle Wegelement:

$$\mathrm{d}\mathbf{s} = h_1\,\mathrm{d}u_1\,\mathbf{e}_1 + h_2\,\mathrm{d}u_2\,\mathbf{e}_2 + h_3\,\mathrm{d}u_3\,\mathbf{e}_3. \tag{A.20}$$

Die differentiellen Flächenelemente $\mathrm{d}\mathbf{A}_i$ erhält man durch Multiplikation der beiden Wegelemente $\mathrm{d}s_j$, $\mathrm{d}s_k$ mit dem dazu senkrechten Einheitsvektor in i-Richtung ($i,j,k = 1,2,3$):

$$\begin{aligned}
\mathrm{d}\mathbf{A}_1 &= h_2\,h_3\,\mathrm{d}u_2\,\mathrm{d}u_3\,\mathbf{e}_1 \\
\mathrm{d}\mathbf{A}_2 &= h_3\,h_1\,\mathrm{d}u_3\,\mathrm{d}u_1\,\mathbf{e}_2 \\
\mathrm{d}\mathbf{A}_3 &= h_1\,h_2\,\mathrm{d}u_1\,\mathrm{d}u_2\,\mathbf{e}_3
\end{aligned} \tag{A.21}$$

Das Produkt der drei Längenelemente ergibt das differentielle Volumenelement (Abb. A.11):

$$\mathrm{d}V = h_1\,h_2\,h_3\,\mathrm{d}u_1\,\mathrm{d}u_2\,\mathrm{d}u_3. \tag{A.22}$$

A.3.3 Zylinderkoordinatensystem

Transformation (Abb. A.12):

$$\begin{aligned}
x &= x(\rho, \phi, z) = \rho \cos \phi \\
y &= y(\rho, \phi, z) = \rho \sin \phi \\
z &= z(\rho, \phi, z) = z.
\end{aligned} \tag{A.23}$$

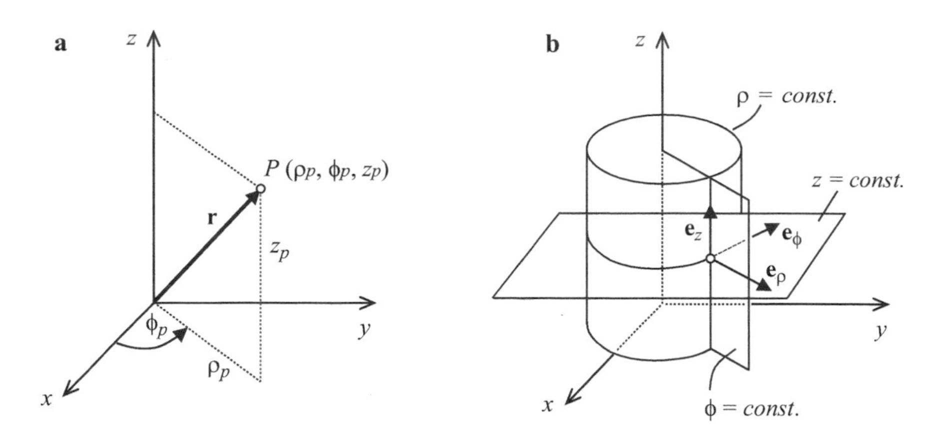

Abb. A.12 Punkt P im Zylinderkoordinatensystem (**a**) Koordinatendarstellung, (**b**) Koordinatenflächen ρ, ϕ, $z = const.$

Metrische Koeffizienten (A.17):

$$h_1 = h_\rho = \sqrt{\left(\frac{\partial x}{\partial \rho}\right)^2 + \left(\frac{\partial y}{\partial \rho}\right)^2 + \left(\frac{\partial z}{\partial \rho}\right)^2} = \sqrt{(\cos\phi)^2 + (\sin\phi)^2 + (0)^2}$$

$$h_2 = h_\phi = \sqrt{\left(\frac{\partial x}{\partial \phi}\right)^2 + \left(\frac{\partial y}{\partial \phi}\right)^2 + \left(\frac{\partial z}{\partial \phi}\right)^2} = \sqrt{(-\rho\,\sin\phi)^2 + (\rho\,\cos\phi)^2 + (0)^2}$$

$$h_3 = h_z = \sqrt{\left(\frac{\partial x}{\partial z}\right)^2 + \left(\frac{\partial y}{\partial z}\right)^2 + \left(\frac{\partial z}{\partial z}\right)^2} = \sqrt{(0)^2 + (0)^2 + (1)^2}$$

$$h_\rho = 1, \quad h_\phi = \rho, \quad h_z = 1. \tag{A.24}$$

Basisvektoren (A.19):

$$\mathbf{e}_1 = \mathbf{e}_\rho = \frac{1}{h_\rho}\frac{\partial \mathbf{r}}{\partial \rho}$$

$$\mathbf{e}_2 = \mathbf{e}_\phi = \frac{1}{h_\phi}\frac{\partial \mathbf{r}}{\partial \phi}$$

$$\mathbf{e}_3 = \mathbf{e}_z = \frac{1}{h_z}\frac{\partial \mathbf{r}}{\partial z}.$$

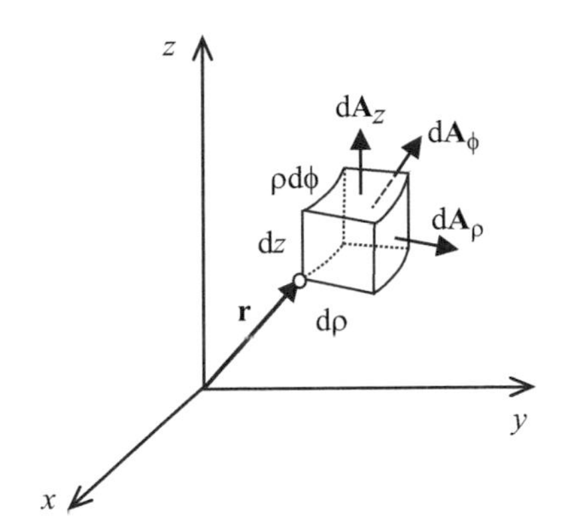

Abb. A.13 Differentielle Weg- und Flächenelemente und Volumenelement im Zylinderkoordinatensystem

$$\begin{aligned} \mathbf{e}_\rho &= \cos\phi\,\mathbf{e}_x + \sin\phi\,\mathbf{e}_y \\ \mathbf{e}_\phi &= -\sin\phi\,\mathbf{e}_x + \cos\phi\,\mathbf{e}_y \\ \mathbf{e}_z &= \mathbf{e}_z. \end{aligned} \tag{A.25}$$

Ortsvektor (Abb. A.12):

$$\mathbf{r} = \rho\,\mathbf{e}_\rho + z\,\mathbf{e}_z. \tag{A.26}$$

Differentielles Wegelement (A.20) mit (A.24):

$$\mathrm{d}\mathbf{s} = \mathrm{d}\rho\,\mathbf{e}_\rho + \rho\,\mathrm{d}\phi\,\mathbf{e}_\phi + \mathrm{d}z\,\mathbf{e}_z. \tag{A.27}$$

Differentielle Flächenelemente (A.21):

$$\begin{aligned} \mathrm{d}\mathbf{A}_\rho &= \rho\mathrm{d}\phi\mathrm{d}z\mathbf{e}_\rho \\ \mathrm{d}\mathbf{A}_\phi &= \mathrm{d}\rho\mathrm{d}z\mathbf{e}_\phi \\ \mathrm{d}\mathbf{A}_z &= \rho\mathrm{d}\rho\mathrm{d}\phi\mathbf{e}_z. \end{aligned} \tag{A.28}$$

Differentielles Volumenelement (A.22) mit (A.24) (Abb. A.13):

$$\mathrm{d}V = \rho\mathrm{d}\rho\mathrm{d}\phi\mathrm{d}z. \tag{A.29}$$

A.3.4 Kugelkoordinatensystem

Transformation (Abb. A.14):

$$\begin{aligned} x &= x(r,\theta,\phi) = r\,\sin\theta\,\cos\phi \\ y &= y(r,\theta,\phi) = r\,\sin\theta\,\sin\phi \\ z &= z(r,\theta,\phi) = r\,\cos\theta. \end{aligned} \tag{A.30}$$

Metrische Koeffizienten (A.17):

$$\begin{aligned} h_1 = h_r &= \sqrt{\left(\tfrac{\partial x}{\partial r}\right)^2 + \left(\tfrac{\partial y}{\partial r}\right)^2 + \left(\tfrac{\partial z}{\partial r}\right)^2} = \sqrt{(\sin\theta\,\cos\phi)^2 + (\sin\theta\,\sin\phi)^2 + (\cos\theta)^2} \\ h_2 = h_\theta &= \sqrt{\left(\tfrac{\partial x}{\partial \theta}\right)^2 + \left(\tfrac{\partial y}{\partial \theta}\right)^2 + \left(\tfrac{\partial z}{\partial \theta}\right)^2} = \sqrt{(r\,\cos\theta\,\cos\phi)^2 + (r\,\cos\theta\,\sin\phi)^2 + (-r\,\sin\theta)^2} \\ h_3 = h_\phi &= \sqrt{\left(\tfrac{\partial x}{\partial \phi}\right)^2 + \left(\tfrac{\partial y}{\partial \phi}\right)^2 + \left(\tfrac{\partial z}{\partial \phi}\right)^2} = \sqrt{(-r\,\sin\theta\,\sin\phi)^2 + (r\,\sin\theta\,\cos\phi)^2 + 0^2} \end{aligned}$$

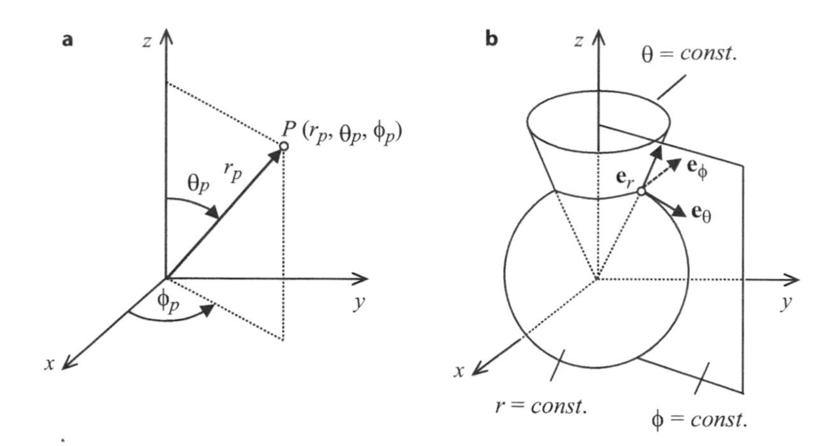

Abb. A.14 Punkt P im Kugelkoordinatensystem (**a**) Koordinatendarstellung, (**b**) Koordinatenflächen $\rho, \phi, z = const.$

$$h_r = 1, \quad h_\theta = r, \quad h_\phi = r\,\sin\theta. \tag{A.31}$$

Basisvektoren (A.19):

$$\mathbf{e}_1 = \mathbf{e}_r = \frac{1}{h_r}\frac{\partial \mathbf{r}}{\partial r}$$

$$\mathbf{e}_2 = \mathbf{e}_\theta = \frac{1}{h_\theta}\frac{\partial \mathbf{r}}{\partial \theta}$$

$$\mathbf{e}_3 = \mathbf{e}_\phi = \frac{1}{h_\phi}\frac{\partial \mathbf{r}}{\partial \phi}$$

$$\begin{aligned}\mathbf{e}_r &= \sin\theta\,\cos\phi\,\mathbf{e}_x + \sin\theta\,\sin\phi\,\mathbf{e}_y + \cos\theta\,\mathbf{e}_z\\ \mathbf{e}_\theta &= \cos\theta\,\cos\phi\,\mathbf{e}_x + \cos\theta\,\sin\phi\,\mathbf{e}_y - \sin\theta\,\mathbf{e}_z\\ \mathbf{e}_\phi &= -\sin\phi\,\mathbf{e}_x + \cos\phi\,\mathbf{e}_y.\end{aligned} \tag{A.32}$$

Ortsvektor (Abb. A.14):

$$\mathbf{r} = r\,\mathbf{e}_r. \tag{A.33}$$

Differentielles Wegelement (A.20) mit (A.31):

$$\mathrm{d}\mathbf{s} = \mathrm{d}r\,\mathbf{e}_r + r\,\mathrm{d}\theta\,\mathbf{e}_\theta + r\,\sin\theta\,\mathrm{d}\phi\,\mathbf{e}_\phi. \tag{A.34}$$

Differentielle Flächenelemente (A.21) mit (A.31):

$$\begin{aligned}\mathrm{d}\mathbf{A}_r &= r^2\,\sin\theta\,\mathrm{d}\theta\,\mathrm{d}\phi\mathbf{e}_r\\ \mathrm{d}\mathbf{A}_\theta &= r\,\sin\theta\,\mathrm{d}r\,\mathrm{d}\phi\mathbf{e}_\theta\\ \mathrm{d}\mathbf{A}_\phi &= r\,\mathrm{d}r\,\mathrm{d}\theta\mathbf{e}_\phi.\end{aligned} \tag{A.35}$$

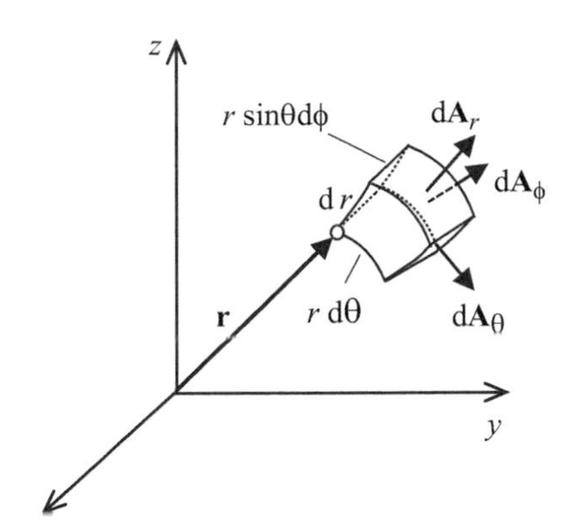

Abb. A.15 Differentielle Weg- und Flächenelemente und Volumenelement im Kugel-Koordinatensystem

Differentielles Volumenelement (A.22) mit (A.31) (Abb. A.15):

$$\mathrm{d}V = r^2 \sin\theta\, \mathrm{d}r\, \mathrm{d}\theta\, \mathrm{d}\phi. \tag{A.36}$$

A.3.5 Koordinatentransformation

Gegeben seien zwei Koordinatensysteme L und M mit den Basen

$$\mathbf{e}_1^{\mathrm{L}}, \mathbf{e}_2^{\mathrm{L}}, \mathbf{e}_3^{\mathrm{L}} \text{ (System L) und } \mathbf{e}_1^{\mathrm{M}}, \mathbf{e}_2^{\mathrm{M}}, \mathbf{e}_3^{\mathrm{M}} \text{ (System M).}$$

Ein Vektor $\mathbf{A}$ im Raum hat in den beiden Koordinatensystemen L und M unterschiedliche Komponenten, die mit $\mathbf{A}^{\mathrm{L}}$ und $\mathbf{A}^{\mathrm{M}}$ bezeichnet werden sollen.

Die i-te Komponente von $\mathbf{A}^{\mathrm{L}}$ (System L) aus den Komponenten von $\mathbf{A}^{\mathrm{M}}$ (Systems M) erhält man durch Skalarmultiplikation mit dem entsprechenden Einheitsvektor $\mathbf{e}_i^L$, d.h.:

$$A_i^{\mathrm{L}} = \mathbf{A}^{\mathrm{M}} \cdot \mathbf{e}_i^L = A_1^{\mathrm{M}}\, \mathbf{e}_1^{\mathrm{M}} \cdot \mathbf{e}_i^{\mathrm{L}} + A_2^{\mathrm{M}}\, \mathbf{e}_2^{\mathrm{M}} \cdot \mathbf{e}_i^{\mathrm{L}} + A_3^{\mathrm{M}}\, \mathbf{e}_3^{\mathrm{M}} \cdot \mathbf{e}_i^{\mathrm{L}}.$$

In Matrixschreibweise:

$$\mathbf{A}^{\mathrm{L}} = \left[\mathbf{e}_i^{\mathrm{L}} \cdot \mathbf{e}_j^{\mathrm{M}}\right] \cdot \mathbf{A}^{\mathrm{M}} = \left[T_{ij}^{\mathrm{M}\to\mathrm{L}}\right] \cdot \mathbf{A}^{\mathrm{M}};\ i,j = 1,2,3.$$

Mit der Transformationsmatrix $\left[T_{ij}^{\mathrm{M}\to\mathrm{L}}\right]$ (Transformation von M nach L).

Beispiel A.1: Kartesische Koordinaten → Zylinderkoordinaten

$$A_\rho = \left(A_x\, \mathbf{e}_x + A_y\, \mathbf{e}_y + A_z\, \mathbf{e}_z\right) \cdot \mathbf{e}_\rho = A_x \left(\mathbf{e}_x \cdot \mathbf{e}_\rho\right) + A_y \left(\mathbf{e}_y \cdot \mathbf{e}_\rho\right) + A_z \left(\mathbf{e}_z \cdot \mathbf{e}_\rho\right)$$

mit: $\mathbf{e}_x \cdot \mathbf{e}_\rho = \cos\phi, \quad \mathbf{e}_y \cdot \mathbf{e}_\rho = \sin\phi, \quad \mathbf{e}_z \cdot \mathbf{e}_\rho = 0.$

$$A_\phi = \left(A_x\, \mathbf{e}_x + A_y\, \mathbf{e}_y + A_z\, \mathbf{e}_z\right) \cdot \mathbf{e}_\phi = A_x \left(\mathbf{e}_x \cdot \mathbf{e}_\phi\right) + A_y \left(\mathbf{e}_y \cdot \mathbf{e}_\phi\right) + A_z \left(\mathbf{e}_z \cdot \mathbf{e}_\phi\right)$$

mit: $(\mathbf{e}_x \cdot \mathbf{e}_\phi) = -\sin\phi, \quad (\mathbf{e}_y \cdot \mathbf{e}_\phi) = \cos\phi, \quad (\mathbf{e}_z \cdot \mathbf{e}_\phi) = 0.$

$$A_z = \left(A_x\, \mathbf{e}_x + A_y\, \mathbf{e}_y + A_z\, \mathbf{e}_z\right) \cdot \mathbf{e}_z = A_x \left(\mathbf{e}_x \cdot \mathbf{e}_z\right) + A_y \left(\mathbf{e}_y \cdot \mathbf{e}_z\right) + A_z \left(\mathbf{e}_z \cdot \mathbf{e}_z\right)$$

mit: $(\mathbf{e}_x \cdot \mathbf{e}_z) = 0, \quad (\mathbf{e}_y \cdot \mathbf{e}_z) = 0, \quad (\mathbf{e}_z \cdot \mathbf{e}_z) = 1$

$$\Rightarrow \begin{pmatrix} A_\rho \\ A_\phi \\ A_z \end{pmatrix} = \begin{pmatrix} \cos\phi & \sin\phi & 0 \\ -\sin\phi & \cos\phi & 0 \\ 0 & 0 & 1 \end{pmatrix} \cdot \begin{pmatrix} A_x \\ A_y \\ A_z \end{pmatrix}.$$

Transformation der Einheitsvektoren:

$$\text{Einsetzen: } \begin{pmatrix} A_x \\ A_y \\ A_z \end{pmatrix} = \begin{pmatrix} 1 \\ 1 \\ 1 \end{pmatrix} \quad \text{ergibt} \quad \begin{aligned} \mathbf{e}_\rho &= \cos\phi\,\mathbf{e}_x + \sin\phi\,\mathbf{e}_y \\ \mathbf{e}_\phi &= -\sin\phi\,\mathbf{e}_x + \cos\phi\,\mathbf{e}_y \\ \mathbf{e}_z &= \mathbf{e}_z. \end{aligned}$$

A.4 Vektoranalysis

A.4.1 Linienintegral

Integration der tangentialen Komponente $\mathbf{A}\cdot\mathbf{e}_s$ des ortsabhängigen Vektors $\mathbf{A}(\mathbf{r})$ entlang eines Weges s im Raum ergibt ein Skalar φ:

$$\varphi = \int_s \mathbf{A} \cdot \mathrm{d}\mathbf{s} = \int_s \mathbf{A} \cdot \mathbf{e}_s \,\mathrm{d}s. \tag{A.37}$$

Das Integral kann als Grenzwert der unendlichen Summe über die infinitesimalen Wegelemente $\Delta s \to 0$ aufgefasst werden (Abb. A.16), d. h.:

$$\int_s \mathbf{A} \cdot \mathbf{e}_s \,\mathrm{d}s = \lim_{\Delta s \to 0} \sum_{i \to \infty} \mathbf{A}(\mathbf{r}_i) \cdot \mathbf{e}_{s,i}\, \Delta s.$$

Ist der Integrationspfad $s$geschlossen ($P_1 = P_2$), so bezeichnet man das Integral auch als Ringintegral oder *Zirkulation* und verwendet das Symbol

$$\varphi = \oint_s \mathbf{A} \cdot \mathrm{d}\mathbf{s}. \tag{A.38}$$

Betrachtet man als Vektorfeld beispielsweise das homogene Kraftfeld $\mathbf{F}_g$ der Gravitation in Erdbodennähe, das auf eine Einheitsmasse wirkt (Abb. A.17), so ergibt das Linienintegral (A.37) die potenzielle Energie des Körpers (Kraft $\times$ Weg) zwischen

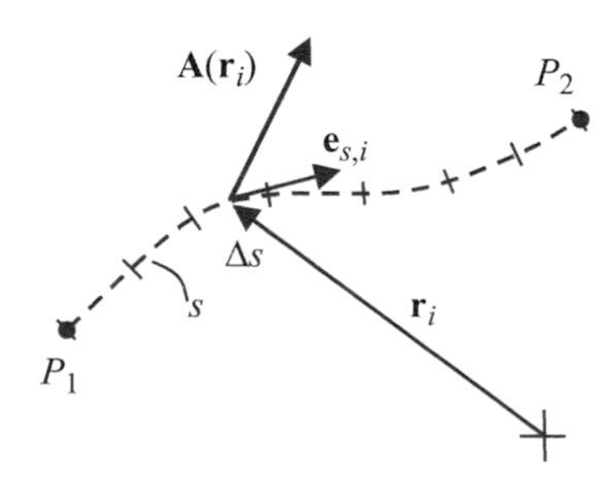

Abb. A.16 Integration des Vektors $\mathbf{A}$ entlang des Weges s

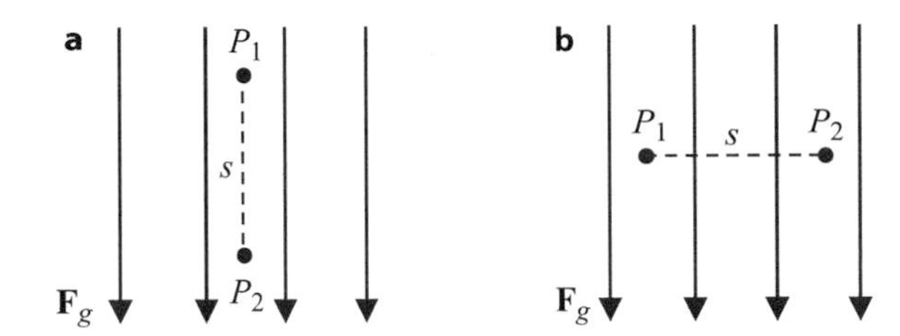

Abb. A.17 Linienintegral φ entlang Weg s. **(a)** $\varphi = \varphi_{max}$ **(b)** $\varphi = 0$

P_1 und P_2. Dementsprechend hat das Linienintegral den maximalen Wert φ_{max}, wenn $\mathbf{F}_g \| \mathbf{e}_s$ in jedem Punkt entlang s ist, bzw. $\varphi = 0$, wenn überall $\mathbf{F}_g \perp \mathbf{e}_s$ ist.

Bei einer konkreten Berechnung des Linienintegrals (A.37) entlang eines beliebigen Pfades s im Raum muss dieser im Allgemeinen in Parameterform vorliegen:

$$s = \{\mathbf{r}(u) |\ u_1 \leq u \leq u_2\}.$$

Das differentielle Wegelement d$\mathbf{s}$ ergibt sich aus dem totalen Differenzial über $\mathbf{r}(u)$ zu

$$\mathrm{d}\mathbf{s} = \left(\frac{\partial \mathbf{r}}{\partial u}\right) \mathrm{d}u.$$

Die explizite Form des Wegintegrals lautet damit:

$$\varphi = \int_{u_1}^{u_2} \mathbf{A}(\mathbf{r}(u)) \cdot \left(\frac{\partial \mathbf{r}}{\partial u}\right) \mathrm{d}u.$$

Verläuft der Integrationsweg s *parallel zu einer Koordinatenrichtung* u_i, so erhält man entsprechend (A.16) bzw. (A.20) mit $\mathrm{d}\mathbf{s}_i = h_i\, \mathrm{d}_i\, \mathbf{e}_i$:

$$\varphi = \int_{u_1}^{u_2} \mathbf{A} \cdot \mathbf{e}_i\, h_i\, \mathrm{d}u_i.$$

Beispiel A.2: Wegintegral entlang eines Kreisbogens

In einem homogenen Feld $\mathbf{A} = A\,\mathbf{e}_x$ soll das Wegintegral

$$\varphi = \int_s \mathbf{A} \cdot \mathrm{d}\mathbf{s}$$

entlang eines Kreisbogens s mit dem Radius ρ, definiert durch den Anfangs- und Endwinkel ϕ_1 und ϕ_2 (Zylinderkoordinaten), berechnet werden.

Wegelement in ϕ-Richtung entlang Kreisring (A.27):

$$\mathrm{d}\mathbf{s} = \rho \mathrm{d}\phi\; \mathbf{e}_\phi.$$

Durch Einsetzen erhält man mit $\mathbf{e}_x \cdot \mathbf{e}_\phi = -\sin\phi$

$$\varphi = \int_s \mathbf{A} \cdot \mathrm{d}\mathbf{s} \; = \; -A\,\rho \int_{\phi_1}^{\phi_2} \sin\phi \; \mathrm{d}\phi \; = \; A\,\rho\,(\cos\phi_2 - \cos\phi_1).$$

Für den geschlossenen Ring ($\phi_1 = \phi_2$) folgt unmittelbar:

$$\varphi = \oint_s \mathbf{A} \cdot \mathrm{d}\mathbf{s} \; = \; 0.$$

Diese gilt allgemein für die Klasse der *konservativen Felder*, zu den das homogene Feld zählt.

A.4.2 Oberflächenintegral (Vektorfluss)

Integration des ortsabhängigen Vektors $\mathbf{B}(\mathbf{r})$ über eine Fläche A im Raum, d.h. die in jedem Punkt zu Anormale Komponente $\mathbf{B}\cdot\mathbf{e}_n$ ergibt den sog. Vektorfluss Ψ:

$$\Psi = \iint_A \mathbf{B} \cdot \mathrm{d}\mathbf{A} = \iint_A \mathbf{B} \cdot \mathbf{e}_n \,\mathrm{d}A. \tag{A.39}$$

Das Integral kann als Grenzwert der unendlichen Summe über die infinitesimalen Oberflächenelemente $\Delta A \to 0$ aufgefasst werden (Abb. A.18), d.h.:

$$\iint_A \mathbf{B} \cdot \mathbf{e}_n \,\mathrm{d}A = \lim_{\Delta A \to 0} \sum_{i \to \infty} \mathbf{B}(\mathbf{r}_i) \cdot \mathbf{e}_{n,i} \,\Delta A.$$

Ist die Integrationsfläche A geschlossen, so bezeichnet man das Integral auch als *Hüllenintegral* und verwendet das Symbol

$$\Psi = \oiint_A \mathbf{B} \cdot \mathrm{d}\mathbf{A}. \tag{A.40}$$

Zur Veranschaulichung des Flussintegrals (A.39) dient beispielsweise das Geschwindigkeitsfeld $\mathbf{v}(\mathbf{r})$ einer Wasserströmung. Das Flussintegral (A.39) über $\mathbf{v}$ ist in diesem Fall der pro Zeiteinheit durch die Fläche hindurchtretende Rauminhalt. Dement-

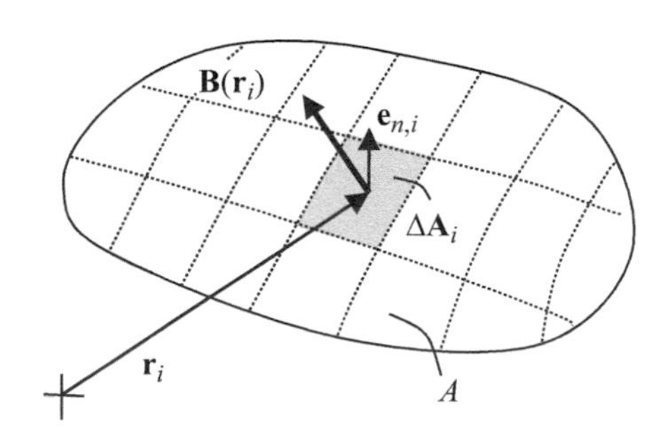

Abb. A.18 Integration des Vektors $\mathbf{B}$ über eine Oberfläche A

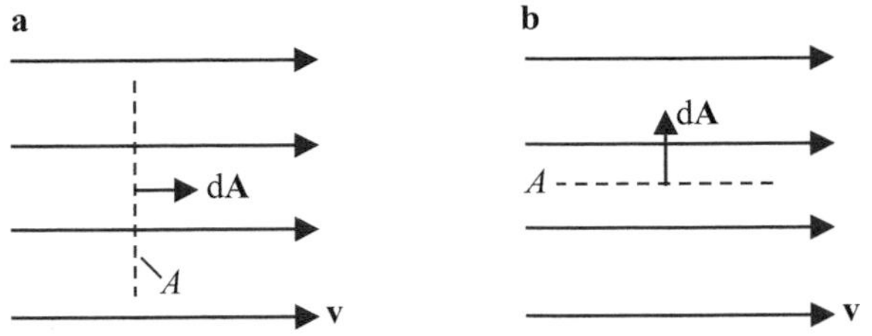

Abb. A.19 Vektorfluss ψ durch Fläche A (**a**) $\psi = \psi_{max}$ (**b**) $\psi = 0$

sprechend hat der Fluss den maximalen Wert Ψ_{max}, wenn in jedem Punkt auf der Fläche $\mathbf{v} \parallel \mathbf{e}_n$, bzw. $\Psi = 0$, wenn überall $\mathbf{v} \perp \mathbf{e}_n$ (Abb. A.19).

Bei einer konkreten Berechnung des Oberflächenintegrals (A.39) auf einer beliebigen Fläche A im Raum muss diese im Allgemeinen in Parameterform vorliegen:

$$A = \left\{ \mathbf{r}(u,v) \middle| \begin{array}{c} u_1 \leq u \leq u_2 \\ v_1 \leq v \leq v_2 \end{array} \right\}.$$

Das vektorielle Flächenelement $\mathrm{d}\mathbf{A}$ ergibt sich aus dem Kreuzprodukt (A.8) der beiden Wegelemente, die durch das entsprechende totale Differenzial über den parametrisierten Ortsvektor $\mathbf{r}(u,v)$ gegeben sind:

$$\mathrm{d}\mathbf{A} = \left(\frac{\partial \mathbf{r}}{\partial u} \times \frac{\partial \mathbf{r}}{\partial v} \right) \mathrm{d}u\,\mathrm{d}v.$$

Die explizite Form des Wegintegrals lautet damit:

$$\Psi = \int_{v_1}^{v_2} \int_{u_1}^{u_2} \mathbf{B}(\mathbf{r}(u,v)) \left(\frac{\partial \mathbf{r}}{\partial u} \times \frac{\partial \mathbf{r}}{\partial v} \right) \mathrm{d}u\,\mathrm{d}v.$$

Ist die Integrationsfläche Teil einer *Koordinatenfläche* $u_i = const.$, so erhält man entsprechend (A.16) bzw. (A.21) mit $\mathrm{d}\mathbf{A}_i = h_j\, h_k\, \mathrm{d}u_j\, \mathrm{d}u_k\, \mathbf{e}_i$:

$$\Psi = \int_{u_{k,1}}^{u_{k,2}} \int_{u_{j,1}}^{u_{j,2}} \mathbf{B}(\mathbf{r}(u_i,u_k))\, h_j\, h_k\, \mathrm{d}u_j\, \mathrm{d}u_k\, \mathbf{e}_i.$$

Beispiel A.3: Vektorfluss durch Zylindermantelfläche

In einem homogenen Feld $\mathbf{B} = B\, \mathbf{e}_x$ soll das Flächenintegral

$$\Psi = \iint_A \mathbf{B} \cdot \mathrm{d}\mathbf{A}$$

über einen Teil der Zylindermantelfläche mit Radius ρ und $z = 0 \ldots h$, definiert durch den Anfangs- und Endwinkel ϕ_1 und ϕ_2 (Zylinderkoordinaten), berechnet werden.

Flächenelement in ρ-Richtung auf dem Zylinder (A.28):

$$\mathrm{d}\mathbf{A}_\rho = \rho\,\mathrm{d}\phi\,\mathrm{d}z\,\mathbf{e}_\rho.$$

Durch Einsetzen erhält man mit $\mathbf{e}_x \cdot \mathbf{e}_\rho = \cos\phi$

$$\Psi = \iint_A \mathbf{B}\cdot\mathrm{d}\mathbf{A} = B\,\rho \int_{z=0}^{h}\int_{\phi_1}^{\phi_2} \cos\phi\,\mathrm{d}\phi\,\mathrm{d}z = B\,\rho\,h\,(\sin\phi_2 - \sin\phi_1).$$

Für den vollständigen Zylindermantel ($\phi_1 = \phi_2$) folgt unmittelbar:

$$\Psi = \iint_A \mathbf{B}\cdot\mathrm{d}\mathbf{A} = 0.$$

Der durch den Zylindermantel eintretende Fluss ist gleich dem austretenden Fluss. Dies gilt allgemein für jede geschlossene Hülle in sog. *quellenfreien Feldern,* zu den das homogene Feld zählt.

A.4.3 Volumenintegral

Integration der ortsabhängigen skalaren Dichtefunktion $q(\mathbf{r})$ innerhalb eines Volumens V ergibt die Gesamtmenge Q:

$$Q = \iiint_V q(\mathbf{r})\,\mathrm{d}V = \lim_{\Delta V\to 0} \sum_{i\to\infty} q(\mathbf{r}_i)\,\Delta V_i. \tag{A.41}$$

Das Integral kann als Grenzwert der unendlichen Summe über die infinitesimalen Volumenelemente $\Delta V \to 0$ aufgefasst werden (Abb. A.20).

Das Skalarfeld $q(\mathbf{r})$ ist häufig eine Dichtefunktion, wie z. B. der Ladung. Das Volumenintegral ergibt dann die im Volumen Vinsgesamt befindliche Ladung Q.

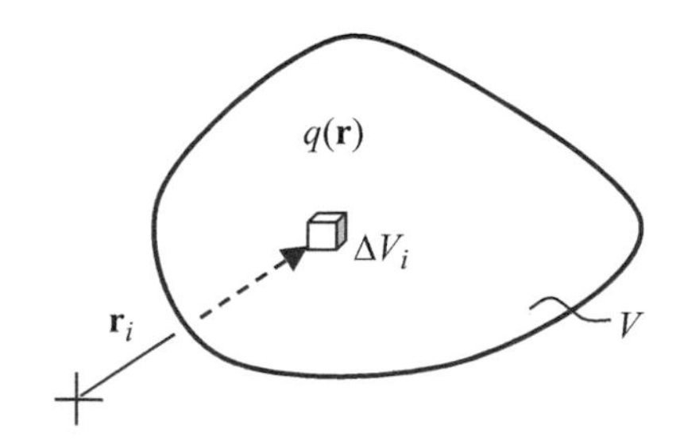

Abb. A.20 Integration der Quelldichte q über ein Volumen V

Bei einer konkreten Berechnung des Integrals (A.41) über ein beliebiges Volumen V muss dieser im Allgemeinen in Parameterform (u, v, w) vorliegen. Das Volumenelement $\mathrm{d}V$ ergibt sich dann durch das Spatprodukt (A.10) der drei durch die entsprechenden totalen Differentiale gegebenen Wegelemente (Betrag der Funktional- bzw. Jacobi Determinante):

$$\mathrm{d}V = \left| \frac{\partial(x,y,z)}{\partial(u,v,w)} \right| \mathrm{d}u\,\mathrm{d}v\mathrm{d}w.$$

Die explizite Form des Volumenintegrals lautet damit:

$$Q = \int\limits_{w_1}^{w_2}\int\limits_{v_1}^{v_2}\int\limits_{u_1}^{u_2} q(u,v,w) \left| \frac{\partial(x,y,z)}{\partial(u,v,w)} \right| \mathrm{d}u\,\mathrm{d}v\mathrm{d}w.$$

Fallen die Begrenzungen des Integrationsvolumens V mit den *Koordinatenflächen* $u_i = const.$ zusammen, so erhält man entsprechend (A.16) bzw. (A.21) mit $\mathrm{d}V = h_i\, h_j\, h_k\, \mathrm{d}u_i\, \mathrm{d}u_j\, \mathrm{d}u_k$:

$$Q = \int\limits_{u_{k,1}}^{u_{k,2}}\int\limits_{u_{j,1}}^{u_{j,2}}\int\limits_{u_{i,1}}^{u_{i,2}} q(u_1,u_2,u_3)\, h_i\, h_j\, h_k\, \mathrm{d}u_i\, \mathrm{d}u_j\, \mathrm{d}u_k.$$

Beispiel A.4: Integration über Kugelvolumen

Für eine homogene Ladungsdichte-Funktion $q = q_0\ (\theta \leq \pi/2)$ und $q = -q_0\ (\theta > \pi/2)$ soll das Volumenintegral

$$Q = \iiint\limits_V q\,\mathrm{d}V$$

über einen Teil eines Kugelvolumens mit Radius R, $\theta = \theta_1 \ldots \theta_2$ und $\phi = 0 \ldots 2\pi$ berechnet werden.

Volumenelement in Kugelkoordinaten (A.35):

$$\mathrm{d}V = r^2 \sin\theta\, \mathrm{d}r\, \mathrm{d}\theta\, \mathrm{d}\phi.$$

Einsetzen ergibt beispielsweise für die obere Halbkugel ($\theta_1 = 0$, $\theta_2 = \pi/2$):

$$Q = \frac{2\,\pi\, R^3}{3} q_0 \int\limits_{\theta_1}^{\theta_2} \sin\theta\,\mathrm{d}\theta = \frac{2\,\pi\,R^3}{3} q_0(\cos 0 - \cos\pi/2) = \frac{2\,\pi\,R^3}{3} q_0$$

und für die ganze Kugel ($\theta_1 = 0$, $\theta_2 = \pi$) mit $q = \pm q_0$

$$Q = \frac{2\,\pi\,R^3}{3} q_0 \left(\int\limits_0^{\pi/2} \sin\theta\,\mathrm{d}\theta - \int\limits_{\pi/2}^{\pi} \sin\theta\,\mathrm{d}\theta \right) = \frac{2\,\pi\,R^3}{3} q_0 - \frac{2\,\pi\,R^3}{3} q_0 (\cos\pi/2 - \cos\pi) = 0.$$

In diesem Fall ist die Summe aus den beiden gleich großen aber entgegengesetzten Ladungen in der oberen und unteren Halbkugel gleich Null.

A.4.4 Skalare Differentiation von Vektoren

Differentiation eines Vektors **A** nach einer Variablen x:

$$\frac{\partial \mathbf{A}}{\partial x} = \frac{\partial A_x}{\partial x}\mathbf{e}_x + \frac{\partial A_y}{\partial x}\mathbf{e}_y + \frac{\partial A_z}{\partial x}\mathbf{e}_z.$$

Bei einem Skalar- oder Vektorprodukt zweier Vektoren **A** und **B** wendet man die Produktregel der Differenzialrechnung an, d. h.:

$$\frac{\partial(\mathbf{A}\cdot\mathbf{B})}{\partial x} = \frac{\partial \mathbf{A}}{\partial x}\cdot\mathbf{B} + \mathbf{A}\cdot\frac{\partial \mathbf{B}}{\partial x},$$

bzw.

$$\frac{\partial(\mathbf{A}\times\mathbf{B})}{\partial x} = \frac{\partial \mathbf{A}}{\partial x}\times\mathbf{B} + \mathbf{A}\times\frac{\partial \mathbf{B}}{\partial x}.$$

A.4.5 Der Gradient

Für ein Skalarfeld in einem beliebigen Koordinatensystem

$$\varphi(\mathbf{r}) = \varphi(u_1, u_2, u_3)$$

beträgt die infinitesimale Änderung $\mathrm{d}\varphi$ bei Verschiebung um ein Wegelement $\mathrm{d}\mathbf{s} = \mathrm{d}s_1\mathbf{e}_1 + \mathrm{d}s_2\mathbf{e}_2 + \mathrm{d}\,s_3\mathbf{e}_3$:

$$\mathrm{d}\varphi = \frac{\partial\varphi}{\partial s_1}\mathrm{d}s_1 + \frac{\partial\varphi}{\partial s_2}\mathrm{d}s_2 + \frac{\partial\varphi}{\partial s_3}\mathrm{d}s_3.$$

Mit $\mathrm{d}s_i = h_i\,\mathrm{d}u_i$ (A.16) resultiert

$$\mathrm{d}\varphi = \frac{1}{h_1}\frac{\partial\varphi}{\partial u_1}\mathrm{d}s_1 + \frac{1}{h_2}\frac{\partial\varphi}{\partial u_2}\mathrm{d}s_2 + \frac{1}{h_3}\frac{\partial\varphi}{\partial u_3}\mathrm{d}s_3.$$

Das Wegelement $\mathrm{d}\mathbf{s}$ lässt sich durch das Skalarprodukt

$$\mathrm{d}\varphi = \left(\frac{1}{h_1}\frac{\partial\varphi}{\partial u_1}\mathbf{e}_1 + \frac{1}{h_2}\frac{\partial\varphi}{\partial u_2}\mathbf{e}_2 + \frac{1}{h_3}\frac{\partial\varphi}{\partial u_3}\mathbf{e}_3\right)\cdot\mathrm{d}\mathbf{s} := \mathrm{grad}\ \varphi\cdot\mathrm{d}\mathbf{s} \qquad \text{(A.42)}$$

von den Ableitungen trennen und definiert den vollständigen *vektoriellen* Differentialausdruck als *Gradient* von φ:

$$\mathrm{grad}\ \varphi := \frac{1}{h_1}\frac{\partial\varphi}{\partial u_1}\mathbf{e}_1 + \frac{1}{h_2}\frac{\partial\varphi}{\partial u_2}\mathbf{e}_2 + \frac{1}{h_3}\frac{\partial\varphi}{\partial u_3}\mathbf{e}_3 \ \text{Gradient von } \varphi \text{ (Vektor)}. \qquad \text{(A.43)}$$

Demzufolge erhält man die maximale Änderung von $\mathrm{d}\varphi$ bei $\mathrm{d}\mathbf{s} \parallel \mathrm{grad}\ \varphi$. Der Gradient steht deshalb stets *senkrecht auf den Niveaulinien* $\varphi = const.$ und gibt die Richtung und den Wert der *stärksten Änderungsrate* von φ an (Abb. A.21).

Abb. A.21 Der Gradient von φ

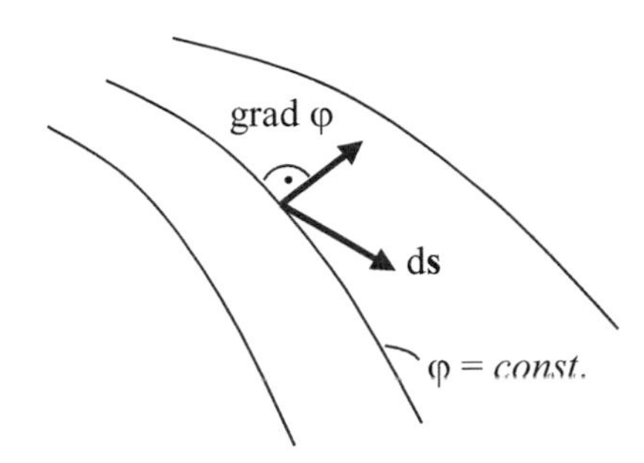

Für die Änderungsrate von φ in jede andere Richtung, gegeben durch den Einheitsvektor $\mathbf{e}_n$ erhält man

$$\mathbf{e}_n \cdot \text{grad } \varphi \equiv \frac{\partial \varphi}{\partial \mathbf{n}} \quad (\textit{Richtungsableitung}).$$

Zur Veranschaulichung des Gradienten dient beispielsweise ein Temperaturfeld $T(\mathbf{r})$ oder auch die relative Höhe über Meeresspiegel $h(\mathbf{r})$. In jedem Punkt erhält man durch grad T bzw. grad h Richtung und Betrag der stärksten Temperatur- bzw. Höhen*zunahme.*

Im elektrischen Potentialfeld $\varphi(\mathbf{r})$ mit der Einheit Volt ergibt $-\text{grad}\,\varphi =: \mathbf{E}$ die elektrische Feldstärke $\mathbf{E}$ (Volt/Meter), d.h. Richtung und Betrag des stärksten Potenzial*gefälles*.

Der Gradient erzeugt also allgemein aus einem Skalarfeld φ das Vektorfeld $\mathbf{E}$.

$$\text{Skalarfeld } \varphi(\mathbf{r}) \overset{\text{grad}}{\rightarrow} \text{Vektorfeld } \mathbf{E}(\mathbf{r})$$

Durch Einsetzen der entsprechenden Metrikfaktoren (A.18), (A.24), (A.31) in (A.43) erhält man die expliziten Formeln für das kartesische, zylindrische und sphärische Koordinatensystem:

Kartesische Koordinaten ($h_1 = h_2 = h_3 = 1$):

$$\text{grad } \varphi = \frac{\partial \varphi}{\partial x}\mathbf{e}_x + \frac{\partial \varphi}{\partial y}\mathbf{e}_y + \frac{\partial \varphi}{\partial z}\mathbf{e}_z \tag{A.45}$$

Zylinderkoordinaten ($h_1 = h_3 = 1,\ h_2 = \rho$):

$$\text{grad } \varphi = \frac{\partial \varphi}{\partial \rho}\mathbf{e}_\rho + \frac{1}{\rho}\frac{\partial \varphi}{\partial \phi}\mathbf{e}_\phi + \frac{\partial \varphi}{\partial z}\mathbf{e}_z \tag{A.46}$$

Kugelkoordinaten ($h_1 = 1,\ h_2 = r,\ h_3 = r\sin\theta$):

$$\text{grad } \varphi = \frac{\partial \varphi}{\partial r}\mathbf{e}_r + \frac{1}{r}\frac{\partial \varphi}{\partial \theta}\mathbf{e}_\theta + \frac{1}{r\sin\theta}\frac{\partial \varphi}{\partial \phi}\mathbf{e}_\phi \tag{A.47}$$

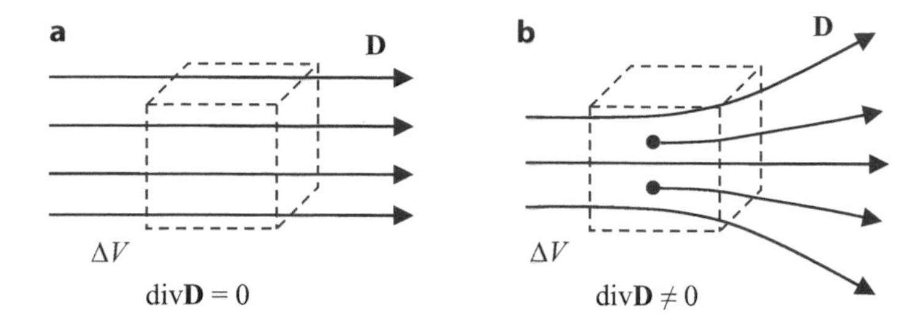

Abb. A.22 Die Divergenz von **D**. (**a**) In einem quellen(divergenz)freien Feld (**b**) in einem quellbehafteten Feld

A.4.6 Die Divergenz

Ein wichtiges Merkmal für ein Vektorfeld ist das Vorhandensein von *Quellen* bzw. *Senken,* d.h. Orte aus denen Feldlinien entspringen bzw. in denen sie enden.

Zur Quantifizierung der innerhalb eines Gebietes ΔV enthaltenen Quellenmenge oder -stärke ΔQ dient das Hüllenintegral (A.40) des Vektors **D** über die Oberfläche (mathematisch der Rand ∂) von ΔV:

$$\Delta Q = \iint\limits_{\partial(\Delta V)} \mathbf{D} \cdot \mathrm{d}\mathbf{A}. \tag{A.48}$$

Hierbei ist gemäß dem Vorzeichenwechsel des Skalarproduktes $\mathbf{D} \cdot \mathrm{d}\mathbf{A}$ bei Einströmen der Feldlinien in ΔV hinein auch eine Senke (negative Quelle) erfasst. Gl. (A.48) entspricht genau dem Gaußschen Gesetz (1.40), in dem Q für die Ladung und **D** für die elektrische Flussdichte steht.

Ähnlich wie für die Masse oder die Ladung lässt sich durch Division von (A.48) durch ΔV und Grenzübergang $\Delta V \to 0$ eine räumliche *Quellendichte*

$$q = \lim_{\Delta V \to 0} \frac{\Delta Q}{\Delta V} = \lim_{\Delta V \to 0} \frac{1}{\Delta V} \iint\limits_{\partial(\Delta V)} \mathbf{D} \cdot \mathrm{d}\mathbf{A}$$

definieren und nennt diese Operation die *Divergenz* des Vektorfeldes **D:**

$$\operatorname{div} \mathbf{D} := \lim_{\Delta V \to 0} \frac{1}{\Delta V} \iint\limits_{\partial(\Delta V)} \mathbf{D} \cdot \mathrm{d}\mathbf{A} \quad \textit{Divergenz (Skalar)}. \tag{A.49}$$

Wie in Abb. A.22a veranschaulicht, ist die Divergenz in einem quellenfreien Gebiet Null, wie z. B. in einem homogenen Feld. Der insgesamt in das Volumen ΔV einströmende (negative) Vektorfluss ist gleich der Menge des ausströmenden Flusses (positiv). Dagegen resultiert für ein Gebiet, in dem sich Quellen befinden, d. h. aus dem zusätzliche Feldlinien entspringen bzw. Feldlinien münden, eine nicht verschwindende

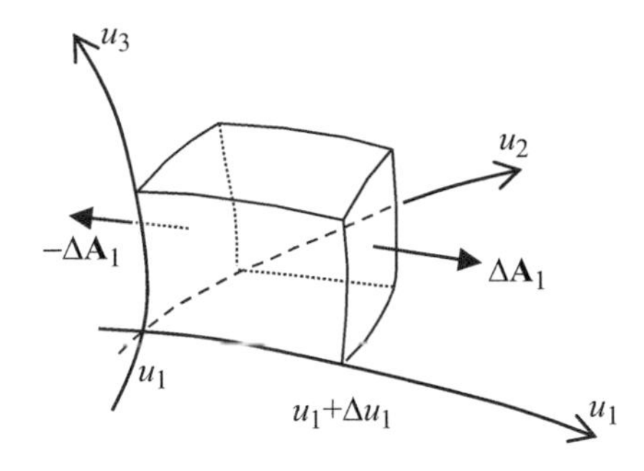

Abb. A.23 Zur Berechnung des Nettoflusses $\Delta\Psi_1$ entlang der Koordinate u_1

Divergenz (Abb. A.22b). Der insgesamt in das Volumen ΔV einströmende Vektorfluss ist in diesem Fall ungleich dem ausströmenden.

Die Anwendung der Divergenzoperation auf ein Vektorfeld $\mathbf{D}$ erzeugt also ein Skalarfeld q.

$$\text{Vektorfeld } \mathbf{D}(\mathbf{r}) \quad \overset{\text{div}}{\rightarrow} \quad \text{Skalarfeld } q(\mathbf{r})$$

Für die konkrete Berechnung der Divergenz nach der Definition (A.49) in einem krummlinigen, orthogonalen Koordinatensystem wird zunächst jeweils der Nettofluss aus einem Volumenelement ΔV entlang der drei zueinander senkrechten Koordinatenrichtungen berechnet.

Für den Nettofluss $\Delta\Psi_1$ entlang der Koordinate u_1 setzt man unter Berücksichtigung der entgegengesetzten Richtung der beiden gegenüberliegenden Flächenelemente $\Delta\mathbf{A}_1$ (Abb. A.23) an:

$$\Delta\Psi_1 = \mathbf{D}(u_1 + \Delta u_1, u_2, u_3) \cdot \Delta\mathbf{A}_1 - \mathbf{D}(u_1, u_2, u_3) \cdot \Delta\mathbf{A}_1 .$$

Für das Skalarprodukt $\mathbf{D} \cdot \mathrm{d}\mathbf{A}$ an dem vom Bezugspunkt (u_1, u_2, u_3) um Δu_1 verschobenen Ort setzt man eine Taylorreihe bis zum linearen Term an, d.h.:

$$\mathbf{D}(u_1 + \Delta u_1, u_2, u_3) \cdot \Delta\mathbf{A}_1 = \mathbf{D}(u_1, u_2, u_3) \cdot \Delta\mathbf{A}_1 + \frac{\partial(\mathbf{D} \cdot \Delta\mathbf{A}_1)}{\partial u_1} \Delta u_1 .$$

Mit dem Flächenelement (A.21)

$$\Delta\mathbf{A}_1 = h_2\, h_3\, \Delta u_2\, \Delta u_3\, \mathbf{e}_1$$

erhält man für den Nettofluss in Richtung u_1:

$$\Delta\Psi_1 = \frac{\partial(\mathbf{D} \cdot \Delta\mathbf{A}_1)}{\partial u_1} \Delta u_1 = \frac{\partial}{\partial u_1}(h_2\, h_3\, D_1)\, \Delta u_1\, \Delta u_2\, \Delta u_3 .$$

Analog erhält man für die anderen beiden Komponenten in Richtung u_2 und u_3:

$$\Delta\Psi_2 = \frac{\partial}{\partial u_2}(h_1\, h_3\, D_2) \Delta u_1\, \Delta u_2\, \Delta u_3$$

$$\Delta\Psi_3 = \frac{\partial}{\partial u_3}(h_2\, h_1\, D_3)\, \Delta u_1\, \Delta u_2\, \Delta u_3.$$

Aus der Summe der drei zueinander orthogonalen Teilflüsse $\Delta\Psi_i$ und Grenzübergang $\Delta V \to 0$, d. h.

$$\operatorname{div} \mathbf{D} = \lim_{\Delta V \to 0} \frac{1}{\Delta V} \iint\limits_{\partial(\Delta V)} \mathbf{D} \cdot \mathrm{d}\mathbf{A} = \lim_{\Delta V \to 0} \frac{1}{h_1\, h_2\, h_3\, \Delta u_1\, \Delta u_2\, \Delta u_3} \sum_{i=1}^{3} \Delta\Psi_i,$$

erhält man schließlich die Berechnungsformel für die nach (A.49) definierte Divergenz in einem krummlinigen, orthogonalen Koordinatensystem:

$$\operatorname{div} \mathbf{D} = \frac{1}{h_1\, h_2\, h_3} \left[\frac{\partial}{\partial u_1}(h_2\, h_3\, D_1) + \frac{\partial}{\partial u_2}(h_1\, h_3\, D_2) + \frac{\partial}{\partial u_3}(h_2\, h_1\, D_3) \right]. \tag{A.50}$$

Für das kartesische, zylindrische und sphärische Koordinatensystem erhält man durch Einsetzen der entsprechenden Metrikfaktoren (A.18), (A.24), (A.31) in (A.50) die expliziten Formeln:

Kartesische Koordinaten ($h_1 = h_2 = h_3 = 1$):

$$\operatorname{div} \mathbf{D} = \frac{\partial D_x}{\partial x} + \frac{\partial D_y}{\partial y} + \frac{\partial D_z}{\partial z} \tag{A.51}$$

Zylinderkoordinaten ($h_1 = h_3 = 1,\ h_2 = \rho$):

$$\operatorname{div} \mathbf{D} = \frac{1}{\rho} \frac{\partial(\rho D_\rho)}{\partial \rho} + \frac{1}{\rho} \frac{\partial D_\phi}{\partial \phi} + \frac{\partial D_z}{\partial z} \tag{A.52}$$

Kugelkoordinaten ($h_1 = 1,\ h_2 = r,\ h_3 = r \sin\theta$):

$$\operatorname{div} \mathbf{D} = \frac{1}{r^2} \frac{\partial(r^2 D_r)}{\partial r} + \frac{1}{r \sin\theta} \frac{\partial(\sin\theta\, D_\theta)}{\partial\theta} + \frac{1}{r \sin\theta} \frac{\partial D_\phi}{\partial\phi} \tag{A.53}$$

A.4.7 Die Rotation

Ein weiteres wichtiges Merkmal eines Vektorfeldes ist das Vorhandensein von *Wirbeln*, d. h. Orte in denen Feldlinien enthalten sind, die in sich geschlossen sind *(Wirbelfeld)*.

Zur Quantifizierung der in einem Vektorfeld $\mathbf{H}$, innerhalb eines beliebig orientierten, ebenen Flächenelements ΔA enthaltenen Wirbelstärke $\Delta\mathbf{W}$ dient das Zirkulationsintegral (A.38) entlang des Umfanges $\partial(\Delta A)$:

$$\Delta\mathbf{W} = \mathbf{e}_n \oint\limits_{\partial(\Delta A)} \mathbf{H} \cdot \mathrm{d}\mathbf{s}. \tag{A.54}$$

Die Richtung von $\Delta\mathbf{W}$ steht senkrecht auf ΔA und ist im *Rechtsschraubensinn* zur Integrationsrichtung orientiert (Abb. A.24).

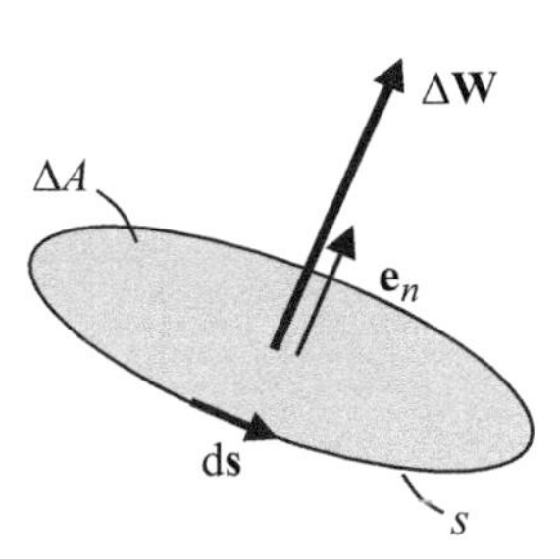

Abb. A.24 Zirkulation $\Delta\mathbf{W}$ zur Fläche ΔA

Gl. (A.54) entspricht genau dem Ampèreschen Durchflutungsgesetz (II′, Kap. 4), in dem $\mathbf{H}$ für die magnetische Feldstärke und $\mathbf{W}$ für den durch ΔA fließenden Strom nach Betrag und Richtung steht. Die in einem Punkt auf die Fläche bezogene Wirbelstärke *(Wirbeldichte)* in $\mathbf{e}_n$-Richtung erhält man aus (A.54) und Grenzübergang $\Delta A \to 0$:

$$\mathbf{w} = \lim_{\Delta A \to 0} \frac{\Delta \mathbf{W}}{\Delta A} = \lim_{\Delta A \to 0} \mathbf{e}_n \frac{1}{\Delta A} \oint_{\partial(\Delta A)} \mathbf{H} \cdot \mathrm{d}\mathbf{s}. \tag{A.55}$$

Im Falle des Ampère'schen Durchflutungsgesetzes entspricht $\mathbf{w}$ der Stromdichte $\mathbf{J}$ in die gewählte $\mathbf{e}_n$-Richtung.

Die in einem Punkt insgesamt vorhandene Wirbeldichte erhält man durch vektorielle Addition von drei zueinander senkrechten Wirbeldichten, jeweils entsprechend Gl. (A.55) mit $\mathbf{e}_n = \mathbf{e}_i$ $(i = 1{,}2{,}3)$, und nennt diese Operation die *Rotation* von $\mathbf{H}$:

$$\operatorname{rot} \mathbf{H} = \sum_{i=1}^{3} \mathbf{e}_i \lim_{\Delta A_i \to 0} \frac{1}{\Delta A_i} \oint_{\partial(\Delta A_i)} \mathbf{H} \cdot \mathrm{d}\mathbf{s} \quad \textit{Rotation (Vektor)}. \tag{A.56}$$

Wie in (Abb. A.25a) veranschaulicht, ist die Rotation in einem wirbelfreien Feld Null, wie z. B. in einem homogenen Feld. Die beiden horizontalen Beiträge der Zirkulation (A.54) heben sich aufgrund des Richtungswechsels von $\mathrm{d}\mathbf{s}$ auf, während die beiden vertikalen Beiträge jeweils Null sind. Dagegen sind die beiden Horizontalbeiträge in dem wirbelbehafteten Feld in (Abb. A.25b) unterschiedlich groß. Die Überlagerung aller einzelnen Wirbel führt zu einer Verstärkung bzw. Schwächung des Feldes in vertikaler Richtung.

Die Anwendung der Rotation auf ein Vektorfeld $\mathbf{H}$ erzeugt also ein Vektorfeld $\mathbf{w}$.

$$\text{Vektorfeld } \mathbf{H}(\mathbf{r}) \quad \overset{\text{rot}}{\to} \quad \text{Vektorfeld } \mathbf{w}(\mathbf{r})$$

Für die konkrete Berechnung der Rotation nach der Definition (A.56) in einem krummlinigen, orthogonalen Koordinatensystem wird jeweils die Wirbeldichte der drei zueinander senkrechten Koordinatenrichtungen berechnet und vektoriell addiert.

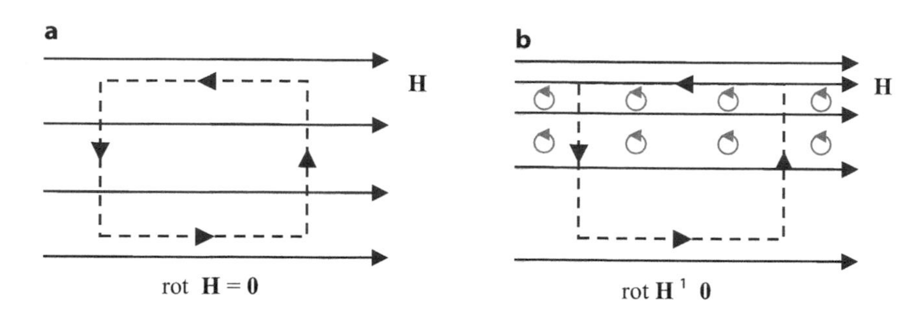

Abb. A.25 Die Komponente der Rotation von **H** senkrecht zur Zeichenebene. (**a**) In einem wirbelfreien Feld (**b**) in einem wirbelbehafteten Feld

Beispielsweise erhält man für das Umlaufintegral in der u_1-Ebene (Abb. A.26):

$$\oint_{\partial(\Delta A_1)} \mathbf{H} \cdot \mathrm{d}\mathbf{s} \approx H_2\,h_2\,\Delta u_2 - \left[H_2\,h_2 + \frac{\partial(H_2\,h_2)}{\partial u_3}\Delta u_3\right]\Delta u_2$$

$$- \quad H_3\,h_3\,\Delta u_3 + \left[H_3\,h_3 + \frac{\partial(H_3\,h_3)}{\partial u_2}\Delta u_2\right]\Delta u_3.$$

Hierbei wird für das Produkt $H_2\,h_2$ bzw. $H_3\,h_3$an dem vom Bezugspunkt (u_1, u_2, u_3) um Δu_2 bzw. Δu_3 verschobenen Ort eine Taylorreihe bis zum linearen Term angesetzt. Vier Glieder heben sich auf und es verbleibt

$$\oint_{\partial(\Delta A_1)} \mathbf{H} \cdot \mathrm{d}\mathbf{s} \approx \frac{\partial(H_3\,h_3)}{\partial u_2}\Delta u_2 \Delta u_3 - \frac{\partial(H_2\,h_2)}{\partial u_3}\Delta u_3\,\Delta u_2.$$

Nach Division durch das Flächenelement $\Delta A_1 = h_2\,h_3\,\Delta u_2\,\Delta u_3$ und Grenzübergang erhält man für die Komponenten der Rotation in u_1-Richtung:

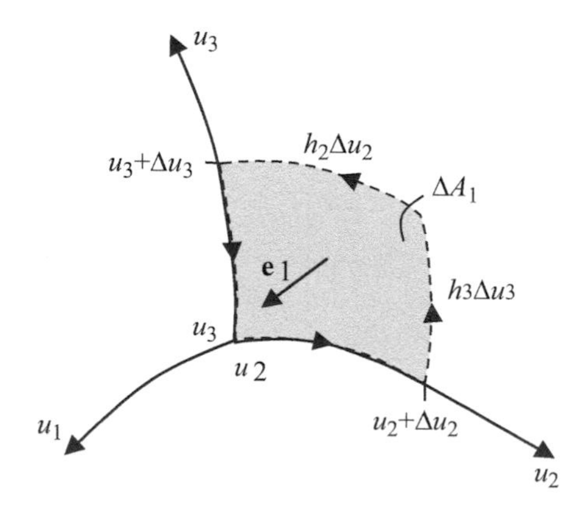

Abb. A.26 Zur Berechnung des Wirbeldichte in Richtung der Koordinate u_1

$$\lim_{\Delta A_1 \to 0} \frac{1}{\Delta A_1} \oint_{\partial(\Delta A_1)} \mathbf{H} \cdot d\mathbf{s} = \lim_{\Delta u_2, \Delta u_3 \to 0} \frac{1}{h_2 h_3 \Delta u_2 \Delta u_3} \left[\frac{\partial(H_3 h_3)}{\partial u_2} \Delta u_2 \Delta u_3 + \right.$$

$$\left. - \frac{\partial(H_2 h_2)}{\partial u_3} \Delta u_2 \Delta u_3 \right] = \frac{1}{h_2 h_3} \left(\frac{\partial(H_3 h_3)}{\partial u_2} - \frac{\partial(H_2 h_2)}{\partial u_3} \right).$$

Die analoge Berechnung der Komponenten in $\mathbf{e}_2$- und $\mathbf{e}_3$ -Richtung ergibt insgesamt:

$$\begin{aligned} \operatorname{rot} \mathbf{H} = & \frac{1}{h_2\, h_3} \left[\frac{\partial(H_3\, h_3)}{\partial u_2} - \frac{\partial(H_2\, h_2)}{\partial u_3} \right] \mathbf{e}_1 + \frac{1}{h_1\, h_3} \left[\frac{\partial(H_1\, h_1)}{\partial u_3} - \frac{\partial(H_3\, h_3)}{\partial u_1} \right] \mathbf{e}_2 \\ & + \frac{1}{h_1\, h_2} \left[\frac{\partial(H_2\, h_2)}{\partial u_1} - \frac{\partial(H_1\, h_1)}{\partial u_2} \right] \mathbf{e}_3 \end{aligned} \tag{A.57}$$

oder in Determinantenform:

$$\operatorname{rot} \mathbf{H} = \frac{1}{h_1 h_2 h_3} \begin{vmatrix} h_1 \mathbf{e}_1 & h_2 \mathbf{e}_2 & h_3 \mathbf{e}_3 \\ \dfrac{\partial}{\partial u_1} & \dfrac{\partial}{\partial u_2} & \dfrac{\partial}{\partial u_3} \\ h_1 H_1 & h_2 H_2 & h_3 H_3 \end{vmatrix}. \tag{A.58}$$

Für das kartesische, zylindrische und sphärische Koordinatensystem erhält man durch Einsetzen der entsprechenden Metrikfaktoren (A.18), (A.24), (A.31) in (A.57) die expliziten Formeln:

Kartesische Koordinaten ($h_1 = h_2 = h_3 = 1$):

$$\operatorname{rot} \mathbf{H} = \left(\frac{\partial H_z}{\partial y} - \frac{\partial H_y}{\partial z} \right) \mathbf{e}_x + \left(\frac{\partial H_x}{\partial z} - \frac{\partial H_z}{\partial x} \right) \mathbf{e}_y + \left(\frac{\partial H_y}{\partial x} - \frac{\partial H_x}{\partial y} \right) \mathbf{e}_z \tag{A.59}$$

Zylinderkoordinaten ($h_1 = h_3 = 1,\ \ h_2 = \rho$):

$$\operatorname{rot} \mathbf{H} = \left(\frac{1}{\rho} \frac{\partial H_z}{\partial \phi} - \frac{\partial H_\phi}{\partial z} \right) \mathbf{e}_\rho + \left(\frac{\partial H_\rho}{\partial z} - \frac{\partial H_z}{\partial \rho} \right) \mathbf{e}_\phi + \frac{1}{\rho} \left(\frac{\partial(\rho\, H_\phi)}{\partial \rho} - \frac{\partial H_\rho}{\partial \phi} \right) \mathbf{e}_z \tag{A.60}$$

Kugelkoordinaten ($h_1 = 1,\ \ h_2 = r,\ \ h_3 = r \sin\theta$):

$$\begin{aligned} \operatorname{rot} \mathbf{H} = & \frac{1}{r \sin\theta} \left(\frac{\partial(H_\phi \sin\theta)}{\partial \theta} - \frac{\partial H_\theta}{\partial \phi} \right) \mathbf{e}_r + \left(\frac{1}{r \sin\theta} \left(\frac{\partial H_r}{\partial \phi} \right) - \frac{1}{r} \frac{\partial(r\, H_\phi)}{\partial r} \right) \mathbf{e}_\theta \\ & + \frac{1}{r} \left(\frac{\partial(r\, H_\theta)}{\partial r} - \frac{\partial H_r}{\partial \theta} \right) \mathbf{e}_\phi \end{aligned} \tag{A.61}$$

A.4.8 Der Nabla-Operator

Die Vektoroperationen grad, div und rot können formal als Anwendung des Nabla-Operators ∇ auf ein Skalarfeld φ oder ein Vektorfeld $\mathbf{A}$angesehen werden:

$$\operatorname{grad}\varphi = \nabla\varphi$$
$$\operatorname{div}\mathbf{A} = \nabla\cdot\mathbf{A}$$
$$\operatorname{rot}\mathbf{A} = \nabla\times\mathbf{A}$$

Am einfachsten geht dies in *kartesischen Koordinaten,* mit

$$\nabla = \frac{\partial}{\partial x}\,\mathbf{e}_x + \frac{\partial}{\partial y}\,\mathbf{e}_y + \frac{\partial}{\partial z}\,\mathbf{e}_z$$

$$\operatorname{grad}\ \varphi = \nabla\varphi = \frac{\partial\varphi}{\partial x}\,\mathbf{e}_x + \frac{\partial\varphi}{\partial y}\,\mathbf{e}_y + \frac{\partial\varphi}{\partial z}\,\mathbf{e}_z$$

$$\operatorname{div}\ \mathbf{A} = \nabla\cdot\mathbf{A} = \frac{\partial A_x}{\partial x} + \frac{\partial A_y}{\partial y} + \frac{\partial A_z}{\partial z}$$

$$\begin{aligned}\operatorname{rot}\mathbf{A} = \nabla\times\mathbf{A} &= \begin{vmatrix} \mathbf{e}_x & \mathbf{e}_y & \mathbf{e}_z \\ \dfrac{\partial}{\partial x} & \dfrac{\partial}{\partial y} & \dfrac{\partial}{\partial z} \\ A_x & A_y & A_z \end{vmatrix} \\ &= \left(\frac{\partial A_z}{\partial y} - \frac{\partial A_y}{\partial z}\right)\mathbf{e}_x + \left(\frac{\partial A_x}{\partial z} - \frac{\partial A_z}{\partial x}\right)\mathbf{e}_y + \left(\frac{\partial A_y}{\partial x} - \frac{\partial A_x}{\partial y}\right)\mathbf{e}_z\end{aligned}$$

Komplizierte Rechenoperationen der Vektoranalysis können mit dem Nabla-Operator durchgeführt werden (Nabla-Kalkül). ∇ ist ein linearer Operator, es gelten das *Distributivgesetz* und die *Produktregel.* Neben der differenzierenden Funktion ist ∇ auch ein *Vektor.*

Anwendung auf die Summe zweier Felder

$$\operatorname{grad}(\varphi_1 + \varphi_2) = \nabla(\varphi_1 + \varphi_2) = \nabla\varphi_1 + \nabla\varphi_2 \tag{A.62}$$

$$\operatorname{div}(\mathbf{A} + \mathbf{B}) = \nabla\cdot(\mathbf{A} + \mathbf{B}) = \nabla\cdot\mathbf{A} + \nabla\cdot\mathbf{B} \tag{A.63}$$

$$\operatorname{rot}(\mathbf{A} + \mathbf{B}) = \nabla\times(\mathbf{A} + \mathbf{B}) = \nabla\times\mathbf{A} + \nabla\times\mathbf{B} \tag{A.64}$$

Anwendung auf einfache Produkte

$$\text{grad}\,(\varphi_1\,\varphi_2) = \nabla(\varphi_1\,\varphi_2) = \varphi_2\nabla\varphi_1 + \varphi_1\nabla\varphi_2 = \varphi_2\,\text{grad}\,\,\varphi_1 + \varphi_1\,\text{grad}\,\,\varphi_2 \quad (A.65)$$

$$\text{div}\,(\varphi\,\mathbf{A}) = \nabla\cdot(\varphi\,\mathbf{A}) = \mathbf{A}\cdot\nabla\varphi + \varphi\nabla\cdot\mathbf{A} = \mathbf{A}\cdot\text{grad}\,\,\varphi + \varphi\,\text{div}\,\mathbf{A} \quad (A.66)$$

$$\text{rot}\,(\varphi\,\mathbf{A}) = \nabla\times(\varphi\,\mathbf{A}) = \nabla\varphi\times\mathbf{A} + \varphi\nabla\times\mathbf{A} = \text{grad}\,\,\varphi\times\mathbf{A} + \varphi\,\text{rot}\,\mathbf{A} \quad (A.67)$$

Anwendung auf Skalar und Vektorprodukt

Die Kennzeichnung $\breve{\mathbf{A}}$ gibt an, auf welche der beiden Vektoren der ∇-Operator gemäß Produktregel anzuwenden ist.

$$\begin{aligned}\text{grad}\,(\mathbf{A}\cdot\mathbf{B}) &= \nabla(\breve{\mathbf{A}}\cdot\mathbf{B}) + \nabla(\mathbf{A}\cdot\breve{\mathbf{B}})\\ &= \mathbf{B}\times(\nabla\times\mathbf{A}) + (\mathbf{B}\cdot\nabla)\mathbf{A} + \mathbf{A}\times(\nabla\times\mathbf{B}) + (\mathbf{A}\cdot\nabla)\mathbf{B}\end{aligned}$$

$$\text{grad}\,(\mathbf{A}\cdot\mathbf{B}) = \mathbf{B}\times\text{rot}\mathbf{A} + (\mathbf{B}\cdot\text{grad})\mathbf{A} + \mathbf{A}\times\text{rot}\mathbf{B} + (\mathbf{A}\cdot\text{grad})\mathbf{B} \quad (A.68)$$

Hierbei wurde für den Ausdruck $\nabla(\breve{\mathbf{A}}\cdot\mathbf{B})$ bzw. $\nabla(\mathbf{A}\cdot\breve{\mathbf{B}})$ die Rechenregel (A.12) für das doppelte Kreuzprodukt $\mathbf{a}\times(\mathbf{b}\times\mathbf{c}) = \ \mathbf{b}\cdot(\mathbf{a}\cdot\mathbf{c}) \ - \ \mathbf{c}\cdot(\mathbf{a}\cdot\mathbf{b})$ angewendet, d.h.:

$$\begin{aligned}\mathbf{B}\times(\nabla\times\mathbf{A}) &= \nabla(\breve{\mathbf{A}}\cdot\mathbf{B}) - (\mathbf{B}\cdot\nabla)\mathbf{A}\\ \mathbf{A}\times(\nabla\times\mathbf{B}) &= \nabla(\mathbf{A}\cdot\breve{\mathbf{B}}) - (\mathbf{A}\cdot\nabla)\mathbf{B}\end{aligned}$$

$$\text{div}\,(\mathbf{A}\times\mathbf{B}) = \nabla\cdot(\breve{\mathbf{A}}\times\mathbf{B}) + \nabla\cdot(\mathbf{A}\times\breve{\mathbf{B}}) = \mathbf{B}\cdot(\nabla\times\breve{\mathbf{A}}) - \mathbf{A}\cdot(\nabla\times\breve{\mathbf{B}})$$

$$\text{div}\,(\mathbf{A}\times\mathbf{B}) = \mathbf{B}\cdot\text{rot}\mathbf{A} - \mathbf{A}\cdot\text{rot}\,\mathbf{B} \quad (A.69)$$

Hierbei wurde die zyklische Vertauschung (A.11) $\mathbf{a}\cdot(\mathbf{b}\times\mathbf{c}) = \mathbf{c}\cdot(\mathbf{a}\times\mathbf{b}) = \mathbf{b}\cdot(\mathbf{c}\times\mathbf{a})$ angewendet.

$$\begin{aligned}\text{rot}\,(\mathbf{A}\times\mathbf{B}) &= \nabla\times(\breve{\mathbf{A}}\times\mathbf{B}) + \nabla\times(\mathbf{A}\times\breve{\mathbf{B}})\\ &= (\mathbf{B}\cdot\nabla)\mathbf{A} - \mathbf{B}(\nabla\cdot\mathbf{A}) + \mathbf{A}(\nabla\cdot\mathbf{B}) - (\mathbf{A}\cdot\nabla)\mathbf{B}\end{aligned}$$

$$\text{rot}\,(\mathbf{A}\times\mathbf{B}) = (\mathbf{B}\cdot\text{grad})\mathbf{A} - \mathbf{B}\,\text{div}\,\mathbf{A} + \mathbf{A}\,\text{div}\,\mathbf{B} - (\mathbf{A}\cdot\text{grad})\mathbf{B} \quad (A.70)$$

Hierbei wurde die Rechenregel (A.12) für das doppelte Vektorprodukt angewendet.

A.4.9 Zweifache Vektoroperatoren

Laplace-Operator

$$\Delta\varphi = \nabla\cdot(\nabla\varphi) = \frac{1}{h_1\,h_2\,h_3}\left[\frac{\partial}{\partial u_1}\left(\frac{h_2\,h_3}{h_1}\frac{\partial\varphi}{\partial u_1}\right) + \frac{\partial}{\partial u_2}\left(\frac{h_1\,h_3}{h_2}\frac{\partial\varphi}{\partial u_2}\right) + \frac{\partial}{\partial u_3}\left(\frac{h_1\,h_2}{h_3}\frac{\partial\varphi}{\partial u_3}\right)\right]$$

Für das kartesische, zylindrische und sphärische Koordinatensystem erhält man durch Einsetzen der entsprechenden Metrikfaktoren (A.18), (A.24), (A.31) in (A.57) die expliziten Formeln:

Kartesische Koordinaten ($h_1 = h_2 = h_3 = 1$):

$$\Delta\varphi = \frac{\partial^2\varphi}{\partial x^2} + \frac{\partial^2\varphi}{\partial y^2} + \frac{\partial^2\varphi}{\partial z^2} \tag{A.71}$$

Zylinderkoordinaten($h_1 = h_3 = 1, h_2 = \rho$):

$$\Delta\varphi = \frac{1}{\rho}\frac{\partial}{\partial\rho}\left(\rho\frac{\partial\varphi}{\partial\rho}\right) + \frac{1}{\rho^2}\frac{\partial^2\varphi}{\partial\phi^2} + \frac{\partial^2\varphi}{\partial z^2} \tag{A.72}$$

Kugelkoordinaten ($h_1 = 1,\ h_2 = r,\ h_3 = r\sin\theta$):

$$\Delta\varphi = \frac{1}{r^2}\frac{\partial}{\partial r}\left(r^2\frac{\partial\varphi}{\partial r}\right) + \frac{1}{r^2\sin\theta}\frac{\partial}{\partial\theta}\left(\sin\theta\frac{\partial\varphi}{\partial\theta}\right) + \frac{1}{r^2\sin^2\theta}\frac{\partial^2\varphi}{\partial\phi^2} \tag{A.73}$$

Rotation eines Gradientenfeldes

Die Kombination von (A.58) mit (A.43) ergibt allgemein

$$\nabla\times(\nabla\varphi) = \frac{1}{h_1h_2h_3}\begin{vmatrix} h_1\,\mathbf{e}_1 & h_2\,\mathbf{e}_2 & h_3\mathbf{e}_3 \\ \dfrac{\partial}{\partial u_1} & \dfrac{\partial}{\partial u_2} & \dfrac{\partial}{\partial u_3} \\ \dfrac{\partial\varphi}{\partial u_1} & \dfrac{\partial\varphi}{\partial u_2} & \dfrac{\partial\varphi}{\partial u_3}\end{vmatrix} = \mathbf{0},$$

unter der Voraussetzung, dass die Funktion φ analytisch ist, d. h. wenn gilt:

$$\frac{\partial^2\varphi}{\partial u_i\partial u_j} = \frac{\partial^2\varphi}{\partial u_j\partial u_i}.$$

Es gilt also die Identität:

$$\text{rot}\,(\text{grad}\ \varphi) \equiv \mathbf{0}\quad \textit{Gradientenfelder sind wirbelfrei.} \tag{A.74}$$

Anschaulich kann man sich ein reines Gradientenfeld wie eine laminare Strömung vorstellen, das von Quellen und Senken gespeist wird und deshalb keine Wirbel enthält.

Divergenz der Rotation

Durch Kombination von (A.50) mit (A.57) erhält man

$$\nabla \cdot (\nabla \times \mathbf{A}) = \frac{1}{h_1\, h_2\, h_3} \left\{ \frac{\partial}{\partial u_1} \left[\frac{\partial (h_3 A_3)}{\partial u_2} - \frac{\partial (h_2 A_2)}{\partial u_3} \right] + \frac{\partial}{\partial u_2} \left[\frac{\partial (h_1 A_1)}{\partial u_3} - \frac{\partial (h_3 A_3)}{\partial u_1} \right] \right.$$
$$\left. + \frac{\partial}{\partial u_3} \left[\frac{\partial (h_2 A_2)}{\partial u_1} - \frac{\partial (h_1 A_1)}{\partial u_2} \right] \right\} = 0.$$

Sämtliche Glieder heben sich auf und man erhält die Identität:

$$\text{div}\ (\text{rot}\,\mathbf{A}) \equiv 0 \quad \textit{Wirbelfelder sind divergenz} - \textit{(quellen)frei.} \tag{A.75}$$

In einem reinen Wirbelfeld sind die Feldlinien stets in sich geschlossen, d.h. sie haben keine Quellen und Senken.

Zweifache Rotation

Mit der Regel (A.12) für das doppelte Vektorprodukt erhält man:

$$\nabla \times (\nabla \times \mathbf{A}) = \nabla(\nabla \cdot \mathbf{A}) \; - \; (\nabla \cdot \nabla) \cdot \mathbf{A}$$

$$\text{rot}\,(\text{rot}\,\mathbf{A}) = \text{grad}\,(\text{div}\ \mathbf{A}) - \Delta\mathbf{A} \tag{A.76}$$

Anwendung des Δ-Operators auf einen Vektor A

$$\Delta\mathbf{A} = \nabla \cdot \nabla\mathbf{A} = \text{grad}\,(\text{div}\ \mathbf{A}) - \text{rot}\,(\text{rot}\,\mathbf{A})$$

Dieser Ausdruck besitzt *nur in kartesischen Koordinaten* die einfache Form:

$$\Delta\mathbf{A} = (\Delta A_x) \cdot \mathbf{e}_x + \left(\Delta A_y\right) \cdot \mathbf{e}_y + (\Delta A_z) \cdot \mathbf{e}_z, \tag{A.77}$$

mit

$$\Delta = \frac{\partial^2}{\partial x^2} + \frac{\partial^2}{\partial y^2} + \frac{\partial^2}{\partial z^2}.$$

A.5 Integralsätze

A.5.1 Wegintegral eines Gradientenfeldes

Für ein Gradientenfeld $\mathbf{A} = \text{grad}\ \varphi$ ergibt das Linienintegral mit (A.42)

$$\int_a^b \mathbf{A} \cdot \mathrm{d}\mathbf{s} = \int_a^b \nabla\varphi \cdot \mathrm{d}\mathbf{s} = \int_a^b \mathrm{d}\varphi = \varphi(b) - \varphi(a),$$

d.h.

$$\int_a^b \text{grad } \varphi \cdot \mathbf{ds} = \varphi(b) - \varphi(a)\,. \tag{A.78}$$

▶ In einem Gradientenfeld ist der Wert eines Linienintegrals wegunabhängig, d.h. nur durch Anfangs- und Endpunkt bestimmt *(konservatives Feld)*.

Daraus folgt für jedes geschlossene Linienintegral (Ringintegral), bei dem Anfangs- und Endpunkt identisch sind:

$$\oint \text{grad } \varphi \cdot \mathbf{ds} = 0. \tag{A.79}$$

Das ist die integrale Formulierung der Wirbelfreiheit eines Gradientenfeldes nach Gl. (A.74).

A.5.2 Der Stokessche Integralsatz

Betrachtet wird das Oberflächenintegral über das Vektorfeld rot **E**, das als unendliche Summe über alle infinitesimalen Flächenelemente ΔA_i mit Normalen-Einheitsvektor $\mathbf{e}_i$ aufgefasst werden kann (Abb. A.18):

$$\iint_A \text{rot } \mathbf{E} \cdot \text{d}\mathbf{A} = \iint_A (\text{rot } \mathbf{E}) \cdot \mathbf{e}_n \, \text{d}A = \lim_{\Delta A_i \to 0} \sum_i (\text{rot } \mathbf{E})_i \cdot \mathbf{e}_{n,i} \, \Delta A_i.$$

Hierbei ist

$$\mathbf{e}_n \cdot \text{rot } \mathbf{E} = \lim_{\Delta A \to 0} \frac{1}{\Delta A} \oint_{\partial(\Delta A)} \mathbf{E} \cdot \text{d}\mathbf{s}$$

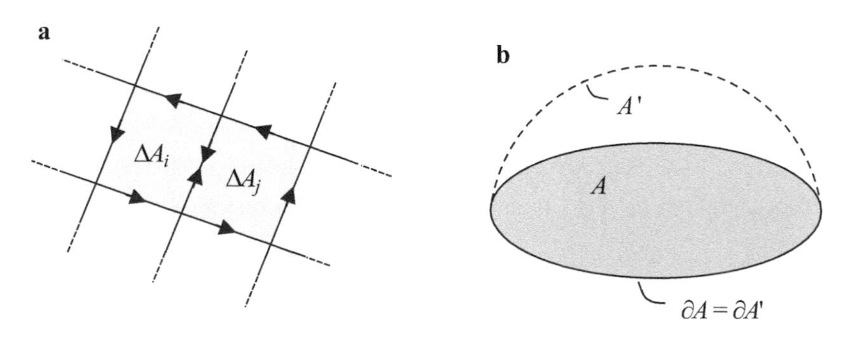

Abb. A.27 Zur Berechnung des Stokesschen Integralsatzes

die Komponente von rot **E** senkrecht zu ΔA, d. h. die Wirbeldichte (A.55) in dieser Richtung, und man erhält zunächst für das Flächenintegral über rot **E** die unendliche Summe über alle infinitesimalen Wirbeldichten über ΔA_i:

$$\iint\limits_A \operatorname{rot}\mathbf{E}\cdot\mathrm{d}\mathbf{A} = \lim_{\Delta A_i\to 0}\sum_i \oint\limits_{\partial(\Delta A_i)} \mathbf{E}\cdot\mathrm{d}\mathbf{s}.$$

Wie in Abb. A.27a für zwei angrenzende Flächenelemente ΔA_i und ΔA_j skizziert, heben sich in der Summe bis auf die Beiträge entlang des Randes von A alle inneren Ringintegrale aufgrund der gegensinnigen Integrationsrichtung auf und man erhält den Stokesschen Integralsatz:

$$\iint\limits_A \operatorname{rot}\mathbf{E}\cdot\mathrm{d}\mathbf{A} = \oint\limits_{\partial A}\mathbf{E}\cdot\mathrm{d}\mathbf{s} \quad \textit{Integralsatz von Stokes.} \tag{A.80}$$

Zu einer gegebenen Randlinie ∂A kann die zugehörigen Fläche beliebige Formen haben (Abb. A.27b).

▶ Der Gesamtwirbel auf einer Fläche A ist gleich die Zirkulation entlang des Randes ∂A und unabhängig von der Form von A.

Beispiel A.5: Beweis der Wirbelfreiheit von Gradientenfeldern

Mit dem Stokesschen Integralsatz lässt sich beispielsweise die Identität (A.74)

$$\operatorname{rot}(\operatorname{grad}\varphi) \equiv \mathbf{0}$$

allgemein und koordinatenunabhängig beweisen. Integration über eine beliebige Fläche A ergibt nach Anwendung des Stokesschen Integralsatzes (A.80) und der Regel (A.79) für ein Ringintegral über ein Gradientenfeld:

$$\iint\limits_A \operatorname{rot}(\operatorname{grad}\varphi)\,\mathrm{d}\mathbf{A} \overset{\text{S.I.S}}{=} \oint\limits_{\partial A}\operatorname{grad}\varphi\cdot\mathrm{d}\mathbf{s} = 0.$$

Da dies gemäß des Stokesschen Integralsatzes für jede mögliche Fläche A zu einem gewählten Rand ∂A gilt, ist der Integrand (rotgradφ) selbst in jedem Punkt identisch Null.

A.5.3 Der Gaußsche Integralsatz

Betrachtet wird das Volumenintegral über das Skalarfeld div **D**, das als unendliche Summe über alle infinitesimalen Volumenelemente ΔV_i aufzufassen ist (Abb. A.28):

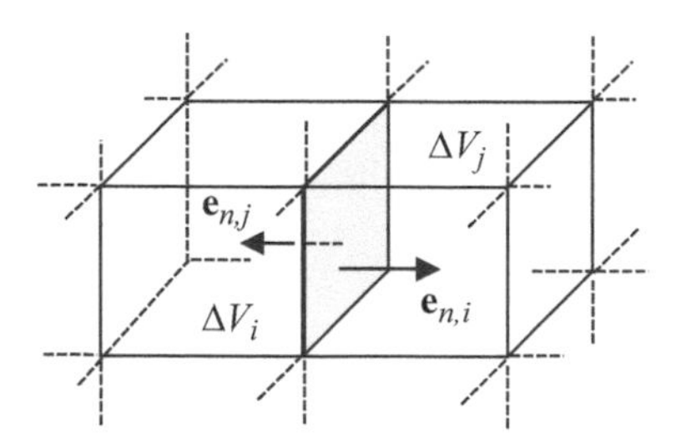

Abb. A.28 Zur Berechnung Gaußschen Integralsatzes

$$\iiint_V \operatorname{div} \mathbf{D} \, \mathrm{d}V = \lim_{\Delta V_i \to 0} \sum_i (\operatorname{div} \mathbf{D}) \, \Delta V_i .$$

Durch Einsetzen der Definition (A.49) für die Divergenz

$$\operatorname{div} \mathbf{D} = \lim_{\Delta V \to 0} \frac{1}{\Delta V} \oiint_A \mathbf{D} \cdot \mathrm{d}\mathbf{A}$$

in die Summe erhält man für das Volumenintegral die unendliche Summe aller infinitesimalen Hüllenintegrale des Vektor **D** über die Volumenelemente ΔV_i:

$$\iiint_V \operatorname{div} \mathbf{D} \, \mathrm{d}V = \lim_{\Delta V_i \to 0} \sum_i \oiint_{\partial V_i} \mathbf{D} \cdot \mathrm{d}\mathbf{A} = \lim_{\Delta V_i \to 0} \sum_i \oiint_{\partial V_i} \mathbf{D} \cdot \mathbf{e}_{n,i} \, \mathrm{d}A .$$

Hierbei bezeichnet $\mathbf{e}_{n,i}$ den Normalen-Einheitsvektor auf den Oberflächen ∂V_i.

Wie aus Abb. A.28 ersichtlich ist, heben sich alle inneren Teilflüsse, d.h. alle Teilflüsse angrenzender Flächenelemente ($\mathbf{e}_{n,i} = -\mathbf{e}_{n,j}$), auf und es verbleibt die Summe aller Teilflüsse auf der Oberfläche des Gesamtvolumens V. Man erhält somit den Gaußschen Integralsatz

$$\iiint_V \operatorname{div} \mathbf{D} \, \mathrm{d}V = \oiint_{\partial V} \mathbf{D} \cdot \mathrm{d}\mathbf{A} \quad \textit{Integralsatz von Gauß.} \tag{A.81}$$

▶ Die Summe aller Feldquellen und Senken in einem Volumen V ergibt den Hüllenfluss aus V.

Beispiel A.6: Beweis der Quellenfreiheit von Wirbelfeldern

Mit dem Gaußschen Integralsatz lässt sich beispielsweise die Identität (A.75)

$$\operatorname{div} \operatorname{rot} \mathbf{D} \equiv 0$$

allgemein und koordinatenunabhängig beweisen. Integration über ein beliebiges Volumen V ergibt nach sukzessiver Anwendung des Gaußschen und Stokesschen Integralsatzes (A.81) bzw. (A.80):

$$\iiint_V \operatorname{div}(\operatorname{rot}\mathbf{D})\,\mathrm{d}V \overset{\text{G.I.S}}{=} \oiint_A \operatorname{rot}\mathbf{D}\cdot\mathrm{d}\mathbf{A} \overset{\text{S.I.S}}{=} \oint_{\partial A\to 0} \mathbf{D}\cdot\mathrm{d}\mathbf{s} = 0.$$

Hierbei ist $A = \partial V$ die geschlossene Oberfläche von V, die als Grenzfall einer geöffneten Oberfläche mit $\partial A \to 0$ im Stokesschen Satz behandelt werden kann. Da dies gemäß Gaußschen Integralsatzes für jedes Volumen V gilt, ist der Integrand selbst in jedem Punkt identisch Null.

A.5.4 Greensche Integralsätze

Für ein Vektorfeld $\mathbf{D} = \varphi_1 \nabla\varphi_2$ mit den beiden Skalarfeldern φ_1, φ_2 erhält man durch Einsetzen in den Gaußschen Integralsatz mit

$$\nabla\cdot\mathbf{D} = \nabla\varphi_1\cdot\nabla\varphi_2 + \varphi_1\,\Delta\varphi_2$$

nach der Produktregel (A.66) den *1. Greenschen Integralsatz:*

$$\iiint_V \left[\operatorname{grad}\,\varphi_1\cdot\operatorname{grad}\,\varphi_2 + \varphi_1\,\Delta\varphi_2\right]\mathrm{d}V = \oiint_{\partial V}(\varphi_1\operatorname{grad}\,\varphi_2)\cdot\mathrm{d}\mathbf{A}. \tag{A.82}$$

Vertauschen von φ_1 und φ_2 und Subtraktion der beiden Integralsätze nach (A.82) ergibt den *2. Greenscher Integralsatz:*

$$\iiint_V [\varphi_1\,\Delta\varphi_2 - \varphi_2\,\Delta\varphi_1]\cdot\mathrm{d}V = \oiint_{\partial V}\left[\varphi_1\operatorname{grad}\,\varphi_2 - \varphi_2\operatorname{grad}\,\varphi_1\right]\cdot\mathrm{d}\mathbf{A}. \tag{A.83}$$

A.6 Hauptsatz der Vektoranalysis (Helmholtzsches Theorem)

In einem Raumgebiet V ist ein Vektorfeld $\mathbf{E}(\mathbf{r})$ eindeutig bestimmt durch Angabe der

$$\textit{Quellendichte:}\quad \operatorname{div}\mathbf{E}(\mathbf{r}) = q(\mathbf{r}), \tag{A.84}$$

$$\textit{Wirbeldichte:}\quad \operatorname{rot}\mathbf{E}(\mathbf{r}) = \mathbf{w}(\mathbf{r}) \tag{A.85}$$

und der *Randbedingung* für die Normalkomponente von $\mathbf{E}$ auf der Oberfläche ∂V (Abb. A.29):

$$\mathbf{E}(\mathbf{r})\cdot\mathbf{e}_n = f(\mathbf{r}),\quad \mathbf{r}\in\partial V, \tag{A.86}$$

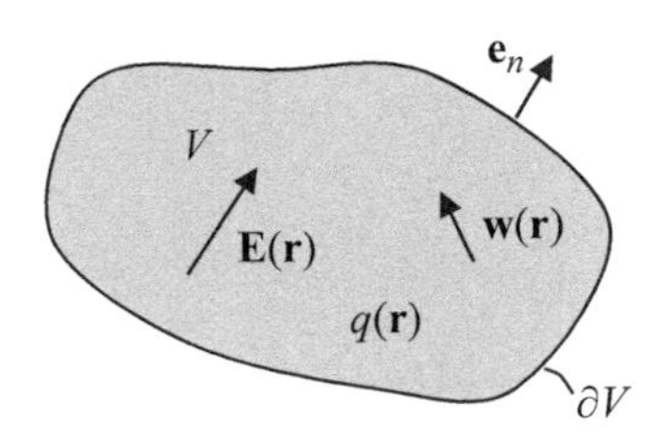

Abb. A.29 Zum Hauptsatz der Vektoranalysis

Zur Veranschaulichung dient ein *Hydrodynamisches Analogon:*
In einem Gefäß wird durch Quellen (Zuflüsse) bzw. Senken (Abflüsse) und Wirbel (Schaufelräder) ein stationäres Strömungsfeld erzeugt. Die Lage und Stärke aller Quellen und Wirbel sowie die Randbedingungen auf den Wänden legen das sich einstellende Strömungsfeld in dem Gefäß *eindeutig* fest.

Der Beweis geht von der Annahme von zwei Lösungen $\mathbf{E}_1$und $\mathbf{E}_2$ aus, die jeweils die gleiche Quellen- und Wirbeldichte (A.84), (A.85) haben, sowie die Randbedingung (A.86) erfüllen.

Mit

$$\text{rot}\,\mathbf{E}_1 = \text{rot}\,\mathbf{E}_2 = \mathbf{w} \quad \text{bzw.} \quad \text{rot}\,(\mathbf{E}_1 - \mathbf{E}_2) = \mathbf{0}$$

gilt gemäß der Identität $\text{rot}\,(\text{grad}\,u) \equiv \mathbf{0}$ (A.74):

$$(\mathbf{E}_1 - \mathbf{E}_2) = \text{grad}\,u,$$

mit einer Skalarfunktion u. Einsetzen in den 1. Greenschen Integralsatz (A.82) mit $\varphi_1 = \varphi_2 = u$ ergibt

$$\iiint\limits_V \left[(\text{grad}\ u)^2 + u\,\Delta u\right] \mathrm{d}V = \oint\!\!\!\oint\limits_{\partial V} (u\,\text{grad}\ u) \cdot \mathrm{d}\mathbf{A}.$$

Aufgrund der gleichen Quellendichte $\text{div}\,\mathbf{E}_1 = \text{div}\,\mathbf{E}_2 = q$ beider Felder ergibt sich für

$$\Delta u = \text{div}\ (\text{grad}\ u) = \text{div}\ (\mathbf{E}_1 - \mathbf{E}_2) = 0.$$

Das Hüllenintegral

$$\oint\!\!\!\oint\limits_{\partial V} (u\,\text{grad}\ u) \cdot \mathrm{d}\mathbf{A} = \oint\!\!\!\oint\limits_{\partial V} u\,(\mathbf{E}_1 - \mathbf{E}_2) \cdot \mathbf{e}_n\,\mathrm{d}A = 0$$

verschwindet ebenfalls, da beide Felder die Randbedingung (A.86) erfüllen, d. h. $\mathbf{E}_1 \cdot \mathbf{e}_n = \mathbf{E}_2 \cdot \mathbf{e}_n$. Übrig bleibt die Beziehung

$$\oint\!\!\!\oint\limits_{\partial V} (\text{grad}\ u)^2\,\mathrm{d}V = 0,$$

die aufgrund $(\text{grad}\,u)^2 \geq 0$ nur erfüllt werden kann wenn der Integrand $\text{grad}\,u = \mathbf{E}_1 - \mathbf{E}_2$ identisch Null ist, d.h. also

$$\mathbf{E}_1 = \mathbf{E}_2,$$

was im Widerspruch zu der Annahme zweier unterschiedlicher Lösungen steht.

▶ Ein Vektorfeld ist durch Angabe seiner Quellen und Wirbel, sowie der Randbedingung auf den Grenzen des Lösungsgebiets eindeutig festgelegt.

Insofern erfüllen die vier Maxwell-Gleichungen I–IV mit jeweils einer Divergenz- und einer Rotationsgleichung für das elektrische und magnetische Vektorfeld genau diese Aufgabe. Die Mannigfaltigkeit der Lösungen ergibt sich durch ihre gegenseitige Kopplung und durch unterschiedliche Randbedingungen.

A.7 Übungsaufgaben

UE-A.1 Koordinatentransformation– kartesisch/sphärisch

Leiten Sie die Transformationsvorschriften für die Komponenten eines Vektors **A** von Kugelkoordinaten ins kartesische Koordinatensystem her.

UE-A.2 Integrationsaufgaben

a) Berechnen Sie für das homogene Vektorfeld

$$\mathbf{B} = B_0\,\mathbf{e}_z$$

den Fluss

$$\Psi = \iint \mathbf{B}(\mathrm{r}) \cdot \mathrm{d}\mathbf{A}$$

durch den Teil einer Kugeloberfläche A mit dem Radius r, $\phi = 0\ldots 2\pi$ und $\theta = 0\ldots\theta_e$. Wie groß ist der Fluss durch die gesamte Kugeloberfläche?

b) Berechnen Sie den Ladungsinhalt Q in einem Würfel mit Kantenlänge l und einer Ladungsverteilung

$$q(\mathbf{r}) = q_0\left(\frac{z}{l/2}\right).$$

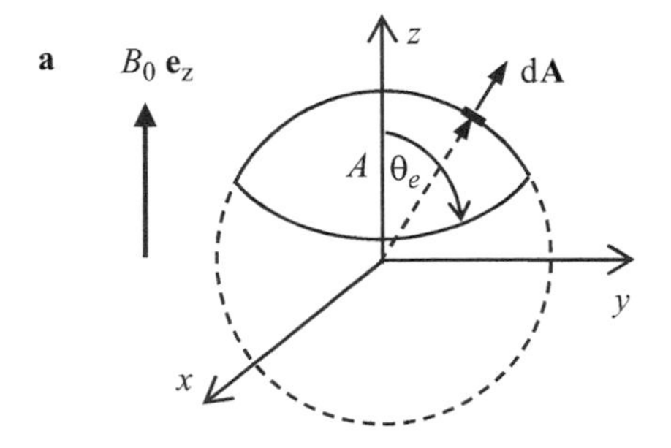

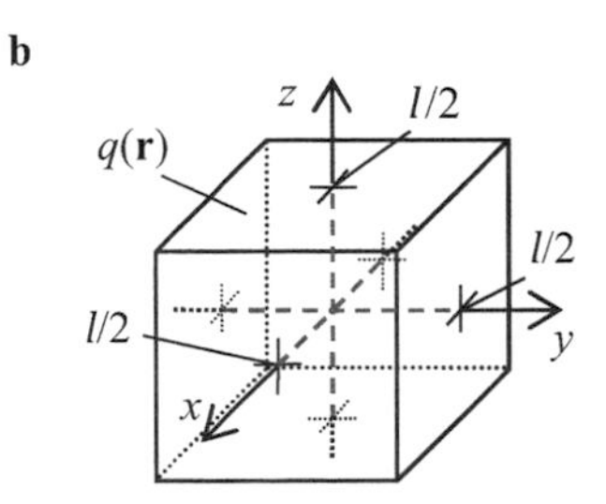

c) Berechnen Sie für das Vektorfeld

$$\mathbf{A} = (A_x, A_y, A_z) = (2x, 3xy, -z^2).$$

das Linienintegral

$$\varphi = \int_s \mathbf{A} \cdot \mathrm{d}\mathbf{s}$$

entlang der vorgegebenen Raumkurve:

$$s = \{\mathbf{r}(u) \,|\, 0 \leq u \leq 1\}, \text{ mit } \mathbf{r} = (x,\ y,\ z) = (3,\ 2u + 3,\ u).$$

d) Berechnen Sie für das Vektorfeld

$$\mathbf{B} = \left(B_x,\ B_y,\ B_z\right) = (2x,\ 3x\,y,\ -y)$$

den Vektorfluss

$$\Psi = \iint_A \mathbf{B}\, \mathrm{d}\mathbf{A}$$

durch die vorgegebene offene Raumfläche:

$$A = \{\mathbf{r}(u,\ v) \,|\, 0 \leq u \leq 1,\ 0 \leq v \leq 2\}, \text{ mit } \mathbf{r} = (x,\ y,\ z) = \left(uv,\ u^2 v,\ -2\right).$$

UE-A.3 Berechnung des Gradienten

a) $\operatorname{grad}(3\,x^2 + 2\,yz)$
b) $\operatorname{grad}(\rho\ z^2 \sin\phi)$
c) $\operatorname{grad}(r^2 \sin\theta \cos\phi)$

UE-A.4 Berechnung der Divergenz

a) $\operatorname{div}(\sin x\,\mathbf{e}_x + \cos y\,\mathbf{e}_y + \tan z\,\mathbf{e}_z)$

b) $\operatorname{div}\left(\dfrac{\sin\phi}{\rho^2}\,\mathbf{e}_\rho + \cos\phi\,\mathbf{e}_\phi + z\,\mathbf{e}_z\right)$

c) $\operatorname{div}\left(\dfrac{\sin\theta}{r^2}\,\mathbf{e}_r + \cos\phi\,\mathbf{e}_\theta + r\,\mathbf{e}_\phi\right)$

UE-A.5 Berechnung der Rotation

a) $\operatorname{rot}(x^2\,\mathbf{e}_x + xy\,\mathbf{e}_y + y^2 z\,\mathbf{e}_z)$
b) $\operatorname{rot}(\rho\,\mathbf{e}_\rho + \sin\phi\,\mathbf{e}_\phi + z\,\mathbf{e}_z)$

c) $\operatorname{rot}\left(\dfrac{1}{r}\,\mathbf{e}_r + \sin\theta\,\mathbf{e}_\theta + \cos\phi\,\mathbf{e}_\phi\right)$

UE-A.6 Zweifache Differentialoperatoren

a) Zeigen Sie, dass gilt:

$$\Delta(1/r) = 0, \quad \text{für } r \neq 0,$$

wenn r der Abstand vom Koordinatenursprung ist.

b) Verifizieren Sie die Beziehung

$$\text{div}\,(\text{rot}\,\mathbf{A}) \equiv 0$$

explizit am Beispiel des Vektorfeldes

$$\mathbf{A} = x\,y^2 z\,\mathbf{e}_x + (y + x)\,\mathbf{e}_y + z^2 \cos x\,\mathbf{e}_z.$$

UE-A.7 Integralsätze

a) Verifizieren Sie für das Vektorfeld

$$\mathbf{D}(x,y,z) = \frac{x\,\mathbf{e}_x + y\,\mathbf{e}_y + z\,\mathbf{e}_z}{x^2 + y^2 + z^2}$$

den Gaußschen Integralsatz

$$\iiint_{V_K} \nabla \cdot \mathbf{D}\,\mathrm{d}V = \oiint_{\partial V_K} \mathbf{D} \cdot \mathrm{d}\mathbf{A}$$

für ein kugelförmiges Volumen V_K mit dem Radius R.

Hinweis: Verwenden Sie ein geeignetes Koordinatensystem!

b) Verifizieren Sie für das Vektorfeld

$$\mathbf{H}(\rho, \Phi, z) = \rho\,\mathbf{e}_\Phi$$

den Stokesschen Integralsatz

$$\iint_A (\nabla \times \mathbf{H}) \cdot \mathrm{d}\mathbf{A} = \oint_{\partial A} \mathbf{H} \cdot \mathrm{d}\mathbf{s}$$

für eine Kreisfläche A mit dem Radius R in der ρ-ϕ-Ebene.

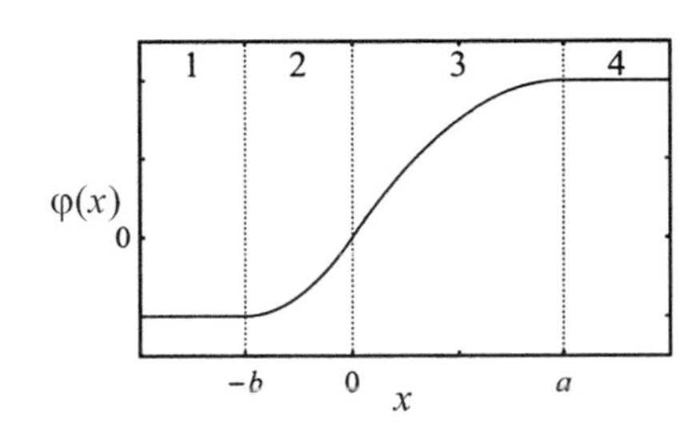

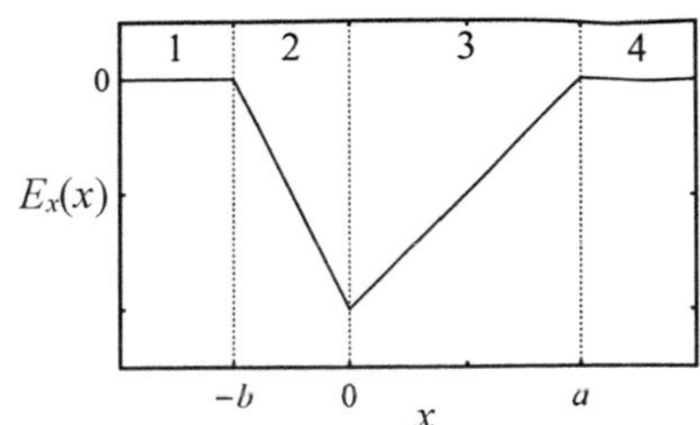

UE-2.6

a) $\varphi_{ges}(x,y) = E_0 \left(y - \frac{h}{2\ln(2h/R_0)} \ln\left(\frac{x^2+(y+h)^2}{x^2+(y-h)^2} \right) \right)$

b) $\varphi_{ges}(x=0,y) = E_0 \left(y - \frac{h}{\ln(2h/R_0)} \ln\left(\frac{h+y}{h-y} \right) \right)$

$E(x=0,y) = E_0 \left(1 - \frac{2h^2}{\ln(2h/R_0)} \frac{1}{h^2-y^2} \right)$

c) $\eta = 0{,}269$ bei $y = 0{,}9\,h$ $\eta = 0{,}759$ bei $y = 0$

UE-2.7

a) $C' = \frac{q_l}{\varphi_1 - \varphi_2}$

mit $\varphi_1 = -\frac{q_l}{2\pi\,\varepsilon_0}\left[\ln\left(\frac{r_0}{r_b}\right) + \alpha_1 \ln\left(\frac{2d_1}{r_b}\right) - \beta_1 \ln\left(\frac{d_1+d_2}{r_b}\right)\right]$, $\alpha_1 = \frac{1-\varepsilon_r}{1+\varepsilon_r}$, $\beta_1 = \frac{2}{1+\varepsilon_r}$

und $\varphi_2 = -\frac{q_l}{2\pi\,\varepsilon_0\varepsilon_r}\left[-\ln\left(\frac{r_0}{r_b}\right) - \alpha_2 \ln\left(\frac{2d_2}{r_b}\right) + \beta_2 \ln\left(\frac{d_1+d_2}{r_b}\right)\right]$, $\alpha_2 = \frac{\varepsilon_r-1}{\varepsilon_r+1}$, $\beta_2 = \frac{2\varepsilon_r}{\varepsilon_r+1}$

b) $\varepsilon_r = 1:$ $C' = \frac{\pi\,\varepsilon_0}{\ln\left(\frac{d_1+d_2}{r_0}\right)}$ Kapazitätsbelag einer Doppelleitung im Freiraum

$\varepsilon_r \to \infty:$ $C' = \frac{2\pi\,\varepsilon_0}{\ln\left(\frac{2d_1}{r_0}\right)}$ Kapazitätsbelag einer Leitung über leitender Ebene

UE-2.8

a)

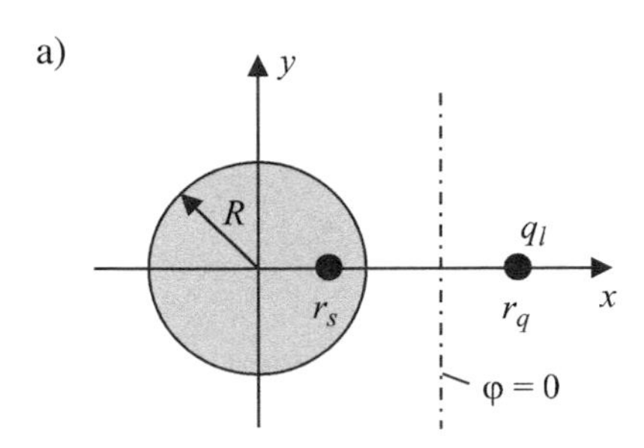

b) $\varphi(x,y) = -\frac{q_l}{4\pi\varepsilon} \ln\left(\frac{(x_q-x)^2+y^2}{(x-R^2/x_q)^2+y^2}\right) + \frac{q_l}{2\pi\varepsilon} \ln\left(\frac{x_q-R}{R-R^2/x_q}\right)$

c) $E_x(x,y) = \frac{q_l}{2\pi\varepsilon}\left(\frac{x-x_q}{(x-x_q)^2+y^2} - \frac{x-R^2/x_q}{(x-R^2/x_q)^2+y^2}\right)$

$E_y(x,y) = \frac{q_l}{2\pi\varepsilon}\left(\frac{y}{(x-x_q)^2+y^2} - \frac{y}{(x-R^2/x_q)^2+y^2}\right)$

d) $r_q = R + \Delta r$ und $r_s \approx R - \Delta r$ Entsprechend der Spiegelung an einer ebenen Wand, haben die Linien- und Spiegelladung den gleichen Abstand von der Wand.

UE-2.9

a)

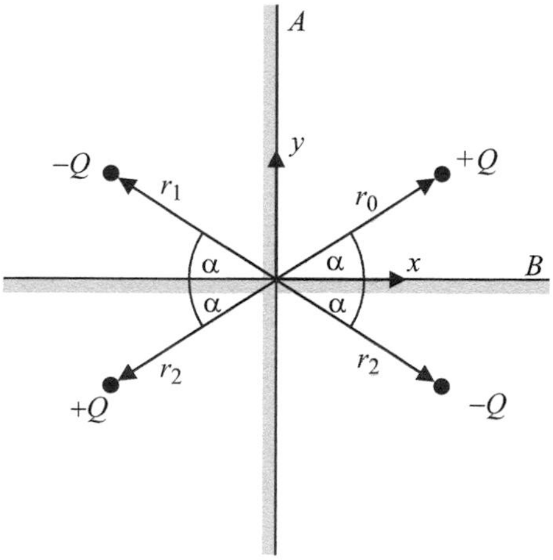

b) $\varphi(\mathbf{r}) = \frac{Q}{4\pi\varepsilon}\left(\frac{1}{|\mathbf{r}-\mathbf{r}_0|} + \frac{1}{|\mathbf{r}-\mathbf{r}_2|} - \frac{1}{|\mathbf{r}-\mathbf{r}_1|} - \frac{1}{|\mathbf{r}-\mathbf{r}_3|}\right)$

$\mathbf{E}(\mathbf{r}) = \frac{Q}{4\pi\varepsilon}\left(\frac{\mathbf{r}-\mathbf{r}_0}{|\mathbf{r}-\mathbf{r}_0|^3} + \frac{\mathbf{r}-\mathbf{r}_2}{|\mathbf{r}-\mathbf{r}_2|^3} - \frac{\mathbf{r}-\mathbf{r}_1}{|\mathbf{r}-\mathbf{r}_1|^3} - \frac{\mathbf{r}-\mathbf{r}_3}{|\mathbf{r}-\mathbf{r}_3|^3}\right)$

mit $\mathbf{r} = x\mathbf{e}_x + y\mathbf{e}_y$, $\mathbf{r}_0 = r_0(\cos\alpha\,\mathbf{e}_x + \sin\alpha\,\mathbf{e}_y)$, $\mathbf{r}_1 = -r_0(\cos\alpha\,\mathbf{e}_x - \sin\alpha\,\mathbf{e}_y)$, $\mathbf{r}_2 = -r_0(\cos\alpha\,\mathbf{e}_x + \sin\alpha\,\mathbf{e}_y)$, $\mathbf{r}_3 = r_0(\sin\alpha\,\mathbf{e}_x - \cos\alpha\,\mathbf{e}_y)$

c) $\varphi(r,\phi) = \frac{3}{4}\frac{Q}{\pi\varepsilon}\frac{r_0^2}{r^3}\sin 2\phi$ (Charakteristik eines Quadrupols)

UE-2.10

$$\varphi(\rho,z) = U_0 \sin(k_z z)\left(\frac{K_0(k_z\rho)I_0(k_z b) - K_0(k_z b)I_0(k_z\rho)}{K_0(k_z a)I_0(k_z b) - K_0(k_z b)I_0(k_z a)}\right), \quad \text{mit } k_z = \frac{2\pi}{h}$$

UE-2.11

a) $\varphi(x,y) = X(x)Y(y)$

$$X(x) = \begin{cases} A\cos(k_x x) + B\sin(k_x x) & ; k_x \neq 0 \\ A_0 + B_0 x & ; k_x = 0 \end{cases}$$

$$Y(y) = \begin{cases} C\cosh(k_x y) + D\sinh(k_x y) & ; k_x \neq 0 \\ C_0 + D_0 x & ; k_x = 0 \end{cases} \quad \text{mit } k_y = -\mathrm{j}\, k_x$$

b) $\varphi(x,y) = \sum_{m=1}^{\infty} \varphi_m(x,y)$, mit $\varphi_m(x,y) = K_m \sin(m\,\pi\, x/a)\, \sinh(m\,\pi\, y/a)$

c) $\varphi(x,y) = a\frac{q_0}{\pi\varepsilon} \sin(m\,\pi/a\, x)\frac{\sinh(m\,\pi/a\, y)}{\cosh(m\,\pi/a\, b)}$

d) $C' = \frac{Q'^2}{2W'_e} = \frac{8\,\varepsilon}{\pi}\frac{1}{\tanh(\pi\, b/a)}$

UE-2.12

a) v/u-System (Äquipotentiallinien bei $v = const.$)

b) $v_1 = -\frac{1}{2}\,\mathrm{arcosh}\,(h/r_0)$, $v_2 = 0$, $c = \frac{h}{\coth(\mathrm{arcosh}\,(h/r_0))} > 0$

c) $C' = \frac{2\pi\,\varepsilon}{\ln\left((h/r_0) + \sqrt{(h/r_0)^2 - 1}\right)}$

$C' = \frac{2\pi\,\varepsilon}{\ln(2h/r_0)}$ (Dünndrahtnäherung)

d) $E_{max} = \mathrm{j}\frac{\coth(2v_1)}{h}\,\frac{U_0}{v_1}\cosh^2(v_1)$

Maximum befindet sich unterhalb des Drahtes und zeigt in negative y-Richtung.

UE-2.13

a) $x = c\sin(u)\cosh(v)$, $\quad y = c\cos(u)\sinh(v)$

v/u-System, da Linien für $v = const.$ Ellipsen entsprechen

b) $M_v = \frac{U}{\mathrm{arcosh}\,(\frac{a_1}{c}) - \mathrm{arcosh}\,(\frac{a_2}{c})}$

c) $c = \sqrt{a_1^2 - b_1^2}$

d) $E(z) = -\mathrm{j}\frac{M_v}{c}\left(1/\sqrt{1 - \left(\frac{x+\mathrm{j}y}{c}\right)^2}\right)^*$

$E(a_1, 0) = -\frac{M_v}{c}\frac{1}{\sqrt{\frac{a_1^2}{a_1^2 - b_1^2} - 1}} > 0$ (reell entspricht x-Richtung)

e) $C' = \varepsilon \frac{2\pi}{\operatorname{arcosh}\left(\frac{a_1}{\sqrt{a_1^2-b_1^2}},\right) - \operatorname{arcosh}\left(\frac{a_2}{\sqrt{a_1^2-b_1^2}},\right)}$

UE-2.14

a) Spiegel-Ersatzanordnung

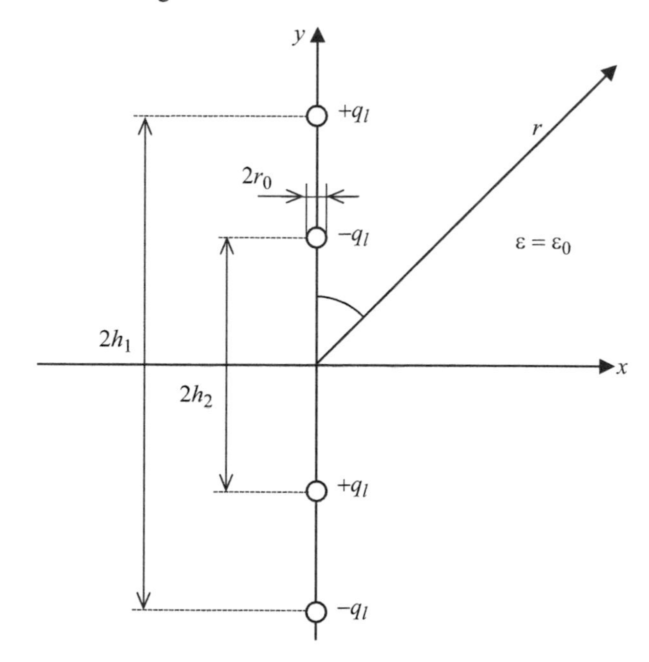

b) $\alpha_{11/22} = \frac{1}{2\pi\varepsilon_0} \ln\left(\frac{2h_{1/2}}{r_0}\right)$ und $\alpha_{12} = \alpha_{21} = \frac{1}{2\pi\varepsilon_0} \ln\left(\frac{h_1+h_2}{h_1-h_2}\right)$

c) $C'_{11/22} = \frac{\alpha_{22/11}-\alpha_{12}}{\alpha_{11}\alpha_{22}-\alpha_{12}^2} = \frac{2\pi\varepsilon_0 \ln\left(\frac{2h_{2/1}}{(h_1+h_2)/(h_1-h_2)}\right)}{\ln\left(\frac{2h_1}{r_0}\right)\ln\left(\frac{2h_2}{r_0}\right) - \left(\ln\left(\frac{h_1+h_2}{h_1-h_2}\right)\right)^2}$

$C'_{12} = C'_{21} = \frac{\alpha_{12}}{\alpha_{11}\alpha_{22}-\alpha_{12}^2} = \frac{2\pi\varepsilon_0 \ln\left(\frac{h_1+h_2}{h_1-h_2}\right)}{\ln\left(\frac{2h_1}{r_0}\right)\ln\left(\frac{2h_2}{r_0}\right) - \left(\ln\left(\frac{h_1+h_2}{h_1-h_2}\right)\right)^2}$

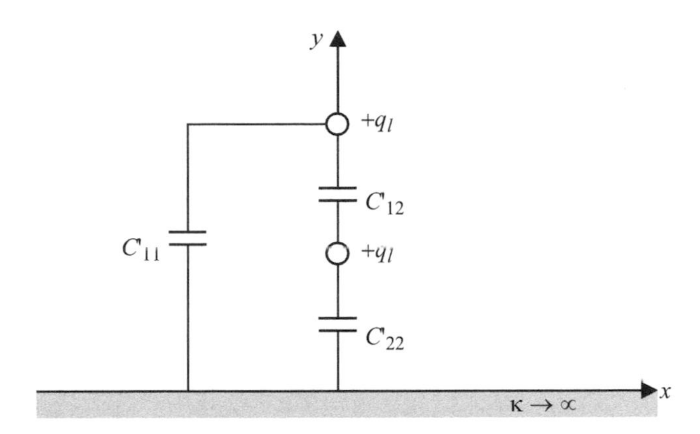

d) Kapazitives Ersatzschaltbild

e) ohne leitende Ebene: $\varphi(r) = \frac{q_l(h_1-h_2)}{2\pi\varepsilon_0 r}\cos\theta$

mit leitender Ebene: $\varphi(r) = \frac{q_l(h_1-h_2)}{\pi\varepsilon_0 r}\cos\theta$

B.3 Das stationäre Strömungsfeld

UE-3.1

a) $R = \frac{\pi}{h\,\kappa\ln(r_a/r_i)}$

b) $R = \frac{1}{h\,\pi\,\kappa}\ln(r_a/r_i)$

c) Azimutale Speisung: $\mathrm{d}G = \frac{\kappa\,\mathrm{d}A}{l(r)} = \frac{\kappa\,h\mathrm{d}r}{\pi\,r}$

$$R = \left(\int \mathrm{d}G\right)^{-1} = \left(\frac{\kappa\,h}{\pi}\int\limits_{r_i}^{r_a}\frac{\mathrm{d}r}{r}\right)^{-1} = \frac{\pi}{\kappa\,h\ln(r_a/r_i)}$$

Radiale Speisung: $\mathrm{d}R = \frac{\mathrm{d}r}{\kappa\,A(r)} = \frac{\mathrm{d}r}{\kappa\,h\,\pi\,r}$

$$R = \int \mathrm{d}R = \frac{1}{\kappa\,h\,\pi}\int\limits_{r_i}^{r_a}\frac{\mathrm{d}r}{r} = \frac{1}{\kappa\,h\,\pi}\ln(r_a/r_i)$$

UE-3.2

a) $R = \frac{1}{2\pi\,\kappa\,h}\ln\left(\frac{r_a}{r_i}\right)$ und $I(h) = U\frac{2\pi\,\kappa\,h}{\ln(r_a/r_i)} \sim h$

b) $P = \frac{I^2}{2\pi\,h\,\kappa}\ln\left(\frac{r_a}{r_i}\right)$ und $R = \frac{P}{I^2}$

c) $R = \frac{K}{2\pi\,\kappa_0\left(1-\mathrm{e}^{-Kh}\right)}\ln\left(\frac{r_a}{r_i}\right)$

UE-3.3

a) Spiegelersatzanordnung

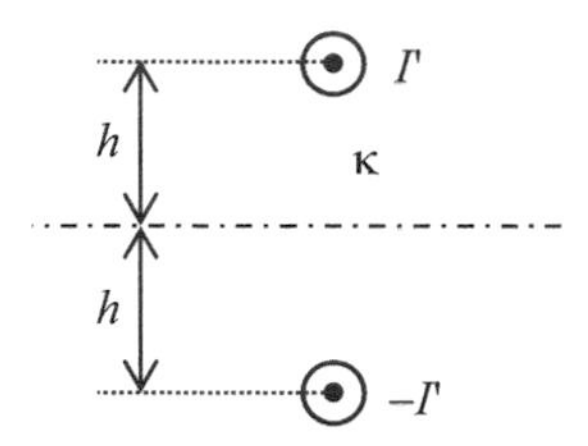

b) $G' = \frac{2\pi\kappa}{\ln(2h/r_0)}$

c) $RC = \frac{\varepsilon}{\kappa}$; mit $C' = \frac{2\pi\,\varepsilon}{\ln(2h/r_0)}$

UE-3.4

a) $\mathbf{E}_a = E_0\,\mathbf{e}_z - \frac{E_0\,a^3}{2r^3}(2\cos\theta\,\mathbf{e}_r + \sin\theta\,\mathbf{e}_\theta)$ und $\mathbf{E}_i = \frac{3}{2}E_0\mathbf{e}_z$ mit $E_0 = \frac{J_0}{\kappa}$

b) $P_{V,\max} = \frac{9}{4}\frac{J_0^2}{\kappa}$ und $\frac{P_{V,\max}}{P_{V,0}} = \frac{9}{4} = 2,25$

B.4 Magnetostatische Felder

UE-4.1

Bereich 1 ($0 \le r \le r_1$): $H_{\phi 1} = 0$

Bereich 2 ($r_1 < r \le r_2$): $H_{\phi 2} = \frac{1}{2\pi r}\frac{I_1(r^2-r_1^2)}{(r_2^2-r_1^2)}$

Bereich 3 ($r_2 < r \le r_3$): $H_{\phi 3} = \frac{I_1}{2\pi r}$

Bereich 4 ($r_3 < r \le r_4$): $H_{\phi 4} = \frac{I_1}{2\pi r} - \frac{I_2(r^2-r_3^2)}{2\pi r(r_4^2-r_3^2)}$

Bereich 5 ($r > r_4$): $H_{\phi 5} = \frac{I_1-I_2}{2\pi r}$

UE-4.2

$$H_y = \frac{\sqrt{2}I}{\pi\,a}$$

UE-4.3

a) $H_z(z) = \frac{I}{2}R^2\left(\frac{1}{\sqrt{R^2+(z+R/2)^2}^3} + \frac{1}{\sqrt{R^2+(z-R/2)^2}^3}\right)$

$H_z(z)|_{z=0} = \frac{I\,R^2}{\sqrt{R^2+(R/2)^2}^3} \approx 0,72\frac{I}{R}$ und $\frac{\mathrm{d}}{\mathrm{d}z}H_z(z)\Big|_{z=0} = 0$

b) $H_z(z) = \frac{I}{2}R^2\left(\frac{1}{\sqrt{R^2+(z+R/2)^2}^3} - \frac{1}{\sqrt{R^2+(z-R/2)^2}^3}\right)$

$H_z(z)|_{z=0} = 0$ und $\frac{\mathrm{d}}{\mathrm{d}z}H_z(z)\Big|_{z=0} = -\frac{3}{2}\frac{IR^3}{\sqrt{R^2+(R/2)^2}^5} \approx -0,86\frac{I}{R^2}$

UE-4.4

a) $H_x(x,y) = \frac{J_A}{2\pi}\left[\arctan\left(\frac{x-b}{y}\right) - \arctan\left(\frac{x+b}{y}\right)\right]$

$H_y(x,y) = \frac{J_A}{4\pi}\ln\left(\frac{(x+b)^2+y^2}{(x-b)^2+y^2}\right)$

b) Feldstärkeverlauf Feldlinien

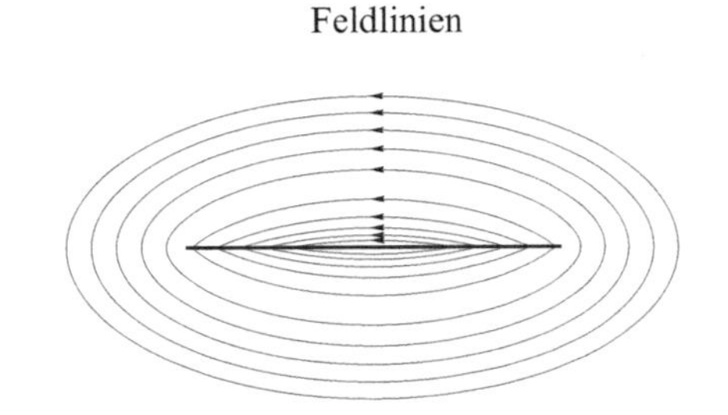

c) $\lim\limits_{b\to\infty} H_y(x,y) = 0$ und $\lim\limits_{b\to\infty} H_x(x,y) = -\frac{J_A}{2}$

Homogenfeld eines unbegrenzten Flächenstroms.

d) $H_x \simeq -\frac{J_A b}{\pi\, y}$

Feldstärke eines Linienstroms mit Gesamtstrom des Bandleiters $I = 2\,b\,J_A$.

UE-4.5

a) $L' = \frac{\mu_0}{\pi}\ln\left(\frac{d-r_0}{r_0}\right) \approx \frac{\mu_0}{\pi}\ln\left(\frac{d}{r_0}\right)$, für $d \gg r_0$

b) $L_i' = \frac{\mu}{4\pi}$

UE-4.6:

a) $L_{ii} = \frac{2\mu\,a}{\pi}\left[\ln\left(\frac{2a}{r_0}\right) - \ln\left(1+\sqrt{2}\right) + \sqrt{2} - 2\right] \approx \frac{2\mu\,a}{\pi}\left[\ln\left(\frac{2a}{r_0}\right) - 1,467\right]$

b) $L_{ij} \approx \frac{\mu\, a^4}{\pi\, h^3}$, für $h \gg a$

UE-4.7

a) $B = \frac{1}{A_1} \frac{\frac{A_1}{A_2+A_1} N_1 I_1 + \frac{A_2}{A_2+A_1} N_2 I_2}{\frac{1}{\mu_0 \cdot \mu_{rel}} \left(\frac{a}{A_1} + \frac{3a}{A_1+A_2} \right) + \frac{1}{\mu_0} \frac{\delta}{A_1}}$

b) $\frac{I_1}{I_2} = -\frac{A_2 N_2}{A_1 N_1}$

c) $L_{11} = \frac{N_1^2}{R_{m1} + \frac{(R_{m2}+R_{mL})R_{m3}}{R_{m2}+R_{mL}+R_{m3}}}$

$R_{m1} = \frac{1}{\mu_0 \mu_{rel}} \frac{3a}{A_1}$, $R_{m2} = \frac{1}{\mu_0 \mu_{rel}} \frac{a-\delta}{A_1} \approx \frac{1}{\mu_0 \mu_{rel}} \frac{a}{A_1}$, $R_{mL} = \frac{1}{\mu_0} \frac{\delta}{A_1}$, $R_{m3} = \frac{1}{\mu_0 \mu_{rel}} \frac{3a}{A_2}$

d) $L_{12} = \frac{N_1 N_2}{R_{m1} + \frac{(R_{m2}+R_{mL})R_{m3}}{R_{m2}+R_{mL}+R_{m3}}} \frac{R_{m2}+R_{mL}}{R_{m2}+R_{mL}+R_{m3}}$

UE-4.8

a) Spiegelquellen-Anordnung

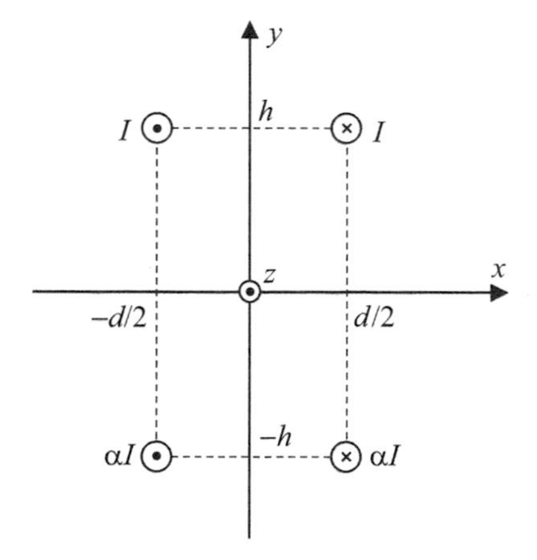

b) $A_z(x,y) = -\frac{\mu_0 I}{2\pi} \left[\ln\left(\frac{\rho_1}{\rho_2}\right) + \alpha \ln\left(\frac{\rho_1'}{\rho_2'}\right) \right]$

$\rho_1 = \sqrt{(x+d/2)^2 + (y-h)^2}$, $\rho_2 = \sqrt{(x-d/2)^2 + (y-h)^2}$,

$\rho\prime_1 = \sqrt{(x+d/2)^2 + (y+h)^2}$, $\rho\prime_2 = \sqrt{(x-d/2)^2 + (y+h)^2}$

Näherung für große Abstände:

$A_z(\rho,\phi) \approx -\frac{\mu_0 I d}{2\pi} \frac{\cos\phi}{\rho} (1+\alpha)$, für $\rho \gg d, h$

c) $\mathbf{H}(\rho,\phi) \approx \frac{Id}{2\pi} \frac{(1+\alpha)}{\rho^2} \left(\sin\phi\, \mathbf{e}_\rho - \cos\phi\, \mathbf{e}_\phi \right)$

Feld eines magnetischen Liniendipols mit Gesamtstrom $I\,(1+\alpha)$

d) $L' = \frac{\mu_0}{2\pi} \left[\ln\left(\frac{d\sqrt{d^2+(2h)^2}}{a\, 2h} \right) \right]$

UE-4.9

a) $A_z = \text{const.}$ (auf der Wand)

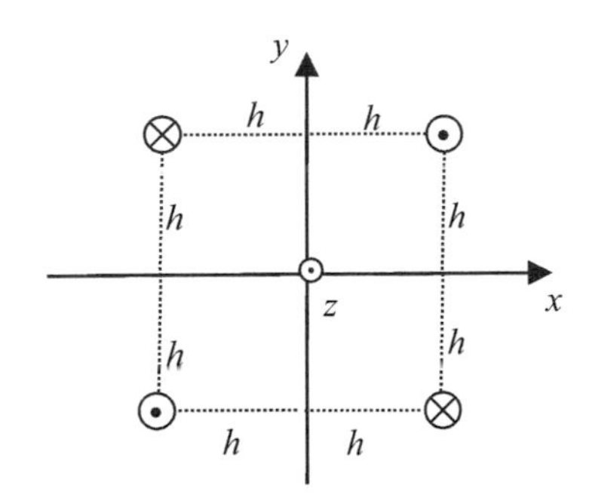

b) $A_z(x,y) = \quad -\frac{\mu I}{2\pi} \ln\left(\frac{\rho_1 \rho_3}{\rho_2 \rho_4}\right)$

$$\rho_1 = \sqrt{(x-h)^2 + (y-h)^2}, \rho_2 = \sqrt{(x+h)^2 + (y-h)^2},$$

$$\rho_3 = \sqrt{(x+h)^2 + (y+h)^2}, \rho_4 = \sqrt{(x-h)^2 + (y+h)^2}$$

c) $A_z(\rho,\gamma) \approx \frac{\mu I}{\pi}\left(\frac{h}{\rho}\right)^2 \cos(2\gamma)$

d) $\mathbf{B}(\rho,\phi) = \frac{\mu I 2h^2}{\pi \rho^3}\left[\cos(2\phi)\, \mathbf{e}_\rho + \sin(2\phi)\, \mathbf{e}_\phi\right]$

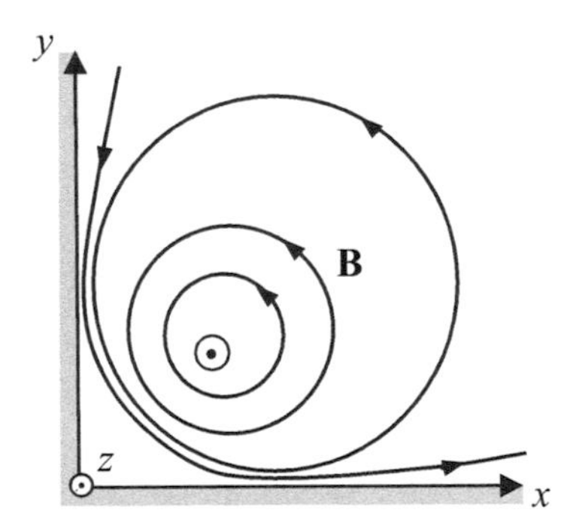

UE-4.10

a) $X = \begin{cases} A\cos(k_x x) + B\sin(k_x x) & ;\ k_x \neq 0 \\ A_o + B_0 x & ;\ k_y = 0 \end{cases}$

$Y = \begin{cases} C\cosh(k_x y) + D\sinh(k_x y) & ;\ k_y = jk_x \neq 0 \\ C_o + D_0 y & ;\ k_y = jk_x = 0 \end{cases}$

b) $\varphi_{m1} = K_{m1} \sin\left(\frac{m\pi}{a}x\right) \sinh\left(\frac{m\pi}{a}y\right), \quad \text{mit } K_{m1} = B_{m1} D_{m1}$

$\varphi_{m2} = K_{m2} \sin\left(\frac{m\pi}{a}x\right) e^{-\frac{m\pi}{a}y}, \quad \text{mit } K_{m2} = B_{m2} C_{m2}$

c) Lösungen nur für $m = 1$:

$K_{11} = M_0 \frac{a}{\pi} e^{-\frac{\pi}{a}b}$ und $K_{12} = M_0 \frac{a}{\pi} \sinh\left(\frac{\pi}{a}b\right)$

d) $\mathbf{H}_1(x,y) = -M_0 e^{-\frac{\pi}{a}b}\left[\cos\left(\frac{\pi}{a}x\right)\sinh\left(\frac{\pi}{a}y\right)\mathbf{e}_x + \sin\left(\frac{\pi}{a}x\right)\cosh\left(\frac{\pi}{a}y\right)\mathbf{e}_y\right]$

$\mathbf{H}_2(x,y) = -M_0 \sinh\left(\frac{\pi}{a}b\right)\left[\cos\left(\frac{\pi}{a}x\right)\mathrm{e}^{-\frac{\pi}{a}y}\mathbf{e}_x - \sin\left(\frac{\pi}{a}x\right)\mathrm{e}^{-\frac{\pi}{a}y}\mathbf{e}_y\right]$

UE-4.11

a) $\varphi_m(r,\theta,\phi) = \sum_n^\infty G_n\left[C_n r^n + D_n r^{-(n+1)}\right] \mathrm{P}_n(\cos\theta)$

$\varphi_{m,i}(r,\theta,\phi) = \sum_{n=0}^\infty G_{i,n}\, r^n\, \mathrm{P}_n(\cos\theta)$

$\varphi_{m,a}(r,\theta,\phi) = -H_0\, r\, \cos\theta + \sum_{n=0}^\infty G_{a,n} \frac{1}{r^{n+1}} \mathrm{P}_n(\cos\theta)$

b) $\varphi_{m,i} = -H_0 \frac{3\mu_a}{\mu_i + 2\mu_a} z$

$\varphi_{m,a} = -H_0 z + H_0 \frac{\mu_i - \mu_a}{\mu_i + 2\mu_a} a^3 \frac{\cos\theta}{r^2}$

c) $\mathbf{H}_i = \mathbf{H}_0 \frac{3\mu_a}{\mu_i + 2\mu_a}$ (Homogenfeld)

$\mathbf{H}_a = \mathbf{H}_0 + H_0 \frac{\mu_i - \mu_a}{\mu_i + 2\mu_a} \frac{a^3}{r^3}(2\cos\theta\, \mathbf{e}_r + \sin\theta\, \mathbf{e}_\theta)$

Im Außenraum Feld eines magn. Punktdipols mit dem Dipolmoment:

$m = 4\pi a^3 H_0 \frac{\mu_i - \mu_a}{\mu_i + 2\mu_a}$

d) $\frac{H_i}{H_0} = \frac{3}{\mu_i/\mu_a + 2} \approx \frac{3}{2}$

$\frac{B_i}{B_0} = \frac{3\,\mu_i/\mu_a}{\mu_i/\mu_a + 2} \approx \frac{3\mu_a}{2\mu_i} \to 0$

e) Minimum bei $\theta = 0, \pi$: $H_a = 0$

Maximum bei $\theta = 3/2\ \pi$: $\frac{H_a}{H_0} = \frac{3}{2}$

B.5 Elektromagnetische Diffusionsfelder

UE-5.1

a) $\underline{H}_z(\rho) = \frac{H_0}{\mathrm{J}_0(\mathrm{j}\underline{\gamma}\, r_1)} \mathrm{J}_0(\mathrm{j}\underline{\gamma}\, \rho)$, mit $\underline{H}_0 = \frac{N\underline{I}}{2\pi r_2}$

b) $\underline{H}_z(\rho) \approx \underline{H}_0 \frac{1 + \mathrm{j}\frac{1}{2}\left(\frac{\rho}{\delta}\right)^2}{1 + \mathrm{j}\frac{1}{2}\left(\frac{r_1}{\delta}\right)^2}$ für $\frac{\rho}{\delta} << 1$

c) $\underline{J}_\phi \approx -\mathrm{j}\frac{N\underline{I}}{2\pi\delta^2}\frac{\rho}{r_2}$ und $\left|\underline{J}_\phi\right| = J_{max}\frac{\rho}{r_1}$, mit $J_{max} = \left|\underline{J}_\phi\right|_{max} \approx \frac{N|\underline{I}|}{2\pi\,\delta^2}\frac{r_1}{r_2}$

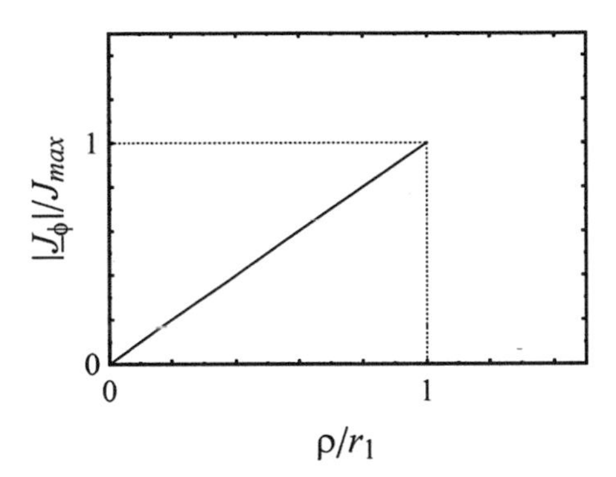

d) $P = \frac{N^2|\underline{I}|^2}{8\kappa\, r_2}\left(\frac{r_1}{\delta}\right)^4$

UE-5.2

a) $\frac{\partial^2 \underline{J}_z}{\partial x^2} - \underline{\gamma}^2 \underline{J}_z = 0$

b) Allgemeine Lösung: $\underline{J}_z(x) = \frac{\underline{I}(1+\mathrm{j})}{2b\delta}\frac{\cosh\left[(1+\mathrm{j})\frac{x}{\delta}\right]}{\sinh\left[(1+\mathrm{j})\frac{a}{2\delta}\right]}$

Schwacher Skineffekt: $\left|\underline{J}_z\right| \approx \dfrac{|\underline{I}|}{b\,a} = J_{DC}(\text{Gleichstrom})$

$$\left|\frac{\underline{J}_z(x = 0, \pm a/2)}{J_{DC}}\right| \approx 1$$

Starker Skineffekt: $\left|\underline{J}_z(x)\right| \approx \dfrac{|\underline{I}|\sqrt{2}}{b\,\delta} e^{-\frac{a}{2\delta}} \cosh\left(\dfrac{x}{\delta}\right)$

$$\left|\frac{\underline{J}_z(x=0)}{J_{DC}}\right| \approx \frac{\sqrt{2}a}{\delta} e^{-\frac{a}{2\delta}} << 1 \text{und} \left|\frac{\underline{J}_z(\pm a/2)}{J_{DC}}\right| \approx \frac{a}{\sqrt{2}\delta} >> 1$$

c) $\underline{H}_y(x) = \frac{\underline{I}}{2b}\frac{\sinh\left[(1+\mathrm{j})\frac{x}{\delta}\right]}{\sinh\left[(1+\mathrm{j})\frac{a}{2\delta}\right]}$

d) Allgemeine Lösung: $\underline{Z}' = \frac{1+\mathrm{j}}{2\kappa\, b\,\delta}\coth\left[(1+\mathrm{j})\frac{a}{2\delta}\right]$

Schwacher Skineffekt: $\underline{Z}' = R' + \mathrm{j}\omega\mathrm{L}' \approx \frac{1}{\kappa\, b\, a}\left[1 + \mathrm{j}\left(\frac{a}{2\delta}\right)^2\right]$

Starker Skineffekt: $\underline{Z}' = R' + \mathrm{j}\omega\mathrm{L}' \approx \frac{1+\mathrm{j}}{2\kappa\, b\,\delta}$

UE-5.3

a) $\frac{\partial^2 \underline{H}_y}{\partial x^2} - \underline{\gamma}^2 \underline{H}_y = 0$

b) $\underline{H}_y(x = 0) = 0$ und $\underline{H}_y(x = d) = \underline{I}'$

c) $\underline{H}_y(x) = \underline{I}'\,\frac{\sinh(\underline{\gamma}\, x)}{\sinh(\underline{\gamma}\, d)}$

d) $\underline{H}_y(x) \approx \underline{I}' \, e^{\underline{\gamma}\,(x-d)}$

e) $\underline{J}_z(x) \approx \underline{I}' \, \underline{\gamma} \, e^{\underline{\gamma}(x-d)}$

$\Delta P = \frac{|\underline{I}'|^2 \, \Delta y \, \Delta z}{2\kappa\,\delta} \left(1 - e^{-2d/\delta}\right)$

UE-5.4

a) $\underline{\mathbf{A}}_{tan} = \mathbf{0}$

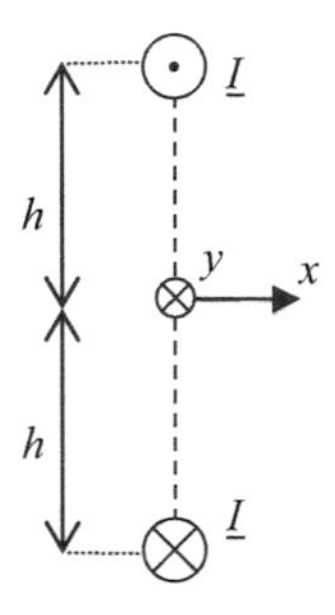

b) $\underline{H}_{tan}(x) = \frac{\underline{I}}{\pi} \frac{h}{x^2+h^2}$

c) $\underline{\mathbf{J}}_A(x) = \underline{J}_A(x)\mathbf{e}_y = \frac{\underline{I}}{\pi} \frac{h}{x^2+h^2} \mathbf{e}_y$

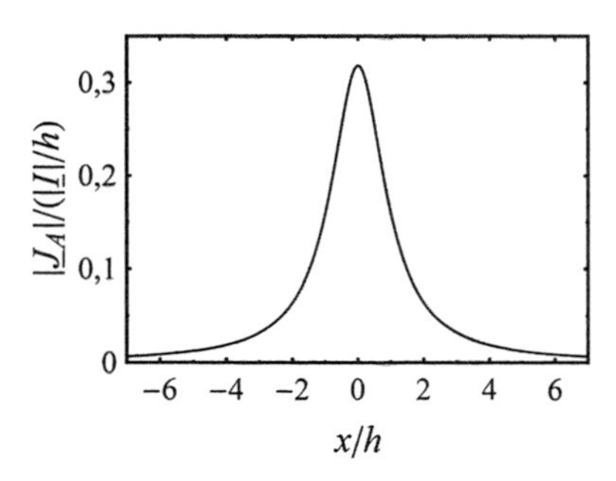

d) $P_V{}' = \frac{|\underline{I}|^2}{4\pi\, h\, \delta\, \kappa}$

e) $R' = \frac{1}{2\pi\, h\, \delta\, \kappa}$

$\frac{R'}{R_0{}'} = \frac{r_0}{h}, \quad R' \ll R_0{}' \text{ für } h \gg r_0$

B.6 Elektromagnetische Wellenfelder

UE-6.1

a) $\underline{\mathbf{H}}_0 = \frac{E_0}{Z_0} \mathbf{e}_y$

b) $\underline{r} = \frac{\underline{Z}_2 - Z_1}{\underline{Z}_2 + Z_1}$, $\underline{t} = \frac{2Z_1}{\underline{Z}_2 + Z_1}$ mit $Z_1 = \sqrt{\frac{\mu_0}{\varepsilon_0}}$, $\underline{Z}_2 = \sqrt{\frac{\mu_0}{\varepsilon\left(1 - j\frac{\kappa}{\omega\varepsilon}\right)}}$

$\underline{\mathbf{E}}_r = \underline{\mathbf{E}}_0\, \underline{r}$, $\underline{\mathbf{H}}_r = -\frac{1}{Z_1}\underline{r}\underline{E}_0\, \mathbf{e}_y$ und $\underline{\mathbf{E}}_t = \underline{\mathbf{E}}_0\, \underline{t}$, $\underline{\mathbf{H}}_t = \frac{1}{\underline{Z}_2}\underline{r}\underline{E}_0\, \mathbf{e}_y$

c) $\underline{E}_{x,1}(z) = \underline{E}_0\left(\mathrm{e}^{-j\beta_1 z} + \underline{r}\,\mathrm{e}^{+j\beta_1 z}\right)$ und $\underline{E}_{x,2}(z) = \underline{E}_0 \underline{t}\,\mathrm{e}^{-\underline{\gamma}_2 z}$

mit $\beta_1 = \omega\sqrt{\mu_0\varepsilon_0}$ und $\underline{\gamma}_2 = \sqrt{j\omega\mu_0\kappa\left(1 + j\frac{\omega\varepsilon}{\kappa}\right)}$

d) Ideales Dielektrikum:

$\left|\underline{E}_{x,1}(z)\right| = \frac{\sqrt{2}\left|\underline{E}_0\right|}{1+\sqrt{\varepsilon_r}}\sqrt{1 + \varepsilon_r + (1-\varepsilon_r)\cos(2\beta_0 z)}$ und $\left|\underline{E}_{x,2}(z)\right| = \frac{2\left|\underline{E}_0\right|}{1+\sqrt{\varepsilon_r}}$

$\frac{\lambda_2}{\lambda_1} = \frac{1}{\sqrt{\varepsilon_r}}$

Betragsverlauf für $\varepsilon_r = 9$ und $f = 100$ MHz

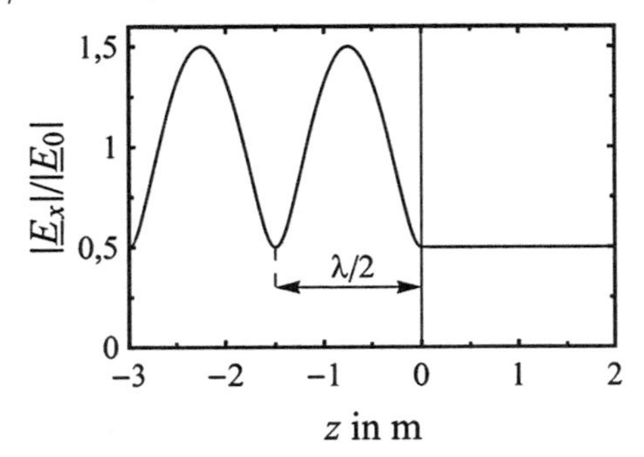

Sehr guter Leiter:

$\left|\underline{E}_{x,1}(z)\right| = 2\left|\underline{E}_0\right|\left|\sin(\beta_0 z)\right|$ und $\left|\underline{E}_{x,2}(z)\right| = 2\left|\underline{E}_0\right|\sqrt{\frac{\omega\varepsilon}{\kappa}}\mathrm{e}^{-\frac{z}{\delta}}$, mit $\delta = \sqrt{\frac{2}{\omega\mu_0\kappa}}$

$\frac{\lambda_2}{\lambda_1} = \frac{\delta\omega\sqrt{\mu_0\varepsilon_0}}{2\pi} << 1$

Betragsverlauf für $\varepsilon_r = 1$, $\kappa = 3{,}5\cdot 10^7$ (Aluminium) und $f = 100$ MHz

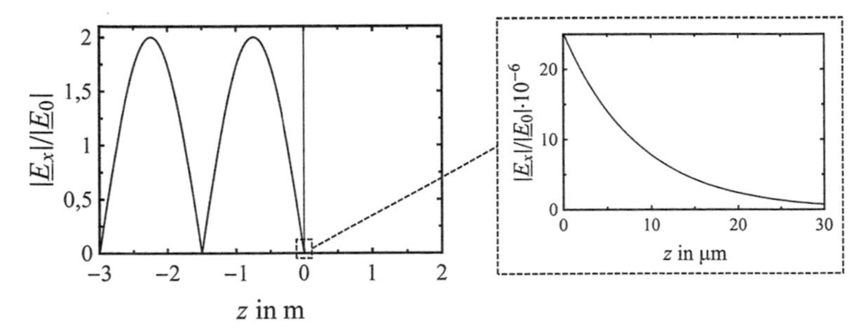

e) $\underline{\mathbf{S}}_h = \frac{1}{2}\frac{\left|\underline{E}_0\right|^2}{Z_0}\mathbf{e}_z$; $\underline{\mathbf{S}}_r = -\frac{1}{2}\frac{|\underline{r}|^2\left|\underline{E}_0\right|^2}{Z_0}\mathbf{e}_z$; $\underline{\mathbf{S}}_t = \frac{1}{2}\frac{|\underline{t}|^2\left|\underline{E}_0\right|^2}{\underline{Z}_2^*}\mathbf{e}_z$

Ideales Dielektrikum:

$\operatorname{Re}\{\underline{S}_h + \underline{S}_r\} = 2\frac{|E_0|^2}{Z_0}\frac{\sqrt{\varepsilon_r}}{(1+\sqrt{\varepsilon_r})^2} = \operatorname{Re}\{\underline{S}_t\} = 2\frac{|E_0|^2}{Z_0}\frac{\sqrt{\varepsilon_r}}{(1+\sqrt{\varepsilon_r})^2}$

Leiter in Raum 2:

$\frac{\operatorname{Re}\{\underline{S}_t\}}{\operatorname{Re}\{\underline{S}_h\}} = 4\frac{\omega\varepsilon\sqrt{\varepsilon_r}}{\kappa} \ll 1$, nahezu Totalreflexion der einfallenden Welle

UE-6.2:

a) $\mathbf{E}_e = \sqrt{\frac{2\,Z_0\,S_e}{\sqrt{\varepsilon_r}}}\,\mathbf{e}_y$

b) $\alpha_{1G} = \arcsin\frac{1}{\sqrt{\varepsilon_r}}$ und $\alpha_2 = \frac{\pi}{2}$, Ausbreitung in x-Richtung

c) Raum 1:

$\underline{\mathbf{E}}_1 = \mathbf{E}_e\left(\mathrm{e}^{-\mathrm{j}\mathbf{k}_e\cdot\mathbf{r}} + \underline{r}_s\,\mathrm{e}^{+\mathrm{j}\mathbf{k}_r\cdot\mathbf{r}}\right)$

$\mathbf{k}_{e,r} = k_0\sqrt{\varepsilon_r}(\sin\alpha_1\,\mathbf{e}_x \pm \cos\alpha_1\,\mathbf{e}_z),\ k_0 = \omega\sqrt{\mu_0\varepsilon_0}$

$\underline{r}_s = \frac{\sqrt{\varepsilon_r}\cos\alpha_1 - \cos\alpha_2}{\sqrt{\varepsilon_r}\cos\alpha_1 + \cos\alpha_2}$

Raum 2:

$\underline{\mathbf{E}}_2 = \mathbf{E}_e\,\underline{t}_s\,\mathrm{e}^{-\mathrm{j}\mathbf{k}_t\cdot\mathbf{r}}$

$\mathbf{k}_t = k_0(\sin\alpha_2\,\mathbf{e}_x + \cos\alpha_2\,\mathbf{e}_z)$ und $\underline{t}_s = \frac{2\sqrt{\varepsilon_r}\cos\alpha_1}{\sqrt{\varepsilon_r}\cos\alpha_1 + \cos\alpha_2}$

$|\underline{r}_s| = 1$ und $|\underline{t}_s| = \frac{2\cos\alpha_1}{\cos\alpha_{1G}}$, für $\alpha_1 \geq \alpha_{1G}$

$|\underline{\mathbf{E}}_2| = |\mathbf{E}_e||\underline{t}_s|\mathrm{e}^{-\frac{z}{\delta_t}}$, mit $\delta_t = \frac{1}{k_0\sqrt{\varepsilon_r\sin^2\alpha_1 - 1}}$ und $\alpha_1 \geq \alpha_{1G}$

Ausbreitung in x-Richtung und exponentielle Dämpfung senkrecht zur Grenzfläche

d) Raum 1:

$\underline{\mathbf{S}}_1 = \frac{|\mathbf{E}_e|^2\sqrt{\varepsilon_r}}{Z_0}\sin\alpha_1\,\mathbf{e}_x$

Wirkleistung in x-Richtung (parallel zur Grenzfläche)

Raum 2:

$\underline{\mathbf{S}}_2 = \frac{|\mathbf{E}_e|^2}{2Z_0}|\underline{t}_s|(\sin\alpha_2\,\mathbf{e}_x + \cos\alpha_2\,\mathbf{e}_z),\quad \cos\alpha_2 = \pm\mathrm{j}\sqrt{\varepsilon_r\sin^2\alpha_1 - 1}$

Wirkleistung in x-Richtung und Blindleistung in z-Richtung

UE-6.3

a) $\underline{E}_\phi = \frac{\underline{m}\,Z_0\,k^2}{4\pi}\,\frac{\mathrm{e}^{-\mathrm{j}kr}}{r}\,\sin\theta$

$\underline{H}_\theta = \frac{\underline{m}\,k^2}{4\pi}\,\frac{\mathrm{e}^{-\mathrm{j}kr}}{r}\,\sin\theta$

$\underline{m} = \underline{I}\,\pi\,a^2,\quad Z_0 = \sqrt{\frac{\mu_0}{\varepsilon_0}},\quad k = 2\pi f\sqrt{\mu_0\varepsilon_0}$

b)

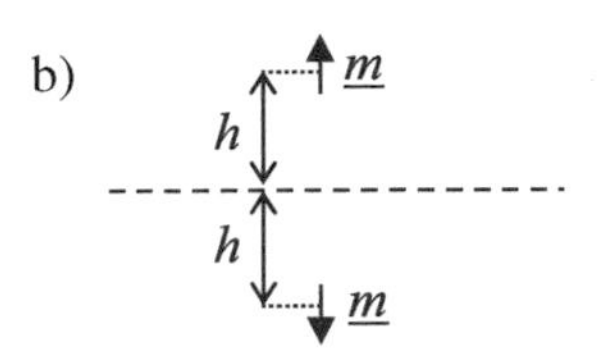

c) $\underline{E}_\phi \approx \frac{\mathrm{j}\underline{m}Z_0 k^2}{2\pi}\frac{e^{-\mathrm{j}kr}}{r}\sin\theta\,\sin(kh\cos\theta)$ und $\underline{H}_\theta \approx -\frac{\underline{E}_\phi}{Z_0}$

d) $\left|\underline{E}_\phi\right| \approx \frac{|\underline{m}|\,k^3 h}{4\pi r} Z_0 \sin\,(2\theta)$, Maximum bei $\theta = \pi/4$

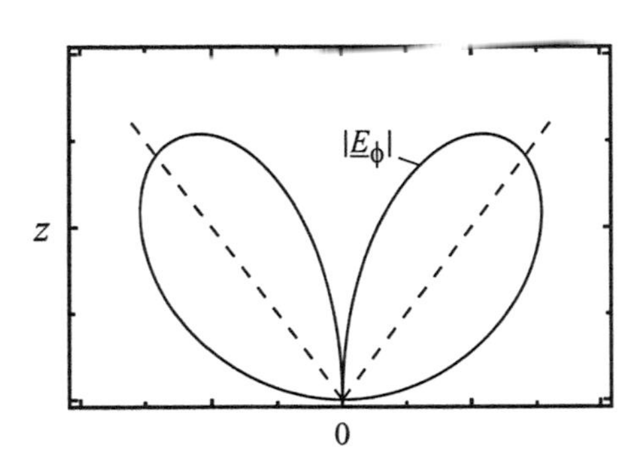

UE-6.4

a) $\left|\underline{E}_\theta(r,\theta,\phi)\right| \approx \frac{kZ_0}{2\pi r}|\underline{I}|h|\sin\theta||\sin(kd\sin\phi)|$

b) Für $d \ll \lambda$: $\left|\underline{E}_\theta\right| \approx \frac{k^2 Z_0}{2\pi r}|\underline{I}|h\,d|\sin\theta||\sin\phi|$

$\frac{|\underline{E}_\theta(r,\theta=\frac{\pi}{2},\phi)|}{|\underline{E}_{\theta,\max}(r,\theta=\frac{\pi}{2},\phi)|} \sim |\sin\phi|$ (durchgezogene Linie im Diagramm)

Für $d = \lambda/4$: $\left|\underline{E}_\theta\right| \approx \frac{kZ_0}{2\pi r}|\underline{I}|h|\sin\theta|\left|\sin\left(\frac{\pi}{2}\sin\phi\right)\right|$

$\frac{|\underline{E}_\theta(r,\theta=\frac{\pi}{2},\phi)|}{|\underline{E}_{\theta,\max}(r,\theta=\frac{\pi}{2},\phi)|} \sim \left|\sin\left(\frac{\pi}{2}\sin\phi\right)\right|$ (gestrichelte Linie im Diagramm)

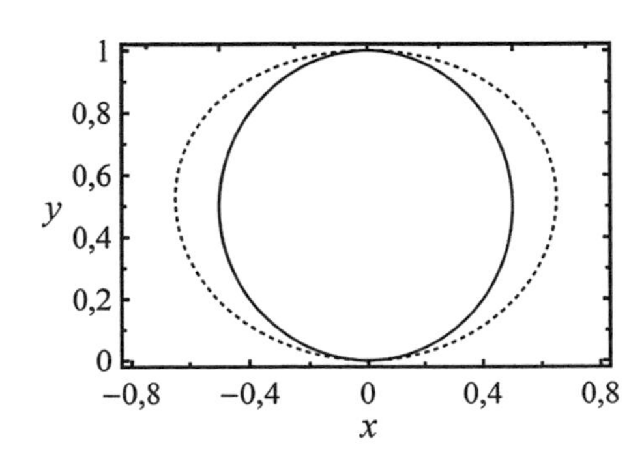

c) $\frac{|\underline{E}_\theta|_{max}}{|\underline{E}_{0,\theta}|_{max}} = 4\pi\frac{d}{\lambda} << 1$

$\frac{S_{re}|_{max}}{S_{0,re}|_{max}} = 16\pi^2\left(\frac{d}{\lambda}\right)^2 << 1$

d) $\frac{R_r}{R_{0,r}} = 4\pi\left(\frac{d}{\lambda}\right)^2 << 1$

UE-6.5

a) $\underline{E}_\theta(r, \theta = \frac{\pi}{2}, \phi) \approx \frac{jkZ_0h}{4\pi r}e^{-jkr}\left[\underline{I}_1 e^{-j\,kd\,\cos\phi} + \underline{I}_2 e^{+j\,kd\cos\phi}\right]$

b) $|\underline{E}_\theta| = \frac{k Z_0 h}{2\pi r}|\sin\theta||\underline{I}|\begin{cases} \left|\cos\left(\frac{\pi}{2}\cos\phi\right)\right|; & \text{Gleichtakt} \\ \left|\sin\left(\frac{\pi}{2}\cos\phi\right)\right|; & \text{Gegentakt}\end{cases}$

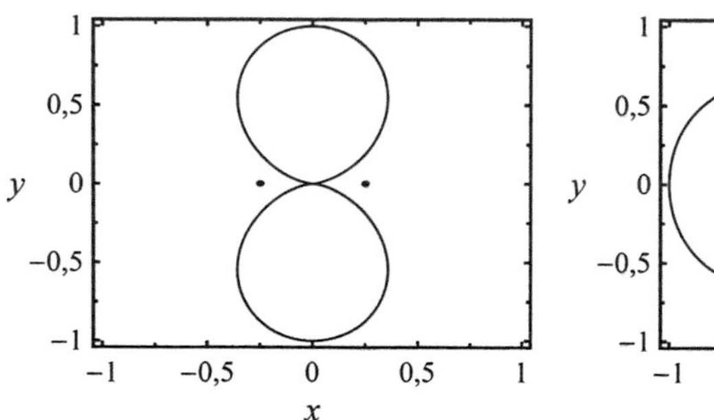

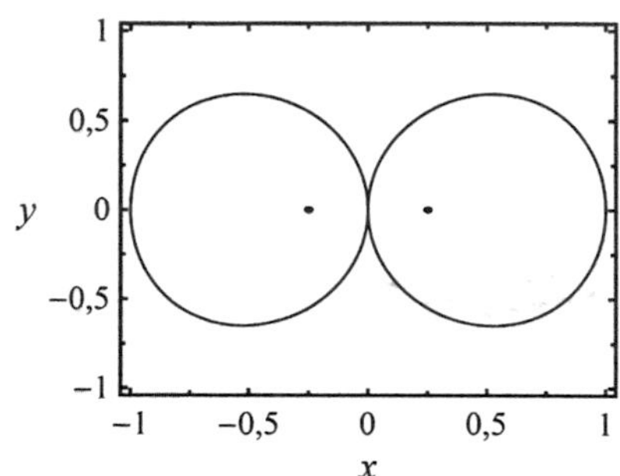

$\left.\frac{S_{re,2}}{S_{re,1}}\right|_{max} = 4$

UE-6.6

a) $\underline{I}(z) = \underline{I}_0\left(1 - \frac{|z|}{l/2}\right)$

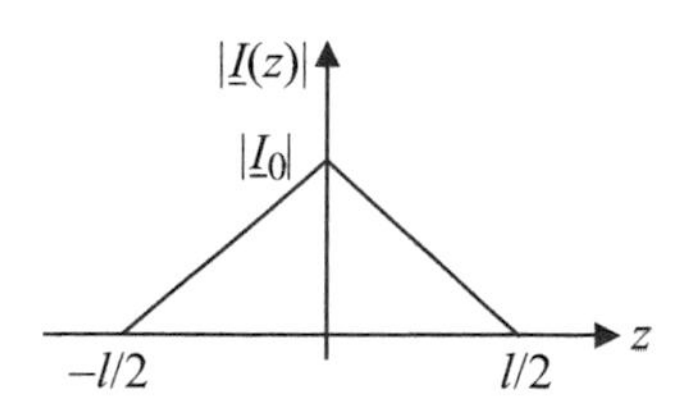

b) $\underline{E}_\theta = \frac{j\,kZ_0}{8\pi r}\underline{I}_0 l\, e^{-j\,kr}\sin\theta$

Entspricht dem Fernfeld des Hertzschen Dipols mit Dipolmoment $\underline{I}h = \underline{I}_0 l/2$

c) $R_r = \frac{\pi Z_0}{6}\left(\frac{l}{\lambda}\right)^2$

d) $\underline{E}_\theta = \frac{j\,kZ_0}{8\pi r}\underline{I}_0 l\, e^{-j\,kr}\sin\theta$; für $\theta \leq \frac{\pi}{2}$

e) $\frac{R_{r,M}}{R_{r,D}} = \frac{1}{2}$

UE-6.7

a) Raum 1 : $\begin{cases} \underline{E}_1(x) = \underline{E}_i \mathrm{e}^{-\mathrm{j}\beta_1 x} + \underline{E}_r\, \mathrm{e}^{+\mathrm{j}\beta_1 x} \\ \underline{H}_1(x) = \frac{\underline{E}_i}{Z_1} \mathrm{e}^{-\mathrm{j}\beta_1 x} - \frac{\underline{E}_r}{Z_1} \mathrm{e}^{+\mathrm{j}\beta_1 x} \end{cases}$

Raum 2 : $\begin{cases} \underline{E}_2(x) = \underline{A}\, \mathrm{e}^{-\mathrm{j}\beta_2 x} + \underline{B}\, \mathrm{e}^{+\mathrm{j}\beta_2 x} \\ \underline{H}_2(x) = \frac{\underline{A}}{Z_2} \mathrm{e}^{-\mathrm{j}\beta_2 x} - \frac{\underline{B}}{Z_2} \mathrm{e}^{+\mathrm{j}\beta_2 x} \end{cases}$

b) $\underline{E}_i + \underline{E}_r = \underline{A} + \underline{B}$

$\frac{\underline{E}_i}{Z_1} - \frac{\underline{E}_r}{Z_1} = \frac{\underline{A}}{Z_2} - \frac{\underline{B}}{Z_2}$

$\underline{A}\, \mathrm{e}^{-\mathrm{j}\beta_2 d} = -\underline{B}\, \mathrm{e}^{+\mathrm{j}\beta_2 d}$

c) $\underline{r} = \frac{\underline{E}_r}{\underline{E}_i} = \frac{\underline{r}_0 - \mathrm{e}^{-\mathrm{j}2\,\beta_2 d}}{1 - \underline{r}_0\, \mathrm{e}^{-\mathrm{j}2\,\beta_2 d}}$, mit $\underline{r}_0 = \left(\frac{Z_2 - Z_1}{Z_1 + Z_2} \right)$

Für $d \to 0$: $\underline{r} = -1$

Für ideal leitfähiges Medium 2 : $\underline{r} = -1$

B.7 Wellen auf Leitungen

UE-7.1

$$\underline{Z}_w = \sqrt{\frac{L'}{C'(1 - \mathrm{j} \tan \delta)}}$$

mit $L'C' = \mu_0\, \varepsilon$ und $C' = \frac{2\pi\, \varepsilon}{\ln(\rho_a/\rho_i)}$(siehe Beispiel 2.6)

$$\underline{Z}_w = \sqrt{\frac{\mu_0}{\varepsilon}} \frac{\ln(\rho_a/\rho_i)}{2\,\pi \sqrt{1 - \mathrm{j}\tan\delta}} \approx Z \frac{\ln(\rho_a/\rho_i)}{2\,\pi} \left(1 + \frac{\mathrm{j}}{2} \tan\delta \right)$$

verlustlos: $\underline{Z}_w = Z \frac{\ln(\rho_a/\rho_i)}{2\,\pi}$

UE-7.2

a) Randbedingungen ($z = 0$):
$U(0,t) = I_R\, R = U_0 + U^+ = U_0 + U^-$
$\Rightarrow U^+ = U^-$

Knotensatz:
$I_0 - I^- - I^+ - I_0 = I_R \Rightarrow I_R = -\left(I^- + I^+\right) = -\frac{1}{Z_w}\left(U^- + U^+\right) = -\frac{2U^+}{Z_w}$

und $I_R = \frac{U(0,t)}{R} = \frac{U_0 + U^+}{R} = -\frac{2U^+}{Z_w} \Rightarrow U^+ = U^- = \Delta \mathrm{U} = -\frac{U_0}{2R + Z_w} Z_w$

b) $U(z,t) = U_0 + \Delta U \sigma(t - |z|/v)$

mit $\Delta I = \frac{\Delta U}{Z_w}$

$I(z,t) = I_0 \pm \Delta I\, \sigma(t - |z|/v)$ für $z \gtrless 0$

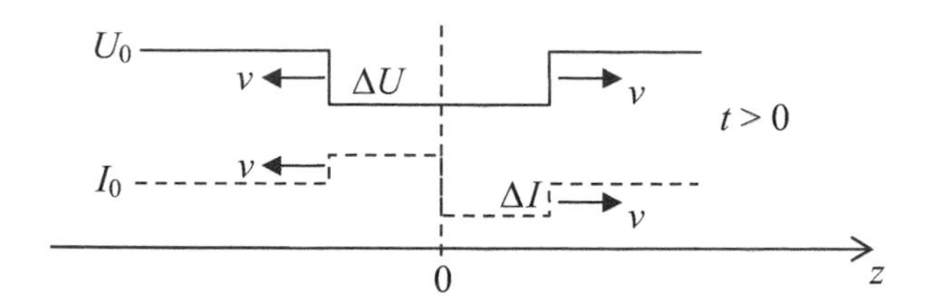

c) $R = 0$ (Kurzschluss) $\Rightarrow \Delta U = -U_0$

$U(z,t) = U_0[1 - \sigma(t - |z|/v)]$

$I(z,t) = I_0 \mp \dfrac{U_0}{Z_w} \sigma(t - |z|/v)$ für $z \gtrless 0$

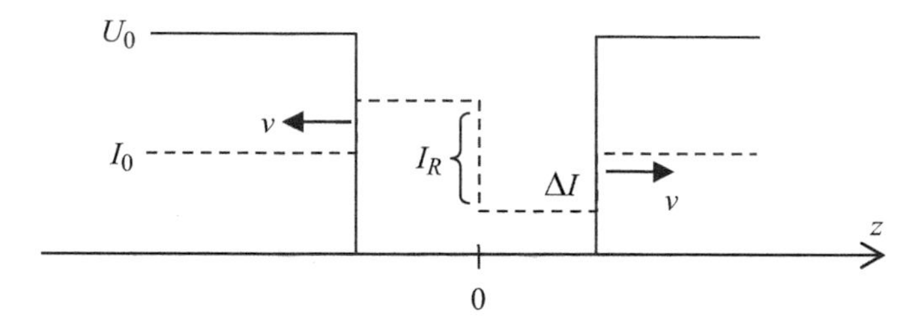

Kurzschlussstrom: $I_R = -2 \cdot \Delta I = \dfrac{2U_0}{Z_w}$

Während des Schaltvorgangs wird der Kurzschlussstrom I_R also einzig von der Betriebsspannung und vom Wellenwiderstand der Leitung bestimmt.

UE-7.3

$U_e(t) = (1 + r_L)U_0^+ (t - \tau)$

$U_a(t) = U_0^+(t) + r_L U_0^+ (t - 2\tau)$

mit $r_L = \frac{R_L - Z_w}{R_L + Z_w}$ und $U_0^+ = \frac{\widehat{U}}{2}$

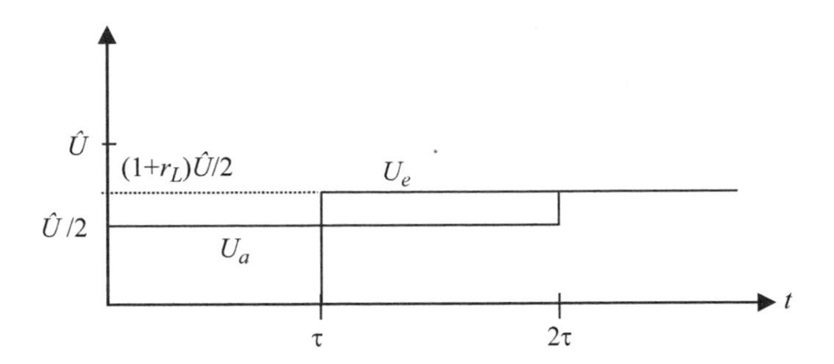

UE-7.4

a) $U_e(t) = \frac{1\,\mathrm{Vs}}{8}\sqrt{\frac{T_0}{\pi\,(t-\tau)^3}}\,\mathrm{e}^{-\frac{T_0}{16\,(t-\tau)}}; \quad T_0 = K^2 l^2 C'/L',\ t \geq \tau$

b)

T_0=1s

$4T_0(\sim 2l_1)$

$16T_0(\sim 4l_1)$

U_e in V

t/τ_1

c) $\frac{\mathrm{d}U_e(t)}{\mathrm{d}t}\Big|_{t>\tau} \sim \frac{\mathrm{d}}{\mathrm{d}t}\left\{t^{-3/2}\mathrm{e}^{-\frac{T_0}{16t}}\right\} = \frac{3}{2} - \frac{T_0}{16\,t} = 0$

$\Rightarrow \Delta t = T_0/24 \sim l^2.$

UE-7.5

a) $\underline{r} = \mathrm{e}^{\mathrm{j}\psi}$; $\psi = \pi \ldots 0$ $(\omega L = 0 \ldots \infty)$ siehe Beispiel 7.6 (7.45), (7.46)

b) $|\,\underline{U}(z)\,| \sim |\cos[\,\psi/2 - \beta\,(l - z)\,]\,| = |\cos[\,\beta\,(l - \Delta l - z)\,]\,|$

mit $\Delta l = \frac{\psi/2}{\beta} = \frac{\arctan\left(\frac{Z_W}{\omega L}\right)}{2\,\pi}\,\lambda = \frac{\lambda}{4} \ldots 0$ für $\omega L = 0 \ldots \infty$.

c)

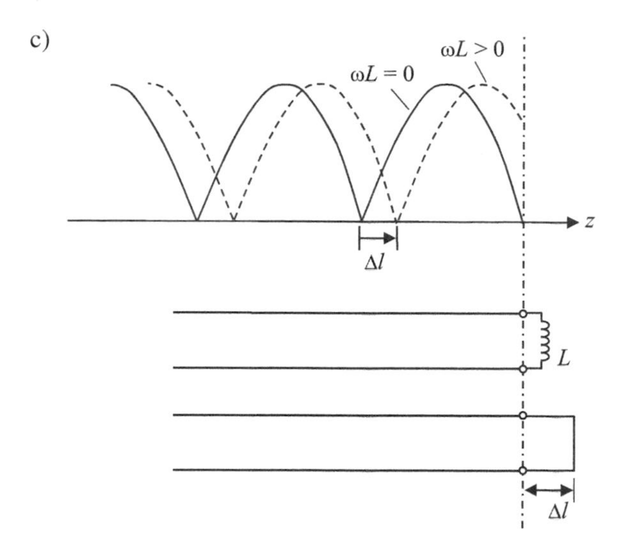

UE-7.6

a) $\underline{Z}_a = \frac{Z_w}{\tanh(\underline{\gamma}\,l)} = \underline{Z}_w \frac{1+\mathrm{j}\tan(\beta\,l)\tanh(\alpha\,l)}{\tanh(\alpha\,l)+\mathrm{j}\tan(\beta\,l)}$

$\underline{Z}_a \approx Z_w \frac{1+\mathrm{j}\,\alpha\,l\tan(\beta\,l)}{\mathrm{j}\tan(\beta\,l)} = -\mathrm{j}\cot(\beta\,\ell) + \alpha\,l$

$\underline{Z}_a \approx Z_w l\left[\mathrm{j}\,(\omega-\omega_0)/v + \alpha\right]$; für $\omega \approx \omega_0 = \frac{\pi\,v}{2\,l}$

b) $\underline{Z}_a = \mathrm{j}\left(\omega L - \frac{1}{\omega C}\right) + R = \mathrm{j}\omega_0 L\left(\frac{\omega}{\omega_0} - \frac{\omega_0}{\omega}\right) + R$

mit $\left(\frac{\omega}{\omega_0} - \frac{\omega_0}{\omega}\right) \approx 2\,\frac{\omega-\omega_0}{\omega_0}$ für $\omega \approx \omega_0$

$\underline{Z}_a \approx \mathrm{j}\,(\omega-\omega_0)\,2\,L + R$; für $\omega \approx \omega_0$

c) $L = \frac{Z_w\,l}{2\,v} = \frac{L'\,l}{2}$; $C = \frac{4\,l^2}{L\,\pi^2 v^2} = \frac{8C'l}{\pi^2}$; $R = Z_w\alpha\,l = \sqrt{\frac{L'}{C'}}\,\alpha\,l$

$Q = \omega_0\,L/R = \frac{\omega_0}{2\,\alpha\,v}$

B.8 Hohlraumresonatoren

UE-8.1

a) $\frac{d\,\underline{U}(z)}{dz} = -\underline{Z}'\underline{I}(z)$

$\frac{d\,\underline{I}(z)}{dz} = -\underline{Y}'\underline{U}(z) + I_e\,\delta(z-z_e)$

$\frac{d^2\underline{U}(z)}{d\,z^2} - \underline{\gamma}^2\underline{U}(z) = -\underline{Z}'\,\underline{I}_e\,\delta(z-z_e)$ mit $\frac{d\,\underline{U}(z)}{dz} = 0;\ z = 0, l$

b) $\frac{d^2 u_n(z)}{dz^2} = -k_n^2 u_n(z)$ mit $\frac{d\, u_n(z)}{dz} = 0;\ z = 0, l$

$u_n(z) = A_n \cos(k_n z)$

$k_n = \frac{n\pi}{l};\ n = 0, 1, 2...$

$\underline{I}(z) = \sum_{n=0}^{\infty} \underline{I}_n \cos(k_n z)$

c) $\underline{U}_n = \frac{\underline{Z}' \underline{I}_e}{l} \frac{\cos(k_n z_e)}{k_n^2 + \underline{\gamma}^2} \begin{cases} 2; & n > 0 \\ 1; & n = 0 \end{cases}$

$\underline{Z}_a = \frac{\underline{U}(z_e=0)}{\underline{I}_e} = \frac{1}{\underline{Y}' l} + \frac{2\underline{Z}'}{l} \sum_{n=1}^{\infty} \frac{1}{k_n^2 + \underline{\gamma}^2}$

d) $\underline{Y}_a = \frac{8\underline{\gamma}\, l}{\underline{Z}_w} \sum_{n=1,3,5}^{\infty} \frac{1}{(n\pi)^2 + (2\underline{\gamma} l)^2} \approx \frac{8\omega C'}{l} \sum_{n=1,3,5}^{\infty} \frac{1}{\mathrm{j}(4\beta^2 - k_n^2) + 8\alpha\beta}$

1. Reihenresonanz (n = 1): $4\left(\frac{2\pi}{\lambda}\right)^2 = \left(\frac{\pi}{l}\right)^2 \Rightarrow l = \frac{\lambda}{4}$

e) Reihenschwingkreis: $\underline{Y}_a(\omega) = \frac{1}{\frac{1}{\mathrm{j}\omega C_s} + \mathrm{j}\omega L_s + R_s} \Rightarrow C_s = \frac{8C' l}{\pi^2};\ L_s = \frac{L' l}{2};\ R_s = \alpha\, l \sqrt{\frac{L'}{C'}}$

UE-8.2

a) $\left(\frac{\partial^2}{\partial x^2} + \frac{\partial^2}{\partial y^2}\right) \underline{E}_z - \underline{\gamma}^2 \underline{E}_z = \mathrm{j}\omega\mu\, \underline{I}_e\, \delta(x - x_e, y - y_e)$

$\left.\frac{\partial \underline{E}_z}{\partial x}\right|_{x=0,a} = \left.\frac{\partial \underline{E}_z}{\partial y}\right|_{y=0,b} = 0$

b) $\left(\frac{\partial^2}{\partial x^2} + \frac{\partial^2}{\partial y^2}\right) \mathrm{u}_n(x, y) = -k_n^2 \mathrm{u}_n(x, y)$

$\left.\frac{\partial \mathrm{u}_n(x,y)}{\partial x}\right|_{x=0,a} = \left.\frac{\partial \mathrm{u}_n(x,y)}{\partial y}\right|_{y=0,b} = 0$

$k_n^2 = k_{pq}^2 = k_p^2 + k_q^2$

$\mathrm{u}_{pq} = C_{pq} \cos(k_p x) \cos(k_q y)$

$k_p = \frac{p\pi}{a};\ k_q = \frac{q\pi}{b};\ p, q = 0, 1, 2, 3...$

$\omega_{pq} = \frac{\pi}{\sqrt{\mu\varepsilon}} \sqrt{\left(\frac{p}{a}\right)^2 + \left(\frac{q}{b}\right)^2}$

c) Normierung: $\int_b \int_a \left|\mathrm{u}_{pq}(x, y)\right|^2 dx dy = a\, b$

$\Rightarrow C_{pq} = \begin{cases} 2 & (p \wedge q \neq 0) \\ \sqrt{2} & (p \vee q = 0) \\ 1 & (p \wedge q = 0) \end{cases}$

$\mathbf{w}_{pq}(x, y) = -\frac{C_{pq}}{k_{pq}} \left(k_q \cos(k_p x) \sin(k_q y)\, \mathbf{e}_x - k_p \sin(k_p x) \cos(k_q y)\, \mathbf{e}_y\right)$

Überprüfung der Randbedingungen Ht = 0: $\mathbf{w}_{pq} \cdot \mathbf{e}_x \big|_{y=0,b} = \mathbf{w}_{pq} \cdot \mathbf{e}_y \big|_{x=0,a} = 0$

d) $Q_{J,pq} = \frac{2abd}{\delta(\omega_{pq})\, 2 \int\limits_b \int\limits_a \left|\mathbf{w}_{pq}\right|^2 dx\,dy} = \frac{d}{\delta(\omega_{pq})} (Q_{00} \to \infty)$

$$\text{mit} \int\limits_b \int\limits_a \left|\mathbf{w}_{pq}\right|^2 dx\,dy = a\,b \begin{cases} 1 & \\ 0 & (p \wedge q = 0) \end{cases}$$

$$Q_{D,pq} = \frac{1}{\tan\delta_\varepsilon(\omega_{pq})}$$

$$Q_{pq} = \frac{1}{\frac{1}{Q_{J,pq}} + \frac{1}{Q_{D,pq}}} = \frac{1}{\tan\delta_\varepsilon(\omega_n) + \delta(\omega_n)/d}$$

e) $\underline{E}_{z,pq} = \frac{\omega\mu}{a\,b\,d} \frac{I_e}{\mathrm{j}(k_{pq}^2 + \underline{\gamma}^2)} \iiint\limits_V \mathrm{u}_{pq}(x,y)\; \delta(x - x_e, y - y_e)\; dx\,dy\,dz$

$$\underline{E}_{z,pq}\,(x_e, y_e) = \frac{\omega\, I_e}{\varepsilon\, a\, b} \frac{C_{pq} \cos(k_p x_e) \cos(k_q y_e)}{\mathrm{j}(\,\omega_{pq}^2 - \omega^2) - \omega_{pq}^2/Q_{pq})}$$

f) $\underline{Z}_{in} \approx \frac{-d\,\underline{E}_z(x_e + r_0, y_e)}{\underline{I}_e} = -\frac{d}{I_e} \sum\limits_{p,q} \underline{E}_{z,pq}(x_e, y_e)\; u_{pq}(x_e + r_0, y_e)$

$$\underline{Z}_{in} \approx -\frac{\omega\, d}{\varepsilon\, a\, b} \sum_{q=0}^{\infty} \sum_{p=0}^{\infty} \frac{C_{pq}^2 \cos(k_p x_e) \cos[k_p(x_e + r_0)] \cos^2(k_q y_e)}{\mathrm{j}(\,\omega_{pq}^2 - \omega^2) - \omega_{pq}^2/Q_{pq})}$$

mit: $C_{stat} = \frac{\varepsilon\, a\, b}{d}$ (Plattenkapazität) und $\omega_{00}^2/Q_{00} = 0$

$$\underline{Z}_{in} \approx \frac{1}{\mathrm{j}\,\omega\, C_{stat}} - \frac{\omega}{C_{stat}} \sum_{\substack{q=0 \\ (p \wedge q \neq 0)}}^{\infty} \sum_{p=0}^{\infty} \frac{C_{pq}^2 \cos(k_p x_e) \cos[k_p(x_e + r_0)] \cos^2(k_q y_e)}{\mathrm{j}(\,\omega_{pq}^2 - \omega^2) - \omega_{pq}^2/Q_{pq})}$$

UE-8.3

a) $\frac{\partial^2 \underline{E}_z}{\partial \rho^2} + \frac{1}{\rho} \frac{\partial \underline{E}_z}{\partial \rho} + k^2 \underline{E}_z = \mathrm{j}\omega\mu\; \underline{J}_A\, \delta(\rho - \rho_0)$

RBD: $\underline{E}_z(\rho = a) = 0$ und $\underline{H}_\phi(\rho = 0) = \left.\frac{\partial \underline{E}_z}{\partial \rho}\right|_{\rho=0} = 0$

b) $\frac{d^2 \mathrm{u}_n(\rho)}{d\,\rho^2} + \frac{1}{\rho} \frac{d\,\mathrm{u}_n(\rho)}{d\,\rho} = -k_n^2 \mathrm{u}_n(\rho)$

$$u_n(\rho = a) = 0 \text{ und } \left.\frac{\partial u_n}{\partial \rho}\right|_{\rho=0} = 0$$

$$\mathbf{u}_n(\rho) = \frac{\mathrm{J}_0(k_n\,\rho)}{|\mathrm{J}_1(\eta_{0n})|}\, \mathbf{e}_z; \quad k_n = \frac{\eta_{0n}}{a}; \quad \omega_n = \frac{\eta_{0n}}{a\sqrt{\mu\varepsilon}} \qquad n = 1, 2, 3\ \ldots$$

$$\mathbf{w}_n(\rho) = \frac{\mathrm{J}_1(k_n\,\rho)}{|\mathrm{J}_1(\eta_{0n})|} \mathbf{e}_\phi$$

c) $Q_{J,n} = \frac{2\pi\, a^2\, d}{\delta(\omega_n) \oiint\limits_{\partial V} |\mathbf{w}_n|^2 dA}$

$$\oiint\limits_{\partial V} |\mathbf{w}_n|^2 dA = 2 \int\limits_0^{2\pi} \int\limits_0^{a} \left(\frac{\mathrm{J}_1(k_n\,\rho)}{\mathrm{J}_1(\eta_{0n})}\right)^2 \rho d\,\rho d\phi + \left(\frac{\mathrm{J}_1(k_n\,\rho)}{\mathrm{J}_1(\eta_{0n})}\right)^2 2\pi\, a\, d$$

$$\oiint\limits_{\partial V} |\mathbf{w}_n|^2 dA = 2\pi a(a + d)$$

$$Q_{J,n} = \frac{a\,d}{\delta(\omega_n)\,(a+d)} = \frac{d}{\delta(\omega_n)\,(1+d/a)}$$

d) $$\underline{E}_z(\omega,\rho) = \frac{\omega \underline{I}_e}{\varepsilon\,\pi\,a^2} \sum_{n=1}^{\infty} \frac{J_0(\eta_{0n}\,\rho_0/a)}{J_1^2(\eta_{0n})} \frac{J_0(\eta_{0n}\,\rho/a)}{j(\omega_n^2-\omega^2)-\omega_n^2/Q_n}$$

$$\underline{H}_\phi(\omega,\rho) = \frac{\underline{I}_e}{j\,\pi\,a^2\sqrt{\mu\varepsilon}} \sum_{n=1}^{\infty} \frac{\omega_n}{J_1^2(\eta_{0n})} \frac{J_0(\eta_{0n}\,\rho_0/a)J_1(\eta_{0n}\,\rho/a)}{j(\omega_n^2-\omega^2)-\omega_n^2/Q_n}$$

e) $$\underline{Z}_{in}(\omega) = \frac{-\underline{E}_z(\omega,\rho_0)\,d}{\underline{I}_e} = -\frac{\omega d}{\varepsilon\,\pi\,a^2} \sum_{n=1}^{\infty} \frac{1}{J_1^2(\eta_{0n})} \frac{J_0^2(\eta_{0n}\,\rho_0/a)}{j(\omega_n^2-\omega^2)-\omega_n^2/Q_n}$$

ESB-Elemente für den Grundmode (n = 1)

$$L_p = \frac{\mu\,d}{\pi} \frac{J_0^2(\rho_0/a)}{\eta_{01}^2 J_1^2(\eta_{0n})};\quad C_p = \frac{1}{L_p\omega_1^2} = \frac{a^2\mu\,\varepsilon}{\eta_{01}^2 L_p}\quad G_p = \frac{\omega_1 C_p}{Q_1}$$

B.9 Mathematische Grundlagen und Formeln

UE-A.1

$$\begin{pmatrix} A_x \\ A_y \\ A_z \end{pmatrix} = \begin{pmatrix} \sin\theta\cos\phi & \cos\theta\cos\phi & -\sin\phi \\ \sin\theta\sin\phi & \cos\theta\sin\phi & \cos\phi \\ \cos\phi & -\sin\phi & 0 \end{pmatrix} \begin{pmatrix} A_r \\ A_\theta \\ A_\phi \end{pmatrix}$$

UE-A.2

a) $\Psi = B_0\pi r^2 \sin^2\theta_e,\ \Psi = 0$ für $\theta_e = 2\pi$
b) $Q=0$
c) $\varphi=71,67$
d) $\Psi=8/15$

UE-A.3

a) $\mathrm{grad}(3\,x^2+2\,yz)=6\,x\mathbf{e}_x+2\,z\mathbf{e}_y+2\,y\mathbf{e}_z$
b) $\mathrm{grad}(\rho z^2\sin\phi)=z^2\sin\phi\,\mathbf{e}_\rho+z^2\cos\phi\,\mathbf{e}_\phi+2\,\rho z\sin\phi\,\mathbf{e}_z$
c) $\mathrm{grad}(r^2\sin\theta\cos\phi)=2\,r\sin\theta\cos\phi\,\mathbf{e}_r+r\cos\theta\cos\phi\,\mathbf{e}_\theta-r\sin\phi\,\mathbf{e}_\phi$

UE-A.4

a) $\operatorname{div}(\sin x\,\mathbf{e}_x + \cos y\,\mathbf{e}_y + \tan z\,\mathbf{e}_z) = \cos x - \sin y + 1 + \tan^2 z$

b) $\operatorname{div}\left(\frac{\sin\phi}{\rho^2}\,\mathbf{e}_\rho + \cos\phi\,\mathbf{e}_\phi + z\,\mathbf{e}_z\right) = 1 - \frac{\sin\phi}{\rho} - \frac{\sin\phi}{\rho^3}$

c) $\operatorname{div}\left(\frac{\sin\theta}{r^2}\,\mathbf{e}_r + \cos\phi\,\mathbf{e}_\theta + r\,\mathbf{e}_\phi\right) = \frac{\cot\theta\cos\phi}{r}$

UE-A.5

a) $\operatorname{rot}(x^2\,\mathbf{e}_x + xy\,\mathbf{e}_y + y^2 z\,\mathbf{e}_z) = (2\,yz - x)\,\mathbf{e}_x + z\,\mathbf{e}_z$

b) $\operatorname{rot}\left(\rho\,\mathbf{e}_\rho + \sin\phi\,\mathbf{e}_\phi + z\,\mathbf{e}_z\right) = \frac{\sin\phi}{\rho}\,\mathbf{e}_z$

c) $\operatorname{rot}\left(\frac{1}{r}\,\mathbf{e}_r + \sin\theta\,\mathbf{e}_\theta + \cos\phi\,\mathbf{e}_\phi\right) = \frac{\cot\theta\cos\phi}{r}\,\mathbf{e}_r + \frac{\cos\phi}{r}\,\mathbf{e}_\theta + \frac{\sin\theta}{r}\,\mathbf{e}_\phi$

UE-A.6

a) Lösung über den Laplace-Operator in Kugelkoordinaten
b) Lösung über die Berechnung der Rotation und der Divergenz in kartesischen Koordinaten

UE-A.7

a) $\iiint_{V_K} \nabla\cdot\mathbf{D}\,\mathrm{d}V = \oint\!\!\!\oint_{\partial V_K} \mathbf{D}\cdot\mathrm{d}\mathbf{A} = 4\pi R$

b) $\iint_A (\nabla\times\mathbf{H})\cdot\mathrm{d}\mathbf{A} = \oint_{\partial A} \mathbf{H}\cdot\mathrm{d}\mathbf{s} = 2\pi R^2$

Literatur

Bücher zur Einführung in die Feldtheorie

J.A. Edminster, Elektromagnetismus, McGraw-Hill Book Company (enthält viele Übungsaufgaben) engl. Ausgabe: Shaum's Outline of Theory and Problems in Electromagnetics (2 ed.), McGraw-Hill

A. J. Schwab, Begriffswelt der Feldtheorie, Springer-Verlag, 1992

G. Strassacker, R. Süße, Rotation, Divergenz und Gradient, Teubner-Verlag 2006

Standard-Lehrbücher der Theoretischen Elektrotechnik

S. Blume, *Theorie elektromagnetischer Felder*, Hüthig-Verlag, 1995

D. J. Griffiths, Elektrodynamik- Eine Einführung, 3. Aufl. Pearson Studium, 2011

H. Henke, *Elektromagnetische Felder*, Springer-Verlag, 2007

K. Küpfmüller, *Einführung in die Theoretische Elektrotechnik,* Springer Verlag

G. Lehner, *Elektromagnetische Feldtheorie*, Springer-Verlag, 2006

P. Leuchtmann, *Einführung in die elektromagnetische Feldtheorie*, Pearson Studium, 2005

E. Philippow, *Grundlagen der Elektrotechnik*, Verlag Technik, 2000

K. Simonyi, *Theoretische Elektrotechnik*, Deutscher Verlag der Wissenschaften, Berlin, 1989

Weiterführende Bücher

Feynmann/Leighton/Sands, Feynmann Vorlesungen über Physik, Band II, Oldenburg-Verlag, 1991

T. Fließbach, Elektrodynamik, Spektrum-Verlag, 1997

J.D. Jackson, Klassische Elektrodynamik, Verlag Gruyter; 2006

P. Lorrain, D.R. Corson, F. Lorrain, Elektromagnetische Felder und Wellen, Walter de Gruyter, 1995

E. M. Purcell, Berkeley Physik Kurs 2, Elektrizität und Magnetismus, 4. Auflage, Vieweg 1989

M. Leone, *Theoretische Elektrotechnik,* https://doi.org/10.1007/978-3-658-29208-9

Bücher der Ingenieurmathematik

Rade, L; Westergren, B.: Springers Mathematische Formeln, 3. Aufl., Springer 2000
Merziger, G.; Wirth, T.: Repetitorium der höheren Mathematik, 5. Aufl., Binomi 2006
Stöcker, H.: Taschenbuch mathematischer Formeln und moderner Verfahren, 4. Aufl., 2007
Ehlotzky, F.: Angewandte Mathematik für Physiker, Springer 2007.
Burg, K; Haf, H.; Wille, F.; Meiser, A.: Höhere Mathematik für Ingenieure, Band I-III, Auflagen 10,7 und 6, Springer Vieweg 2012/2013a.
Burg, K; Haf, H.; Wille, F.; Meiser, A.: Vektoranalysis, 2. Aufl. 2012a.
Burg, K; Haf, H.; Wille, F.; Meiser, A.: Partielle Differentialgleichungen und funktionalanaytische Grundlagen, 52010. Aufl. 2012b.
Burg, K; Haf, H.; Wille, F.; Meiser, A.: Funktionentheorie, 2. Aufl. 2013b.
Moon, P.; Spencer, D.E.: Field Theory Handbook, 2nd Ed., Springer 1971.
Zeidler, E. (Hrsg.), begr. von Bronstein, I.N.: Teubner-Taschenbuch der Mathematik, Teubner 1996

Stichwortverzeichnis

M. Leone, *Theoretische Elektrotechnik,* https://doi.org/10.1007/978-3-658-29208-9

G

H

R

S

9783658292072